# 양조아로마 개론

정철 지음

光文閣
www.kwangmoonkag.co.kr

  술은 알코올 음료로서 또 음식과 문화의 일부로서 오랜세월 인류와 함께해 왔다. 술의 역사는 신석기시대로 거슬러 올라가는데 그간 과학과 기술에 힘입어 양조학 분야는 눈부신 발전을 거듭해왔다. 그로인해 현재 동서양을 막론하고 웬만한 국가는 자국의 자랑할만한 술 한두 가지 정도는 보유하고 있다. 그러나 우리의 경우는 주류 산업 진흥을 위한 국가차원의 비전 부재, 양조 전문인력 부족 그리고 무엇보다 양조기술과 품질관리 체계의 미비로 우리나라를 대표하는 변변한 술 한가지 없는 실정이다. 외국 손님이 한국을 방문했을때 선뜻 선물하거나 권할만한 술 하나가 없다는 것은 매우 안타까운 일이다.

  우리나라 소비자들도 이제는 다양한 수입술을 경험하고 있고 해외 여행을 통해 현지의 개성있고 맛있는 술들을 많이 접하고 있다. 국내 애주가들은 외국의 유명 술들처럼 우리나라도 명주 하나쯤은 있어야 되지 않을까하는 아쉬움도 가지고 있을 것이다.

  한편 주류분야는 넓게는 생물공학분야이면서 좁게는 식품공학의 한 분야이다. 하지만 우리나라의 주류는 다른 학문과는 다르게 양조학을 교육하고 연구하는 대학이나 전문 기관이 거의 없다. 술 공부를 체계적으로 하려해도 참고할 만한 전문서적도 별로 없고, 현장에서 겪는 기술상의 문제점을 속시원히 해결해 줄만한 전문 기술자도 매우 제한적이다. 이러한 상황에서는 양조산업과 학문이 발전할수 없고 전문 양조인력 배출과 기술발전은 더욱 요원하다.

  해외의 명주 탄생은 전문인력 양성과 함께 과학을 기반으로 한 양조기술과 품질관리 시스템을 구축해온 덕분이고, 이를 통해 주류의 원료부터 포장·유통까지 모든 과정의 표준화·규격화가 가능하게 되었다. 또한 해외의 주류는 분석기술과 미생물의 발전에 힘입어 각 주종별 맛과 향의 유래, 이미이취에 대한 원인 분석과 더불어 품질관리 지표를 설정하여 소비자의 눈높이에 맞는 주질을 일정하게 유지하고 있다. 이와같이 해외에서는 이미 오래전부터 주류 향미에 대한 심도 있는 연구를 통해 분석데이터를 축적하여 역치와 아로마가를 설정하였고, 이를 산업계에서는 품질관리에 활용하는 것이 일반화되어 있다. 그간 분석기술의 발달과 정보축적으로 인해 맛있는 술이 어떤 의미이고 왜 맛있는지를 사람이 느끼는 것과 과학적 데이터와의 상관관계 증명이 어느정도 가능하게 되었다. 즉 사람들이 맛있다고 느끼는 술은 기기분석을 해보면 그 이유가 나타나고 분석 데이터와 관능평가를 기반으로 그 해석이 상당 부분 가능하다.

  우리나라의 경우는 주류 향미에 대한 기초적인 연구가 전무하고, 맛있고 좋은 술에 대한 개념이 소비자와 제조자 모두 빈약한 것이 사실이다. 특히 주류 종사자는 술에 대한 제품 특성과 캐릭터를 특정하여 소비자에게 알려줄 필요가 있다. 그러나 국내 주류 종사자들의 대부분은 술 품질 특성에 대해 파악을 못한 경우가 많고, 향미 표현도 매우 주관적이고 추상적일 때가 많은 것이 현실이다.

우리나라 소비자와 주류업 종사자들도 최근 주류의 맛과 향에 대한 관심이 많아졌고 그에 따라 주류 관련 소믈리에들도 많이 배출되고 있다. 국내에는 아직 주류 향미 관련 체계적이고 학문적인 전문서적이 없어 주류 향미에 대한 과학적인 정보를 습득하고 현장에 활용하는데 한계가 있다.

따라서 이 책은 이러한 주류 향미에 대한 전문서적이 없는 국내 실정을 감안하여 주류 향미의 이론을 과학적이고 체계적으로 정립하여 해석하는 데 주안점을 두었다. 또 이 서적이 주류 제조 현장에서 활용될 수 있도록 실무적 차원에서 집필하였다.

그리고 주류 향미의 이해도를 높이기 위해 향미에 대한 기초적인 개념과 발효 미생물과 향미와의 상호 연관성에 대해 서술하였고, 각 주종별·제품별 향미 특성에 대해 학술적인 자료를 근거로 세부적으로 기술하였다.

주류의 향미는 원료와 제조과정에서 발현된 것이 때문에 이 책에서는 각 주종별 원료와 제조과정 특성을 기술하여 독자가 주류 향미의 유래에 대해 이해하도록 하였다. 또 그 향미가 각각의 주류 품질에 미치는 영향이 무엇인지를 과학적으로 설명하여 독자들에게 다양한 주류의 향미 관련 필요한 지식과 정보를 제공하고자 노력하였다. 또한, 향후 국내 주류의 품질관리 방향 및 산업화를 위한 품질 표준화와 규격화 설정에 시사점도 주고자 하였다.

이 책에 주류 향미에 대한 모든 정보를 수록하지 못한 아쉬움이 있지만 주류 향미 관련 전문서적이 처음 발간됨으로써 주류 품질관리 지표 설정과 양조기술 개선 그리고 산업 발전에 미약하나마 초석을 놓았다는 데 자부심을 갖는 바이다. 특히 해외에서도 각 주종별 주류 향미를 종합적으로 기술한 전문서적이 없는 것을 감안하면 세계적으로도 특별한 출간으로 이 책에 소개된 방대한 학술 자료의 의미는 남다르고 감회가 크다.

이 책이 앞으로 양조아로마 교재로서 양조 교육과 연구 분야에 널리 이용되길 바라며 주류 산업계, 식품 전공자들과 주류 소믈리에들에게도 지식을 쌓는데 도움이 되길 바란다. 끝으로 이 책을 발간하도록 교정을 도와준 서울벤처대학원대학교 대학원생들과 꼼꼼한 편집을 해주신 광문각 출판사 박정태 회장님과 편집부 여러분께 감사드린다.

정철

# ▌차례▐

# 향미의 개요

# 1. 주류의 향미

주류의 향미(香味, flavor)란 복합적인 성분으로 구성된 것으로 맛(taste), 향기(aroma), 질감(mouthfeel) 및 외관(appearance)을 포함하는 광의의 개념이다. [그림 1-1]과 같이 술은 일반 식품과 마찬가지로 우선 색상 등 시각적인 영향을 받은 다음 입에서 느껴지는 물성을 동반한 맛이 느껴지게 된다. 또 눈에 보이지 않는 성분들을 코를 통해 미세한 아로마 성분을 감지하게 된다. 주류의 품질과 특성은 미량의 특정 향미 성분에 의해 결정되며, 맛 역시 향이 감지될 때 입안에서 느껴지기 때문에 주류에서는 특히 향기의 종류와 특성 그리고 강도가 가장 중요한 요소가 된다.

[그림 1-1] 주류의 향미 구성

모든 소비자는 위생적이고 안전하며 오감을 만족시켜 주는 술을 구매하려 한다. 소비자의 이러한 욕구를 만족시키기 위해서 제조자는 술의 품질(quality)과 가치(value) 사이에서 고민하게 된다. 술의 품질이란 제품이 가지고 있는 고유의 특성을 충족하는 정도를 말하는데, 소비자가 술을 마실 때 느끼는 관능 품질(sensory quality)이 곧 품질의 평가 기준이 된다. 이때 외관(탁도, 침전물, 색상, 거품), 냄새(아로마, 부케) 그리고 맛(점성, 촉감, 질감)을 기준으로 평가하게 된다.

반면 가치라고 하는 것은 관능 품질 외에 제품 이미지, 즉 가격, 마케팅 이력, 수상 경력 및 제조 역사 등을 말한다. 물론 제조자 입장에서는 술의 품질과 가치를 동시에 추구하면서 가성비가 좋은 제품을 시장에 선보이기 위해 노력하는데 그러기 위해서는 기술 혁신이 전제되어야 한다. 술의 맛과 향은 사람마다 다르게 반응하며 술의 향미 특성, 심리와 환경 조건 등에 따라서도 그 차이가 크다. 따라서 제조자는 소비층 타깃별 제품 선호도를 예측하여 기존 제품을 리뉴얼하고 신제품을 개발하는 데 초점을 맞추게 된다([그림 1-2]).

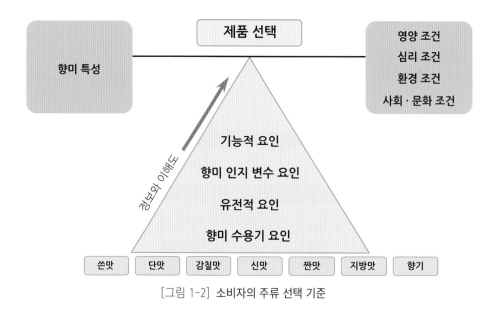

[그림 1-2] 소비자의 주류 선택 기준

한편 주류의 맛과 향을 느끼려면 우선 개개의 물질이 가지고 있는 맛과 향이 사람의 입과 코에서 느껴질 정도의 최소 농도가 있어야 하며, 그 최소 농도를 역치 또는 최소감응농도(threshold)라 한다. 물론 역치 이하의 물질들도 역치 이상의 물질들의 강도를 상승시키거나 감소시키는 간접적인 기능을 할 수는 있다. 그러나 들숨과 날숨에서 느끼지 못할 정도의 낮은 역치로 존재하는 술의 물질은 일단 향미에 직접적인 영향이 없다고 봐야 한다. 향기는 술을 마실 때의 들숨 또는 마시고 난 후의 날숨에서 또는 들숨과 날숨 모두에서 느껴지는 기체 상태의 아로마를 의미한다. 술의 향을 맡는다는 것은 술에 용해된 휘발 성분이 아니라 공기 중으로 휘발된 술의 성분을 사람이 코의 수용기를 통해 인지하는 것을 말한다.

일반적으로 물에 함유된 아로마 성분의 역치 설정은 비교적 쉽다. 그러나 술과 같은 다양한 물질이 혼합된 경우 개개의 휘발 성분 역치를 설정하기가 매우 어렵고 느껴지는 향의 특성이 다르게 나타나는데 그 이유는 다음과 같다. 첫째, 휘발 성분이 함유된 술의 온도에 따라 느껴지는 역치가 다르게 나타나고, 둘째, 술에 함유된 당분, 산분, 알코올 등 다른 성분들의 조성에 따라 개개의 역치가 달라지며, 셋째, 술의 휘발 성분의 농도에 따라 역치가 다르게 나타나고, 넷째, 휘발 성분 간의 구성·비율에 의해서도 역치가 상이하게 느껴지기 때문이다.

휘발 성분은 순수한 물에서보다 알코올과 물이 혼합된 주류에서 더 잘 용해되고, 분자량이 큰 휘발 성분들일수록 코의 수용기에 쉽게 감지되기 때문에 역치가 비교적 낮다. 역치가 낮을수록 코로 감지가 쉽고 높을수록 인지하기가 어려워진다.

그리고 주류에서는 향미 특성 파악이 중요한데, 그 이유는 향미가 제품의 정체성 및 캐릭터 설정에 기본 정보를 제공해 주기 때문이다. 즉 향미 특성은 우선 주류의 제품 특성과 규격을 설정하는 데 활용할 수 있고 품질 유지 기한 설정에도 도움이 된다. 그리고 신제품 개발 및 타제품과의 차별화에도 활용할 수 있다. 또 주류의 품질 관리 및 홍보 마케팅으로도 유용하게 활용할 수 있고 무엇보다 좋은 술을 만드는 데 기본이 된다.

좋은 술이란 다음의 4가지 조건을 충족해야 한다. 첫째, 술 타입에 적합해야 하고, 둘째, 조화로운 향미 유지와 제품 품질을 특정하는 향미를 나타내야 하며, 셋째, 이미 이취가 없어야 하고, 넷째, 지속해서 음용을 자극하는 술이어야 한다. 따라서 좋은 술의 평가를 받기 위해선 양질의 원료와 주종에 적합한 효모를 사용해야 하고 최적의 양조 공정이 선행되어야 한다. 또 잡균 오염이 없는 위생적인 양조 환경이 필수적이고, 양조와 유통 과정 중의 산화 방지를 위한 예방 조치들이 취해져야 한다.

한편 주류의 관능평가는 사람의 오감을 이용하여 주류의 품질을 판단하는 것이다. 올바른 주류의 관능평가를 위해서는 장기간의 훈련을 거친 다수의 전문 패널과 적합한 테이스팅 공간이 필수적이다. 주류의 관능 훈련은 먼저 기본적인 맛 훈련 후 이미 이취 인지 훈련 그리고 유통 주류들에 대한 비교 훈련 등 이론과 실무를 겸해 단계적으로 이루어진다. 관능평가의 능력은 개인 편차가 매우 크고 특히 냄새 기억에 대한 개개인의 차이가 매우 커 사람마다 관능

평가 시 장단점을 가지고 있게 마련이다. 대부분의 사람은 개인의 관능평가 능력을 정확히 인지하지 못하는 경우가 많지만 관능평가에 대해 특별한 재능을 가진 사람도 없다. 또한 국가별, 지역별 관능평가 지표가 상이하여 주류의 관능평가 시 생리적, 심리적 특성에 대한 지식이 중요하며, 별도로 관능평가 지표와 전문 용어에 대한 이해도 별도로필요하다.

사람은 보통 2,000여 개의 미뢰를 보유하고 있고, 약 10% 정도는 4,000여 개의 미뢰를 가지고 있는 것으로 알려져 있다. 관능평가 때 시각이 미치는 영향이 매우 크며 샘플의 순서가 관능평가에 영향을 미치기도 한다. 또 포장 형태와 평가표도 관능평가에 영향을 미칠 수 있다. 한편으로 초보자에게는 술 관능 후 적합한 표현이 적합치 않아 쉽게 표현할 수 있는 언어가 필요하다. 또한 관능 후 표현 방식은 간결하고 명확해야 하고 그 표현은 다른 사물과 비교하여 설명할 수 있는 언어여야 한다. 그리고 품질 이상 원인 물질에 대한 명확한 언어여야 한다.

주류 관능평가 시 기본적으로 사용하는 향미 표현 관련 주요 용어들을 살펴보면 다음과 같다.

① 향미(Flavor) : 혀와 코를 통해 총체적으로 식별된 맛과 향

② 맛(Taste) : 물질을 혀에 댈 때 느끼는 맛(단맛, 신맛, 짠맛, 쓴맛, 감칠맛)

③ 아로마(Aroma) : 원료 유래의 휘발된 화학 성분에 의해 풍기는 향

④ 이미 이취(Off flavor) : 혀와 코를 통해 총체적으로 식별된 바람직하지 못한 향미

⑤ 부케(Bouquet) : 숙성 또는 저장을 통해 생성된 향(아로마와 혼용하여 사용 가능함)

⑥ 질감(Texture) : 혀가 아닌 입안 전체에서 느껴지는 바디감

⑦ 점성(Viscosity) : 입안에서 느껴지는 끈적임 정도

⑧ 탑노트(Top note) : 코를 통해 최초로 느껴지는 향으로서 휘발성이 강한 성분

⑨ 베이스 노트(Base note) : 코를 통해 서서히 향이 느껴지고 오래 남는 성분

⑩ 역치(Threshold) : 감각기관이 감지할 수 있는 최소한의 농도

⑪ 아로마가(Aroma value) : 아로마 농도를 역치로 나눈 값(아로마가 1 이상일 때 사람이 인지하게 됨)

⑫ 향미가(Flavor value) : 향미 농도를 역치로 나눈 값(향미가 1 이상일 때 사람이 인지하게 됨)

# 2. 향미의 특징

일반적으로 주류의 향미 성분은 함유된 농도에 따라 사람이 감각기관으로 인지하는 강도와 느낌이 다르게 나타난다. 앞서 설명한 바와 같이 주류에서 검출된 성분이 역치 이하인 경우는 사람의 감각기관이 인지를 못 해 큰 의미가 없고, 인지할 수 있는 수준의 최소 농도가 함유되어야 비로소 맛과 향기를 느낄 수 있다.

주류의 향미는 검출된 성분이 역치 이상일 경우 그 농도가 높을수록 관능상 그 강도를 더 느끼게 된다. 그리고 검출된 향미 성분의 농도와 관능상 느껴지는 강도는 직선 상관(linear correlation)에 놓이게 된다. 또 검출되는 물질이 증가할수록 관능상 느껴지는 강도는 기하급수적으로 강해진다. 그러나 그 향미 강도가 종말점에 다다르면 향미 성분이 증가한다 해도 관능상으로는 더 이상 강하게 느껴지지는 않는다([그림 1-3]).

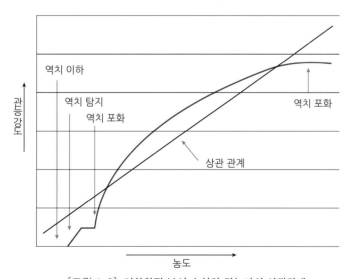

[그림 1-3] 이화학적 분석 수치와 관능과의 상관관계

## 1) 맛의 개요

맛은 술을 마실 때 향미 성분이 미각과 후각을 자극하고 입안의 통각·촉감·온도를 감지하는 혀의 표면에 있는 미뢰(味雷)의 미각신경이 화학적인 자극을 받아서 느껴지는 것이다. 맛을 인식하는 이들 미뢰세포는 여러 물질에 의해 자극되기 때문에 고형분이 많은 주류보다는 적은 주류에서 보다 쉽게 느끼게 된다. 그리고 맛은 이들 세포들이 용액으로 존재하는 여러 물질에 의해 자극되기 때문에 고체 물질보다 술과 같은 액체물질에서 쉽게 느끼게 된다.

맛의 일부는 감각적이고 일부는 주관적인 것으로 맛에 대한 느낌은 개인 편차가 크며 동일인이라도 조건에 따라 다르게 느끼게 된다. 물론 음주 습관·풍습·편견·정서 및 생리적 상태에 따라서도 술맛에 대한 인식 정도는 달라질 수 있다. 또 맛에 대한 표현 방식도 많은 차이가 있어서 같은 술이라도 사람마다 각각 다르게 표현하게 된다.

한편 사람의 혀는 보통 3가지 타입의 미각유두(味覺乳頭)를 가지고 있는데, 혀 중간과 옆에 각각 위치한 배상유두(杯狀乳頭)와 엽상유두(葉狀乳頭) 그리고 용상유두(茸狀乳頭)가 그것이다. 사람은 5가지의 맛(단맛·신맛·짠맛·쓴맛·감칠맛)을 느낄 수 있는데, 혀에 있는 미세포가 맛을 내는 화학물질에 반응하여 미신경을 자극함으로써 맛을 느끼게 된다. 맛을 감지하는 기관은 혀 표면의 유두돌기(papillae)인데 이는 혀를 내밀어 거울에 비춰보면 쉽게 식별이 가능하다.

그리고 유두돌기는 그 모양 및 혀에서의 위치에 따라 성곽형 유두돌기(vallate papillae), 섬유형 유두돌기(filiform papillae), 버섯형 유두돌기(fungiform papillae) 및 엽상형 유두돌기(foliate papillae) 등 4종류로 구분한다. 각 유두돌기에는 한 개~수백 개의 미뢰가 있으며, 각 미뢰에는 약 50~150개 정도의 미세포 또는 미각 수용기 세포(taste receptor cell)가 존재한다.

미뢰에 존재하는 미세포는 미뢰에서 혀의 표면 방향으로 열린 구멍인 미공(taste pore)으로 미세융모(microvilli)로 구성되어 있다([그림 1-4]). 따라서 미세포는 미세융모를 통해 입안에 있는 술의 성분들을 감지하게 되는 것이다. 미세포는 조직학적으로는 신경세포(neuron)는 아니지만 미뢰의 아래쪽에 연결된 미각신경에 시냅스를 형성하고 있으며 신경전달물질도 방출하는 기능을 한다. 그리고 미뢰에 존재하는 많은 세포는 끊임없이 성장·사멸·재생을 반복하는데, 각 세포들의 생애주기는 대략 2주 정도 되는 것으로 알려져 있다.

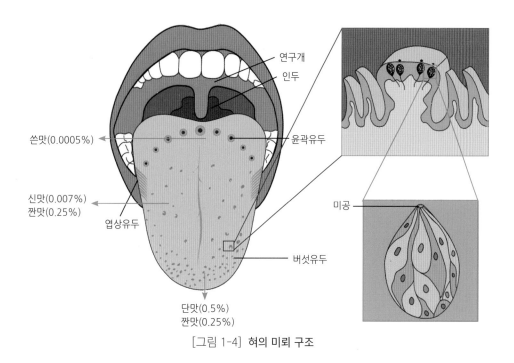

연구개
인두
쓴맛(0.0005%)
윤곽유두
신맛(0.007%)
짠맛(0.25%)
엽상유두
미공
버섯유두
단맛(0.5%)
짠맛(0.25%)

[그림 1-4] 혀의 미뢰 구조

술의 맛을 내는 메커니즘을 살펴보면, 우선 술 성분들은 각 미세포에 작용하여 막전위 (membrane potential)의 변화를 유발한다. 일반적인 신경세포와 같이 이러한 막전위의 변화가 탈분극(depolarization)을 유도하면 미세포에서 활동전위가 생성된다. 특히 탈분극은 미세포 막에 존재하는 전압 개폐성 칼슘 통로(voltage-gated calcium channel)를 열리게 하고, 이를 통해 미세포 내부로 술의 성분들이 들어오면 미세포로부터 미각신경으로 신경전달물질이 방출된다. 이때 미세포에서 미각신경으로 방출되는 신경전달물질의 종류는 맛의 종류에 따라 다르게 나타난다. 예를 들어 신맛과 짠맛은 세로토닌(serotonin)이, 단맛·쓴맛·감칠맛은 ATP가 신경전달물질로 방출된다. 미세포에서 방출된 신경전달물질은 다시 미각신경을 자극하면서 미각신경에서 활동전위를 생성한다. 미각신경의 활동전위는 뇌로 전달되어 사람이 비로소 맛을 느낄 수 있게 되는 것이다.

한편 주류의 맛은 여러 가지 성분이 복합된 것이지만 몇 가지 기본 맛을 중심으로 이루어진다. 주류의 기본 맛은 단맛(감미)·신맛(산미)·짠맛(함미)·쓴맛(고미)의 네 가지로 나뉘는데 이를 4원 미라고 한다. 이들 네 가지 맛은 주류에서 각각 특성 있는 맛을 나타내며 서로 복합되어 여러 가지 맛을 나타내게 된다. 최근에는 감칠맛과 알코올맛을 추가하여 5원 또는 6원 미로 맛을 구분하기도 한다([그림 1-5]).

| 단맛 | 천연 감미료 | 포도당, 과당, 설탕, 당알코올, 스테비오, 글리세롤 |
| | 인공 감미료 | 사카린, 아세설팜칼륨, 아스파탐, 수크랄로스 |
| | 아미노산 | 글리신, D-페닐알라닌, D-트립토판, L-프롤린, L-글루타민 |
| 신맛 | 무기산 | 염산 |
| | 유기산 | 초산, 젖산, 호박산, 구연산, 주석산 |
| 감칠맛 | 아미노산류 | L-글루탐산(MSG), L-아스파트산 |
| | 펩타이드류 | 펩타이드 |
| 쓴맛 | 펩타이드류 | 펩타이드 |
| | 폴리페놀류 | 폴리페놀, 카테킨, 탄닌, 퀴논 |
| | 메틸산틴 | 테오브로민, 카페인 |
| | 설파이드 | 설파이드 |
| 짠맛 | | 소금, 암모늄 이온, 칼륨 |
| 알코올 맛 | | 알코올 16%까지는 단맛에 영향이 없으나 32%에서는 약한 단맛을 부여하고 알코올 농도가 높을수록 쓴맛 부여 감미료(천연, 인공)가 알코올 쓴맛을 마스킹하는 효과 부여 |

[그림 1-5] 술의 맛 종류

주류에서 나타나는 각각의 맛 특징을 세부적으로 살펴보면 다음과 같다.

① 단맛 : 일반적으로 사람의 단맛에 대한 욕구와 집착은 매우 강한데, 단맛을 나타내는 성분은 복잡한 유기화합물로서 당류와 아민류, 알코올류 등이 대표적이다([표 1-1]). 단맛을 나타내는 성분의 단 정도는 차이가 매우 크기 때문에 설탕과 비교하여 상대적으로 평가하는 것이 일반적이다. 일부 감미료는 단 정도가 설탕의 200배 이상 되는 것도 있다. 단맛을 내는 물질의 화학 구조를 보면 대부분 수산기(OH) 또는 아미노기($NH_2$)를 지니고 있는데 당류와 알코올류, 일부 아미노산이 단맛을 내는 이유다.

[표 1-1] 당분의 종류

| 분류(당 개수) | 소분류 | 성분 |
|---|---|---|
| 설탕류 (1~2개) | 단당류 | 포도당, 갈락토오스, 과당, 자일로오스 |
| | 이당류 | 설탕, 젖당, 맥아당, 트레할로오스 |
| | 당알코올 | 솔비톨, 만니톨, 자일리톨, 글리세롤 |

| 올리고당류<br>(3~9개) | 말토올리고당 | 말토덱스트린(약한 단맛) |
| | 기타 올리고당 | 프럭토올리고당<br>(설탕의 50% 단맛) |
| 다당류<br>(9개 이상) | 전분 | |
| | 비전분 올리고당 | 글리코겐, 셀룰로오스, 펙틴 |

② 신맛: 주류의 신맛은 향기를 동반하는 경우가 많아 본래의 맛과 더불어 주류의 맛을 좋게 하고 음용성을 개선하기도 한다. 신맛을 내는 물질에는 유기산과 무기산이 있는데, 주류 중에 해리되지 않은 산 분자와 해리된 수소이온이 신맛을 내게 한다. 따라서 주류에서의 신맛 정도는 수소이온의 농도에 정비례하지 않고 같은 농도라도 유기산이 더 시큼하게 느껴진다. 유기산의 종류에 따라 신맛 정도와 느낌이 다르지만, 일반적으로 신맛은 상쾌한 신맛과 특유의 감칠맛을 나타낸다. 신맛은 여러 가지 유기산을 혼합하면 더 좋은 신맛을 부여하기도 한다. 음료를 만들 때 여러 유기산을 첨가하여 제조하는 이유다. 그리고 초산은 휘발성이고 증발이 쉽고 혀를 톡 쏘는 예리한 신맛을 나타낸다. 구연산은 강한 자극성 신맛이지만 휘발되지 않아 톡 쏘지는 않고 가열해도 손실되지 않는 특성이 있다. 사과산은 산뜻한 신맛으로 증발되지 않고 주석산은 떫은맛이 나는 신맛이 특징이다. 수산은 뒤를 당기는 특유의 신맛을 나타내고, 젖산은 깊은 신맛을 나타내며 시큼하다고 표현하는 일반적인 신맛을 말한다. 그리고 호박산은 청주의 감칠맛을 부여하는 맛으로 부드러운 신맛을 나타낸다. 일반적으로 신맛을 내는 물질들은 화학적으로 수소기($H^+$)를 지니고 있다.

③ 쓴맛: 쓴맛을 내는 물질은 일부 펩타이드, 아미노산, 알칼로이드와 배당체 등이 대표적이며 기본 맛 중에서 가장 역치가 낮아 제일 예민하게 느껴진다. 쓴맛은 신맛처럼 다른 맛과 혼합되어 특이한 향미를 형성하기도 하며 일반적인 쓴맛은 불쾌하게 느껴지지만 그 농도가 낮을 경우 술맛을 돋우는 역할을 하기도 한다. 쓴맛을 내는 물질들은 보통 화학적으로 설폰산기($SO_3OH$) 또는 이산화질소($NO_2$)를 갖고 있다.

④ 짠맛: 식품에서 가장 기본이 되는 맛으로 짠맛의 성분은 주로 무기와 유기 알칼리염으로서 음이온을 띠는 물질이 대부분이다. 주류에서의 짠맛은 매우 드물게 나타나는 맛으로 볼 수 있다.

⑤ 감칠맛: 감칠맛은 4원 미와 향기 성분 등이 잘 조화된 맛을 말하며 여러 가지 정미 성분이 혼합되어 나타나는 미묘하고 복합적인 맛으로 표현할 수 있다. 감칠맛의 주요 성분은 아미노산류와 비단백성 질소 화합물류 등이 대표적이다.

⑥ 기타 맛: 상기 5가지 기본 맛 이외에도 맛을 내는 성분은 여러 가지가 있는데, 예로써 떫은맛, 구수한 맛(지미)과 교질 맛 등이 그것이다. 이들 성분은 술의 복합적인 맛에 크게 영향을 미친다. 떫은맛은 수렴성(astringent)의 맛으로 혀의 점막 단백질을 일시적으로 응고시켜 미각신경이 마비되어 일어나는 것으로 주로 탄닌류가 많은 와인에서 느껴지는 맛이다. 교질 맛은 술이 혀의 표면과 입속의 점막에 물리적으로 접촉될 때 느끼는 맛으로 술의 질감을 느낄 수 있는 맛이다. 그 외 주류에서 나타나는 맛은 금속 맛으로 철, 은, 주석 등에서 금속이온의 맛이 난다.

## 2) 향의 개요

주류의 향은 천연 향, 천연 유사 향 및 인공 향 등으로 구분할 수 있는데, 이러한 향기 성분들의 구성과 조성이 주류의 아로마 특성에 영향을 미치게 된다([그림 1-6]). 주류에 함유되어 있는 대부분의 향기 성분은 유기물이며 적은 농도(mg/L~ng/L 수준)로도 코로 감지되는 물질로서 알데히드류, 알코올류, 에스터류, 케톤류, 페놀류, 털핀류 및 피라진류 등이 대표적이다. 그 외 주류의 향기 성분으로는 황화합물류, 락톤류와 지방산류 등이 있다.

주류의 향기 성분 생성에는 원료부터 알코올 발효, 숙성 · 저장까지 전 과정이 관여되고, 각 공정별 물리화학적 변화에 따라 향기 특성은 변하게 된다. 주류의 맛과 더불어 향기 성분은 주류의 품질과 특징을 좌우하는 중요한 지표이며, 제조 직후부터 소비자에게 소비될 때까지 고유한 향미를 일정하게 유지하는 것이 주류 제조자에게는 가장 큰 과제이다. 향료와 색소 등 첨가물을 이용하여 제품을 만드는 음료와는 다르게 주류는 원료부터 포장까지의 모든 제조과정에 미생물이 항상 관여한다. 따라서 각 미생물의 특성과 그의 생화학적 메커니즘을 이해하는 것은 좋은 술을 만드는 데 가장 기본적인 지식이며, 생주 형태로 유통되는 주류의 경우는 더욱더 그러하다.

**천연 향미**

* 동식물 원료로부터의 향미
* 물리적 방법에 의해 분리된 향미
* 미생물적·효소적 가공에 의한 향미

**인공 향미**

* 증류 후 부가적으로 화학적 조작에 의한 향미

* 의도되지 않은 비천연 향미

**향미**

**천연 향미 유사 물질**

* 합성 또는 화학반응으로 얻어진 향미

* 화학적 합성으로 얻어진 리그닌으로부터 바닐린 합성

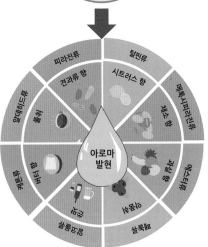

[그림 1-6] 술의 향기 유래

　[그림 1-7]은 주류의 향미를 구성하는 주요 성분으로 그 농도 차이가 있을 뿐 대부분 술에 함유되어 있고 이러한 성분들이 술의 맛과 향에 영향을 미치게 된다. 다른 물질들과 화학반응을 하는 각 아로마 성분의 기능기(functional group)는 그림에서 빨간색으로 표기되어 있다. 각 성분들의 주류별 유래와 향미에 미치는 영향은 각 장에서 별도 기술하기로 한다.

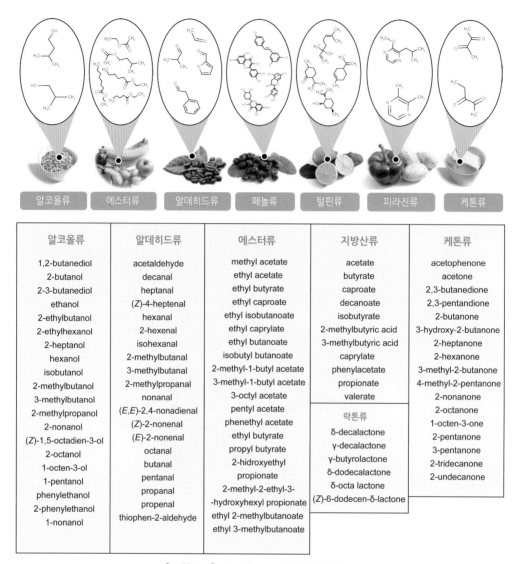

[그림 1-7] **주류의 대표적인 향의 분류**

한편 대부분의 향기 성분이 주류 아로마에 영향을 미치지만 그중 일부 핵심 향기 성분만이 직접 주류 아로마에 영향을 끼치게 된다. 이러한 주류의 아로마를 식별하는 방법은 사람이 직접 향기 성분을 코로 맡는 관능 방법과 사람을 대신하여 기계적으로 냄새를 측정하는 기기분석(전자코)법이 있다. 기기 분석법은 관능 방법보다 분석 정밀도를 높일 수 있는 장점이 있다. 그간 주류 향기 성분을 분석하는 기술은 지속적으로 발전되어 왔는데, 최근에는 주류의 향기 분석에 사용하는 전자코를 이용한 기기 분석법이 많이 이용된다. 특히 가스색층 분석 후각 검사법(Gaschromatography Olfactometry, GC-O)을 이용하여 기기 분석법의 장점인 향기 성분 분석과 관능 방법의 장점인 냄새 강도 측정 및 향기 특성 분석이 동시에 가능해졌다. 이 방법은 사람이 직접 향기 성분을 판정해야 하므로 시간적·경제적 소모가 크고 전문 지식이 요구되는 분석법이다.

또 핵심 향기 성분 분석에는 아로마 추출 희석 분석법(Aroma Extract Dilution Analysis, AEDA)을 이용하는데, 이는 술의 표본을 순차적으로 희석하여 향기 성분이 주어진 희석 배수에 해당하는지를 판단하는 것으로 향미 희석인자 계수(Flavor Dilution factor, FD)가 클수록 아로마에 미치는 영향이 큰 것으로 판단한다([그림 1-8]).

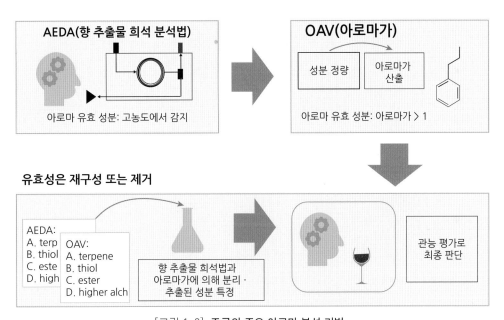

[그림 1-8] 주류의 주요 아로마 분석 기법

그리고 기기분석 후 검출된 향기의 분석값은 역치값과 비교하여 아로마가(Odour Activity Value, OAV)를 구한다. 일차적으로 아로마가 1 이상이면 코로 느껴지는 물질이고 1 이하면 코로 감지하지 못하는 성분으로 판단한다. 사람은 보통 만여개의 물질을 코로 맡을수 있는데 그 성분의 아로마가 1 이상일 경우에만 코로 감지할수 있다.

$$아로마가(OAV) = \frac{분석값}{역치값}$$

각 향기 성분은 각기 역치를 나타내며 그 역치값은 어느 주종에 함유되어 있는지에 따라 크게 다르게 나타난다. 따라서 각 향기 성분의 절대 역치값으로만 판단하는 것보다는 각 향기 성분이 특정 주종에서 나타내는 역치값을 반영하여 아로마가를 설정하는 것이 객관적인 평가 방법이다.

그리고 기기 분석을 통해 검출된 향기 성분들은 향기 성분 간 또는 비휘발 성분들과의 상호작용에 따라 특정 향기 성분이 마스킹되는 현상이 나타날 수 있다. 따라서 검출된 향기 성분 중 일부는 제외하고 핵심 향기 성분을 재구성해야 하는 경우도 발생할 수 있다. 즉 기기 분석을 통한 분석값과 주류 아로마 특성과 강도를 사람이 직접 관능적으로 평가한 결과를 종합 평가해야 각 주종의 향기 성분 특성을 최종적으로 평가할 수 있는 것이다.

해외의 경우 주류에 함유된 각각의 이화학적 성분들이 주류 향미에 미치는 영향 관련프로파일링 연구가 진행되고 있고, 분석 데이터와 관능평가를 조합한 향미 정보를 축적해가고 있다. 특히 GC-O와 질량분석기를 통해 더욱 정확하고 방대한 향미 성분들을 분석해 제품의 이화학적인 특성을 규명하는 데 활용하고 있다. 또 주류의 이화학성분들과 향미에 미치는 효과와 연관성 규명에 다변량 통계분석기법들이 활용되고 있다. 그리고 각각의 향미 성분들의 정량적 역치를 설정하여 분석된 데이터와 비교 후 아로마가를 설정하여 제품의 품질을 특정하는 데 활용하는 것이 일반화되어 있다.

반면 우리나라에서는 주종별 이화학적 분석은 그간 많은 발전이 있었지만, 각 향기 성분의 역치가 설정되지 않아 주류제품의 향미를 특정하는데 한계가 있다. 향후 각 주류의 향미 성분에 대한 정량적 역치 데이타 수집과 아로마가 설정이 중요한 과제로 남아 있다.

한편 주류의 향미는 향, 맛 그리고 질감의 합계 뿐 아니라 이들 성분 간의 상호작용에 의한 향미 또한 영향을 미친다([그림 1-9]). 향과 맛의 상호작용을 보면, 술의 어떤 향을 인지하게 되면 단맛을 감지하는 강도가 강해지며, 단맛이 강하면 아로마 역시 강하게 느껴진다. 또 질감과 맛의 상호작용을 보면 점도가 약하면 단맛을 더 강하게 느끼게 된다. 반면 질감과 향의 상호작용에서는 서로 연관이 없는 것으로 나타난다.

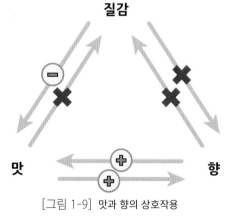

[그림 1-9] 맛과 향의 상호작용

# 3. 마이얄 반응

마이얄 반응은 1912년 프랑스 화학자 루이스 마이얄(Louis Maillard)이 발견한 것으로 현재의 마이얄 화학반응식은 1953년에 호지(Hodge)에 의해 알려지게 되었다. 이 마이얄 반응은 주류 제조 과정 중 원료 처리부터 숙성·저장 과정에 걸쳐 나타나는 환원성 당류와 아미노산, 펩타이드 및 단백질간의 비효소적 화학 반응이다([그림 1-10]).

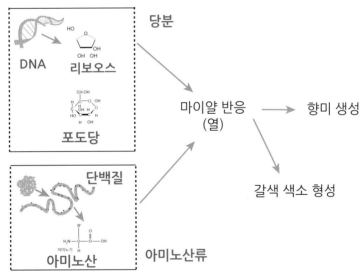

[그림 1-10] 마이얄 반응의 대사 기전

주류의 향기 성분과 색상 변화는 마이얄 반응을 통해 생성된 부분이 많고 주류뿐 아니라 일반 식품(제빵, 장류, 커피, 육류 등)에 열을 가하거나 실온에서 숙성할 때도 나타나는 일반적인 갈색화 현상이다. 이러한 현상은 고온에서 대부분 나타나는 현상이지만 저온에서도 느리지만 이 반응이 일어난다. 마이얄 반응은 200℃까지 산화 반응을 하지만 그 이상이면 반응은 약해진다. 따라서 마이얄 반응은 엄밀히 말하면 여러 종류의 산화 반응들 중에 향미와 색을 나타내는 화합물이 만들어지는 단계까지만 반응이 진행되고 더 이상의 반응은 진행되지는 않는다.

주류 제조 과정 중에 나타나는 마이얄 반응으로 인해 감칠맛, 꽃 향, 양파 향, 고기 향, 녹색 채소 향, 초콜릿 향, 감자 향 및 흙냄새 등 다양한 향미가 나타나게 된다. 향미 제조사는 인공 향미를 만들 때 마이얄 반응을 많이 응용한다.

여기서는 주류 제조 과정 중에 자주 나타나는 마이얄 반응의 원리와 그로 인해 생성되는 아로마 성분을 살펴보고자 한다. 마이얄 반응은 3단계로 나뉘어 진행되며 단계별 생성된 중간 산물은 주류 아로마에 영향을 미치게 된다.

① 초기 단계: 초기 단계에서는 당류와 아미노산 간의 축합 반응 및 아마도리 전위(amadori rearrangement) 반응이 일어난다. 이 반응은 유리 아미노산과 환원당의 축합 반응으로 시작되며 이 반응으로 $N$-글리코실아민($N$-glycosylamine)이 생성된다. 이때 당이 알도오스(aldose)인 경우는 아마도리 생성물, 케토스(ketose)인 경우는 헨리 생성물이라 한다. 알도오스는 분자 내 알데히드기를 한 개 가지고 있는 단당류이며, 케토오스는 분자 내 케톤기를 한 개 가지고 있는 단당류를 말한다. 단당류는 환원력이 강한 카보닐기 등의 작용기를 가지고 있어 모두 환원당에 해당된다. 그리고 환원당은 헤미아세탈류(hemiacetals)나 헤미케탈류(hemiketals)와 같은 알데히드기 또는 케톤기로 구성된 화합물을 말한다. 예를 들어 락토오스와 말토오스는 환원당이지만 수크로오스와 트레할로오스는 환원당에 해당하지 않는다([그림 1-11]).

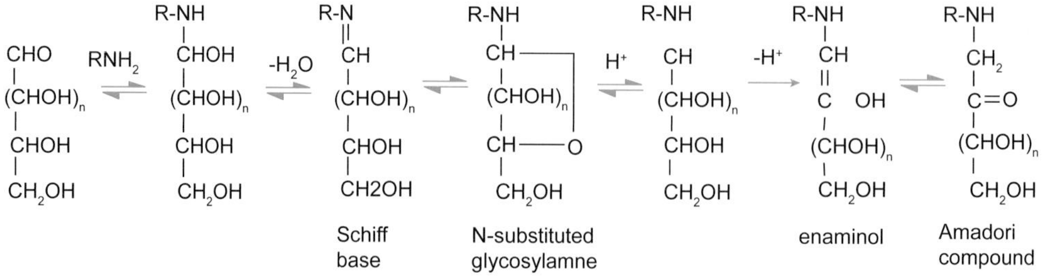

[그림 1-11] 마이얄반응의 초기 단계

② 중간 단계 : 중간 단계에서는 아마도리와 헨리 생성물로 시작되는데 아미노산이 반출되면서 당 분해가 시작된다. 이 단계에서는 초기 단계에서 보다 성분 간의 더 다양하고 복잡한 반응과 물질들이 생성된다. 주요 반응을 보면, 3-데옥시오존(3-deoxyosone)의 형성, 불포화 3,4-디데옥시오존(3,4-dideoxyosone)의 형성, 하이드록시메틸 푸르푸랄(hydroxymethyl furfural, HMF) 등 환상 물질의 형성, 리덕톤(reductone)의 형성 그리고 산화 생성물의 분해가 일어난다([그림 1-12]).

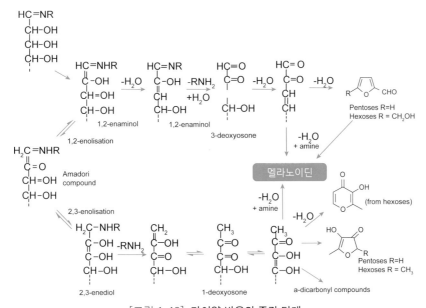

[그림 1-12] 마이얄 반응의 중간 단계

③ 최종 단계 : 최종 단계에서는 알돌형 축합 반응(aldol type condensation), 스트렉커 분해(strecker degradation) 및 멜라노이딘(melanoidin) 색소가 생성된다. 이 단계에서는 탈수·분해·고리화·중합 반응 등이 동시다발적으로 일어나며 이때 아미노산이 반응에 참여한다. 이 단계에서는 특히 스트렉커 분해가 일어나는데, 이 반응에서 아미노산은 마이얄 반응에서 생성된 디카보닐에 의해 나타난다. 이 반응으로 인해 생성된 아로마 성분들은 멜라노이딘이라고 하는 갈색 질소 함유 복합체가 되며 주류의 색상과 아로마에 영향을 주게 된다. 이 반응에서 아미노산은 각 단계별 반응에서 촉매 역할을 하여 반응을 유도하며 당과 아미노산 종류 그리고 온도와 pH에 따라 마이얄 반응 생성물은 달라진다.

예로써 황 함유 아미노산인 시스테인과 당분인 리보오스가 반응하면 고기풍의 냄새가 나며, 프롤린이 관여하면 제빵 향, 곡류 향과 팝콘 향을 풍기게 된다([그림 1-13~15]).

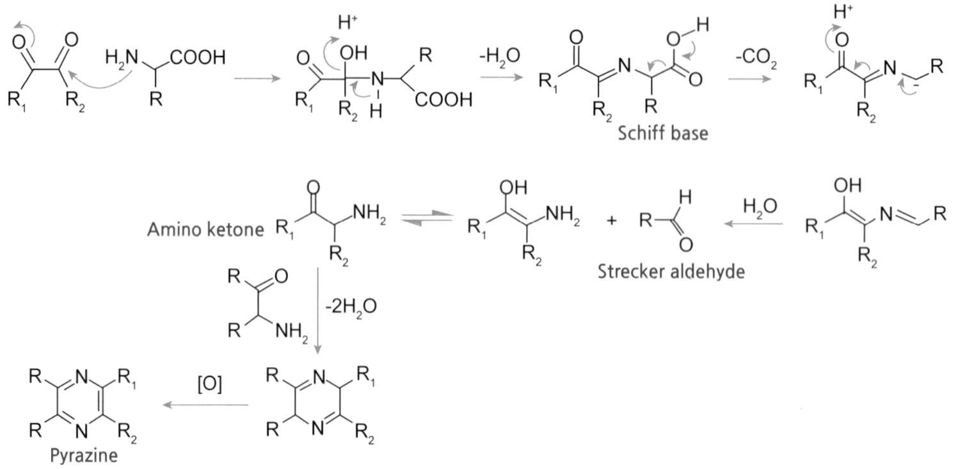

[그림 1-13] 마이얄 반응의 최종 단계(스트렉커 분해)

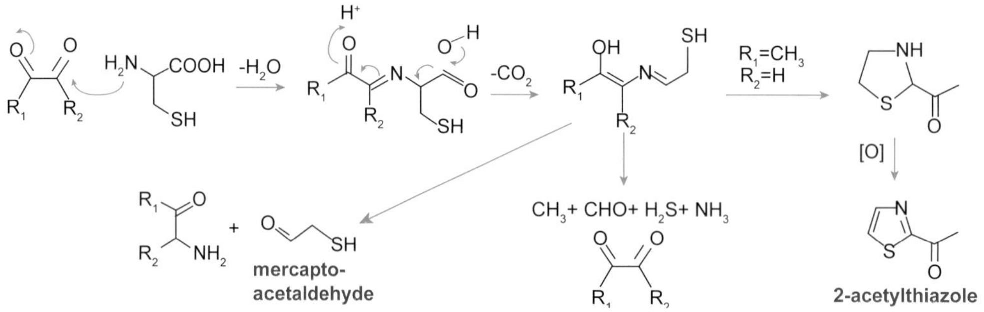

[그림 1-14] 마이얄 반응의 최종 단계(시스테인 반응 기전)

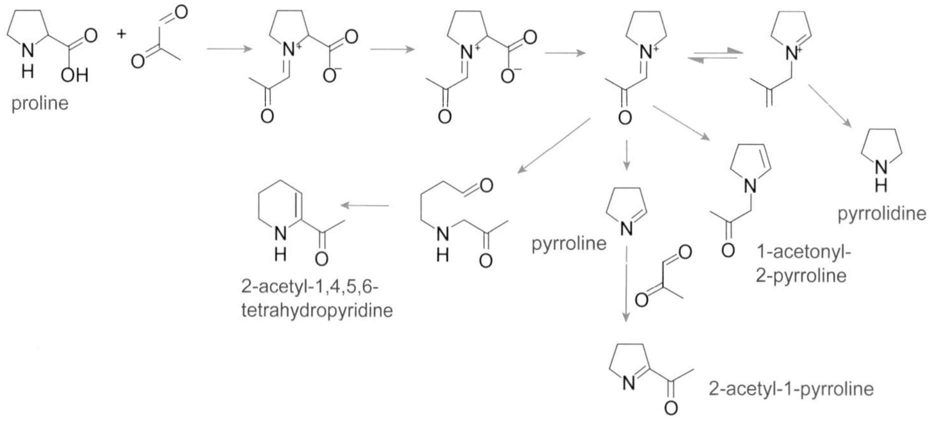

[그림 1-15] 프롤린으로부터 팝콘 향 생성 기전

마이얄 반응을 통해서 생성되는 주요 향기 성분을 보면 3그룹으로 분류된다([그림 1-16]).

① 당 분해물(초기 단계): 퓨란류, 피론류, 사이클로펜텐류, 카보닐 화합물, 산류 등
② 아미노산 분해물(중간 단계): 알데히드류, 황화수소, 메탄티올, 암모니아, 아민류 등
③ 스트렉커 분해물(최종 단계): 피롤류, 피리딘류, 피라진류, 이미다졸류, 옥사졸류, 티아졸류, 디티아졸류 등

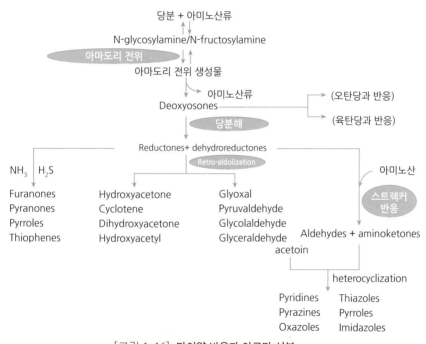

[그림 1-16] **마이얄 반응과 아로마 성분**

　한편 마이얄 반응 정도는 원료나 온도, 수분 활성도, pH 그리고 당 종류와 아미노산의 조성에 달려 있다. 특히 pH와 온도가 높을수록 그리고 수분율이 0.5~0.8일 때 마이얄 반응률이 높아진다. 당분 중에는 과당이 포도당보다는 마이얄 반응률이 높고, 아미노산 중에는 라이신이 포도당과 마이얄 반응율이 가장 높게 나타난다.

# 4. 캐러멜화

달콤한 향이 나는 캐러멜 반응(caramelization)은 마이얄 반응과는 달리 아미노 화합물이 없는 환경에서 당류의 가열에 의한 산화 및 분해 산물의 중합으로 갈색의 캐러멜을 형성하는 반응을 말한다. 마이얄 반응과 캐러멜 반응 모두 반응을 위해 열이 필요하지만, 마이얄 반응은 당이 반응에 필요한 반면 캐러멜 반응은 단순히 당이 열분해된 것이다. 이 반응은 효소가 없는 환경에서 일어나는 현상이라 비효소적 갈변 현상이라고도 한다([그림 1-17]).

또 이 반응은 열이 필요하므로 계속된 에너지가 있어야 하며 가열하면서 생기는 물질들이 분해되기도 하고 중합을 일으키며 다양한 형태의 분자들이 만들어진다. 이러한 물질들의 조합에 따라 향기와 맛이 달라진다.

캐러멜화도 마이얄 반응에서와같이 원료의 pH, 온도와 당 종류에 영향을 받는다. 일반적으로 캐러멜화는 45~65℃, pH 4~6에서도 진행되지만, 온도가 120℃ 이상, pH는 3~9 사이에서 가장 반응이 활성화되고 pH가 높을수록 활성이 더 잘된다. 또 당분 중에는 과당과 자일로오스가 포도당과 맥아당보다 캐러멜화가 잘 일어난다. 과당은 110℃, 포도당과 자당은 160℃, 맥아당은 180℃에서 캐러멜화가 일어난다. 캐러멜화 반응은 보리의 제맥 과정 중 맥아를 로스팅할 때도 발생하며 이때 로스팅 온도에 따라 맥아에 다양한 색상과 향을 부여한다.

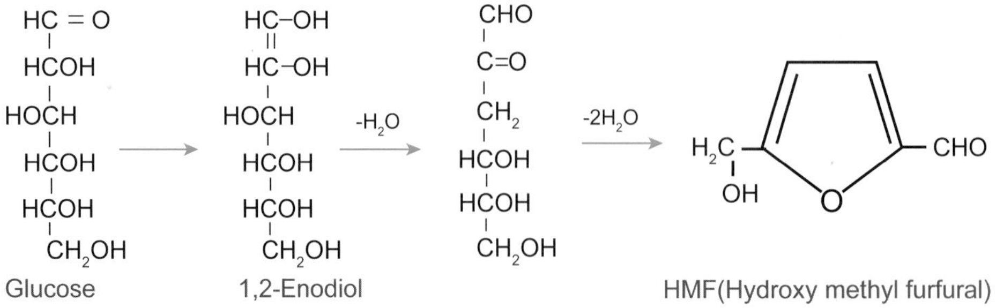

[그림 1-17] 포도당의 캐러멜화 반응(Hydroxymethyl furfural, HMF)

# 미생물과 향미

주류의 향미에는 원료뿐 아니라 담금 과정, 발효·숙성 과정도 영향을 미치게 된다. 주류 향미와 연관된 미생물은 효모, 곰팡이, 세균 등이며 각각의 미생물은 주종에 따라 주류 제조 때 단독 또는 혼합균 형태로 이용된다. 이러한 미생물들은 주류 제조 전 과정에 걸쳐 관여하면서 주류 향미와 품질 그리고 제품 특성에 매우 큰 영향을 끼친다. 이 장에서는 각 미생물의 생리적인 특성 및 주류 향미와 관련된 생화학적 대사 기전을 중심으로 살펴보기로 한다.

# 1. 효모

## 1) 개요

　효모는 현재 1,000여 종이 존재하는데 그중 상업용 양조용 효모는 200여 종이 알려져 있다. 효모는 알코올 발효 시에는 주로 해당 과정(glycolysis)을 거치면서 다양한 발효 부산물을 생성하지만, 산소가 존재하면 구연산회로(TCA cycle)를 통해 생성한 부산물도 주류 향미에 영향을 미치게 된다. 즉 효모는 알코올 발효 중에 산소 유무에 따라 해당과정 뿐아니라 구연산회로 대사를 유지하여 효모 대사에 필요한 물질을 공급하면서 생화학적 대사를 이어가는 것이다. 이때 해당과정과 구연산회로 대사는 술덧의 당분 함량과 산소농도 수준에 따라 달라진다([그림 2-1]).

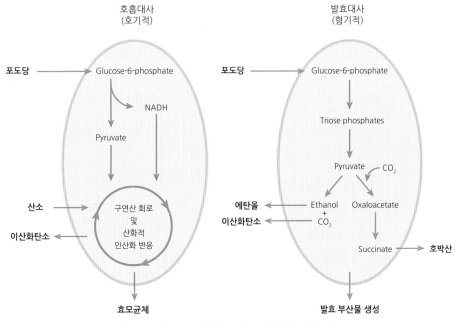

[그림 2-1] 효모의 호흡대사(좌)와 발효대사(우)

효모는 보통 산소 요구 기준으로 분류하면 산소가 절대적으로 필요한 효모군(절대 호기성), 산소가 없어야 하는 효모군(절대 혐기성) 그리고 산소 유무와 관계없이 에너지를 얻는 효모군(통성 혐기성, 통성 호기성)으로 나뉜다. 그리고 당분 농도에 따라 크랩트리 효과(crabtree effect) 양성 효모균과 음성 효모균으로 구분되는데, 주류 제조에 이용되는 양조용 효모는 통성 혐기성균이면서 크랩트리 양성균에 속한다. 비양조용 효모는 크랩트리 음성균인 경우가 많다. 크랩트리 효과란 효모가 당도가 높은 환경에서는 산소가 충분히 존재해도 증식이 제한되는 현상을 말한다. 이는 포도당이 구연산회로의 일부 효소의 활성화를 억제하기 때문에 나타나는 현상이다. 이렇게 양조용 효모는 당분과 산소 농도에 따라 그 대사 기전이 달라지며 그에 따른 발효 부산물 역시 술덧 환경에 따라 변한다. 또 효모는 해당 과정과 구연산회로뿐 아니라 글리옥살산 경로(glyoxylic pathway)를 통해 효모 대사에 필요한 물질을 분해 또는 합성하면서 부산물의 생성 정도를 조절하여 산화 환원 균형(redox balance)을 맞추는 메커니즘을 갖고 있다. 따라서 양조장에서 같은 원료와 동일한 알코올 발효 조건하에 주류를 제조하더라도 술덧의 환경(당도, 산도, 알코올 농도, pH, 산소)에 따라 효모 대사 기전이 달라지기 때문에 주류의 향미는 항상 같을 수 없고 매번 같은 주질의 술을 제조하기는 사실상 매우 어려운 작업이다.

한편 효모가 알코올 발효 중 대사 활동에 필요한 에너지를 얻는 과정을 살펴보면([그림 2-2]), 우선 포도당은 해당 과정을 거치면서 전자를 잃는 산화가 일어나게 되고, 산소는 포도당이 잃어버린 전자를 받아 환원이 일어나게 된다. 산화 환원 균형은 산화와 환원 반응을 함께 지칭하는 것으로 이러한 균형은 화학 반응에서 물질의 산화 환원 상태가 균형을 이루는 것을 말한다.

산화 환원 균형은 두 개의 물질 간에 전자를 주는 것과(산화 반응)과 전자를 받는 것(환원 반응)이 동시 일어나면서 전자의 전달을 통해 에너지 상태가 변하게 된다. 효모 세포 내에서는 이러한 에너지 변화는 산화 환원을 통해 일어나며, 효모 세포내 시스템의 항상성(homeostasis) 유지는 산화 환원의 균형에 의해 결정된다.

효모는 이러한 산화 환원 균형을 통해 필요한 에너지를 발생하게 된다. 이 과정에서 전자를 전달하는 역할을 하는 것은 조효소인 니코틴아미드 아데닌 디뉴클레오티드(nicotinamide adenine dinucleotide; NAD) 또는 니코틴아미드 아데닌 디뉴클레오티드 인산(nicotinamide adenine dinucleotide phosphate; NADP)이다. 이때 산화된 조효소는 $NAD^+$ 또는 $NADP^+$이며 환원된 형태는 $NADH+H^+$ 또는 $NADPH+H^+$ 형태로 존재한다. 그리고 조효소인 $NAD^+$와 NADH는 산화 환원 균형에 의해 순환이 되는데, 미생물의 대사 과정에서 효소의 반응 때문에 기질이 산화되면서 전자가 $NAD^+$로 전달되면 $NAD^+$은 NADH로 환원된다. 이후 환원된

NADH 조효소는 효소 II의 반응 때문에 기질 II에 전자를 내주게 되면 NADH는 산화가 일어나게 된다. 이렇게 복잡한 대사 과정을 통해 연속적으로 산화 환원 반응이 번갈아 일어나면서 효모 세포 내에서는 $NAD^+$와 NADH의 순환이 일어나게 되고 필요한 에너지를 얻고 생리 대사를 이어가게 된다.

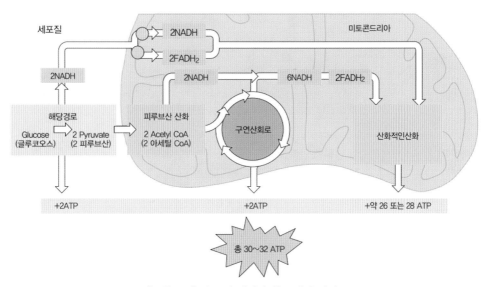

[그림 2-2] 효모의 에너지 획득 대사 기전

## 2) 양조용 효모의 발효 부산물

주류 제조에 사용되는 양조용 효모(brewing yeast)는 사카로마이세스 세레비지에(*Saccharomyces cerevisiae*)이며 알코올 발효 중 주류 향미에 영향을 미치는 다양한 대사물질들을 생성한다. 이 중 고급 알코올류, 에스터류, 지방산류, 황화합물류 및 카보닐류 등이 대표적인 1차 발효 부산물이다. 그 외 알코올 발효에 의한 상기 1차 대사물질뿐 아니라 티올류와 털핀류 등 2차 대사 부산물들도 생성된다. 이러한 성분들은 주종과 제품 특성에 따라서 주류 향미에 긍정적 때로는 부정적으로 작용한다. [그림 2-3]은 양조용 효모가 알코올 발효 중 생성하는 주요 대사물질들과 생화학적 생성 경로를 나타낸 것이다. 여기서 피루브산은 알코올 발효 대사물질 생성에 중심 성분이며, 에탄올과 이산화탄소 등 탄소를 기반으로 하는 물질들은 피루브산을 기반으로

파생된 것이다. 또 피루브산은 아미노산 합성을 위한 기초 물질이고 이 과정에서 디아세틸 등
도 생성된다. 그리고 효모는 아미노산 생합성 과정에서 주류에 아로마를 부여하는 고급 알코
올류, 에스터류 및 황화합물 등 다양한 물질들을 연쇄적으로 생성한다.

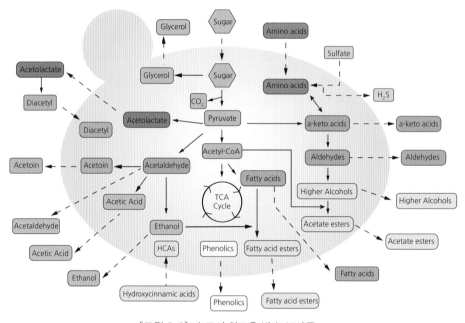

[그림 2-3] 효모의 알코올 발효 부산물

효모가 알코올 발효를 통해 분비하는 주요 향미 성분들과 그 생성 경로를 구체적으로 살펴
보면 다음과 같다.

## (1) 에탄올

에탄올(ethanol)의 생성 과정을 보면, 효모는 술덧의 당분을 세포 내로 흡수하여 우선 피루
브산 또는 글리세롤로 분해한다. 에탄올은 세포질에서 당분이 해당 과정을 거쳐 피루브산으
로 분해된 후 산소가 없는 상태인 혐기성 조건에서 생성된다. 반대로 산소가 존재하는 호기성
상태가 되면 피루브산이 미토콘드리아로 이송되고 아세틸-CoA로 전환된 후 구연산회로로
들어가 물과 이산화탄소로 완전 산화된다.

혐기적 조건에서 피루브산은 피루브산 탈탄산 효소들(pyruvate decarboxylase, pdc 1, pdc 5,
pdc 6)에 의해 이산화탄소를 이탈시키면서 아세트알데히드로 바뀌고 알코올 분해 효소(alcohol

dehydrogenase, adh 1)에 의해 에탄올로 전환된다. 효모는 탄소가 필요하면 때에 따라서는 에 탄올을 알코올 분해 효소(alcohol dehydrogenase, adh 2)를 이용하여 아세트알데히드로 산화시 켜 케톤류를 생성할 수도 있다. 또 다른 알코올 분해 효소(adh 3)는 미토콘드리아에 존재하는 효소로 효모 세포 내에서의 산화 환원 균형을 맞추기 위해 존재하는 것으로 알려져 있다. 효모 가 당분을 분해하여 알코올을 생성하는 해당 과정이 대사가 진행되는 상황에서도 효모는 탄소 를 구연산회로로 이송하여 아미노산 대사 반응을 통해 주요 아로마 전구물질을 생성하게 된다.

한편 알코올 발효 중 생성되는 에탄올은 모든 미생물에 독성으로 작용하지만, 효모는 다른 미생물에 비해 알코올 내성이 강해 여러 균이 혼재된 술덧 상황에서도 최종적으로 양조용 효 모만이 생존하여 알코올 발효를 계속 이끈다.

### (2) 아세트알데히드·초산·이산화탄소·글리세롤

효모는 알코올 발효 중에 피루브산을 효소(pdc 1, pdc 5)를 이용하여 탈탄산화하여 이산화탄소 와 아세트알데히드를 생성하게 된다. 또 다른 효소(pdc 6)는 효모가 비발효성 탄소에서 증식할 때 이용된다. 생성된 아세트알데히드는 효소 종류에 따라 에탄올 또는 초산으로 분해된다. 아세트알 데히드가 세포질에서 초산으로 분해될 때는 일부 효소(ald 6, ald 2)가 관여하고, 미토콘드리아에서 분해될 때는 그외 효소(ald 4, ald 5)가 작동하며 일부는 아세토인으로 분해되기도 한다([그림 2-4]).

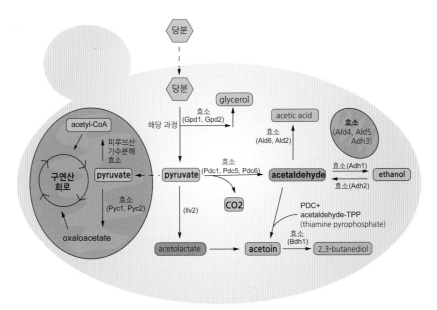

[그림 2-4] 에탄올 · 아세트알데히드 · 초산 · 이산화탄소 · 글리세롤의 생성 기전

아세트알데히드(acetaldehyde)는 알코올 발효 중 생성되는 알데히드류 중에 가장 많은 부분을 차지하며 주류 아로마에 영향을 미치는 성분이다. 이 성분은 농도가 적을 때는 경쾌한 과실 향을 풍기며 특히 쉐리 타입 와인과 포트 와인에서는 특유의 향으로 간주되기도 한다. 그러나 그 농도가 높을 때는 풀취와 덜 익은 사과 향을 풍기기 때문에 바람직한 향이 아니다. 또 이 성분은 주류 숙성 중에도 일부 증가하기도 한다.

그리고 아세트알데히드는 주류 아로마에 직접적인 영향을 주는 것 외에 주류 성분들과의 반응 활성이 강해 주질에 간접적인 영향을 미친다. 일례로 와인에서 아세트알데히드는 이산화황과 결합 상태로 존재하여 이산화황의 항균 효과를 떨어뜨리기도 하고, 탄닌과의 결합으로 떫은맛을 감소시켜 드라이한 맛을 내게 한다. 그리고 색소 성분인 안토시아닌과의 결합으로 와인 색상을 변화시키기도 한다. 아세트알데히드는 보통 12~24℃에서는 일정하게 생성되지만 30℃ 이상의 발효에서는 농도가 급격히 증가하는 것으로 문헌에 보고되고 있다.

그리고 양조용 효모에 의해 알코올 발효 중 생성되는 초산은 그 농도가 매우 적다. 하지만 농도가 높으면 호기성 조건하에 초산균이나 비양조용 효모인 브레타노마이세스 브루셀렌시스(*Brettanomyces bruxellensis*)에 의해 생성되었을 가능성이 크다. 물론 주종에 따라서는 젖산균의 번식에 의해서도 다량의 초산 생성이 가능하다.

알코올 발효 중의 초산 증가는 당분 소비와 밀접한 관계가 있어 당도가 높을수록 초산 생성이 증가하게 되지만, 당도가 매우 높을 때는 초산은 오히려 감소하게 된다. 당분이 높을 때 초산 생성이 증가하는 이유는 고당도로 인한 스트레스를 방어하기 위해 글리세롤 생성이 증가했기 때문이다. 즉 글리세롤은 아세트알데히드의 가수분해에 필요한 수소 원자를 소비함으로써 세포 내의 아세트알데히드의 농도를 증가시키게 된다. 그리고 증가된 아세트알데히드는 고당도 스트레스 상황에서 보통 당도에서보다 20~30배 강하게 합성된 글리세린 인산탈수소 효소와 알데히드 탈수소 효소에 의해 분해되어 결국 글리세롤과 초산 생성의 증가로 나타나게 된다.

글리세롤(glycerol)은 알코올 발효 중 당으로부터 생성되는 주요 물질이다. 이 성분은 일종의 당알코올이며 무색·무취이고 점도를 가지고 있어 주류의 질감에 영향을 미친다. 글리세롤은 효모 증식 기간에 필요한 당지질 합성을 위한 전구물질로써 중요하며, 효모 증식과 ATP 에너지 생성에 필요한 산화 환원 균형을 유지하는 역할을 한다. 또 고당도로 인한 스트레스로부터 효모 세포를 보호하는 기능도 한다.

## (3) 디켄톤류

디케톤류(diketones)는 기본적으로 탄소와 산소 원자가 화학적으로 이중결합(C=O) 구조를 가진 물질이다. 이 성분은 효모가 알코올 발효 중 증식 과정에서 필요한 아미노산을 생합성하는 과정에서 생성된 중간산물이며 디아세틸(diacetyl)과 2,3-펜탄디온(2,3-pentanedione)이 대표적이다([그림 2-5]). 디케톤류는 알코올 발효 중에 아미노산(발린 또는 이소류이신) 생합성 과정에서 효소의 관여 없이 탈탄산화 반응으로 생성된 성분이다. 디케톤류는 낮은 농도에서는 주류에 견과류 향과 토스트 향을 풍기지만, 고농도일 때는 버터취 또는 부패취를 풍겨 이취로 간주된다. 디케톤류 중 특히 디아세틸은 주류 제조에서 중요한데, 그 이유는 이 성분은 역치가 낮아 영국 에일맥주나 체코 필스맥주 외에 모든 맥주에서는 이취로 간주되며 다른 한편으로는 피루브산과 연계되어 에탄올 수율에 영향을 미치기 때문이다. 와인에서는 저농도의 디아세틸은 버터취 또는 버터스카치취를 풍겨 긍정적인 효과를 내기도 하며 이산화황에 의해 마스킹 되어 맥주에서보다는 후각으로 덜 느끼게 된다. 일반적으로 디아세틸은 주류에서 충분한 숙성 기간을 거치면 효모에 의해 아세토인 등으로 전환되어 그 농도가 감소하게 된다.

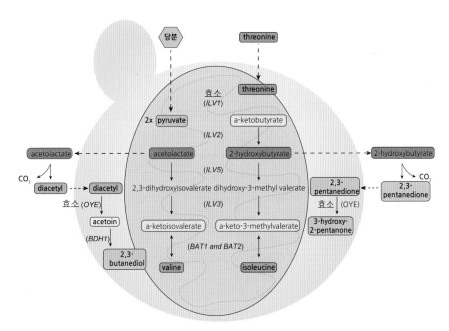

[그림 2-5] 디케톤류의 생성 기전

## (4) 고급 알코올류

고급 알코올류(higher alcohols)는 디케톤류와 마찬가지로 효모가 알코올 발효 중 증식 과정에서 필요한 아미노산류를 생합성하는 과정에서 생성한 중간 산물이며 퓨젤유(fusel oil)라고도 한다. 일반적으로 고급 알코올류는 주류에 그 농도가 높으면 거친 향미를 나타내고 낮으면 과실 향을 풍긴다. 고급 알코올은 지방족(프로판올, 이소아밀알코올, 이소부탄올, 활성아밀알코올)과 방향족(2-페닐에탄올, 티로솔) 등 두 부류로 나뉜다.

고급 알코올류는 효모가 알코올 발효 초기 증식 과정에서 부족한 아미노산을 합성(anabolic pathway)하거나 여분의 아미노산을 분해(catabolic pathway, Ehrlich pathway)하는 과정에서 생성되는데, 일반적으로 분해 과정보다는 합성하는 과정에서 더 많은 고급 알코올이 생성된다([그림 2-6]). 고급 알코올의 생성 정도는 효모 종류, 술덧의 구성 성분 및 발효 온도 등에 따라 다르게 나타난다.

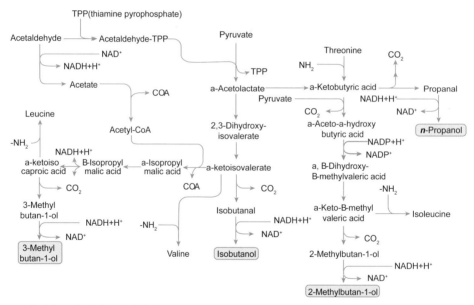

[그림 2-6] 아미노산의 합성 대사(anabolic pathway)에 따른 고급 알코올류의 생성 기전

상기 그림에서 보듯이 아미노산 트레오닌의 생합성에 따라 노르말프로판올이 생성되며, 같은 원리로서 발린, 류이신, 이소류이신, 페닐알라닌 생합성 시에는 각각 그에 상응하는 이소부탄올, 이소아밀알코올, 활성아밀알코올, 페닐에탄올이 생성된다.

한편 보통 술덧에는 19종류의 아미노산류와 30종류의 유리 아미노산(암모니아, 아미노산, 디펩타이드, 트리펩타이드)이 존재함에도 불구하고 효모는 아미노산을 생합성을 한다. 그 이유는 효모가 술덧의 아미노산을 동시에 흡수하지 않고 아미노산을 그 종류에 따라 순차적으로 흡수하면서 단백질 합성에 부족한 아미노산을 그때그때 생합성하기 때문이다. 즉 알코올 발효 초기에 효모는 증식을 위해 효모의 세포막에서 다양한 아미노산 투과 효소(Ssy1-Ptr3-Ssy5)를 작동시켜 일부 아미노산의 빠른 흡수를 돕고, 발효 후기에는 반대로 질소 합성 억제 기전(nitrogen catabolic repression)을 작동시켜 일부 아미노산이 천천히 흡수되도록 조절하는 것이다.

따라서 이러한 효모의 아미노산 흡수 대사로 인해 알코올 발효 시 일정량의 고급 알코올이 항상 생성되게 된다. 이때 술덧에 아미노산이 너무 부족하면 아미노산 생합성으로 인해 고급 알코올이 더 많이 생성되며, 반대로 아미노산이 과다해도 고급 알코올이 다량 생성되게 된다. 일반적으로 정상적인 효모 증식과 대사에 필요한 유리 아미노산의 농도는 술덧 기준 200 mg/L 수준이다(당도 12 브릭스 기준).

한편 아미노산이 분해되면서 생성되는 고급 알코올의 대사를 보면([그림 2-7]), 3단계(탈아민화, 탈탈산화, 환원화)를 거쳐 진행되고 이 과정에서 4개의 효소 그룹(Bat 1, Bat 2, Ara 8, Ara 9)이 관여한다. 상기 효소들은 우선 아미노산의 아미노기를 제거하여 $\alpha$-케토산으로 전환시킨 후 $\alpha$-케토산의 이산화탄소를 제거하여 알데히드류를 만든다. 이후 알데히드류는 환원을 거쳐 고급 알코올을 최종적으로 생성하게 된다.

그리고 에스터류는 고급 알코올과 산류의 결합으로 생성되는 성분이기 때문에 알코올 발효중 고급 알코올류가 많이 생성되면 그에 따라 에스터류도 많이 생성된다.

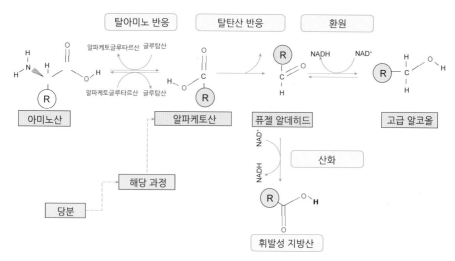

| 아미노산류 | 알파케토산류 | 알데히드류 | 고급 알코올류 | 휘발성 지방산류 |
|---|---|---|---|---|
| Leucine | α-ketoisocaproate | Isovaleraldehyde | Isoamyl alcohol | Isovaleric acid |
| Isoleucine | α-keto-methylvalerate | 2-Methylbutyraldehyde | Amyl alcohol | 2-Methylbutanoic acid |
| Valine | α-ketoisovalerate | Isobutyraldehyde | Isobutanol | Isobutyric acid |
| Phenylalanine | Phenylpyruvate | Phenylacetaldehyde | Phenylethyl alcohol | Phenyl ethyl acetate |
| Tyrosine | p-OH-phenylpyruvate | p-OH-phenylacetaldehyde | p-OH-phenylethanol | p-OH-phenylethyl acetate |
| Tryptophan | Indole pyruvate | Indole-3-acetaldehyde | Tryptophol | Indol-3-acetic acid |

[그림 2-7] 아미노산의 분해 대사(catabolic pathway)에 따른 고급 알코올류의 생성 기전

### (5) 에스터류

에스터류(esters)는 알코올 발효 중 효모가 증식을 멈춘 후 알코올류와 산류의 결합으로 생성되는 2차 중간 생성물로써 대부분 꽃 향과 과실 향을 부여하는 주요 아로마 성분이다([그림 2-8]). 에틸아세테이트(ethyl acetate, 꽃 향, 용매취), 이소아밀아세테이트(isoamyl acetate, 바나나 향), 이소펜틸아세테이트(isopentyl acetate, 배 향), 이소부틸아세테이트(isobutyl acetate, 바나나 향), 에틸카프로산(ethyl caproate, 파인애플 향) 및 2-페닐에틸아세테이트(2-phenylethyl acetate, 장미 향, 꿀 향)가 에스터류의 대표적인 성분이다.

에스터류에는 크게 아세테이트 에스터류(acetate esters)와 에틸 에스터류(ethyl esters) 두 가지 종류가 있다. 아세테이트 에스터류는 알코올 아세틸기 전이효소(alcohol acetyl transferase, ATF 1, ATF 2 Lg-AFT 1)에 의해 알코올류와 아세틸-CoA가 결합하여 생성된 것이고, 에틸 에스터류는 아세틸 전이효소(acetyl transferase, EHT 1)에 의해 에탄올과 아실-CoA가 결합하여 생성된 것이다. 특히 아세틸–CoA는 본래 효모가 증식할 때 필요한 지방산 합성에 이용되는 물질인데, 효모가 더 이상 증식하지 않을 때는 이 물질은 알코올류와 결합하여 아세테이트 에스터류를 생성하는 데 이용된다.

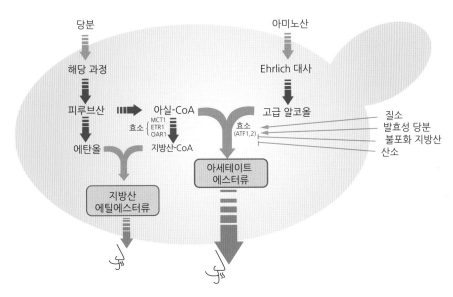

| 알코올류 | 아세테이트 에스터류 | 지방산-CoA | 지방산 에틸에스터류 |
|---|---|---|---|
| Ethanol | Ethyl acetate | Isovaleric acid | Ethyl isovalerate |
| Isoamyl alcohol | Isoamyl acetate | Isobutyric acetate | Ethyl isobutyrate |
| Isobutanol | Isobutyl acetate | 2 methyl butanoic acid | Ethyl 2 methylbutanoate |
| Amyl alcohol | Active amyl acetate | Caproic acid | Ethyl caproate |
| 2-Phenylethyl ethanol | 2-Phenylethyl acetate | Octanoic acid | Ethyl octanoate |
| | | Decanoic acid | Ethyl decanoate |

[그림 2-8] 에스터류의 생성 기전

### (6) 유기산류

유기산류(organic acids) 역시 알코올 발효 중에 생성되는 물질이다. 이 성분은 효모가 발효 초기 증식에 필요한 아미노산 생합성 때 이용한 아미노산의 아미노기($NH_2$)가 이탈되면서 남은 물질이다. 호박산, 구연산, 사과산 등이 대표적인 유기산이다. 또 상기 유기산은 구연산회로를 통해서도 생성되는데, 알코올 발효 상태에서는 효모는 구연산회로를 분기 방식(branched manner)으로 작동하여 환원적 분기를 통해 호박산을, 그리고 호기적 분기를 통해 알파 케토글루탐산($\alpha$–ketoglutarate)을 생성한다([그림 2-9]).

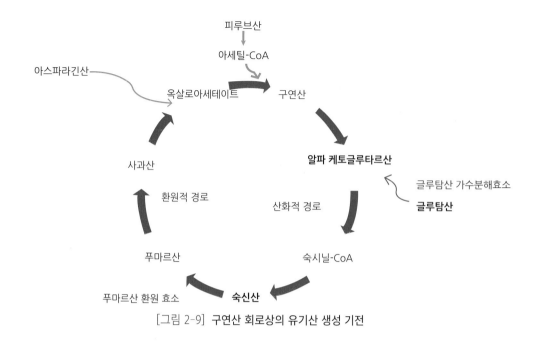

[그림 2-9] 구연산 회로상의 유기산 생성 기전

## (7) 황화합물

황산염의 환원 성분인 황은 황을 함유하는 아미노산의 구성 물질이 되며, 황 함유 아미노산은 다시 단백질의 구성 성분이 되므로 황산염은 효모 세포 증식을 위해서는 필수적인 성분이라 할 수 있다.

효모는 알코올 발효 중에 증식에 필요한 아미노산(메티오닌, 시스테인)을 생합성하면서 주류 아로마에 영향을 미치는 다양한 황화합물을 생성한다. 황화수소(hydrogen sulfide), 메틸머캅탄(methyl mercaptan), 디메틸설파이드(dimethyl sulfide), 디메틸디설파이드(dimethyl disulfide) 및 머캅탄(mercaptan) 등이 대표적인 성분이다.

알코올 발효 중에 효모 증식이 종료되면 황산염의 환원 물질인 이산화황과 황화수소는 황을 함유하는 아미노산이나 단백질 생합성에 더는 이용되지 않게 된다. 그럼에도 효모에 의한 황산염 흡수가 계속 진행되면 효모 세포 안에서는 이산화황과 황화수소의 정체가 발생한다. 이에 따라 결국 여분의 이산화황과 황화수소가 효모 세포 밖으로 배출되어 술덧에 이산화황과 황화수소 농도가 증가하는 결과가 된다([그림 2-10]).

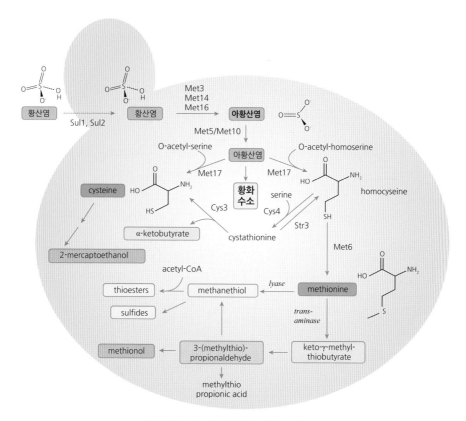

[그림 2-10] 황화합물의 생성 기전

황화합물 중에는 메틸머캅탄이 주류 아로마에 영향을 미치는 중심적인 역할을 한다. 그리고 술덧에 질소가 부족하면 *o*-아세틸세린과 *o*-아세틸 호모세린이 결핍되고 이에 따라 황화합물이 과도하게 축적되어 이산화황($H_2S$)으로 전환되어 세포 밖으로 배출되는 경우도 있다. 또 이산화황으로부터 에틸머캅탄(ethyl mercaptan), S-에틸티오아세테이트(S-ethyl thioacetate) 및 디에틸설파이드 등이 생성되기도 한다.

## (8) 휘발성 페놀류

곡류나 과실에 함유되어 있는 하이드록시 신남산(hydroxycinnamic acid)은 독성 성분으로써 효모 증식을 저해하는 성분이다. 대표적인 성분으로는 카페인산(caffeic acid), 페룰산(ferulic acid) 및 파라쿠마르산(p-coumaric acid)이며, 이 성분들은 효모가 알코올 발효를 하면서 독성이 약화된 성분인 휘발성 페놀 성분(volatile phenol)으로 전환된다. 즉 효모는 다양한 효소(phenyl acrylic acid decarboxylase, ferulic acid decarboxylase)를 이용하여 하이드록시 신남산을 4-비닐과이어콜(4-vinylguaiacol), 4-비닐페놀(4-vinyl phenol) 및 4-비닐카테콜(4-vinylcatechol)로 전환시킨다. 그리고 이 성분들은 또 다른 효소(vinylphenol reductase)에 의해 4-에틸과이어콜(4-ethylguaiacol), 4-에틸페놀(4-ethyl phenol)과 4-에틸카테콜(4-ethylcatechol)로 연속적으로 전환된다([그림 2-11]).

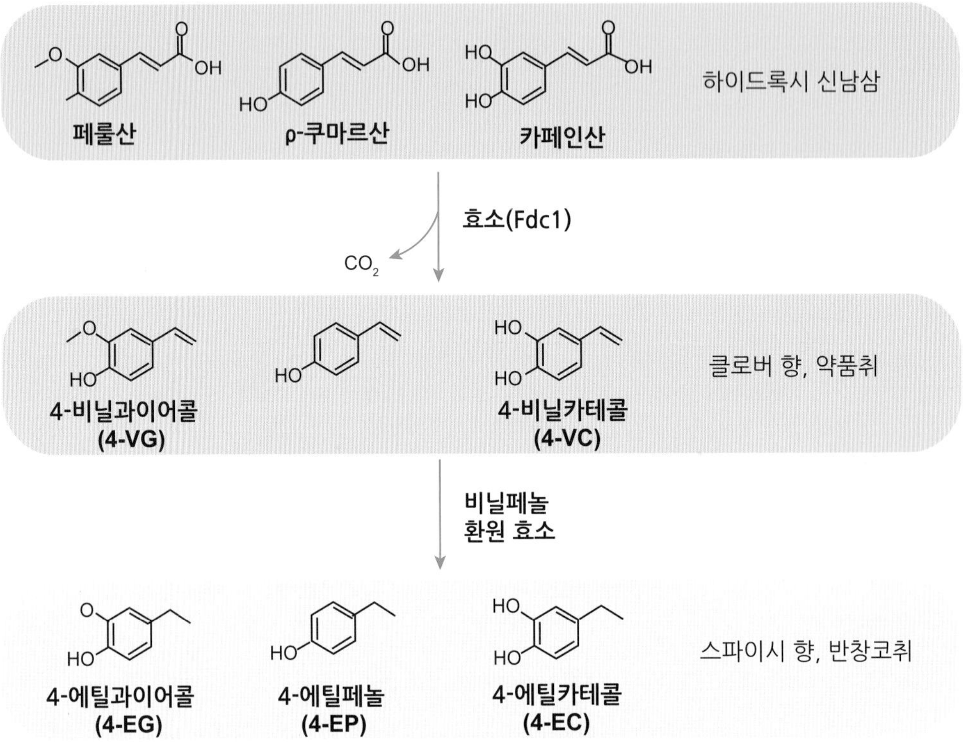

[그림 2-11] 휘발성 페놀류의 생성 기전

일반적으로 양조용 효모는 비닐페놀 환원효소(vinylphenol reductase)가 부족하여 4-에틸과이어콜, 4-에틸페놀 및 4-에틸카테콜의 생성을 많이 하지 않지만, 이 성분들이 과다하면 브레타노마이세스균 오염에 의한 생성으로 판단해야 한다.

휘발성 페놀류는 주류에서 긍정적 때로는 부정적으로 작용하며, 일부 맥주 스타일(밀맥주, 람빅 맥주, 미국 냉각식 에일 맥주)에서는 제품 특성을 나타내는 성분이지만 그 외 맥주 스타일에서는 이취로 간주된다. 4-에틸과이어콜과 4-에틸페놀은 와인에서는 숙성 중에 생성되는 성분이기도 하다.

## (9) 휘발성 지방산류

휘발성 지방산류(volatile fatty acids)는 효모가 알코올 발효 중에 지방산을 합성하는 과정 또는 알데히드 대사 중에서 생성된 중간 부산물이다([그림 2-12]). 휘발성 지방산은 적은 농도에서는 주류에 긍정적이지만 과도하면 부정적으로 변하는데 예를 들어 와인에 0.7g/L 이상이면 관능상 부정적이다. 휘발성 지방산은 단사슬 지방산류(short chain fatty acids)와 중장사슬 지방산류(medium~long chain fatty acids)로 구분되며 그 생성 대사는 다르다. 예로써 단사슬 휘발성 지방산(프로피온산, 부탄산)은 알데히드의 산화에 의해 생성되는 반면 중장사슬 휘발성 지방산은 지방산 합성 과정에서 생성되며 아세틸-CoA가 탈탄산화되면서 말로닐-CoA(malonyl CoA)로 전환된다.

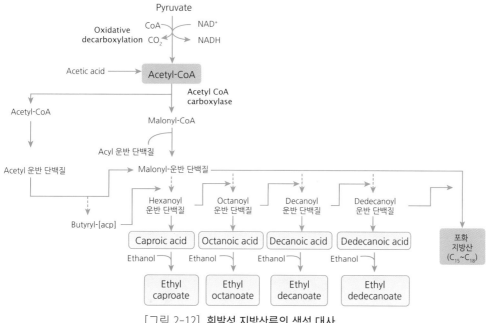

[그림 2-12] 휘발성 지방산류의 생성 대사

## 3) 효모 개량

　양조용 효모는 양조 분야에 산업적으로 사용된 이후 지난 200년간 눈부신 발전을 거듭해 왔다. 이 과정에서 효모가 생성하는 발효 부산물 중 바람직한 향미는 강화하고 이취는 저감화 하는 것을 목표로 효모를 개량해 왔다. 그간 학계와 산업계에서는 주류 향미 개선 관련 효모 생리 특성을 변형하여 알코올 발효 환경에 순응시키거나 유전자를 개량시키는 기술을 개발해 왔다. 현재는 효모 유전자 개량 기술을 통해 주류 향미를 개선하는 기술이 효모를 알코올 발효 환경에 순응시키는 방식보다는 향미 개선 효과가 커 생화학자를 중심으로 효모 유전자 개량 기술을 발전시키는 방향으로 가고 있다([그림 2-13]).

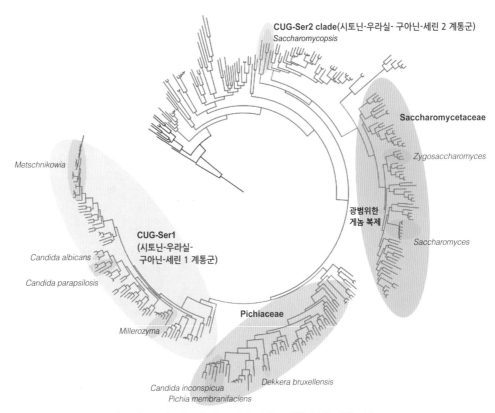

[그림 2-13] 양조용 효모의 유전자 조합을 통한 개량 기술

[표 2-1]에서 보는 바와 같이 그간 해외 학계에서는 양조용 효모의 향미와 양조 공정 개선을 위해 효모의 다양한 개량 방법을 시도해 왔고 산업화하는 데 활용하고 있다. 예를 들면 효모의 일부 유전자를 제거하거나 과발현시켜 알코올 발효 수율을 높이거나 이산화황의 생성능을 강화하는 기법을 상용화하고 있다. 또 효모의 자가분해를 저지시키거나 바닐린 생성을 강화시켜 이미 이취를 저감화하고 품질을 높이는 데 이용하고 있다. 개량 효모는 맥주뿐 아니라 와인, 와인과 사케 분야에도 널리 활용되고 있다.

이러한 시도는 미국과 유럽에서는 오래전부터 산업화에 응용하였고, 일본과 중국에서도 이미 이러한 효모 개량에 대한 연구에 박차를 가하고 있다.

우리나라의 경우 효모를 분리·동정하는 연구는 다수 진행되었지만, 주류의 향미 강화와 이미 이취 개선 등을 위한 효모 유전자 개량에 대한 연구는 아직 미미한 편이다.

[표 2-1] 효모 개량에 따른 기능 개선

| 응용 분야 | 유전자 개량 방법 | 기능 개선 | 적용 효모 |
|---|---|---|---|
| 물질 활용 개선 | 유전자 ABT 1 과발현 | 말토오스와 말토트리오스 활용성 증가 | *S. pastorianus* |
| | 비상동성 유전자 과발현 | $\beta$-글루칸 분해능 향상 | *S. pastorianus* |
| | 비상동성 유전자 과발현 | 덱스트린 활용 향상 | *S. pastorianus* |
| | 유전자 GUT4 과발현 | 프롤린 흡수율 증가 | *S. pastorianus* |
| 양조공정 개선 | 유전자 GPD1 과발현 | 글리세롤 생성능 향상, 에탄올 생성능 감소 | *S. pastorianus* |
| | 유전자 FLO1, FLO5 과발현 | 응집능 향상 | *S. cerevisiae* |
| | 유전자 PEP4 제거 | 거품 안정성 향상 | *S. cerevisiae* |
| | 유전자 LEU2 과발현 | 높은 당도에서 발효능 향상 | *S. pastorianus* |
| | 유전자 FKS1 과발현 | 효모 자가분해 저해능 향상 | *S. pastorianus* |
| | 유전자 MET10 제거 | 이산화황 생성능 향상 | *S. pastorianus* |
| | 유전자 MET14 과발현 | 이산화황 생성능 향상 | *S. pastorianus* |
| | 유전자 HOM3 과발현 | 이산화황 생성능, 황화수소 감소능 향상 | *S. pastorianus* |
| | 유전자 CYS4 과발현 | 황화수소 생성능 감소 | *S. cerevisiae* |
| | 유전자 MXR1 제거 | 디메틸설파이드 생성능 감소 | *S. cerevisiae* |
| | 유전자 ILV5 과발현 | 디아세틸 생성능 감소 | *S. cerevisiae* |
| | 유전자 ILV 제거 | 디아세틸 생성능 감소 | *S. pastorianus* |
| | 비상동성 유전자 과발현 | 디아세틸 감소능 향성 | *S. pastorianus* |
| | 유전자 FDC1 제거 | 4-비닐과이어콜 생성능 감소 | *S. pastorianus* |

| | | | |
|---|---|---|---|
| 향미 개선 | 유전자 LEU4 과발현 | 이소아밀아세테이트 생성능 향상 | *S. pastorianus* |
| | 유전자 ATF1, 2 과발현 | 아세테이트에스터류 생성능 감소 | *S. pastorianus* |
| | 유전자 ADL3 제거 | 2-페닐에탄올 생성능 향상 | *S. cerevisiae* |
| | 비상동성 유전자 과발현 | 에틸카프로산 생성능 향상 | *S. cerevisiae* |
| 향미 생성 | 비상동성 유전자 과발현 | 홉 모노털핀 생성 | *S. cerevisiae* |
| | 비상동성 유전자 과발현 | 홉 루풀론 생성 | *S. cerevisiae* |
| | 비상동성 유전자 과발현 | 베타 이오논 생성 | *S. cerevisiae* |
| | 비상동성 유전자 과발현 | 바닐린 생성 | *S. cerevisiae* |
| | 비상동성 유전자 과발현 | 홉 세스퀴털핀(valencene) 생성 | *S. cerevisiae* |
| | 비상동성 유전자 과발현 | 홉 세스퀴털핀(nootkatone) 생성 | *S. cerevisiae* |
| | 비상동성 유전자 과발현 | 라스베리 케톤 생성 | *S. cerevisiae* |

# 2. 곰팡이

## 1) 개요

곰팡이는 광합성을 하지 않는 균사성 진핵생물이며 균사체를 발육기관으로 하는 균류를 말한다. 곰팡이의 종류로는 접합균류(Zygomycetes) 270속 1,500종 및 자낭균류(Ascomycetes) 1,850속 15,000종 등이 알려져 있다. 곰팡이는 자연계에 널리 분포된 미생물로서 국(누룩, 입국)을 이용한 병행복발효를 통해 제조하는 주류(탁약주, 증류식 소주, 사케, 황주 등)와 관련이 깊다.

곰팡이는 진핵세포 구조를 가지며 균사에 의해서 실처럼 보이고, 포자는 자연계에 널리 존재하므로 발육 환경이 적합하면 발아하여 증식한다. 곰팡이는 절대 호기성이기 때문에 일반적으로 누룩이나 입국의 표면에 증식하며 건조한 환경에서도 내성이 강하다. 증식 범위는 보통 pH 2.0~9.0으로 그 범위가 넓어 산성 환경에서 잘 증식하며 최적 증식 온도는 30~35℃ 수준이다.

곰팡이의 증식 속도는 세균보다 느리지만 세균이 증식하지 못하는 건조식품(수분 13~15%)에서도 온도만 적당하면 증식이 가능하며 당이나 식염 농도가 높은 식품에서도 증식한다. 곰팡이는 효소 생성을 통해 주류 제조에 유익하게 이용되지만 유해 색소나 아플라톡신 같은 유해물질을 생성하는 일부 균도 있다.

한편 곰팡이는 유기물 또는 효소 분비를 통해 고분자 물질들을 분해하여 에너지 획득이나 세포 물질의 생합성에 이용한다. 증식을 위해서는 기본적으로 탄소원과 질소원이 필요하며 비타민과 미네랄도 필수적인데, 곡류를 이용하여 증식하는 곰팡이는 전분 분해 후 생성되는 포도당을 탄소원과 에너지원으로 주로 이용한다.

## 2) 곰팡이의 증식

곰팡이의 체세포는 실 모양의 균사(hyphae)이며 이것이 가지를 쳐서 모여진 것이 균사체(mycelium)를 이루게 된다. 균사는 약 5㎛ 지름의 실 같은 형태로 가늘고 길게 뻗어 있으며 여러 갈래로 나누어져 있다. 균사는 세포벽과 세포질로 구성되며 영양물질이 수송되는 통로가 된다. 일반적으로 균사는 누룩이나 입국에서 증식할 때 시차를 두고 3단계로 증식하게 된다([그림 2-14]).

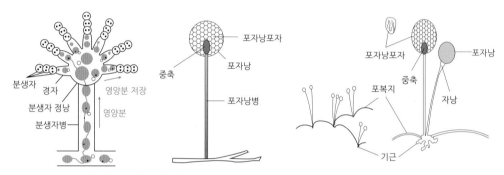

[그림 2-14] **곰팡이 종류**(좌 : 아스퍼질러스, 중 : 무코어, 우 : 라이조푸스)

일례로 아스퍼질러스 균의 증식을 보면, 1단계로서 균사는 먼저 영양분 흡수를 위해 국의 표면을 거쳐 중심부로 파고들어 가는데 이때 효소가 균사 말단에서 생성된다. 균사는 분비된 효소를 이용하여 국의 고분자 물질(전분, 단백질)을 저분자 물질(포도당, 아미노산)로 분해하여 에너지를 획득한다. 곰팡이의 균사는 일반적으로 낮은 수분 활성도와 높은 압력에서도 증식을 잘한다. 그러나 국의 두께에 따라 다르지만, 국의 중심부에는 국 표면보다는 상대적으로 산소가 적고 포화도도 낮아 균사가 많이 증식하지 못하고 수분을 포함한 국의 분해된 물질(당분 등)들을 2단계로 이송한다.

2단계에서 영양분 흡수가 활발해진 균사는 국 표면보다는 표면 바로 아래층에서 가장 왕성한 번식을 하게 된다. 그 이유는 국 표면의 수분은 증발이 빨라 균 증식이 최적화되지 않았지만, 국 표면 바로 아래층은 수분이 존재하고 산소가 충분히 공급되면서 산소 포화도가 높기 때문이다. 이 부분에서 균사의 증식이 활발해지면서 효소도 가장 많이 생성된다. 이 균사를 영양균사(vegetative hyphae)라 부른다.

마지막 3단계에서는 영양균사가 충분히 자라면 국으로부터 공기 중으로 뻗어서 증식하는 균사가 자라나는데 이 균사를 기균사(aerial hyphae)라 부른다. 이 균사는 증식을 계속하면서 분생자라 불리는 포자를 형성하고 곰팡이는 이 포자를 이용하여 계속 다음 세대를 이어가게 된다. 그러나 이 기균사에서는 효소가 생성되지 않으며 포자를 받치고 있던 분생자병과 분생자 정낭은 국 제조 후에는 유실되는데, 때로는 오랜 기간 국에 계속 남아 있는 경우도 많다.

## 3) 곰팡이의 향미 성분 생성

곰팡이는 증식을 위해 누룩이나 입국의 전분으로부터 분해된 포도당을 이용하여 세포질과 미토콘드리아에서 효모나 초산균처럼 다양한 대사경로(구연산회로 · 산화적 인산화 · 글리옥실산 경로 · 펜토오스 인산경로)를 수행한다([그림 2-15]). 이러한 대사경로들을 통해 곰팡이는 효소, 유기산, 당류, 아미노산 등의 부산물을 생성한다. 아스퍼질러스 속은 주로 구연산, 옥살산, 글루콘산을, 라이조푸스 속은 주로 젖산, 푸마르산, 사과산을 생성시킨다. 생성된 유기산은 술맛과 산도에 영향을 미치게 되는데 입국의 경우는 구연산이 대부분이고, 누룩에서는 젖산, 사과산, 구연산이 유사한 농도로 생성된다.

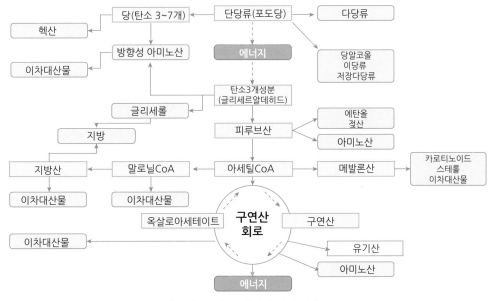

[그림 2-15] 곰팡이의 대사 기전

## 4) 곰팡이의 종류와 특징

곰팡이는 크게 아스퍼질러세아과(아스퍼질러 속, 모나스커스 속)와 무코어아세아과(무코어 속, 라이조푸스 속, 압시디아 속) 등 크게 2개 과로 구분된다. 그리고 아스퍼질러스 속에는 100여 개 이상의 종이 있으며 그들은 균사 형태와 색상, 집락 크기 등에서 차이를 보인다. 일반적으로 아스퍼질러스 속의 균주들은 병원성은 아니지만, 아스퍼질러스 플라브스와 아스퍼질러스 파라지티커스는 각각 아플라톡신과 오크라톡신을 분비한다. 또 아스퍼질러스 속의 일부 균주들은 구연산을 다량 분비하는 것으로 알려져 있다.

우리나라의 경우는 누룩에 백국균(아스퍼질러스 루추엔시스), 황국균(아스퍼질러스 오리제) 및 흑국균(아스퍼질러스 니게르) 등이 관여하고, 입국을 사용할 때는 주로 백국균을 이용하여 쌀의 액화·당화를 진행한다. 반면 일본의 경우는 입국에 주로 황국균(아스퍼질러스 오리제)을 이용한다. 그리고 중국과 동남아시아의 경우는 쌀 액화·당화에 주로 홍국(모나스커스 루버)을 사용한다.

### (1) 아스퍼질러스

아스퍼질러스(*Aspergillus*)는 자낭균류로서 340여 종으로 알려져 있고 지구상에서 그 분포도가 가장 넓다. 이 균은 주류뿐 아니라 장류 등 매우 다양한 식품군에 이용되는 대표적인 곰팡이균이다([그림 2-16]).

주류에 관련되는 아스퍼질러스는 크게 아스퍼질러스 니그리(*A. nigri*) 또는 아스퍼질러스 플라비(*A. flavi*) 계통으로 나뉜다. 아스퍼질러스 니그리 계통에는 26종이 존재한다. 이러한 흑국균은 포자가 흑색이며 빵이나 과일 등에서도 흔히 발견된다. 또 옥살산, 글루콘산, 구연산 등의 유기산을 생성하고 펙티나아제를 강하게 분비한다. 흑국균의 균총은 적갈색이고 정낭은 둥글며 발육 온도는 30~35℃이다. 이 균은 전분 당화력과 단백질 분해력이 강하며 산 생성력이 강하여 산 생성 한계가 pH 2까지도 되므로 주류 제조에 실패가 적다.

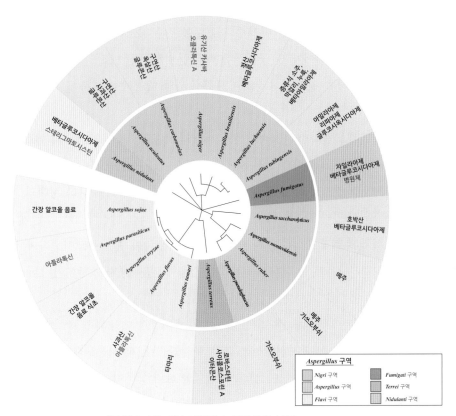

[그림 2-16] 아스퍼질러스 곰팡이의 분류
(출처 : Advances in Applied Microbiology, 2017. doi.org/10.1016/bs.aambs.2017.03.001)

그간 흑국균은 통일된 계통 분류 체계를 갖지 못했으나 최근 유전자 염기서열 분석을 통해 아스퍼질러스 루추엔시스(*Aspergillus luchuensis*), 아스퍼질러스 니게르(*A. niger*), 아스퍼질러스 튜빙겐시스(*A. tubingensis*) 등 3종류로 재분류되었다. 현재 우리나라에서 입국 제조에 널리 사용되고 있는 백국균은 흑국균 루추엔시스의 백색 돌연변이형이다. 기존 아스퍼질러스 코레아누스와 아스퍼질러스 가와치는 아스퍼질러스 루추엔시스로 일원화되었다. 일본 아와모리 소주 제조에 사용되는 아스퍼질러스 아와모리균(*Aspergillus awamori*, 흑국균)도 아스퍼질러스 루추엔시스균으로 이름이 통일되었다. 아스퍼질러스 루추엔시스에는 균의 색상에 따라 백국균, 흑국균, 황국균 등 3종류가 있다. 백국균 아스퍼질러스 루추엔시스는 우리나라 재래 누룩에서도 흔히 자라나는 균이며, 분생자병은 황토색이며 길이가 0.4~0.7㎜이다. 발육 온도는

30~35℃가 최적이며 유기산으로 구연산과 글루콘산 등을 생성한다. 이 균은 입국 제조 시에도 사용되고 균총이 검지 않아서 탁약주와 증류식 소주 제조에 가장 흔히 사용되는 균이다. 또 이 균은 $\alpha-$, $\beta-$아밀라아제 및 구연산을 다량 분비하는 균으로 알려져 있다. 그리고 흑국균보다 입국이 쉽고 전분 분해력이 강하여 주류를 만들 때 우수한 제품이 된다.

반면 아스퍼질러스 플라비 계통에는 아스퍼질러스 플라버스(*A. flavus*)와 아스퍼질러스 오리제(*A. oryzae*, 황국균)가 속하며 일본 사케와 증류식 소주 제조에 사용된다.

황국균은 2000년 전부터 존재해 온 것으로 알려져 있고 중국의 주나라 시대의 의례와 관련된 기록에 언급되어 있다. 이 기록들은 훗날 중국의 발효식품 발전에 초석을 놓게 된다. 황국균은 쌀에 균사가 빠르게 증식하고 다양한 효소($\alpha-$아밀라아제, 글루코아밀라아제, 카르복시펩티다아제, 티로지나아제)를 강하게 분비하는 특징이 있다. 포자는 황색이며 균사 끝에 공작 깃털 모양으로 붙어 있고 균사에는 칸막이가 있다.

이 균은 주로 일본에서 청주 제조 시 필요한 입국 제조에 이용되며 쌀 식초 제조에도 사용된다. 또 중국이나 동아시아 지역에서는 간장, 된장을 만들 때 사용된다. 집락은 처음 황록색에서 차차 회갈색으로 변하게 된다. 또 무성생식을 하며 꼿꼿이 선 균사의 잔가지 끝에 둥근 정낭이 생기고 여기에 가늘고 긴 병 모양의 잔가지가 자라며 그 끝에 포자가 생긴다. 개개의 포자는 대략 구형이지만 포자가 차례로 자라기 때문에 긴 사슬이 되어 선단에서 분산한다. 분생포자병은 크기가 보통 0.3 mm이고, 최적 발육 온도는 33~38℃ 사멸 온도는 60℃ 정도이다.

### (2) 무코어

무코어(*Mucor*)는 접합균류로서 털곰팡이로 불리며 식품에서 광범위하게 볼 수 있다. 우리나라 누룩에도 흔히 확인되는 균이다. 집락은 흰색부터 갈색까지 다양하다. 균사 증식이 빠르고 기중균사는 모발과 같이 보인다. 균사는 백색이지만 자실체가 성숙하면서 회백색 또는 회갈색이 되는데, 균사체에 포자낭병이 형성되지만 한 곳에서 모두 형성되지 않고 하나씩 직립을 한다. 포자낭병은 대부분 분지를 하는데 그 끝에는 모두 홀씨주머니를 형성한다. 보통 포자낭은 구형이며 포자낭막은 얇고 부드러워 파열되기 쉽다. 무코어속은 포자낭병의 분지 상태와 크기, 포자낭의 크기와 색, 포자낭막의 특성, 중축 및 포자의 모양과 크기, 집락 및 접합포자의 특성 그리고 기균사의 색과 길이 등을 근거로 종을 구별한다.

일반적으로 무코어속은 포자낭병의 분지 상태에 따라 포자낭병이 외대이며 전혀 분지하지 않는 모노무코어(monomucor)군과 포도 가지 모양으로 분지하는 레이스무코어(racemomucor)군 그리고 가곡상으로 분지하는 사이모무코어(cymomucor)군 등 3가지 유형으로 나뉜다.

### (3) 라이조푸스

라이조푸스(*Rhizopus*)는 접합균류로서 거미줄곰팡이라고도 하는데, 무코어와 모양 및 성질이 비슷하지만 포복지(stolon)와 가근(rhizoid)을 형성하는 점에서 구별된다. 가근이 있는 곳에서 포자낭병을 형성하고 그 끝의 둥근 포자낭 내에 포자낭포자를 무성적으로 형성한다. 집락은 처음 백색을 띠나 점차 회백색 또는 흑갈색으로 된다. 포자낭은 흑색이며 포자는 난원형 또는 세모꼴을 하고 있다. 발육 온도는 12~42℃이며 최적 온도는 25~30℃이다.

아시아와 아프리카 지역에서 주류 제조에 사용되는 균은 라이조푸스 오리제이다. 라이조푸스속 균은 보통 풍부한 효소를 생성하는데 특히 글루코아밀라아제를 다량 분비한다. 일부 라이조푸스는 생전분을 분해하는 효소를 보유하여 우리나라의 생쌀 발효에 이용되는 균이기도 한다.

# 3. 젖산균

젖산균은 그람 양성균으로 간균 또는 구균 형태이며 효모나 곰팡이와는 다르게 포자를 형성하지 않는다. 젖산균은 균 종류에 따라 호기성, 약호기성 또는 통성 혐기성으로 구분되며 산소가 충분하지 않거나 없어도 생육에는 문제가 경우도 많다. 그리고 효모, 곰팡이와 같이 포도당을 에너지원으로 하여 젖산을 주요 부산물을 생성하는 균이다. 일부는 장내에서 유해 물질과 미생물을 억제하여 건강에 유익한 미생물로 작용하기도 한다.

젖산균은 인류가 오랜 세월 다양한 발효식품 제조에 이용하여 온 대표적인 세균이다. 와인, 맥주, 탁약주, 사케, 위스키의 제조에도 젖산균이 때에 따라서 관여되는데, 특히 곡류를 기반으로 한 우리나라 탁약주 제조 시 필수적으로 동반되는 균이다.

이 장에서는 젖산균의 생리 특성과 주류 향미와 연관된 주요 대사 기전을 살펴보기로 한다. 젖산균에는 다양한 균들이 존재하지만 주류와 관련된 균은 엔테로코커스(*Enterococcus*), 락토바실러스(*Lactobacillus*), 락토코커스(*Lactococcus*), 류코노스톡(*Leuconostoc*), 페디오코커스(*Pediococcus*), 스트렙토코커스(*Streptococcus*) 및 와이셀라(*Weissella*)가 대표적이다.

생막걸리에서는 특히 락토바실러스 파라카세이(*Lactobacillus paracasei*), 락토바실러스 애리조넨시스(*Lb. arizonensis*)가 지배종으로 나타나고 그 외 락토바실러스 플랜타럼(*Lb. plantarum*), 락토바실러스 하비넨시스(*Lb. harbinensis*), 락토바실러스 파라부취네리(*Lb. parabuchineri*), 락토바실러스 브레비스(*Lb. brevis*) 및 락토바실러스 힐가디(*Lb. hilgardii*)가 확인된다.

## 1) 젖산균에 의한 향미 생성

젖산균은 일반적으로 주류에서 제품군에 따라 부패균 또는 유익한 균으로 분류된다. 젖산균은 원료 전처리 과정 또는 알코올 발효나 숙성 과정에서 곡류나 과실 성분들을 다양한 대사 경로를 통해 향미 성분으로 바꾸어 준다.

젖산균의 대사 기전은 동형 젖산 발효(homo fermentative)와 이형 젖산 발효(hetero fermentative) 두 가지 형태로 나뉜다. 동형 젖산 발효에서는 젖산균은 당을 해당 과정(Embden-Meyerhof-Panas, EMP)을 통해 젖산만을 분비한다. 반면 이형 젖산균은 발효성 당을 펜토오스 인산 경로(pentose phosphate pathway)를 통해 분해하여 젖산, 에탄올, 초산 등을 생성한다([그림 2-17]).

동형 젖산균은 예를 들면 락토바실러스 속, 엔테로코커스 속, 스트렙토코커스 속, 페디오코커스 속이 대표적이고, 락토바실러스 엑시도필러스(*Lactobacillus acidophilus*), 락토바실러스 델부뤼키(*Lb. delbrueckii*), 락토바실러스 헬베티커스(*Lb. helveticus*) 및 락토바실러스 살리바리우스(*Lb. salivarius*) 등이 주요균이다.

반면 이형 젖산균은 류코노스톡속, 오에노코커스 속, 바이셀라 속이 대표적이고, 락토바실러스 브레비스(*Lactobacillus brevis*), 락토바실러스 부흐네리(*Lb. buchneri*), 락토바실러스 퍼멘텀(*Lb. fermentum*), 락토바실러스 루테리(*Lb. reuteri*) 및 오에노코커스 오에니(*Oenococcus oeni*) 등이 주요균이다.

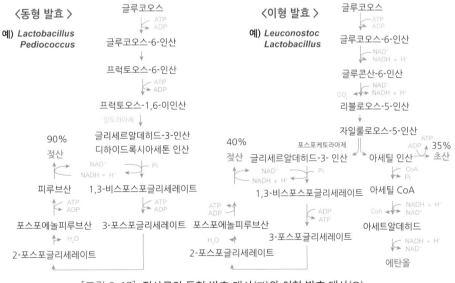

[그림 2-17] **젖산균의 동형 발효 대사(좌)와 이형 발효 대사(우)**

한편 젖산균이 대사를 통해 생성하는 주요 성분은 유기산이며 그중 비휘발성 성분인 젖산으로 인해 신맛을 부여하는 특성으로 단맛을 줄여 주는 효과가 있다([표2-2]). 젖산은 젖산균이 가장 많이 생성하는 성분으로 향은 없지만 부드러운 신맛을 주며 역치는 물에서 20 mg/L 수준이다. 이러한 신맛은 주류의 청량감을 주며 주류 pH가 3.0~4.5 수준이면 음용하기에 적합한 것으로 본다. 탁약주의 경우 pH가 3.6 이상이면 긍정적인 맛을 부여하게 된다. 동형 젖산 발효를 통해 생성되는 성분 중 90% 이상은 젖산이지만, 이형 젖산 발효를 통해 생성되는 성분은 젖산이 40%, 초산이 35%, 알코올이 0.5%, 이산화탄소가 2% 및 기타가 27% 수준으로 생성된다. 이형 젖산 발효를 통해 생성되는 초산은 낮은 역치(15 mg/L)와 높은 휘발도로 인해 적은 농도로도 톡 쏘는 신맛을 부여하게 된다.

한편 젖산 발효를 통해 생성되는 휘발성 성분을 보면, 젖산균은 탄수화물 대사 부산물(카르복실산류, 알데히드류, 케톤류, 에스터류)과 아미노산 대사 부산물(알데히드류, 알코올류)이 주요 성분이다. 디아세틸은 버터취를 나타내는 역치가 매우 낮은(0.005mg/L, 물) 향기 성분인데, 젖산균은 곡류를 이용한 발효 중에 종종 디아세틸을 과도하게 생성하는 때도 있다. 이 성분은 젖산균이 아미노산 발린을 합성하는 과정에서 $\alpha$-아세토락테이트로부터 생성된 것이다. 아세토인은 디아세틸이 분해되어 생성된 아로마 성분이다. 디아세틸은 특히 라거 맥주에서는 이취로 간주하기도 하지만 그 농도가 적으면 곡류를 이용한 타 주류에서는 부드러운 그윽한 향을 부여하기도 한다. 젖산균 중 일부 균(락토바실러스 플랜타럼, 락토바실러스 락티스, 오에노코커스 오에니)은 디아세틸과 아세토인을 구연산으로부터 생성한다.

[표 2-2] 곡류를 이용한 젖산 발효 시 생성되는 주요 향미 성분

| 구분 | 관능 | 농도(발효시간) | 향미 역치 |
|---|---|---|---|
| 초산 | 자극적인 향미 | 18mg/L(4~5시간)~650mg/L(48시간) | 15mg/L(맛), 100mg/L(향) |
| 젖산 | 시큼한 향미 | 180mg/L(10시간)~6,600mg/L(96시간) | 20mg/L(맛) |
| 에탄올 | 알코올 향 | 0.51mg/L(10시간)~1,600mg/L(48시간) | 0.008~0.9mg/L(향) |
| 아세트알데히드 | 풀취 | 0.10mg/L(10시간)~162mg/L(36시간) | 0.027~0.38mg/L(향) |
| 아세토인 | 크림 향, 버터 향 | 6.9mg/L(48시간)~115mg/L(5시간) | 50mg/L(향) |
| 아세톤 | 용매취 | 0.2mg/L(24시간)~2.6mg/L(36시간) | 40~476mg/L(향) |
| 디아세틸 | 버터취 | 0.17mg/L(48시간)~0.38mg/L(36시간) | 0.005mg/L(향), 50mg/L(맛) |
| 에틸아세테이트 | 과실 향, 용매취 | 0.04mg/L(36시간)~0.114mg/L(24시간) | 0.005~5mg/L(향), 100mg/L(맛) |

| 포도당 | 단맛 | 30mg/L(48시간)~57,000mg/L(24시간) | 11,700mg/L(맛) |
|---|---|---|---|
| 과당 | 단맛 | 501mg/L(48시간)~6,000mg/L(18시간) | 2,400mg/L(맛) |
| 맥아당 | 단맛 | 미량(96시간)~39,000mg/L(72시간) | 13,600mg/L(맛) |

한편 이형 젖산균이 생성하는 아세트알데히드는 피루브산 대사 또는 트레오닌 대사를 통해 생성된 것이다. 이 성분은 낮은 역치(0.027 mg/L, 물)를 나타내며 농도가 높으면 거친 향을 부여하지만, 농도가 낮을 때는 과실 향을 풍긴다. 이형 젖산균이 생성하는 에탄올의 농도는 0.5vol% 이하로 매우 적어 전체 아로마에 미치는 영향은 없다. 그리고 젖산균은 아미노산의 분해 또는 합성을 통해 알데히드류, 산류, 에스터류 및 황화합물류로 전환시켜 주류에 향미 성분을 부여한다. 이러한 아로마 성분으로의 전환 정도는 효소의 활성화에 달려 있다. 그리고 젖산균은 아미노산을 이미노기 전이효소를 이용하여 $\alpha$-케토산으로 전환한다. 이 $\alpha$-케토산은 이후 다양한 대사경로를 이용하여 주류에 알데히드류, 카르복실산류, 알코올류 및 티오에스터류 등의 아로마를 생성한다. 이와 같은 젖산균의 아미노산 대사경로는 효모의 아미노산 분해 대사경로(Ehrlich pathway)와 동일하다([그림 2-18]).

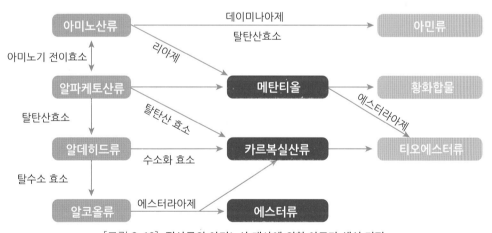

[그림 2-18] 젖산균의 아미노산 대사에 의한 아로마 생성 기전

## 2) 젖산균의 산막 생성

탁약주 제조 중에 젖산균의 과도한 번식으로 인해 점성 물질이 생성되어 이른바 산막이라 불리는 생물막(biofilm)이 생기는 경우가 있는데, 이는 젖산균이 술덧으로 배출한 체외 다당체(exopolysaccharide)가 주요 원인 물질이다. 체외 다당체는 당(글루코오스, 갈락토오스, 만노오스, 람노오스)과 당유도체(*N*-아세틸글루코사민, *N*-아세틸 갈락토사민)들이 긴 사슬을 만들어 구성된 것이다.

이 체외 다당체는 한 종류의 당으로만 구성된 동형 다당체(homosaccharides)와 여러 종류의 당이 결합하여 생성된 이형 다당체(heterosaccharides) 등 두 가지 형태가 있다. 락토바실러스 메센테로이데스(*Lactobacillus mesenteroides*), 락토바실러스 로이테리(*Lb. reuteri*) 및 스트렙토코커스 무탄스(*Streptococcus mutans*)균은 동형 다당체를 생성하는 균이다. 이 균들은 자신의 효소(덱스트란 수크라아제, 알터난 수크라아제, 로이테란 수크라아제)를 이용하여 당분을 분해 후 다당체인 덱스트란, 알터난, 로이테란, 무탄, 레반 및 이눌린을 생성한다.

반면 락토바실러스 케피어(*Lactobacillus kefir*) 균은 이형 다당체를 생성하는 균으로 포도당과 과당으로 구성된 다당체인 케피란을 생성하게 된다.

# 맥주의 향미

# 1. 개요

맥주 양조 기술의 발명과 발전은 인류의 가장 중요한 기술적 성과 중 하나이다. 학계에서는 맥주 양조를 신석기 혁명(BC 12,000년경)의 초석으로써 그리고 사냥과 채집 생활에서 안정된 정착 생활로의 전환점으로 본다. 맥주 양조 기술의 발명 시기가 신석기시대부터인지는 명확하지 않다. 다만 곡류의 이용과 소비에 관한 증거들이 유럽, 남아프리카 그리고 중국 등지에서 발견되어 왔고, 이미 고대시대부터 맥주 제조를 위해 다양한 원료와 재료 그리고 가공 기술들이 사용된 흔적들이 발견되곤 한다.

예를 들면 선사마을로 알려진 중국 허난성의 지아후(Jiahu) 지역에서 발견한 도자기 파편을 분석한 결과, 약 7000~9000년 전에 알코올 음료의 흔적을 확인하였고 이는 발효 음료에 대한 인류 최초의 증거이다. 또 다른 증거로는 고대 메소포타미아에서 발견된 도자기 조각을 토대로 약 8000년 전 맥주 양조를 한 흔적의 발견이다. 이 지역은 약 6000년 전에 심각한 가뭄을 겪게 되고 이후 티그리스와 유프라테스강 유역으로 정착 생활을 한 장소이다. 여기에 수메르인들의 문화가 정착되고 도시를 형성하게 되는데, 이때 원시적이지만 사회 계층이 형성되고 자원에 대한 접근이 차별화된다. 약 5000년 전의 수메르인들은 점토 화폐, 쟁반, 원-쐐기문자(proto-cuneiform writing)를 발명하였고 이를 이용하여 염분에 강한 보리를 재배하는 등 경제 활동이 가능하게 된다. 당시 수메르인들은 맥주를 단순히 농산 가공품을 넘어 경제 활동의 주요 물품으로 여기게 된다. 당시에 맥주는 이미 상업화되었고 함무라비왕 시대(6000년 전)에는 주세도 징수하게 된다.

이후 맥주의 제조 기술과 소비 문화는 고대 이집트로 전해지고 맥주는 공공장소에서 판매되었으며 지중해 쪽으로 수출되기 시작한다. 고대 이집트인들은 맥주를 헤가(hega)로 불렀으며 보리를 주원료로 사용하였고 맥주가 상하기 전에 바로 소비하였다. 당시의 맥주 알코올 도수는 다양한 것으로 기록되어 있다.

한편 유럽에서의 맥주 제조 흔적을 추적해보면 약 5600년 전 맥주 제조 기술이 처음 전해진 것으로 알려져 있다([그림 3-1]). 유럽의 상업적인 맥주 생산은 이집트인들이 약 5000년 전 고대 그리스에 양조 기술을 전파하면서 시작되었는데, 당시 와인이 유행하면서 맥주를 대체하게 되어 맥주는 주로 천민 계층에서 소비되고 귀족층은 와인을 소비하는 문화가 형성되게 된다. 이러한 와인 소비 문화는 고대 로마시대까지 이어지며 지중해 연안을 통해 로마인들은 와인을 프랑스 마르세이유 지역에 처음 수출하게 된다. 그러나 고대 로마인들은 와인 제조 기술뿐 아니라 이집트인들로부터 맥주 제조 기술도 습득한 것으로 추정되며, 당시 로마인들은 맥주를 세레비지아(cerevisia)로 불렀다.

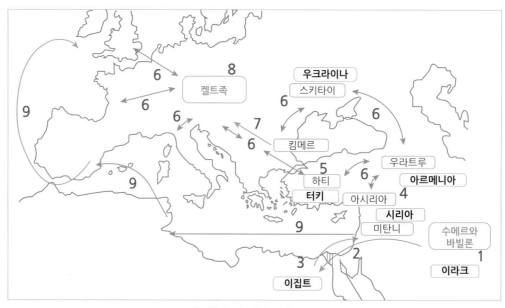

[그림 3-1] 맥주의 역사

그 당시 로마인들은 맥주를 경시하였고 맥주를 마시는 사람을 미개인을 지칭하는 바바리안이라 불렀다. 당시 맥주를 즐겨 마셨던 독일 남부의 뮌헨 사람들을 로마인들은 이러한 이유로 바바리안이라고 지칭한 것으로 보인다. 로마제국 시대에 와인은 유럽 전역으로 계속 전파되었고 상류층이 주로 소비하는 사치품으로 맥주는 천민이 마시는 음료로 여겨졌다.

그사이 맥주는 영국과 스칸디나비아를 거쳐 게르만족과 켈트족 사이에서 대중화되었고 전 유럽으로 확산되는데 특히 독일에서 본격적인 맥주가 제조되게 된다. 북유럽인들은 맥주 제조 기술이 없을 당시 꿀에 물과 허브 등을 타서 발효한 꿀주인 미드(mead)라는 술을 만들어 마셨다.

한편 9세기경 유럽 전역에 수도원들이 세워지게 되는데 당시 남유럽 수도원은 와인을 제조한 반면 북유럽 수도원에서는 맥주를 주로 제조하게 된다. 이는 북유럽 지역의 추운 날씨 탓에 포도보다는 재배가 쉬운 보리 농사를 한 것이 원인이다. 이로 인해 중세 시대에는 수도원 양조장이 영국, 독일, 스칸디나비아 등 유럽 전역으로 퍼져나가게 된다. 당시 수도원의 수도사들은 맥주를 자가 소비용으로 주로 제조하였으며 이후 방문객이나 순례자들에게도 제공하게 된다. 13세기에는 수도사들은 귀족들을 대상으로 이른바 수도원 맥주 바에서 맥주를 판매하여 수익을 올리는 상업적인 활동을 하게된다. 당시 중세 시대에는 물이 자주 오염되어 맥주가 물보다 위생적이고 안전하다는 인식 때문에 맥주 생산과 소비가 급속히 증가하는 시기이기도 하였다.

한편 중세 독일 수도사들은 맥주 제조에 홉을 사용하여 수도원 맥주 제조와 품질에 새로운 장을 열게 되는데, 홉은 주로 맥주 보존이나 맥아의 단맛을 중화하려는 목적으로 사용하였다. 그 당시에는 맥주에 홉을 첨가하여 맥주를 제조하면 세금을 징수할 수 있어 홉을 첨가한 맥주가 유럽 전역으로 전파되게 된다. 독일 양조장은 홉 도입 이전에는 맥주 제조 시 향료 면허로 불리는 그루트법(Grutrecht)의 통제를 받고 있었다. 홉 도입 전에는 맥주 보존을 위해 허브나 약재 등을 첨가하였으며 이를 그루트라고 지칭하였다. 당시의 지방정부는 그루트법에 의거하여 맥주 제조에 그루트를 의무적으로 첨가할 것을 법으로 규정하여 그루트를 양조업자들에게 판매하였다. 또한 지방정부는 그루트 판매 목적으로 맥주 제조에 홉 사용을 금지하였고, 이러한 조치는 14세기까지 이어지게 된다.

한편 1492년 미국 대륙이 발견되면서 유럽의 맥주는 1500~1800년 사이에 새로운 시장을 열게 되고 유럽 제국의 식민지 시대가 도래하면서 맥주 제조 기술과 문화는 남미 전역으로 퍼지게 된다. 또 19세기 들어 냉동기 발명과 살균 기술이 발전되면서 맥주 제조 기술의 전반을 바꾸는 계기가 된다. 또 미생물과 발효 공정을 통제함으로써 양조 공정을 표준화시키고 주질을 일정하게 유지하는 시대가 도래하면서 맥주의 생산과 판매는 급속히 증가하게 된다. 특히 산업혁명과 더불어 증기기관의 발명과 인프라 발전은 맥주의 대규모 유통과 산업화에 지대한 역할을 하게 된다.

한편으로는 맥주는 두 차례 세계대전을 거치면서 원료 수급 문제와 가격 상승 그리고 정부 정책에 따라 알코올 음료의 생산과 소비를 제한하는 조치 등으로 인해 양조장이 급속히 감소하고 산업은 위축되게 된다. 특히 미국의 경우 당시 알코올 소비 금지로 인해 대부분의 양조장이 음료 산업으로 사업을 반강제적으로 전환하기도 하였다. 또 1930년대 대공황으로 인해 맥주 산업은 또 한 번 산업이 위기를 맞기도 하는데, 당시 맥주 제조 원가를 낮추기 위해 보리보다는 옥수수나 쌀을 원료로 사용하여 제조한 라이트 맥주가 탄생하는 계기가 되기도 하였다. 예를 들면 당시의 버드와이저는 현재까지도 쌀을 일부 첨가하여 맥주를 제조하고 있고 소비자의 사랑을 받고 있다. 오늘날 맥주 제조와 소비는 대기업뿐 아니라 지역의 소규모 맥주인 크래프트 맥주가 1959년 영국에서 시작된 이래 전 세계에 퍼져 있고 증가하는 추세이다. 우리나라는 병인양요 때 맥주가 처음 도입된 것으로 기록되어 있다.

# 2. 맥주의 제조 과정

## 1) 맥주의 분류

맥주에는 다양한 유형이 있는데 일반적으로 발효 타입을 기준으로 분류하며, 하면 발효 맥주, 상면 발효 맥주 및 자연 · 비자연 발효 맥주 등 3가지로 구분한다([그림 3-2]).

① 하면 발효 맥주는 라거 효모(*S. pastorianus*)를 이용하여 저온 발효를 통해 제조된 향이 온화하고 맛이 경쾌한 맥주를 말한다.

② 상면 발효 맥주는 에일 효모(*S. cerevisiae*)를 이용하여 고온 발효를 통해 제조된 향이 풍부하고 질감이 강한 맥주를 말한다.

③ 자연 발효 맥주는 양조용 효모, 비양조용 효모, 젖산균과 초산균 등 혼합균을 이용하여 발효 후 오크통 숙성을 거친 사우어 에일 스타일 맥주를 말한다.

④ 비자연 발효 맥주는 특정 효모와 젖산균을 이용하여 발효 진행 후 오크통이나 스테인리스 용기를 이용하여 숙성한 에일 스타일 사우어 맥주를 말한다.

[그림 3-2] 맥주의 분류

한편 하면 효모와 상면 효모의 분류 기준은 효모가 알코올 발효할 때 개방형 발효 용기 내에서 부유 또는 침강하는 특성에 따라 분류한 것이다. 그러나 현재 양조장에서는 실린더형 밀폐 발효 용기를 사용하므로 하면 효모든 상면 효모든 발효 말기에 용기 바닥으로 가라앉기 때문에 하면 효모와 상면 효모로 분류하는 것은 별 의미가 없다. 그러나 하면 효모를 이용하여 제조한 하면 발효 맥주와 상면 효모를 이용하여 제조한 상면 발효 맥주는 각기 발효 부산물의 농도 차이가 있고, 원료와 공정에서도 차이가 있기 때문에 향미 특성은 다르게 나타난다.

현재 상업용 에일 효모는 5종류의 카테고리로 구분되는데, 이들 효모는 자연에서 분리된 효모들로서 여러 조상이 복합적으로 혼재된 다계통 균이다. 에일 효모가 다계통인 것은 자연에서 분리된 효모들의 당 분해 능력, 스트레스 내성 정도, 향미 발현 등과 관련해서 성능 개선을 위해 여러 효모를 이용한 다양한 유전자 변이 또는 조합을 통해 개량했기 때문이다. 반면 라거 효모는 이미 알려진 대로 사카로마이세스 세레비지에(*S. cerevisiae*)와 사카로마이세스 유바야누스(*S. eubayanus*)의 자연교잡으로 탄생한 것이고, 현재 상업용 라거 효모들은 맥주 스타일에 적합한 발효력과 아로마 패턴에 맞춰 유전자를 재조합한 것이다.

벨기에 맥주의 경우는 양조장별 오랜 세월 전통방법으로 제조해 온 것으로 특히 혼합균 형태의 맥주 제조는 현재 수제 맥주 양조장에서 응용하는 기법이기도 하다. 혼합균 형태의 맥주 제조는 맥주의 특정 아로마를 강화하여 차별화하려는 목적이다. 혼합균을 이용한 발효 공법은 특히 벨기에 맥주 제조법에서 사용하는 기법으로 양조용 효모 외에 젖산균과 초산균 대사산물을 이용하여 신맛을 특징으로 하는 사우어 맥주(sour beer)를 제조하는 기법이다. 물론 독일 맥주 중에 베를리너 바이세 역시 이러한 혼합균을 이용한 산맛 나는 사우어 맥주로 볼 수 있다([그림 3-3]).

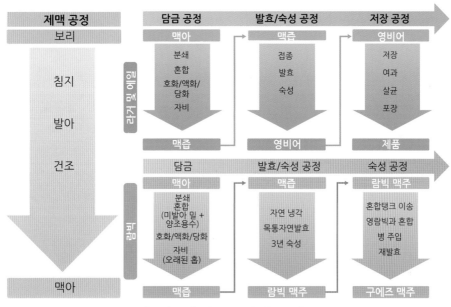

[그림 3-3] 맥주 종류별 제조 공정

## 2) 맥아와 향미

맥주에는 1,000여 종류 이상의 향미 성분이 존재한다. 그러나 대부분의 향미 성분은 역치 이하의 성분들로 사람이 혀와 코로 인지하지 못하는 성분들로 구성되어 있다. 양적으로 보면 맥주 향미에 영향을 미치는 것은 주원료로서는 맥아이며, 부원료로는 옥수수, 쌀, 밀, 수수 등이 있고, 향이 가미된 칩설탕 등이 있다. 맥주 원료 중 맥주 향미에 직접적인 영향을 미치는 또 다른 원료는 홉인데, 홉의 쓴맛과 아로마가 맥주 품질에 영향을 끼친다. 물론 홉 첨가 방식이나 품종 등에 따라 향미에 미치는 영향은 매우 다르게 나타난다.

먼저 맥아가 맥주 향미에 미치는 영향을 살펴보면 다음과 같다.

## (1) 맥아

보리는 제맥 공정(침지, 발아, 건조)을 통해 맥아로 만들어지는데 발아 후 만들어진 맥아를 생맥아(green malt)라 한다. 이 생맥아에는 알데히드와 헥산알 등 불쾌취 유발 성분이 많으며 건조 과정을 통해 이러한 성분들을 휘발시키고 다양한 아로마 향과 색상을 생성하게 된다. 주요 맥아의 향기 성분을 보면 [표 3-1]과 같다.

[표 3-1] 주요 맥아의 향 특성

| 맥아 종류 | 색상(EBC) | 향 특성 |
|---|---|---|
| 페일 에일 | 4.5~4.8 | 비스킷 향 |
| 캐러멜 맥아 | 23~45 | 단 향, 견과류 향, 곡류 향, 토피 향 |
| 크리스탈 | 100~300 | 맥아 향, 토피 향, 캐러멜 향 |
| 엠버 | 40~60 | 견과류 향, 캐러멜 향, 과실 향 |
| 초콜릿 | 900~1,200 | 초콜릿 향 |
| 블랙 | 1,250~1,500 | 훈연 향, 커피 향 |
| 로스팅 보리 | 1,000~1,550 | 탄 향, 훈연 향 |

생맥아는 건조를 통해서 생맥아의 나쁜 영향을 주는 풀취(green note)의 농도를 감소시키고 향미에 좋은 영향을 미치는 마이얄 반응물을 증가시킨다. 맥아 건조 시에 일어나는 화학적 반응으로는 페놀산의 분해, 당의 캐러멜화, 마이얄 반응 및 산화된 지방산의 열역학적인 분해 등이 있다. 한편으로는 건조 시 퓨라네올, 말톨, 이소말톨 등도 형성되는데, 이 성분들은 캐러멜 향을 풍기며 휘발성이 강하여 맥주 향미에 영향을 크게 미친다. 그리고 맥아에는 헤테로 고리형 성분(티아졸, 티아졸린, 피리딘, 피롤라이진)들로 인해 맥아의 단맛을 느끼게 하고 디메틸피라진은 아로마가가 높아 맥주 향에 영향을 준다. 그러나 맥아의 상기 향기 성분들은 대부분 끓임 과정에서 휘발되거나 화학적 분해 또는 알코올 발효 시에 효모의 작용으로 감소하게 된다. 맥아 유래의 맥주 향기 성분으로 남는 물질은 디메틸설파이드로 특히 라거 맥주에 잔존하게 된다.

흑맥아의 경우는 보통 색상 강화용, 캐러멜 향 강화용, 로스팅 향 강화용 등 3가지로 분류한다. 이러한 흑맥아의 향기 성분은 기본적으로 맥아를 로스팅 드럼에서 페일맥아를 볶으면서 생성된 물질들이다. 흑맥아는 맥아 건조 과정을 통해 맥아 옥사진(malt oxazine), 말톨, 이소말톨 및 에틸말톨 등을 형성하여 빵 향, 캐러멜 향과 코든 사탕 향을 부여한다. 또한 맥아의 알카로이드 성분은 맥주의 떫은맛에 영향을 준다.

일반적으로 맥주 제조 시 투입되는 흑맥아는 전체 맥아의 5% 이하지만 맥주 향미에 미치는 영향은 매우 크다. 예를 들어 흑맥아에는 우선 마이얄 반응을 통해 생성된 멜라노이딘이 다량 함유되어 있어 맥주의 거품 형성과 유지 그리고 질감에 기여한다. 또 향의 안정성과 항산화를 강화해 라거 맥주보다 흑맥주의 유통 기한이 길다. 즉 흑맥주의 안정성은 필스너 맥아로 제조한 맥주보다 더 높은데, 이는 주로 항산화 효과를 가지고 있는 멜라노이딘 같은 마이얄 반응 생성물 때문이다. 특히 제맥 과정 중 건조 과정을 통해 제조된 일부 맥아(캐러멜 맥아, 흑맥아)는 페일 맥아와는 향미 패턴이 다른 특성을 나타낸다.

반면 맥주의 향미 안정성에 로스팅된 맥아는 부정적인 영향을 준다는 일각의 주장도 있으며, 흑맥아로 양조한 흑맥주에는 카보닐, 3-메틸부탄알, 2-메틸부탄알, 2-페닐에탄알 및 이소부탄알의 함량이 높아 향미를 떨어뜨린다는 결과도 문헌에 보고되고 있다. 그리고 150℃ 이상에서 로스팅된 맥아는 낮은 온도에서 장시간 로스팅된 맥아보다 항라디칼 활성이 더 작다는 문헌 보고도 있다.

한편 맥주의 향미는 화학적으로 불안정하므로 저장 기간 중에 서서히 변화가 나타나게 된다. 맥주 원료 중 맥아 역시 맥주 향미에 영향을 미치며 특히 당분, 단백질, 아미노산 및 효소가 주요한 변수로 작용한다. 일례로 맥아에 당분이 과도하면 잔당으로 인해 달콤한 맥주가 되고 아미노산이 과다하면 고급알코올과 디아세틸이 과도하게 생성되어 맥주 향미에 부정적인 영향을 미치게 된다.

또 보리 종류도 맥주 향미에 영향을 주는데, 맥주 향미에 영향을 미치는 향미 성분들이 보리 유전자 차이에 의한 것인지 제맥 과정 중에 형성된 성분들 때문인지는 아직 과학적으로 충분히 검증되지 않았다. [그림 3-4 a]는 상업적으로 많이 사용하는 6개의 보리 품종으로 제맥한 맥아의 향기 성분을 분석한 것이고, [그림 3-4 b]는 그 맥아를 이용하여 제조한 맥주의 향기 성분을 분석한 것이다. 맥아에서는 향기 성분을 총 4개 그룹으로 분류하고 하위 그룹으로 217개 성분을, 맥주에서는 총 5개 그룹으로 분류하고 하위 그룹으로 246개 성분을 주요 그룹으로 각각 분류하였다.

맥아의 경우는 보리 품종에 따라 217개 향기 성분 중 150개가 보리 타입에 따라 성분이 다르게 나타난다. 예를 들면 풀프린트(Full Print) 보리 품종은 맥아에서 달콤한 향, 맥아 향과 로스팅 향 등이 특징적인데 맥주에서는 과실 향, 에틸아세테이트 향과 배 향이 두드러지게 나타난다. 또 이 품종은 피리미딘류를 다량 함유하고 있는데 시티딘(cytidine)은 맥주에 과실 향을 부여한다. 그리고 이 품종은 아미노산(트립토판, 아르기닌)의 함량이 높아 다른 휘발성 성분(퓨린, 알칼로이드) 등과 맥주 저장 중 반응하여 맥주 아로마에 영향을 주기도 한다.

또 다른 보리 품종인 메레디스(Meredith)는 단백질과 유리 아미노산 함량이 풍부한데, 이 맥아를 이용한 맥주에서는 옥수수칩 향, 곡류 향과 유황취 등을 특징으로 한다. 이러한 향기 성분은 대부분 맥아에 함유되어 있는 글루타민과 프롤린에 의해 생성된 것이고 피리미딘과 퓨린 등도 옥수수 콘칩 향에 영향을 미친다. 상기 결과에 따르면 보리 품종에 따라 맥아의 향 패턴은 매우 다르며 맥아의 향미 성분과 맥주 향미 특성에 영향을 미치는 것으로 볼 수 있다.

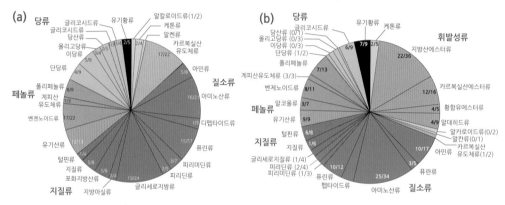

[그림 3-4] 맥아와 맥주의 향미 성분(좌 : 맥아, 우 : 맥주)

## (2) 맥아 종류별 향미 특성

맥주는 대부분 전 세계적으로 담색 맥주(lager beer)이며 라거 맥주가 대표적이다. 이에 따라 담색 맥아에 대한 수요가 매우 높아 대부분의 제맥은 대용량 시설에서 거의 전용으로 담색 맥아를 제조한다. 그러나 맛, 색, 향, 식감 및 거품 면에서 품질 특성이 다른 다양한 종류의 맥주도 전 세계적으로 생산되고 있다. 이러한 맥주가 생산되기 위해서는 색상과 품질 특성에 기여할 수 있는 색상이 진한 맥아가 사용되어야 한다. 이러한 맥아를 농색 맥아라고 부르며, 이를 이용하여 제조한 흑맥주가 대표적이다. 농색 맥아는 담색 맥아와 같이 맥주 제조에 대량 소요되는 맥아가 아니므로 대용량 제맥이 어려워 전문적인 특수 맥아 전용의 장비를 보유한 특수 맥아 제조사에서 생산한다. 열처리의 종류에 따라 농색 맥아는 배초 맥아, 캐러멜 맥아 및 로스팅 맥아로 구분한다. 농색 맥아는 원하는 맥주 특성에 따라 맥아의 구성비가 각기 다르며 혼합 비율은 맥주 제조장마다 다르다. 각 맥아 타입별 제조 과정과 그에 따른 아로마 특징을 살펴보면 다음과 같다.

① 담색 맥아는 우선 맥아 제조 시 마이얄 반응에 따른 갈색 색소인 멜라노이딘이 생성되지 않도록 제맥 조건을 관리하여야 한다. 멜라노이딘이 생성되지 않기 위해서는 보리의 단백질 함량이 11% 이하로, 침지는 42~44%로 유지되어야 한다. 또 발아 과정에서 용해 과정이 진행되지 않도록 온도를 17~18℃ 수준으로 조절해야 한다. 그리고 유아초는 곡립 크기의 2/3~3/4 정도, 유근은 곡립 크기의 1.5배 정도가 되도록 발아시킨다. 배조 과정(kilning) 중 예비 건조(withering)는 수분 함량이 저온(55℃)에서 8~10%가 될 때까지 초기에는 바람 세기를 강하게 하여 효소가 더 이상 맥아 성분을 분해하지 않도록 한다.

② 농색 맥아는 맥아 제조 시 담색 맥아 제조와는 반대로 맥아 아로마를 증진시킬 수 있도록 멜라노이딘 생성을 촉진시킬 수 있는 조건을 만들어 주어야 한다. 따라서 보리의 단백질 함량이 높고 침지도는 44~50% 수준으로 높게 유지하며 효소는 매우 활성화되어야 한다. 또 발아 과정에서 분해물이 다량 생성될 수 있게 18~20℃에서 발아하고 온도는 20~25℃로 유지하는 것이 중요하다. 그리고 맥아는 충분히 용해되도록 하며 유아초의 길이는 곡립의 3/4~1배 정도, 유근은 곡립 길이의 2배 정도까지 자라도록 한다. 농색 맥아의 배초(curing) 온도는 100~105℃에서 4~5시간 동안 하며 색상은 15~20 EBC 정도 되게 한다. 색상이 13~15 EBC 정도의 농색 맥아는 농색 맥주의 기본 특징을 형성하며 85%까지 사용이 가능하다. 색상이 20~25 EBC 수준인 농색 맥아는 25~40%까지 사용 가능하며 맥주의 아로마를 강화하는 데 효과가 있다.

③ 비엔나 맥아는 질감이 강하고 풍부한 맥주를 제조하거나 황금색 맥주 제조에 많이 사용한다. 이를 위해 침지도는 44~46%로 조정하고, 용해를 과하게 하지 않으며, 배초 온도는 90~95℃에서 실시하여 색상이 6~8 EBC 정도 유지되게 한다. 비엔나 맥아는 메르첸 맥주(Märzen beer), 페스티벌 맥주, 스트롱 엑스포트 맥주(strong export beer) 및 일부 수제 맥주 제조에서 100%까지 사용하기도 한다.

④ 브루 맥아는 멜라노이딘 맥아(melanoidin malt)로도 알려져 있는데, 브루 맥아용 보리는 농색 맥아용 보리를 사용한다. 침지는 40~50℃에서 36시간을 지속시켜 침지도를 48%로 유지하고 배초는 90~100℃ 이상에서 3~4시간가량 하며 색상은 50~80 EBC를 유

지한다. 브루 맥아는 농색 맥주의 아로마를 향상시키기 위해 25% 이상 사용하는 것이 일반적이며, 맥아 맥주 또는 알트 맥주(Alt bier)를 제조할 때 사용하기도 한다. 브루 맥아는 일반적으로 맥주 제조에 5~20% 첨가하고 맥주에 약간의 붉은 색상을 제공하며, pH가 낮아 향미 안정성에 효과가 있고 질감 강화 그리고 맥주의 색상에 기여한다.

⑤ 캐러멜 맥아는 맥주 제조할 때 적정량을 첨가하여 풍부한 미각, 질감, 맥아 아로마 강화, 전체적인 맛과 색상 및 거품 유지에 상당히 기여한다. 캐러멜 맥아의 제조를 위해서는 이미 배초된 맥아를 사용하며 이 맥아를 수분 함량 48%를 갖도록 재침지한다. 제조는 브루 맥아 제조법과 비슷하며 45~50℃의 온도에서 효소 분해에 의해 저분자 질소화합물과 당류가 형성되도록 30~36 시간 유지한다. 캐러멜 맥아에는 카라힐(Carahell), 카라필스(Carapils), 카라뮤닉(Caramunich)뿐 아니라 카라레드(Carared), 카라엠버(Caraamber) 등 다양한 종류가 있다. 카라힐과 카라뮤닉은 40~45℃에서 대부분의 효소 분해가 일어나고 맥아를 70~80℃에서 액화·당화를 유도한 후 로스팅 드럼 온도를 140~210℃로 올려 목표로 하는 색상이 얻어질 때까지 1.5~2시간 배초시킨다. 보통 카라힐의 색상은 20~40 EBC, 카라뮤닉은 80~160 EBC이고 수분 함량은 6~7% 수준이다. 카라레드는 맛의 안정화와 전형적인 아로마와 붉은 색상을 나타낸다. 카라힐은 페스티벌 맥주에 사용되고 질감을 증가시키고 거품 유지력을 향상시키는 반면 카라뮤닉은 페스티벌 맥주 제조에 주로 사용된다. 카라레드와 카라엠버는 특히 에일 계열(레드 에일, 엠버 에일, 브라운 에일 등) 맥주와 레드 라거, 알트 맥주 또는 라거 맥주를 제조하는 데 전체 맥아량 대비 최대 25%를 사용한다. 카라필스는 전체 맥아량 대비 최대 15%를 사용하여 질감과 거품의 유지를 증가시키는 데 효과가 있다. 또 라이트 맥주와 무알코올 맥주의 경우에는 최대 30% 정도 사용할 수 있다.

⑥ 산성 맥아는 침지 또는 발아 과정에 젖산균이 생성한 젖산이 함유된 생맥아를 배초하여 제조한다. 이때 맥아의 젖산 농도는 2~4% 수준이며 pH는 3.4~3.5, 색상은 3.5 EBC 정도이다. 보통 산성 맥아는 전체 맥아량 대비 1~10%까지 첨가하며 담금액의 pH를 감소시켜 완충 능력을 증가시키게 된다. 또 산성 맥아는 질감을 풍성하게 하고 증류주와 조합하는 라이트 맥주나 무알코올 맥주 등을 만드는 데 사용하기도 한다.

⑦ 훈연 맥아는 너도밤나무 조각을 태운 연기로 건조시켜 따끔거리는 아로마를 특징으로 한다. 연기에 의해 훈연 향이 맥아에 스며들게 되고 훈연 맥아로 만든 맥주에도 훈연 향이 존재하게 된다. 독일 밤베르크 지방에서 훈연 맥아를 이용하여 훈연 맥주를 제조한다.

⑧ 로스팅 맥아는 농색 맥주의 색상을 얻기 위해 전체 맥아량 대비 0.5~2%를 사용한다. 로스팅 맥아 제조에는 완전히 용해되어 배초된 담색 맥아를 이용하여 제조한다. 담색 맥아가 70~80℃의 온도에서 균일하게 회전하는 드럼에 수분 함량이 10~15%가 되게 물을 분무하여 1.5~2시간 동안 고르게 가습한다. 그다음 200~220℃ 온도에서 1~1.5시간 동안 로스팅 공정이 진행된다. 고온에서의 로스팅 공정으로 인해 로스팅 맥아에는 효소의 역가가 없다. 로스팅 과정 중에 캐러멜 물질과 다른 아로마가 생성된다. 한편 로스팅 과정에서 함께 생성되는 탄맛 성분은 스타우트 같은 몇 가지 맥주 스타일에만 바람직한 맛이다.

⑨ 컬러레드 맥아는 초콜릿 맥아라고도 하는데 800~1,600 EBC의 색상을 나타낸다. 400~600 EBC 색상을 나타내는 컬러레드 맥아는 커피 맥아라는 이름으로 판매되고 있다. 이 맥아는 구운 견과류 맛을 내기도 하며 포터 맥주, 스타우트 맥주, 브라운 에일 맥주와 둔켈 맥주에서 가끔 사용되는데 보통 전체 맥아량 대비 최대 2% 정도가 사용된다. 상면 발효 맥주의 경우 밀 컬러레드 맥아(wheat colour red malt)가 사용되고 알트 맥주와 농색 밀 맥주의 경우 전체 맥아량 대비 최대 1%까지 사용한다.

⑩ 밀 맥아는 밀 맥주 제조에 사용될 뿐 아니라 쾰쉬 등 상면 발효 맥주에도 사용된다. 밀 맥주 제조에 사용되는 밀은 연질밀로서 단백질이 다소 부족한 밀도 밀 맥주 제조가 가능하다. 밀은 밀 맥주의 특성이 손상되지 않도록 낮은 단백질 용해도 및 점도를 나타내는 품종을 사용한다. 밀은 보리와는 다르게 껍질이 없고 단백질 함량이 높기 때문에 양조 과정, 특히 맥즙 여과 과정에서 문제가 발생할 수도 있다. 밀은 껍질이 없기 때문에 밀 맥아는 매우 빠르게 물을 흡수할 수 있으므로 침지 시간을 단축시킨다. 전형적인 밀 맥주 아로마를 얻기 위해서는 담금 과정에서 제한적인 단백질 분해가 바람직하다. 그리고 맥즙에서 질소화합물 양이 낮으면 아미노산 과잉 공급을 방지할 수 있기 때문에 생동감 있고 상쾌한 밀 맥주를 제조할 수 있다. 따라서 밀은 낮은 질소 함량과 용해성 질소값을 가진 것이 좋다. 그리고 밀 맥아는 배초 온도에 따라 담색 밀 맥아와 농색 밀 맥아로 구분된다. 담색 밀 맥아는 80℃에서 빠르게 배초하여 색상이 형성되는 것을 방지하여 색도가 3.0~4.0 EBC를 나타내면서 부드럽고 거품이 풍부한 전형적인 상면 발효 맥주 제조에 이용된다. 반면 농색 밀 맥아는 100~110℃의 온도에서 배초하여 색도를 높이고 농색 밀맥주, 알트 맥주 및 농색 저알코올 맥주를 제조하는 데 주로 사용된다.

## 3) 담금 과정과 향미

담금 과정은 맥주 공정 중 생성되는 향미의 전구물질을 제공하고, 알코올 발효에 필요한 맥즙을 준비하는 필수 공정이다. 담금하는 동안 유리 아미노질소와 환원당의 형성은 마이얄 반응에 관여하는 최소한의 향미 전구물질을 제공한다. 또 담금 조건에 따라서는 맥아의 지방(리놀산) 분해에 따라 자동 산화 또는 지방효소 리폭시게나아제(lipoxygenase)에 의한 중간 산화물(13-하이드록페록시 리놀레산, 9-하이드록페록시 리놀레산)이 형성되어 맥주를 불안정하게 저장하면 마분지취를 풍기는 트랜스-2-노넨알(*trans*-2-nonenal)을 생성하게 된다.

## 4) 끓임 과정과 향미

담금 후 맥즙 자비 과정에서 여러 화학반응이 일어나 맥주 향미에 영향을 미친다. 예를 들면 알파산의 용해, 이소알파산으로의 이성화, S-메틸메티오닌에서 디메틸설파이드로의 분해와 디메틸설파이드의 연속적인 증발과 화학적인 변형을 통한 홉 오일 구성 성분의 손실 등이 나타난다.

한편 끓임 과정 중에 홉을 첨가하게 되는데 홉 첨가는 맥주의 향미 특성과 맥주 타입에 매우 큰 영향을 미치게 된다. 여기서는 홉의 종류와 특징 그리고 맥주 향미에 미치는 영향을 살펴보기로 한다.

### (1) 홉의 개요

역사적으로 맥주 제조에 홉이 처음 도입된 것은 1079년부터이고 12세기에 알코올 음료에 향료나 보존제로써 사용되었다. 13세기 들어서 홉은 당시 향신료로 맥주에 사용했던 그루트를 대체하고 비로소 맥주 제조에 본격적으로 사용되었다. 독일에서는 1516년 맥주 순수령에 따라 맥주 원료 중 유일하게 향을 강화하는 원료로 공인되었고 현재에 이르고 있다.

맥주 제조 원료로서 홉은 투입량(1g/L)이 맥아(150g/L)에 비해 적지만 맥주 향미에 미치는 영향은 맥아에 비해 결코 그 비중이 작지 않다. 홉 없이 제조된 맥주는 단맛이 강하고 아로마가 유쾌하지 않다. 그리고 홉의 쓴맛은 맥아 단맛의 균형을 잡아주고 홉의 아로마는 맥아 아로마의 단점을 보완해 주는 역할도 한다.

홉의 쓴맛은 맥즙에 잘 녹지 않는 비극성 성질인 알파산이 맥즙 끓임 과정 중 용해성이 좋은 극성의 이소알파산으로 전환되면서 맥즙에 쓴맛을 발현하게 된다. 이소알파산은 6개의 이성체로 구성되어 있고 맥주에 홉을 첨가함으로써 쓴맛뿐만 아니라 아로마를 부여하며 홉의 품질에 따라서 맥주의 향미는 많은 영향을 받는다.

맥즙을 끓일 때 알파산이 모두 이소알파산으로 전환이 안 되며 맥즙에는 50~60% 정도, 최종 맥주에는 30~40% 정도만이 쓴맛으로 전환된다. 맥즙을 끓일 때 알파산이 이소알파산으로 전환이 잘 되지 않는 이유는 알파산이 수지 성분이기 때문에 맥즙에 잘 녹지 않고 맥즙의 pH도 최적 상태가 아니기 때문이다. 알파산에서 이소알파산으로의 최적 조건은 알카리 조건(pH 9)이지만 맥즙의 pH는 보통 5.3~5.6 수준이다.

## (2) 홉의 종류와 구성 성분

홉 품종에는 3종류(*Humulus lupulus L., Humulus japonicus., Humulus yunnanensis Hu*)가 있다. 그중 휴물러스 루풀러스(*H. lupulus*) 품종만을 사용하는데, 이 품종만이 맥주에 쓴맛과 아로마를 부여하는 수지 성분과 오일 성분이 풍부하기 때문이다. 예전에는 홉의 분류와 품질 기준을 홉의 쓴맛 성분인 알파산으로 불리는 주로 휴물론(humulone) 농도로만 판단하였다. 일반적으로 홉의 알파산은 품종에 따라 다르지만 2~23 w/w% 수준이다. 최근에는 홉의 기능성 성분들도 홉 품질을 판단하는 하나의 요소가 되고 있다. 예를 들어 잔토휴몰(xanthohumol)은 항암, 항고지혈증, 골다공증 및 동맥 경화 예방에 유익한 기능을 갖고 있는 것으로 문헌에 보고되고 있고, 일반적으로 맥주에 2μg/L~1.2mg/L 함유되어 있다. [그림 3-5]는 홉의 주요 구조와 구성 성분을 나타낸 것이다.

한편 홉은 크게 아로마 홉(aroma hop)과 비터 홉(bitter hop)으로 구분하는데, 이는 홉의 알파산 함량과 향미 특성을 기준으로 분류한 것이다. 비터 홉은 알파산이 6% 이상이면서 적정한 코휴물론 함량을 나타내며, 이때 아로마 향은 크게 고려하지 않는다. 반면 아로마 홉은 알파산이 5% 이하이면서 에센스 오일 성분인 알파 휴물렌($\alpha$-humulene), 베타카리오필렌($\beta$-caryophyllene), 베타파네센($\beta$-farnesene) 및 낮은 휴물론 함량을 특징으로 하는 홉이다. 최근에는 알파산이 매우 높은(13% 이상) 홉의 육종으로 인해 고농도의 알파산 홉을 홉 분류에 새로 편입하였다. 물론 홉 품종에 따라 고농도의 알파산 홉 역시 아로마에 큰 영향을 부여하는 때도 있어 비터 홉과 아로마 홉의 분류 기준에 대해서는 견해가 분분하다([표 3-2]).

| 맥주 향미에 영향을 주는 주요 성분 | 농도 (% w/w) |
|---|---|
| 휴물론(알파산) | 2~23 |
| 휴물리논 | 0.1~0.5 |
| 폴리페놀/탄닌 | 3~6 |
| 휴루폰 | 0.05 |
| 루풀론(베타산) | 2~10 |
| 오일 | 0.5~4.0 |
| 아로마 전구물질 | 0.013~0.053 |
| 단당류(포도당, 과당) | 2~4 |
| 유기산(호박산, 사과산, 구연산) | 0~0.1 |
| 금속 이온(철, 망간, 아연, 구리) | 0.03~0.06 |
| 지질 및 지방산류 | 1~5 |
| 홉 효소 | 0~0.1 |
| **홉 유래 쓴맛** | **홉 유래 향기 성분** |

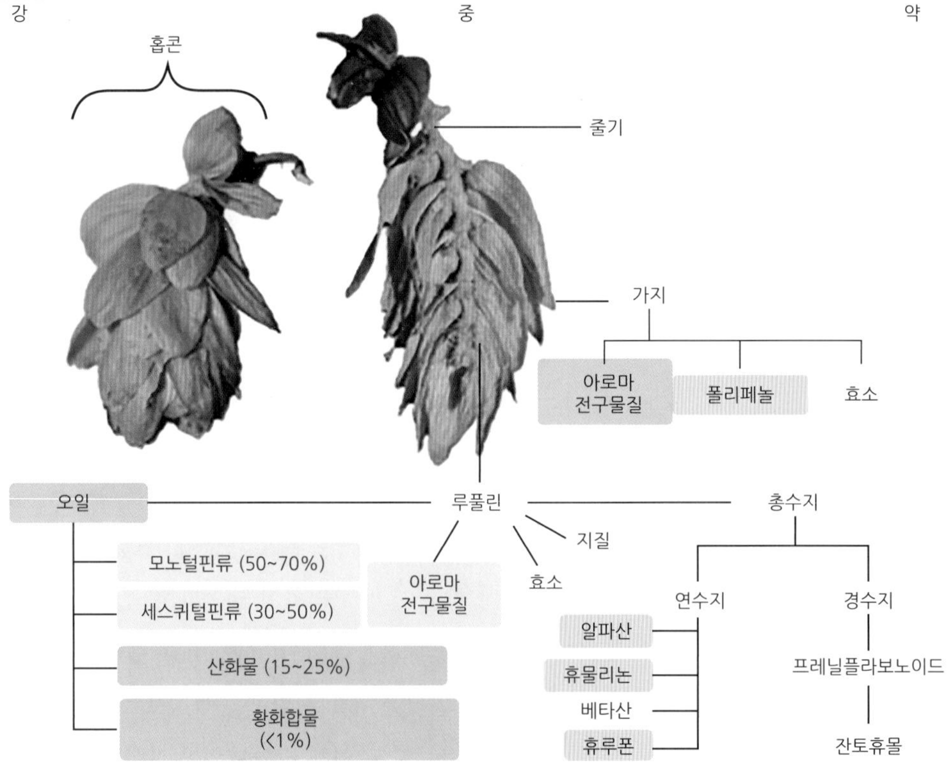


[그림 3-5] **홉의 주요 구성 성분**

[표 3-2] 홉의 분류

| 국가 | 아로마 홉 | 비터 홉 | 고농도 알파산 홉 | 겸용 홉 |
|---|---|---|---|---|
| 호주 | Ella, Helga, Summer, Sylva | | Pride of Ringwood, Super Pride | Galaxy, Topaz |
| 오스트리아 | Styrian Gold | | | |
| 중국 | | | Marco Polo | Tsingdao Flower |
| 체코 | Bohemia, Kazek, Premiant, Saaz, Saaz Late, Sladek | Rubin | | Agnus |
| 프랑스 | Aramis, Strisselspalt, Triskel | | | |
| 독일 | Hallertau Blanc, Hallertau Mittelfrueh, Herbsbrucker, Huell Melon, Mandarina Bavaria, Opal, Perle, Polaris, Saphir, Smaragd, Spalt Spalter, Spalter Select, Tettanger, Tradition | | Herkules, Magnum, Merkur, Taurus | Northern Brewer |
| 일본 | | | | Sorachi Ace |
| 뉴질랜드 | Motueka, Nelson Sauvin, Pacifica, Riwaka | | Pacific Gem, Pacific Sunrise | New Zealand Hallertau, Pacific Jade |
| 폴란드 | Limbus, Lomik, Lublin, Sybilla | Junga, Marynka, Oktawia, Pulawski, Zbyszko, Zula | Magnat | |
| 슬로베니아 | Aurora, Bobek, Celeia, Harminie, Styrian Sauvinjski Golding | | | Bor, Extra Styrian Dana |
| 남아프리카 | | Southern Brewer | | Southern Dawn, Southern Promise, Sourthern Star |
| 영국 | Bramling Cross, East Kent Golding, Endeavour, First Gold, Fuggle, Sovereign, Whitbread Golding | Pilgrim, Pilot, Target | Admiral | Boadicea, Brewers Gold, Northdown, Pioneer, Progress, Wye Challenger |
| 미국 | Ahtanum, Amarillo, Calypso, Cascade, Centennial, Citra, Crystal, Liberty, Mosaic, Mount Hood, Palisade, Santiam, Sterling, Ultra, Vanguard, Wilamette | Cluster | Apollo, Bravo, Chelan, Columbus, Comet, Galena, Millennium, Newport, Nugget, Summi, Super Galena, Tomahawk, Warrior | Chinook, Glacier, Horizon, Somcoe |

　　최근에는 미국 크래프트 맥주 업계를 중심으로 듀얼 홉(dual purpose hop) 투입 방식을 사용한다. 이 방식은 알파산이 높은 홉 중 저가의 비터 홉을 끓임 초기에 투입하고, 자츠(Saaz)와 같이 홉 오일 아로마가 강한 고가의 홉은 끓임 후반에 투입(late hopping)하여 기존 홉 유래의 아로마 패턴과는 다른 향이 맥주에 발현되게 한다.

　　유럽의 전통적인 홉인 할러타우어 미텔프뤼(Hallertauer Mittelfrueh), 테탕어(Tettanger) 및 헤옵스부뤼커(Herbsbruecker) 등은 세스퀴털펜인 휴물렌(humulene)을 다량 함유하고 있다. 이러한 홉들은 케틀호핑(kettle hopping) 시 맥주에 고풍스러운 향을 부여하기 때문에 이른바 고품격 홉(noble hop)으로 불린다. 일부 수제 맥주 업계에서는 이들 홉을 끓임 전에 고의로 세스퀴털펜을 산화시켜 고풍스러운 향을 강화하는 경우도 있다. 홉의 털펜류는 보통 시트러스 향, 허브 향, 스파이시 향 및 나무 향 등을 풍기며 특히 리나룰, 게라니올, 파네졸은 꽃 향을 풍긴다. 산화물류는 에스터류와 케톤류로 구성되어 있고 과실 향, 꽃 향과 왁스 향을 풍긴다. 그리고 오래된 홉에서는 치즈 향이 나는데 이는 알파산이 산화되어 생성된 지방산 3-메틸부탄산(3-methylbutanoic acid) 때문이다.

### (3) 홉의 아로마

　　1,000여 종의 홉의 아로마는 홉의 에센스 오일(essential oil)에서 발현된 것이다. 홉의 에센스 오일이란 실온에서 후각으로 느낄수 있는 홉 유래의 휘발 성분을 말하며 홉 오일의 주요 성분과 역치는 [표 3-3]과 같다.

[표 3-3] 홉 오일의 주요 성분

| 성분 | 역치(맥주) | 관능 |
|---|---|---|
| 4-mercapto-4-methylpentan-2-one | 10~50μg/L | 블랙커런트 향 |
| 3-mercaptohexan-1-ol | 55μg/L | 블랙커런트 향, 머스캣 향 |
| Myrcene | 30~10,000mg/L | 송진 향 |
| Linalool | 8~80mg/L | 꽃 향, 시트러스 향 |
| Geraniol | 4~40mg/L | 꽃 향, 장미 향 |
| | 1mg/L | 꽃 향, 허브 향 |
| Ethyl 4-methyl-pentanoate | 5~50μg/L | 홉 향, 파인애플 향 |
| *cis*-Rose oxide | - | 치즈 향 |
| *(E,Z)*-3,5-Undecatriene | - | 블랙티 향 |

| 2-Methylbutylic acid | - | 삼목 향 |
| --- | --- | --- |
| $\beta$-damascenone, phenyl ethanol | - | 꿀 향, 양파 향, 마늘 향 |
| Caryophylla-3,8-dien-(13)-dien-5-beta-ol | - | |

홉의 에센스 오일은 홉 수확 후 건조 과정, 펠렛 가공 과정, 저장, 맥즙 끓임 과정과 알코올 발효 과정 등을 거치면서 성분의 변화가 나타난다. 각 단계별 홉 에센스 오일의 성분 변화 정도를 살펴보면 다음과 같다.

홉은 수확 후 열풍 건조를 통해 건조하는데 이때 에센스 오일 성분의 50% 가량이 감소하게 된다. 수확 후 건조 전 홉의 풀취를 풍기는 (Z)-3-헥산알은 건조 과정을 통해 사라진다. 홉 건조는 보통 홉콘(hop cone), 알파산 및 홉 에센스 오일의 손상을 막기 위해 65℃ 이하에서 단시간에 건조를 진행한다. 그다음 건조된 홉은 저장성 개선을 위해 펠렛이나 잼 형태로 가공 되는데 가공 방식에 따라 오일 성분의 차이는 있지만 공통적으로 털핀류의 감소가 나타난다.

자연 홉은 펠렛이나 잼처럼 가공된 홉보다 홉콘의 루풀린 황립선(lupulin glands)이 손상되지 않아 홉 성분의 변화가 적다. 반면 가공 과정을 거친 홉은 저장 중에 홉 성분의 변화가 나타난다. 가공 홉을 진공 포장 상태에서 0℃에서 저장하면 화학적 변화가 적어지지만, 주요 털핀류($\beta$-미어신, $\beta$-카리오필렌, $\alpha$-휴물렌, $\beta$-파네졸)의 변화가 비교적 빨리 일어난다. 이러한 변화는 산화 반응과 축합 반응 때문이다.

홉은 맥즙을 끓일 때 투입하게 되는데 60분간의 케틀 호핑 시 홉의 에센스 오일 성분의 85%가 휘발된다. 끓임 초기에 투입한 홉에서는 주요 털핀류($\beta$-미어신, $\beta$-카리로필렌, $\alpha$-휴물렌)의 농도가 급격히 증가하지만 끓임 말기 또는 월풀 용기에는 이러한 성분들은 거의 남지 않게 된다. 그리고 리나룰(linalool)은 세스퀴털핀류보다 더 빨리 휘발되어 거의 남지 않지만, 배당체로 존재하는 리나룰의 경우는 끓임 과정을 거치면서 유리 리나룰로 분리되어 그 농도가 오히려 증가하는 경우도 나타나기도 한다.

한편 알코올 발효 중에 홉의 주요 에센스 오일 성분은 효모 대사에 의해 변화되지 않지만, 친수성인 효모의 특성으로 인해 오일 성분($\beta$-미어신, $\alpha$-휴물렌, $\beta$-카리오필렌)은 효모 세포에 흡착되면서 거품에 붙어 제거된다. 반면 산화된 유도체 성분(휴물렌, 카리오필렌 산화물, 알코올류)은 맥주에 잔존하여 맥주 아로마에 영향을 미친다. 홉 펠렛이나 잼 형태의 홉에는 아로마에 영향을 주는 일부 성분(털핀 알코올류, 비카로티노이드류)들이 향을 낼 수 없는 배당체 형태로 존재한다([그림 3-6]). 이 배당체 성분들은 효모가 알코올 발효할 때 효소($\beta$-

글리코시다아제)에 의해 분해되어 지방족 알코올류, 방향족류, 모노털핀 알코올류 및 비이소프레노이드류 등으로 아로마 성분을 발현시켜 맥주 아로마에 영향을 준다. $\beta$-다마세논의 경우는 배당체 형태로 존재하지 않고 배당체 전구물질이 산에 의해 촉매되어 분리된 후 향을 내게 된다.

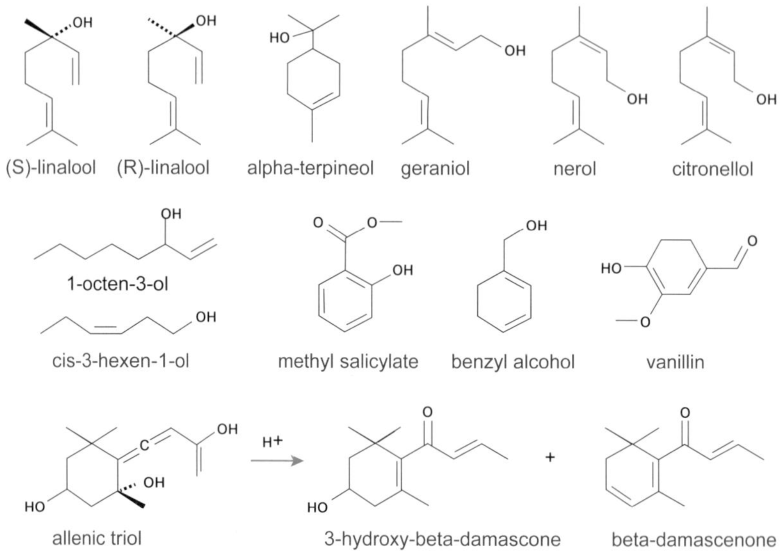

(S)-linalool    (R)-linalool    alpha-terpineol    geraniol    nerol    citronellol

1-octen-3-ol

cis-3-hexen-1-ol    methyl salicylate    benzyl alcohol    vanillin

allenic triol    3-hydroxy-beta-damascone    +    beta-damascenone

[그림 3-6] 배당체 형태로 존재하는 홉의 아로마 성분

홉의 에센스 오일 성분 중 맥주 아로마에 영향을 미치는 성분은 털핀류에 속하는 $\beta$-미어신(58%), $\beta$-카리오필렌(1.6%) 및 $\alpha$-휴물렌(1.5%) 등이며 맥주에서 아로마가 1 이상인 성분들로 후각으로 느껴지는 성분들이다. 리나룰이 미치는 영향은 0.3%에 불과하다. 베타 미어신($\beta$-myrcene)은 신선한 홉에서 자극취를 유발하는 성분으로 알려져 있으며 보통 이러한 자극취는 저장(수개월)을 거치면서 산화되거나 휘발되기는 한다. 일반적으로 고가의 홉은 $\beta$-카리오필렌과 $\alpha$-휴물렌의 함량이 높고 베타 미어신은 적은 것으로 알려져 있다. 유럽에서 고품질로 평가받는 홉은 대부분 케틀 홉핑에서 $\alpha$-휴물렌의 함량이 높은 홉들이다. 그 외 성분(카르본, 메틸 4-테칸산, 2-운데칸온, $\beta$-파네센, 휴물렌 산화물)들도 고가의 유럽 홉에서 확인되는 성분들이지만, 특히 $\beta$-카리오필렌(C)과 $\alpha$-휴물렌(H)의 구성 비율(H/C)이 매우 중요한 요소이다. 유럽의 또 다른 고품격 자츠 홉 품종의 경우는 황화합물이 적은 홉이 품질이 우수한 것으로 평가한다.

한편 홉 품종별 주요 아로마를 살펴보면, 독일 할러타우어 미텔프뤼와 미국산 홉의 산화물 분석에서 리나룰, 네랄, 휴물렌 산화물 III, $\beta$-카리오필렌 및 $\alpha$-휴물렌 등이 공통적으로 맥주 아로마에 영향을 미치는 것으로 문헌에 보고되고 있다. 예를 들면 아로마 홉인 슈팔터 셀렉트(Spalter select)는 트렌스-4,5-에폭시-$E$-2-데칸알(*trans*-4,5-epoxy-$E$-2-decanal, 금속취), 리나룰(꽃 향), $\beta$-미어신(게라니움 향) 및 (Z)-3-헥산알(풀취) 등이 주요 향으로 나타난다. 그 외 홉 품종(Hallertau Perle, Hallertau Herbrucker spat, Slowenian Golding, Hallertau Smaragd, US Cascade) 분석에서는 모든 품종에서 $\beta$-미어신이 가장 많이 확인되고, 그다음으로 리나룰이 주요 향으로 검출되어 맥주에 게리니움 향과 시트러스 향을 부여하는 것으로 알려져 있다.

그리고 홉 오센스 오일 성분 중에는 황취를 풍기는 불쾌취도 함유되어 있는데 이 성분은 특정 홉 품종의 특성을 나타내기도 한다. 예로써 티오-3-설파닐-4-메틸펜탄-1-올 및 3-설파닐-4-메틸펜틸 아세테이트는 넬슨 소빈(Nelson Sauvin) 품종에서 화이트와인 향을 풍기는 것을 특징으로 한다. 또 미국, 호주 및 뉴질랜드산 홉 품종 중의 일부는 4-머캅토-4-메틸펜탄-2-원이 과실 향을 부여하기도 한다.

### (4) 홉 첨가 방식과 맥주 아로마 향미

상기 언급된 홉의 에센스 오일 향을 특히 호피 향(hoppy aroma)이라 하는데 홉 아로마는 특히 라거 맥주에서는 매우 중요한 품질 지표이다. 일각에서는 라거 맥주의 경우 아로마가 홉 에센스 오일에서 비롯된 것이 아니라 홉 저장 시 또는 맥즙 끓일 때 첨가된 홉의 알파산이 산화된 아로마라는 주장도 한다. 그러나 현재 산업계에서는 홉의 아로마는 홉 에센스 오일이라는데 이견은 없다.

홉의 에센스 오일 아로마는 크게 홉 자체에서 유래된 홉 오일 아로마, 맥즙 끓임 과정에 투입한 홉에서 유래한 케틀 아로마 그리고 발효 · 숙성 용기에 별도 첨가하여 생성된 드라이 홉 아로마 등 3가지로 분류한다([그림 3-7]).

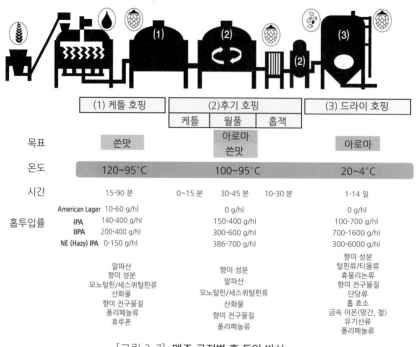

| | (1) 케틀 호핑 | (2)후기 호핑 | | | (3) 드라이 호핑 |
|---|---|---|---|---|---|
| | | 케틀 | 월풀 | 홉잭 | |
| 목표 | 쓴맛 | 아로마 쓴맛 | | | 아로마 |
| 온도 | 120~95℃ | 100~95℃ | | | 20~4℃ |
| 시간 | 15-90 분 | 0~15 분 | 30-45 분 | 10-30 분 | 1-14 일 |
| 홉투입률 American Lager | 10-60 g/hl | 0 g/hl | | | 0 g/hl |
| IPA | 140-400 g/hl | 150-400 g/hl | | | 100-700 g/hl |
| IIPA | 200-400 g/hl | 300-600 g/hl | | | 700-1600 g/hl |
| NE (Hazy) IPA | 0-150 g/hl | 386-700 g/hl | | | 300-6000 g/hl |

알파산<br>
향미 성분<br>
모노털핀/세스퀴털핀류<br>
산화물<br>
향미 전구물질<br>
폴리페놀류<br>
휴루폰

향미 성분<br>
알파산<br>
모노털핀/세스퀴털핀류<br>
산화물<br>
향미 전구물질<br>
폴리페놀류

향미 성분<br>
털핀류/티올류<br>
휴물리논류<br>
향미 전구물질<br>
단당류<br>
홉 효소<br>
금속 이온(망간, 철)<br>
유기산류<br>
폴리페놀류

[그림 3-7] 맥주 공정별 홉 투입 방식

홉 아로마 관련 홉 품종, 재배 지역과 홉 가공 등이 중요한 요소이고 특히 홉 첨가 시기와 방법이 가장 중요한 요소로 볼 수 있다. 홉 첨가량과 홉 투입 방식에 따라 맥주 아로마의 특성을 달리하는 공법이 최근 크래프트 맥주 업계를 중심으로 보편화되어 있다. 각 홉 투입 방식과 특징을 살펴보면 다음과 같다.

① 캐틀 호핑과 후기 호핑

홉의 쓴맛 발현을 위해 맥즙을 끓일 때 홉을 맥즙 끓임 용기(kettle)에 투입하는데 이를 케틀 호핑이라 한다. 케틀 호핑은 끓임 용기에서 홉을 끓임 초기에 투입하는 초기 호핑(early hopping)을 말하며, 끓임 말기 또는 월풀 용기 혹은 홉잭(hop jack)에 홉을 투입하는 방식을 후기 호핑(late hopping)이라 한다. 홉잭이란 끓임 용기와 냉각기 사이에 홉을 채운 통을 연결해 뜨거운 맥즙이 흘러가면서 홉 향이 배어 나오게 하는 방법이다.

그간 홉은 비터 홉을 끓임 초기에 투입하여 알파산을 이소알파산으로 전환하여 맥즙에 쓴맛을 내고, 끓임 종료 10분 전에 아로마 홉을 투입하여 홉의 아로마를 맥즙에 배게 하는 기술을 사용하였다. 특히 아로마 홉을 끓임 후반에 투입하는 것은 꽃 향과 시트러스 향을 풍기게 하려는 목적인데 종종 월풀 용기에 투입하는 경우도 있다. 물론 끓임 초기에 투입한 홉 역시 맥주 아로마에 영향을 미친다.

맥주 업계에서 흔히 사용되는 대표적인 홉인 케스케이드(Cascade)의 경우 보통 끓임 후기에 투입한다. 보통 케틀 호핑 시 홉을 초기에 투입하면 이소알파산으로의 전환율이 25~50% 정도에 머무른다. 즉 알파산이 모두 이소알파산으로 전환이 안 되기 때문에 알파산의 일부만이 쓴맛에 기여하게 되는 것이다.

그리고 케틀 호핑을 하면 맥즙을 끓이면서 홉의 아로마는 대부분 휘발되고 산화되기 때문에 맥주에 홉의 아로마가 매우 적게 남게 된다. 맥주에 잔존하는 홉의 아로마는 대부분 산화된 털핀류(모노털핀, 세스퀴털핀)이고, 이 성분들은 맥주털 꽃 향과 시트러스 향을 풍기게 된다. 이러한 향을 케틀홉 아로마(kettle hop aroma)라고 한다. 반면 유럽의 고급 홉 품종(자츠, 슈팔트, 할러타우어, 테탕어) 유래의 향을 고풍스런 홉 아로마(noble hop aroma)라고 하며, 이들 홉들은 꽃 향과 시트러스 향 외에 섬세하고 그윽한 향을 풍긴다. 특히 이러한 향은 필스너 맥주 타입의 라거 맥주 특성을 나타내는데 중요한 지표가 된다. 물론 맥주 저장 기간 동안 이 향은 감소하게 된다. 유럽 맥주 제조사들은 유럽 스타일의 라거 맥주나 필스너 맥주 제조 시 이러한 향 특성을 나타내는 것을 가장 중요시 한다.

한편 지난 10년부터 특히 크래프트 맥주 업계를 중심으로 홉의 아로마 강화를 위해 홉 첨가 방식을 달리하는 공법을 시도하였고, 맥즙 끓임 용기에 홉을 투입하는 케틀 호핑 외에 아로마 홉을 월풀 용기 또는 홉잭 등에 투입하는 후기 호핑 방법을 사용하기도 한다. 물론 이때 이소알파산으로의 전환율은 5~20% 수준으로 감소하게 된다.

② 드라이 호핑

최근에는 홉 아로마 강화를 위해 드라이 호핑(dry hopping) 방식을 사용하는데, 이 방식은 오래전부터 잡균 방지와 홉 향 강화를 위해 사용해 왔던 방법이다. 이 방식에서는 크래프트 맥주 업계의 경우 홉의 양은 평소 방식에서보다 2~3배가량 더 많이 투입하고 있다. 드라이 호핑은 발효·숙성 용기 또는 서비스 용기 같은 낮은 온도(4~20℃)에서 아로마 홉의 쓴맛이 발현되지 않으면서 휘발 성분과 비휘발 성분을 추출하는 일종의 냉각 추출법이다. 미국의 맥주 양조장에서는 보통 드라이 호핑을 400~800g/100L 수준으로 하는데, 800g/100L이상일 경우는 시트러스 향보다는 허브 향이 두드러지게 된다.

일반적으로 케틀 호핑의 경우 홉 품종은 맥주 아로마에 미치는 영향이 적은 반면 후기 호핑의 경우 맥주 아로마에 큰 영향을 준다. 예를 들어 할러타우어 미텔프뤼 홉의 경우는 스파이시 향과 꽃 향이 두드러지는 반면 심코(Simcoe)홉은 시트러스 향과 열대과실 향이 강하게 나타난다. 드라이 호핑의 경우는 홉 투입량이 많고 다른 홉 투입 방식보다 홉 품종에 따라 열대과실 향, 시트러스 향, 소나무 향 및 눅눅한 향 등으로 나타난다. 이러한 아로마 홉 첨가 방식을 통해 홉 오일의 휘발 성분과 아로마 전구물질(티올, 게라니올)이 맥주로 전이되는 정도에 따라 맥주의 향미에 영향을 미치는 정도가 달라진다. 홉의 아로마 전구물질은 이른바 다른 성분들과 결합형(배당체 형태)으로 존재하기 때문에 향을 내지 못한다. 이러한 아로마 전구물질은 특히 알코올 발효 초기에 아로마 홉을 투입하는 경우 효모의 효소에 의해 배당체로부터 분리되면서 향을 발현하게 되어 맥주 아로마를 강화시켜 주는 효과가 있다. 물론 배당체 형태 성분들은 산이나 열에 의해서도 분리되는 경우도 있다.

한편 앞서 설명한 바와 같이 홉의 아로마 성분은 홉의 에센스 오일이며, 이 성분은 전체 홉에서 차지하는 비율이 0.5~4.0% 수준이다. 예전에는 홉 아로마의 평가 기준으로 홉의 총 오일 성분을 지표로 삼았으나, 최근에는 오일 성분의 총량보다는 오일의 구성 성분을 홉 아로마의 평가 지표로 설정하는 것이 타당하다는 주장이 많다.

홉의 에센스 오일을 구성하는 성분은 수백 가지인데, 크게 탄화수소류(모노털핀, 세스퀴털핀), 산화된 유도체 성분 및 황 함유 성분 등 3가지 카테고리로 구분한다. 물론 홉 품종에 따라 상기 아로마 성분들의 구성은 매우 다르다. 모노털핀과 세스퀴털핀류는 전체 홉 오일 성분의 70~80%를 차지하며 $\beta$-미어신, $\alpha$-휴물렌, $\beta$-카리오필렌, $\beta$-파네센 및 리모넨 등이 대표적인 성분이다. 그러나 상기 성분들은 물리 화학적인 특성 때문에 실제로 맥주에는 역치 이하 수준($\beta$-미어신: 350$\mu$g/L, $\alpha$-휴물렌: 450$\mu$g/L, $\beta$-카리오필렌: 230$\mu$g/L)으로 매우 적게 검출되어 드라이 호핑을 통해 맥주 아로마에 미치는 영향이 거의 없다. 반면 세스퀴털핀류의 산화된 성분들(휴물렌 산화물, 카리오필렌 산화물, $\alpha$-,$\beta$-피넨)과 모노털핀류의 산화된 성분들(리나룰, 게라니올, 게라니알, 네랄)의 일부는 맥주에서 역치 이상으로 검출되어 맥주 아로마에 영향을 미친다. 그러나 이러한 산화된 성분들이 후기 호핑 또는 드라이 호핑에서도 맥주 향에 영향을 미치는지는 학술적으로 검증되지 않았고, 다만 케틀 호핑에서는 물에 더 잘 녹는 성질로 인해 맥주 아로마에 영향을 주는 것으로 알려져 있다.

모노털핀류 중 리나룰은 두 개의 이성체, 즉 R-리나룰, S-리나룰로 존재하는데 역치가 각각 3$\mu$g/L, 180$\mu$g/L이고 R-리나룰이 94%를 차지한다. 이 성분들은 끓임 과정에서 이성화가 이루어져 특히 케틀 호핑 시 역치 이상으로 검출되어 맥주 아로마에 가장 큰 영향을 미치는 향기 성분이다. 반면 이 성분은 드라이 호핑 시 맥주 아로마에 영향이 없다.

맥주에 홉 아로마 강화를 극대화하기 위해서는 홉의 향기 성분과 향기 전구물질의 발현이 극대화되도록 홉 첨가 방식과 홉 품종 선택이 중요하다. 일례로 게라니올 향이 풍부한 홉 품종(Motueka, Bravo, Cascade, Citra, Mosaic, Sorachi Ace)은 추출할 수 있는 향기 성분이 많으므로 드라이 호핑 방식이 유리하다. 반면 게라니올 전구물질(결합형)이 많은 홉 품종(Vic Secret, Comet, Hallertau Blac, Cascade, Citra, Amarillo, Summit)은 발효 초기나 발효 중에 효모가 전구물질을 유리형 아로마 성분으로 전환하거나 역치가 높은 향기 성분을 역치가 낮은 성분으로 전환할 수 있도록 케틀 호핑 또는 후기 호핑 방식 선택이 적합하다.

홉 에센스 오일 성분 중 티올 성분 같은 황화합물 역시 맥주 아로마에 영향을 미치는데, 마늘 향과 양파 향을 풍기는 일부 티올 성분(디메틸설파이드, S-메틸티오이소발레르산, S-메틸티오카프로산)은 부정적으로, 일부 성분(4-머캅토-4-메틸펜탄-2-원, 3-머캅토헥실아세테이트, 3-머캅토헥산올)은 긍정적으로 작용하기도 한다. 물론 티올 성분 역시 홉에서 유리형 티올(free thiol)과 결합형 티올(bound thiol)로 존재하므로 호핑 방식 선택이 중요하다. 예를 들면 결합형으로 존재하는 티올 전구물질이 많은 홉 품종(Saaz, Hallertau Perle, Calypso)은 향 극대화를 위해서는 초기 케틀 호핑 또는 후기 호핑이 유리하다. 이는 알코올 발효 중 효모의 효소($\beta$-lyase)에 의해 결합형 티올이 유리형 티올로 전환되면서 향을 발현하기 때문이다. 반면 유리형 티올이 많은 홉 품종(Bravo, Citra, Hallertau, Cascade, Somcoe)은 추출될 수 있는 향이 풍부하므로 드라이 호핑 방식이 적합하다. 그러나 알코올 발효 중에 홉을 첨가하는 방식은 아로마 성분이 이산화탄소로 인해 휘발되거나 효모와 거품에 의한 흡착 현상으로 홉의 적지 않은 아로마 성분이 감소할 수 있다. 또 맥주를 병에 장기간 저장 시 홉의 아로마 성분이 감소할 수 있다. 따라서 양조장의 맥주 유통 기한 상황을 고려하여 호핑 방법을 선택해야 한다.

그리고 케스케이드와 센테니얼(Centennial) 홉을 이용한 드라이 호핑 시 3.86g/L 첨가하면 케스케이드 홉의 게라니올 향과 센테니얼 홉의 $\beta$-피넨 향(소나무 향)을 최적화하는 것으로 문헌에 보고되고 있다.

한편 드라이 호핑의 경우 홉 첨가량이 과도한 경우 비휘발 성분의 추출로 인해 맥주의 전체 향미에 의도치 않게 영향을 줄 수 있다. 홉의 고미 성분인 휴물론은 홉 가공 과정이나 펠렛 가공 또는 저장 중에 공기에 노출되면서 수일 내에 산화되는데 이때 생성되는 산화물이 휴물리논(humulinone)이다. 이 성분은 이소휴물론 쓴맛 정도의 2/3 수준이며, 극성을 띠면서 물에 잘 녹는 특성 때문에 드라이 호핑 시 1~2일 내에 75~90%가량 추출된다. 따라서 드라이 호핑 시 과도한 홉 첨가는 맥주에 쓴맛을 줄 수 있다. 그러나 홉의 또 다른 쓴맛 성분인 루풀론(lupulone) 과 그의 산화물인 휴루폰(hulupone)은 비극성 특성으로 물에 잘 녹지 않아 맥주에 검출되는 양 이 적어 쓴맛에 영향을 거의 주지 못한다. 그리고 홉의 3~6%를 차지하는 폴리페놀 성분은 케 틀 호핑 시 특히 라거 맥주에서 쓴맛에 영향을 주지만 드라이 호핑 시에는 영향이 없다.

드라이 호핑 시 일부 홉 품종 또는 홉 미생물 유래의 효소에 의해 맥주의 비발효성 당분인 덱스트린이 발효성 당분으로 전환되어 재발효될 수 있어 유의해야 한다. 특히 재발효 시 생성 되는 디아세틸은 맥주에 버터취를 풍겨 맥주 품질을 저하시킬 수 있다. 다량의 홉을 첨가하는 드라이 호핑 방식에서 재발효 현상이 나타나 미국에서는 홉을 건조하여 홉의 덱스트린 분해 효소를 불활성시키기도 한다.

또 드라이 호핑 시 홉 첨가량에 따른 아로마 추출률이 중요한데, 예를 들면 드라이 호핑 200g/100L은 털핀 알코올류인 리나룰, 게라니올과 네롤은 역치 이상의 농도가 맥주에서 확인 된다. 그리고 200g/100L 홉 첨가 시 리나룰, 게라니올과 네롤은 각각 23%, 13%, 6% 농도 수준 으로 맥주로 전이된다. 반면 1,600g/100L 홉 투입 시 상기 성분들은 7%, 3%, 1% 농도 수준으 로 전이되는 것으로 나타난다.

홉의 또 다른 아로마 성분인 $\beta$-다마세논, $\beta$-카리오필렌, $\alpha$-휴물렌 및 $\beta$-파네센은 1% 이 하의 추출률을 보이는데, 이러한 성분들은 물에 녹지 않아 추출되지 않는 성분이고 과다하게 홉을 첨가하지 않는 한 맥주로 전이되는 성분은 거의 없다. 털피넨-4-올(terpinene-4-ol)과 $\alpha$-털피네올($\alpha$-terpineol)은 드라이 호핑 시 나타난 성분으로 이는 리나룰이 효소 또는 분해 에 의해 생성된 것이다([표 3-4]).

드라이 호핑 시 쓴맛과 비휘발 성분의 변화를 보면, 홉의 투입량이 많을수록 쓴맛은 증가하 는데 이는 휴물리논의 증가 때문이다.

한편 알파산은 홉 투입량 증가에 따라 맥주로 전이되는 양이 매우 낮아지고 이소휴물론의 농도는 홉 첨가 전후 차이가 없다. 또 홉의 투입량이 많을수록 첨가한 홉 때문에 pH는 높아진 다. 이로 인해 활성이 낮은 산소 라디칼 형성으로 아로마 안정성을 향상시키고 맥주 저장 시 생성되는 트렌스-2-노넨알(마분지취)과 메티오날(감자향)의 후각 인지가 낮아지는 효과를 준다. 그리고 홉에 함유되어 있는 당분(포도당, 과당, 설탕)으로 인해 드라이 호핑률이 높을수 록 당도는 증가하게 된다. 한편으로는 드라이 호핑 후 병 숙성을 한 맥주의 경우 효모나 세균 에 의해 재발효가 일어나 디아세틸 생성과 과도한 탄산 생성으로 품질과 안전에 문제가 야기 될 수 있다.

[표 3-4] 드라이 호핑 시 홉 첨가량에 따른 아로마 특성

| 구분 | 농도 (mg/100g) | 맥주 향기 성분(μg/L) | | | | |
|---|---|---|---|---|---|---|
| | | 드라이 호핑(g/100L) | | | | |
| | | 0 | 200 | 386 | 800 | 1,600 |
| $\beta$-myrcene | 729.4 | 0.9 | 41.1 | 35.2 | 56.9 | 20.5 |
| $\beta$-caryophyllene | 95.4 | - | - | 0.2 | 0.4 | 2.3 |
| $\alpha$-humulene | 184.8 | - | 0.6 | 0.4 | 0.9 | 2.8 |
| $\beta$-farnesene | 47.9 | - | 0.5 | 0.5 | 0.5 | 2.1 |
| Terpinen-4-ol | - | - | 1.8 | 3.6 | 3.9 | 7.0 |
| Terpineol | - | - | 9.0 | 10.7 | 11.4 | 13.7 |
| Linalool | 8.4 | - | 38.3 | 53.9 | 71.1 | 104.3 |
| Nerol | 0.7 | - | 0.8 | 0.8 | 1.1 | 1.6 |
| Geraniol | 6.9 | - | 17.8 | 21.4 | 27.8 | 34.3 |
| Geranial | 0.4 | - | 0.5 | 0.5 | 13.1 | 19.5 |
| Methyl geranate | 0.4 | 1.3 | 4.7 | 3.3 | 4.4 | 0.7 |
| Geranyl acetate | 21.2 | - | 7.0 | 5.2 | 5.9 | 1.5 |

### (5) 물과 맥주 향미

예로부터 술맛은 물맛이라는 말이 있다. 물은 과실주를 제외한 모든 주류에서 필수적인 원료이고 가장 많은 양을 차지하며, 물의 특성(상수도, 지하수, 암반수 등)에 따라 술의 향미 특히 질감에 영향을 미친다.

#### ① 개요

25℃ 순수한 물(증류수) 1리터에는 $10^{-7}$ 수소이온(천만분의 1g H)과 $10^{-7}$ 수산화이온(천만분의 1g OH)이 평형을 이루고 있다. 그러나 수돗물, 지하수 등의 물에는 양이온($H^+$, $Na^+$, $K^+$, $NH_4^+$, $Ca^{2+}$, $Mg^{2+}$, $Mn^{2+}$, $Fe^{2+}$, $Fe^{3+}$, $Al^{3+}$)과 음이온($OH^-$, $Cl^-$, $HCO_3^-$, $CO_3^{2-}$, $NO_3^-$, $NO_2^-$, $SO_4^{2-}$, $PO_4^{2-}$) 등의 이온 형태로 존재하고 염의 형태로도 존재한다.

물은 양조학적으로 보았을 때 화학적으로 영향을 미치지 않은 이온 즉, 담금공정에 미치는 영향은 없으며 주류에 그대로 들어가는 이온($NaCl$, $KCl$, $Na_2SO_4$, $K_2SO_4$)으로서 고농도에서는

맛에 부정적인 영향을 부여하는 이온들을 말한다.

반면 화학적으로 영향을 미치는 이온 즉, 담금공정에 미치는 영향을 주는 이온($Ca(HCO_3)_2$, $MgSO_4$)을 말하며 그중 탄화수소이온(중탄산염, $HCO_3^-$)은 물의 산도를 낮추는 역할을 한다. 이러한 이온은 물속의 수소이온($H^+$)과 결합후 반응하여 물과 이산화탄소로 변하여 수소이온을 없애 물이 알카리성으로 변하게 된다. 이에따라 pH가 높아져 총 알카리도가 높아지는 현상이 생긴다.

$$H^+ + HCO_3^- \rightarrow H_2O + CO_2$$

칼슘($Ca^{2+}$)과 마그네슘($Mg^{2+}$) 이온은 인산이온($PO_4^{3-}$)과 결합하여 수소이온($H^+$)을 생성시켜 물이 산성으로 변하게 된다. 여기서 생성된 수소이온은 다시 탄산수소이온과 결합하여 위에서 언급한 반응이 연속적으로 일어난다.

$$3Ca^{2+} + 2HPO_4^{3-} \rightarrow 3Ca_3(PO_4)_2 + 2H^+$$

한편 물의 경도는 일시적경도와 영구적경도로 구분하기도 하며 두 경도를 합하면 총경도가 된다. 일시적 경도(temporary hardness, carbonate hardness)란 pH를 상승시키는 이온($CO_3^{-2}$, $HCO_3^-$)을 말하며, 물속의 칼슘, 마그네슘 이온이 중탄산염(베이킹소다, bicarbonate, hydrogen carbonate) 등 탄산염으로 존재하며, 끓여서 탄산염으로 침전시켜 연수로 만들수 있는 경수를 말한다.

$$Ca(HCO_3)_2 \quad \rightarrow \quad CaCO_3 \downarrow + CO_2 + H_2O$$
$$Mg(HCO_3)_2 \quad \rightarrow \quad MgCO_3 \downarrow + CO_2 + H_2O$$

영구 경도(permanent hardness, non carbonate hardness)란 pH를 저하시키는 이온($SO_4^{-2}$, $NO_3^-$)을 말한다. 즉 물속의 칼슘, 마그네슘 이온이 황산염, 염산염 등 비탄산염으로 존재하며, 끓여도 연수가 될수 없는 경수이므로 화학적 방법(수산화칼슘, 탄산나트륨)으로 처리해야 하는 물을 말한다. 침전 생성에 시간이 오래 걸리고 쉽게 제거되지 않는 특성이 있다.

$$MgSO_4 + Ca(OH)_2 \quad \rightarrow \quad Mg(OH)_2 \downarrow + CaSO_4$$

$$CaSO_4 + Na_2CO_3 \quad \rightarrow \quad CaCO_3 \downarrow \quad + Na_2SO_4$$

### ② 정의

#### ⓐ 경도(Hardness)

경도(Hardness)란 물의 세기를 나타내며 총경도, 칼슘경도, 마그네슘 경도로 구분된다. 총경도(Total hardness)는 물에 함유되어 있는 칼슘과 마그네슘의 양을 탄산칼슘으로 환산하여 ㎎/L으로 나타낸 수치를 말하며, 칼슘 경도와 마그네슘 경도는 각각 물 중 칼슘 이온과 마그네슘 이온에 의한 경도를 말한다. 총경도 수치에 따라 물과 술맛에 영향을 주며 배관의 물때에도 영향을 준다. 일반적으로 석회질이 많은 토양에서 나온 물은 경수이다.

우리나라에서는 먹는물 기준법에 의해 45가지의 수질기준을 가지고 있는데, 이중 경도는 300㎎/L 이하로 규정하고 있다. 보통 가장 맛있는 물은 경도가 50㎎/L 정도인데 주류에서는 품질 특성 맞게 물의 경도를 조절해야 한다. 예를 들면 맥주의 경우 쓴맛과 홉의 아로마 향을 강조하는 필스너 타입 담색 맥주(황색 맥주)의 경우 연수(0~75㎎/L)를 사용하는 반면 맥아 아로마를 강조하는 맥주 또는 흑맥주는 경수(180㎎/L)를 사용한다. 탁약주 제조시에도 제품에 경수가 좋은지 연수가 좋은지가 아닌 제품 특성에 맞춰 물의 경도를 선택하는 것이 맞다.

#### ⓑ 총 알카리도(Total Alkalinity)

강산을 중화하는 물의 능력을 측정하는 척도로서 물에 함유되어 있는 알카리분을 탄산칼슘으로 환산하여 ㎎/L으로 나타낸 수치를 말한다.

물의 주요 알카리 이온은 탄화수 이온($HCO_3^-$), 탄산 이온($CO_3^{2-}$), 수산화물($OH^-$)이다. 이와같은 알카리 이온이 물속에 많으면 총 알카리도가 높아지고 이에 따라 잔류 알카리도가 높아져 담금액의 pH을 상승시켜 효소 활성을 저해하므로 총 알카리도는 낮게 유지하는 것이 중요하다.

#### ⓒ 잔류 알카리도(Residual Alkalinity)

총 알카리도에서 물의 알카리도를 중화시키는 성분(칼슘과 마그네슘)을 제외하고 남은 알카리도를 잔류 알카리도라 한다. 물의 잔류 알카리도 수치는 칼슘, 마그네슘 및 탄산염의 농도에 따라 결정되며 담금액의 pH는 5.2~5.7을 유지하는 것이 좋다. 특히 맥주 담금시 실질적으로 중요한 수치는 물의 잔류 알카리도이며, 담금 공정에서 pH에 영향을 주어 효소의 활성(아밀라아제 최적 pH: 5.4~5.8)과 그에 따른 담금수율과 발효 공정에도 큰 영향을 미친다. 한편 탁약주 제조시 사용되는 국(입국, 누룩)의 효소는 맥아의 효소와는 최적 pH가 다르고 그 활성 범위가 넓지만, 지하수를 이용한 탁약주 제조시에는 물의 잔류 알카리도를 관리하는 것이 바람직하다.

수소 이온($H^+$) 1개를 생성하기 위해서는 칼슘 이온 3.5개가, 마그네슘 이온은 7개가 필요하며 이에 따른 잔류 알카리도의 계산식은 아래와 같다.

$$\text{잔류 알카리도}(CaCO_3, ppm) = \text{총 알카리도(탄산염 경도)} - \frac{\text{칼슘 경도}}{3.5} - \frac{\text{마그네슘 경도}}{7}$$

#### ⓓ 잔류 알카리도 교정

맥주 제조시에는 양조수의 잔류 알카리도가 89.3mg/L(독일 경도 기준 5°dH, 1°dH=17.85mg/L) 이상이면 경도를 낮추어야 한다. 이 경우에는 염화칼슘(Calcium chloride, $CaCl_2 \cdot 2H_2O$) 또는 황산마그네슘(Magnesium sulfate, $MgSO_4 \cdot 7H_2O$)을 첨가하거나 젖산을 첨가하여 잔류 알카리도를 낮춘다. 그리고 염화칼슘을 사용할 경우는 물 100리터당 9.2g, 황산마그네슘을 이용할 경우는 10.7g을 투입하면 17.89mg/L 정도의 잔류 알카리도를 낮출 수 있다. 이때 물의 잔류 염소 농도는 100mg/L 이하여야 한다.

### (6) 발효·숙성 공정

#### ① 발효 부산물

양조용 효모를 이용한 알코올 발효 과정과 그에 따른 발효 부산물은 맥아와 홉과 마찬가지로 맥주의 향미에 미치는 영향이 매우 크다. 알코올 발효를 통해 생성되는 가장 중요한 두 성분은 에탄올과 이산화탄소이며, 이 성분들은 역치 이상의 농도를 나타내 맥주의 질감과 탄산감에 영향을 미친다. 또 알코올 발효를 통해 생성되는 향기 성분(에스터류, 고급알코올류, 알데히드류, 황화합물류, 케톤류, 락톤류 등)들 역시 맥주의 향미와 특성에 매우 큰 영향을 준다. 알코올 발효를 통해 생성되는 성분은 약 200여 개로 알려져 있다. 알코올 발효를 통해 생성하는 향기 성분들은 효모 증식과 직접적인 연관이 있기 때문에 효모 종류와 접종량, 맥즙 농도와 구성 성분 그리고 발효 온도가 주요한 변수가 된다.

알코올 발효 중에 생성되는 주요 성분들의 특징을 보면([그림 3-8]), 유기산과 고급알코올류는 효모 증식기인 발효 초기부터 급격히 생성되기 시작하여 효모 증식이 종료되면 생성을 멈추며, 생성된 유기산과 고급알코올의 함량은 더 이상 변화하지 않는다. 에스터류는 효모 증식기가 종료되는 시점부터 급격히 증가하기 때문에 유기산과 고급알코올류보다는 조금 늦게 생성되기 시작한다. 이 성분 역시 이후에는 더 이상의 함량 변화는 없다. 반면 알데히드와 디아세틸은 효모 증식기에 급격히 증가하지만, 숙성 과정을 거치면서 효모가 재흡수하거나 다른 성분으로 전환되어 그 농도가 감소하게 된다.

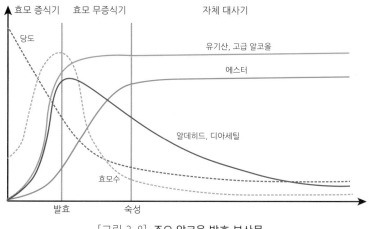

[그림 3-8] 주요 알코올 발효 부산물

향기 성분 중에 에스터류는 맥주 아로마에 가장 큰 영향을 미치며 맥주에 꽃 향, 과실 향과 용매취 등 다양한 향을 부여한다. 이소아밀아세테이트(Isoamyl acetate, 바나나 향), 이소부틸아세테이트(isobutyl acetate, 바나나 향, 과실 향), 에틸카프로산(ethyl caproate, 파인애플 향) 및 2-페닐에틸아세테이트(2-phenylethyl acetate, 장미 향)가 대표적인 에스터 성분이다. 한편 맥주에 함유되어 있는 고급알코올류는 40여 종인데, 그중 노르말프로판올($n$-propanol), 이소부탄올(isobutanol), 활성아밀알코올(active amyl alcohol), 이소아밀알코올(isoamyl alcohol) 및 2-페닐에탄올(2-phenyl ethanol)이 주요 성분이며 맥주에 알코올 향과 꽃 향 등을 풍긴다. 고농도의 2-페닐에탄올은 디메틸설파이드의 이취를 마스킹하는 효과도 있다.

그 외 알코올 발효를 통해 생성되는 휘발 성분으로는 알데히드류(아세트알데히드)와 케톤류(디아세틸, 펜탄디온) 등이 있다. 이 성분들은 역치가 낮고 농도가 높을 때 맥주에 풀취와 버터취 등의 이취를 부여한다. 또 황화합물 성분 역시 역치가 낮고 그 농도가 높을 때는 맥주에 샐러리취와 삶은 야채취 등의 이취를 나타낸다.

앞서 설명한 바와 같이 맥주의 향미는 원료뿐 아니라 양조용 효모에 의해 크게 좌우되기 때문에 이 장에서는 맥주 양조용 효모의 생리 특성과 맥주 향미에 미치는 영향에 대해 기술하기로 한다.

### ② 양조용 효모

맥주 제조에 사용되는 양조용 효모는 보통 에일 효모(*Saccharomyces cerevisiae*)와 라거 효모(*Saccharomyces pastorianus*)로 구분되며, 효모 타입에 따라 맥주의 품질과 향미가 달라진다. 맥주 에일 효모는 태초 술이 만들어질 때부터 공기 중에 존재했던 효모이며, 다른 주류와 식품(와인, 증류주, 사케, 빵)에 사용하는 효모들과도 유전적으로 유사한 효모이다. 반면 라거 효모는 대기 중의 사카로마이세스 세레비지에(*S. cerevisiae*)와 사카로마이세스 유바야누스(*S. eubayanus*)의 자연교잡(natural hybrid)으로 우연히 탄생된 것이다. 에일 효모와 라거 효모의 탄생의 역사적 배경을 살펴보면 다음과 같다([그림 3-9]).

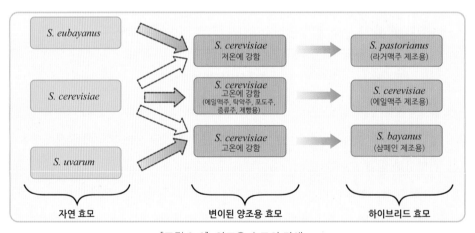

[그림 3-9] 양조용 효모의 탄생

맥주 효모는 일반적으로 무성생식을 통해 증식하지만 영양분 고갈 등 환경이 열악하면 자낭과 자낭포자를 형성하는 유성생식을 거치기도 한다. 그러나 맥주 효모는 유전적으로는 이배체(diploide)를 형성하고 있으나 산업적으로 판매되고 있는 양조용 효모들은 다배체

(polyploide)를 형성하고 있어 자낭이나 자낭포자를 형성하는 경우는 드물게 나타난다. 즉 상업적인 효모들은 유전적으로 매우 안정적이어서 발효 조건 등 외부 환경의 변화에 덜 민감하게 반응한다.

### ⓐ 라거 효모

라거 효모로 알려진 사카로마이세스 파스토리아누스는 에일 효모처럼 고온(18~24℃)보다는 저온(5~10℃)에 적응을 잘하며 하면 발효 맥주 제조 시 사용되는 효모이다. 물론 라거 효모를 이용한 맥주 발효를 고온에서 진행할 수 있으나, 라거 맥주 타입의 향미 특성을 벗어나게 되고 효모의 생리 상태도 불안정해지기 때문에 저온에서 발효를 진행하는 것이다. 현재 전세계 90% 이상의 맥주가 하면 효모로 제조되는 라거 맥주이다.

역사적으로 보면 1400년경 바바리아 지역(지금의 뮌헨 지역)의 양조장에 사카로마이세스 파스토리아누스가 처음 발견되는데 당시에는 자연교잡의 경로를 알 수 없었다. 1516년경 당시 바바리아에서는 잡균에 의한 맥주 오염을 예방하고자 모든 맥주 제조를 일정 기간(9월~3월)에만 제조하도록 규정하였고, 보리, 물과 홉만을 사용하여 맥주를 제조하라는 맥주 순수령도 공포하였다. 당시 바바리아의 모든 양조장은 늦가을부터 겨울철에만 맥주를 제조할 수밖에 없었고, 이때 사카로마이세스 파스토리아누스 효모도 낮은 온도에 점차 더 적응하는 과정을 거치게 된다. 동시대에 독일 양조 기술자로부터 맥주 제조 기술과 효모를 처음 습득한 보헤미아(지금의 체코) 지역의 양조장들은 맥주 제조를 동굴 같은 낮은 온도에서 발효하여 맥주의 맛을 향상시키기도 하였다.

한편 1883년에 덴마크의 한젠(Hansen)에 의해 하면 효모가 최초로 순수 분리하게 되는데, 당시 이 효모를 사카로마이세스 칼스버겐시스(*S. carlsbergensis*)로 명명하였다. 이후 이 효모는 사카로마이세스 모나세시스(*S. monacesis*)로도 불리다 독일의 미생물학자 리스가 1870년 명명한 사카로마이세스 파스토리아누스가 사카로마이세스 칼스버겐시스와 유전적으로 같은 종으로 밝혀져 현재는 사카로마이세스 파스토리아누스를 하면 효모의 학명으로 재명명하게 되었다. 파스토리아누스라는 이름은 프랑스의 미생물학자 파스퇴르의 라틴어 이름에서 비롯된 것이다.

최근 학계에서는 사카로마이세스 파스토리아누스가 사카로마이세스 세레비지에와 사카로마이세스 유바야누스와의 자연 교잡에 의해 생긴 경로를 학술적으로 규명하였다. 2011년 미국의 위스콘신대학의 연구에 의하면, 사카로마이세스 유바야누스 효모는 그 기원이 아르헨티나의 파타고니아 지역에서 자생하는 특정 나무인 것으로 문헌에 보고하였다. 비교적 추운 지방인 파타고니아에 서식하던 이 효모는 중세 시대 신대륙 발견으로 대서양 무역이 활발해지면서 사람이나 물품에 묻어 유럽으로 건너가게 되고, 유럽의 자연환경에 적응하면서 사카로마이세스 세레비지에와의 우연한 자연교잡을 통해 사카로마이세스 파스토리아누스가 만들어진 것으로 추정하고 있다. 그리고 이 사카로마이세스 파스토리아누스가 당시 독일 바바리아 지방의 양조장에 우연히 유입되어 당시 세계 최초로 라거 맥주가 만들어진 것으로 학계는 추정하고 있다.

최근에는 사카로마이세스 유바야누스 효모가 미국의 위스콘신뿐 아니라 몽골에서도 발견되고 또 중국의 쓰촨과 티벳에서도 잇따라 발견되었다. 이에 따라 중국 학계에서는 중국 유래의 사카로마이세스 유바야누스가 신대륙 발견 시 유럽으로 건너가 사카로마이세스 세레비지에와의 우연한 교잡을 통해 만들어진 사카로마이세스 파스토리아누스에 의해 오늘날의 라거 맥주 탄생의 기원이라는 주장을 펴기도 한다. 현재 우리나라를 비롯한 유럽 등지에서는 대기 중에 사카로마이세스 유바야누스 효모는 발견되지 않아 자연교잡에 의한 사카로마이세스 파스토리아누스 효모는 아직까지는 존재하지 않는다.

한편 최근 일부 라거 효모의 게놈지도가 완성되어 사카로마이세스 파스토리아누스에는 두 가지 유형으로 분류하였는데, 이질삼배체(allotriploid)인 자츠(Saaz) 유형과 이질사배체(allotetraploid)인 프로버그(Frohberg)가 그것이다. 한젠이 당시 발견한 사카로마이세스 칼스버겐시스 효모는 자츠 유형(CBS 1513)으로, 독일의 유명한 라거 효모인 W34/70은 프로버그형으로 밝혀졌다.

오늘날 맥주 양조장에서 사용하고 있는 상업용 라거 효모는 각국의 대학과 연구소에서 한젠이 최초 순수 분리한 효모를 기반으로 인공교잡 또는 돌연변이 등의 기술을 이용하여 알코올 발효 환경에 더 잘 적응하고 맥주 향미에 긍정적인 영향을 미치는 방향으로 육종을 거듭하여 탄생된 효모들이고 그 연구는 현재도 진행형이다.

### ⓑ 에일 효모

에일 효모는 비교적 고온(18~24℃)에서 발효하는 효모로서 역사적으로 보면, 영국에서 에일 맥주를 보급하면서 널리 사용하게 되었고 벨기에의 람빅 맥주와 독일 밀 맥주 제조에도 사용하는 효모이다. 물론 탁약주, 와인, 증류주, 사케와 빵 제조에도 사용되는 효모도 그 종이 다를 뿐 모두 에일 효모에 속한다.

현재 상업용으로 사용되는 양조용 에일 효모는 대기 중의 야생 효모를 오래전 순수 분리한 것이다. 그러나 원래 야생 효모는 유전적으로 이배체(diploid)이고 맥즙의 삼당류인 말토트리오스(맥즙 발효성 당분의 20% 차지)를 분해하지 못하는데, 현재 상업적으로 사용하고 있는 에일 효모들은 다배체(삼배체, 사배체)로 개량되어 삼당류(maltotriose) 분해가 가능하다. 이는 그간 에일 효모의 순화(domestication)를 통해 열악한 알코올 발효 환경에서도 효모 생리 상태를 유지하면서 당 분해 능력을 향상시킨 결과이다.

한편 그간 에일 효모에 대한 구체적인 게놈 연구는 미진하였으나 최근 학계에 의해 일부 에일 효모에 대한 게놈 연구 결과가 문헌에 보고되고 있다([그림 3-10]).

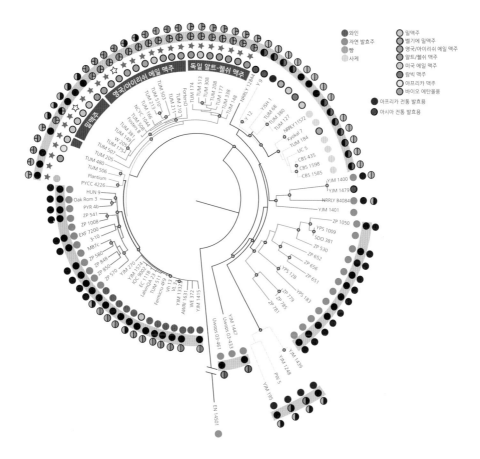

[그림 3-10] 사카로마이세스 세레비지에 효모의 계통 발생학적 분류

[그림 3-10]에서 보는 바와 같이 맥주 에일 효모를 비롯해 사케 효모, 와인 효모와 빵 효모 등을 국가별·지역별로 총 90개 효모의 게놈 염기서열이 최근 분석되었다. 먼저 계통 발생학적(phylogency)으로 보면, 30종의 맥주 에일 효모 중 23개만이 맥주 에일 효모 그룹에 속하

고, 나머지 효모는 사케 효모(4개), 빵 효모(2개), 와인 효모(1개) 그룹에 속한다. 즉 맥주 에일 효모의 경우 크게 밀 맥주 효모와 영국·아일랜드·미국 효모 그리고 독일 알트·쾰시 효모 등 유전적으로 3개의 하위 계통으로 명확히 분류됨에도 불구하고 다른 주류에서 사용된 효모도 맥주 에일 효모로 판명된 것이다. 이는 맥주 에일 효모는 와인 효모나 사케 효모처럼 단일 계통(monophyletic, 동일 조상에서 진화한 계통의 효모)이 아닌 다계통(polyphyletic, 여러 종의 다른 조상으로부터 진화한 계통의 효모) 효모로 해석할 수 있다.

사케의 일부 효모의 경우는 두 그룹이 맥주 에일 효모로 밝혀졌는데, 한 그룹은 독일 밀 맥주 효모(TUM 68·TUM 127)와 벨기에 람빅 맥주 효모(TUM 380)이고, 또 다른 그룹은 독일 알트비어 맥주에 사용되는 효모(TUM 184)이다. 그리고 미국 에일 효모로 불리는 효모(TUM 511)는 와인 그룹에 속하는 것으로 밝혀졌으며, 일부 맥주 에일 효모는 남아프리카 맥주와 빵 그룹에 속하는 것으로 확인되었다.

한편 에일 효모와 라거 효모와의 유전적 계통을 비교해 보면, 자츠 그룹(CBS1503, CBS1538)과 프로버그 그룹(CBS1438·TUM34/70) 두 개 그룹으로 나뉜다. [그림 3-11]에서 보는 바와 같이 라거 효모가 에일 효모 계통에 속하는 것으로 보이지만, 에일 효모와는 별도의 하위 계통을 형성하고 있는 것을 알 수 있다.

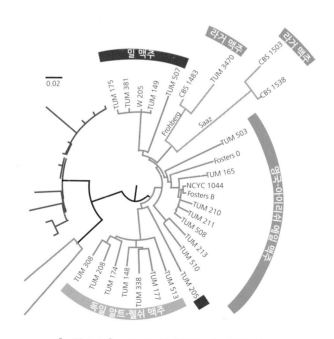

[그림 3-11] 상면효모와 하면효모의 유전자 구분

한편 에일 효모는 자신의 효소(페룰산 탈탄산효소, 페닐아크릴산 탈탄산효소)를 이용하여 곡류의 페룰산을 페놀(4-비닐페놀, 4-비닐과이어콜)로 전환할 수 있다. 페놀 성분은 밀 맥주나 벨기에 맥주에서는 클로브 향과 정향을 부여하여 맥주 특성을 나타내는 중요한 향기 성분이다. 다른 한편으로는 이 성분은 대부분의 맥주에서는 훈연 향을 부여하는 것으로 이취로 간주되기도 한다. 영국 에일 효모나 독일 쾰시 효모는 이러한 페놀 생성을 막기 위해 프레임시프트 돌연변이(frameshift mutation) 방법으로 상기 효모의 특정 효소 유전자를 발현되지 못하게 한다. 또 다른 예로 사케 효모로 사용되는 효모(TUM 184 · TUM 380)는 이러한 효소 불활성으로 인해 페놀 성분이 발현되지 않는다. 물론 일부 사케 효모(TUM 68 · TUM 127)는 페놀 성분을 강하게 생성하기도 한다. 와인 효모 중에는 물 분자만을 통과시키는 세포 내 단백질인 아쿠아포린(aquaporin) 유전자와 연계된 효소를 불활성시켜 당도가 높은 삼투압 환경에 효모의 적응력을 높이기도 한다.

일부 사케 효모는 모두 비타민 B로 불리는 비오틴 생합성이 가능하도록 효소와 연계된 유전자를 돌연변이시켜 사케 술덧에 부족한 비오틴을 효모가 생합성하도록 유도한 것이다.

한편 다양한 맥주 제조 방법과 맥주 스타일에는 다양한 효모가 필요하다. 이에 따라 크래프트 맥주 산업계에서는 새로운 효모 분리를 위해 인위적인 돌연변이 등 유전자 변형 없이 다음과 같이 4종류의 방법을 사용한다. ① 사카로마이세스 세레비지에와 사카로마이세스속 중에 세레비지에 종이 아닌 효모와의 인위적인 교잡을 통한 라거 효모 분리 방법, ② 고농도 발효 환경과 아로마 강화를 위한 진화공학적인 방법, ③ 전통 식품으로부터 사카로마이세스 세레비지에를 분리하는 방법, ④ 아로마 강화를 위한 비양조용 효모의 사용 방법 등이 주로 사용되는 기술이다[그림 3-12].

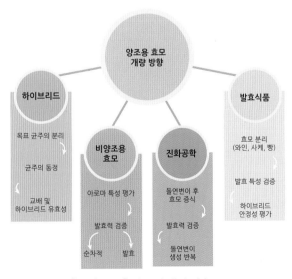

[그림 3-12] 효모의 개량 기술

#### ⓒ 효모의 재사용과 맥주 향미

상업적인 맥주 효모는 와인이나 탁약주 효모와는 다르게 알코올 발효 후 재사용을 위해 수거되는데, 2~3회 재사용하는 경우도 있고 7~8회 재사용하는 경우도 많다. 일부 업체는 20회까지 연속적으로 사용하는 예도 있다. 이와 같이 효모를 다음 발효를 위해 재사용하는 것을 백슬로핑(back slopping)이라 한다.

물론 효모 재사용 횟수를 너무 초과하면 효모 활성은 약화되고 응집 강도, 유전적 변화 그리고 오염에 대한 위험도 커진다. 예를 들어 라거 효모를 이용한 연속적인 알코올을 통해 생성되는 휘발 성분들의 변화를 보면([표 3-5]), 아세트알데히드의 경우 발효 횟수에 따라 5.88~6.55% 수준으로 나타나 아세트알데히드의 농도에 영향을 미치게 된다. 그리고 디아세틸의 경우 4회 사용한 효모 맥주에서 1~3회 사용한 효모 맥주에서보다 30% 높게 확인된다. 에스터류의 경우는 1회에서 2회로 가면서 이소아밀아세테이트와 에틸아세테이트는 감소하는 경향을 보인 반면, 4회 사용에서는 증가하는 현상을 보이는 것으로 문헌에 보고되고 있다.

[표 3-5] 효모 재사용 횟수와 발효 부산물의 변화

| 아로마 성분(mg/L) | | 효모 재사용 횟수 | | | |
|---|---|---|---|---|---|
| | | 1회 | 2회 | 3회 | 4회 |
| 에스터류 | 에틸아세테이트 | 18.93 | 18.05 | 18.1 | 19.28 |
| | 이소아밀아세테이트 | 1.6 | 1.53 | 1.64 | 1.71 |
| | 소계 | 20.58 | 18.58 | 19.74 | 20.99 |
| 고급알코올류 | 메탄올 | 2.02 | 2.22 | 2.95 | 2.55 |
| | 노르말프로판올 | 10.68 | 10.65 | 10.25 | 11.12 |
| | 이소부탄올 | 14.78 | 14.45 | 14.10 | 14.58 |
| | 아밀알코올 | 75.88 | 74.98 | 73.75 | 76.45 |
| | 소계 | 103.36 | 103.30 | 101.05 | 104.70 |
| 카보닐화합물 | 아세트알데히드 | 6.08 | 5.88 | 6.05 | 6.55 |
| | 디아세틸 | 0.016 | 0.015 | 0.014 | 0.021 |
| | 2,3-펜탄디온 | 0.117 | 0.016 | 0.016 | 0.016 |
| | 소계 | 6.12 | 5.91 | 6.08 | 6.59 |
| 합계 | | 130.35 | 128.07 | 126.87 | 132.61 |

　한편 맥주 품질과 향미는 맥주 제조에 사용되는 원료에 영향을 받고 특히 효모 종류와 생리 상태도 영향을 미친다. 효모는 알코올 발효 중 자신이 생성한 발효 부산물(알코올, 탄산 등)에 의해 스트레스 환경에 놓이게 되어 초기의 효모 생리 상태가 일정하게 유지되기 어렵다. 효모는 출아법을 이용하여 증식을 하는데 출아를 한 효모는 출아흔을 남기게 된다. 출아흔은 영양분의 흡수를 방해하기 때문에 발효 중에 효모들이 점차 늙어 가거나 사멸하여 발효력을 상실하는 것으로 생각할 수 있다. 그러나 실제로는 발효 중 효모들은 증식하면서 각 세대마다 항상 일정한 연령 분포도를 나타내며 평균 효모 연령대를 보면 어린 세포들로 구성되어 있다. 즉 효모는 발효 중 일부 효모가 늙거나 일부 사멸하는 현상을 보이지만, 전체적으로는 왕성한 발효를 하는 어린 효모들로 구성되어 있어 알코올 발효에 특별한 문제가 없다.

　그러나 알코올 발효를 반복하면서 사멸한 효모가 술덧에 축적되고 살아있는 효모 세포 내 지방이 감소하게 되어 발효력이 저하되는 현상이 나타난다. 또 죽은 세포는 자가분해(yeast autolyse) 시 유출한 성분들로 인해 효모취의 원인이 되기 때문에 과도하게 효모 재사용을 하지 않고 죽은 효모가 일정 이상이면 폐기하는 것이 일반적이다.

　효모의 세포벽은 알코올 발효 중에 삼투압, 알코올과 이산화탄소 등에 의한 외부 스트레스로부터 보호 역할을 함으로써 효모 형태와 구조를 안정적으로 형성하게 한다. 그러나 효모의 세포벽은 술덧의 성분들과 직접 접촉하기 때문에 술덧 환경에 적응하면서 생물적인 기능에도 일부 변화를 겪게 된다. 특히 영양분이 고갈되고 알코올 농도가 증가하는 시점인 숙성 기간에 효모 자가분해가 나타날 수 있다. 효모 자가분해란 효모가 부서지는 것이 아니라 세포가 일그러지는 현상을 말하는데, 자가분해 시 효모 세포벽에 탄력과 견고함을 유지해 주는 성분인 다당체(베타글루칸, 마노단백질)의 농도가 감소하는 현상이 나타난다.

　효모 자가분해 시 나타나는 효모의 형태 변화를 보면 효모 종류에 따라 자가분해 정도가 다르게 나타난다. 예로써 필스너 효모의 경우 0세대에서는 모양이 둥글고 정상 형태를 보이는 반면 다른 효모는 0세대에 이미 효모 수축이 일어난다. 이는 효모 간의 세포벽의 구성 성분 함량이 다르기 때문이고, 특히 베타글루칸과 마노단백질 함량 차이에서 비롯된 것이다. 일반적으로 베타글루칸을 많이 보유한 효모일수록 알코올 발효 환경에 저항성이 강하다.

　보통 효모의 자가분해는 당분이 고갈되고 효모 증식이 정지되는 시점부터 서서히 진행되는데 알코올 발효와 숙성 기간 모두에서 발생한다. 자가분해 중에는 단백질, 지방, 탄수화물 등이 세포 밖으로 유출되며 3단계(정지기 · 일차 분열기 · 자가분해기)에 걸쳐 연속적으로 일어난다([그림 3-13]). 정지기에서 효모는 외형상 달걀형을 유지하는데, 일정 시간이 지나면 효모가 쭈

글쭈글해지고 세포 내 액포(vacuole)의 가수분해 효소가 유출되면서 세포막을 구멍을 낸다. 이때 세포 내 단백질, 아미노산류, 지방산류, 에스터류 및 알데히드류 등의 물질들이 유출되기 시작한다. 자가분해 시 효모의 효소 중 프로테아제 및 글루카나아제는 단백질과 펙틴을 분해하고, 뉴클레아제는 핵산이나 핵산 분해물(뉴클레오타이드)을 가수분해한다. 효모의 자가분해는 온도와 pH에 따라 달라지고 낮은 온도라도 에탄올이 존재하면 자가분해가 일어난다.

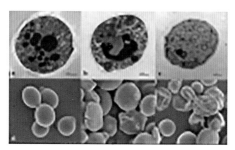

[그림 3-13] 효모의 자가분해 진행 과정

한편 효모의 자가분해 시 세포벽의 성분들도 유출되면서 맥주 아로마, 거품 및 콜로이드 안정성에 부정적으로 영향을 미치게 된다. 보통 효모의 자가분해율이 5% 이상이면 맥주 향미에 나쁜 영향을 미친다. 와인 효모의 경우는 자가분해로 인해 와인의 버터 향과 빵 향이 생성되어 오히려 와인 향미에 긍정적으로 작용하기도 하지만, 맥주의 경우는 그 반대이다. 효모의 대표적인 자가 분해물은 디아세틸, 알파 아세토젖산, 산화된 알파산, 에틸카프릴산, 장사슬 지방산, 지방, 산화된 폴리페놀, 단백질, 펩타이드, 만난, 베타글루칸 및 알카라인 등이다([그림 3-14]). 이중 디아세틸과 알파 아세토젖산은 버터취를, 아미노산과 산화된 알파산은 쓴맛을, 에틸아세테이트는 효모취를 그리고 산화된 폴리페놀은 떫은맛을 각각 부여한다. 이러한 성분들은 모두 맥주 향미를 저하시키고 장사슬 지방산과 지방은 맥주 노화를 촉진하고 거품 안정성을 해친다. 그리고 만난, 베타글루칸과 알카라인은 콜로이드 안정성을 저해한다. 다른 한편으로는 효모 자가 분해물은 세균 증식에 필요한 영양분을 제공하여 맥주 오염의 원인이 되기도 한다. 따라서 자가분해에 저항성이 강한 효모 선택이 매우 중요하다.

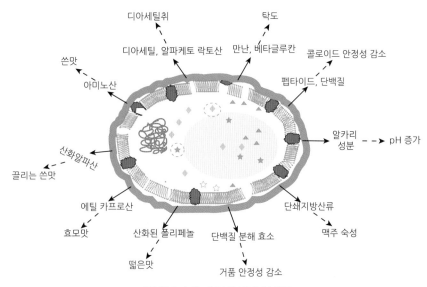

[그림 3-14] **효모의 자가 분해물**

효모의 자가 분해물로서 가장 유출이 많은 성분은 베타글루칸과 마노단백질인데 이 성분들은 면역 기능을 향상하는 효능이 있다. 또 이 성분들은 저 알칼리 식품 제조에도 사용하고 항산화 기능이 있어 식품 업계와 화장품 업계에서는 흔히 사용하는 물질들이다. 효모의 자가 분해는 맥주뿐 아니라 우리나라 막걸리를 포함한 모든 주류의 알코올 발효 시에도 나타날 수 있고, 그로 인해 술 품질의 저하 원인이 되므로 효모 관리에 특별히 주의를 기울여야 한다.

# 3. 맥주 향미에 영향을 미치는 요소

앞서 설명한 바와 같이 맥주 향미에 영향을 미치는 두 가지 주요 부산물은 에탄올과 이산화탄소이며 맥주에 각각 질감과 청량감을 준다. 이때 휘발성 화합물은 사용하는 효모의 종류와 맥즙의 구성 성분에 따라 다르게 형성된다. 그중에 에스터류는 가장 중요한 성분이며 그 농도에 따라 과일 향, 꽃 향 그리고 용매취 등의 향미를 부여한다.

각 에스터는 종류에 따라 에틸아세테이트(용매취, 과실 향), 이소아밀아세테이트(바나나 향), 이소부틸아세테이트(바나나 향, 과실 향), 에틸카프로산(파인애플 향) 및 2-페닐에틸아세테이트(장미 향, 꿀 향)등 각각 다른 향을 부여한다. 에스터의 생합성은 아세틸-CoA와 연계되어 있어 맥주에서의 일정한 농도 유지를 위해서는 에스터의 생합성 메커니즘을 먼저 이해하는 것이 도움이 된다.

맥주 향미에 영향을 미치는 고급알코올의 경우는 노르말프로판올, 이소부탄올 및 2-메틸부탄올이 주요 성분이며 알코올 향을 풍겨 맥주의 향미에 영향을 준다. 장미 향과 꽃 향을 특징으로 하는 일부 맥주에서는 2-페닐에탄올이 향미의 주요한 지표가 되기도 한다. 일부 문헌에는 2-페닐에탄올이 디메틸설파이드의 인지를 억제한다는 보고도 있다. 전반적으로 맥주 양조용 효모는 알코올 발효와 숙성 과정을 거치면서 맥주 품질과 향미에 영향을 준다.

## 1) 비휘발 성분

맥주 향미에 영향을 미치는 성분은 크게 비휘발 성분과 휘발 성분으로 구분된다. 비휘발 성분은 무기염, 당분, 아미노산, 뉴클레오티드, 폴리페놀, 홉 수지 및 지방 성분들이다. 이러한 성분들은 맥주 스타일에 따라 그 조성이 달라지고 향미에 영향을 미치게 된다. 예로써 발효 중에 생성되고 질감에 영향을 미치는 글리세롤은 보통 436~3,971mg/L 수준으로 나타나고 라거 맥주보다 에일 맥주에서 더 많이 확인된다. 그 외 맥주에는 다양한 산류가 존재하는데 구연산(6~211mg/L), 사과산(6~136mg/L), 젖산(10~1,362mg/L) 및 피루브산(1~127mg/L)이 대표적이다. 또한 유리지방산(리놀렌산)도 맥주에 존재하며 이 성분은 저장 기간 중에 맥주의 산화를 유발하는 물질인 트랜스-2-노넨알로 변화된다. 맥주의 색상과 혼탁을 유발하는 폴리페놀 역시 맥주 스타일에 따라 다양한 농도로 나타난다.

## 2) 휘발 성분

맥주의 휘발 성분은 1,000여 종류로 알려져 있는데 그중 일부 성분만이 후각으로 감지되어 사람이 인지할 수 있다. 휘발 성분은 맥아, 홉, 발효 부산물, 일부 잡균 부산물 및 저장을 통해 생성된 물질들이다. 주요 성분으로는 고급알코올류, 에스터류, 산류, 카보닐류, 황화합물, 털핀류, 퓨란류 및 페놀류 등이며 각 성분들의 역치 또한 다르게 나타난다([표 3-6]).

[표 3-6] 맥주의 주요 휘발성 성분

| 향기 성분 | | 농도(mg/L) | 역치(mg/L) |
|---|---|---|---|
| 에스터류 | 에틸아세테이트 | 15.3~16.8 | 5~50 |
| | 페닐에틸아세테이트 | 0.1~0.73 | 3~5 |
| | 이소아밀아세테이트 | 0.078~1.2 | 0.03~2.5 |
| | 이소부틸아세테이트 | 0.03~1.2 | 0.5~1 |
| | 에틸카프로산 | 0.081~0.411 | 0.014~0.3 |
| | 에틸카프릴산 | 0.04~0.53 | 0.9 |
| 고급알코올류 | 아밀알코올 | 8.73~44 | 50~70 |
| | 이소부틸알코올 | 6.6~58.9 | 100~175 |
| 카보닐 화합물 | 아세트알데히드 | 0.952~8.1 | 1.114~5 |
| | 디아세틸 | 0.013~0.07 | 0.1~0.2 |

각 휘발 성분이 맥주 향미에 미치는 영향은 다음과 같다.

### (1) 고급알코올류

맥주의 고급알코올류는 지방족 고급알코올류(노르말프로판올, 이소부탄올, 이소펜탄올)와 방향족 고급알코올류(베타페닐에탄올, 벤즈알데히드)로 구분된다. 이러한 성분들은 맥주 향미에 긍정적 또는 부정적으로 나타난다. 보통 맥주 스타일에 맞는 적정한 농도는 좋은 향으로 나타나지만, 고급알코올류가 300mg/L 이상이면 거친 향미를 부여한다. 예를 들면 1-헥산올은 맥주에 미량 함유되어 있지만 풀취를 나타내어 향에 부정적이다. 이소아밀알코올 역시 그 농도가 높으면 맥주 맛이 무거워진다. 또 이소아밀알코올은 노르말프로판올, 이소부탄올, 이소아밀알코올의 합계 대비 20%를 초과하면 맥주에 불쾌취를 부여하는 것으로 문헌에 보고되고 있다.

한편 맥주의 고급알코올 농도는 보통 60~150mg/L 수준인데, 하면 발효 맥주는 보통 60~90 mg/L이고 하면 발효 맥주 중에서는 비응집 효모(non-flocculent yeast) 맥주에서보다 응집 효모(flocculent yeast) 맥주에서 그 농도가 높게 나타난다. 그리고 상면 발효 맥주의 고급알코올 농도는 하면 발효 맥주에서보다 그 농도가 훨씬 높게 생성된다. 일반적으로 맥즙의 아미노산의 조성이 정상적이면(200mg/L) 고급알코올의 생성은 적당히 생성된다. 그러나 단백질이 결핍된 맥즙이나 용해도가 좋지 않은 맥아 또는 일정량 이상의 부원료(쌀, 옥수수 등)를 사용한 맥주는 고급알코올의 농도가 항상 높게 검출된다. 맥즙에 아미노산이 과다하게 함유되어도 고급알코올이 높게 나타나는데, 이는 아미노산이 단백질 합성에 모두 사용되지 못하고 여분의 아미노산이 고급알코올로 전환되기 때문이다.

그리고 알코올 발효 중에 높은 발효 온도와 교반은 고급알코올의 농도를 증가시키는 요인으로 작용하는 반면 압력은 그 농도를 억제한다. 지방족 고급알코올 중 노르말프로판올의 농도는 2~10mg/L, 노르말부탄올은 0.4~0.6mg/L, 이소부탄올은 5~10mg/L, 2-메틸부탄올은 10~15mg/L 그리고 이소아밀알코올은 30~50mg/L 수준이다. 방향족 고급알코올은 맥주 향에 더 많은 영향을 주는데, 일례로 페닐에틸알코올은 10~20mg/L 정도 함유되어 있으며 맥주에 꽃 향을 부여한다.

트립토폴(tryptophol)은 발효 중에 생성되었다가 숙성 중에 다시 감소하는데 그 농도는 0.15~0.5mg/L 수준이며 맥주에 약간 쓴맛과 페놀취를 부여한다. 티로솔(tyrosol)은 강한 쓴맛과 약간 불쾌한 맛을 내고 페놀취를 부여하며 농도는 3~6mg/L 수준이며 고온 발효인 경우 12 mg/L까지 확인된다. 그러나 맥주에 함유되어 있는 고급알코올들은 일부를 제외하곤 향 역치이하이기 때문에 맥주 향에 직접적인 영향은 없으나, 다른 향미 성분들과의 시너지 효과로 인해 맛과 향기에 일정 부분 영향을 주게 된다.

## (2) 에스터류

에스터류는 맥주에 아로마를 가장 강하게 부여하는 성분으로 맥주에 적정량이 함유되면 꽃 향과 과실 향을 부여하지만, 농도가 너무 높으면 본드취 등의 불쾌취로 느껴진다.

에스터류는 맥주 아로마의 주된 성분이며 에스터류의 생성은 효모 증식 메커니즘과 관련이 있다. 즉 효모 증식에 필수적인 지방산(불포화지방산, 에르고스테린)은 아세틸-CoA가 관여하며, 효모 증식 기간에는 아세틸-CoA가 지방산 합성에 소비되기 때문에 효모 성장 기간에는 에스터가 생성되지 않는다. 그러나 증식이 멈추면 아세틸-CoA는 에스터 합성에 이용되어 산류와 결합하여 에스터가 생성되기 시작한다.

일반적으로 고온 발효에서는 에스터의 생성이 많이 되고 압력이 높을수록 적어지며, 아미노산 함량이 많을수록 에스터의 생성이 많아진다. 또 초기 맥즙 당도(original gravity)가 높으면 에스터가 더 많이 생성되는데, 이는 고당도의 맥아즙에서는 산소 용해가 어려워 효모가 증식을 위한 아세틸-CoA 소비보다는 에스터 생성에 이용되기 때문이다. 그리고 발효 용기의 높이가 높으면 에스터 농도가 감소하게 되는데 이는 압력과 이산화탄소가 증가하기 때문이다.

에스터류는 발효 기간 중에 대부분 생성되지만 맥주 저장 중에도 산류(비휘발산·휘발산)와 알코올(에탄올·고급알코올)과의 에스터 반응으로 그 농도가 다소 증가할 수 있다. 특히 알코올 농도가 높은 맥주 등은 장기간의 저장을 통해 에스터 향이 증가하는 것으로 문헌에 보고되고 있다. 그러나 저장 중의 에스터류 생성은 효소의 관여 없이 일어나는 순수 화학반응이기 때문에 매우 느리게 진행된다.

에스터류 중에 아세테이트 에스터류(acetate esters)는 하면 발효 맥주에서는 농도가 10~30㎎/L, 상면 효모 맥주에서는 그 농도가 더 높게 나타난다(40~80㎎/L). 아세테이트 에스터류 중 에틸아세테이트(ethyl acetate, 용매취)가 가장 많은 농도(12~35㎎/L)를 나타내며, 메틸아세테이트(methyl acetate, 과실 향)는 1~8㎎/L 그리고 이소아밀아세테이트(isoamyl acetate, 바나나 향)는 1~5㎎/L을 나타내는 것이 일반적이다. 그러나 이소아밀아세테이트의 농도가 5㎎/L 이상이면 맥주에서 꽃 향이 두드러지게 나타난다. 장미 향을 부여하는 베타 페닐에틸아세테이트의 농도는 0.3~0.8㎎/L 정도이다.

또 다른 에스터류인 지방산 에틸 에스터류(fatty acid ethyl esters)는 맥주에 사과 향을 부여하며, 특히 카프릴산 에틸 에스터(capril acid ethyl ester)의 경우는 가압 용기에서 고온 발효 시 장기간의 저장을 통해 함량을 높일 수도 있다.

한편 모든 에스터 성분은 맥주 아로마에 기여하지만 과도한 에스터 농도는 맥주에 에스터취(estery note)라 불리는 본드취를 풍기므로 피하는 것이 좋다. 알코올 발효 중 생성된 에스터 성분은 고급알코올 처럼 숙성·저장 공정을 통해 그 농도가 큰 변화 없이 최종 맥주로 전이되므로 알코올 발효 공정 시 발효 조건을 일정하게 유지하고 농도 관리를 해야 한다.

한편 맥주에서 확인되는 아로마 성분은 약 1,000여 종류 이상으로 알려져 있지만, 역치가 높아 후각으로 느끼지 못하는 성분과 역치가 매우 낮아 쉽게 느껴지는 성분들로 혼재되어 있다. 즉 맥주의 모든 성분이 후각으로 느껴지는 것이 아니라 아로마가 기준으로 아로마가 1 이하인 성분들은 후각으로 직접 냄새를 맡지 못하고 아로마가 1 이상인 일부 성분들만 맥주를 마실 때 느낄 수 있다. 물론 아로마가 1 이하인 성분들도 다른 휘발 성분들의 향을 강화해 주거나 감소시키는 작용을 하여 맥주 전체 아로마에 영향을 미칠 수 있지만 아로마가 1 이상인 성분들보다는 그 영향이 훨씬 덜하다.

맥주 아로마에 직접적인 영향을 주는 성분들은 고급알코올류, 에스터류, 락톤류 및 티올류 등 다양하지만, 그중 주요 아로마 성분들을 과실 향을 기준으로 살펴보면 다음과 같다([그림 3-15]). 맥주 아로마 성분 중 에탄올을 제외하고 양적으로 가장 많이 검출되는 성분은 고급알코올류이며, 그중 이소아밀알코올(알코올 향, 단 향, 바나나 향)이 아로마가 1 이상으로 나타난다. 이 성분은 일부 과실(바나나, 망고, 파인애플)에서도 아로마가 1 이상으로 후각으로 쉽게 느껴진다. 그 외 2-메틸부탄올과 이소부탄올도 바나나 향을 풍기며 이소아밀알코올의 아로마를 상당 부분 강화해 주는 효과가 있다. 이소아밀알코올과 2-메틸부탄올은 검출되는 농도도 높고 유사한 특성으로 인해 기기 분석을 하면 서로 분리되지 않고 한가지 성분으로 검출되는 경우도 많다.

그리고 에스터류 중에 이소아밀아세테이트(바나나 향)는 에틸아세테이트(매니큐어취, 과실 향)와 분자 특성이 유사하여 동일한 성분으로 검출되는 경우가 있는데, 이들 성분 간의 상호작용으로 과실 향과 매니큐어취의 중간형 아로마가 느껴지기도 한다. 에틸카프로산과 에틸카프릴산은 각각 파인애플 향과 사과 향을 풍기는 에스터 성분이다. 에틸데카디에논산(ethyl decadienoate)과 메틸데카디에논산(methyl decadienoate)은 배 향을 풍기는 휘발성이 강한 향이다. 페닐에틸아세테이트(장미 향, 꿀 향)는 다른 에스터류 및 2-페닐에탄올과 상호작용으로 와인에서보다는 영향이 적지만 일정 부분 맥주의 아로마에 기여하게 된다.

홉 유래의 포도 향을 풍기는 에틸 2-메틸프로판산(Ethyl 2-methylpropanoate), 에틸 3-메틸부타논산(ethyl 3-methylbutanoate) 및 에틸-2-메틸프로판산(ethyl 2-methylpropanoate) 역시 맥주 아로마에 영향을 준다.

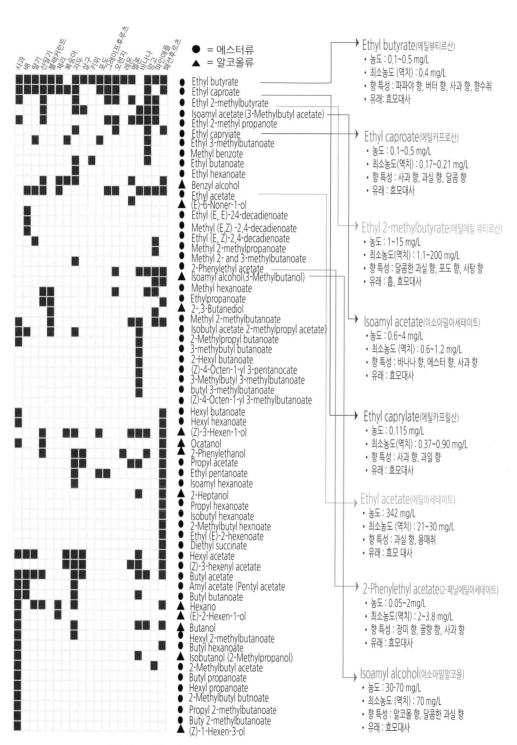

[그림 3-15] 아로마가 1 이상인 주요 고급알코올과 에스터 성분

### (3) 황화합물

맥주에는 불쾌취를 유발하는 성분들도 함유되어 있는데, 그중 황화합물은 알코올 발효 중 생성되는 대표적인 이취 성분이며 티오황산염, 설파이드, 트리설파이드, 티오에스터 및 유황 헤테로 사이클 등이 주요 성분이다. 물론 이 중 디메틸설파이드가 맥주 향미에 가장 영향을 주며 티오황산염 역시 맥주에 부정적인 향을 부여하게 된다([표 3-7]).

[표 3-7] **맥주의 주요 황화합물**

| 구분 | 종류 | 향 특징 |
|------|------|---------|
| 무기물 | 황화수소, 이산화황 | 썩은 계란취, 성냥취 |
| 티오황산염 | 메틸 머캅탄, 3-메틸-2-부텐-1-티올 | 일광취 |
| 설파이드 | 디메틸 설파이드 | 팝콘취 |
| 디설파이드 | 디메틸 디설파이드 | 썩은 채소취 |
| 트리설파이드 | 디메틸 트리설파이드 | 썩은 채소취, 양파취 |
| 티오에스터 | 에틸 티오아세테이트 | 양배추취 |

### (4) 알데히드류

맥주의 알데히드류는 알코올 발효 부산물로 그 생성은 고급알코올의 생성과 연계되어 있으며, 노르말프로판올, 이소부탄올, 2-메틸부탄올 및 3-메틸부탄올은 각각 상응하는 알데히드를 거쳐 생성되게 된다([표 3-8]). 알데히드류는 고급알코올보다 풍미가 더 강하며 일반적으로 맥주 향미에 부정적인 영향을 준다. 알데하이드류 중 아세트알데히드가 가장 큰 농도를 차지하는데 페인트취 또는 풋사과 향을 부여한다. 그외 알데히드류는 맥주 숙성 중에 산화 또는 스트렉커 분해를 거쳐 부정적인 향미를 나타내기도 한다.

[표 3-8] **맥주의 알데히드 종류**

| 구 분 | 농도(mg/L) | 역치(mg/L) | 향 특징 |
|-------|-----------|-----------|---------|
| 아세트알데히드 | 2~0 | 25 | 풀취, 페인트취 |
| 트랜스-2-부텐알 | 0.003~0.02 | 8.0 | 사과, 아몬드 향 |
| 2-메틸 프로판알 | 0.02~0.5 | 1.0 | 바나나, 멜론 향 |
| C5-알데히드류 | 0.01~0.3 | 1.0 | 풀취, 치즈 향 |

| | | | |
|---|---|---|---|
| 트랜스-2-노넨알 | 0.00001~0.002 | 0.0001 | 마분지취 |
| 푸르푸랄 | 0.01~1.0 | 200 | 종이취, 탄취 |
| 5-메틸 푸르푸랄 | 〈 0.01 | 17 | 향신료취 |
| 5-하이드록시메틸 푸르푸랄 | 0.1~20 | 1,000 | 풀취, 노화취 |

## (5) 티올류

티올류는 유기황화합물의 한 종류로 지방족 탄화수소의 수소 원자를 머캅토기로 치환한 화합물의 총칭이다. 맥주 아로마에는 알코올 발효 유래 성분뿐 아니라 홉의 향기 성분들도 많고 특히 홉 유래의 향기 성분은 500여 종류로 알려져 있다. 그중 특이하게 느껴지는 홉 아로마 성분은 티올류가 대표적이며 그레이프후르츠 향과 열대과일 향을 풍긴다. 이 성분은 뉴질랜드 빵 품종(Nelson Sauvin)의 주요 아로마로도 알려져 있다. 할러타우 블랑(Hallertau Blanc)과 또는 토마호크(Tomahawk) 홉 품종은 드라이 호핑했을 때 티올 향(3-설포닐-4-메틸-펜탄-1-올)과 열대과실 향(3-설포닐헥산-1-올)을 강하게 느끼게 된다. 그 밖의 홉 품종(써밋, 케스케이드, 심코)은 또 다른 티올 향(4-메틸-4-설포닐-2-펜타논)인 블랙커런트 향과 과실 향을 풍기고 역치가 1.5ng/L로 매우 낮아 후각으로 쉽게 느낄 수 있다([그림 3-16]).

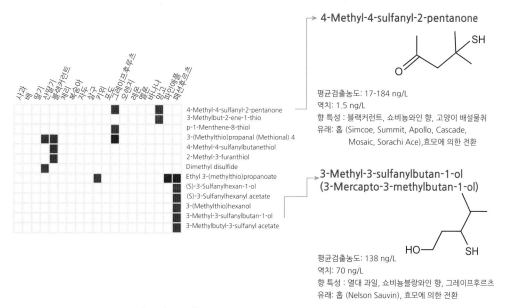

[그림 3-16] 아로마가 1 이상인 주요 티올 성분

## (6) 락톤류

락톤류는 γ 또는 δ-히드록시산(hydroxy acid)의 수산기(-OH)와 카르복실기(-COOH) 사이의 탈수·축합에 의해 생성된 환상 에스터를 말한다. 맥주에서 검출되는 락톤류 중에는 감마데카락톤(γ-decalactone)과 델타데카락톤(δ-decalactone)이 주요 아로마이며 각각 배 향과 살구 향을 풍긴다. 이들 성분은 맥아, 홉 그리고 효모가 아미노산과 4-옥소펠라고닌산(4-oxopelargonic acid)을 대사하면서 생성하는 향기 성분이다. 또 이들 성분은 아로마가 (0.1~0.5)가 낮아 맥주에 직접적인 영향은 없으나 다른 향기 성분과의 상호작용으로 맥주의 과실 향을 강화하는데 적지 않은 기여를 한다. 그리고 또 다른 락톤류 중 오크 락톤으로도 불리는 위스키 락톤(베타 메틸 감마옥타락톤)은 오크통에서 숙성한 위스키, 구에즈와 람빅 맥주에서 생성되며 코코넛 향과 달콤한 향을 부여한다.

퓨란류 중에는 퓨라네올[(4-hydroxy-2, 5-dimethyl-3(2H)-furanone)]이 대표적인 향기 성분으로 딸기 향을 풍기며 맥주 아로마에 영향을 미친다. 이 성분은 모든 과실 향 중에 화학적으로 가장 복잡한 구조로 되어 있는데 당도와 효모에 따라 그 농도가 높아지면 맥주에 캐러멜 향을 나타내기도 한다([그림 3-17]).

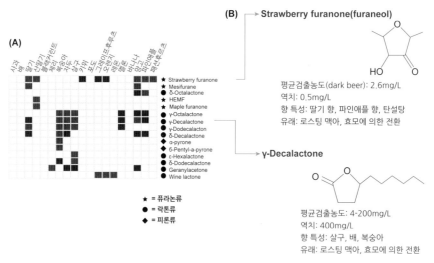

[그림 3-17] 아로마가 1 이상인 주요 락톤 성분

## (7) 털핀류

털핀류는 털피노이드라고도 하며 생물체가 만들어 내는 유기화학물군 중 가장 큰 그룹을 형성한다. 현재까지 알려진 천연물의 약 60%가량이 털핀류에 속하며 숲이나 산에서 가장 흔히 풍겨지는 물질로 우리에게 아주 친숙한 향 중의 하나이다.

털핀류는 대부분 홉에서 유래된 것이고 홉 품종에 따라 털핀 향의 아로마 특성은 달라진다. 홉의 털핀류는 모노털핀과 세스퀴털핀류로 구분되며 맥주 향기에 영향을 미치는 성분들은 대부분 모노털핀류에 속한다. 그중 모노털핀류에 속하는 미어신은 전체 홉 오일 성분 중에 75%를 차지하며 망고 향을 내며 일본의 신 감귤류의 주요 성분으로도 잘 알려져 있다. 그러나 홉의 향에 가장 중요한 아로마 성분은 베타리나룰(시트러스 향, 꽃 향)과 게라니올(장미 향, 라임 향)이다. 물론 홉 유래의 이러한 털핀 아로마가 맥주에 미치는 정도는 사용된 홉 품종과 투입량에 좌우되며 맥주에 꽃 향, 과실 향과 시트러스 향 등을 부여한다. 털핀류 중에 특히 베타리나룰은 대부분 맥주에서 아로마가 1 이상을 나타내는 향기 성분이고, 드라이 호핑한 맥주에서는 아로마가 4.7까지 도달한다. 리나룰은 거의 모든 과실에서도 아로마가 1 이상으로 나타나고 특히 일부 과실(체리, 복숭아, 살구, 포도, 오렌지)에서는 아로마가 매우 높게 나타난다. 케스케이드 홉과 트리스켈 홉은 특히 리나룰과 게라니올이 풍부하여 맥주에 시트러스 향과 꽃 향을 부여하기 때문에 풍부한 아로마 특성을 나타내려는 맥주에 많이 사용한다.

일반적으로 미국산 홉 품종(Bravo, Mosaic, Cascade, Citral)은 유럽산 품종(Saaz, Hallertauer Tradition, Magnum)보다 게라니올의 농도가 높다. 홉의 털핀 아로마들은 각각의 아로마 강도보다 맥주에서는 더욱 그 향이 강하게 나타나며, 개개의 아로마들은 상호작용으로 맥주의 아로마 형성에 영향을 미치게 된다. 예로써 게라니올은 리나룰의 시트러스 향과 과실 향을 더욱 강하게 한다. 따라서 홉 유래의 털핀류가 맥주 아로마에 미치는 영향은 정도를 파악하려면 각각의 털핀류 구성 비율과 전체 털핀 농도를 분석해 봐야 알 수 있다.

한편 홉 유래의 향미는 이미 설명한 바와 같이 맥즙 끓임 과정뿐 아니라 알코올 발효 중에도 효모에 의해 다양한 성분으로 전환되어 나타난다. 홉의 아로마 성분들은 맥주에 직접적으로 향기를 부여하지만 대부분은 맥주 가공 과정 중에 다양한 화학적 변화(열분해, 산화 과정, 가수분해, 이성화)를 통해 다른 성분들로 전환된다.

이미 설명한 바와 같이 홉에 함유되어 있는 일부 향기 성분은 배당체 형태(홉의 아로마 성분이 당분과 결합한 상태)로 존재하여 맥주 아로마에 직접적인 영향이 없다. 보통 배당체 형태의 아로마를 분리하는 방법은 산에 의한 인위적인 산 가수분해 방법과 효모의 효소에 의한 효소적 분해 방법 등 두 가지가 있다. 예를 들어 리나룰과 베타다마세논은 효모의 효소에 의해 배당체에서 분리된 것으로 알코올 발효 중에 증가하는 현상을 나타낸다. 반면 람빅 맥주를 베이스로하여 체리를 첨가하여 제조한 사우어 맥주(Kriek)의 경우는 체리의 배당체 형태 아로마를 맥주의 산(pH 3.0~3.5)을 이용하여 가수분해를 통해 생성된 것이다. 리나룰, 알파 털피네올, 알파 이오놀과 알파 다마세논은 체리 사우어 맥주의 주요 털핀 성분이다.

[그림 3-18]은 3종류의 효모 종류와 4종류의 홉 품종에 따른 맥주 아로마 생성 정도와 상호작용에 대해 도식화한 것이다. 검출된 아로마 39개의 아로마 성분 중에 9개는 홉 유래 성분이며, 2개는 효모 유래 그리고 28개는 효모와 홉에서 공통으로 생성된 성분이다. 특히 털핀류는 홉에서 직접 유래된 성분이지만, 효모 종류에 따라 그 생성 정도가 달라지는 것으로 문헌에 보고되고 있다. 예를 들면 홉 유래의 게라니올은 효모에 의해 시트로네올로, 아세틸화된 게라니올(acetylated geraniol)은 게라닐 아세테이트(geranyl acetate)로 전환된다. 또 효모는 게라니올 유도체 성분들을 네롤과 시트로네올로 전환시킨다. 홉 유래의 알파-, 베타 오이데스몰($\alpha$-, $\beta$-eudesmol) 역시 효모에 의해 그 농도가 달라지며 에일 효모 사용 시 이 성분은 다소 적게 검출된다. 4-비닐과이어콜은 에일 효모에서 발효 중에 유래된 것으로 홉 품종에 따라 그 농도가 증가하는 것으로 나타나는데, 특히 일부 홉 품종(Triskel, Strisselspalt) 사용 시 높게 나타나는 경우도 있다. 그리고 효모 유래의 주요 에스터류는 홉 품종에 따라 그 농도가 달라지며, 트리스켈 홉 사용 시 에스터류의 함량이 증가하는 것으로 확인된다. 또 효모는 알코올 발효 중에 효소($\alpha$-L-람노시다아제, $\alpha$-L-아라비노오스다아제, $\beta$-D-아피시다아제, 글리코시다아제)를 이용하여 배당체 형태의 털핀을 분해하여 그에 상응하는 리나룰 등의 털핀류 아로마를 생성시켜 맥주의 아로마를 강화해 준다.

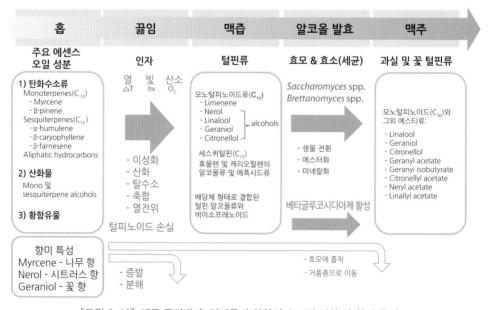

[그림 3-18] 맥주 공정별 홉 털핀류의 화학적·효소적 변화 및 향미 특성

한편 맥주 품질을 좌우하는 휘발 성분들 특히 강한 아로마를 풍기는 이소아밀알코올, 2-페닐아세테이트, 4-비닐과이어콜 및 에틸카프로산은 이미 알려진 바와 같이 효모의 알코올 발효를 통해 생성되는 주요 향기 성분들이다. 따라서 상기 성분들의 농도는 사용하는 효모 종류에 따라 다르게 나타나기 때문에 효모 선택이 매우 중요하지만, 홉 품종 역시 맥주 아로마에 영향을 미치며 특히 아로마 홉을 통해 털핀류, 에스터류 및 알코올류가 발현된다.

그리고 물과 잘 섞이지 않는 소수성 특성(hydrophobic)을 지닌 다른 털핀류인 세스퀴털핀(humulenol II)은 맥주에서 적은 농도로 검출되며, 대부분 케틀 홉에서 산화된 형태로 확인되고 아로마가 1 이하로 맥주 아로마에 영향이 별로 없다. 그리고 홉 유래의 또 다른 향기 성분인 베타다마세논(블랙커런트 향, 멘톨 향, 역치 150μg/L)과 α-, β-이오논(라즈베리 향, 제비꽃 향, 역치 2.6~10μg/L)은 역치보다 검출되는 농도가 낮아 맥주 아로마에 직접적인 영향이 없다. 다만 이들 성분은 케틀 홉에서 확인되며 아로마 홉에서 유래된 과실 향으로서 맥주 아로마에 시너지 효과를 주는 것으로 알려져 있다([그림 3-19]).

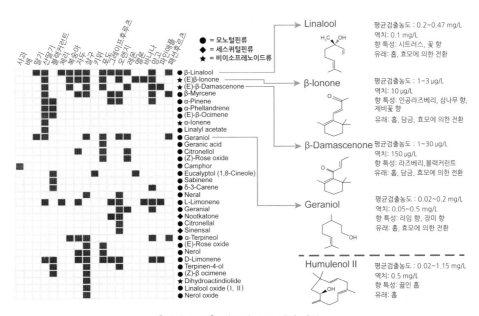

[그림 3-19] 맥주의 주요 털핀 성분

## (8) 페놀류

맥주의 페놀류는 맥아와 홉에서 유래된 것으로 휘발성 페놀류와 비휘발성 페놀류로 구분된다. 일부는 맥주의 오크통 숙성 시 오크에서 유래된 것이다. 기본적으로 페놀류는 맥아의 배유 세포벽과 홉콘에서 추출된 이른바 하이드록시 신남산(hydroxycinnamic acid)으로 불리는 페룰산(ferulic acid), 파라쿠마르산($\rho$-coumaric acid)과 시남산(sinapic acid)이 4-비닐과이어콜 등 하이드록시 신아밀알코올(hydroxy cinnamyl alcohol)로 전환된 것이다([그림 3-20]).

맥주의 페놀산은 대부분 보리 맥아의 배유 세포벽에서 유래된 것이고, 특히 페룰산과 쿠마르산이 주요 성분이며 보리 품종에 따라 그 농도는 많이 다르다. 물론 독일의 밀맥주나 벨기에 람빅 맥주의 경우 맥주 제조 시 밀을 사용하는데, 밀에는 특히 페룰산이 많아 밀 맥주에는 4-비닐과이어콜의 농도가 보리 맥아를 이용하여 제조한 맥주에서보다 많고 역치 이상의 농도가 함유되어 클로브 향이 강하게 두드러진다.

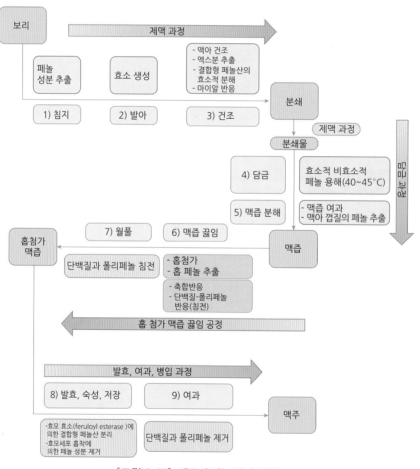

[그림 3-20] 맥주의 페놀 생성 기전

한편 페룰산과 파라쿠마르산이 각각 4-비닐과이어콜과 4-비닐페놀로 전환되는 메카니즘은 [그림 3-21]과 같다. 일반적으로 미생물(세균·곰팡이·효모)은 페놀산 탈탄산화효소를 보유하고 있는데, 이 효소를 이용하여 하이드록시 신남산을 페놀성분으로 전환시키는 것이다. 이후 일부 미생물(락토바실러스 브레비스, 락토바실러스 플랜타럼, 페디오코커스 담노수스, 브레타노마이세스속)은 또 다른 효소(vinylphenol reductase)를 이용하여 4-비닐과이어콜을 4-에틸과이어콜로 전환시킨다. 그러나 하면 발효 효모는 페놀산 탈탄산화 효소 등이 결핍되어 상면 효모와 같이 페놀을 생성하지는 못한다.

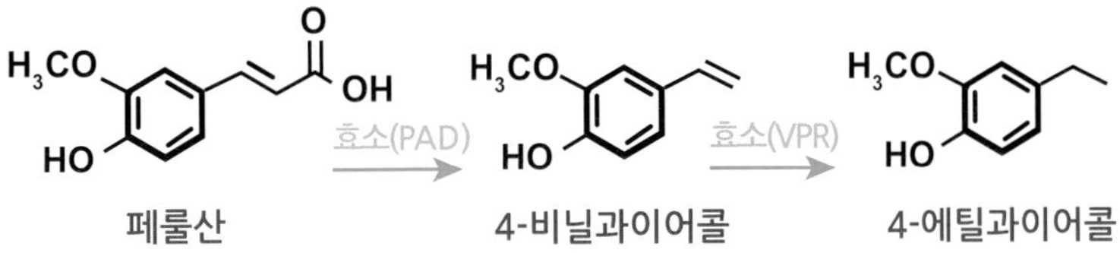

[그림 3-21] 4-에틸과이어콜의 생성 기전

보통 페놀 성분은 낮은 역치(0.08~0.5㎎/L)를 나타내며 그 종류에 따라 가죽취, 스파이시향, 약품취, 클로브 향 및 마굿간취 등 매우 다양한 향을 풍긴다([표 3-9]).

밀 맥주의 페놀 향은 원료에서 비롯된 것이지만 발효 시 사용하는 상면 효모의 종류도 페놀 농도에 영향을 미치며 라거 맥주에서 이취로 간주되는 성분이기도 하다. 또 페놀 향은 젖산균, 초산균 그리고 비양조용 효모에 의해서도 생성되므로 맥주 위생에 주의가 필요하다.

[표 3-9] 맥주의 주요 페놀 성분

| 구분 | 향 특성 | 유래 |
|---|---|---|
| 4-비닐과이어콜 | 클로브 향, 커리 향, 훈연 향, 베이컨 향 | 페룰산의 효소 분해 |
| 4-비닐페놀 | 페놀취, 약품취, 스파이시 향 | 파라푸마르산의 효소 분해 |
| 4-에틸과이어콜 | 클로브 향, 훈연 향, 바닐라 향, 나무 향 | 4-비닐과이어콜의 효소 분해 |
| 4-에틸페놀 | 가죽취, 훈연 향, 스파이시 향 | 4-비닐페놀의 효소 분해 |
| 과이어콜 | 훈연 향, 베이컨 향 | 리그닌의 열 분해 |
| 바닐린 | 단 향, 바닐라 향 | 리그닌의 열 분해, 나무숙성, 4-비닐과이어콜의 효소 분해 |
| 4-비닐시링올 | 마굿간취, 오래된 맥주 향 | 시납산 배당체의 분해 |

# 4. 비양조용 효모와 맥주 향미

세계 맥주 시장은 20세기 들어 냉각기 발명으로 인해 저온 발효가 가능한 라거 맥주 시장이 급속히 팽창하고 현재 맥주 시장의 90% 이상을 차지하게 된다. 또 거의 대부분의 맥주 제조에는 양조용 효모가 사용되고 있는데 에일 효모와 라거 효모가 대표적이다. 그러나 최근 미국과 유럽을 중심으로 크래프트 시장이 성장하면서 라거 맥주와는 향미 스타일이 다른 에일 계열의 맥주가 소비자의 선택을 받는 추세이다.

예를 들어서 벨기에 맥주(람빅, 구에즈)와 일부 미국 냉각 에일 맥주(American coolship ale beer)는 양조용 효모뿐 아니라 자연 발효를 통해 다양한 미생물이 제조 과정에 관여하는 기법을 활용하여 특화된 맥주를 제조하고 있다. 현재 세계 맥주 업계에서는 이러한 비양조용 효모(non-*Saccharomyces*)를 이용한 저알코올 맥주(0.5~1.2 vol%) 또는 알코올 프리 맥주(0.5 vol% 이하) 등을 상업화하고 있고 그 시장은 매년 증가하는 추세에 있다. 그러나 비양조용 효모를 이용한 맥주 품질은 아직은 소비자의 입맛과는 다소 벗어나는 문제가 있어 성장세에도 불구하고 대형 맥주 업계에서는 연구 개발과 더불어 시장을 관망하고 있는 상황이다.

그러나 최근 수제 맥주 업계에서는 비양조용 효모를 이용한 맥주 제조를 시도하고 있는데, 특히 병 발효와 숙성 과정에 이용하여 맥주의 향미를 증진할 목적으로 사용한다. 이 장에서는 맥주 숙성 중 비양조용 효모 사용 시에 맥주 향미에 미치는 효과를 최근 문헌을 토대로 기술하고자 한다.

그간 비양조용 효모는 알코올 발효 중 초산, 아세토인 및 디아세틸 등을 분비하여 맥주 향미에 부정적인 영향을 미치는 것으로 판단하여 오염균으로 여겨왔다. 하지만 최근 비양조용 효모가 생성한 아로마 성분들이 맥주 향미에 긍정적인 영향을 미친다는 연구 결과가 문헌에 잇따라 보고되고 있다. 또 특별한 효모 종을 순수하게 배양을 하면 자연적인 방법으로 맥주 향미를 조절하는 것이 가능하다는 보고도 있다. 양조 산업계에서는 비양조용 효모의 풍부한 아로마 생성으로 인해 이러한 효모들도 적절한 효모종을 선택하고 발효 조건을 관리하면 기존 맥주보다 아로마가 풍부한 소비자의 기대치를 만족시킬 수 있는 제품 개발이 가능하다는 기대가 많다. 따라서 비양조용 효모들은 이른바 바이오 아로마 강화제(bio flavoring agent)로서 최근 수제 맥주 업계를 중심으로 관심을 끌고 있다. 그러나 비양조용 효모는 대부분 알코올 생성 능력이 약하기 때문에 발효 때 단독 사용보다는 양조용 효모와 혼합균 형태 또는 양조용 효모를 이용한 발효 후 연이어 숙성용 형태로 사용하는 것이 일반적이다.

맥주의 알코올 발효에 영향을 미치는 요소로는 효모 접종률, 온도, 기간, 산소 투입 및 술덧의 탄소와 질소 비율 등이 있다. 비양조용 효모의 2차 대사산물은 고급알코올, 에스터, 황화합물 그리고 바람직하지 않은 카보닐 성분, 휘발성 페놀, 유기산과 모노털핀 알코올 등을 포함한 여러 그룹으로 나눌 수 있다. 고급알코올과 에스터는 가장 중요한 향미 활성 물질이며, 고급알코올은 알코올 맛, 향긋함, 와인 향 및 자극적인 아로마를 부여하는 반면 에스터는 과일 향의 아로마를 풍긴다.

비양조용 효모를 단독으로 사용하는 경우는 저 알코올 또는 알코올 프리 맥주 제조에 활용되기도 한다. 일례로 사카로마이코데스 루드비기(*Saccharomycodes ludwigii*)와 피치아 클루이베리(*Pichia kluyveri*)는 당분(말토오스, 말토트리오스)을 원활히 발효하지 못해 아로마가 풍부한 저알코올 맥주 제조가 가능하다. 그리고 자이고사카로마이세스 루익시(*Zygosaccharomyces rouxii*)는 호기적 조건하에 알코올을 소비하면서 아로마가 풍부한 저알코올 맥주를 제조하는 데 유용하다.

한편 비양조용 효모는 효모 종류별 발효 능력이 다르게 나타나고 그에 따라 발효 특성과 아로마 생성 패턴이 다르게 나타난다([표 3-10]).

[표 3-10] 비양조용 효모별 발효 특성

| 효모 종류 | 알코올 (vol%) | 발효 당분 | 휘발 산도(g/L) | 아로마 성분 | 산도 효과 |
|---|---|---|---|---|---|
| *Saccharomyces cerevisiae* | 12~18 | 글루코오스<br>프럭토오스<br>갈락토오스<br>수크로오스<br>말토오스 | 0.5 이하 | 고급알코올, 에스터 | 중성 |
| *Toluraspora delbrueckii* | 9 이하 | 글루코오스<br>프럭토오스<br>갈락토오스(v)*<br>수크로오스(v)<br>말토오스(v) | 0.5 이하 | 에틸락테이트,<br>2-페닐에틸락테이트,<br>3-에톡시<br>프로판올 | 중성 |

| | | | | | |
|---|---|---|---|---|---|
| *Lachancea thermotolerans* | 9 이하 | 글루코오스 프럭토오스 말토오스(v) 갈락토오스(v) | 0.5 이하 | 2-페닐에틸아세테이트, 에틸락테이트 | 젖산 생성 으로 인한 산도 강화 |
| *Schizosaccharomyces pombe* | 12~14 | 글루코오스 프럭토오스 수크로오스 말토오스 | 0.8~1.4 | 고급알코올, 에스터 | 산 감소 |
| *Saccharomycodes ludwigii* | 12~14 | 글루코오스 프럭토오스 수크로오스 | 0.5 이하 | 디아세틸, 아세토인 | 중성 |
| *Dekkera* (*Brettanomyces bruxellensis*) | 2 이하 | 글루코오스 프럭토오스 수크로오스 말토오스 셀로비오제 | 1 이상 | 에틸페놀, 이소발레르산, 이소뷰티르산, 피라진 | 산도 강화 |

\* V: 유동적

한편 현재 크래프트 맥주 업계에서 가장 흔히 사용되는 비양조용 효모는 브레타노마이세스/데카라(*Brettanomyces/Dekkera*)속이며 그중 4종(브레타노마이세스 브루셀렌시스, 브레타노마이세스 아노말루스, 데카라 브루셀렌시스, 데카라 아노말라)이 대표적인 균이다.

브레타노마이세스균은 와인, 음료, 벨기에 맥주(구에즈, 람빅)에서도 확인되는데, 이 균은 영국에서 에일, 스타우트, 포터 맥주가 처음 만들어질 때 최초로 특허를 받은 균으로 알려져 있다. 그리고 이 균은 양조용 효모와 같이 통성혐기성균이지만 호기성 조건하에서는 초산을 생성하고 분해할 수 있다. 또 이 균은 가죽취, 거름취, 과실 향과 꽃 향을 풍기는데, 주요 아로마로는 페놀류(4-에틸과이어콜, 4-에틸페놀, 4-에틸카테콜, 4-비닐페놀, 4-비닐카테콜), 피라진류(2-에틸테트라하이드록시피리딘, 2-아세틸테트라피리딘, 2-아세틸피롤린) 그리고 휘발성 에스터류가 대표적이다. 또 브레타노마이세스균은 알코올 발효 시 홉 유래의 배당체 형태의 모노털핀으로부터 아로마 성분을 분리하여 아로마를 추가로 발현하기도 한다. 그 밖에 세포벽의 다당체를 다량 방출하여 맥주 숙성 시 맥주 맛에 영향을 미칠 수도 있다.

그 외 비양조용 효모로는 쉬조사카로마이세스 폼베(*Schizosaccharomyces pombe*), 라첸세아 써모톨레란스(*Lachancea thermotolerans*), 비커하모마이세스 아노말루스(*Wickerhamomyces anomalus*), 토룰라스포라 델부뤼키(*Torulaspora delbruekii*) 및 자이고토룰라스포라 플로렌티나(*Zygotorulaspora florentina*) 등이며 맥주 발효 등에 활용된다([그림 3-22]).

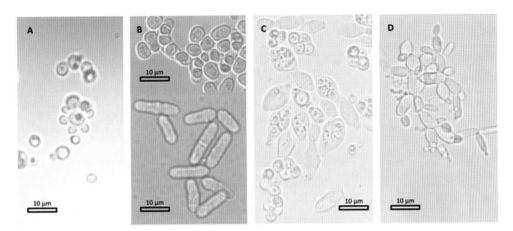

[그림 3-22] 비양조용 효모의 종류

이중 토룰라스포라 델부뤼키의 경우는 바바리안 시대에 전통 밀 맥주 제조에 사용되었던 효모이고 홉 첨가가 많은 맥주 제조에서도 생존이 가능하다. 이 비양조용 효모는 에일 맥주 제조 시 양조용 효모 단독 사용보다는 토룰라스포라 델부뤼키와 사카로마이세스 세레비지에와 1:20 비율로 하여 혼합균 형태로 알코올 발효하면 에틸카프릴산과 에틸라우르산이 생성되어 에일 맥주의 특성을 더 강화할 수 있다. 그리고 양조용 효모(w34/70)와 비커하모마이세스 아노말루스를 1:1로 혼합하여 알코올 발효하면 헥사데카논산, 이소아밀알코올과 2-페닐에탄올이 더욱 증가하여 맥주의 과실 향을 강화하는 데 효과가 있다.

그리고 라첸세아 써모톨레란스는 알코올을 9%까지 생성 가능하며 휘발산을 적게 생성한다. 그러나 이 균은 젖산 생성능(9.6g/L)이 우수하여 산도 증가 목적으로 맥주 숙성 시 사용하기도 한다. 또 이 균은 2-페놀에탄올과 글리세롤을 생성하고 아세트알데히드와 고급알코올류의 농도를 조절하는 기능도 한다([표 3-11]).

[표 3-11] 비양조용 효모의 응용 사례

| 효모 종류 | 균주 | 사용법 |
|---|---|---|
| *Blastobotrys mokoenaii* | X9113 | 단독 |
| *Brettanomyces anomalus* | X9073 | 단독 또는 연이어 에일 효모 514 사용 |
| *Brettanomyces bruxellensis* | CBS3025, AWRI1499 | 단독 또는 연이어 에일 효모 514 사용 |
| *Brettanomyces naardenensis* | NRRL Y-5740 | 단독 또는 연이어 에일 효모 514 사용 |

| | | |
|---|---|---|
| *Candida stellata* | X9023 | 단독 |
| *Citeromyces matritensis* | ST312/081 | 단독 |
| *Debaryomyces hansenii* | x38 | 단독 |
| *Kodamaea ohmeri* | x22 | 단독 |
| *Lachancea thermotolerans* | DiSVA 322 | 단독 또는 *S. cerevisiae* US-05와 혼합 사용 |
| *Lachancea thermotolerans* | x9005 | 단독 |
| *Metschnikowia reukaufi* | Y6.3K/FT11B | 단독 |
| *Pichia anomala* | x9015, x10 | 단독 또는 연이어 에일 효모 514 사용 |
| *Pichia kluyveri* | x21, x36 | 단독 또는 연이어 에일 효모 514 사용 |
| *Pichia kudriavzevii* | x12, X9035 | 단독 또는 연이어 에일 효모 514 사용 |
| *Saccharomycodes ludwigii* | DBVPG 3010, 3304 | 단독 |
| *Starmerella bacillaris* | X9029 | 단독 |
| *Starmerella bombicola* | V10.2Y A1 | 단독 |
| *Torulaspora delbrueckii* | DiSVA 254 | 단독 또는 *S. cerevisiae* US-05와 혼합 사용 |
| *Torulaspora delbrueckii* | STT312/167 | 단독 또는 연이어 에일 효모 514 사용 |
| *Wickerhanomyces anomalus* | DiSVA 2 | 단독 또는 *S. cerevisiae* US-05와 혼합 사용 |
| *Zygosaccharomyces rouxii* | DBVPG 4084, 6186 | 단독 |
| *Zygosaccharomyces florentina* | DiSVA 263 | 단독 또는 *S. cerevisiae* US-05와 혼합 사용 |
| *Zygosaccharomyces florentina* | X9022 | 단독 또는 연이어 에일 효모 514 사용 |

# 5. 맥주 종류와 향미 특성

## 1) 에일 맥주

5000년 이상의 제조 역사를 가지고 있는 맥주는 메소포타미아의 수메르인이 최초 제조한 이후 유럽으로 전파되었다. 이후 상면 효모(사카로마이세스 세레비지에)를 이용한 에일 맥주는 1700년까지 유럽의 중심 맥주였다. 당시 맥주 스타일은 에일(ale)과 비어(beer)로 구분되었는데, 독일에서는 이미 홉을 1400년부터 맥주 제조에 사용한 반면 영국에서는 홉을 첨가하지 않은 맥주를 에일, 홉을 첨가한 맥주를 비어로 지칭하여 구분하였다. 이후 영국을 비롯한 모든 국가에서 홉을 첨가하면서 홉 첨가 여부는 의미가 없어졌고 현재는 상면 효모를 이용하여 16~24℃에서 알코올 발효를 통해 제조된 맥주를 에일 맥주라 부른다. 일반적으로 에일 맥주는 라거 맥주보다 질감이 강하고 스위트한 맛이 특징적이다.

[표 3-12]는 라거 맥주와 에밀 맥주의 주요 향기의 특성을 비교한 것이다.

[표 3-12] 라거 맥주와 에일 맥주의 주요 향기 특성 비교

| 아로마 성분 | | 라거 맥주(mg/L) | 에일 맥주(mg/L) |
|---|---|---|---|
| 고급알코올류 | 에탄올 | 23~25(g/L) | 27~32(g/L) |
| | 2-메틸부탄올 | 8~16 | 14~19 |
| | 이소부탄올 | 6~11 | 18~33 |
| | 노르말프로판올 | 5~10 | - |
| | 이소펜탄올 | 32~57 | 31~48 |
| | $\beta$-페닐에탄올 | 25~32 | 47~61 |
| 에스터류 | 에틸아세테이트 | 8~14 | 36~53 |
| | 이소펜틸아세테이트 | 1.5~2.0 | 14~23 |
| 디케톤류 | 디아세틸 | 0.02~0.08 | 1.4~3.3 |
| | 2,3-펜탄디온 | 0.01~0.05 | 0.06~0.30 |
| 황화합물 | 황화수소 | 0.0015~0.008 | 0.01~0.20 |
| | 디메틸설파이드 | 15(μg/L) | 15(μg/L) |

에일 맥주 향미에 영향을 미치는 요소는 다양하며 원료부터 가공 공정의 특징을 살펴보면 다음과 같다. 우선 제맥 공정을 살펴보면, 에일 맥주용 맥아는 라거 맥주 제조용 맥아보다는 용해(modification)가 더 많이 된 것을 사용한다. 맥아 용해란 제맥 공정 중 발아 과정에서 생성된 효소들이 맥아의 전분과 단백질을 분해하는 과정을 말한다.

제맥 후 맥아는 담금 과정을 거치는데, 이때 저분자 성분들이 생성되고 이 성분들을 이용하여 효모가 알코올 발효를 통해 맥주의 향미에 영향을 미치게 된다. 담금을 위해 맥아를 분쇄하는데, 이때 표면적이 넓어져 맥아 속의 효소들이 고분자 물질(전분, 단백질, 지방 등)을 저분자 물질로의 분해가 용이하다. 에일 맥주 제조를 위한 담금 과정에는 두 가지 방법이 있다. 맥아의 단백질 용해가 적은 경우는 단백질 분해 온도인 45~50℃부터 시작하여 단계적으로 온도를 높여 전분을 분해하는 온도인 64~72℃까지 단계적으로 올리는 승온법(infusion)을 사용한다. 반면 용해가 충분히 된 맥아는 단백질 분해를 생략하고 단일 온도(67℃)에서 전분을 분해하는 단일 승온법(single infusion)을 사용한다.

담금이 끝난 담금액은 맥박을 거르고 맑은 맥즙을 얻기 위해 여과 과정을 거친 후 홉을 첨가하여 60분간 끓인다. 이때 당과 당 시럽 등을 첨가하기도 한다. 끓임 과정이 종료된 맥즙은 에일 효모가 발효할 수 있는 온도(16~24℃)로 급속 냉각 후 양조용 효모(사카로마이세스 세

레비지에)를 접종($10 \times 10^6$/ml)한다. 이때 효모 첨가량은 라거 맥주 효모보다 적게 접종하는데 이는 발효 중 에일 효모의 증식량이 많기 때문이다. 효모 접종량은 역시 맥주 아로마와 발효력에 중요한 요소이다.

일반적으로 에일 효모를 이용한 상면 발효 맥주가 라거 효모를 이용한 하면 발효 맥주에서 보다 에스터와 고급알코올류가 더 많이 생성되어 아로마가 더 풍부하다. 이는 에일 효모 생리 특성과 높은 발효 온도 때문이다.

전통 방식의 에일 맥주 발효는 개방형 발효 용기에서 실시하는데, 이때 알코올 발효 말기에 효모는 위로 뜨게 된다. 이는 에일 효모는 발효 과정에서 증식하면서 어미 세포와 딸 세포가 분리되지 않고 체인 형태로 존재하면서 발효 말기에 응집(flocs)하지 않은 효모들을 탄산이 효모에 붙어 부력으로 발효 용기 위로 올리게 된다. 이러한 현상 때문에 에일 효모를 상면 효모라 불렀다. 물론 발효 말기에 응집하여 발효 용기 바닥으로 가라앉는 에일 효모도 있다. 그러나 앞서 설명한 바와 같이 현재는 밀폐형 원뿔형(cylindroconical) 발효 용기를 사용하면서 발효 중 술덧 내부에서 대류 현상이 강하게 일어나 응집 현상과 관계없이 발효 말기에는 효모가 발효 용기 바닥으로 가라앉기 때문에 효모의 부유 특성을 기반으로 이전에 상면 발효 맥주와 하면 발효 맥주로 구분한 것은 더 이상 의미가 없다. 따라서 발효 온도 특성을 기반으로 하여 에일 맥주(고온 발효)와 라거 맥주(저온 발효)로 구분하는 것이 맞다.

한편 에일 효모는 특정 효소(페닐아크릴산 탈탄산효소)를 이용하여 페놀산(하이드로시남산)을 탈탄산화하여 역치가 낮은 휘발성 페놀산(4-비닐페놀, 4-비닐과이어콜, 4-비닐시링올)을 생성한다. 이러한 성분들로 인해 독일과 벨기에의 밀 맥주와 쎄종 맥주에서는 밀 맥주의 독특한 페놀 향이 두드러진다. 물론 상기 휘발성 페놀들은 효소의 작용 없이 담금 공정에서 끓일 때 또는 살균 과정에서도 소량 생성되기도 한다.

[표 3-13]은 대표적인 에일 맥주의 품질 특성과 아로마 특징을 기술한 것으로 에밀 맥주 타입에 따라 그 특성이 다양하게 나타나는 것을 알 수 있다.

[표 3-13] 에일 맥주의 향미 특성

| 구분 | American Pale Ale | English Pale Ale | English India Pale Ale(IPA) | Porter |
|---|---|---|---|---|
| 유래 | 영국 에일 맥주에서 착안. 영국 에일보다 캐러멜향이 적음 | 지하실에서 탄산 압력 없이 맥주를 서빙 | 영국에서 인도 수송을 위해 고안된 맥주 | 영국 짐꾼들이 음용하는 것이 유래됨. 당시 브라운 맥아를 주원료로 사용함 |
| 규격 | 당도: 11.2~14.7(°P)<br>쓴맛: 30~45(IBU)<br>색도: 9.8~27.6(EBC)<br>알코올: 4.5~6.0(w/v%) | 당도: 8.0~10.0(°P)<br>쓴맛: 23~35(IBU)<br>색도: 7.9~27.6(EBC)<br>알코올: 3.2~3.8(w/v%) | 당도: 12.4~8.2(°P)<br>쓴맛: 40~60(IBU)<br>색도: 15.8~27.6(EBC)<br>알코올: 5.0~7.5(w/v%) | 당도: 10.0~12.9(°P)<br>쓴맛: 18~35(IBU)<br>색도: 39.4~59.1(EBC)<br>알코올: 4.0~5.4(w/v%) |
| 원료 | 미국산 2줄보리 페일에일 맥아. 시트러스 향이 없는 미국산 홉. 미국산 에일 효모. 탄산감이 적은 황산염이 함유된 양조용수. 색상과 아로마 강화를 위해 다른 곡류 첨가 | 페일맥아, 엠버맥아, 크리스탈맥아. 색상 조정을 위해 흑맥아 일부 사용. 영국 홉과 특징이 강한 에일 효모 사용 | 단일 온도 승온법에 적합한 페일에일 맥아 사용. 영국산 홉과 과실 향과 미네랄 향과 유황을 풍기는 영국산 에일 효모 사용. 일부 에일은 산뜻한 홉의 쓴맛 강조를 위해 높은 황산염과 연수 사용 | 초콜릿 맥아, 로스팅 맥아 및 캐러멜 맥아 사용. 영국 홉과 경도가 낮은 영국 양조용수 사용. 영국 또는 아일랜드산 에일 효모나 라거 효모 사용. 때론 부원료(설탕, 옥수수, 당밀)을 사용 |
| 특징 | 캐러멜 향이 적으면서 맥아 향이 두드러지며 깔끔한 맛이 특징. 질감은 적으나 홉향이 특징적 | 낮은 당도와 알코올 함량 및 탄산감으로 인해 음용하기 편한 맥주. 맥아 향이 특징적이지만 미국 페일에일 스타일과는 다르게 쓴맛이 나면 안 됨 | 영국산 맥아 향과 홉 향 외에 영국산 에일 효모로 인한 향이 특징적. 미국산 IPA보다 홉향이 적고 맥아 향이 강한 특징 | 로스팅 향이 두드러진 전형적인 영국산 흑맥주 스타일 |
| 브랜드 | Sierra Nevada Pale Ale, Stone Pale Ale, Full Sail Plae Ale | Brooklyn Brown Ale, Great Lakes Cleveland Browan Ale | Freeminer Trafalgar IPA, Botton Brige Empire IPA, Sammuel Smith's India Pale | Samuel Smith Taddy Porter, Brige Burton Porter, Old Growler Porter |
| 대표 상품 | | | | |

| 구분 | Stout | German Weizenbeer | Belgian Witbier | Berliner Weisse |
|---|---|---|---|---|
| 유래 | 영국 런던 짐꾼들의 자본화를 위해 만들어짐 맥주. 초기 스타우트는 질감과 크림질감이 강함 | 독일 남부지방에서 유래된 맥주로 밀을 주원료로 하는 여름철에 음용하던 맥주 | 400전의 본래 벨기에 밀 맥주는 사라지고 호가든 지역의 밀 맥주 제조로 다시 부활함 | 나폴레옹이 독일의 샴페인으로 부른 독일 베를린의 사우어 맥주. 전통 제조장이 현재까지 2개 운영함 |
| 규격 | 당도: 9.0~12.4(oP)<br>쓴맛: 30~34(IBU)<br>색도: 49.2~78.8(EBC)<br>알코올: 4.0~5.0(w/v%) | 당도: 11.0~12.9(oP)<br>쓴맛: 8~15(IBU)<br>색도: 3.9~15.8(EBC)<br>알코올: 4.3~5.6(w/v%) | 당도: 11.0~12.9(oP)<br>쓴맛: 10~20(IBU)<br>색도: 3.9~7.9(EBC)<br>알코올: 4.5~5.5(w/v%) | 당도: 7.1~8.0(oP)<br>쓴맛: 3~8(IBU)<br>색도: 3.9~5.9(EBC)<br>알코올: 2.8~3.6(w/v%) |
| 원료 | 페일 맥아 및 로스팅한 미발아 보리. 약한 경수 사용 | 맥주 순수령에 따라 주원료로 밀맥아를 최소 50% 이상 사용하며 나머지는 필스너 맥아를 첨가함 | 50% 이상의 미발아 겨울밀과 50%의 필스너 보리맥아 사용. 일부 밀맥주에 5~10% 귀리를 사용. 그 외 스위트한 맛 강조를 위해 고수와 큐라소(오렌지껍질) 첨가. 스파이시한 향이 강한 에일 효모 사용. 일부 밀 맥주에 젖산균 또는 젖산 첨가함 | 30%의 밀맥아와 70%의 필스너맥아 사용. 에일효모(*S. cerevisiae*)와 젖산균(*Lactobacillus delbruckii*)의 사용으로 신맛이 두드러짐. 사우어 맥아를 일부 사용하는 경우도 있음 |
| 특징 | 페일 맥아와 더불어 발아되지 않은 로스팅맥아 사용으로 맥주 맛이 드라이하고 크림질감이 강함. 완전 발효를 하고 중간정도의 쓴맛 부여. 기네스 맥주 제조시 복합적인 맛 강화 목적으로 사우어 맥주(3%)를 첨가 | 전통 밀 맥주는 자비법을 사용하여 단맛을 없애고 질감을 강조함. 밀맥주 에일 효모는 과실향을 풍기며 아로마 홉을 사용하여 쓴맛을 최소화함. 스파이시하면서 과실 향 및 탄산감이 풍부한 맥주 | 탄산감이 강하고 부드럽고 우화한 맛이 특징적. 미디움 질감 | 강한 신맛과 낮은 거품 유지력과 탄산감이 특징적임. 쓴맛이 매우 적음. 시음 시 다리럽에 다양한 과실을 첨가하여 과실 향을 강조함. 필스너 맥주와 블렌딩으로 신맛을 강화하는 방법도 있음 |
| 브랜드 | Guiness Draught Stout, Murphy's Stout, Goos Island Dublin Stout | Schneider Weisse, Paulaner Hefeweizen, Franziskaner Hefeweisse | Hoegaarden Wit, Blanche de Bruges, Blanche de Bruxelles | Schulthleiss Berliner Weisses, Berliner Kindle Weisse, Nodding Head Berliner Weisse |
| 대표 상품 | | | | |

## 2) 라거 맥주

독일에서 유래된 라거 맥주가 유행하기 전인 1700년까지 유럽에서는 에일 맥주가 대세였다. 그러나 바바리아(지금의 뮌헨) 지역의 수도사가 당시까지의 맥주의 판도를 바꾸어 놓게 된다. 그 역사를 보면 1553년경 당시 바바리아 지역에서는 3~9월 사이에 맥주 제조를 하려면 당국의 허가를 받아야 했다. 이에 따라 수도사들은 저온에서 맥주를 장시간 발효 숙성하였고 효모들은 점차 저온에서 적응하는 효모로 특성이 바뀌게 된다. 그러나 당시의 라거 맥주는 흑갈색~황적색의 색상으로 현재와는 매우 다르다. 오늘날의 황금색 라거 맥주는 1842년 독일 양조 기술자인 요셉 그롤이 체코 플젠에서 제조한 맥주(필스너 우르켈)가 그 시초가 된다. 이후 라거 맥주는 냉동기, 유리병, 여과법 등이 개발되면서 1878년 이후부터 전 세계로 퍼져 오늘날에 이르게 된다([표 3-14]).

라거 맥주 제조를 위한 공정을 살펴보면 다음과 같다. 전통적인 유럽식 라거 맥주 제조는 자비법(decoction)을 사용한다. 에일 맥아와는 다르게 라거 맥주용 맥아는 용해가 충분하지 않아 분쇄를 에일 맥아보다는 더 조밀하게 해야 하고 담금 과정에서 맥아가 효소작용을 충분히 받게 해야 한다. 즉 담금 온도를 35~40℃에서 시작하고 이후 담금액의 1/3을 별도 분리하여 100℃에서 끓이고(분리 담금액), 본 담금액은 50℃로 올려 담금을 진행한다. 2회 자비법에서는 이러한 자비를 2회, 3회 자비법은 3회 반복한다.

한편 승온법과 자비법을 혼용하여 담금하는 이른바 더블 담금 온도 상승법(double mash infusion system)은 미국에서 사용하는 방법으로 상승 담금과 자비 담금 공정을 별도로 진행한 후 나중에 담금액을 합치는 방법이다. 담금 과정이 종료된 이후의 맥즙 여과와 끓임, 냉각 과정은 에일 맥주 과정과 동일하다. 냉각(8~15℃)된 맥즙에 효모를 접종하는데 이때 라거 효모인 사카로마이세스 파스토리아누스를 사용한다. 효모 접종량은 $10~25 \times 10^6$/mL 수준이다.

발효가 종료된 맥주는 4℃에서 2주간 잔당(maltotriose)과 잔류 효모($1~4 \times 10^6$/mL)를 이용하여 숙성을 진행한다. 숙성 과정을 통해 발효 중 생성된 디아세틸의 농도를 감소시켜 라거 맥주의 이취를 제거한다. 디아세틸은 라거 맥주의 숙성 정도를 나타내는 지표로 활용한다. 라거 효모는 에일 효모가 생성하는 수준의 에스터 성분이 생성하지만, 고급알코올류는 에일 효모보다는 훨씬 적게 생성된다. 또 라거 효모는 특정 효소(페놀산 탈탄산화효소)의 결핍으로 에일 효모처럼 휘발성 페놀을 생성하지 못한다. 다만 이러한 휘발성 페놀성분은 에일 맥주의 특성을 나타내는 성분이지만 라거 맥주 계열에서는 이취로 간주한다.

[표 3-14] 라거 맥주의 향미 특성

| 구분 | German Pilsner | Bohemian Pilsner | Vienna Amber Lager | Oktoberfest beer |
|---|---|---|---|---|
| 유래 | 체코 필스너 맥주를 독일 양조 방법에 응용 | 1842년 최초로 필스너 개발 | 하면 효모 순수분리 직후 제조된 최초 엠버스타일 라거 맥주 | 비엔나 라거를 모방한 맥주. 봄에 양조하여 여름철에 동굴에 저장 후 가을에 소비 |
| 규격 | 당도: 11.0~12.4(oP)<br>쓴맛: 24~45(IBU)<br>색도: 3.9~9.8(EBC)<br>알코올: 4.4~5.2(w/v%) | 당도: 11.0~13.8(oP)<br>쓴맛: 35~45(IBU)<br>색도: 6.9~11.8(EBC)<br>알코올: 4.2~5.4(w/v%) | 당도: 11.4~12.9(oP)<br>쓴맛: 18~30(IBU)<br>색도: 11.0~31.5(EBC)<br>알코올: 4.5~5.7(w/v%) | 당도: 12.4~13.8(oP)<br>쓴맛: 20~28(IBU)<br>색도: 13.8~27.6(EBC)<br>알코올: 4.8~5.7(w/v%) |
| 원료 | 필스너 맥아, 독일 홉 (할러타우어, 테탕어, 슈팔트) | 체코 원료(자츠홉 맥아, 라거 효모)사용, 미네랄이 적은 연수 사용 | 비엔나 맥아로 인한 옅은 로스팅향과 멜라노이딘향이 특징. 양질의 홉과 맥아를 사용하고 탄산감이 있는 경수 사용. 색상과 단맛 증진을 위해 캐러멜 맥아와 흑맥아를 첨가할 때는 맥주 고유아로마와 로스팅향에 영향을 주면 안 됨 | 비엔나 맥아가 주원료이고 필스너 맥아, 뮤닉 맥아, 크리스탈 맥아를 일부 첨가. 경수 사용. 자비법을 이용한 맥아향 강조 |
| 성상 | 투명하고 맑고 옅은 황색이며 풍부한 거품 | 짙은 황금색이며 매우 맑고 거품이 풍부 | 옅은 붉은색~구리색상. 맑고 풍부한 거품 | 짙은 황금색~황적색으로 견고한 거품과 투명한 맥주 |
| 향미 | 물의 황산염 맛을 동반한 홉의 맛이 두드러지며 후미에도 지속되는 쓴맛. 과실 향 에스터와 디아세틸이 없음 | 후미에 남지 않는 부드러운 쓴맛과 더불어 풍부한 복합향미. 자츠 홉의 향이 특징이고 과실향인 에스터가 없음 | 부드럽고 맥아의 복합적인 향미. 드라이하면서 맥아와 홉의 향미가 후미에 남음 | 초기 단맛이며 후미는 드라이한 맛. 마일드한 쓴맛. 캐러멜 향이나 로스팅 향 없음. 과실 향에스터와 디아세틸이 없는 깔끔한 라거 |
| 아로마 | 맥아 향, 꽃 향, 스파이시한 홉 향이 특징. 약간의 유황취 | 자츠 홉의 꽃 향과 복합적인 맥아 향. 소량의 디아세틸 향 | 비엔나 맥아 향. 과실 향 에스터와 디아세틸 없음. 캐러멜 향이 없음 | 비엔나 및 뮤닉 맥아 향. 홉 아로마는 없고 미디움 로스팅 향 |
| 질감 | 미디움 질감과 더불어 미디움~강한 탄산감 | 미디움 질감과 탄산감 | 부드러운 크림질감과 더불어 미디움 질감과 탄산감 | 크림 질감과 부드러운 미디움 질감 |
| 브랜드 | Bitburger, Warsteiner, Holsten Pils, Koenig Pilsner, Spaten Pils | Pilsner Urquell, Budweiser Budbar, Czech Rebel | Samuel Adams, Great Lakes Eliot, Vienna Lager | Paulaner Oktoberfest, Spaten Oktoberfest, Goose Island Oktoberfest |
| 특징 | 완전 발효와 물의 황산염 성분으로 인해 체코 필스너보다 드라이하고 탄산감이 강함 | 체코 맥아를 사용하고 맥아 향 강화를 위한 담금 시 자비법 사용. 탄산과 황산염이 적은 양조 용수 사용으로 부드러운 맛 강조. 덱스트린과 디아세틸(전통효모)로 인한 질감 증가 | 미국산 엠버는 드라이하면서 쓴맛인 반면 유럽산 엠버는 부드러운 맛이 특징 | 부드럽고 깔끔한 라거 타입으로 맥아향이 특징적임 |

| 구분 | Dark American Lager | Munich Dunkel | Schwarzbier (black beer) | Bock Beer(Maibock) |
|---|---|---|---|---|
| 유래 | - | 브라운 스타일 맥주에서 독일 뮌헨 지역의 물의 탄산이 적어 흑맥주로 발전됨 | 뮤닉 둔켈을 모방한 맥주로 독일 튀링엔 지역의 특화 맥주 | 다른 흑맥주 스타일 맥주보다는 최근 개발된 맥주. 3~5월에 음용하는 맥주 |
| 규격 | 당도: 11.0~13.8(oP)<br>쓴맛: 8~20(IBU)<br>색도: 27.6~43.3(EBC)<br>알코올: 4.2~6.0(w/v%) | 당도: 11.9~13.8(oP)<br>쓴맛: 18~28(IBU)<br>색도: 27.6~55.1(EBC)<br>알코올: 4.5~5.6(w/v%) | 당도: 11.4~12.5(oP)<br>쓴맛: 22~32(IBU)<br>색도: 27.6~55.1(EBC)<br>알코올: 4.4~5.4(w/v%) | 당도: 15.7~17.5(oP)<br>쓴맛: 23~35(IBU)<br>색도: 11.8~21.7(EBC)<br>알코올: 6.3~7.4(w/v%) |
| 원료 | 2줄, 6줄보리를 주원료로하며 부원료로 옥수수, 쌀을 사용. 색상 강화를 위해 캐러멜 맥아와 흑맥아 일부 사용 | 뮤닉 맥아를 주원료로 하며 필스너 맥아를 일부 사용. 크리스탈 맥아 첨가를 통한 덱스트린 및 색상을 강화하지만 단맛이 나면 안 됨. 양질의 홉과 독일 라거 효모 사용 | 뮤닉 맥아와 필스너 맥아를 주원료로 하며 로스팅 향과 색상 강화를 위해 흑맥아(캐러멜 맥아)를 일부 첨가함. 독일 홉과 하면효모 사용 | 필스너 맥아와 비엔나 맥아를 주원료로 하며 뮤닉 맥아를 일부 첨가함. 부원료는 사용하지 않으며 거친 맛 예방을 위해 연수 사용. 자비법과 라거 효모 사용 |
| 성상 | 짙은 호박색~흑갈색의 투명한 맥주. 약한 거품 유지력 | 짙은 구리색~흑갈색으로 크림 질감의 맑고 투명한 흑맥주 | 미디움~짙은 흑갈색이며 부드럽고 맑고 투명한 맥주 | 호박색~짙은 황금색이며 맑고 투명하며 크림 질감에 부드럽고 강한 거품 유지력 |
| 향미 | 미디움 질감과 더불어 스위트한 맛. 쓴맛은 라이트~미디움 정도. 로스팅 향은 없음 | 뮤닉 맥아로 인한 풍부한 맥아 향. 멜라노이딘으로 인한 빵 향. 미디움 단맛이고 초콜릿, 로스팅 향이 후미에 남음. 중간 정도의 쓴맛 | 라이트~미디움 향미. 로스팅 맥아로 인한 초콜릿 향을 부여하지만 탄내는 없음. 미디움 수준의 쓴맛이며 후미에 남음. 과실 향의 에스터 향과 디아세틸 없음 | 로스팅 향이 풍부한 필스너맥아를 사용하여 향미가 강함. 약한 유황취를 풍기며 미디움 수준의 홉 향 |
| 아로마 | 맥아 향이 거의 없고 스파이시~과실 향의 홉 향. 디아세틸은 없고 효모 유래 향(유황취, 풋사과 향) | 토스트 향을 풍기며 뮤닉 맥아의 특유의 스위트한 향. 과실 에스터와 디아세틸 없음. 약간의 홉향 | 라이트~미디움 수준의 맥아 향과 캐러멜 향. 커피 수준의 탄 향이 나면 안 됨 | 홉 유래의 약한 스파이시향과 후추 향을 풍김 |

| 질감 | 탄산감은 높으나 라이트한 질감 | 덱스트린으로 인한 미디움 질감. 미디움 탄산감 | 미디움 질감과 탄산감. 로스팅 맥아로 인한 쓴맛은 없음 | 미디움 질감과 탄산감. 부드럽고 거친 쓴맛은 없음 |
|---|---|---|---|---|
| 브랜드 | San miguel Dark, Warsteiner Dark, Dixie Blackened Voodoo | Hacker-Pschorr Alt Munich, Paulaner Alt Muenchner Dunkel | Sapporoblack beer, Klumbacher Moenchhof Premium Schwarzbier | Ayinger Maibock, Augustiner Hellerbock, Catital Maibock |
| 특징 | 프리미엄 라거는 질감과 향이 강한 것이 특징 | 여과하지 않음 맥주는 질감이 강하고 효모취가 특징적임 | 뮤닉 둔켈에 비해 색상이 검고 드라이한 맛. 포터 맥주의 향미와는 다른 특징 | 페일 복비어는 색상은 전통 복비어 비해 약하나 아로마가 강한 맥아 사용 |
| 대표 상품 | | | | |

## 3) 밀 맥주

밀 맥주는 에일 타입 맥주로서 독일, 벨기에, 프랑스 등지에서 많이 소비되는 맥주이다. 독일에서는 밀 맥주 제조 시 밀 맥아 50% 이상, 당도 11 이상, 발효는 에일 효모로 그리고 밀 맥주 고유의 향미가 나타나야 하는 것으로 법적으로 규정하고 있다.

밀 맥주 향미는 원료와 공법이 중요하며 특히 밀 맥주용 효모들은 다양한 향미를 나타낸다. 밀 맥주 주요 향은 4가지 타입으로 구분하는데, 클로브풍과 반창고풍의 페놀 향(4-비닐과이어콜)과 과실풍의 에스터 향(이소아밀아세테이트, 에틸아세테이트), 곡류풍의 맥아 향(말톨, 퓨라네올) 그리고 향이 없는 중성 향 그것이다. 물론 밀 맥주에는 중간 사슬형 지방산도 함유되어 있어 이취로 동시에 나타나기도 한다. [표 3-15]는 밀 맥주와 라거 맥주의 주요 아로마 성분을 비교하여 나타낸 것이다. 표에서 보듯이 밀 맥주에서는 4-비닐과이어콜이 라거 맥주에서보다 두드러지게 높게 나타나는 것을 알 수 있다.

[표 3-15] 밀 맥주의 아로마 특성

| 아로마 성분 | 단위 | 밀 맥주 | 라거 맥주 |
|---|---|---|---|
| 프로판올 | mg/L | 15.0~30.0 | 5.0~20.0 |
| 이소아밀알코올 | mg/L | 40.0~100.0 | 30.5~50.0 |
| 헥산올 | μgL | 15.0~50.0 | 10.0~30.0 |
| 옥탄올 | mg/L | 10.0~40.0 | 20.0~40.0 |
| 2-페닐에탄올 | mg/L | 15.0~45.0 | 10.0~30.0 |
| 에틸아세테이트 | mg/L | 10.0~50.0 | 5.0~20.40 |
| 이소부틸아세테이트 | mg/L | 0.05~0.8 | 0.05~0.1 |
| 이소아밀아세테이트 | mg/L | 0.5~0.8 | 0.5~2.0 |
| 헥실아세테이트 | μgL | 3.0~15.0 | 3.0~15.0 |
| 이소발레르산 | mg/L | 0.2~1.0 | 0.2~1.0 |
| 카프로산 | mg/L | 1.0~4.0 | 0.5~2.0 |
| 카프릴산 | mg/L | 2.0~10.0 | 2.0~10.0 |
| 감마 노나락톤 | μgL | 20.0~50.0 | 20.0~40.0 |
| 4-비닐과이어콜 | mg/L | 0.5~3.5 | 0.1~1.0 |

앞서 기술한 바와 같이 밀 맥주의 경우 4-에틸과이어콜이 주요 성분인데, 이 성분은 담금 공정(승온법, 자비법)과는 관련이 없고 맥아에 페룰산이 많을수록 많이 생성된다([그림 3-23]). 그리고 밀 맥주는 보리 맥주보다 거품이 잘 유지되고 크림처럼 조밀한데, 그 이유는 밀에는 보리보다 일반적으로 단백질이 많고 글루텐 같은 고분자 당단백질(glycoprotein)과 점 성 물질(베타글루칸, 아라비노자일란)이 상대적으로 많기 때문이다. 또 보리 맥아 발효에 의 한 탄산가스 기포보다 밀 맥아 발효 시 발생하는 탄산가스의 기포가 훨씬 작아 거품이 조밀하 다. 한편 밀 맥주는 외관상 혼탁해 보이는 게 특징적인데, 보통 라거 맥주가 혼탁하면 품질 이 상으로 보지만 밀 맥주의 혼탁은 콜로이드 혼탁으로서 밀 맥주의 특성을 나타낸다. 밀 맥주의 이러한 혼탁은 단백질, 전분, 폴리페놀 등이 원인이지만, 특히 글루텐 같은 물에 녹지 않는 고 분자 단백질과 폴리페놀이 결합한 단백질-폴리페놀 복합체가 혼탁의 주요 원인이다. 우리나 라 밀 막걸리가 쌀 막걸리보다 더 혼탁한 이치와 같다.

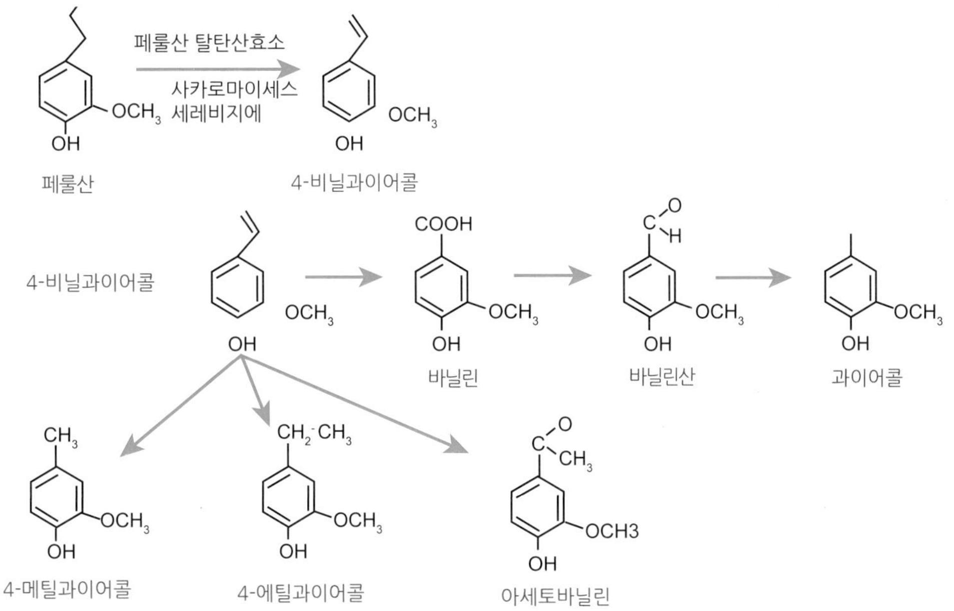

[그림 3-23] 밀 맥주의 폴리페놀 생성 대사 기전

한편 벨기에 호가든 밀 맥주의 경우 미발아 생밀을 일부 사용하는데, 이 경우 단백질 함량이 높아 보리 맥아로 만든 맥주에서보다 점성이 40%가량 높아지고 이에 따라 거품 유지력이나 혼탁도가 더 증가한다. 다른 한편으로는 미발아 밀 사용 시 용해성 질소 성분들의 감소로 인해 발효 시 효모 대사 부산물, 특히 고급알코올류와 에스터류의 아로마 프로파일에 영향을 미칠 수 있으며 이취(디아세틸, 디메틸설파이드) 등도 생성될 수 있다.

## 4) 쌀 맥주

쌀은 일반적으로 맥주 제조 시 맥아 외에 부원료로 20~30% 첨가하여 맥주 맛을 부드럽게하고 목 넘김이 좋게 하는 것으로 알려져 있다. 쌀은 보리와 밀보다도 전분이 많고 단백질은 적은 편이다. 쌀의 단백질은 호분층 아래 하위 호분층(sub aleurone layer)에 가장 많이 분포되어 있고 전분층이 있는 배유 중심부로 갈수록 적어진다. 쌀의 지방은 보리보다 약간 많은편인데 주로 겨층에 많이 분포되어 있다. 지방은 알코올 발효 시 효모 증식을 강화하지만, 에스터류를 적게 생성하게하고 맥주 거품을 약화시키며 향미 안정성에 부정적으로 작용한다.

보통 양조용 쌀의 지방 함량은 1.5% 이하가 적당한데 쌀을 자주 씻으면 지방 함량은 일정 부분 줄어들어 지방 2차 대사물(감마노나락톤, 헥산올)이 감소하는 효과를 나타낸다.

쌀의 전분 입자는 보리 전분 입자보다 작아 더 높은 호화 온도가 필요하고 품종에 따라 다르지만 보통 85~90℃ 수준이다. 인디카 쌀(베트남 쌀)은 아밀로오스 함량이 자포니카 쌀(국산 쌀)보다 높아 더 높은 호화 온도가 필요하다. 보리의 경우 맥아를 만드는 제맥 공정을 통해 고분자 물질(전분, 단백질, 지방)을 저분자 물질로 분해하는 효소들이 충분히 생성된다. 반면 쌀 맥아의 경우 보리 맥아의 효소들에 비해 특히 당화 효소($\beta$-아밀라아제)가 현저히 작게 생성되어 전체 역가가 낮게 나타난다. 그러나 쌀을 제맥하면 보리 맥아보다 한계 덱스트린을 분해하는 효소가 몇 배 높게 분비되어 전분의 아밀로펙틴의 $\alpha$-1,6 결합을 분해하는 데 문제가 없다. 또 $\alpha$-글루코시다아제도 생성되어 비록 $\beta$-아밀라아제가 적다 해도 전분을 분해하는 데 문제가 없는 것으로 문헌에 보고되고 있다.

특히 보리의 $\alpha$-글루코시다아제는 활성 온도가 35~40℃이고 50℃ 이상에서는 불활성 되지만, 쌀 제맥 시 형성되는 $\alpha$-글루코시다아제는 최적 활성 온도가 55℃로 훨씬 높아 담금 공정에서 전분 분해에는 문제가 없다. 즉 같은 효소라도 곡류의 종류에 따라 그 최적 활성 온도가 다른 것이다. 또 쌀 맥아의 경우 베타 글루카나아제의 결핍으로 전분 세포벽의 글루칸 분해에 문제가 있는 것으로 보고되고 있는데, 쌀 전분 세포벽은 주로 펙틴과 자일로글루칸으로 구성되어 있고 펙틴은 고온에서 분해되기 때문에 별 문제가 없다는 반론도 있다.

한편 맥주 제조 시 쌀을 일부 투입하는 경우와 쌀만을 이용하여 맥주를 제조하는 경우가 있다. 인디카 쌀은 호화 시 점성이 높아져 문제를 야기하므로 자포니카 쌀을 사용하는 것이 바람직하다.

쌀 맥아만을 이용하여 제조한 맥주와 보리 맥아만을 이용하여 제조한 맥주 간의 아로마 프로파일을 살펴보면 다음과 같다([표 3-16]). 쌀 맥아에 유리 아미노산의 함량이 적은 관계로 고급알코올이 보리 맥아를 이용하여 제조한 맥주에서보다 많이 생성되지만 역치 이하로 검출되어 향미에 부정적이지 않다. 아로마 경우 두 표본 간 큰 차이는 없는 것으로 문헌에 보고되고 있다.

[표 3-16] 쌀 맥주와 보리 맥아 맥주의 향기 성분 특성 비교

| 향기 성분 | 쌀 맥아 라거 맥주 | 보리 맥아 라거 맥주 | 보리 맥주 역치 |
|---|---|---|---|
| 고급알코올류 | | | |
| 노르말프로판올(mg/L) | 16.2~17.6 | 5~20 | 800 |
| 이소부탄올(mg/L) | 34.1~37.4 | 5~20 | 200 |
| 이소아밀알코올(mg/L) | 58.8~60.1 | 30~70 | 65 |
| 활성아밀알코올(mg/L) | 26.4~28.8 | 8~30 | 70 |
| 2-페닐에탄올(mg/L) | 23.0~30.4 | 8~40 | 125 |
| 2-퓨란메탄올(mg/L) | 0.5~0.6 | - | 3 |
| 에스터류 | | | |
| 에틸아세테이트(mg/L) | 9.9~23.0 | 10~40 | 33 |
| 에틸뷰티르산(mg/L) | 0.1~12.0 | 0.05~0.15 | 0.4 |
| 이소아밀아세테이트(mg/L) | 0.1~0.6 | 0.5~3 | 1.6 |
| 에틸카프로산(mg/L) | 0.1~0.3 | 0.05~0.3 | 0.23 |
| 알데히드류 | | | |
| 에탄알(mg/L) | 19.1~41.9 | 2~10 | 10 |
| 2-메틸-1-부탄알(μg/L) | 7.6~12.3 | 60 | 1,250 |
| 3-메틸-1-부탄알(μg/L) | 24.2~46.0 | 20 | 600 |
| 헥산알(μg/L) | 19.1~21.8 | 4.5 | 300 |
| 푸르푸랄(μg/L) | 41.7~66.6 | 40 | 150,000 |
| 메티오날(μg/L) | 15.4~25.1 | - | 250 |
| 페닐아세틸알데히드(μg/L) | 15.7~57.8 | 45 | 1,600 |
| 트랜스-2-노넨알(μg/L) | - | - | 0.3 |
| 황화합물류 | | | |
| 디메틸설파이드(μg/L) | 65.5~72.9 | 〈 100 | 100 |

## 5) 사우어 맥주

그 옛날 맥주가 태초에 만들어질 당시 맥주 원료는 곡류와 물뿐이었다. 물론 그 당시 인류는 맥주 제조에 미생물이 관여하는 사실을 알지 못했지만, 이미 맥주 제조에 다양한 미생물(양조용 효모, 비양조용 효모, 젖산균, 초산균)들이 관여하고 있는 상태였다. 특히 젖산균으로 인해 당시의 맥주들은 신맛이 강한 맥주였을 것으로 추정된다. 13세기 들어서 홉이 맥주 제조에 본격 도입되면서 홉의 쓴맛 성분들의 항균작용으로 잡균을 예방하고 비교적 안전한 맥주 제조가 가능해졌다. 그후 19세기 들어 순수 배양 효모가 보급되면서 오늘날의 깨끗하고 안전한 맥주 제조가 가능해지고, 대량 생산으로 인한 저렴한 라거 맥주가 보편화되면서 사우어 맥주가 점차 시장에서 사라지게 된다.

그러나 20세기 후반부터 소비자들은 높은 가격에도 불구하고 전통적으로 제조된 신맛 등 독특한 맥주에 대한 향수가 살아나 최근에는 사우어 맥주에 대한 관심이 증가하는 추세이다. 현재 대표적인 사우어 맥주는 벨기에 람빅 맥주를 비롯해 미국 냉각식 에일 맥주(American Coolship Ale), 독일의 베를리너 바이세(Berliner Weisse)와 고제 맥주(Gose beer) 등이 전통 방식으로 제조되어 판매되고 있다. 사우어 맥주 제조 방식은 매우 다양한데 대표적으로 자연 발효 방식, 케틀 사워링(kettle souring) 방식 그리고 혼합균 발효 방식 등을 이용하며 각 제조 방식의 특징을 살펴보면 다음과 같다([그림 3-24]).

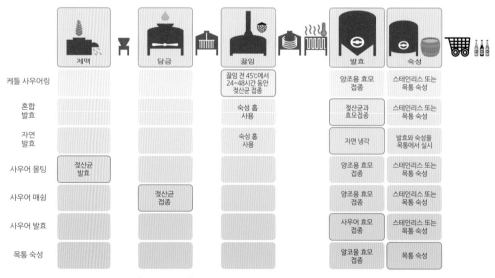

[그림 3-24] 사우어 맥주의 다양한 제조 방법

## (1) 자연 발효 방식

### ① 제조 방법

오늘날 맥주는 양조용 효모를 이용하여 제조하는 것이 일반적이지만 벨기에에서 제조되는 많은 맥주는 혼합 미생물을 이용한 자연 발효를 이용하여 제조하고 자연스럽게 신맛을 유도한다. 이러한 자연 발효 맥주들은 고대 맥주와 유사한 신맛을 특징으로 하는 맥주들로 볼 수 있는데, 일반 상업용 맥주에서 나타나는 품질 특성과는 전혀 다른 향미가 발현된다.

예를 들면 람빅 맥주에 사용되는 원료는 양조용수, 보리 맥아, 미발아 밀 그리고 산화된 홉을 사용한다. 발효와 숙성은 오크통(오크통 또는 밤나무통)을 이용하며, 이때 다양한 미생물들이 관여하여 람빅 맥주의 다양한 향미에 기여를 하게 된다. 람빅 맥주는 브뤼셀 지역(Payottenland의 센강 근교)에서만 생산된다.

그리고 미숙성 람빅과 숙성된 람빅 맥주를 혼합하여 병숙성한 맥주가 구에즈 맥주이고 다른 맥주(Faro, Fruit lambic, Kriek)들도 람빅 맥주를 베이스로하여 당분이나 과실을 첨가 후 재발효하여 제조된 맥주이다.

람빅 맥주의 제조 공정을 보면, 라거와 에일 맥주 제조 과정과 유사하지만, 다른 것은 담금 과정에서 미발아한 밀을 최소 30% 이상 사용하는 것을 법적으로 규정하고 있는 점이다. 미발아 밀에는 효소가 없기 때문에 말토덱스트린(maltodextrin)이 맥즙에 많이 함유되게 되는데, 이 말토덱스트린의 일부는 오크통 숙성 시 비양조용 효모인 브레타노마이세스의 영양분으로 이용된다. 물론 담금 시 같이 투입되는 보리 맥아의 효소작용으로 미발아 밀의 전분은 대부분 당화나 단백질 분해에 문제가 없다. 람빅 맥주 제조용 담금은 보통 담금은 2회 자비법을 사용한다. 그리고 담금 후 맥즙은 벨기에산 오래된 산화된 홀홉(whole hop)을 일반 맥주에서보다 첨가를 많이 하여 3~5시간 끓인다. 이는 홉의 쓴맛을 약화시켜 람빅 맥주의 향에 영향이 가지 않으면서 산화된 홉에서 발현된 휴물린산(humulinic acid)을 이용하여 항균작용 효과를 보기 위함인데, 이 휴물린산은 이소알파산보다도 항균작용이 훨씬 뛰어난 것으로 알려져 있다.

이후 끓인 맥즙은 철판으로 옮겨 밤새 야외에서 자연 냉각(20℃)을 하는데, 이는 다양한 미생물이 맥즙에 자연적으로 증식하게 하기 위한 목적이고 이러한 온도를 맞추기 위해 전통 람빅 맥주 제조사들은 람빅 맥주를 10~3월 사이에만 제조한다. 물론 대형 맥주 제조사는 냉각기를 이용하여 급속 냉각을 하므로 연중 람빅 맥주 제조가 가능하다. 이후 전통이든 대형 맥주 제조사든 관계없이 상기 냉각된 맥즙을 오크통으로 이송하여 발효와 숙성을 진행한다.

람빅 맥주의 발효와 숙성에 사용하는 오크통은 와인과 위스키 제조와는 다르게 오크통의 성분 추출이 목적이 아니라 람빅 맥주의 향미와 품질에 영향을 미치는 비양조용 효모(페디오코커스 담노수스, 브레타노마이세스 브루셀렌시스, 브레타노마이세스 아노말루스) 증식을 위한 것이다. 일반적으로 람빅 맥주 발효 숙성 후 오크통을 이산화황을 이용하여 약품 처리 후 사용하며 상기 비양조용 효모들은 산막(biofilm)을 형성하여 비교적 약품 처리에 강하여 생존할 수 있다. 따라서 세척 후에도 오크통 내 비양조 효모들은 오크통 구석구석에 서식하면서 다음 발효와 숙성 때 자신의 역할을 계속하게 된다.

② 숙성과 미생물

오크통 발효와 숙성 때 서식하는 미생물들의 특성과 역할을 살펴보면 다음과 같다([그림 3-25]). 람빅 맥주 발효와 숙성 때 나타나는 미생물은 4단계에 걸쳐 미생물 천이(succcesion) 현상을 보인다. 즉 1단계는 장내세균(Enterobacterial), 호기성 또는 혐기성 비양조용 효모 및 초산균이 활동하는 시기, 2단계는 양조용 효모(사카로마이세스 세레비지에, 사카로마이세스 파스토리아누스)에 의한 알코올 발효 시기, 3단계는 젖산균(페디오코커스 담노수스, 락토바실러스 브레비스)에 의한 산성화 시기, 4단계는 젖산균(페디오코커스 담노수스, 브레타노마이세스 브루셀렌시스)에 의한 숙성 시기가 그것이다.

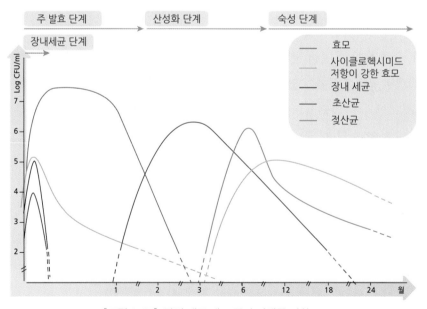

[그림 3-25] 람빅 맥주 제조 중의 미생물 변화

4단계별 미생물들의 분포도와 역할을 세부적으로 살펴보면 다음과 같다([그림 3-26]).

발효 과정 첫 번째 단계에서 나타나는 장내세균(*Enterobacter aerogenes*, *E. cloacae*, *E. hornaechei*, *Hafnia alvei*, *H. paralvei*, *Citrobacter freundlii*)은 통성혐기성균으로 영양 요구량이 적고, 당을 에너지원으로 하여 대사작용을 하며 부산물로 이산화탄소와 다양한 산류(초산, 젖산, 호박산, 포름산)를 생성한다. 일부 장내세균은 이취 성분(2,3-부탄디올, 디아세틸, 디메틸설파이드, 아세트알데히드, 아세토인, 젖산)을 생성하기도 한다. 또 장내세균들은 생육 온도가 25~37℃이며 장사슬 지방산(올레산, 스테아린산, 팔미틴산)을 생성하여 람빅 맥주의 향미 부여와 효모의 영양분을 공급하는 역할을 한다. 장내세균은 약 30~40일간 서식하다 에탄올의 증가, 낮은 pH와 당분 감소 등으로 자연 사멸하게 된다.

최근 미국에서도 람빅 스타일의 자연 발효를 통해 제조하는 맥주(American coolship ale beer)가 있는데 서식하는 장내세균의 종류가 달라 전통 람빅 맥주와는 향미가 다르다. 장내세균은 발효 초기에 증식하다 산도가 증가하면서 즉시 사멸하게 되는데, 바이오제닉아민 생성 등 부작용으로 요즘은 발효 시작 때 인위적으로 산을 첨가하여 장내세균의 증식을 예방하기도 한다. 장내세균과 더불어 발효 초기 나타나는 비양조용 효모는 맥즙의 맥아당을 발효하지 못하는 균들로 사카로마이세스 바야누스와 한세니아스포라 우바룸 등이다. 이 균들도 발효 중에 단당류의 고갈, 에탄올의 증가 그리고 낮은 pH로 인해 장내세균과 함께 사멸하게 된다.

람빅 맥주 향미 영향 측면에서 보면 장내세균과 비양조용 효모들은 필수적인 균들은 아닌 것으로 알려져 왔으나, 양조용 효모에게 영양분 제공과 상호작용을 통해 람빅 맥주의 품질과 향미에 영향을 미치는 것으로 문헌에 보고되고 있다.

발효 2단계에 나타나는 양조용 효모는 최적 증식 온도가 20~35℃이며, 발효 30일 이후에 지배종이 되어 당분을 에탄올로 매우 빠른 속도로 분해한다. 이러한 알코올 발효 시기에는 효모는 다른 미생물들에게 영양분 소비 기회를 주지 않고 생성된 에탄올로 인해 다른 미생물들이 서식하기도 어렵다. 자연 발효 상태에서는 사카로마이세스 세레비지에와 사카로마이세스 파스토리아누스가 증식하며 그중 사카로마이세스 파스토리아누스가 발효 말기에는 지배종으로 자리를 잡는다. 이들 효모를 통해 다양한 아로마 성분이 생성되며 특히 이소아밀알코올과 이소아밀아세테이트가 람빅 맥주에서 가장 많이 생성된다. 그 외 지방산(카프릴산, 카프르산)을 생성하여 람빅 맥주 아로마에 영향을 미친다.

발효 3단계에서는 젖산균이 2~10개월 사이에 증식하는데, 이 균은 절대혐기성 또는 통성혐기성 세균들이며 증식 온도는 30~45℃이다. 일반적으로 맥주 제조 시 젖산균은 젖산과 초산 생성 및 점성과 탁도를 증가시키기 때문에 바람직한 균은 아니다. 대부분의 젖산균은 홉의 이소알파산의 항균작용으로 인해 증식이 어려우나 락토바실러스 브레비스와 페디오코커스 담노수스는 이소알파산의 영향을 받지 않아 람빅 맥주 발효에서 증식하면서 젖산을 생성하여 람빅 맥주의 특징인 신맛을 부여하게 된다. 또 이 시기에는 초산균도 증식하는데 아세토박터와 글루코노박터가 주요 균으로 초산을 생성하여 람빅 맥주의 신맛과 향에 기여한다.

마지막 4단계에서 발효 8개월째부터 나타나는 비양조용 효모인 브레타노마이세스는 통성 혐기성이며 최적 증식 온도는 25~28℃이다. 그중 브레타노마이세스 브루셀렌시스와 브레타노마이세스 람비커스가 대표적인 균이다. 1900년대 초기까지 대부분의 맥주 제조사들은 발효 후 남은 효모를 재사용하는 공법인 백슬로핑을 사용했다. 이후 순수 배양 효모를 이용한 맥주 제조 공법으로 전환하면서 특히 영국의 본래 스타우트 맥주 향미가 바뀐 것을 알게 되었는데, 그 이유는 재사용하는 효모 중에는 양조용 효모뿐 아니라 브레타노마이세스 효모가 섞여 있어 다양한 향미를 부여했기 때문이다.

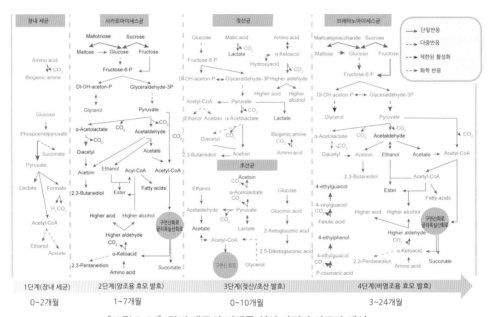

[그림 3-26] 람빅 맥주의 미생물 천이 과정과 아로마 생성

③ 람빅 맥주의 아로마

람빅 맥주 제조 시 숙성 기간에 브레타노마이세스 효모가 증식하여 페놀 향(4-에틸과이어콜, 4-비닐과이어콜, 4-에틸페놀, 4-비닐페놀)과 에스터 향을 다량 생성한다. 페놀 향은 앞서 언급한 바와 같이 곡류의 하이드록시 신남산을 브레타노마이세스 효모가 효소(페룰산 탈탄산 효소)를 이용하여 생성한 것으로 특히 4-에틸페놀과 4-에틸과이어콜은 잔당이 거의 없는 숙성 단계에서 대부분 생성된다.

또 브레타노마이세스 효모는 다양한 에스터류(에틸아세테이트, 에틸락테이트, 에틸카프로산, 에틸카프릴산, 페닐에틸아세테이트)를 생성하기도 하고 에스터라아제 효소를 통해 이소아밀아세테이트를 분해하기도 한다. 람빅 맥주의 에스터류는 다른 에일 맥주와 라거 맥주의 에스터류 아로마와는 차이가 있다. 예로써 라거 맥주와 에일 맥주에는 에틸카프로산이 없거나 적은 농도만 검출되는 반면, 람빅 맥주는 초산과 젖산이 풍부하여 에탄올과 반응 후 에틸락테이트와 에틸아세테이트를 풍부하게 생성한다.

그리고 브레타노마이세스 효모는 베타글리코시다아제를 이용하여 말토덱스트린을 분해하는 것 외에 배당체 형태로 존재하여 아로마 발현을 못 하는 홉의 향기 성분들도 당으로부터 분해 후 향기를 발현시킨다. 예를 들면 과실 첨가 람빅 맥주(체리 맥주)의 경우 브레타노마이세스 효모는 과실의 향을 분리하여 아로마에 영향을 미친다. 그 외 브레타노마이세스 효모는 휘발성 지방산(이소발레르산, 2-메틸뷰티르산, 이소뷰티르산)을 생성하여 람빅 맥주의 아로마에 기여한다. 이소발레르산은 와인에서는 부패취를 풍겨 이취로 간주된다.

양조용 효모는 장기간의 람빅 맥주 제조 기간 생존이 어려우나 브레타노마이세스 효모는 잔당(말토덱스트린)을 효소(베타글리코시다아제)를 이용하여 분해 후 에너지원으로 사용하기 때문에 장시간 생존이 가능하다. 또 이 균들은 오크통 숙성 기간 동안 산막을 형성하여 산소 유입과 초산균 번식을 예방하는 기능도 한다. 브레타노마이세스 균이 생성하는 페놀 성분은 와인에서는 이취로 간주하지만 람빅 맥주의 특성을 나타내는 아로마 성분이다.

[그림 3-27]은 브레타노마이세스 효모가 발현하는 대표적인 향기 성분과 음용 가능한 맥주 타입을 나타낸 것이다. 이 효모는 기본적인 향미로써 나무 향, 신맛, 페놀 향 및 과실 향 등 4가지 향 타입을 나타낸다. 최근 해외 수제 맥주 업계에서는 벨기에 람빅과 구에즈 타입 등 스페셜 맥주 제조에 브레타노마이세스 효모를 사용하는 양조법을 응용하여 열대과일 향미(망고, 파인애플)가 강화된 맥주를 제조하는 추세이다.

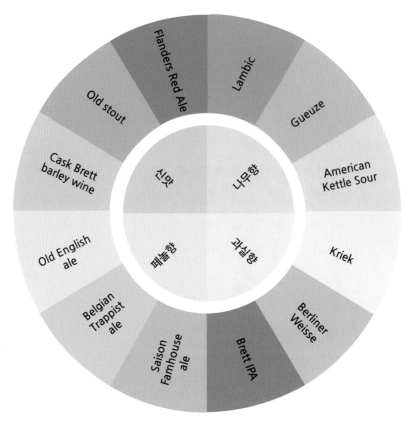

[그림 3-27] 브레타노마이세스균의 생성 아로마

## (2) 케틀 사우어링

사우어 맥주 제조의 또 다른 방법은 케틀 사우어링 방식인데, 이는 맥즙에 소량의 홉을 투입 후 끓인 후 온도를 40~50℃로 낮춘 다음 젖산균(락토바실러스, 페디오코커스)으로 접종하여 24~48시간 젖산 발효를 진행하는 공법이다. 이후 맥아즙을 다시 끓여 젖산 발효를 중지시키고 홉을 추가로 투입해도 된다. 그다음 맥즙을 냉각 후 발효 용기로 옮겨 알코올 발효를 진행한다. 무엇보다 이 케틀 사우어링 방식은 단시간에 맥주 신맛을 낼 수 있는 장점이 있다. 그러나 젖산 발효 후 맥즙을 끓이면서 젖산 발효 시 생성되었던 아로마 성분이 휘발되어 향이 단순해지는 단점도 있다.

이러한 케틀 사우어링 방식의 단점을 보완하여 제조한 사우어 맥주가 독일의 베를리너 바이세와 고제 맥주이다. 베를리너 바이세는 베를린 전통 사우어 밀맥주 스타일로 저 알코올

(3%)의 깔끔한 신맛을 내는 맥주이다. 전통 베를리너 바이세 맥주 제조는 50~75%의 밀 맥아와 일부 보리 맥아를 주원료로 하여 소량의 홉 첨가 후 맥즙을 만드는 데, 이때 맥즙은 끓이지 않고 맥즙 여과 과정 후 바로 냉각한다. 끓이지 않은 맥즙은 아로마가 강하고 특히 맥주에서 빵 향이 두드러진다. 알코올 발효는 양조용 효모와 젖산균을 4:1~6:1 비율로 투입하여 진행한다. 이러한 전통 방식은 페디오코커스 등 잡균의 오염에 노출되기 때문에 양조용 효모를 재투입하여 병에서 2차 발효를 진행한다. 요즘에는 베를리너 바이세 제조에 30%의 밀 맥아와 나머지 보리 맥아를 사용하며 맥즙을 끓인 후 맥즙의 절반은 동형 젖산균을 이용한 젖산 발효, 나머지 절반은 양조용 효모를 이용한 알코올 발효를 각각 진행한 후 다시 섞는 방법을 이용한다.

사우어 맥주의 또 다른 방법은 고제 맥주 제조 방법이다. 이 맥주는 독일 라이프치히 지역의 전통 맥주로서 밀 맥아를 최소 50% 이상 사용하여 제조하는 데, 짠맛과 레몬 신맛 그리고 허브향이 특징적이다. 소규모 수제 맥주에는 쓴맛과 아로마가 강조되지 않고 케틀 사우어링 과정에서 젖산균을 이용한 신맛을 그리고 짠맛과 스파이시한 향을 위해 소금과 고수를 첨가하여 제조한다.

또 다른 사우어 맥주 제조 방법은 양조용 효모와 젖산균을 혼합하여 발효하는 방식으로 벨기에에서 주로 많이 이용하는 방식이며 복합 향을 풍기는 맥주 제조를 목적으로 한다. 플랑드르 레드 에일(Flanders Red Ale)과 플랑드르 브라운 에일(Flanders Brown Ales)이 대표적인 맥주이고, 알코올 농도는 5~6% 수준이다. 이러한 혼합균 형태의 알코올 발효는 각 균의 투입 비율을 일정하게 유지하는 것이 중요하며, 이때 신선한 양조용 효모를 항상 투입해야 원활한 알코올 발효를 진행할 수 있다.

## 6) 알코올 프리 맥주

알코올 프리 맥주는 최근 몇 년간 예상과 다르게 맥주 시장에서 차지하는 점유율이 지속적으로 증가하는 추세이다. 이는 소비자의 알코올 섭취에 따른 건강 문제 등에 대한 인식이 주원인으로 시장에서는 판단하고 있다.

알코올 프리 맥주 제조 방법은 물리적인 방법과 생물학적 방법 등 2가지가 있다. 물리적인 방법은 감압 증류 방식 또는 멤브레인 방식을 이용하여 알코올 발효된 맥주의 알코올을 제거하는 방식으로 별도의 설비가 필요하다. 반면 생물학적 방법은 비양조용 효모를 사용하는 방식 또는 유전적으로 변형된 효모를 이용하거나 발효 조건 조정(온도, 시간)을 통해 알코올의 생성을 제한하는 방식이다. [표 3-17]은 알코올 프리 맥주의 향기 특징과 그의 아로마가를 나타낸 것이다.

[표 3-17] 알코올 프리 맥주의 주요 향기 성분

| 향기 성분 | 농도($\mu$g/L) | 역치($\mu$g/L) | 아로마가 |
|---|---|---|---|
| 메티오날(삶은 감자 향) | 85.4 | 0.47 | 181 |
| 3-메틸부탄알(코코아 향) | 38.4 | 0.61 | 62 |
| (E)-$\beta$-다마세논(꿀 향, 잼 향) | 10.4 | 0.23 | 45 |
| 5-에틸-3-하이드록시-4-메틸-2(5H)-퓨라논(커리 향) | 42.3 | 1.17 | 36 |
| 페닐아세트알데히드(꽃 향, 꿀 향) | 160 | 5.42 | 29 |
| 아세트알데히드(풋사과 향) | 1200 | 45.8 | 26 |
| 2-페닐에탄올(장미 향, 꿀 향) | 20,700 | 1,880 | 11 |
| 메틸프로판올(코코아, 익은 멜론 향) | 24 | 4.3 | 6 |
| (Z)-4-헵탄올(생선 향) | 0.063 | 0.016 | 4 |
| 3-메틸-노르말부탄올(맥아 향) | 233 | 77 | 3 |
| 5-에틸-4-하이드록시-2-메틸-3(2H)-퓨라논(캐러멜 향) | 309 | 102 | 3 |
| 2,3-부탄디온(버터 향) | 14.2 | 5.2 | 2.5 |
| 2-메톡시-4-비닐페놀(훈연 향, 클로브 향) | 180 | 81 | 2.2 |
| 2-메톡시페놀(훈연 향, 로스팅 향) | 3.56 | 2.1 | 1.7 |
| 4-하이드록시-2,5-디메틸-3(2H)-퓨라논(캐러멜 향) | 113 | 141 | 1 이하 |
| 2-메틸부탄알(코코아 향) | 16.5 | 23 | 1 이하 |
| 3-메틸부타노익산(치즈 향) | 213 | 377 | 1 이하 |
| 2-페닐아세트산(꽃 향) | 1,930 | 5,160 | 1 이하 |
| 디메틸설파이드(팝콘 향) | 16 | 48 | 1 이하 |
| 2,3-펜탄디온(버터 향) | 4.1 | 13 | 1 이하 |
| 바닐린(바닐라 향) | 163 | 1490 | 1 이하 |
| 3-하이드록시-4,5-디메틸-2(5H)-퓨라논(커리 향, 스파이시 향) | 2.18 | 25 | 1 이하 |
| 초산(식초 향) | 13,500 | 353,000 | 1 이하 |
| 2-메톡시-4-메틸페놀(훈연 향, 스파이시 향) | 1.15 | 36.8 | 1 이하 |
| 뷰티르산(치즈 향) | 21.7 | 2,080 | 1 이하 |
| 4-비닐페놀(훈연 향, 가죽 향) | 10.5 | 2,750 | 1 이하 |

검출 농도 순으로 보면 2-페닐에탄올(20,700㎍/L), 초산(13,500㎍/L), 2-페닐초산(1,930㎍/L), 아세트알데히드(1,200㎍/L) 순으로 나타난다. 반면 검출 농도가 적은 물질은 (Z)-4-헵탄알(0.063㎍/L), 2-메톡시-4-메틸페놀(1.1㎍/L), 2,3-펜탄디온(4.1㎍/L) 등 이다. 그러나 검출 농도와 역치를 대입하여 아로마가를 보면, 아로마가 1 이상인 향기 성분은 14개이며, 이들 성분이 알코올 프리 맥주의 향기에 영향을 미치는 것으로 해석된다. 특히 메티오날, 3-메틸부탄알, (E)-베타다마세논 순으로 향에 영향을 미친다.

알코올 프리 맥주의 향미에 영향을 주는 대부분의 물질은 마이얄 반응 중의 생성된 스트렉커 알데히드이다. 이러한 성분들은 이미 제맥과 끓임 과정에서 생성되어 알코올 프리 맥주까지 잔존하는 물질들이다. 이미 언급한 바와 같이 알코올 프리 맥주의 향기 특성은 알코올 프리 맥주 제조 방법에 따라 달라지는데, 대체적으로 맥아 향부터 꿀 향까지 다양한 패턴의 향 특성을 나타낸다.

# 6. 맥주의 품질 안정성과 아로마

소비자 입장에서는 신선함(freshness)이 맥주를 마실 때 가장 중요한 지표가 된다. 일반 알코올 음료에 비해 맥주는 병입 후에도 관리 상태에 따라 유통 중 품질은 느리지만 불안정한 상태가 계속 진행되는 주류로 볼 수 있다. 즉 병입 직후부터 맥주의 품질은 서서히 저하되는 현상을 보이게 되는데, 이에 따라 전 세계 모든 맥주 제조사들은 맥주의 신선함을 유지하기 위해 원인 규명과 더불어 제조 공정 개선을 위한 다양한 기술을 개발하고 있다. 일반적으로 맥주 품질 안정 상태는 맥주 보관 온도, 시간 및 맥주 제조 시기에 따라 다르게 나타난다.

맥주의 품질 안정성은 크게 생물학적(biological stability) 및 비생물학적 안정성(nonbiological stability) 등 두 부류로 나눌 수 있다. 생물학적 안정성은 미생물과 연계된 것이고, 비생물학적 안정성은 물리적 안정성(colloidal stability), 향미 안정성(flavor stability), 거품 안정성(foam stability) 및 빛 안정성(light stability) 등으로 다시 세분화할 수 있다.

이 장에서는 맥주의 품질 안정성에 영향을 미치는 요인들을 살펴보고 맥주 품질과 향기 성분 유지를 위한 다양한 기법들을 서술하고자 한다.

## 1) 생물학적 안정성

맥주의 생물학적 안정성은 세균, 효모, 곰팡이 등과 관련된 오염 문제이다. 일반적으로 맥주는 낮은 pH(4.4 이하), 제한된 영양원, 살균작용이 있는 홉과 산류 그리고 에탄올과 탄산을 함유하고 있다. 게다가 산소가 거의 없는 조건이기 때문에 미생물 증식에는 좋은 환경이 아니다. 맥주의 가장 흔한 잠재적인 오염원은 원료 혹은 청결하지 못한 양조 장비가 원인으로 볼 수 있다. 예로써 보리는 붉은 곰팡이인 푸사리움(*Fusarium*)에 오염될 수 있으며, 이 곰팡이는 마이코톡신을 분비하여 맥아에 좋지 않은 향미를 나타낸다. 또 보리에 잠재적인 발암성 물질인 니트로사민(nitrosamine)을 생성하는 세균이 발생할 수 있고 혼탁과 여과 문제를 일으킬 수 있다. 따라서 부패성 미생물을 양조 공정 중에 예방하는 것이 중요하며 현대화된 공정과 깨끗한 위생 상태 유지가 맥주의 품질 안정성과 향미 유지에 가장 중요한 요소이다. 일반적으로 맥주의 생물학적 안정을 위해 대부분의 맥주 제조사들은 초정밀 여과나 저온 살균 공법을 시행한다.

## 2) 비생물학적 안정성

### (1) 물리적 안정성

일반적으로 소비자는 깨끗하고 입자가 없는 투명한 맥주를 선호한다. 맥주의 물리적 안정성이란 이른바 콜로이드 안정성 혹은 혼탁물의 형성을 말한다. 맥주 원료는 혼탁물의 전구물질이고 다양한 종류의 맥주 혼탁물이 있지만, 홉 유래의 폴리페놀과 맥아 유래 단백질의 중합 반응으로 인한 혼탁이 일반적이다.

보통 맥주를 0℃ 이하에서 저장할 때 폴리페놀과 단백질의 중합 반응으로 인해 냉각 혼탁이 형성되는데, 맥주가 상온에서 저장되면 이 혼탁은 용해되고 맥주는 다시 투명하게 된다. 그러나 맥주가 실온에서 장시간(6개월 이상) 저장되면 영구 혼탁이 생성되며, 이 혼탁은 30℃ 혹은 그 이상의 온도에서도 다시 용해되지 않는다. 냉각 혼탁과 영구 혼탁의 구성 성분은 거의 같다.

맥주의 혼탁 물질은 고분자 단백질과 축합된 폴리페놀의 느슨한 결합으로 이루어져 있다. 또 소량의 탄수화물과 무기물이 이들 결합에 함유되어 있고 이 느슨한 결합은 온도가 상승하면 풀어진다. 혼탁 형성은 용해성 콜로이드 입자의 운동 결과 이들 사이에 수소 결합의 형성이 증가하게 된다. 이때 시간이 지나면서 큰 응집체는 눈에 보일 정도로 뭉치게 되는 것이다. 혼탁의 형성은 항상 단백질과 폴리페놀의 존재하에 이루어진다. 즉 혼탁을 형성하는 힘은 반응성 단백질의 친수성기와 폴리페놀이 상호작용하여 생성된 것이다.

한편 폴리페놀과 단백질의 비율에 따라 물리적 안정성은 다르게 나타나는데, 성분 함량, 원료 종류 그리고 사용된 공정 조건에 따라 안정성은 다를 수 있다. 혼탁 구성 성분이 미리 제거되거나 상호작용을 촉진하는 인자들이 제거되면 혼탁은 천천히 형성되거나 일어나지 않는다. 영구 혼탁은 유통 기간이 긴 맥주에서는 중요하기 때문에(수출하는 경우) 콜로이드성 혼탁 생성의 예방과 억제는 맥주 품질과 향미 유지에 매우 중요하다. 영구 혼탁의 생성 시간은 맥주와 저장 조건에 따라 다르며 일반적으로 포장 후 몇 달이 지나면 생성되지만, 품질 기준 이하의 원료나 올바르지 않은 양조 공정에서는 수주 만에 나타나기도 한다.

혼탁 형성은 저장 온도가 가장 큰 영향을 미치며 온도가 증가함에 따라 반응률도 증가한다. 또 산소의 존재하에 산화는 혼탁물의 형성에 영향을 미치게 되고 중금속 이온 역시 혼탁의 생성률을 증가시키는 요인이 된다. 물론 맥주 유통 과정도 콜로이드의 상호 반응을 촉진하는 요인이며 빛 역시 산화를 촉진하여 혼탁물을 형성하게 한다.

맥주의 혼탁은 PVPP와 실리카겔을 혼합 사용하면 폴리페놀과 반응성 단백질을 동시에 제거할 수 있다.

## (2) 빛 안정성

맥주는 빛에 민감하기 때문에 300~500nm 범위에서 일광취(sunstuck)가 생성된다. 이 일광취는 장시간에 걸쳐 나타나는 산화와는 다르게 단시간 내에 생성되는 것으로 홉의 3-메틸-2-부텐-1-티올(3-methyl-2-butene-1-thiol, MBT)이 원인 물질이다. 맥주가 빛에 노출되면 홉의 이소알파산(iso-$\alpha$-acid)의 측쇄 부분이 쪼개져 반응성이 큰 라디칼이 황 함유 화합물과 결합해서 MBT가 생성되는 것이다. 이 성분은 역치가 아주 낮기 때문에 코로 쉽게 감지된다. MBT는 갈색 병을 사용하거나 특수 홉(테트라하이드로 이소알파산)을 사용하면 예방할 수 있다. 맥주 용기 내에서 가장 나쁜 향미 변화는 맥주를 햇빛에 방치하면서 발생하는 변화이다. 이미 설명한 바와 같이 이소알파산은 가시광선과 자외선에 의한 광화학적 분해를 통해 MBT를 형성하는데 그 대사 기전은 [그림 3-28]과 같다.

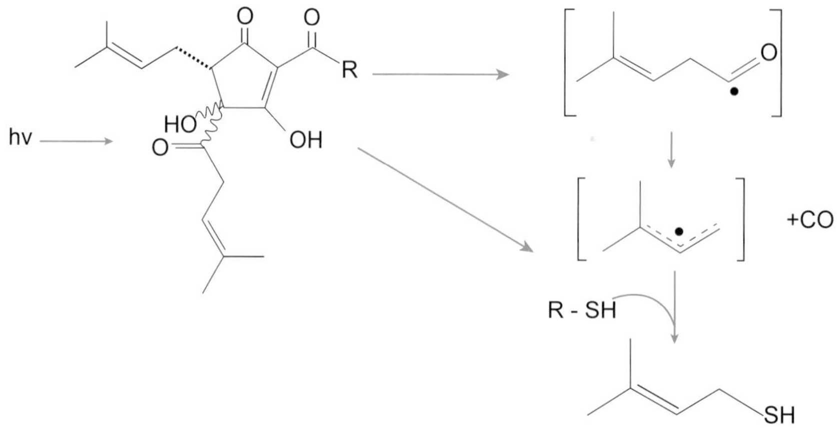

[그림 3-28] 이소알파산 분해에 의해 생성된 3-메틸-2-부텐-1-티올의 생성 기전

## (3) 거품 안정성

　맥주의 거품 안정성은 소비자들에게는 주요한 품질 지표이다. 쌀, 옥수수 등 부원료를 많이 사용하면서 하이그래비티 공법(맥즙 농축법)을 적용하면 맥주의 거품력을 떨어뜨릴 수 있다. 맥주의 거품은 주로 폴리펩타이드, 다당체, 이소알파산 및 지방을 포함한 여러 종류의 소수성기의 상호작용에 의한 것이다. 반면 에탄올과 염화마그네슘은 이러한 거품 안정을 저해한다. 거품의 중심은 단백질이며 일정 크기의 단백질이 거품 안정성과 형성에 중요한 것으로 알려져 있다. 그중 소수성 특정을 나타내는 폴리펩타이드가 가장 안정한 거품을 만들며, 이때 소수성의 특성이 크기보다 중요한 것으로 문헌에 보고되고 있다.

　하이그래비티 공법은 제조사 입장에서는 경제적인 측면에서 중요하다. 이 공법은 일반 농도의 맥즙보다 높은 농도의 맥즙을 사용하여 발효하고 후처리 공정에서 양조 용수로 희석하는 공법을 말한다. 이를 통해 물의 총 사용량을 줄이고 생산량을 증가시키게 된다. 우리나라의 막걸리는 거품과는 관계가 없지만 알코올 18도 원주 제조 후 물을 섞어 희석 후 알코올 6도 막걸리를 제조하는 방법을 사용하는데 이것도 역시 하이그래비티 공법이다.

# 3) 노화 중 맥주의 향미 변화

## (1) 노화 성분

　맥주 숙성 중에 향미는 개선되는 반면 장기 저장 중에는 좋지 않은 향미가 형성된다. 이러한 맥주의 노화는 맥주 장기 저장 중에 일어나며 맥주의 스타일에 부정적인 영향을 줄 수 있다. 맥주의 향미 안정성은 기본적으로 맥주의 용존 산소 농도와 빛 노출 정도에 달려 있다. 이미 서술한 바와 같이 맥주의 향미 안정성은 모든 양조 공정으로부터 영향을 받는다. 특히 맥즙을 끓이는 동안 산소 유입을 피하고, 향미 성분과 쉽게 반응하는 물질을 제거하는 것이 중요하다. 또 구리와 철의 유입 방지와 맥즙에 지나친 열부하가 걸리지 않게 조절하여 마이얄 반응 생성물과 관련 물질의 형성을 제어하는 것도 중요하다. 불포화 카보닐 화합물 역시 맥주 향미를 저하시키기 때문에 공정관리에 관심을 가져야 한다. 맥주 저장 기간이 늘어나면서 맥주를 노화시키는 향미 화합물은 다양하며 전형적인 노화 향미 물질과 특징은 [표 3-18]에 요약되어 있다.

[표 3-18] 맥주의 주요 노화 성분

| 성분 | 역치(mg/L) | 신선한 맥주 (mg/L) | 아로마 |
|---|---|---|---|
| 트랜스-2-노넨알 | 0.00011 | 0.00001~0.011 | 종이취, 산화취, 노화취, 마분지취, |
| 2-푸르푸랄 | 150 | 0.007~1 | 종이취, 캐러멜취, 빵취, |
| 2-메틸부탄알 | 1.25 | 0.002~0.3 | 풀취, 과실 향, 아몬드취, 맥아 향 |
| 3-메틸부탄알 | 0.6 | 0.01~0.634 | 사과, 체리, 맥아, 초콜릿, 아몬드 향 |
| 페닐아세트알데히드 | 1.6 | 0~0.075 | 히아신스, 라일락취 |
| 베타다마세논 | 203 | 42~157 | 코코넛, 담배, 빨간 사과 향 |

한편 맥주 노화와 관련 있는 물질은 리놀레산과 리놀렌산의 산화적 분해에 의해 생성된 알데히드류이다. 그중 역치 이상을 나타내는 알데히드는 마분지 냄새를 풍기는 트랜스-2-노넨알(trans-2-nonenal)이 대표적인 노화 성분이다. 또 노나디엔알(nonadienal), 데카디엔알(decadienal) 및 언데타디엔알(undecadienal)도 역치 이상을 나타내 향미에 부정적 영향을 미친다. 그 외 맥주 노화 중에 생성되는 물질과 원인은 [표 3-19]와 같다.

[표 3-19] 노화중 생성된 향미 성분과 원인

| 향미 성분 | 관능 | 원인 |
|---|---|---|
| 페닐아세트알데히드 | 맥아 맛, 캐러멜 맛 | 2-페닐에탄알의 산화 |
| 아세트알데히드 | 풀취, 풋내 | 에탄올의 산화 |
| 메티논알 | 찐 감자 맛, 열취 | 메티오닌의 산화적 탈탄산화 |
| 파라 메탄-8-티올-3-온 | 블랙커런트 | 용존산소 |
| 트랜스-2-노넨알 | 종이박스 냄새 | 지방산 산화 |
| 푸르푸랄, 벤즈알데히드 | 아몬드취 | 용존산소, 마이얄 반응 부산물 |
| 산화된 이소휴물론 | 쉐리 향, 위스키 향 | 이소휴물론의 산화 |
| 이소발러알데히드 | 쉐리 향, 아몬드 향 | 스트렉커 분해, 알코올의 산화 |
| 2-이소부틸-4,5-디메틸-1,3-디옥사날레 | 쉐리 향, 아모드 향 | 2,3-부탄디올과 알데히드 반응 |
| 푸르푸릴 에틸에테르 | 쉐리 향, 아모드 향 | 에탄올의 에테르화 및 마이얄반응 부산물 |
| 디아세틸 | 버터취 | 마이얄 반응 부산물 |
| 노르말 헥산알 | 야채취, 나무취 | 맥주의 지방산화물 |
| 이소아밀아세테이트 | 바나나 향 | 효모 효소(esterase)에 의한 가수분해 |

| 에틸아세테이트 | 아세톤취, 용매취 | 효모 효소(esterase)에 의한 가수분해 |
|---|---|---|
| 에틸카프로산 | 파인애플 향 | 효모 효소(esterase)에 의한 가수분해 |
| 에틸락테이트 | 사과 향, 버터 향 | 에탄올과 유기산의 에스터화 |
| 에틸-2-메틸뷰티르산 | 와인 향 | 에탄올과 2-메틸뷰티르산의 에스터화 |
| 에틸-3-메틸뷰티르산 | 와인 향 | 에탄올과 3-메틸뷰티르산의 에스터화 |
| 감마 노나락톤, 감마 헥사락톤 | 달콤한 향 | 맥아, 담금 공정(하이드록시노나익산) |

이미 기술한 바와 같이 맥주 노화의 원인은 맥주 내 용존 산소와 직접적인 연관이 있다. 따라서 포장 전에 산소 농도는 가능하면 $100\mu g/L$ 이하로 관리하고 포장 전에 산소의 유입을 최소화해야 노화를 저감화할 수 있다. 맥주의 향미 산화를 막기 위해 비타민 C 같은 항산화제 혹은 이산화황을 투입하여 산소 유입을 방지하는 방법도 있다. 특히 이산화황을 신선한 맥주에 첨가하면 저장 중에 우선 알데히드 농도가 증가하는 것을 최소화하며 마분지 냄새를 제거하는 효과를 낸다.

[그림 3-29]는 맥주 저장 중에 나타나는 맥주 아로마의 일반적인 변화를 나타낸 것이다. 우선 저장 중의 가장 큰 변화는 맥주의 쓴맛 감소인데 단맛 증가로 인해 일부 마스킹 되는 예도 있다. 숙성 초기 급격히 증가하는 단맛에 비해 탄취 유래의 단맛이 전체 맥주 단맛을 증가시킨다. 그 외 양향(陽香)이 증가하는데 이 향은 블랙커런트 잎의 냄새로 초기에 급격히 증가하다가 감소하는 현상을 보인다. 그리고 저장 맥주에서 나타나는 마분지 맛은 양향이 감소하는 시점에 급격히 증가한다. 그 외 저장 중의 맥주는 전반적으로 거친 쓴맛과 떫은 뒷맛을 남긴다.

그리고 장기 저장한 맥주에서는 위스키와 와인풍의 냄새가 느껴지게 된다. 또 맥주의 신선하고 향긋한 아로마를 부여하는 에스터류는 지속해서 감소하게 된다. 전반적으로 저장한 맥주는 마분지 맛을 풍기는 것이 특징인데 특히 라거 맥주에서 두드러진다. 반면 장기 저장 에일 맥주에서는 마분지 맛보다는 탄취와 캐러멜취를 풍긴다. 흑맥주의 경우는 탄취로 인해 산화취 등이 마스킹 되어 느끼지 못하는 경우도 많다.

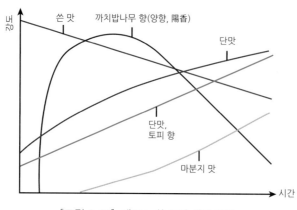

[그림 3-29] 맥주 노화 중의 성분 변화

## (2) 살균과 향미 변화

맥주의 품질 지표 중에 중요한 것은 쓴맛이며, 쓴맛의 강도와 지속성이 관능 평가 시에 품질에 영향을 미친다. 맥주의 쓴맛 물질은 저장중에 분해되며 홉의 고미산(이소알파산, 알파산, 베타산)의 분해는 맥주가 노화되면서 감소하지만 살균 과정을 통해서도 그 쓴맛의 농도가 감소하기도 하다.

[표 3-20]은 살균 처리에 따른 맥주의 휘발 성분 변화를 나타낸 것으로 살균 값(PU)이 증가하면 고미 값이 떨어지며, 맥주의 살균 값은 쓴맛의 분해와 상호 관계가 있음을 알 수 있다. 또 살균 값이 증가하면서 변화되는 성분(알데히드, 디메틸설파이드, 에틸아세테이트, 이소아밀아세테이트, 이소부틸아세테이트, 에틸카프로산, 에틸카프릴산, 노르말프로판올, 이소부탄올, 이소아밀알코올)을 보면, 이중 신선한 맥주의 특성을 나타내는 휘발성 에스터 농도가 특히 많이 감소하는 것을 알 수 있다. 에스터류는 살균 값이 높을수록 특히 이소아밀아세테이트와 에틸아세테이트는 저장 중에 역치 이하로 떨어지며 결과적으로 맥주의 과일 향기가 감소하게 된다.

[표 3-20] 살균 처리에 따른 맥주의 휘발 성분 변화

| 구분 | 2 PU 맥주 | | 8 PU 맥주 | | 14 PU 맥주 | |
| --- | --- | --- | --- | --- | --- | --- |
| | 신선 | 노화 | 신선 | 노화 | 신선 | 노화 |
| 알데히드(mg/L) | 2.62 | 2.85 | 2.60 | 2.90 | 2.57 | 3.10 |
| 디메틸설파이드(μg/L) | 18.18 | 22.44 | 18.11 | 21.29 | 18.20 | 27.3 |
| 에틸아세테이드(mg/L) | 12.90 | 12.74 | 12.87 | 12.52 | 12.89 | 12.43 |

| 이소아밀아세테이트(mg/L) | 1.19 | 1.08 | 1.18 | 1.06 | 1.19 | 1.05 |
|---|---|---|---|---|---|---|
| 이소부틸아세테이트(μg/L) | 30.42 | 21.88 | 30.19 | 2.01 | 30.23 | 18.91 |
| 에틸카프로산(μg/L) | 101 | 95 | 103 | 95 | 102 | 90 |
| 에틸카프릴산(μg/L) | 148 | 111 | 147 | 100 | 148 | 97 |
| 노르말프로판올(mg/L) | 8.72 | 8.70 | 8.75 | 8.64 | 8.73 | 8.70 |
| 이소부탄올(mg/L) | 7.60 | 7.58 | 7.58 | 7.60 | 7.61 | 7.68 |
| 이소아밀알코올(mg/L) | 49.27 | 48.88 | 49.39 | 49.07 | 49 | 49.65 |

한편 맥주 살균과 관련하여 티오바비툴산(thiobarbituric acid, TBA), 1-페닐-2-피크릴하이드라질(1-diphenyl-2-picrylhydrazyl, DPPH) 라디칼의 소거능 및 5-하이드록시메틸 푸르푸랄(5-hydroxymethly furfural, 5-HMF)은 맥주 노화를 평가하는 3대 지표이다. 특히 티오바비툴산 값은 맥아와 맥즙 생산, 양조 공정 중에 마이얄 반응에 의해 형성된 일련의 카보닐 화합물의 형성을 포함하여 열부하가 있음을 나타낸다. 이 값은 저장 중에 맥주 향미의 안정성과 밀접한 관계가 있으며, 증류식 소주의 품질 지표로도 활용된다.

5-하이드록시메틸 푸르푸랄은 일반 온도에서는 시간 경과와 함께 비례하여 증가한다. 이 성분이 증가하면 시음 시 느끼게 되며 맥주에 열에 의해 발현된 향미의 지표로 사용될 수 있다. 1-페닐-2-피크릴하이드라질 라디칼은 안정한 유리 라디칼이며 유기용매에서는 자주색을 띠며 517nm에서 가장 강한 흡광도를 나타낸다. 일반적으로 맥주의 노화 과정 중에 티오바비툴산 값과 5-하이드록시메틸 푸르푸랄의 농도는 증가하고 1-페닐-2-피크릴하이드라질 라디칼의 소거능은 감소하는 현상이 나타난다.

## 4) 맥주 저장 중 향미 불안정성에 영향을 미치는 요소

맥주에는 화학적으로 수백~수천 가지의 서로 다른 화합물이 함유되어 있고, pH가 4~4.5 수준이며 물과 알코올이 주성분이다. 또 분자량이 매우 작은 휘발성 물질부터 고분자 물질, 비휘발성 단백질, 폴리페놀 및 멜라노이딘 등으로 구성 성분이 다양하다. 이들 물질들은 화학적 평형 상태에 있는 것이 아니기 때문에 물질의 생성과 분해 과정이 맥주의 저장 중에 일어나게 된다. 맥주 저장 중 향미 안정성에 영향을 미치는 요소를 살펴보면 다음과 같다.

### (1) 활성 산소류의 형성

맥주의 용존 산소는 비교적 비활성이며 맥주가 병입된 후에 산소가 즉시 맥주의 구성 성분과 반응하는 것은 아니다. 그러나 빛과 온도에 의해 활성 산소는 다양한 형태($O_2$, $O_2\bullet$, $\bullet OOH$, $\bullet OH$, $H_2O_2$)로 변화될 수 있다.

일차적으로 용존 산소는 맥주 저장 중 맥주에 소량으로 존재하는 2가의 철 이온 혹은 1가의 구리 이온과의 반응으로 3가의 철 이온 혹은 2가의 구리 이온으로 산화된다. 이중 하이드페록실 라디칼($\bullet OOH$)은 반응성이 가장 큰 반응물이다. 그리고 과산화수소($H_2O_2$)와 하이드록시 라디칼($\bullet OH$)은 산소가 구리 이온 또는 철 이온과의 반응에 의해 생성된 것이다. 또 에탄올, 당, 이소휴물론, 폴리페놀, 알코올 및 지방산 등은 카보닐 라디칼과 페놀라디칼의 생성을 유발하는 일련의 반응에 관여하여 맥주 노화에 관여하게 된다.

### (2) 불포화 지방산의 산화

이미 언급한 바와 같이 저장된 맥주의 마분지취의 원인 물질인 트랜스-2-노넨알은 맥주 산화의 주요 원인으로 잘 알려져 있다. 산화 과정에는 효소에 의한 산화와 자동 산화가 있다. 효소적 산화는 맥아 중에 존재하는 리파아제 지방 분해 효소와 또 다른 지방 분해 효소인 리폭시게나아제에 의해 불포화지방산인 리놀산과 리놀렌산이 분해된다. 이후 반응성 산소가 맥주 저장 중에 빛과 열에 노출되면 올레산, 리놀산 및 리놀렌산의 이중 결합을 공격하여 9-, 13-하이드로페록시드를 형성시킨다.

이 성분이 후에 노화 물질(트랜스-2-노넨알, 알데히드류)로 분해되어 맥주 향미에 부정적인 영향을 미치게 된다. 각 단계별 메커니즘은 [그림 3-30]에 나타나 있다.

한편 이들 노화 물질은 발효와 숙성 중에 효모에 의해 일부 감소되기 때문에 효모가 맥주의 향미 안정성에 일정 부분 기여하는 측면도 있다.

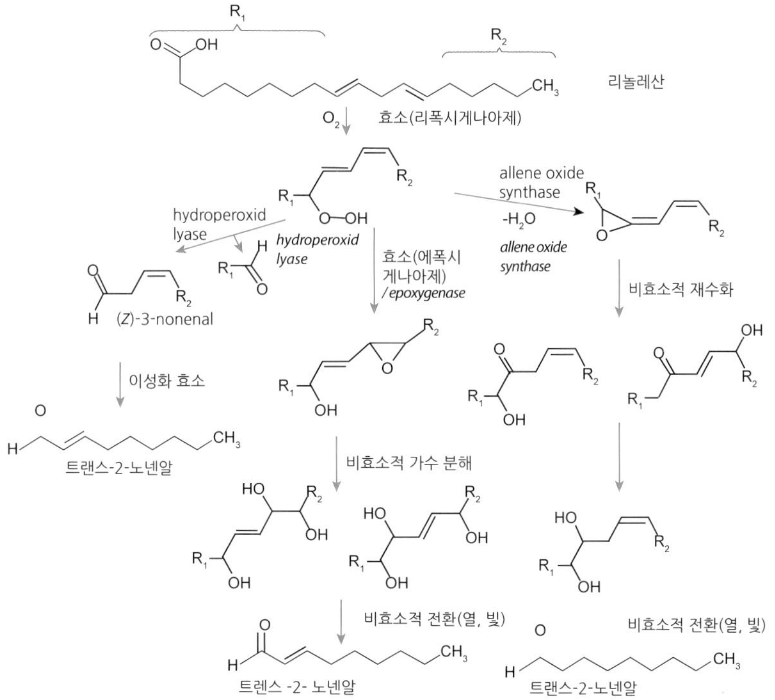

[그림 3-30] 불포화지방산으로부터 트랜스-2-노넨알 생성 기전

## (3) 마이얄 반응

마이얄 반응은 주로 맥즙 제조 중에 주로 일어나고 특히 맥즙 끓임 과정에서와 같이 온도가 올라감에 따라 급속히 가속화되지만, 낮은 온도에서의 맥주 저장 중에도 약간의 반응이 진행된다. 담금 후에 맥즙은 높은 당 함량과 아민화합물의 존재하에 맥즙 끓임 중에 마이얄 반응이 급속히 일어난다. 마이얄 반응의 중간 생성물로서 $\alpha$-디카보닐 화합물(글리옥살, 메틸글리옥살, 2,3-부탄디온, 피루브산, 펜탄디온)이 생성된다. 또 5-하이드록시메틸 푸르푸랄과 푸르푸랄은 맥즙에서 가장 중요한 마이얄 반응물이다.

또 마이얄 반응 중의 하나인 스트렉커 반응에 따라 아미노산과 $\alpha$-디카보닐 화합물의 반응 후 알데히드가 형성된다. 하지만 스트렉커 알데히드는 맥주 저장 중에 증가하지만 향미를 느낄 수 있는 농도까지는 생성되지는 않는다. 그 외 마이얄 반응으로 인해 $\alpha$-아미노케톤이 형성되며 이 성분이 다른 아미노케톤과 반응하여 알킬피라진을 형성하며 이때 땅콩 혹은 로스팅 향미가 발현된다.

### (4) 홉 고미산의 분해

홉의 고미산(알파산, 베타산, 이소알파산)은 맥주의 저장 중에 산화적 분해가 일어난다. 특히 이소알파산은 이소헥세노일(isohexenoyl) 측쇄 부분의 카보닐기의 이중 결합 구조 때문에 산화적 분해에 매우 민감하게 반응한다. 이러한 고미산의 분해는 맥주 쓴맛 감소로 이어지고, 특히 쓴맛 감소가 주로 트랜스 이소알파산의 불안정 때문이라는 것은 이미 잘 알려져 있다. 이때 트랜스 이소알파산과 시스 이소알파산의 비율이 쓴맛 감소를 평가하는 중요한 기준이 된다. 일부 양조장에서는 맥주 저장 중의 고미산의 감소를 예방할 목적으로 산화적 열화에 강하며 거품의 안정성과 고미를 유지하는데 효과적인 테트라하이드로 이소알파산(tetrahydro iso-$\alpha$-acid)을 사용하기도 한다. 물론 이러한 홉은 가격이 비싸다.

### (5) 폴리페놀의 산화

폴리페놀의 산화는 맥주의 고미 품질과 색상에 영향을 미치는데 기본적으로 폴리페놀 성분은 맥주에 관능적으로 떫은맛을 부여한다. 탄닌, 플라보노이드, 페닐프로파노이드, 플라반, 플라보놀, 플라바노날, 플라바논 및 플라반-3-올이 대표적인 폴리페놀 성분이다. 이 중 저분자와 고분자의 폴리페놀은 떫은맛이 있으며 카테킨과 에피카테킨 등의 플라반-3-올은 맥주에 쓴맛을 부여한다.

폴리페놀은 항산화제로서 작용하며 거품의 안정성, 산화적 안정성 및 열 안정성을 개선해준다. 폴리페놀은 발효 중에 효모에 부착되거나 여과나 청징제에 의해 손실이 발생하며 맥주 저장 중에 폴리페놀은 산화 메커니즘에 의해 다른 물질로 분해된다. 맥주 폴리페놀의 80%는 맥아에서 나머지는 홉에서 유래된 것이다. 특히 플라반-3-올과 프로안토시아니딘이 향미와 거품, 색상 등에 영향을 미치며 맥주에 존재하는 다른 분자들의 산화를 막거나 저지하는 기능도 한다.

### (6) 배당체의 가수분해

맥주의 향기 성분 중에 베타다마세논은 맥즙과 홉에서도 검출되는 성분으로 주로 배당체 형태로 존재한다. 이 성분의 역치는 20~90ng/L로서 매우 낮으며 저장된 맥주에서는 210$\mu$g/L까지 검출되는데, 맥주 저장 중 산에 의한 가수분해에 의해 베타다마세논이 증가하는 것으로 알려져 있다. 일부 양조장에서는 맥주에 효소제(베타글리코시다아제)를 첨가하여 배당체 구조의 베타다마세논을 분리하여 그 농도의 증가를 유도 후 맥주 향미를 강화하는 기법을 사용하기도 한다.

### (7) 알데히드

맥주의 장기 저장 시 나타나는 향미는 휘발성 알데히드 성분과 직접적인 연관이 있는데, 이들 성분은 역치가 매우 낮아 적은 농도로도 코로 쉽게 감지된다. 맥주의 초기 병입 상태에서는 알데히드의 농도는 거의 역치 이하로 존재하지만 저장 기간이 늘어남에 따라 알데히드 함량이 증가하여 맥주에 불쾌한 향미를 주게 된다.

신선한 맥주는 발효 공정 중에 형성된 대부분의 알데히드가 결합 상태를 유지하고 있으나, 이러한 결합 상태의 알데히드는 저장 중에 분리되어 맥주 향미 불안정의 원인이 된다. 맥주의 저장 중에 알데히드가 생성된 주요 알데히드는 [표 3-21]에 요약되어 있다.

[표 3-21] 맥주 저장 중 생성되는 주요 알데히드 성분

| 탄소수 | 알데히드 | 역치($\mu$g/L) | 향미 특징 |
|---|---|---|---|
| 2 | 아세트알데히드 | 5,000~50,000 | 생엽(生葉) 향, 풋사과 향 |
| 3 | 프로피온알데히드 | 2,500~5,000 | 사과 향, 생엽 향 |
| 4 | 노르말부탄알<br>코로톤알데히드 | 1,000<br>8,000 | 멜론, 생엽, 니스 향<br>사과 향, 생엽 향, 아몬드 향 |
| 5 | 노르말 펜탄알<br>푸르푸랄 | 100~500<br>50,000~150,000 | 풀냄새, 바나나 향<br>종이취, 껍질 향 |
| 6 | 노르말 헥산알<br>2($E$)-헥산알 | 300~500<br>500~750<br>1,000,000 | 쓴맛, 와인 향<br>쓴맛, 떫은맛, 생엽 향<br>노화취, 식물오일취 |
| 7 | 노르말 헵탄알 | 50~100 | 와인 향, 쓴맛, 불쾌한 맛 |
| 8 | 노르말 옥탄알<br>2($E$)-옥텐알 | 1~40<br>0.2~0.5 | 오렌지껍질 향, 와인 향, 쓴맛<br>쓴맛, 노화취 |
| 9 | 노르말노난알<br>트랜스-2-노넨알 | 15~20<br>0.1~0.5 | 떫은맛, 쓴맛<br>종이취, 마분지 냄새, 노화취 |
| 10 | 노르말 데칸알<br>2($E$)-데칸알 | 5~7<br>1 | 쓴맛, 썩은취, 노화취 |
| 11 | 노르말 언데칸알 | 3~4 | 쓴맛, 오렌지 향, 와인 향 |
| 12 | 노르말 도데칸알 | 4 | 지방산취 |

### (8) 에스터의 분해와 합성

맥주의 에스터는 농도는 미량이지만 과일 향의 특성을 부여하는 중요한 아로마 성분이다. 그중 가장 중요한 에스터는 역치 1 이상을 나타내는 에스터 성분은 에틸아세테이트(용매취, 과실 향), 이소아밀아세테이트(바나나 향), 이소부틸아세테이트(바나나 향, 과실 향), 에틸카프로산(사과 향) 및 2-페닐에틸아세테이트(장미 향, 꿀 향)이다.

그러나 역치 이하의 에스터류도 향미에 시너지 효과를 나타내기 때문에 맥주의 향미에 영향을 미친다. 맥주의 대부분 에스터는 아로마가 1 수준이기 때문에 그 농도가 조금만 변해도 맥주 향미에 많은 영향을 미치므로 저장 중에 맥주의 에스터 농도 모니터링은 매우 중요하다.

한편 맥주 저장 중에 화학적 평형을 이루고 있는 에스터는 일정 비율로 분해 또는 합성되는 현상이 나타난다. 신선한 맥주에서는 보통 에스터류의 농도가 비교적 낮으며 평형 상태가 된다. 맥주 저장 중에 에스터류는 일반적으로 아세테이트 에스터류(예: 에틸아세테이트)가 지방산 에틸 에스터류(예: 에틸카프로산)보다 맥주 알코올 농도와 관계없이 더 빨리 분해된다. 에스터의 효소적 분해는 pH, 저장 온도, 발효 및 저장 조건에 따라 달라지며, 특히 병 숙성(병에서 재숙성하는 맥주의 경우)하는 동안 효모 세포 분해로 방출된 에스터 분해 효소인 에스터라아제 의해 일어난다. 따라서 저장 중 에스터의 감소는 병에서 재발효시키는 맥주와 비살균 맥주에서 더 크게 나타난다.

반면 에스터류의 분해와는 반대로 산류와 알코올류 간의 에스터 합성이 맥주 저장 중에 발생한다. 일부 에스터류는 홉에서 비롯된 이소발레르산 또는 2-메틸뷰티르산이 알코올류와 에스터를 형성하는 경우도 있는데, 이들 에스터류는 와인 혹은 브랜디 같은 향미를 나타낸다.

### (9) 금속 이온

금속 이온은 맥주 향미와 품질에 영향을 미치며, 일부 미네랄은 담금과 알코올 발효에 필수적이지만 구리와 철은 최종 맥주의 산화적 안정성에 나쁜 영향을 미친다. 금속 이온은 대부분 맥아에서 유래된 것으로 철과 구리의 유입은 주로 담금 시에 발생한다. 기본적으로 구리와 철은 맥주와 맥즙의 저장 시에 라디칼 생성과 산화 시에 촉매제 역할을 하게 된다.

또 철과 구리, 망간은 비활성 산소를 활성 산소류로 전환시킴으로써 맥주의 노화를 촉진한다. 망간은 맥아와 홉에서 유래되며 맥주의 저장에 영향을 미칠 정도의 농도가 존재한다. 홉에는 망간보다 철이 더 많지만 이들 이온들이 맥주로 전달되는 것은 망간이 훨씬 많다. 망간 역시 맥주의 노화를 가속화하며 활성 산소류를 촉진시키는 것으로 문헌에 보고되고 있다. [표 3-22]는 맥주 품질 안정성 영향을 미치는 요소들과 원인에 대해 요약한 것이다.

[표 3-22] 맥주 향미 안정성에 영향을 미치는 요소

| 원료 또는 공정 | 원인 요소 | 영향 |
|---|---|---|
| 보리 품종 | 노화 전구물질 형성 잠재성 | 보리 품종에 따라 리폭시게나아제 형성 정도 상이 |
| | 2조맥 또는 6조맥 | 6조맥은 높은 효소역가 및 높은 폴리페놀 형성 잠재력을 지님 |
| | 여름보리 또는 겨울보리 | 겨울보리가 높은 폴리페놀 잠재력을 지님 |
| | 낮은 프로안토시아닌 품종 | 항산화 기능이 저하됨 |
| | 리폭시게나아제가 없는 품종 | 지방산의 산화가 없음 |
| 침지 및 발아 | 산화환원 효소 증가 | 보리 성분 분해를 촉진하는 효소들은 리폭시게나아제의 생성을 촉진에 따른 하이드로과산화물을 생성함 |
| | | 페록시게나아제의 증가 |
| | | 멜라노이딘 전구 물질인 당과 아미노산의 생성 |
| 배초 | 리폭시게나아제의 불활성 | 고온일수록 리폭시게나아제의 불활성이 높음 |
| | 하이드로과산화물 불활성 | 고온일수록 하이드로과산화물 불활성이 높음 |
| | 멜라노이딘 생성 | 멜라노이딘과 중간 산물은 항산화 기능을 나타내지만 고급알코올의 산화를 촉진하기도 함 |
| 맥아 저장 | 리폭시게나아제의 손실 | 맥아 저장 중 리폭시게나아제의 손실로 인해 맥아 분쇄물의 산화 가능성은 감소함 |
| 분쇄 | 헤머 또는 롤러 | 고운 분쇄물일수록 리폭시게나아제와 지방의 용출이 많음 |
| | 습식 또는 건식 분쇄 | 습식 분쇄를 통해 바람직하지 않은 물질이 용출될 가능성이 있고 리폭시게나아제의 반응이 개시될 수 있음 |
| | 배아보존 | 배아 손상 없이 분쇄 시 지방과 리폭시게나아제는 추출되지 않은 상태로 되어 주박에 남게 됨 |
| 담금 개시 | 산소 | 담금 개시 시점에 산소가 혼입되고 이때가 리폭시게나아제와의 반응 물질이 충분히 존재하는 시점이기 때문에 리폭시게나아제의 반응이 가장 활발할 때임 |
| 담금 | 온도 | 승온담금방식(infusion)일수록 리폭시게나아제가 많이 존재하며, 자비담금방식(decoction)일 때 감소 |
| | 담금 용기 개수 | 용기가 많을수록 산소 유입 가능성이 높아짐(예: 자비방식) |
| | 산소 | 산소는 리폭시게나아제의 기질로써 뿐 아니라 단백질의 SH기와의 비효소적 반응을 통해 과산화물을 생성하고 이는 페록시다아제의 기질이 됨 |
| | pH | 낮은 pH에서는 리폭시게나아제의 활성이 낮아지는 반면 슈퍼옥사이드의 라디칼이 더 많이 손실됨 |
| | 담금 용기 재질 | 구리 재질은 구리 용출 가능성 높고 구리는 산소 라디칼을 형성함 |

| | | |
|---|---|---|
| 고체 부원료 | 항산화 잠재성 | 로스팅된 부원료는 멜라노이딘을 함유하여 라디칼 소거능이 있음 |
| | 지방 농도 | 미도정한 쌀의 경우 지방 농도가 높음 |
| 맥즙 분리 | 시스템 | 현대식 메시 필터는 맑고 지방이 적은 맥즙이 가능하게 하고 이로 인해 효모에 의해 이산화황을 더 많이 생성함 |
| | 장시간의 맥즙 분리 | 지방 추출이 증가되지만 탄닌 성분도 증가되어 항산화 기능 강화됨 |
| 끓임 용기 | 기간 | 장시간의 자비 시 열에 의한 맥즙의 손상 |
| | 끓임 용기 구조 | 강하게 끓는 용기일수록 바람직하지 않은 휘발성 성분을 휘발시킴 |
| | 에너지 절약형 | 고온이나 고압 끓임 용기의 경우 맥즙 손상 가능성 |
| 액상 부원료 | 종류 | 노화 전구체가 없는 설탕이나 시럽의 사용은 노화 방지에 유용함 |
| 맥즙 여과 | 혼탁물 제거 | 혼탁물은 효모 활동에 영향을 미쳐 카보닐을 감소시키는 반면 이산화황은 증가시킴 |
| 냉각 및 산소 공급 | 산소 유입 | 산소가 맥즙에 유입되면서 냉각 혼탁물 형성 및 효모 활동에 영향을 미침 |
| 효모 선택 | 효모 특성<br>(효모 종류, 접종량, 활성) | 효모 종류에 따라 이산화황 생성능이 다름 |
| | | 활성이 강한 효모와 최적의 효모 접종량은 디율세틸, 카보닐 및 아세트알데히드를 효율적으로 제거함 |
| 발효 | 바람직하지 않은 성분 제거 | 발효가 비정상적일 때 디아세틸, 아세트알데히드의 분해가 불충분하고, 효모에 의한 이산화황 생성이 감소 |
| 숙성 | 향의 순화 | 디아세틸의 제거 |
| 여과 및 안정화 | 산소 유입을 최소화한 청징 | 여과 공정은 산소와 철분의 유입 위험 존재. PVPP로 인한 폴리페놀의 제거 논란도 존재함 |
| 주입 | 산소 유입 최소화 | 주입 시 산소 유입이 가능성이 가장 높음 |
| 완성 맥주 성분 | pH | pH가 4~4.5일 이상일수록 호기성균은 적어짐 |
| | 산소 | 산소는 적을수록 좋음 |
| | 이산화황 | 항산화 기능이 강화되고 노화 성분을 결합 |
| | 아세토락테이트, 황화합물 | 맥주 품질 저하 초래 |
| 저장 | 온도, 시간 | 고온일수록 품질 변화 상승 |
| 유통 | 온도 | 거리가 멀수록 흔들림으로 인해 품질 저하 초래 |
| | 흔들림 | |
| | 시간 | |

# 7. 맥주의 이미 이취

맥주의 이미 이취는 원료, 양조 기술적인 문제, 맥즙과 맥주의 특정 물질과의 접촉 그리고 미생물의 작용 등으로 발생한다. 이취의 경우는 주로 산화물이 주원인이다. 양조 기술적인 문제에 따른 맛의 결함은 예를 들면 보리 껍질의 맛으로서 일부 보리 품종으로 제맥된 맥아로 제조된 맥주에서 쓴맛이 나게 된다. 이런 맥주에서 검출되는 성분은 6-메틸-5-헵텐-2-올, 1-옥텐-3-올 및 2-에틸헥산올 등이며 일부는 보리 발아 시에 지방대사에서 유래된 경우도 있다.

그리고 맥주의 맥아 향은 잘 용해된 맥아로부터 나타나며 유리 아미노산 값(FAN)이 높은 경우에 발생한다. 이런 맥주의 맛을 분석하면 3-메틸부탄알, 3-메틸부탄-2-온, 헥산알, 2-푸르푸랄 및 디아세틸과 아세토인의 함량이 높게 나타난다.

불쾌한 쓴맛은 잔존 알칼리도가 높은 양조용수나 소다수에 의해서 발생할 수 있으며, 로스팅 맥아나 색소 맥아 그리고 소독제를 사용할 때에도 나타난다. 훈연취는 맥아에 직접 열을 가하여 건조하거나 사용한 연료가 순수하지 않을 때 담금액, 맥즙 및 맥주에서 느껴지게 된다.

살균취의 경우는 살균의 온도가 높을수록 시간이 길어질수록 더 강하게 나타난다. 맥주의 용존 산소 농도가 높으면 빵 향 생성을 촉진하며 병입 맥주의 저장 중에 가열 없이 산화취로 나타나기도 한다.

맥주의 노화 향은 숙성이 불충분한 경우에 나타나는데 머캅탄과 알데히드가 원인 성분이다. 디메틸설파이드의 함량이 높으면(맥주의 타입에 따라 80~120$\mu g$/L) 맥즙 향 또는 야채류 향이 나타나며 잘못된 맥즙 처리가 주원인이다. 효모 종류에 따라 이러한 풍미가 강해지기도 하는데 메틸 또는 에틸머캅탄의 함량이 높아서 나타날 수가 있다.

일광취는 앞서 언급한 바와 같이 햇빛에 노출되었을 때 특히 녹색병 맥주에서 발생하며 갈색 병의 경우 350~500nm의 파장의 빛을 일부만 흡수한다. 일광취는 머캅탄이 홉 쓴맛 성분의 3-메틸-2-부테닐기와 반응하여 3-메틸-2-부텐-1-티올로 전환되는 것이 원인이다. 이

외에도 아세트알데히드, 메틸머캅탄과 에틸머캅탄, 디메틸설파이드와 디에틸설파이드 등도 일광취를 나타내는 성분으로 보통 동반 검출되는 것이 일반적이다.

맥주가 특정 성분과 접촉함으로써 나타나는 이미 이취로는 맥주가 철 이온과 결합하여 탄닌성 물질이 금속과 잉크류의 결합물을 형성한다. 또 질산염이 함유된 양조용수나 페놀을 함유한 용수 또는 유리염소가 존재하는 용수 등을 사용할 때에는 페놀취 혹은 약품취를 풍기기도 한다.

그리고 고무 호스나 패킹은 염소 함유 소독제(클로로페놀과 페놀 역치는 각각 15μg/L, 30μg/L)로 처리 시 또는 규조토가 운송 중이나 저장에 문제가 있을 때 이미 이취가 나타나기도 한다.

한편 생물학적 원인으로 인한 이미 이취는 맥즙 혹은 맥주에서 발생하는 미생물이 원인이다. 특히 내열성 세균은 샐러리 같은 향미를 나타내며 초기 알코올 발효 지연 시(충분히 산소 공급이 이루어지지 않았을 때, 접종 효모량이 적을 때, 효모가 맥즙과 충분히 혼합되지 않았을 때)에 페놀성 화합물이 증가하게 된다. 특정한 비양조용 효모나 내열성 세균에 오염되었을 때도 페놀 농도가 증가하며 특히 내열성 세균에 오염되었을 때 디메틸설파이드가 증가한다.

효모취는 알코올 발효와 숙성이 길어진 경우에 효모의 자가분해로 발생할 수 있는데, 효모의 자가분해는 쓴맛을 동반하는 크레졸취를 나타낸다. 또 숙성의 온도가 높거나 녹색 호스를 사용할 때 많은 양의 티로솔이 형성되며 이것은 전형적인 페놀취를 내는 파라옥시페닐초산으로 산화된다. 트립토폴(tryptophol 6.0 ㎎/L) 혹은 티로솔의 농도가 높으면(5.0 ㎎/L) 이러한 페놀취가 나타난다.

비양조용 효모는 일종의 꽃 향과 마늘의 쓴맛을 나타내며 맥주의 혼탁을 유발한다. 초산균에 의한 초산취는 마개를 딴 케그에 공기가 유입된 맥주에서 나타난다. 맥주를 부패시키는 세균에 의한 오염은 대부분은 혼탁 현상이 생기고 맥주 바닥에 침전물이 형성된다. 맥주의 젖산균은 산패취를 나타내며 사르시나(*Sarcina*)균은 맥주에 약간의 산취를 나타내기도 하며 디아세틸의 아로마를 동반하기도 한다. 디아세틸의 전구물질인 2-아세토락테이트는 발효 시에 효모에 의해서 형성된다. 숙성 때 문제가 있거나 맥주 이송 때 공기 접촉으로 디아세틸로 산화될 수 있고 이를 통해 맥주에 전형적인 이취를 나타내기도 한다. 보통 맥주에서 아세토락테이트의 농도가 지나치게 높아 산화되었을 때 디아세틸취가 나타난다. 아세토인은 역치가 18 ㎎/L 수준이며 5~8㎎/L의 낮은 농도에서는 다른 물질과 함께 디아세틸을 연상케 하는 향미를 부여하기도 한다.

곰팡이취는 특정한 곰팡이나 세균으로부터 나타날 수 있으며 저장이 좋지 않은 맥아, 곰팡이가 핀 홉, 비위생적인 담금실 그리고 곰팡이에 오염된 여과기 등에서 나타날 수 있다.

맥주의 이미 이취를 개선하기 위해서는 효모 유래의 고미는 10~15g/L의 활성탄을 규조토 여과 시에 투입하며, 약간의 이취는 활성탄 여과 3~7일 전에 투입한다. 맥아 유래 훈연취는 저장 용기에 50g/L의 활성탄으로 처리하면 효과를 볼수 있다. 그리고 미숙성으로 인해 디아세틸 농도가 높은 맥주는 다시 숙성하거나 12~20%가량 발효가 진행된 맥주 투입 후 맥주를 가온하여(10~20℃) 디아세틸 농도가 낮아질 때까지 숙성한다. 숙성은 2~4주간 진행시키고 고온 숙성은 디아세틸의 농도를 감소시켜 맥주의 향미를 개선시키는 것으로 알려져 있다([표 3-23]).

[표 3-23] 맥주의 이미 이취 원인과 대책

| 성분 | 이미 이취 | 원인 | 대책 |
|---|---|---|---|
| 아세트알데히드<br>(Acetaldehyde) | • 맥주 향미에 영향을 주며 풋사과 향, 거친 맛 | • 효모에 의한 알코올 발효 시 생성되고 특히 미숙성 맥주에서 발생<br>• 알코올이 초산으로 산화 시 생성<br>• 초산균에 의해 알코올이 초산으로 분해되면서 생성<br>• 효모 접종량이 적을 경우 생성 | • 맥주 숙성을 기간 연장<br>• 발효력이 왕성한 효모 사용<br>• 제조 과정 중 산소유입 최소화 |
| 알코올류<br>(Alcoholic) | • 맥주 향미에 영향을 주며 알코올 향, 아세톤취, 페인트취, 타는 듯한 후미, 쓴맛<br>• 알코올류는 모든 맥주에 아로마를 위해 필요한 성분이고 고알코올 맥주에는 소량일 경우 아로마에 긍정적이지만 과다하면 이미 이취를 풍김 | • 고온에서 장시간 발효하면 다량 생성<br>• 미여과 맥주를 장시간 저장하거나 산화가 진행되면 생성 | • 고온 발효를 피함<br>• 발효 숙성 중 발효조에 침강한 효모를 자주 제거함<br>• 적정한 효모 접종량 선택 |
| 떫은맛<br>(Astringent) | • 맥주 맛에 영향을 주며 포도 껍질이나 티백을 삼킬 때 맛 | • 곡류 껍질 유래 탄닌이며 제맥 시 과도한 침지<br>• 담금 시 과도한 분쇄 또는 pH가 5.2~5.6을 벗어날 때. 담금을 너무 오래하여 덱스트린이 적을 때<br>• 자비 시 홉을 다량 첨가할 때<br>• 스파징 온도가 너무 높거나 장시간의 스파징<br>• 위생 불량으로 인한 미생물에 의한 곡류 오염 시<br>• 양조용수에 과다한 미네랄(황산염과 마그네슘) | • 과도한 분쇄를 피하고 스파징수의 온도와 양을 조절<br>• 과실을 첨가할 경우 끓임 용기에 넣지 말고 발효 용기에 첨가할 것<br>• 맥주 스타일에 맞는 홉을 선택할 것<br>• 작업장 위생 상태 청결 유지 |
| 클로로페놀<br>(Chlorophenol) | • 플라스틱취, 비닐취, 약품취 | • 염소 함량이 높은 수돗물 사용<br>• 세척제 또는 살균제의 부주의 사용 | • 염소취가 많은 물은 15분가량 끓이거나 필터 처리<br>• 세척제 사용 지침 준수 |

| | | | |
|---|---|---|---|
| 디아세틸 (Diacetyl) | • 버터스카치의 향미, 버터취, 부패취, 미끌거리는 맛, 특히 과도할 때 라거 맥주에서 이취로 간주하고 에일 맥주에서는 소량일 때 바람직한 향 | • 발효 시 효모 접종량이 적을 때<br>• 숙성이 충분치 않을 때<br>• 돌연변이로 인한 디아세틸 재흡수 기능을 상실할 때<br>• 세균이나 젖산균 (페디오코커스 담노수스)에 의한 오염<br>• 농도가 0.15mg/L 이상이면 후각으로 감지됨<br>• 응집이 강한 효모 사용 시<br>• 저온 발효 시 | • 활성이 강하고 미생물 오염이 없는 효모 사용<br>• 효모 증식을 위한 맥즙에 충분한 산소 공급(효모 접종 후 산소 공급은 금지)<br>• 숙성 기간 연장 |
| 황화합물 (Sulpur compound) | • 삶은 옥수수취, 샐러리취, 양배추취 등을 풍기며 향미에 영향을 미침 | • 휘발성 디메틸설파이드, 디에틸설파이드 등이 원인 물질이며, 300μg/L 수준에서 후각의 이취로 감지됨<br>• 맥즙 오염세균(Obsumbacterium, Hafnia)에 감염된 경우<br>• 제맥과 담금 공정에서 생성<br>• 알코올 발효 시 효모에 의해 생성<br>• 맥즙 냉각을 서서히 할 경우 | • 작업장 청결 유지<br>• 황화합물 증발을 위해 맥즙 자비 시간을 유지(60분)하고 자비 용기 뚜껑을 완전 닫지 말 것<br>• 맥즙 제조 후 즉시 냉각 후 발효 진행<br>• 왕성한 발효를 통해 생성된 $CO_2$를 이용한 휘발성 황화합물 제거 |
| 에스터취 (Estery) | • 과실 향을 풍기는 에스터류가 과도하게 생성되어 매니퀴어취를 풍김<br>• 일부 에일 맥주(벨기에 맥주, 밀 맥주)에서는 맥주 스타일을 나타냄 | • 고온 발효 또는 효모 접종량이 적을 때 과다 생성<br>• 발효 시 하이그래비티 공법을 사용할 때 | • 정상적인 효모 접종량 투입<br>• 발효 온도를 23℃ 이하 유지<br>• 맥즙 당도를 낮게 유지 |
| 풀취 (Grassy) | • 풀취와 곰팡이취가 이미 이취를 유발 | • 헥산알이 원인이며 역치는 0.2 mg/L 수준<br>• 맥아가 잡균에 오염될 때<br>• 오래된 홉이나 맥아에서 유래 | • 신선한 맥아와 홉을 사용하고 맥아는 담금 직전 맥아 분쇄 |
| 곡류취 (Grainy) | • 곡류취 또는 곡류의 떫은 껍질 맛 | • 곡류취는 맥아의 전분 맛이고 떫은 껍질 맛은 탄닌 성분임<br>• 과도한 맥아 분쇄<br>• 스파징수의 온도가 78℃ 이상일 때<br>• 스파징 중에 맥즙의 pH가 6.0 이상일 때<br>• 양조용수에 미네랄이 다량 함유 시<br>• 부적절한 자비법 사용 시 | • 적정한 맥아 분쇄<br>• 담금을 천천히 진행<br>• 맥즙 여과 온도 71~76℃ 유지<br>• 스파징수 조정<br>• 승온법을 통한 담금 |
| 약품취 (Medical) | • 반창고취, 감기약 향 | • 페놀 성분이 원인이며 담금과 스파징 과정에서 온도와 pH가 적정하지 않을 때 생성<br>• 효모 또한 발효 중에 클로브취를 유발함<br>• 페놀은 밀 맥주 스타일을 나타내는 성분임 | • 표준화된 담금과 스파징 과정 진행<br>• 맥주 스타일에 맞는 적정한 효모 사용 |

| 금속취 (Metallic) | • 거친 동전 냄새와 맛을 내며 철분이 원인 물질임. 잉크취 | • 맥즙 자비 시 금속(철분, 알루미늄)이 용출<br>• 병마개와 케그에서도 용출 가능성<br>• 부적당한 곡류 저장 시 지방산 산화 시<br>• 철분이 많은 양조용수 사용 시 | • 스테인리스 재질 사용<br>• 신선한 곡류 사용 |
|---|---|---|---|
| 곰팡이취 (Moldy) | • 습한 흙 냄새 지하실 냄새 | • 곡류에 곰팡이 증식<br>• 습한 곳에서 발효할 때 서식하는 곰팡이가 원인임 | • 위생적인 장소에서 양조<br>• 신선한 곡류 사용 |
| 산화취 (Oxidation) | • 마분지취, 젖은 종이취<br>• 썩은 과실 향미 | • 트랜스-2-노넨알과 알데히드 성분들이 원인 물질임 | • 양조 과정에서 산소 과다 유입<br>• 고온 저장<br>• 과도한 숙성<br>• 산소 흡수 마개 사용 |
| 용매취 (Solvent) | • 아세톤취, 라커취, 아크릴취 | • 고온 발효 시 에틸아세테이트가 30㎎/L 이상일 때<br>• 비양조용 효모 사용 시 | • 과도한 고온 발효를 피하고 산화 방지<br>• 가급적 플라스틱이나 비닐 용기 사용 금지 |
| 신맛 (Sour) | • 식초취 | • 젖산균(락토바실러스, 페디오코커스)과 초산균이 원인<br>• 일부 비양조용 효모균<br>• 고온에서 장시간 담금<br>• 비위생적인 양조장 환경<br>• 과도한 고온 발효 및 장기간 저장<br>• 긁힌 플라스틱 사용 금지 | • 작업장 청결 유지<br>• 저온 발효 및 저온 저장<br>• 2시간 이내 담금<br>• 스테인리스 스틸 발효용기 사용 |
| 단맛 (Sweet) | • 단맛 | • 발효 중 너무 이른 효모 응집<br>• 효모의 낮은 발효력<br>• 발효 초기 산소 부족으로 인한 발효 중단<br>• 크리스털 맥아 사용<br>• 덱스트린 맥아 또는 말토덱스트린 맥아 사용 시 빠른 발효<br>• 저온 살균 또는 설탕 첨가<br>• 단기간 숙성 | • 발효력이 강한 효모 사용<br>• 적정한 발효 온도 유지<br>• 숙성 기간 연장<br>• 당 첨가 시 소량 첨가 |
| 효모취 (Yeasty) | • 거칠고 황취 유발 | • 효모가 함유된 맥주를 서빙할 때<br>• 미여과 맥주를 장시간 방치하면 효모 자가분해물에 의해 효모취 유발 | • 맥주 보관 시 효모 제거 |
| 일광취 (Light stuck) | • 머캅탄이 원인 물질 | • 홉의 알파산이 빛에 노출되면서 머캅탄 생성 | • 자외선 또는 램프가 없는 공간에서 발효 또는 맥주 보관<br>• 갈색 병 맥주 보관 |

앞서 살펴본 바와 같이 원료와 제조 공정 등 매우 다양한 경로를 통해 맥주의 향미와 품질이 달라지는데, 특히 맥주 제조 공정 중에 관여하는 미생물들에 의해 이미 이취 생성이 많으므로 제조 과정 중 미생물에 대한 위생 관리에 관심을 기울여야 한다([그림 3-31]).

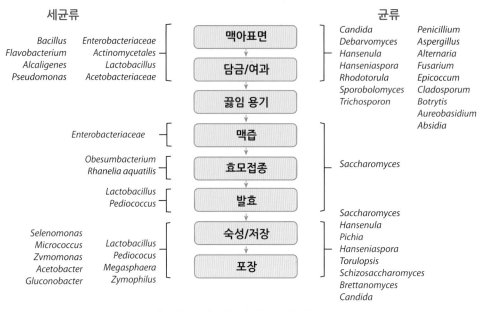

[그림 3-31] 맥주의 향미와 미생물

한편 맥주의 이미 이취에 대한 기초적인 판단은 우선 맥주 고유 스타일을 벗어나는 아로마를 나타내느냐의 여부에 달려 있다. 즉 탈지유취, 발효유취 또는 크림취 등을 유발하는 디아세틸의 경우 에일, 스타우트 및 체코 필스너 맥주에서는 맥주 아로마 및 질감에 긍정적이지만, 그 외 맥주 타입에서는 이미 이취로 간주한다. 정향취(페놀취)는 4-비닐과이어콜 성분으로 밀 맥주에서는 아로마에 긍정적이지만 그 외 맥주 타입에서는 이미 이취로 간주한다. 그리고 과실 향을 나타내는 이소아밀아세테이트와 에틸카프로산 등은 모든 맥주에서 기본 아로마로 작용하지만, 맥주 타입에 따라 아로마 강도와 종류가 상이하게 나타난다.

# 8. 맥주의 시음 및 표현 방법

## 1) 향미가

맥주의 향미는 향미가(Flavor Unit, FU)로 나타내며 이때 향미가는 맥주에 함유된 맛과 향기 성분 농도를 그 성분의 역치값으로 나눈 값을 말한다. 즉 맥주에서 검출된 성분의 농도가 역치에 비해 높아야 관능적으로 의미가 있는 것이다.

$$향미가 = \frac{향미의\ 농도}{향미의\ 역치값}$$

[그림 3-22]는 유럽의 라거 맥주 성분들의 향미가를 나타낸 것으로 대부분의 성분들은 향미가 1 이하를 나타내지만, 일부 성분은 향미가 1을 초과하는 경우도 있다. 그러나 특정 성분으로 인해 상기 맥주 향미가가 무의미해지는 경우도 있다. 예로써 맥주가 햇볕에 노출되면 일광취를 유발하는 3-메틸-2-부텐-1-티올의 농도가 증가하는데, 이로 인해 맥주 향미가 마스킹되어 맥주의 전체 향미에 영향을 주게 된다.

향미가 중에는 이산화탄소가 가장 높게 나타나며 그 뒤를 홉의 쓴맛과 에탄올이 잇고 있다. 그리고 맥주에 바나나 향을 부여하는 이소아밀아세테이트와 에틸아세테이트는 향미가 1 이상으로 맥주 풍미에 직접적인 영향을 준다. 그러나 그 외 맥주에 함유되어 있는 많은 물질들은 향미가 1 이하로 나타나 맥주 향미에 간접적인 영향은 줄 수 있으나 직접적인 영향을 주지는 못한다. 이러한 맥주의 각 성분들은 향미가를 기준으로 맥주를 평가해야 객관적인 관능 평가가 이루어질 수 있다.

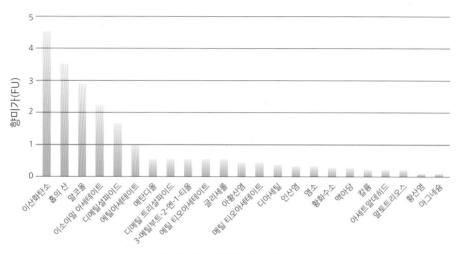

[그림 3-32] 맥주의 주요 향미 역치

　맥주의 맛은 마시기 시작할 때, 마시는 중간의 맛, 마신 후에 뒷맛 등 3단계로 나눌 수 있다. 마시기 시작할 때는 맥주의 아로마와 질감이, 마시는 중에는 청량감 그리고 마신 후의 뒷맛은 맥주의 쓴맛으로 결정된다. 이러한 느낌 단계가 학술적으로 정의된 것은 없지만 이론상 균형이 맞아야 한다. 맥주는 역치에 근접하거나 그 이하의 농도로 존재하는 다수의 향미 구성물을 갖고 있다. 만일 한 가지 혹은 더 많은 구성물의 농도가 증가한다면 이취가 발생된 것으로 평가할 수도 있다.

　그리고 맥주는 원료, 미숙성 맥주, 숙성된 맥주 그리고 최종 맥주까지 시음을 통해 관리되어야 한다. 맥주는 쓴맛, 산도, 단맛, 알코올 농도, 에스터 농도 그리고 산뜻한 홉과 아로마 사이에 적절한 균형을 이루어야 한다. 또 다수의 미량의 구성 성분 및 거품과 청량함을 주는 적당한 농도의 이산화탄소가 있어야 한다.

　한편 맥주의 향미는 1차~4차 등 4개의 주요 그룹으로 나눌 수 있다.

　1차 향미는 관능을 느낄 수 있는 수치의 2배 이상 초과하는 농도의 물질이다. 일반적으로 이취가 없는 맥주의 에탄올, 탄산가스, 쓴맛의 홉 물질이 여기에 속한다. 2차 향미는 관능을 느낄 수 있는 수치의 1.2배에 달하는 농도를 나타내는 물질이며 대부분의 향미를 나타내는 구성 성분이 여기에 속한다. 특히 이소아밀아세테이트, 에틸카프릴산, 에틸아세테이트 및 이소아밀알코올은 2차 그룹의 가장 중요한 구성 성분이다. 3차 향미는 관능을 느낄 수 있는 수치의 0.1~0.5 이하의 농도를 나타내는 물질이며 페닐아세테이트와 아세토인이 여기에 속한다.

4차 향미는 관능을 느낄 수 있는 수치의 0.1배 이하의 농도를 나타내는 향미 물질이 해당되고, 여기에는 수백 가지의 구성 성분이 포함되며 소위 맥주의 뒷맛을 형성한다([표 3-24]).

맥주의 모든 향미 성분은 함께 작용하고 향미 품질에 영향을 미친다. 어떤 향미 성분의 농도가 지나치게 높으면 전형적인 맥주의 맛을 나타내지 못하는 반면 중요한 향미 구성 성분이 없거나 매우 낮을 때는 결점의 원인이 되기도 한다.

[표 3-24] 맥주의 핵심 아로마

| 구분 | 성분 | | 특징 |
|---|---|---|---|
| 1차 향미<br>(향미가:<br>2 이상) | 일반 성분 | 에탄올 | 맥주 아로마에<br>큰 영향 |
| | 스페셜 맥주 | 홉 성분(이소휴물론), 이산화탄소,<br>홉 성분(휴물리논), 캐러멜 성분,<br>에스터 및 고급알코올 | |
| | 이미 이취 | 트랜스 2-노넨알(노화취, 마분지취),<br>디아세틸, 2,3-펜탄디온, 황화수소, 디메틸<br>설파이드, 초산, 3-메틸-2-부탄-1-티올(일광<br>취), 미생물 오염취 | |
| 2차 향미<br>(향미가:<br>0.5~2.0) | 휘발성 성분 | 바나나 향(이소아밀아세테이트)<br>사과 향(에틸 카프로산)<br>고급알코올(이소아밀알코올)<br>에틸아세테이트, 뷰티르산, 이소발레르산,<br>페닐아세트산 | 맥주 아로마에<br>다소 영향 |
| | 비휘발성 성분 | 폴리페놀, 당질, 홉 성분 | |
| 3차 향미<br>(향미가 :<br>0.1~0.5) | | 2-페닐아세테이트, α-아미노아세토페논,<br>이소발레르알데히드, 메티오날, 아세톤,<br>4-에틸과이어콜, 감마발레로액톤 | 맥주 아로마에<br>영향 미미 |
| 4차 향미<br>(향미가 :<br>0.1 이하) | | 기타 아로마 성분 | 맥주 아로마에<br>영향 미미 |

최근 소비자들의 취향에 따른 전형적인 향미 특성을 근거로 맥주를 향미를 관능적으로 분류한 것이 문헌에 보고되고 있는데([표 3-25]), 맥주의 맛과 향 특징을 14개 등급으로 구분하고 122개의 서로 다른 맛과 아로마를 분류하여 용어를 표준화하였다.

이 분류에서는 화학적인 구성 성분을 기반으로 맛과 아로마의 특성을 맥주종류별로 나타냈다. 예를 들면 일부 맥주는 쓴맛(맥주의 쓴맛 물질, 이소알파산, 잔토휴물)이 전체의 50%에 이른다. 그리고 단맛(글리세롤, 디아세틸)은 25.7%, 과실 향(이소펜틸아세테이드, 아세토인, 에틸아세테이트, 메틸아세테이트, 이소아밀아세테이트, 비닐아세테이트, 이소부틸아세테이트, 아세트알데히드, 페닐아세테이트, 2-페닐에탄올)은 12.4% 그리고 황 유래의 이취(디메틸설파이드, 티올, 이산화황)는 4.7%로 나타난다. 또 알코올 혹은 고급알코올 향(이소아밀알코올, 메탄올, 프로필알코올, 부탄올, 이소부탄올)은 3.9% 그리고 지방과 비누취(카프릴산, 뷰티르산, 라우르산, 카프르산)는 3.3%로 평가하였다.

[표 3-25] 맥주의 향미 특성에 따른 분류

| 맥주 향미 | 맥주의 전체 아로마(%) | | | | |
|---|---|---|---|---|---|
| | Strong beer | Bitter beer | Aromatic beer | Regular beer | Beer-based beverages |
| 홉의 쓴맛 | 30 | 40 | 14 | 28 | 10 |
| 맥아 향 | 16 | 16 | 34 | 31 | 30 |
| 단맛 | 1 | 1 | 12 | 1 | 27 |
| 과실 향 | 12 | 12 | 12 | 12 | 20 |
| 황화합물취 | 8 | 8 | 8 | 8 | - |
| 고급알코올 향 | 30 | 20 | 17 | 17 | 13 |
| 지방산취 | 3 | 3 | 3 | 3 | - |

## 2) 맥주의 관능평가

맥주의 관능평가 시 중요한 지표에는 색상, 청징도, 냄새, 맛의 순도, 청량감, 질감, 쓴맛의 순도, 후미 등이 있다. 맥주 색상은 매우 다양하며 EBC(European Brewing Convention) 단위를 사용하여 표기한다.

맥주 거품은 시각적으로 매우 중요하며 맥주를 따르는 방식에 영향을 받는데 맥주 거품 유지력과 맥주 글라스 부착력이 중요하다. 맥주 냄새는 매우 다양하며 맥주 타입에 따라 달라지고 맥주 아로마는 맥아, 홉, 효모에 좌우된다. 맥주 아로마에 부정적인 영향은 원료, 공정 및 유통 관리의 문제에서 비롯되며 그 원인은 일차적으로 관능을 통해 밝혀야 한다. 맥주는 일반적으로 매우 신선한 알코올 음료로서 와인이나 증류주에서처럼 오크통 숙성 공정이 거의 없다. 따라서 맥주 공장에서 갓 출하된 맥주가 가장 신선하고 맛있는 맥주이며, 공장 출하 후 시작된 노화 현상으로 인해 향미에 점차적으로 부정적인 영향을 미친다. 물론 맥주를 냉장 보관하는 경우는 노화가 매우 느리게 진행된다.

알코올 함량이 높은 strong beer의 경우 노화가 진행됨에 따라 바람직한 쉐리 향, 포트 와인 향, 낡은 가죽취 및 말린 과실 향이 나타난다. 그리고 맥주 타입에 따라 청량감이 다르고 탄산이 적은 영국 에일 맥주부터 탄산이 풍부한 독일 밀 맥주까지 다양하다. 질감(바디감)은 맥주 품질의 중요한 지표로서 청량감을 주는 라거 타입 맥주부터 질감이 좋은 스페셜 맥주, 질감이 매우 강한 복(bock) 맥주까지 다양하다. 맥주의 고미는 맥주 타입에 따라 매우 다양하며 밀 맥주처럼 고미가 매우 약한 맥주, 고미가 매우 강한 필스너 타입 맥주 그리고 고미의 질이 매우 뛰어난 미국 IPA 타입 맥주도 있다. 맥주의 고미는 음용 후 입안에 남는 쓴맛이 없어야 하며 맥주 고미는 BU(또는 IBU) 단위로 나타낸다.

이미 기술한 바와 같이 홉에서 유래하지 않은 불쾌한 쓴맛이 맥주에 존재하는데, 핫트룹(맥즙 자비 후 생성된 고형물)을 충분히 제거하지 못해 발생하는 단백질 고미 또는 탄닌 고미가 있다. 탄닌 고미는 주로 고분자 폴리페놀이 주요 원인이며 저분자 폴리페놀(이소잔토휴몰, 모노머플라볼), 쿼세틴 및 캠페롤 등은 쓴맛을 전혀 나타내지 않는다. 효모 고미는 효모의 자가분해에 의해 생성되는 아미노산과 펩타이드, pH 상승에 따른 고미의 질 저하 등이 원인이다. 또 미네랄 성분도 불쾌한 쓴맛을 나타내는데 염화암모늄(짠맛, 신맛), 염화마그네슘(짠맛, 쓴맛) 및 염화칼륨(신맛, 쓴맛) 등이 원인 물질이다.

한편 와인과는 달리 맥주 시음 시 맥주를 마셔야 맥주 품질에 대한 올바른 평가를 할 수 있으며, 후미가 좋은 맥주는 쓴맛이 남지 않으면서 신맛과 단맛도 입에 남지 않아야 한다. 맥주 후미는 반드시 한 잔 더 하고픈 욕구가 생기도록 해야 좋은 맥주로 볼 수 있다.

[그림 3-33]은 맥주 아로마 휠을 나타낸 것으로 관능평가에 표준으로 사용되는 것이다. 총 96개의 표현으로 구성되어 있고 9개의 대분류와 7개의 향과 맛에 대한 중분류로 구성되어 있으며, 그 안에 32개의 향미에 대한 용어가 정립되어 있다. 물론 맥주 시음 시 아로마 휠에 명기된 용어나 정의에 반드시 의존할 필요는 없다. 96개의 맛과 향에 대한 소분류는 묘사 표현을 좀 더 구체적으로 할 수 있도록 도움을 줄 뿐이다. 소비자와의 소통을 위한 맥주 관능평가는 소비자용 아로마 휠을 별도 사용하는 것이 좋다.

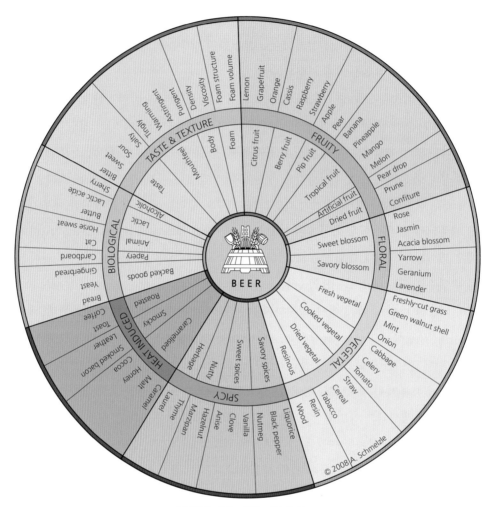

[그림 3-33] 맥주 아로마 휠

[표 3-26]은 맥주의 주요 향미 성분의 관능 표현과 그 성분 및 생성 원인을 나타낸 것이다. 맥주의 향미에는 원료에서부터 제조 과정 모두가 관여되며, 바람직한 향미는 적절히 유지하고 이미 이취 성분은 제거되도록 성분의 생성 원인도 기초 지식으로 알아두어야 품질 관리에 수월하다.

[표 3-26] 맥주의 향미 성분과 생성 원인

| 구분 | 성 분 | 원인 |
|------|------|------|
| 바나나, 에스터 향 | 이소아밀아세테이트 | 효모대사 |
| 파인애플 향 | 에틸카프로산 | 실린더형 발효 용기에서 반복 발효 시 |
| 장미 향 | 2-페닐에탄올 | 효모대사 |
| 곡류취 | 이소부틸아세테이트 | 부적절한 맥아 사용, 맥즙 끓일 때 휘발이 불충분 |
| 단맛, 맥아 향 | 3-메틸부탄올 | 효모대사 |
| 용매취 | 에틸아세테이트 | 양조 및 야생 효모대사(고농도에서 불쾌취) |
| 페놀취 | 4-비닐과이어콜 | 효모 및 야생 효모대사(밀맥주에서 바람직한 향) |
| 알코올취 | 에탄올 | 효모대사 |
| 자극취 | 아세트알데히드 | 효모대사, 미숙성 맥주, 미생물 오염 |
| 맥즙 향 | | 무알코올 맥주(발효 중지 공법) |
| 캐러멜취 | 퓨라네올 | 마이얄 반응물, 필스너 타입에 과다한 캐러멜 맥아 투입, 과다한 맥즙 자비, 장기간 살균 또는 저장 |
| 탄취 | | 로스팅 맥아 과다 투입 |
| 채소취 | 디메틸설파이드 (DMS) | 맥즙 끓일 때 불충분한 DMS 전구 물질 분해, 불충분한 DMS 휘발, 원료에 DMS 전구 물질 과다 함유, 미생물 오염 |
| 불쾌한 쉰내, 자극취 | 뷰티르산 | 맥즙 과정 시 미생물 오염, 메가스페라 세레비지에 오염, 효모의 자가분해 |
| 버터취, 자극취 | 디아세틸 | 미숙성 맥주, 낮은 효모 활성, 페디오코커스 담노수스에 오염, 락토바실러스 코리니포르미스, 엔테로박테리아세아에 오염 |
| 황 냄새, 성냥취 | 이산화황 | 발효 시 과다 이산화황 생성 |
| 썩은 계란취 | 황화수소 | 효모대사(특히 낮은 효모 활성), 미생물 오염 |
| 일광취 | 3-메틸-2-부텐-1-티올 | 재래식 홉 사용(병 색깔 중요) |
| 곰팡이취 | 트리클로르아니졸 | 미생물 오염, 저장 오류, 망가진 규조토 및 청징제, 필터 세척 불량 |
| 신맛 | 산 | 젖산 또는 초산 오염, 브레타노마이세스 오염 |
| 하수구취 | 머캅탄 | 효모 발효, 효모 자가분해 |
| 약품취 | 클로로페놀 · 크레졸 | 염소량이 과다한 양조용수, 포장 재료, 클로로페놀, 소독제 잔여물, 효모의 자가분해 |
| 수컷염소취 | 카프릴산 | 장기간의 숙성과 저장에 따른 효모내 중사슬 지방산 배출 |
| 양파취 | | 맥즙 끓일 때(전단력 발생 시) 황함유 아미노산 |
| 금속취 | | 관 부식, 철분 과다 용수, 지방산화 |

[표 3-27]은 맥주에서 검출되는 대표적인 향기 성분과 그 역치를 나타낸 것이다. 각 향기 성분은 각각 역치가 설정되어 있고, 맥주 분석 시 검출된 농도와 비교하면 아로마가를 설정할 수 있게 된다. 즉 아로마가 1 이상은 맥주 향기에 직접적인 영향을 주는 것이고, 반대로 1 이하면 간접적인 영향만 줄 가능성이 있는 것으로 판단한다. 물론 향기 성분 간의 간섭 현상으로 특정 향기 성분이 강하게 또는 약하게, 경우에 따라서는 중화되는 경우도 발생할 수 있으나 그러한 요소까지 포함하여 관능적으로 판단할 수는 없다.

또 각 역치는 문헌상에 보고된 수치로서 물 또는 에탄올 용액에서의 역치를 나타낸 것과 맥주에서의 역치를 나타낸 것 등 그 기준치가 제각기 다르다. 따라서 표에 제시된 각 향기 성분의 역치는 참고용으로만 활용하며 다른 주종에서는 각 성분의 역치는 또 다르게 나타날 수 있다.

[표 3-27] 맥주 향기 성분의 역치

| 향기 성분 | 역치 (mg/L) | 향기 성분 | 역치 (mg/L) | 향기 성분 | 역치 (mg/L) |
|---|---|---|---|---|---|
| methanol | 10,000 | *tert*-butyl acetate | 24 | hexanal | 0.35 |
| ethanol | 14,000 | isoamyl formate | 5 | 2-ethylbutanal | 6 |
| 1-propanol | 800 | ethyl levulinate | 300 | *cis*-4-heptenal | 0.0004 |
| 2-propanol | 1,500 | ethyl isovalerate | 1.3 | cuminaldehyde | 0.4 |
| 1-butanol | 450 | ethyl valerate | 0.9 | heptanal | 0.08 |
| 2,3-butanediol | 4,500 | isoamyl acetate | 1.2 | 2-ethyl-2-hexenal | 0.2 |
| 2-butanol | 16 | ethyl hexanoate | 0.21 | *trans*-2,*cis*-6-nonadienal | 0.00005 |
| Isobutanol | 200 | isoamyl propionate | 0.7 | *trans*-2,*trans*-4-nonadienal | 0.0003 |
| tert-butanol | 1,600 | *n*-hexyl acetate | 3.5 | octanal | 0.04 |
| 1-penten-3-ol | 0.35 | ethyl heptanoate | 0.4 | 2-ethylhexanal | 1 |
| 1-pentanol | 80 | *n*-amyl butyrate | 0.6 | *trans*-2-nonenal | 0.00011 |
| 2-pentanol | 45 | heptyl acetate | 1.4 | *trans*-2,*trans*-4-decadienal | 0.05 |
| 2-pentanol | 50 | 2-phenylethyl acetate | 3.8 | citral | 0.15 |
| 2-methyl-1-butanol | 65 | ethyl octanoate | 0.9 | nonanal | 0.02 |
| Isoamyl alcohol | 70 | *n*-octyl acetate | 0.5 | *trans*-2-decenal | 0.001 |
| *cis*-3-hexen-1-ol | 13 | methyl caprate | 1 | citronellal | 4 |
| *trans*-2-hexen-1-ol | 15 | ethyl nonanoate | 1.2 | decanal | 0.006 |
| 1-hexanol | 4 | isoamyl hexanoate | 0.9 | hydroxycitronellal | 1.5 |
| 2-hexanol | 4 | ethyl decanoate | 1.5 | 10-undecenal | 0.0035 |
| benzyl alcohol | 900 | octyl butyrate | 1.2 | undecanal | 0.0035 |

| | | | | | |
|---|---|---|---|---|---|
| 1-hepten-3-ol | 0.15 | ethyl undecanoate | 1 | dodecanal | 0.004 |
| 1-heptanol | 1 | ethyl laurate | 3.5 | acetone | 200 |
| 2-heptanol | 0.25 | isoamyl nonanoate | 2 | pyruvic acid | 300 |
| 2-phenylethanol | 125 | octyl hexanoate | 5 | 2-butanone | 80 |
| tyrosol | 200 | ethyl palmitate | 1.5 | acetoin | 50 |
| 1-octen-3-ol | 0.2 | ethyl linoleate | 4 | diacetyl | 0.15 |
| 1-octanol | 0.9 | ethyl oleate | 3.5 | oxalacetic acid | 500 |
| 2-octanol | 0.04 | formaldehyde | 400 | 2-pentanone | 30 |
| 1-nonanol | 0.08 | glyoxal | 7,000 | 3-methyl-2-butanone | 60 |
| 2-nonanol | 0.075 | glyoxylic acid | 2,000 | 3-pentanone | 30 |
| Linalool | 0.08 | acetaldehyde | 25 | 1-penten-3-one | 0.03 |
| Nerol | 0.5 | acrolein | 15 | 2,3-pentanedione | 0.9 |
| $\alpha$-terpineol | 2 | furfural | 150 | cyclopentanone | 200 |
| 1-decanol | 0.18 | propionaldehyde | 30 | 2-hexanone | 4 |
| 2-decanol | 0.015 | D-(+)-glyceraldehyde | 125 | 3,3-dimethyl-2-butanone | 25 |
| 1-undecanol | 0.5 | crotonal | 8 | 4-methyl-2-pentanone | 5 |
| 2-undecanol | 0.07 | 5-(hydroxymethyl)furfural | 1000 | 2,3-hexanedione | 15 |
| 1-dodecanol | 0.4 | 5-methylfurfural | 20 | cyclohexanone | 40 |
| methyl formate | 5,000 | benzaldehyde | 2 | mesityl oxide | 4 |
| methyl acetate | 550 | butyraldehyde | 1 | 2-acetylfuran | 80 |
| ethyl formate | 150 | methional | 0.25 | 2,4-dimethyl-3-pentanone | 8 |
| ethyl acetate | 30 | aldol | 8 | 2-heptanone | 2 |
| ethyl pyruvate | 85 | isobutanal | 1 | 3-heptanone | 3 |
| ethyl lactate | 250 | *trans*-2,*trans*-4-hexadienal | 0.8 | 4-heptanone | 4 |
| *n*-propyl acetate | 30 | phenylacetaldehyde | 1.6 | 5-methyl-2-hexanone | 7 |
| isobutyl formate | 30 | cinnamaldehyde | 6 | 4-methylcyclohexanone | 25 |
| ethyl butyrate | 0.4 | pentanal | 0.5 | 2-octanone | 0.25 |
| ethyl isobutyrate | 5 | 2-methylbutanal | 1.25 | 3-octanone | 0.5 |
| *sec*-butyl acetate | 12 | isopentanal | 0.6 | 2-dodecanone | 0.25 |
| isobutyl acetate | 1.6 | *trans*-2-hexenal | 0.6 | R-ionone | 0.0026 |
| *n*-butyl acetate | 7.5 | hydrocinnamaldehyde | 1 | ionone | 0.0013 |

# 와인의 향미

# 1. 개요

태초에 지구 빙하기가 지나고 기후가 온화해지면서 신석기시대(BC 6000~8000년)에 인간의 정착 생활이 본격화되기 시작한다. 당시 인류는 보리, 외알 밀, 엠버 밀, 병아리콩, 편두, 아마, 살갈취 등 다양한 곡물을 재배하고 저장하기 시작하였다. 물론 당시에는 곡물과 콩과류뿐 아니라 과실류, 견과류와 허브류 등도 재배한 사실이 여러 신석기 유적지에서 발굴된 바 있다. 또 이 시기에는 옹기를 발명하여 식음료의 가공, 운반과 저장에 활용했다는 증거물이 발견되곤 한다.

과실류 중에는 특히 구석기시대부터 지금의 레바논에서 존재해온 야생 유라시아 포도(*Vitis vinifera* sp. *sylvestris*)가 재배되었고, 이 품종은 이후 비티스 비니페라(*Vitis vinifera* sp. *vinifera*)로 개량되어 중동과 이집트를 거쳐 동아시아와 유럽을 비롯해 전 세계로 퍼져 나가게 된다. 현재 8,000~10,000여 종류의 개량된 포도 품종이 존재하는데, 이러한 품종들은 그간 야생 포도를 육종과 교잡을 통해 지속적인 새로운 품종개발에 따른 것이다. 현재 유럽의 많은 포도 품종은 유라시아 지역의 포도 품종과 유전자가 유사한 것이 많으며, 포도 재배 시초 지역인 조지아(Georgia)의 포도 품종은 현재의 피노누아, 네비올로, 시라 및 샤슬리 품종과 유전적으로 매우 유사한 것으로 밝혀졌다.

최근에는 조지아에서 신석기시대(BC 6500년)에 사용했던 옹기에서 주석산 등이 검출되어 포도 재배와 와인 제조가 있었다는 사실을 과학적, 고고학적으로 증명하였다([그림 4-1]).

[그림 4-1] 신석기시대의 와인 옹기

현재 와인 양조산업계에서 대표적으로 사용하는 포도 품종은 매우 다양하며 이러한 품종을 이용하여 레드 와인, 화이트 와인 및 로제 와인을 제조하고 있다. 각 포도 품종은 재배법과 양조 특징이 달라 각 와인의 향미 특성이 다르게 나타난다([표 4-1~4-2]).

[표 4-1] 레드와인 품종의 특징

| 품종 | 재배 특징 | 포도 및 양조 특징 |
|---|---|---|
| Cabernet Sauvignon (카베르네 쇼비뇽) | ● 온화한 기후에서 자라며 후숙종<br>● 곰팡이에 약하고 전 세계에 걸쳐 재배 | ● 포도알이 작고 껍질이 두꺼움<br>● 색소 성분이 많고 탄닌 함량이 높아 오크통 숙성이 적당함 |
| Merlot (멜롯) | ● 냉대 기후에서 자라며 조숙종<br>● 점토질에서 자라며 곰팡이에 민감함<br>● 보르도 지역의 주요 포도 품종으로 전 세계적으로 재배 | ● 카베르네 쇼비뇽보다 껍질이 얇고 카베르네 쇼비뇽과 브랜딩하여 제품화 |
| Gamay (가메이) | ● 조숙종이며 곰팡이에 민감함<br>● 보졸레 제조 품종 | ● 포도알이 중간 크기고 껍질이 단단함<br>● 탄닌이 낮고 산도가 높음<br>● 침출 방법 이용하여 와인 제조 |
| Syrah (시라) | ● 가지치기가 와인 향미에 영향을 주지 않는 품종<br>● 프랑스 북부 론 지방의 주요 품종 | ● 포도는 낮은 산도와 높은 탄닌 |

| Cabernet Franc<br>(카베르네 프랑) | • 외관상 카베르네 쇼비뇽과 유사하<br>며 조숙종<br>• 냉대 기후에서 자라며 전 세계적으<br>로 재배 | • 카베르네 쇼비뇽 와인 보다는 과실향<br>과 탄닌이 적음 |
|---|---|---|
| Pinot Noir<br>(피노누아) | • 조숙종<br>• 토양 특성에 민감함 | • 와인 숙성이 빠름 |
| Nebbiolo<br>(네비올로) | • 후숙종으로 백분병에 민감<br>• 이탈리아 피에몬트 지역 품종 | • 포도의 산도와 탄닌이 높음<br>• 장기간의 와인 숙성 필요 |
| Sangiovese<br>(상지오베제) | • 후숙종<br>• 이탈리아에서 주로 재배<br>• 키안티 와인 품종 | • 포도의 산도가 높음 |
| Tempranillo<br>(템프라닐로) | • 조숙종이며 백분병에 민감<br>• 스페인의 주요 포도 품종 | • 포도의 산도와 탄닌이 높음<br>• 와인의 알코올 도수가 낮음 |
| Zinfandel<br>(진판델) | • 불규칙한 포도 숙성<br>• 온화한 기후와 장기간의 재배<br>• 캘리포니아의 주요 품종 | • 레드 와인, 화이트 와인, 로제 와인 제조 |
| Grenache<br>(그레나체) | • 불모지 토양에서 재배<br>• 프랑스 남부 재배 품종으로 전 세<br>계적으로 가장 많이 재배되는 품종 | • 얇은 포도 껍질<br>• 와인의 알코올 도수가 높고 보통 브<br>랜딩용 와인으로 활용 |
| Malbec<br>(말벡) | • 냉대 기후에 취약<br>• 아르헨티나의 주요 품종 | • 아르헨티나에서 와인 블렌딩용으로<br>활용 |
| Pinotage<br>(피노타쥐) | • 조숙종<br>• 남아프리카 품종으로 수확량이 많<br>아 가지치기가 필수 | • 피노누아와 쌩소(cinsaut)와의 교잡종 |

[표 4-2] 화이트와인 품종의 특징

| 품종 | 재배 특징 | 포도 및 양조 특징 |
|---|---|---|
| Chadonnay<br>(샤도네이) | • 냉대 기후에서 생육, 조숙종<br>• 백분병에 민감하고 프랑스 샤블리<br>와인 제조 품종 | • 와인은 알코올 도수가 높고 산도는<br>낮음<br>• 오크통에서 발효와 숙성 가능<br>와인 향미는 재배 지역에 따라 차이가<br>크고 제조법도 매우 다양 |
| Sauvignon Blac<br>(쇼비뇽 블랑) | • 백분병에 민감<br>• 전 세계적으로 재배되나 특히 프랑<br>스 보르도와 르와르 지역의 주요<br>품종 | • 포도알이 작고 드라이하면서 향긋한<br>와인 제조에 적당하고 털핀 함량은<br>적당함 |

| | | |
|---|---|---|
| Semillon<br>(세미용) | • 보르도 지역 주요 품종 | • 포도알은 중간 크기로 포도송이가 작음<br>• 스위트 와인이나 섬세한 와인 제조에 이용 |
| Chenin Blac<br>(체닌 블랑) | • 숙성 시 햇빛이 필요<br>• 루아르 지역의 주요 품종 | • 포도알은 중간 크기로 껍질이 질김<br>• 스위트 와인, 드라이 와인, 스파클링 와인 제조용 |
| Riesling<br>(리슬링) | • 조숙종이며 백분병에 민감하고 슬레이트 토양에서 생육<br>• 북독일에서 특히 잘 재배됨 | • 포도알은 작고 털핀 함량이 높음<br>• 숙성을 통해 향미 특성을 나타냄 |
| Muscat Blac<br>(머스캇블랑) | • 전 세계적으로 재배되며 특히 호주에서 주로 재배 | • 포도알이 작고 털핀 함량이 높음 |
| Muellerthurgau<br>(뮐러투어가우) | • 조숙종이며 냉대 기후에 적합<br>• 독일과 영국에서 주로 재배 | • 리슬링과 실바너 품종의 교잡종<br>• 포도알은 중간 크기로 고수확 품종 |
| Traminer<br>(트라미너) | • 냉대 기후에서 생육 | • 포도알은 작고 털핀 함량이 적당 |
| Gewuerztraminer<br>(게뷔어츠트라미너) | • 알자스 지방의 주요 품종 | • 트라미너 품종보다 높은 털핀 함량<br>• 알코올 도수가 높고 산도가 낮은 와인 |
| Muscadelle<br>(머스카델레) | • 보르도 지역에서 생육 | • 스위트 화인트 와인 제조용 |
| Scheurebe<br>(쇼이레베) | • 독일, 오스트리아 지역에서 재배 | • 실바너와 리슬링 품종 교잡종 |

# 2. 와인의 분류

일반적으로 와인은 포도 품종, 지리적 특성, 탄산 유무, 알코올 함량 및 색상에 따라 분류한다. 전통적인 와인 분류 방식은 와인 색상에 따라 레드 와인, 화이트 와인 그리고 로제 와인으로 구분한다. 일부 국가에서는 과세를 목적으로 일반 와인, 발포성 와인 및 강화 와인 등으로 분류하기도 하며, 발포성 와인과 강화 와인에는 세금이 더 많이 부과된다.

소비자로서는 포도 품종과 와인 색상을 통해 와인의 향기 강도를 가늠할 수 있으며 지리적 표시와 원산지 명칭 표기를 통해서 와인의 품질 특성을 파악할 수 있다. 물론 소비자는 이러한 기본 정보만으로는 와인 구매 시 품질 관련 정확한 판단을 하기 어려우나 지리적 표시 등이 와인의 품질 등급을 구분하는 일반적인 기준으로 볼 수 있다.

와인을 알코올 함량에 따라 분류하는 경우에는 알코올 함량이 9~14%이면 테이블 와인(table wine), 17~22%이면 강화 와인(fortied wine)으로 분류한다. 테이블 와인은 다시 탄산 함량에 따라 비발포성 와인(still wine)과 발포성 와인(sparkling wine)으로 분류된다. 대부분의 와인은 비발포성 테이블 와인(still table wine)에 속한다.

일반적으로 레드 와인은 화이트 와인보다 떫고 드라이하면서 강한 향미가 특징적인 반면, 화이트 와인은 신맛과 단맛이 강하면서 꽃향기가 특징적이다. 로제 와인은 레드 와인보다는 다소 가벼운 맛이다. 또한 화이트 와인은 대부분 오크통에 숙성을 하지 않으며 일부 프리미엄 화이트 와인의 경우에만 오크통 숙성을 거친다. 그러나 대부분의 레드 와인은 오크통에서 숙성을 하며 특히 225리터 용량의 오크통에서 숙성할 경우 숙성 기간이 단축되고 향미가 증가하게 된다. 일부 레드 와인은 오크통 숙성 후 병 숙성을 별도 거치기도 한다. 와인에 오크 향을 적게 함유하게 하려면 1,000리터 용량의 오크통이나 스테인리스 용기를 사용한다. 그리고 레드 와인의 경우 품종에 따라 숙성 정도를 달리하는데, 예로써 보졸레 누보처럼 맛이 가벼우면서 과일 향이 풍부한 스타일로 제조되는 경우와 카베르네 쇼비뇽과 네비올로 와인처럼 오랜 숙성을 통해야만 세련된 맛을 나타내는 경우도 있다.

최상급의 와인을 만드는데 사용되는 포도를 고풍스러운 포도(noble grape)라고 하는데, 이러한 포도 품종만 전 세계적으로 10,000여 종류에 이른다. 특히 밀러투가우와 가메이 품종은 각각 독일과 프랑스가 원산지이며, 이 두 품종은 전 세계적으로 가장 많이 분포된 포도 품종 중의 하나로 그 명성이 매우 높다. 이렇게 세계화된 포도 품종뿐 아니라 고품질의 와인 제조에 사용되는 지역적인 포도 품종(네비올로, 템프라닐로)들도 물론 많다.

한편 각 포도 품종의 아로마 특성은 포도품종 구별에 기준이 되는데, 어느 품종은 향 특성이 약한 중성이지만 어느 품종은 아로마가 강한 품종이 있다. 예를 들어 콩코드(Concorde) 포도는 유럽 품종인 비티스 비니페라와 미국 품종인 비티스 람부르스카의 교잡종으로 콩코드 와인의 특징적인 안트라닐산 메틸에스터의 향을 풍긴다. 머스캇(muscat) 품종처럼 털피노이드(terpenoid) 함량이 매우 높은 경우는 꽃 향과 과실 향이 와인에서 두드러진다. 그러나 대부분의 포도는 향 특징이 적기 때문에 와인의 향기는 포도 자체보다는 알코올 발효나 숙성을 통해 생성된 것이다. 그리고 포도 자체에서는 느껴지지는 않지만 와인에서는 포도 유래의 향미가 나타나는 경우도 많다([표 4-3]).

[표 4-3] 비발포성 와인 종류에 따른 향미 특성

| 화이트와인 | | | |
|---|---|---|---|
| 장기 숙성 와인<br>(발효는 스테인리스 용기, 숙성은 오크통에서 실시) | | 단기 숙성 와인<br>(발효 및 숙성을 스테인리스 용기에서 실시) | |
| 품종 특유의 아로마가<br>약함 | 품종 특유의 아로마가<br>강함 | 품종 특유의 아로마가<br>약함 | 품종 특유의 아로마가<br>강함 |
| Botrytized wine | Riesling | Trebbiano | Mueller Thurgau |
| Vernaccia di San Gimignano | Chardonnay | Muscadet | Kerner |
| Vin Santo | Sauvignon blanc | Folle blanche | Pinot blanc |
| | Parellada | Chasselas | Chenin blanc |
| | Semillon | Aligote | Seyval blanc |
| 레드와인 | | | |
| 장기 숙성 와인 | | 단기 숙성 와인 | |
| 오크를 입힌 스테인리스<br>용기에서 숙성<br>(프랑스 와인을 제외한 대부분<br>의 유럽 와인) | 오크통 숙성<br>(대부분의 프랑스와 유럽<br>및 신세계 와인) | 품종 특유의 아로마가<br>약함 | 품종 특유의 아로마가<br>강함 |

| Tempranillo | Cabernet Sauvignon | Gamay | Dolcetto |
| --- | --- | --- | --- |
| Sangiovese | Pinot noir | Grenache | Grignolino |
| Nebbiolo | Syrah | Carignan | Baco noir |
| Garrafeira | Zinfandel | Barbera | Lambrusco |
| 로제 와인 | | | |
| 단맛 | | 드라이한 맛 | |
| Mateus | | Tavel | |
| Pink Chablis | | Cabernet rose | |
| Rosato | | White zinfandel | |
| Some blush wines | | Some blush wines | |

발포성 와인은 식전에 마시는 와인으로서 제조 방법에 따라 샹파뉴(champagne) 방식과 이송(transfer) 방식 및 벌크 방식(bulk) 등이 있으며, 일반적으로 와인에 설탕을 첨가 후 2차 발효를 통해 탄산 농도를 높이는 방식이다. 그러나 발포성 와인의 특성은 제조 방식보다는 2차 발효 기간과 포도 품종에 더 많은 영향을 받으며 대체로 발포성 와인은 다음과 같이 분류된다([표 4-4]).

[표 4-4] 발포성 와인 종류에 따른 향미 특성

| 향료 첨가 발포성 와인 | 향료 무첨가 발포성 와인 | |
| --- | --- | --- |
| | 강한 아로마 (단맛) | 약한 아로마 (드라이한 맛) |
| 과실 향이 첨가된 와인,<br>탄산 주입 와인 | 머스캇을 기주로 한 와인 | 전통 방식 |
| | | Champagne<br>Vin Mousseux<br>Cava<br>Sekt<br>Spumante |
| | | 탄산 주입 방식 |
| | | Perlwein<br>Lambrusco<br>Vinhoverde |

강화 와인은 고농도 알코올 주류를 첨가하여 알코올 함량을 높인 것으로 일반적으로 식전 또는 디저트 와인으로 소량 소비되며, 알코올 함량이 높아 병마개를 개봉한 이후도 일정 기간 품질을 유지할 수 있다([표 4-5]).

[표 4-5] 강화 와인 종류

| 향료 첨가 강화 와인 | 향료 무첨가 강화 와인 |
| :---: | :---: |
| Vermouth | Sherry style |
| Byrrh | Jerez-xeres-sherry |
| Marsala | Malaga |
| Dubonnet | Montilla |
| | Marsala |
| | Chăteau-chalon |
| | Port style |
| | Porto |
| | New world ports |
| | Madeira style |
| | Madeira |
| | Muscatel |
| | Muscatel based wine |
| | Setubal |
| | Samons |
| | Mucat de Beaunes de venise |

# 3. 토양과 기후

토양은 이른바 떼루아르(terroir)라고 하는 환경적인 요소를 말하는 것으로 포도 재배에 중요한 요소이며 와인 향미에 직간접적인 영향을 미친다. 포도나무는 담수를 싫어해서 점토질(크기가 0.2mm 이하)로만 구성된 토양은 포도 재배에 적당하지 않고 배수에 용이한 자갈 토양(크기가 2mm 이상)이 오히려 적합하다. 물론 점토질은 질소 등 유기 영양분을 토양에 저장하는 역할을 하기도 한다. 일반적으로 포도나무는 비록 토양에 영양분이 충분해도 흡수를 많이 하지 않기 때문에 비옥한 토양이 필요하지 않아 토양 특성이 와인 향미에 직접적인 영향을 미치는지에 대한 과학적인 근거는 명확하지 않다. 그러나 포도 재배 시 기후는 포도 껍질의 두께와 색상 그리고 숙성에 영향을 미친다. 특히 포도 품종에 따라 조기 또는 후기에 숙성되며 늦게 숙성되는 포도 품종은 가을까지 따뜻한 기후가 필요하다. 또 포도 재배 시 가지치기(전지)는 그 기술이 다양한데, 가지치기 정도에 따라 포도 수확량과 품질에 영향을 미치고 포도 숙성 정도 및 와인 향미에도 영향을 준다. 재배지의 경사와 방향도 포도 재배에 영향을 주기 때문에 와인 향미에 간접적인 영향을 미치는 요소로 볼 수 있다.

한편 구세계 와인을 대표하는 프랑스에서는 토양, 즉 떼루아르가 신세계 와인을 대표하는 미국에서는 기후와 양조 기술이 와인 향미에 영향을 미치는 것으로 판단하기 때문에 와인의 향미 핵심 요소에 대해 국가 간 그 주장이 엇갈린다.

## 1) 토양

포도 재배 조건 중에서 토양이 포도 품질과 와인 특성에 미치는 영향은 상대적으로 크지 않다. 토양은 열과 수분 유지력 및 영양 상태 등을 통해 간접적으로 포도와 와인 품질에 영향을 주게 된다. 예를 들면 토양의 색상과 조직 구성은 토양의 열 흡수에 영향을 미쳐 포도 숙성과 서리 예방에 영향을 주게 된다. 토양의 균일성이 토양 개개의 물리화학적 특성보다 포도와 와인 품질에 더 중요한 것으로 보이며, 토양의 다양성은 포도의 균일한 성장을 방해하여 와인 품질을 저하하는 요인이 될 수도 있다. [그림 4-2]에서와 같이 지역별 포도원의 토양 특성이 다르게 나타난다. 이때 토양 깊이, 질감, 구조와 더불어 토양의 깊이도 수분 이용도와 포도 품질에 영향을 미친다.

한편 고품질의 와인은 대부분 3종류의 암석 토양에서 자란 포도로 제조된 와인으로, 그 암석은 화성암, 퇴적암 및 변성암 등을 말한다. 유명 와인 지역 중에는 샹파뉴(석회암), 샤블리(석회암), 헤레스(석회암) 및 모젤(편암) 등과 같이 단일 암석 토양으로 이루어진 곳도 있고, 라인가우, 보르도 및 보졸레 지역처럼 여러 종류의 암석 토양으로 구성된 지역도 있다. 이처럼 포도원의 토양 특성에 따라 와인의 품질과 향미 특성이 다르게 나타나고 각 와인의 고유 아로마에 영향을 미칠 수 있다.

▶ 자갈토양(프랑스 메독 지역)

- 물 흡수가 가능한 석회가 함유된 자갈흙으로 구성
- 영양분이 적은 토양으로 인해 포도 나무뿌리가 깊이 자라는 특성

▶ 석회토양(프랑스 샹파뉴 지역)

- 피노누아와 샹파뉴 품종에 최적인 석회층으로 구성
- 석회층(6500년)은 진흙층 50cm 이하부터 형성됨

▶ 슬레이트토양(독일 모젤 지역)

- 슬레이트 토양으로 낮에는 열수가 빠르고 밤에는 열을 다시 반사하는 특징
- 고품질의 리슬링포도주 제조에 최적이며 미네랄향(슬레이트취)이 특징

▶ 테라로사(호주 쿠나와라 지역)

- 호주 쿠나와라 지역은 적갈색 토양으로 카베르네쇼비뇽과 쉬라즈 포도주 제조에 최적
- 단맛과 약한 탄닌맛외에 미세한 박하향이 특징

[그림 4-2] 지역에 따른 토양의 특징 비교

## (1) 토양의 질감

토양의 질감은 토양의 크기와 무기질의 구성 비율을 지칭하는 것으로 자갈, 조약돌 및 왕자갈 등을 포함하며 국제적으로 4종류의 표준 크기가 정해져 있다. 즉 거친 모래 (coarse sand), 고운 모래(fine sand), 미사(silt) 및 점토(clay)가 그것이다. 중사(heavy soil)는 점토를 많이 함유한 토양이지만 경사(light soil)는 모래를 많이 함유한 토양이다. 점토와 미사보다 큰 입자들은 변형되지 않은 본래 암석 성분으로 구성되지만, 점토 입자들은 화학적으로나 구조적으로

본래 암석 성분과는 다른 변형된 성분들이다. 점토의 경우 부피 대비 큰 표면적을 가지고 있으며 판 모양의 구조와 음전하를 띄고 있어 토양의 물리화학적 특성에 영향을 미치게 된다. 예를 들면 부피 대비 표면적이 큰 점토의 경우 수분 흡수력은 좋으나 흡수된 수분에 대한 결합이 너무 강하여 수분이 포도나무에는 이용되지 못하게 된다.

한편 토양의 질감은 토양의 호흡, 수분 및 영양소 활용성 등에 영향을 미쳐 포도 성장과 숙성에 영향을 미치게 된다. 또 토양의 질감에 따라 열 유지력이 달라지는데, 미세한 질감으로 구성된 토양의 경우 태양에 의해 흡수된 열을 수분 증발 시 물로 이송시킨다. 반면 돌로 구성된 토양의 경우는 흡수된 열의 대부분을 보유하다가 밤에 대기로 방출하게 된다. 이러한 열은 서리 손상을 막아주며 가을에 포도 숙성을 가속해 주는 역할을 하게 된다.

### (2) 토양의 구조

토양의 구조란 토양 입자들의 결합체가 응집된 상태를 말한다. 응집 형성은 무기물(점토)과 유기물(부식토) 콜로이드의 결합을 통해서 이루어지며 응집물은 모래, 미사 및 유기 잔해물 등을 결합시켜 다양한 응집물의 크기와 안정성 등을 형성한다. 응집물은 다시 토양의 동물군, 뿌리 성장과 서리 등에 의해 재변화하게 된다. 응집성이 큰 토양의 경우는 무른 조직이기 때문에 호흡이 잘 되고 뿌리가 쉽게 뚫고 들어갈 수 있고 수분 유지력도 양호하여 우수한 토양이라고 볼 수 있다. 점토를 많이 함유한 토양의 경우는 다공성이기는 하지만 작은 지름으로 인해 뿌리가 뚫고 들어가기 힘들어 습했을 때 호흡이 어렵다. 따라서 뿌리는 표면 근처에 남게 되고 가뭄 때 수분 스트레스를 받게 된다.

경사(light soil)의 경우는 배수와 호흡이 원활하지만 큰 기공으로 인해 비교적 적은 수분을 유지하게 되는데, 토양의 깊이가 충분하여 뿌리가 지하수에 도달할 정도면 수분 스트레스를 받지 않게 된다. 중사와 경사의 크고 작은 기공의 부정적인 영향은 부식질에 의해 조절되며, 부식질은 기공 크기와 수분의 위쪽, 옆쪽 움직임을 쉽게 하고 수분 흡수를 증가시켜 준다. 토양의 구조가 호흡, 무기질 및 수분 유용성에 영향을 미치지만, 이러한 것들은 포도원 경작 때문에 변화될 수 있으므로 어느 한 지형에서 일정한 상태를 유지하는 것은 아니므로 지형 자체가 포도와 와인 품질에 미치는 영향을 판단하기는 매우 어렵다고 할 수 있다. 일반적으로 밭을 갈지 않는 무경간 농법을 하면 개간한 밭에서보다 뿌리가 더 잘 발달한다.

## (3) 배수 및 물 이용도

이미 언급한 것처럼 토양의 질감과 구조는 물 침투에 영향을 미치며 또 물 이용도에도 영향을 끼친다. 물이 일단 토양으로 스며들면 물은 정전기력(electrostatic forces)에 의해 콜로이드 성분들과 결합하며 응집력에 의해 기공 표면에 붙게 되거나 중력에 의해 토양으로 침투하게 된다. 응집력이나 토양 콜로이드에 의해 흡수된 물만이 뿌리 흡수에 이용될 수 있다. 보르도의 그랑 크뤼 클라쎄(Grand Cru Classe) 와인 등급 순위는 개울이나 배수로에 근접한 깊고 거친 질감의 토양과 관련이 있다. 이는 신속한 배수를 할 수 있으며 뿌리가 토양으로 깊이 파고들 거라는 생각 때문이다. 자유수(free water)는 토양에 24시간 이내에 20m까지 침투할 수 있어 폭우 때에도 물에 잠기거나 가뭄 시에도 물 부족 등의 현상은 거의 없다. 토양층이 얇은 경우에도 가뭄 시기에 수분 부족이나 우기일 때에 물에 잠기는 현상은 거의 나타나지 않는다. 일례로 얇은 토양층으로 이루어진 촘촘한 석회암으로 구성된 셍떼 에미용(St. Emilion) 지역에서는 지하수면(water table)으로부터 물을 위로 흐르게 하는데 매우 효율적이다. 일반적으로 좋은 포도원은 물 침투성과 보유력에 따라 다음과 같이 특징지을 수 있다. 우선 일일 500mm 이상의 물 침투율과 뿌리 지역 내에 150mm 이상의 가용성 물이 존재해야 하며, 뿌리 지역 내에 즉시 가용할 수 있는 물이 75mm 이상이어야 한다. 또 공기가 찬 기공 공간이 15% 이상이어야 한다. 배수가 용이하지 못한 경우에는 포도나무 성장이 지연되고 석회암질 토양에서는 위황병(chlorosis)이 발생하기 쉽고 뿌리 병원균에 의해 공격받기 쉽다. 일부 포도나무에서는 산소 결핍과 이산화탄소 증가에 따라 문제가 발생하기도 한다. 배수가 오랫동안 안 되면 토양 세균에 의한 혐기성 대사로 인해 황화수소가 생성되기도 한다.

## (4) 영양소와 pH

토양의 영양소는 토양 성분, 입자 크기, 부식질 함량, pH, 수분 함량, 호흡, 온도, 뿌리 표면적 및 균뿌리 발달 등에 영향을 받는다. 그러나 토양의 미네랄 성분은 주로 토양 암석 하층부에서 생성된다. 따라서 특정 포도 재배 지역의 우수성은 토양 하층부의 영양 상태에 따라 좌우된다. 토양의 미네랄 함량은 지역마다 상당히 다르며, 와인 품질이 토양의 미네랄 함량 차이에서 온다는 주장도 있지만 학술적으로 증명된 바는 아직 없다.

보르도의 유명 포도 재배 지역에는 등급이 낮은 포도원에서보다 부식질과 영양 성분이 많이 함유되어 있어 전통적으로 매겨진 포도원 등급이 옳을 수 있다. 그러나 사실은 거의 모든 포도원의 영양 상태는 비슷하며 유명 포도 재배 지역에서는 토양의 적절한 관리와 거름 첨가로 인해 포도원 토양의 영양 상태가 좋아진 것이다. 거름 첨가가 가능했던 것은 높은 등급에 따라 얻어진 재정적 혜택에 따라 가능한 것이다. 토양 pH가 미네랄 용해도와 이용성에 영향을 미친다는 것은 이미 알려져 있으나, 와인 나무에 의해 흡수되는 미네랄은 주로 뿌리의 생리와 균뿌리에 의해 조절된다. 따라서 포도나무의 미네랄 함량이 곧 토양의 미네랄 함량을 직접 반영하는 것은 아니다. 또 고품질의 와인은 산성, 중성 및 알칼리 토양에서 자란 포도로부터 생산되기 때문에 토양의 pH나 미네랄 성분 등은 와인 품질과 향미에 직접적인 영향은 별로 없다고 할 수 있다.

## (5) 색도와 유기질

토양의 색도는 미네랄 구성 성분, 수분 및 유기물 함량에 좌우되는데, 칼슘을 함유한 토양은 흰색을, 철분을 함유한 토양은 불그스레한 색을 그리고 부식질을 함유한 토양은 검은 갈색이나 검은색을 띠게 된다. 토양 색상을 통해 토양의 나이, 온도와 습도 특성 등도 알 수 있다. 저온 지역의 표토(topsoil)는 부식질의 축적에 따라 갈색 내지 검은색을 띠고, 고온 다습한 지역에서의 토양은 산화 제2철의 수화작용과 토양 본래의 미네랄 성분의 노화에 따라 황갈색을 띠게 된다.

건조한 지역에서는 낮은 유기물 함량에 따라 색상이 엷고 토양 본래의 미네랄 함량에 따른 색을 나타낸다. 비가 내린 후에는 빛 흡수의 증가에 따라 일시적으로 물이 토양의 색을 검게 하는 예도 있다. 색상은 봄에 토양을 따뜻하게, 가을에는 차갑게 하는 역할을 하며 검은색 토양은 습도와 관계없이 빛을 더 많이 흡수한다. 또 습도가 높은 토양은 태양 복사열을 흡수하지만 건조한 토양에서보다는 더 서서히 데워진다.

종종 레드 와인 품종은 검은 토양에서, 백포도 품종은 밝은색 토양에서 재배하는 때도 있는데, 특히 추운 지역일 경우 적포도 품종을 검은 토양에서 재배하면 색상 증진에 도움이 된다. 그러나 적포도 품종을 밝은색 토양에서, 백포도 품종을 검은색 토양에서 재배해도 포도색 증진에 영향이 없다는 문헌 보고도 있다.

토양의 유기질은 물 유지력, 투과성 및 영양분 이용성 등에 영향을 주지만, 뿌리는 토양으로부터 유기질을 거의 흡수하지 않는다. 흔히 논쟁이 되는 토양이 직접 와인 아로마에 영향을 미친다는 확실한 증거는 없다. 특정 지역의 와인에서 나는 흙냄새나 돌냄새 등은 토양에서 온 아로마가 아니라 발효나 숙성에서 유래된 아로마로 보는 것이 타당하다. 일부 떼루아르에서는 실제로 오크통을 비위생적으로 관리하여 브레타노마이세스의 증식으로 인해 발생하는 이취를 흙냄새로 오인하는 때도 있다.

## (6) 지형의 영향

위도와 고도는 포도와 와인 품질에 영향을 미친다. 태양 쪽으로 기울어진 지역에서는 광합성과 열복사 에너지 증진 및 토양이 조기에 데워지고 서리를 피할 수 있게 된다. 포도나무는 이에 따라 포도 숙성이 향상되고 색도와 당분과 산분 등이 조화를 이룬다. 반대로 토양 침식이 증가하며 토양의 영양분 손실 및 수분 스트레스 등이 나타난다.

## (7) 햇빛 노출

포도원을 태양 쪽으로 향하게 하여 햇빛에 더욱 노출하는 것은 매우 중요하며, 특히 경사진 지역에서는 포도원 경도나 위도가 높을수록 더욱 중요한 의미가 있다. 유럽의 주요 와인 생산국 중 가장 북쪽에 있는 독일은 가파르고 남향에 자리 잡은 포도원이 많다. 경사 방향과 경사각의 장점은 태양 복사 에너지가 포도원에 부딪히는 곳의 입사각과 관련이 있으며 이에 따라 햇빛 노출과 가열을 강화시켜 준다. 포도 재배를 위한 가장 높은 위도는 50도이다. 또 햇빛 노출을 위한 최적 경사는 50도인데 이러한 포도원 경사에서는 수작업이 어려우므로 일반적으로 경사가 30도 미만으로 되어 있다. 기계 작업 시의 포도원 경사는 6도 이상이면 어렵다. 동쪽과 서쪽을 향하고 있는 비탈면은 경사가 50도 이상인 경우를 제외하고는 햇빛 노출은 경사에 별 영향을 받지 않는다.

일반적으로 적도로 향해 있는 포도원 경사지가 햇빛 노출을 가장 잘 받을 수 있으나, 실제적으로는 각 지역의 자연 환경과 기후에 영향을 받는다. 햇빛을 향하고 있는 비탈의 중요한 특성은 물과 토양 표면으로부터 반사되는 복사 에너지다([그림 4-3]).

- **황색:** 햇빛의 직사광선 각도가 최적인 상태
- **청색:** 저녁 즈음 찬공기가 강가로 유입
- **적색:** 가을에 강의 따뜻한 공기가 포도원으로 유입

[그림 4-3] **포도원의 기후**

해발이 높은 지역에서는 반사되는 햇빛의 양이 적지만, 해발이 낮은 지역에서는 반사되는 태양 복사 에너지가 50% 이상 된다. 물 표면으로부터 반사되는 햇빛은 특히 봄과 가을에 중요한 의미가 있다. 이것은 특히 위도가 높은 비탈진 포도원에서 중요한 의미를 가지며 비탈이 가파를수록 반사된 태양 에너지가 더욱 많이 차단되게 된다. 북위 49도 48분에 위치하는 독일의 주요 강에서 반사되는 복사 에너지는 남향을 향하고 있는 포도원에서 이른 봄에 흡수된 전체 복사 에너지의 약 39%에 해당한다.

이와 같은 추가적인 햇빛 노출은 봄에 개화 시기를, 가을에는 포도 숙성을 촉진하게 된다. 물로부터 반사된 태양 복사 에너지는 직접 열을 증가시키지 않고, 대부분 적외선 복사 에너지는 심지어 해발이 낮은 곳에서도 물에 의해 흡수된다. 열을 증가시키는 것은 가시광선이 흡수됨으로써 발생하게 된다. 일반적으로 경사진 곳의 포도원에서는 토양의 물과 포도원의 찬바람이 잘 흘러가 배수에 긍정적 영향을 미치는 게 되는데, 건조한 곳에서는 개선된 배수로 인해 오히려 수분 결핍을 유발할 수도 있다. 비탈진 포도원에서는 또한 침식과 영양 결핍이 나타날 수 있는데, 특히 경사진 포도원의 상층부의 토양은 하층부나 인접한 평평한 지역에서보다 얇고 영양 결핍이 심하게 나타난다. 이러한 포도원의 기후와 경사는 포도 품질 및 구성 성분과 더불어 와인의 향미 특성에 영향을 미치게 된다.

### (8) 기타

포도원은 바람에 의해서도 심하게 영향을 받을 수 있으며 풍속 7km/h 정도 불면 경사진 곳의 축적된 열을 잃어버리게 된다. 계단식 포도원의 구조는 바람에 의한 영향을 덜 받을 수 있으나 토양 침식을 유발하는 등의 문제가 발생한다. 연중 온도는 고도가 100m마다 약 0.5℃ 감소하게 된다. 따라서 고도는 포도 숙성과 증식 기간에 상당한 영향을 미치게 된다. 낮은 고도는 높은 위도를, 높은 고도는 낮은 위도를 선호한다. 빛과 자외선의 강도는 고도에 따라 증가하지만 지역의 구름양에 따라 그 강도의 차이는 크게 달라질 수 있다.

## 2) 기후

역사적으로 특정 지역에 알맞은 포도 품종은 경험적으로 선택되었으나, 물리적 요소들의 측정 기술 발달에 따라 지역에 맞는 품종을 과학적으로 분류하기 위하여 이른바 열 합계 단위(heat summation units)의 개념이 도입되었다. 이 단위는 등급 일수(degree days)라 불리며 이 일수는 평균 온도가 10℃ 이상인 달수를 계산한 것이다. 이 등급 일수를 기준으로 캘리포니아는 5개 기후 지역으로 분류되었다. 이 분류 방법은 다른 국가들에서도 도입하였으나, 온도뿐 아니라 다른 기후 조건이 포도 품종에 영향을 미치므로 일반적으로 모든 지역에 적용되는 것은 아니며 캘리포니아 지역에서도 일부 지역에만 적용된다. 이후 좀 더 정교한 측정 방법들이 개발되었는데, 기존의 등급 일수 공식에 습도와 수분 스트레스 등의 요소들을 포함한 위도-온도 지수(latitude-temperature index)를 기반으로 가장 더운 달의 평균 온도를 기준으로 측정하는 방법도 있다.

또 다른 측정 방법은 평균적으로 가장 낮고 높은 온도를 기준으로 하여 측정한 것으로, 가장 더운 달의 평균 온도와 상대 습도를 고려하여 측정한다. 2004년에는 새로운 기후 분류를 하였는데 서늘한 밤 지수(cool night index, CI), 건조 지수(dryness index, DI) 및 허글린 헬리오써멀 지수 (Huglin's heliothermal index, HI) 등이 개발되었다. 이러한 방법은 품종 적응도에 대한 정보를 주며 새로운 재배 지역의 경우 품종의 지역 적응에 대한 예측에 매우 유용하다. 비티스 비니페라 등 주요 품종의 경우 포도 재배를 위한 평균 온도, 강수량 등 기본적인 기후 조건들이 설정되어 있지만 아직도 대다수 포도품종들에 대한 자료들은 거의 없는 실정이다.

## (1) 온도

포도나무의 성장은 연중 온도에 의해 영향을 받으며 일부 포도 품종은 새싹과 잎 형성을 위해서는 최저 평균 온도가 3.4~7.1℃ 정도는 되어야 한다. 온도는 개화(flowering)와 착과 기간(fruit set) 및 효율성에 상당한 영향을 미치며 특히 개화는 평균 온도가 20℃ 될 때까지 일어나지 않는다. 낮은 온도는 개화기, 꽃가루 방출, 발아 및 꽃가루 관 성장 등을 느리게 한다. 예를 들면 꽃가루 발아는 15℃에서는 느리게 나타나지만 30~35℃에서는 활발히 진행된다. 또 수정은 15℃에서 5~7일 소요되지만 30℃에서는 몇 시간밖에 걸리지 않는다. 일반적으로 꽃가루 발아와 관 성장은 높은 온도에서 잘 진행되지만, 최적 수정과 착과를 위한 온도는 20℃ 이상이 되면 좋지 않다. 난세포 수정, 포도씨의 개수 및 포도 무게는 높은 온도에서보다도 낮은 온도에서 더 크게 나타난다. 온도가 광합성에 영향을 미치기는 하지만 정상적인 기후 상황에서는 온도가 포도나무 전체에 결정적인 영향을 미치는지는 명확하지 않다.

잎은 부분적으로 최적 광합성 온도를 조절함으로써 계절별 온도 변화에 적응을 하게 된다. 그간 온도는 포도 숙성과 품질에 결정적인 영향을 미치는 것으로 알려져 왔으며 이를 기반으로 포도 재배 지역 선택의 기준이 되었다. 또 온도는 포도 숙성 과정에서 일어나는 특수한 반응들에 영향을 미쳐 포도의 구성 성분과 와인 품질과 향미에 큰 영향을 미치게 되는 것이다. 일반적으로 온도가 높아짐에 따라 포도 당도는 증가하게 되고 산도는 감소하게 되는데, 포도 맛, 향, 색소 및 숙성 등이 당도와 산도에 의해 영향을 받으므로 수확 시 영향을 미치게 된다. 당분과 산분 함량 관련 포도 숙성을 위한 최적 온도는 20~25℃ 수준이고 안토시아닌의 최적 합성을 위해서는 온도가 약간 낮은 것이 좋다. 또 색상 형성을 위해서는 낮 동안의 온도가 밤 동안의 온도보다 중요하다.

카베르네 쇼비뇽의 경우 온도가 낮으면 식물취가 나며 고온에서는 포도 아로마가 더 생성 된다. 반면 피노누아의 경우 저온에서 일부 아로마는 고온에서보다 더 많이 생성된다. 저온 지역의 온도가 장기간 10℃ 이하로 유지되면 포도 숙성이 지연되고 포도 생리활성에 심한 손 상이 오게 되는데 이것을 냉해라고 부른다. 냉해는 세포막이 과도하게 젤라틴화되어 일어나 는 현상으로 세포 투과성을 증가시킴에 따라 호흡 및 광합성 체계가 붕괴된다. 추위에 대한 내성은 포도 품종에 따라 다르게 나타나는데, 비티스 비니페라 품종 중에서 리슬링, 게뷔어츠 트라미너 및 피노누아 등은 비교적 내한성으로서 단기적으로 영하 26℃에서 견딜 수 있다. 반 면 카베르네 쇼비뇽, 세미용 및 체닌 블랑 등은 영하 17~23℃에서, 그레나체는 영하 14℃에서 견딜 수 있다.

일반적으로 포도나무가 작은 경우 큰 포도나무보다 추위에 내성이 강하며 포도가 추위에 적응하는 동안 전분은 가수분해되어 다당류와 단당류로 분해된다. 샤도네이나 리슬링 포도나 무의 경우 포도당, 과당, 라피노오스 및 스타키오스 등의 당 함유량은 내한성과 연관이 있다.

서리를 방지하기 위해서는 서리가 찬 공기의 유입으로 인해 발생하는 이류성 (advective) 서리인지 열이 추운 밤에 공중으로 날아가면서 발생하는 방사성(radiative) 서리인지를 구분 하여야 한다. 경사진 포도원이 계곡이나 호수 또는 강을 끼고 있을 경우 이류성 서리를 최소 화할 수 있는데, 이는 경사가 찬 공기를 아래로 흐르게 하여 포도원으로부터 멀어지게 한다. 또 산등성이를 끼고 있는 산림지나 방풍림은 찬 공기가 포도원으로부터 비껴가게 할 수 있다. 또 육지와 물 사이의 온도 차에 의해 형성된 공기 순환 형태가 온도 변화 및 방사성 서리 형성 을 감소시킬 수 있다.

## (2) 햇빛

햇빛은 포도나무 성장에 다양한 영향을 미치며 성장에 필요한 에너지 공급원인 광합성을 활성화시키는 역할을 한다. 포도 숙성에 따른 와인 아로마 특성을 보면, 포도가 숙성되었다고 바로 수확하는 것이 아니라 제조하고자 하는 와인 등급과 타입에 따라 숙성 정도를 달리하여 포도를 수확한다. 일례로 독일과 오스트리아의 백포도 중 카비넷 등급(Kabinett)은 당도가 17 브릭스 수준이고, 껍질은 탱탱한 상태일 때의 미숙성 포도를 수확하여 와인을 제조한다. 슈펫트레제 등급(Spaetlese)에서는 당도가 17브릭스 이상으로 껍질이 부드러운 완숙 포도를 말한다. 베어렌아우스레제(Beerenauslese) 등급은 귀부병에 노출된 포도로 당도가 33브릭스 이상이며 와인 수율은 적고 당분과 산도의 농도는 높다. 최고급 등급인 트로큰베어렌아우스레제 (Trockenbeerenauslese) 단계에서는 귀부병에 심하게 노출되어 당도가 38브릭스 이상이며, 수분 증발로 인해 포도는 더 수축되고 당도와 산도가 더욱 높아진다. 이 포도는 핀셋이나 손으로 직접 수확해야 하는 번거로운 작업을 거쳐야 한다([그림 4-4]). 이러한 수확 시기에 따라 포도의 고형분 구성뿐 아니라 향미 구성과 농도에도 차이가 크게 나타나 와인의 품질에 영향을 미치게 된다.

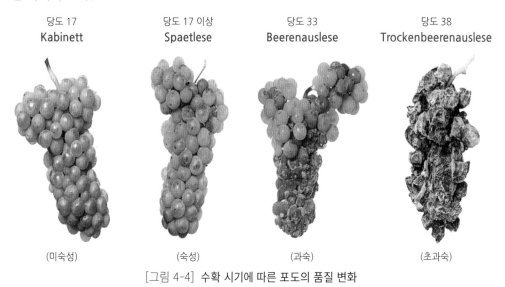

| 당도 17 | 당도 17 이상 | 당도 33 | 당도 38 |
|---|---|---|---|
| Kabinett | Spaetlese | Beerenauslese | Trockenbeerenauslese |
| (미숙성) | (숙성) | (과숙) | (초과숙) |

[그림 4-4] 수확 시기에 따른 포도의 품질 변화

# 4. 와인의 제조 공정

와인의 향미는 앞서 살펴본 바와 같이 포도 재배 환경과 포도 품종 그리고 제조 공정에 좌우된다. 와인은 제조 방법에 따라 와인 향미는 달라지며 각 와인 타입에 따른 제조 공정은 [그림 4-5]와 같다. 와인 제조는 포도 수확 후 포도가 양조장에 도착하면서 시작된다. 양조의 첫 단계에서는 백포도든 적포도든 포도의 잎이나 줄기를 제거한 뒤 압착 또는 파쇄를 거치게 된다.

화이트 와인 제조 시에는 압착된 포도에서 자연히 흘러나오는 자연 유출 포도즙(free run juice)을 압착을 통해 흘러나오는 포도즙과 혼합한다. 자연 유출 포도즙과 1차 압착 포도즙을 혼합하여 발효에 이용하고 2차 및 3차 압착 포도즙은 분리하여 별도로 알코올 발효하는 것이 일반적이다.

레드 와인 제조 시에는 파쇄즙 알코올 발효 때 과피의 접촉을 길게 한다. 이때 효모에 의해 생성된 알코올은 포도의 안토시아닌과 탄닌 성분의 추출을 촉진하며, 이러한 페놀 성분은 레드 와인의 성상, 맛과 향기 등의 기본적인 특성과 숙성에서 특징을 나타낸다. 그리고 자연 유출 포도즙과 압착 포도즙을 혼합 시 그 비율은 제조하고자 하는 와인 유형에 따라 달라질 수 있다.

로제 와인은 적포도를 원료로 하여 과피 접촉을 레드와인 제조 때보다는 짧게 하여 파쇄 즙을 차가운 온도에서 색상이 충분히 침출될 때까지 12~24시간가량 과피 접촉을 진행한다. 알코올 발효는 자연 유출 포도즙과 압착 포도즙을 혼합하여 진행한다. 알코올 발효가 종료되면 젖산 발효를 진행하는 경우도 있는데, 특히 저온 재배 지역에서 재배된 포도로 와인을 제조할 때 젖산 발효는 유용할 수 있다.

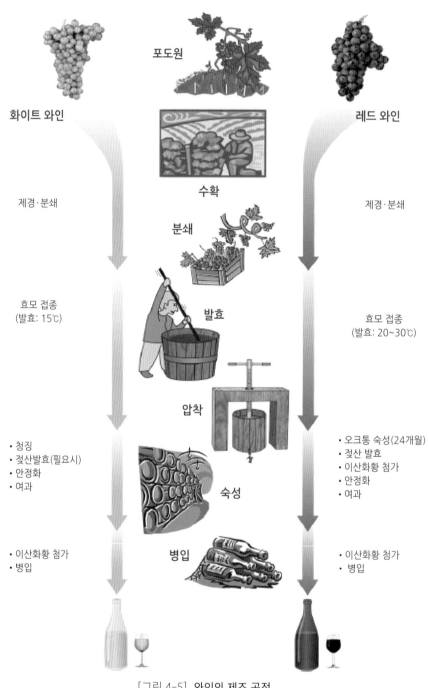

**화이트 와인**

**포도원**

**레드 와인**

**수확**

제경·분쇄

**분쇄**

제경·분쇄

효모 접종
(발효: 15℃)

**발효**

효모 접종
(발효: 20~30℃)

**압착**

• 청징
• 젖산발효(필요시)
• 안정화
• 여과

**숙성**

• 오크통 숙성(24개월)
• 젖산 발효
• 이산화황 첨가
• 안정화
• 여과

• 이산화황 첨가
• 병입

**병입**

• 이산화황 첨가
• 병입

[그림 4-5] 와인의 제조 공정

일반적으로 레드 와인은 대부분 젖산 발효를 실시한다. 반면 화이트 와인은 향기가 약하기 때문에 젖산 발효로 생성된 아로마에 의해 바람직하지 않은 향기가 생성될 확률이 높고, 화이트와인의 산도는 와인에 신선한 맛을 나타내기 때문에 젖산 발효를 일부 와인에서만 실시한다. 그리고 고온 재배 지역에서 재배된 백포도로 와인을 제조할 때는 일반적으로 젖산 발효를 하지 않는다.

알코올 발효가 끝난 와인은 몇 주 내지 몇 달 동안 숙성된 뒤 청징 과정을 거치는데, 이 과정에서 고형물이 숙성 용기 바닥에 침전됨으로써 자연 청징이 이루어진다. 이 침전물은 효모, 세균, 탄닌, 단백질, 칼륨, 주석산 및 크리스털 등으로 구성되어 있다. 이 침전물이 와인에 오래 남아 있으면 이취와 미생물 부패 등이 발생할 수 있어 정기적으로 제거하는 것이 좋다.

그리고 자연 청징 과정을 거친 와인에는 불용성 단백질이 남아 있어 병입 후 혼탁해질 우려가 있으므로 청징제 등을 이용하여 부가적인 청징 과정을 거치게 된다. 이 과정에서 와인에 탄닌 성분이 제거돼 맛이 부드러워진다. 이후 와인을 맑게 하고 안정화를 위해 여과 과정을 거친다. 병입할 때는 미생물 오염과 산화를 방지하기 위해 아황산을 첨가한다. 이후 맛의 조화를 위해 블렌딩을 거쳐 병입한 후 출하한다.

한편 포도는 알코올 발효에 이용되는 당분을 함유하고 있는 과육 부분과 이를 둘러싸고 있는 껍질 부분이 중요하다. 특히 껍질 부분에는 다양한 색소와 향기 성분 그리고 폴리페놀 성분이 다량 함유되어 있어 와인 향미에 영향을 미친다. 껍질이 두껍고 알갱이가 작을수록 고품질의 와인이 만들어지며 특히 레드와인의 경우는 더욱 그러하다. 포도 알갱이 하나는 보통 1~2g 수준이고 포도송이는 보통 50~300개의 포도 알갱이를 달고 있다([그림 4-6]).

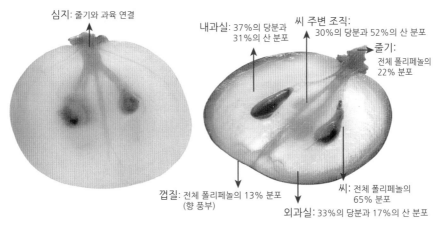

심지: 줄기와 과육 연결

내과실: 37%의 당분과 31%의 산 분포

씨 주변 조직: 30%의 당분과 52%의 산 분포

줄기: 전체 폴리페놀의 22% 분포

껍질: 전체 폴리페놀의 13% 분포 (향 풍부)

외과실: 33%의 당분과 17%의 산 분포

씨: 전체 폴리페놀의 65% 분포

[그림 4-6] **백포도와 적포도의 구성 성분**

# 5. 와인의 향미

## 1) 개요

와인의 향미는 와인의 특징과 스타일을 구별하고 품질을 결정짓는 주요 지표이다. 와인 품질은 생산 지역의 범위, 포도 품종 분포도, 포도 재배 및 양조 방법 그리고 최소 알코올 농도, 단위면적당 수확량, 기기 분석과 관능평가를 포함하는 광의의 개념이다([그림 4-7]).

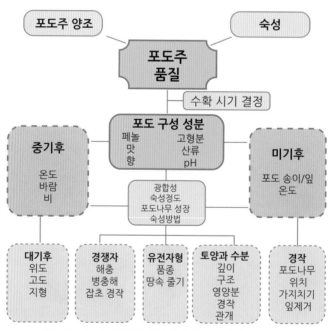

[그림 4-7] 와인 향미와 품질에 영향을 미치는 요소

와인의 향미에 미치는 성분은 기본 향미(basic flavor)와 휘발성 향미(volatile flavor)로 구분된다. 기본적인 향미는 에탄올, 단맛, 신맛, 쓴맛 등이며 휘발성 향미는 에스터류, 고급 알코올류, 지방산류 및 락톤류 등이다.

와인 향미는 이미 언급한 바와 같이 다양한 성분에 의해 영향을 받는데, 주요 성분은 가용성 고형분, 알코올, 당분, 산분, 무기질, 탄닌, 색소, 질소화합물과 향기 성분 등이다. 와인의 상품 가치는 특히 알코올, 가용성 고형분, 당분, 글리세린, 산분 및 향기 함량에 좌우되며, 이는 이화학적 분석과 관능검사로 판단할 수 있다([그림 4-8]).

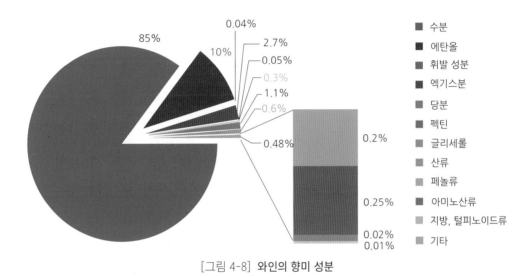

[그림 4-8] 와인의 향미 성분

가용성 고형분이란 증류될 수 있는 휘발성 물질을 제외한 당분과 산분 등을 말하며 평균적으로 화이트 와인에는 20~30g/L, 레드 와인에는 화이트 와인에 비해 약간 높게 함유되어 있다. 일부 스위트 와인에는 30~40g/L 포함되어 있다.

완전 발효된 와인에서는 포도당과 과당 등의 당분은 0.03~0.5%로 미량 존재하며 불완전 발효 시 잔당 농도는 증가한다. 일반적으로 발효 후 과당이 포도당보다 잔당으로 더 많이 남는다. 와인의 잔당이 4g/L이면 드라이 와인으로 볼 수 있다. 물론 완전 발효된 와인에는 항상 펜토오스, 아라비노오스, 람노오스 및 자일로오스 등의 당분도 미량 존재한다.

와인의 에탄올 농도는 빈티지와 종류에 따라 일반적으로 55~110g/L이며 남미 지역 와인에는 110~130g/L를 나타낸다. 에탄올 함량이 114g/L 이상 확인되면 발효가 아닌 에탄올을 고의로 첨가한 와인으로 볼 수 있다.

메탄올은 펙틴 분해에 따라 생성되는 성분으로 와인에 항상 38~200㎎/L 수준으로 미량 분포한다. 또 고급 알코올은 프로판올, 부틸알코올 및 아밀알코올 등이 주요 성분이며 그 외 헥산올, 헵탄올, 노난올과 2,3-부탄디올 등이 미량 존재한다. 그리고 당으로부터 생성되는 글리세린은 6~10g/L 존재하며 와인에 질감과 부드러운 맛을 부여하는 역할을 한다. 솔비톨은 미량 존재하며 D-만니톨은 정상 와인에서는 검출되지 않고 오염된 와인에서만 최대 35g/L 정도 나타난다.

와인의 pH는 보통 2.8~3.8이며 산도는 주석산 기준 5.5~8.5g/L를 나타낸다. 총산에는 주석산, 사과산, 구연산과 발효 부산물인 피루브산, 젖산, 휘발산 등이 포함된다. 초산, 프로피온산 및 고급 지방산 등은 주로 오염된 와인에서 확인된다. 포도즙의 질소 화합물은 대부분 효모대사 시 이용되며 일부 담금 및 압착 때 탄닌 성분과 함께 침전되어 와인에 잔류하는 질소 화합물은 대부분 아미노산이다. 와인의 무기질은 발효 시 효모대사와 주석산염 형태로 침전되어 평균적으로 1.8~2.5g/L 수준으로 남는다.

한편 와인에는 1,300여 종류의 휘발성 성분이 함유되어 있으며 이 성분의 전체 농도는 0.8~1.2g/L 정도이다. 이 중 아로마와 관련된 성분은 일부분이다. 와인의 휘발성 성분은 포도와 발효 중 생성된 발효 부산물 성분으로 구성되어 있다. 머스캣을 비롯한 포도에서 유래된 와인의 아로마에 관여하는 성분은 주로 털핀이며, 이 성분은 포도즙에서는 대부분 냄새가 없는 배당체인 글리코시드 형태로 존재한다.

[표 4-6]은 포도와 와인의 주요 향미 성분을 나타낸 것이다. 에탄올의 경우는 단맛과 알코올 향을 동시에 나타내는데, 에탄올의 농도에 따라 단맛의 정도는 다르게 나타난다.

[표 4-6] **포도와 와인의 주요 향미 성분과 특성**

| 향미 특성 | | 성분 |
|---|---|---|
| 맛 | 단맛 | 포도당, 과당, 글리세롤, 에탄올 |
| | 신맛 | 주석산 |
| | 짠맛 | 염화나트륨, 염화칼륨 |
| | 쓴맛 | 카테킨 |
| 향 | 꽃향 | 리나룰 |
| | 바나나 향 | 이소아밀아세테이트 |
| 자극 향 | 알코올 향 | 에탄올 |

| 질감 | 점도 | 글리세롤, 다당체 |
|---|---|---|
| | 떫음 | 탄닌 |
| 색상 | 색상 | 말비딘-3-글루코시드 |

와인의 향미와 품질에 영향을 미치는 요소 중 맛에 대한 특성을 살펴보면 다음과 같다.

## 2) 맛 성분

### (1) 신맛

#### ① 개요

와인의 신맛은 주로 포도에서 유래하는 주석산, 사과산, 구연산과 알코올 발효를 통해 생성된 젖산과 호박산에 의해 좌우된다. 그 밖에 포도와 알코올 발효 및 귀부병에 의해 생성된 일부 유기산 및 무기산 역시 와인의 신맛에 영향을 미친다. 와인에서 신맛은 산도로 측정되는데 산도가 낮으면 밋밋한 맛을 주고, 반대로 높으면 과도한 신맛을 나타내게 되어 와인 품질에 부정적 영향을 미치게 된다. 와인의 산도는 pH와도 연관이 있으며 pH 역시 와인의 향미와 품질에도 직접적으로 영향을 준다. 예를 들어 낮은 pH는 와인의 항균에 도움에 되고 이산화황의 효과를 극대화하는 데 도움을 준다. 또 레드 와인의 색상을 두드러지게 하며 폴리페놀 성분의 갈색화를 감소시켜 주기도 한다. 전반적으로 와인의 산도는 와인의 산화 정도와 안정성에 영향을 미치며 적절한 산도는 와인을 숙성하는데도 매우 중요한 요소이다.

#### ② 신맛 성분

산도는 와인의 품질과 물리화학적 안정성에 영향을 미치며, 와인의 신맛을 나타내는 성분들로 휘발산과 비휘발산으로 구분된다. 주요 휘발산은 포름산, 초산 및 뷰티르산이며 비휘발산으로는 주석산과 사과산이 있다([표 4-7]). 구연산, 젖산 역시 신맛에 영향을 미치며 호박산과 케토산은 포도 속에 미량 함유되어 있지만 알코올 발효를 통해 그 농도는 증가하게 된다. 그 외 리놀산과 리놀레산도 와인의 향미에 간접적으로 영향을 미친다. 젖산 발효를 거친 레드 와인의 경우는 높은 젖산 농도(900~2,600mg/L)를 나타내고 사과산은 낮은 산도(7~253mg/L)를 보인다.

[표 4-7] 와인의 주요 신맛 성분

| 성분 | 유래 | 농도(mg/L) |
|---|---|---|
| 포름산 | 알코올 발효 | 60 이하 |
| 초산 | 알코올 발효 · 젖산 발효 | 이하 |
| 뷰티르산 | 알코올 발효 | 이하 |
| 이소발레르산 | 알코올 발효 | 0.5 이하 |
| 카프로산 | 알코올 발효 | 1~3 |
| 카프릴산 | 알코올 발효 | 2~17 |
| 카프르산 | 알코올 발효 | 0.5~7 |
| 라우르산 | 알코올 발효 | 1 이상 |
| 글루콘산 | 포도 · 귀부병 | 30 이상 |
| 글루쿠론산 | 알코올 발효 | 1~140 |
| 갈락투론산 | 알코올 발효 | 10~2,000 |
| 2-퓨로산 | 알코올 발효 | 30 이하 |
| $\rho$-하이드록시벤조산 | 알코올 발효 | 1 이하 |
| 프로코카테추산 | 알코올 발효 | 5 이하 |
| 겐티스산 | 알코올 발효 | 5 이하 |
| 호박산 | 알코올 발효 | 50~750 |
| 옥살산 | 알코올 발효 | 90 이하 |
| 피루브산 | 알코올 발효 · 젖산 발효 | 0.008~0.05 |
| 젖산 | 알코올 발효 · 젖산 발효 | 0.0002~0.003 |
| 시나핀산 | 포도 | 5 이하 |
| 갈산 | 포도 | - |
| 페룰산 | 포도 | - |
| 카프타르산 | 포도 | - |
| 쿠타르산 | 포도 | - |
| 페타르산 | 포도 | - |
| 주석산 | 포도 | 1,000~75,000 |
| 사과산 | 포도 | 50~5,000 |
| 구연산 | 포도 | 130~400 |

신남산(계피산)을 기반으로 하는 산은 대부분 쿠마르산 또는 카프타르산 등 에스터 결합 형태로 존재한다. 또 겐티스산과 같이 포도에서 배당체 형태로 존재하는 때도 있다. 글루콘산, 글루쿠론산 및 갈락투론산은 귀부병 와인에서 나타나는 전형적인 산 종류로 알려져 있다. 그리고 백포도 품종(쇼비뇽블랑, 세미용, 무스카델)은 보통 적포도 품종(멜롯, 카베르네 프랑, 카베르네 쇼비뇽, 말벡)에 비해 낮은 주석산 농도를 나타내며 사과산의 경우는 두 품종 모두 유사한 농도를 보인다.

와인의 신맛은 와인에 함유된 수소이온($H^+$) 농도, 즉 pH로 표현된다. 황산과 같은 무기산은 용액 속에서 분자가 해리되어 이온 형태로 존재하기 때문에 낮은 pH를 나타내면서 강산으로서 매우 신맛을 나타낸다. 그러나 와인의 유기산들은 와인에서 비해리 상태로 존재하기 때문에 약산으로 분류되며 보통 pH가 2.8~4.0 정도로 나타난다.

와인의 신맛은 90% 이상이 주석산, 사과산, 구연산 농도에 의한 것이고 호박산은 신맛보다는 향미에 영향을 미친다. 포도 유래 주석산은 알코올 발효 중에 변화가 거의 없으나 사과산은 3~45% 정도 감소된다. 호박산의 경우는 양조용 효모가 알코올 발효 중에 2g/L 정도 생성하며 그중 사카로마이세스 바야누스가 사카로마이세스 세레비지에보다 더 많이 생성한다. 와인의 호박산은 짠맛과 쓴맛을 나타낸다. 젖산의 경우는 부드럽고 상쾌한 신맛을 부여하며 특히 젖산 발효를 통해 6g/L까지 생성된다. 양조용 효모의 경우는 젖산 생성 효소의 비활성으로 젖산 형성이 매우 적다.

한편 와인 젖산균(우에노코커스 속, 락토바실러스 속, 페디오코커스 속)에 의한 젖산 발효는 사과산을 젖산으로 전환시키고 구연산을 초산으로 바꿔 와인 향미에 큰 영향을 미친다. 모든 와인 젖산균은 젖산 발효가 가능하지만 우에노코커스 오에니균이 내산성이 강해 와인 젖산 발효에 가장 흔히 사용된다. 주석산의 경우는 세균에 비교적 안정하기 때문에 일반 와인 세균에 의해서는 분해가 안 된다. 또 일부 호기성 젖산균에 의해 젖산 발효 중 젖산, 초산과 호박산이 생성되는데 이는 와인이 오염되면 나타나는 현상이다. 젖산균에 의해 포도 유래의 구연산 역시 초산과 디아세틸로 분해되어 와인의 향미에 영향을 미친다.

## (2) 단맛

와인의 단맛은 와인에 남아 있는 잔당(자당, 포도당, 과당)에 의한 것이고, 그 외 비발효성 당분(L-아라비노오스, D-자일로오스)은 펙틴 분해에 따라 생성된 것으로 레드 와인에서 주로 확인된다([표 4-8]). 그러나 이러한 비발효성 당분은 그 농도가 매우 낮고 낮은 단맛을 나타내어 와인의 단맛에는 별 영향이 없다. 와인은 잔당의 농도에 따라 스위트 와인과 드라이 와인으로 분류된다. 와인의 알코올과 글리세롤 역시 단맛을 부여하지만 영향은 극히 적다. 와인의 단맛은 와인 온도, pH 그리고 와인에 존재하는 성분 구성에 따라 다르게 나타난다. 일례로 신맛과 쓴맛(떫은맛)은 단맛을 감소시키기 때문에 와인의 폴리페놀 성분은 와인의 단맛에 영향을 미치게 된다. 또 신맛과 단맛의 균형이 잘 맞을 때 좋은 와인 맛을 나타내며 이른바 클로잉(cloying, 신맛 없이 단맛만 너무 강함) 또는 타트(tart, 단맛 없이 신맛만 너무 강함) 맛이 나타나지 않는다.

[표 4-8] 와인의 주요 당 성분

| 구분 | | 농도 (g/L) | 역치(물) (g/L) | 단맛 강도 (10% 용액) | 비고 |
|---|---|---|---|---|---|
| 당분 | 과당 | 0.2~4 | 1.8~2.4 | 114 | 포도의 주요 발효성 당분 |
| | 포도당 | 0.5~1 | 3.6~12 | 69 | 포도의 주요 발효성 당분 |
| | 설탕 | 0~0.2 | 3.6 | 100 | 발효성 당분 |
| | 아라비노오스 | 0.5~1 | 2.5 | | 비 발효성 당분 |
| | 갈락토오스 | 0.1 | 9.0 | | 펙틴 구성 성분 |
| | 람노오스 | 0.2~0.4 | | | 데옥시 당형태로 존재 |
| 당알코올 | 글리세롤 | 7~10 | 5.2~7.7 | | 발효 부산물 |
| | 만니톨 | 0.01~0.05 | 7.3 | 69 | 포도 부패 시 생성 |
| | 아라비톨 | | 6.5 | | |
| | 솔비톨 | 0~0.05 | 6.2 | 51 | |
| | 이노시톨 | 0.2~0.7 | 3.2 | | |
| 당산 | 글루콘산 | 2 | | 신맛 | 포도 부패 시 생성 |
| | 갈락투론산 | 0.1~1 | | 신맛 | 펙틴의 주요 성분 |
| | 2-옥소글루콘산 | 0.1 | | | 포도 부패 시 생성 |

## (3) 쓴맛 · 떫은맛 · 질감

① 개요

쓴맛과 떫은맛은 입과 혀에서 느껴지는 위치가 다르고 원인 물질이 서로 다르다. 질감은 혀에서보다 입속 전체에서 느껴지는 느낌을 말하며, 향미 부분 중에 휘발성 부분을 포함해서 나타내기도 하며, 때에 따라서는 점도를 포함하여 표현하기도 한다.

쓴맛과 떫은맛, 질감은 일반적으로 와인의 폴리페놀 성분으로 인해 나타나는 맛이고, 이 성분은 식물과 과실 특히 포도에 다량 함유되어 있다. 와인의 폴리페놀 성분은 포도 외에 오크통 숙성을 통해 추출되기도 한다. 유럽형 포도 품종인 비티스 비니페라의 주요 폴리페놀 성분은 페놀산, 비플라바노이드, 안토시아닌, 플라바놀 및 플라바노이드이다. 이러한 성분들은 와인에서 역치 이하 또는 이상으로 존재하여 와인의 맛에 영향을 미치게 된다.

폴리페놀은 포도의 껍질, 씨와 줄기에 다량 함유되어 있고 플라바논올(황색)과 안토시아닌(적색)은 껍질에, 플라바노이드, 플라반-3-올 및 플라반-3,4-디올은 씨와 줄기에 분포되어 있다. 이러한 성분들은 와인 가공 공정에 따라 그 농도가 다르게 나타난다.

페놀은 와인 색상과 탄닌 성분으로서 와인 제조에 중요한 요소이며 현재까지 포도와 와인에서 수백 종류의 페놀 성분이 분석되었다. 페놀류는 포도 숙성 시기에 빠르게 축적되며 와인의 색상과 떫은맛을 주게 된다. 페놀에는 포도 과피에 존재하는 플라보노이드계와 중과피에 존재하는 비 플라보노이드계 등 두 부류로 분류될 수 있다. 또 다른 방법은 ⓐ 단량체류(monomeric compounds), ⓑ 다당체류(polymeric compounds), ⓒ 복합 페놀류(combined phenolics), ⓓ 적포도 색소(red grape pigments) 등으로 구별하기도 한다.

단량체류는 벤조산 유도체, 계피산 유도체 및 플라보노이드 유도체 등으로 세분화된다. 다당체류는 카테킨과 에피카테킨, 류코안토시아니딘으로부터 생성되는 응축 탄닌과 갈산 또는 엘라그산으로부터 생성되는 수화 탄닌 등으로 분류된다. 복합 페놀류는 포도에서는 생성되지 않고 계피산과 주석산의 결합 등으로 와인에 존재한다. 적포도 색소는 플라빌리움 이온으로 구성되어 있다. 페놀류는 포도 숙성 시기에 백포도와 적포도의 과피에 분포하는데 적포도의 과피에는 추가로 과피의 하피 조직에 안토시안을 함유하여 적색을 부여하게 된다.

또 폴리페놀은 플라보놀, 플라바논올, 안토시아닌 및 탄닌 성분으로 각 성분의 분자량에 따라 다음과 같이 분류하기도 한다. ⓐ 분자량이 300KDa 이하면 주로 와인 색상에 관여하는 성분으로써 적색을 부여하는 안토시안, 무색의 프로시아니딘, 노란색의 플라보놀 및 쓴맛을 부여하는 플라바놀과 플라보놀 등이 있다. ⓑ 분자량이 500~1,500KDa인 경우 떫은맛, 질감 및 황색을 부여하는 플라반 탄닌 등이 있다. ⓒ 분자량이 1,500~5,000KDa인 경우 떫은맛, 질감 및 적황색을 부여하는 응축 플라반 탄닌 등이 있다. ⓓ 분자량이 5,000KDa인 경우 매우 응축된 플라반 탄닌으로서 불용성으로 존재한다.

한편 포도에서의 페놀 생합성은 시킴산 경로를 통해 이루어진다. 이 시킴산은 여러 단계의 반응을 거쳐 아로마 아미노산인 페닐알라닌, 티로신 및 트립토판으로 전환되며, 페닐알라닌과 티로신이 페놀 성분으로 전환되는 것이다.

플라보노이드계는 주로 포도의 씨, 과피 및 줄기에 분포하는 반면 안토시안과 플라보놀은 주로 과피에 함유되어 있다. 또 카테킨과 류코안토시안은 씨와 줄기에 분포한다. 플라보노이드계의 플라보놀, 카테킨 및 안토시안 등의 성분이 와인 색소에 기여하게 된다. 발효 시 과피 접촉 시간과 발효 온도가 증가할수록 와인의 플라보노이드계의 함량은 증가한다. 이 함량은 전통 방식의 레드와인 양조 시 전체 페놀 성분의 80~90%를 차지하고 발효 시 과피 접촉 없이 발효한 화이트 와인에는 전체 페놀 성분의 25%를 차지하게 된다. 포도와 와인에 함유된 페놀 성분은 매우 다양하며 개개의 페놀 성분을 수치화하기는 매우 어렵다. 따라서 갈산(gallic acid)값을 기준으로 하여 와인의 전체 페놀 함량을 표시하며 이른바 갈산 등량값을 사용한다.

비티스 비니페라 품종에 가장 많이 분포된 플라보노이드는 플라보놀이며 적포도와 백포도의 과피에서 강한 노란 색소를 나타낸다. 또 주요 플라보놀은 쿼세틴(quercetin), 캠페롤(kaempferol) 및 미리세틴(myricetin) 등이며 적포도에서는 위의 세 가지 플라보놀이 함유되어 있지만, 백포도에는 쿼세틴과 캠페롤만 함유되어 있다. 플라보놀 가운데 가장 많은 농도를 차지하는 쿼세틴은 강한 쓴맛을 부여하며 적포도의 색상 안정에 기여하는 것으로 알려져 있다.

그리고 카테킨은 주로 씨와 줄기에 그리고 과피에 소량 분포되어 있다. 이 성분은 단량체 플라보노이드류에서는 가장 중요한 성분이며 4개의 입체 이성체로 존재한다. 화이트 와인에서는 카테킨이 플라보노이드계의 대표적 성분이며 와인 아로마에 상당한 영향을 미친다. 또 카테킨은 화이트 와인의 갈변 전구물질로서 레드 와인에서는 갈변과 쓴맛을 부여하게 되며, 화이트 와인에는 10~50mg/L, 레드 와인에는 200mg/L까지 함유되어 있다. 페놀 성분 중의 탄닌은 페놀 분자의 중합 반응 때문에 생성되며 다양한 구조를 띠고 있고 단백질 등과 결합 형태로 존재하며 안정된 구조를 갖게 된다.

② 쓴맛의 구성 성분

와인에 쓴맛을 부여하는 성분은 단량체 중 카테킨과 류코시아니딘이며 이 성분들이 35mg/L 이상일 때 쓴맛을 나타내지만, 화이트 와인의 경우는 35mg/L 이상 검출되지는 않는다. 플라바논올과 나린진과 같은 플라바논이 리슬링 같은 화이트 와인에서 쓴맛을 주지만 맛에 영향을 주지는 못한다. 그리고 비 플라보노이드 계열인 카프타르산은 4mg/L, 티로솔은 20~30mg/L

일 때 화이트 와인과 레드 와인에서 쓴맛을 나타낸다. 일반적으로 와인에서 플라보노이드 계열 및 그 유도체 성분들이 단량체가 아닌 중합체 형태로 존재할 때 쓴맛보다는 떫은맛을 부여하게 된다.

### ③ 떫은맛의 구성 성분

와인의 떫은맛은 드라이한 맛으로 표현되며 특히 레드 와인에서는 관능상의 특성으로 볼수 있다. 떫은맛은 포도에서 유래한 플라바노이드, 카테킨 및 에피카테킨 등이 원인 물질이며, 그 농도가 너무 높으면 거친 맛이 나타나고 너무 낮으면 밋밋한 맛을 나타내게 된다. 떫은맛은 미각세포로 느끼지 못하며 단지 입안 전체에서 느껴지는 드라이하고 떫게 느껴지는 맛이다.

### ④ 기타 성분

와인 제조 시 포도즙의 야생 효모와 세균 등 잡균 번식 방지를 위해 알코올 발효 전에 이산화황($SO_2$)을 첨가하는데, 이는 특히 젖산균과 초산균의 번식을 방지하는 데 유용하다. 또 이산화황은 포도즙의 pH에 따라 그 효과가 달라진다([그림 4-9]). 포도즙의 pH가 pH 1~3.5까지 이산화황은 아황산 형태($H_2SO_3$)를 띠며 이산화황이 활성화되면서 항균 효과를 나타내는데, 이때 pH가 증가할수록 그 효과는 급속히 떨어진다. 반면 포도즙의 pH가 1~8 사이일 때는 중아황산 형태($HSO_3^-$)를 띠며 항균 효과는 없고 아세트알데히드를 결합하는 기능만을 나타내며 특히 pH가 3.5~6일 때 결합력이 극대화된다. 그리고 포도즙의 pH가 6~9일 때는 아황산이온($SO_3^{2-}$) 형태로 존재하여 항균력은 없고 산소를 결합하는 역할만 한다. 보통 포도즙의 pH가 2.5~4.5 수준임을 감안하면 이산화황의 항균력은 최적화된 환경은 아니지만 알데히드를 결합하는 능력은 극대화되는 환경으로 볼수 있다.

한편 양조용 효모는 이산화황에 타 균보다 덜 민감하여 64mg/L까지는 영향이 없다. 이산화황의 첨가는 저장이나 병입 직전에 첨가하기도 한다. 물론 이산화황은 포도의 페놀 성분의 변색 및 산화를 방지하는 데도 유용하다. 특히 화이트 와인의 경우 색상 변화를 방지하는 데 이산화황의 역할이 매우 크다. 다른 한편으로는 이산화황은 와인에 함유된 아세트알데히드와 결합 형태로 존재하는데, 이를 통해 아세트알데히드의 산화를 막아 와인의 신선도를 유지하는 역할을 하기도 한다.

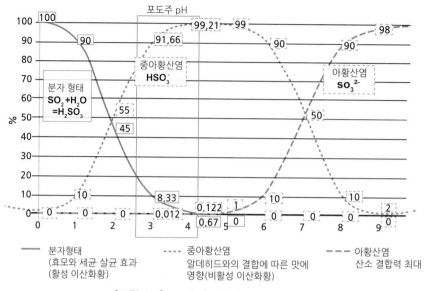

[그림 4-9] pH에 따른 이산화황의 항균 효과

보통 이산화황은 수용성으로 물에 잘 녹아 화학적으로는 아황산 형태로 존재하며, 양조장에서는 메타중아황산칼륨(potassium bisulfite, KHSO₃) 또는 물에 녹인 가스 형태로 주입하게된다. 이산화황은 아황산이나 결합 형태의 이산화황보다는 유리 이산화황(free SO₂) 성분이와인 아로마에 영향을 미치는데 보통 15~4mg/L 농도에서는 타는 듯한 냄새를 느끼게 된다.

알코올 발효 중에 생성되는 이산화탄소는 와인의 톡 쏘는 맛을 부여한다. 화이트 와인에서는 500mg/L 수준의 이산화탄소 농도가 와인의 산화를 방지하여 색상을 유지하고 에스터 성분의 휘발을 유도하여 마실 때 아로마를 증진하는 효과가 있다. 반면 레드 와인에서는 300mg/L수준이 가장 이상적으로 알려져 있다.

그리고 글리세롤은 알코올 발효 시 생성되는 와인의 주요 성분으로 당알코올류(polyols)로서 무색, 무취이며 와인에서 약한 단맛을 부여하면서 점성을 나타내어 질감을 강화해 준다.일반적으로 글리세롤 농도가 높을수록 품질이 높은 와인으로 판단한다. 글리세롤의 농도는와인 종류에 따라 다른데 레드 와인, 화이트 와인과 귀부병 와인에서 각각 6.8, 10.5, 25g/L을나타낸다. 글리세롤의 역치는 화이트 와인에서 5.2g/L 수준이고 점성을 느끼려면 고농도(25.8g/L)의 글리세롤이 필요하다.

와인잔을 기울이면 잔 안쪽으로 끈끈한 점성(tears)이 나타나는 것은 글리세롤과 관련이 없고 미생물 오염에 의해 나타나는 비정상적인 현상이다.

# 6. 향기 성분

## 1) 개요

와인 품질은 맛 뿐만 아니라 아로마 특성을 통해 평가하게 된다. 보통 와인의 향기는 후각 (olfactory), 미각(gustatory)과 삼차 신경(trigeminal)의 상호작용 때문에 느끼게 되지만 후각 이 가장 중요한 역할을 하게 된다. 와인에는 1,300여 종류의 아로마가 존재하는 것으로 알려 져 있으며, 와인의 향기 성분은 와인 품질과 직결되며 소비자에게는 주관적이긴 하지만 와인 의 품질을 판단하는 주요 요소이다. 와인 아로마는 포도(1차 아로마)와 알코올 발효(2차 아로 마) 및 숙성(3차 아로마)에서 유래된 것이다([그림 4-10]). 와인의 전체 아로마 성분은 0.8~1.2g/L 수준으로 그 농도가 매우 적고 또 극히 일부 성분들만이 역치 이상의 농도를 나타 내어 후각으로 느껴지게 된다([그림 4-10]).

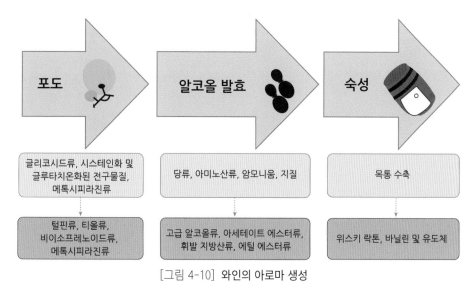

[그림 4-10] **와인의 아로마 생성**

한편 포도의 전처리 공정(포도 압착, 침출, 여과) 역시 와인 아로마에 영향을 미치는 주요 요소이다. 예를 들면 화이트 와인 제조 과정 중 백포도 압착 전에 침용(maceration)을 실시한다. 이는 포도를 으깬 후 포도 껍질과 씨에서 색소, 아로마와 폴리페놀 성분 등을 추출하는 과정으로써 와인의 향미에 영향을 미치게 된다. 특히 침용 방법은 포도즙을 압착하기 전 흘러나오는 프리런 즙(free running juice)의 양과 질 그리고 와인 품질에도 영향을 미치므로 침용 과정은 와인의 향미와 품질에 매우 큰 영향을 주는 과정으로 볼 수 있다.

백포도의 침용은 색소 침출보다는 향기 추출을 주목적으로 한다. 침용을 통해 포도 껍질의 아로마 성분 특히 모노털핀류, 에스터류 및 폴리페놀 성분이 추출되며 침용 시간은 몇 시간 진행한다. 이때 시간이 길수록 온도가 높을수록 향기 성분과 폴리페놀 성분들이 더 많이 추출되지만, 온도가 높다고 해서 추출되는 모든 아로마 성분의 농도가 높아지는 것은 아니다. 일례로 에스터의 경우 15℃에서 추출이 잘되고 그 이상의 온도에서는 추출되는 농도가 오히려 감소하게 된다. 장시간의 침용은 과도한 떫은맛이 나타나 와인의 질감과 맛에 부정적인 영향을 미칠 수 있다.

침용 과정은 산화 반응이므로 포도 파쇄 즙이 산화가 일어나지 않도록 이산화황이나 비타민 C 등을 첨가하여 산화를 방지해야 한다. 일반적으로 백포도 침용은 저온에서 짧게 하면 신선한 과실 향이 나타나고, 길게 하면 와인색이 진해지고 전체적으로 아로마가 풍부해진다. 침용 후 압착한 포도즙으로 알코올 발효를 진행한다.

반면 적포도의 침용은 백포도에서처럼 향기 성분 추출보다는 색소, 폴리페놀과 탄닌 추출이 주목적이다. 백포도에서와 같이 제경 후 파쇄하여 침용을 진행하고 알코올 발효 후 압착 과정을 거친다. 일부 포도 품종(피노누아, 시라)의 경우는 파쇄하지 않고 포도 알갱이 통째로 낮은 온도에서 침용하여 껍질에서 탄닌의 추출을 적게 하고, 알코올 발효를 서서히 오래하는 방법을 사용하기도 한다. 물론 적포도 침용에서도 이산화황을 첨가하여 산화와 잡균을 방지한다.

한편 와인 제조 공정 중의 청징 과정은 와인의 혼탁 원인 물질을 제거하려는 목적인데, 보통 알코올 발효 전 또는 숙성 전 또는 병입 전에 실시하며 그 시기와 방법은 제조자가 와인 특성에 따라 정한다. 알코올 발효 전 청징 방법은 자연 청징, 자연 청징+효소제 첨가, 자연 청징+효소제+청징제 첨가, 여과 후 자연 청징+효소제+청징제 첨가 등 4가지 형태로 분류할 수 있다. 이때 사용되는 청징제는 벤토나이트, 활성탄, 젤라틴 및 펙틴 효소 등이다. 물론 청징 과정을 통해 와인의 고형분과 함께 향기 성분 역시 감소하게 되는데, 특히 당분과 결합된 아로마 성분(리나룰, 벤질알코올, 게라니올, 2-페닐에탄올, 유제놀)들의 감소가 크게 나타난다.

그리고 알코올 발효 후에도 청징을 실시하는데 사용하는 청징제에 따라 와인의 향기 성분 감소 정도가 다르게 나타나며, 특히 관능에 영향을 미치는 에스터류(에틸뷰티르산, 에틸카프로산, 에틸카프릴산, 이소아밀아세테이트, 페닐에틸아세테이트), 산류(카프로산, 카프릴산) 및 고급 알코올류(베타페닐에탄올)의 감소가 크게 나타나므로 제조자는 와인의 특성에 맞는 적절한 청징 방법을 선택하는 것이 중요하다.

이미 언급한바와 같이 와인의 각 아로마 성분들은 다양한 출처가 있으며, 주요 아로마로는 모노털핀류, 세스퀴털핀류, 비 아이소프레노이드류, 지방족 화합물류, 페닐프로파노이드류, 메톡시 피라진류, 휘발성 황화합물류, 고급 알코올류 및 에스터류 등이 대표적이다.

와인 아로마의 각 생성 경로와 특성을 구체적으로 살펴보면 다음과 같다.

## 2) 포도 유래의 아로마 성분

와인 맛의 3가지 기본 요소인 단맛, 신맛, 떫은맛은 포도의 구성 성분인 당분, 산분 및 폴리페놀에 의해 정해지고 소량이지만 휘발성 성분들도 와인 향미에 큰 영향을 미치게 된다. 실질적으로 와인의 향미에 영향을 미치는 요소는 포도에 미량 존재하는 휘발성 성분들이다.

앞서 설명한 바와 같이 와인의 아로마는 ⓐ 포도 유래의 1차 아로마, ⓑ 발효를 통해 생성된 2차 아로마, ⓒ 오크통이나 병을 이용한 숙성 저장을 통한 3차 아로마 성분들이다. 1차 아로마 성분들 중 일부는 발효나 숙성 저장을 통해 생성된다. 에스터류, 케톤류, 락톤류 및 고급알코올류 등 강한 아로마를 나타내는 성분들은 포도 자체에서 발현된 것이 아니라 주로 알코올 발효를 통해서 생성된다. 1차 휘발성 아로마 성분에서는 털핀류, 페놀류와 피라진류 등이 주요 성분이며 이러한 1차 아로마 성분들은 일부 와인에서 포도나 품종 특유의 아로마에 기여하게 된다. 결론적으로 와인 아로마는 포도 아로마가 강하지 않는 이상 대부분은 1차 아로마보다는 발효와 숙성 저장을 통해 생성된 2차 아로마에 의해 양적, 질적으로 영향을 더 많이 받는다.

포도 유래의 휘발성 1차 아로마는 대부분 포도 숙성 시기 말기에 생합성되는데, 적포도와 백포도 품종에서 배당체로 합성되었다가 숙성 시기 말기에 발현되는 아로마 성분들도 일부 있다. 그리고 생성된 아로마는 대부분 과피에 분포되어 있으며, 특히 털핀과 그의 유도체인 털피노이드는 메발론산(mevalonic acid)의 생화학적 대사산물로서 외과피 세포의 액포(vacuole)에 분포되어 있다.

또 일부 휘발성 아로마 성분들은 수용성 결합형 배당체로 존재하는데, 글루코시다아제나 펩티다아제 효소에 의해 유리되어 와인의 천연 포도 아로마 생성에 주요한 역할을 하게 된다. 그래서 와인 제조 시 와인 아로마 성분의 추출 목적으로 글루코시다아제나 펩티다아제를 인위적으로 발효 시 첨가하는 경우도 있다.

포도의 또 다른 주요 향은 탄화수소인 리모닌과, 미어신 및 탄화수소 유도체인데, 이 유도체들은 다시 리나룰과 게라니올과 같은 털핀올류와 리아알, 게라니알과 같은 알데히드류 등으로 변환된다. 특히 털핀올류는 포도 숙성 기간에 다량 생성되어 유리형과 결합형으로 존재한다. 일부 휘발성 털핀류는 머스캇 및 비머스캇 포도 품종(리슬링, 게뷔어츠트라미너, 뮐러투어가우 등) 특성에 중요한 역할을 한다. 특히 머스캇 포도 품종에서는 털핀올류와 폴리올이 포도와 와인 아로마에 결정적인 영향을 미친다. 머스캇 포도에서는 털핀올류인 리나룰은 숙성 시작 후 2주 정도에, 게라니올, 털피네올과 같은 털피노이드류는 포도 변색기 후 1개월 정도에 생성된다. 리슬링 품종의 경우 리나룰과 리놀레산이 포도즙과 와인의 주요 성분이 된다. 테트라털핀류인 카로티노이드의 산화분해물 중에는 탄소 원자 13개를 지닌 $C_{13}$-비이소프레노이드가 있는데 이 물질도 포도 아로마에 큰 영향을 미친다.

한편 비이소프레노이드는 화학적으로 메가스티그만(megastigmane)과 비메가스티그만(non megastigmane) 등 두 그룹으로 분류된다. 메가스티그만 중에 베타다마세논은 리슬링과 쇼이레베 품종에서 처음으로 발견된 이후 거의 모든 포도 품종에 함유되어 있는 것으로 추정되며, 레드 와인에서 역치가 5,000ng/L 수준으로 매우 낮다. 베타다마세논은 꽃 향이나 열대과일 향을 낸다. 메가스티그만의 또 다른 종류인 베타이오논은 와인에서 역치가 $1.5\mu g/L$로서 제비꽃 향을 내며 머스캇 품종뿐 아니라 여러 백포도 품종에서 확인되는 아로마 성분이다.

와인에서 발견되는 그 밖의 $C_{13}$-비이소프레노이드는 3-옥소-$\alpha$-이오놀, 3-하이드록시-베타다마세논 및 베타다마세논 등이 있으며, 이들 물질은 위에 언급된 아로마 성분보다는 역치가 높은 편이다. 비메가스티그만의 대표적인 아로마 성분인 1,1,6-트리메틸-1,2-디하이드로나프탈렌(TDN)은 오래된 리슬링 와인에서 석유취를 내며 병 숙성 이후 $200\mu g/L$ 수준으로 검출된다.

그리고 포도에 분포되어 있는 질소 함유 성분들도 포도 아로마에 중요한 역할을 한다. 그중에 메톡시피라진, 메틸안트라닐산 및 $o$-아미노아세토페논 등은 비교적 최근에 발견되었으며 포도 속에 소량 함유되어 있다. 특히 2-메톡시피라진류는 적은 농도로도 강한 향을 내며 호주, 뉴질랜드 및 프랑스 지역의 쇼비뇽 블랑 포도즙과 와인에서 확인된다. 대체적으로 2-메톡시피라진은 호주처럼 더운 지역보다는 뉴질랜드처럼 서늘한 지역에서 재배된 포도에 더 많이 함유되어 있으며, 포도 변색기에 비교적 높은 농도를 나타내다가 포도가 숙성되면서 그 농도는 현저히 감소하게 된다. 또 2-메톡시피라진류는 쇼비뇽 블랑, 카베르네 쇼비뇽, 카베르네 프랑, 세미용, 게뷔어츠트라미너, 샤도네이, 리슬링, 피노누아 및 멜롯 등의 포도 품종에 분포한다. 특히 2-메톡시-3-메틸프로필피라진은 카베르네피라진이라 불리우며 카베르네 쇼비뇽으로 제조된 와인에 함유되어 있고 주로 식물취, 후추취 등을 나타낸다. 2-메톡시-3-메틸프로필피라진은 일부 와인에서는 50ng/L 정도 확인되는데, 이 성분은 포도 과피에 분포하면서 미숙성 포도씨를 보호하는 역할을 하게 된다.

피라진류 중의 2-메톡시-3-이소부틸피라진은 쇼비뇽 블랑과 카베르네 쇼비뇽 포도와 와인에 녹색 피망 향을 부여하는 주요 아로마 성분이며, 전체 피라진류의 80%를 차지한다. 이 성분의 역치는 2ng/L 수준이며 따뜻한 기후에서 재배된 지역에서 더 많이 생성된다.


그 밖에 포도에 존재하는 2-메톡시피라진류에는 2-메톡시-3-이소부틸피라진과 2-메톡시-3-에틸피라진 등도 포도에서 검출된다. 메틸안트라닐산($C_8H_9NO_2$)은 북미의 포도 품종에서 여우취(foxy aroma)를 내는 대표적인 성분이다. 이 성분은 캔티류, 소다류, 검류 및 약품 등에 아로마를 주기 위해 사용되기도 하며, 특히 새들이 싫어하는 아로마로서 체리 과수원 등에서 새를 쫓는 데 유용하게 이용되기도 한다.

그외 질소가 함유된 성분인 에틸안트라닐산과 $o$-아미노아세토페논 등도 여우취를 내는 성분이다. 예로써 비티스 라브라스카 품종인 콩코드에는 안트라닐산의 농도가 높게 나타난다.

한편 대부분의 포도는 그 구성 성분이 유사하고 미량이지만 특정 아로마 성분이 포도 품종 특유의 향을 나타내는 경우도 많다. 이러한 성분들은 일반적으로 역치가 낮고 아로마가가 높은 편으로 와인 아로마 특성에 영향을 준다([그림 4-11]).

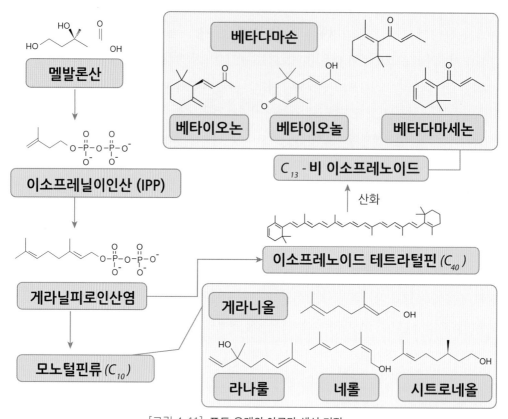

[그림 4-11] 포도 유래의 아로마 생성 기전

이미 기술한 바와 같이 포도 자체에서 유래된 아로마에는 1차 아로마로서 모노털핀, 세스퀴털핀류, 비이소프레노이드, 지방족화합물, 페닐프로파노이드, 메톡시피라진 및 휘발성 황화합물 등이 주요 아로마로 확인된다. 이들 중의 포도 껍질과 과육의 아로마 성분중 일부 성분은 유리 아로마(free aroma)로 존재하여 포도 아로마에 직접적인 영향을 주지만, 대부분의 성분은 포도당 또는 아미노산과 배당체 형태의 결합 아로마(bound aroma)로 존재하기 때문에 포도 아로마에 영향을 주지 못한다.

따라서 포도의 배당체 성분들이 포도즙 추출 과정, 알코올 발효 또는 젖산 발효 과정 중에 미생물의 효소(글리코실 전이효소, 펩티다아제)에 의해 분리되어야 아로마 성분이 비로소 발현되게 된다. 일부 와인의 아로마는 포도 품종에 의해 크게 영향을 받는 경우가 있는데 이는 포도 품종 자체가 매우 강한 향을 가지고 있기 때문이다.

한편 [그림 4-12]에서 보는 바와 같이 포도에는 7개 그룹의 서로 다른 아로마 성분 전구물질을 보유하고 있는데, 그중 5개 그룹은 와인의 아로마 형성에 직접적인 연관성이 있고, 2개 그룹(스트렉커 아미노산 대사와 지방산 대사)은 와인의 아로마 형성과는 관련이 없는 것이다.

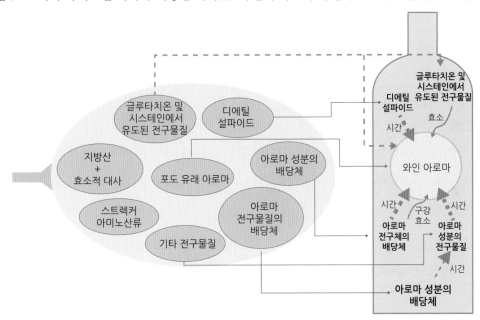

[그림 4-12] **포도 아로마의 와인으로 전이 과정**

포도 아로마의 대표적인 성분은 털핀류이고 4만여 종류가 있다. 털핀은 이소프렌으로부터 생합성되며 분자 크기에 따라 헤미털핀(이소프렌이 한 개인 경우), 모노털핀(이소프렌이 두 개인 경우), 세스퀴털핀(이소프렌이 세 개인 경우), 디털핀, 트리털핀 및 테트라털핀 등으로 분류된다.

털핀류 중 와인에 향기를 부여하는 주요 성분은 유리 모노털핀류(free monoterpenes)이다. 이 성분은 포도 껍질에 분포되어 있지만 과육에도 함유되어 있다. 껍질에는 주로 제라니올과 네롤이, 리나룰은 주로 과육에 분포해 있다. 일반적으로 모노털핀류는 포도품종에 따라 3그룹으로 분류된다. 1그룹으로는 샤도네이, 그레나체, 템프라닐로 품종처럼 유리 모노털핀의 함량이 적어 중성인 품종(중성 아로마 품종), 2그룹으로는 리슬링, 쇼이레베, 게뷔르츠트라미너 품종처럼 모노털핀이 많은 품종(강한 아로마 품종, 1~4㎎/L) 그리고 3그룹으로는 머스캣, 머스캣블랑, 머스캣 알렉산드리아 품종처럼 유리 모노털핀의 함량이 매우 많은 품종(매우 강한 아로마 품종) 등으로 분류된다.

일부 유럽에서는 각각의 와인 향기 패턴 구별을 위해 모노털핀 15가지를 기준으로 삼기도 한다. 머스캇 포도 품종이 다른 포도 품종보다 모노털핀류가 많은 것은 69개의 다양한 모노털핀 합성 효소를 함유한 유전적인 특성 때문이다. 마찬가지로 포도 품종 특유의 특정 아로마 성분이 많이 분포된 것은 특정 아로마를 생성하는데 필요한 합성 효소들이 풍부하게 함유되어 있거나 활성화하는 특정 유전자가 있기 때문이다. 일례로 유럽 포도 품종 중에 머스캇 품종은 특이한 털핀류의 향을 나타내고 역치 이상의 농도를 보인다([표 4-9]). 머스캇 포도 품종은 털핀류가 5mg/kg 수준으로 검출되는데, 이는 다른 포도 품종(0.5mg/kg)에 비해 월등히 많은 농도이다.

또 다른 털핀류인 세스퀴털핀은 포도 내 상대적으로 농도가 적고 역치가 높아 아로마에 미치는 영향이 모노털핀류에 비해 적다. 그러나 로툰돈(rotundone)은 후추 향을 부여하며 역치가 레드 와인에서 16ng/L로 매우 낮은 편이다. 특히 시라 와인에서 220ng/L가 검출되어 포도 품종 특유의 향을 풍긴다.

[표 4-9] **머스캇 포도 유래 아로마**

| 구분 | 포도품종 | 관능 | 역치($\mu$g/L) | 농도 |
|---|---|---|---|---|
| 리나룰 | 머스캇 | 꽃 향 | 6 | 0.06~1.5mg/L |
| 게라니올 | 머스캇 | 시트러스 향, 장미 향 | 40 | 0.09~1.1mg/L |
| (Z)-로즈 산화물 | 트라미너 | 장미 향 | 0.5~50 | 7~29 $\mu$g/L |
| 알파 아미노아세토페논 | 콩코드 | 캐러멜 향 | 0.2 | 10~20 $\mu$g/L |
| 메틸안트라닐산 | 콩코드 | 오렌지 향 | 3 | 0.8~6mg/L |

## 3) 발효 유래의 아로마 성분

발효 유래의 아로마 성분은 2차 아로마로서 포도의 당분, 산분, 지방산, 질소 성분(단백질, 피리미딘, 핵산) 및 계피산 등의 성분들이 알코올 발효나 젖산 발효를 통해 고급 알코올류, 에스터, 황화합물 및 산류 등으로 전환된 것이다. 이때 효모와 젖산균은 발효 중에 생성하는 발효 부산물뿐 아니라 포도 내 배당체 형태로 존재하는 아로마 성분들을 포도당으로부터 분리하거나 다른 향기 성분으로 전환하기 때문에 포도에 함유된 아로마보다 더 많은 아로마가 와인에 존재하게 되는 것이다.

## (1) 알코올 발효

① 양조용 효모와 아로마

포도즙에는 미생물이 서식하기에 최적의 영양 조건을 갖추고 있으나 낮은 pH와 높은 당도로 인해 모든 미생물이 증식할 수는 없다. 따라서 포도즙의 산성 조건과 고당도에 살아남을 수 있는 일부 효모와 세균만이 서식하게 된다. 또 이산화황의 첨가와 알코올 발효로 인한 에탄올의 생성으로 인해 잡균의 번식이 어렵게 된다. 한편으로는 이미 설명한 바와 같이 포도 내 아로마 성분들은 다른 성분들과 대부분 결합 형태로 존재하기 때문에 포도 유래의 아로마는 특정 포도 품종 외에는 와인 전체 아로마에 영향이 크지 않다.

그러나 양조용 효모는 알코올 발효를 통해 생성한 아로마 성분의 함량이 포도나 숙성 중에 생성되는 함량보다 더 많아 와인 아로마에 미치는 영향이 매우 크다. 효모는 10여 종류의 속 및 700종이 존재하는데 그중에서 16종만이 와인의 알코올 발효와 관련된 효모들이다. 이들 효모 중 양조용 효모(사카로마이세스 세레비지에)와 비양조용 효모(브레타노마이세스, 칸디다, 크립토코커스, 데바리오마이세스, 한세니아스포라, 크로케라, 클루이베로마이세스, 메트쉬니코비아, 피치아, 로도토룰라, 사카로마이코데스, 쉬조사카로마이세스, 토룰라스포라, 자이고사카로마이세스)가 대표적이다.

양조용 효모에 의한 알코올 발효를 통해 생성되는 주요 성분은 에탄올, 2-페닐에탄올,탄소 수가 3~5개인 고급 알코올류(이소아밀알코올, 프로판올, 부탄올, 이소부탄올, 활성아밀알코올) 및 에스터류(에틸아세테이트, 이소아밀아세테이트, 3-메틸부틸아세테이트)가 대표적이다([그림 4-13]).

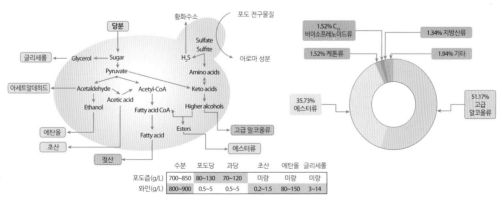

[그림 4-13] 효모 유래의 주요 아로마 성분

한편 효모에 의해 진행되는 알코올 발효 과정 중에 미생물의 천이가 나타난다. 즉 발효 초기에는 주로 호기적 조건을 선호하는 비양조용 효모(크로케라, 한세니아스포라, 칸디다)가 지배종으로 주도하고, 그다음 알코올 농도가 3~4%가량 되면 비양조용 효모인 메트쉬니코비아와 피치아가 지배종으로 알코올 발효를 이끈다. 그러나 발효 시간이 지나면서 알코올 내성이 강한 혐기적 조건을 선호하는 양조용 효모에 의해 알코올 발효가 진행되고 종료된다. 이렇게 와인의 알코올 발효는 다양한 효모들이 관여하면서 각 효모가 발효 중에 분비한 부산물들에 의해 와인의 향미는 영향을 받게 된다. 다른 주류에서와 마찬가지로 와인의 알코올 발효 역시 양조용 효모 주도하에 진행되어야 예측 가능한 향미를 발현시키고 주질을 일정하게 유지하는 와인 제조가 가능하다. 반면 비양조용 효모는 독특한 향기 성분 생성과 질감 향상 등 일부 장점에도 불구하고 알코올 내성이 약하고 예측할 수 없는 품질 특성을 나타내기도 한다.

한편 효모는 다음과 같은 역할 때문에 와인 아로마에 영향을 미치게 된다.
ⓐ 비양조용 효모류가 포도 수확 전 영양분 경쟁 관계에 의한 곰팡이류의 증식 조절
ⓑ 알코올 발효를 통한 발효 부산물 생성
ⓒ 알코올 발효를 통한 포도 내 비휘발성 성분을 휘발 성분으로의 전환
ⓓ 알코올 발효 후 효모 자가분해 및 자가분해 부산물 생성
ⓔ 효모 자가분해에 의한 젖산균과 잡균 증식 역할

그리고 효모의 아로마 형성 관련 다양한 역할 중에서도 알코올 발효를 통해 생성하는 부산물이 가장 중요한 역할인데, 이는 알코올 발효를 통해 생성되는 성분이 아로마가 높고 낮음을 떠나 전체 아로마 성분 중에서 가장 많은 비율을 차지하기 때문이다. 알코올 발효를 통해 생성되는 아로마에 영향을 미치는 성분 중에 특히 에탄올, 글리세롤 및 초산이 중요한데, 이는 이들 성분이 비록 아로마가 낮지만 함량이 많아 전체 와인 아로마에 영향을 미치기 때문이다. 예를 들어 와인의 알코올이 10%에서 9%로 낮아지면 전체 아로마에 영향이 없으나 7%로 낮아지면 사과 향, 과실 향과 휘발산 향이 강해지는 효과가 나타난다. 알코올 농도에 따라 와인의 아로마가 다르게 나타나는 것은 아로마 성분 간 상호작용의 강도와 성분들의 화학적 구성 비율이 달라지기 때문이다.

최근에는 지구 온난화로 인해 포도 당도가 높아지고 그에 따라 알코올 농도가 점차 높아지는 현상이 나타난다. 이에 따라 높은 당도로 인한 효모의 삼투압 현상이 나타나고, 알코올 발효 부산물인 고급 알코올에서 나타나는 과실 향이 허브 향과 약초 향으로 감지되는 현상이 나

타난다. 또 탄닌의 떫은맛, 쓴맛과 거친 맛이 강해지는 현상도 부작용으로 나타난다.

와인에서 에탄올 다음으로 많이 검출되는 글리세롤은 와인의 질감(촉감)을 강화시켜 주는 성분으로 와인에서 보통 5g/L 검출된다. 글리세롤은 최근 연구에 의하면 질감뿐 아니라 와인 아로마를 강화해 주는 역할을 하는 것으로 알려져 있고, 특히 이러한 역할은 레드 와인에서보다는 화이트 와인에서 두드러지게 나타나는 것으로 문헌에 보고되고 있다.

아세트알데히드는 알데히드류의 90%를 차지하며 와인에서 적은 농도로는 상쾌한 과실 향을 나타내지만, 농도가 높을 때는 거친 향과 풀취 등의 이취가 나게 된다. 또 이 성분은 화학 결합력이 강해 단백질, 아미노산 등과 결합하여 또 다른 향미를 부여한다. 와인의 또 다른 아로마 성분인 고급 알코올류와 휘발성 지방산은 아미노산 대사와 직접적인 관련이 있는데 특히 발린, 류이신 및 이소류이신과 연관이 있다.

한편 와인 효모의 알코올 발효 시 가장 중요한 요소는 온도이며 발효 온도에 따라 와인 아로마의 생성은 달라진다. 일반적으로 고온 발효 시 아로마 성분이 저온 발효에서보다 더 많이 생성되는 것으로 알려져 있으나, 최근의 연구에서는 모든 아로마 성분에 일률적으로 적용되지 않는 것으로 문헌에 보고되고 있다.

일반적으로 와인의 알코올 발효는 효모 증식이 원활한 15~25℃에서 진행한다. 낮은 온도에서 발효한 와인에서는 에스터류 중에 과실 향을 풍기는 성분들, 즉 이소아밀아세테이트(바나나 향)와 노르말헥실아세테이트(자두 향)가 많이 생성된다. 반면에 고온 발효에서는 묵직한 향을 부여하는 에틸카프릴산(풋사과 향), 에틸카프로산(파인애플 향) 및 2-페닐에틸아세테이트(장미 향)가 많이 생성되는 것으로 알려져 있다.

특히 발효 온도 차이 따른 가장 큰 아로마 성분은 에스터류이다. 예를 들면 레드 와인 발효(28℃) 시 생성되는 에스터류는 바나나 향(2-메틸아세테이트), 파인애플 향(에틸-2-메틸뷰티르산) 및 꽃 향(2-에틸에탄올, 2-페닐에틸아세테이트) 등이다. 반면 화이트 와인 발효(15℃)시에는 신선한 과실 향의 에틸에스터류가 더 많이 생성되는 것으로 나타난다([표 4-10]). 그 외 고급 알코올류와 산류 등의 생성 정도도 마찬가지로 발효 온도에 따라 일률적이지는 않다. 일각에서는 고온 발효 시 저비점 아로마 성분들이 휘발되어 전체 아로마 성분 농도가 감소한다고 주장하지만, 저온 발효에서도 저비점 물질들이 고온발효에서와 같은 유사한 수준으로 감소한다는 연구결과도 있다. 이와 같이 발효 온도에 따른 각 아로마 성분들의 생성 정도는 각 아로마 생성과 관련된 효모 유전자의 발현 정도와 연관이 있는 것으로 학계에서는 추정하고 있다.

[표 4-10] 발효 온도에 따른 아로마 생성

| 향기 성분 | | 역치 (mg/L) | 28℃ (mg/L) | 15℃ (mg/L) | 아로마가 (28℃) | 아로마가 (15℃) |
|---|---|---|---|---|---|---|
| 알코올류 | 2-메틸프로판올 | 40 | 105 | 110 | 2.6 | 2.8 |
| | 활성아밀알코올 | 30 | 34 | 45 | 1.2 | 1.5 |
| | 이소아밀알코올 | 30 | 215 | 241 | 7.2 | 8.1 |
| | 2-페닐에탄올 | 10 | 66 | 58 | 6.6 | 5.9 |
| | 소계 | | 420 | 454 | | |
| 산류 | 초산 | 200 | 797 | 850 | 4.0 | 4.3 |
| | 2-메틸프로판산 | 200 | 2.3 | 1.7 | 0.01 | 0.01 |
| | 2-메틸부탄산 | 3 | 0.2 | 0.5 | 0.08 | 0.2 |
| | 3-메틸부탄산 | 3 | 0.4 | 0.3 | 0.1 | 0.1 |
| | 카프로산 | 3 | 0.5 | 1.1 | 0.2 | 0.4 |
| | 카프릴산 | 8.8 | 1.1 | 3.4 | 0.1 | 0.4 |
| | 데칸산 | 15 | 1.5 | 4.2 | 0.1 | 0.4 |
| | 소계 | | 803 | 861.2 | | |
| 에스터류 | 2-메틸프로필 아세트산 | 1.6 | 0.2 | 0.2 | 0.1 | 0.1 |
| | 2-메틸부틸 아세트산 | 0.005 | 0.2 | 0.1 | 39 | 28 |
| | 3-메틸부틸 아세트산 | 0.03 | 1.4 | 1.8 | 48 | 61 |
| | 2-페닐에틸아세테이트 | 0.25 | 0.7 | 0.5 | 2.6 | 1.8 |
| | 에틸아세테이트 | 7.5 | 25 | 45 | 3.4 | 6.1 |
| | 에틸프로피온산 | 1.8 | 0.03 | 0.07 | 0.02 | 0.04 |
| | 에틸뷰티르산 | 0.002 | 0.1 | 0.3 | 5.1 | 12.4 |
| | 에틸 2-메틸 뷰티르산 | 0.001 | 0.0017 | 0.0004 | 1.7 | 0.4 |
| | 에틸카프로산 | 0.005 | 0.1 | 0.4 | 25 | 89 |
| | 에틸카프릴산 | 0.002 | 0.2 | 0.7 | 83 | 33 |
| | 에틸카프르산 | 0.2 | 0.3 | 1.2 | 1.5 | 6.0 |
| | 에틸도데칸노익산 | 2 | 0.2 | 1.1 | 0.1 | 0.5 |
| | 소계 | | 28.4 | 51.3 | | |

② 비양조용 효모와 아로마

비양조용 효모는 과거에는 와인 제조에 바람직하지 않은 오염 잡균으로만 취급하였지만, 현대 와인 양조 제조에서는 향미에 긍정적으로 작용하는 점을 착안하여 비양조용 효모의 역할에 대해 재조명하고 있다. 이러한 효모들은 와인에 복합적인 향 부여뿐 아니라 낮은 도수의 와인 제조 및 잡균 오염 예방에도 역할을 하고 있다. 비양조용 효모는 우리나라 탁약주 제조에도 항상 관여하는 균으로 우리에게도 양조 기술과 학술적인 측면에서 시사하는 바가 크다. [그림 4-14]는 와인 아로마에 관여하는 비양조용 효모를 rRNA 염기서열을 이용한 계통도를 나타낸 것이다.

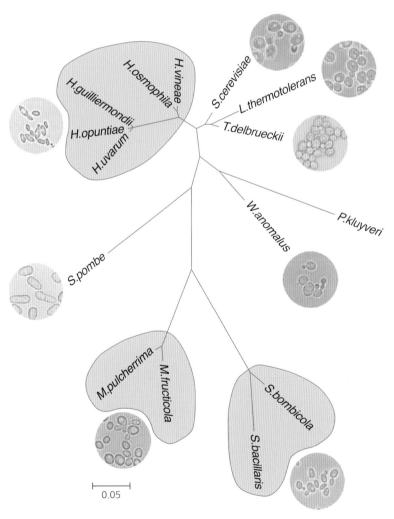

[그림 4-14] **비양조용 와인 효모의 계통도**

일반적으로 비양조용 효모는 증식 관련 산소 요구량에 따라 아래와 같이 3가지 유형으로 분류한다.

ⓐ 산소 요구량이 많은 효모: *Pichia* spp, *Debaryomyces* sp., *Rhodotorula* spp., *Candida* spp. (*C. pulcherima*, *C. stellata*), *Cryptococcus albidus*

ⓑ 발효력이 낮은 효모: *Kloeckera apiculata*, *K. apis*, *K. javanica*

ⓒ 발효력이 높은 효모: *Kluyvermyces maxiams*, *Torulaspora* spp.(*T. globosa*, *T. delbrueckii*), *Zygosaccharomyces* spp.

와인 아로마와 관련된 대표적인 비양조용 효모는 토룰라스포라 델부뤼키(*Torulaspora delbrueckii*), 비커하모마이세스 아노말루스(*Wickerhamomyces anomalus*), 메취니코비아 풀체리마(*Metschnikowia pulcherima*), 한세니아스포라 비네아(*Hanseniapsora vineae*) 및 칸디다 스텔라타(*Candida stellata*) 등이다. 이들 효모의 일부는 양조용 효모 처럼 포도에 결합 형태로 존재하는 아로마 성분을 가수분해 효소(β-글리코시다아제 또는 S-리아제)를 이용하여 향을 발현시키기도 한다.

이러한 비양조용 효모는 특히 와인의 신선감과 생동감을 주는 과실 향과 꽃 향을 부여하는 에스터 성분을 알코올 발효 중에 다량 분비한다. 물론 양조용 효모 역시 에스터류를 생성하지만 비양조용 효모에 비하면 매우 적게 분비한다. 와인의 신선함과 생동감은 맛과 색상 관점에서 보면, 신맛이 강할수록 신선감과 생동감을 주게 되고 비양조용 효모는 와인의 색상 변화를 막아 주는 역할을 하게 된다.

와인의 신선감을 부여하는 에스터 성분의 생성 메커니즘은 비양조용 효모와 양조용 효모 모두 동일하지만, 일부 성분은 비양조용 효모만이 부가적으로 분비하는 때도 있다.

[그림 4-15]는 비양조용 효모의 향기 성분 생성 기전을 나타낸 것이다. 일반적으로 에스터류는 이미 잘 알려진 바와 같이 효모가 알코올 발효 시 아미노산을 합성 또는 분해하면서 부산물로 생성한 알코올류(고급알코올·에탄올)와 산류(유기산·지방산)의 에스터 결합으로 생성된 것이다. 에스터류 중에 역치가 낮은 성분(2-페닐에틸아세테이트, 이소아밀아세테이트, 이소부틸아세테이트)들은 장미 향, 바나나 향과 배 향을 나타내어 와인에 신선함을 부여한다.

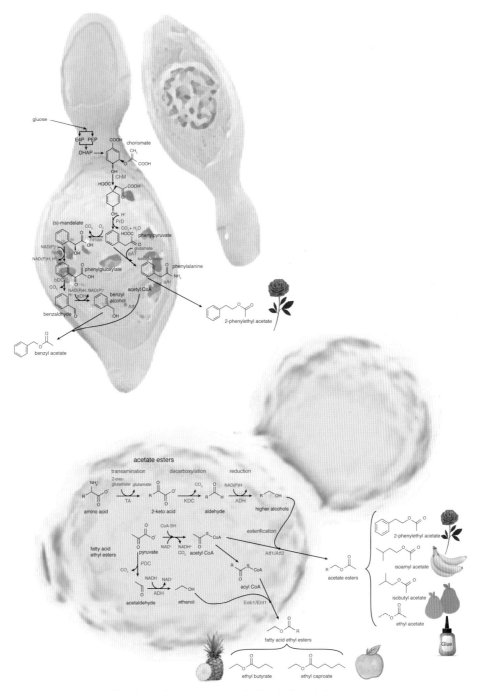

[그림 4-15] 비양조용 효모의 아로마 생성 기전

한편 비양조용 효모들이 와인 아로마에 미치는 영향을 살펴보면 다음과 같으며 이 균들은 우리나라 누룩이나 전통주에도 자주 발견되는 균들이다.

ⓐ 한세니아스포라 비네아는 알코올 발효 중에 에스터류를 분비하는 균으로 벤질아세테이트, 2-페닐에틸아세테이트, 에틸락테이트 및 3-메틸부틸아세테이트를 비교적 많이 생성한다. 특히 벤질아세테이트와 2-페닐에틸아세테이트는 기존 알려진 아미노산 대사 외에 포도당으로부터도 생성되는 것이며, 양조용 효모보다 2~7배가량 많이 분비하며 에틸락테이트의 경우는 역치 이하로 생성된다.

ⓑ 토룰라스포라 델부뤼키는 발효력이 비교적 우수한 균으로 적지만 다양한 향기 성분(에탄올, 고급 알코올류, 휘발 산류 등)을 생성한다. 이 균은 양조용 효모와 혼합 균(양조용 효모 첨가 비율 높게)으로 발효 시 3-머캅토헥산올(그레이프후르츠 향)이 강화되는 것으로 문헌에 보고되고 있다. 또 이 균은 3-에톡시-노르말프로판올(블랙커런트 향)을 강하게 분비하는 것으로 알려져 있다. 그러나 혼합균으로 사용 시 발효 환경에 따라 양조용 효모와의 경쟁 관계로 인해 비양조용 효모의 대사 유지가 일정치 않은 문제가 있어 현재 학계에서는 이와 관련 연구가 진행 중이다.

ⓒ 피치아 클뤼베리는 양조용 효모 처럼 다양한 티올류를 유사한 수준으로 생성하지만, 양조용 효모와 혼합균으로 발효를 할 경우 3-머캅토헥산올을 625ng/L에서 3,000ng/L로 증가시키고, 3-머캅토헥실아세테이트(패션후루츠 향)는 500ng/L에서 1,700ng/L로 증가되는 효과가 나타난다.

ⓓ 메취니코비아 풀체리마는 효소의 활성화($\beta$-글루코시다아제와 $\beta$-자일로오스다아제)로 인해 모노털핀류(리나룰, 게라니올, 네올)와 2-페닐에탄올을 다량 생성하여 와인의 아로마에 영향을 미치게 된다.

ⓔ 라첸세아 써모톨레란스는 젖산 생성(0.3~0.5㎎/L)으로 인해 와인의 신선감에 기여한다. 이 효모는 당 분해 후 피루브산을 거쳐 젖산 가수분해 효소를 이용하여 젖산을 생성한다. 특히 이 효모는 알코올을 10% 이상 생성하고 다른 비양조용 효모와 다르게 이산화황(50~60㎎/L, 총 이산화황) 내성이 강한 것으로 알려져 있다.

ⓖ 비커하모마이세스 아노말루스는 와인에서 뿐만 아니라 우리나라 막걸리 제조 시에도 흔히 검출되는 균이다. 이 균은 향미 생성 역할에 대해 최근 학계에서 조명을 받는 효모로서 다양한 대사를 통해 아로마 성분을 강화시켜 주고, 한편으로는 킬러 성분을 분비하여 술덧의 잡균 오염을 방지하는 역할도 한다([그림 4-16]).

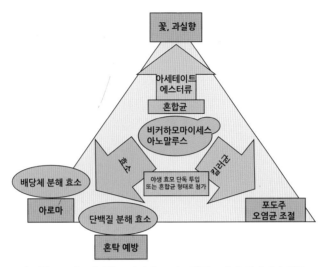

[그림 4-16] 비커하모마이세스 아노말루스의 술덧에서의 역할

양조용 효모와 비양조 효모들이 알코올 발효 중에 생성하는 주요 에스터류와 고급 알코올류의 농도를 보면 [표 4-11]과 같다. 표에서 보듯이 양조용 효모 단독으로 사용할 경우보다는 비양조용 효모 단독 또는 혼합균 형태로 사용했을 경우 아로마의 농도가 많이 생성되는 것을 알 수 있다. 이와 같은 혼합균 형태의 알코올 발효는 우리나라 탁약주 제조 시 흔히 나타나는 현상이다. 여기서 유의할 점은 술덧에서 아로마 농도가 높은 것이 제품 품질과 아로마에 항상 긍정적으로 작용하지는 않는다는 점이다. 즉 각 제품 특성과 캐릭터에 맞는 아로마 성분이 어느 정도 함유되어 있는지가 중요하며 이에 따른 품질과 향기 성분을 관리해야 한다. 물론 이때 이미 이취 성분은 함유되면 안 된다.

[표 4-11] 효모 종류와 아로마

| 아로마 (mg/L) | *S.cerevisiae* | *Candkrusei* | *Metchnikowia Pulch* | *Kloeckera* | *Hansenula* | 90% *Hansenula* 8% *Metchnikowia* 2% *S.cerevisiae* | 30% *Kloeckera* 30% *Hansenula* 30% *Metchnikowia* 10% *S.cerevisiae* | 50% *Kloeckera* 8% *Hansenula* 40% *Metchnikowia* 2% *S.cerevisiae* | 90% *Hansenula* 8% *Kloeckera* 2% *S.cerevisiae* | 90% *Kloeckera* 8% *Metchnikowia* 2% *Sacerevisiae* |
|---|---|---|---|---|---|---|---|---|---|---|
| 에틸아세테이트(꽃 향) | 14 | 971 | 6,540 | 6,123 | 440 | 2,606 | 6,852 | 69 | 2,038 | 1,405 |
| 메탄올(알코올 향) | 40 | 43 | 43 | 38 | 42 | 46 | 47 | 51 | 46 | 46 |
| 프로판올(알코올 향) | 2 | 10 | 31 | 16 | 24 | 15 | 23 | 13 | 19 | 16 |
| 이소부탄올(알코올 향) | 13 | 59 | 174 | 32 | 15 | 17 | 41 | 18 | 27 | 16 |

| 2-메틸부탄올(약품취) | 12 | 29 | 34 | 16 | 17 | 70 | 20 | 20 | 18 | 16 |
| 3-메틸부탄올(알코올 향) | 42 | 87 | 124 | 34 | 58 | 43 | 44 | 46 | 38 | 51 |

비양조용 효모의 주요 대사산물의 특징과 역치를 보면([표 4-12]), 각 비양조용 효모는 생성하는 주요 대사산물과 역치가 다르다. 이에 따라 알코올 발효 시 사용하는 비양조용 효모 종류가 와인의 향미에 영향을 미치는 것을 알 수 있다.

[표 4-12] 비양조용 효모의 주요 대사산물의 특징과 역치

| 구분 | 주요 대사물 | 관능 특징 | 아로마 개선 | 역치 (μg/L) |
|---|---|---|---|---|
| Hanseniaspora, Kloeckera | 2-페닐아세테이트 | 꽃 향, 장미 향 | 꽃 향 2~10배 개선 | 250 |
| | 만난 | 세포벽 물질 | 질감 향상 | - |
| Hanseniaspora vineae | 벤질아세테이트 | 재스민 향 | 꽃 향 | 2 |
| Lachancea thermotolerance | 2-페닐에틸아세테이트 | 꽃 향, 장미 향 | 10~50mg/L | 250 |
| | 에틸락테이트 | 딸기 향 | 40mg/L | 150,000 |
| | 젖산 | 구연산 신맛 | 0.3~16g/L | - |
| Metschnikowia pulcherrima | 2-페닐에탄올 | 장미 향 | 30mg/L | 14,000 |
| | 리나룰 | 꽃 향 | 배당체 털핀 유리화 | 25 |
| Pichia kluyveri | 머캅토헥산올 | 그레이프후르츠 향 | 625ng/L | 0.060 |
| | 머캅토헥실아세테이트 | 그레이프후르츠 향 | 500ng/L | 0.004 |
| Schizosaccharomyces pombe | 피루브산 | 색소 안정화 | 안토시아닌 강화 | - |
| | 마노단백질 | 쓴맛 경감 | 질감 강화 | - |
| Torulaspora delbrueckii | 2-페닐에틸아세테이트 | 꽃 향, 꿀 향 | 꽃 향 2배 강화 | 250 |
| | 에틸카프로산 | 사과 향 | 과실 향 강화 | 62 |
| | 3-에톡실-노르말프로판올 | 블랙커런트 향 | 과실 향 강화 | - |
| Wickerhamomyces anomalus | 2-페닐에틸 아세테이트 | 꽃 향 | | 250 |
| | 이소아밀아세테이트 | 바나나 향 | 과실 향 강화 | 30 |
| | 에틸아세테이트 | 꽃 향(낮은 농도) | 꽃 향 강화 | 12,300 |

현재 비양조용 효모는 와인과 수제 맥주, 중국 약주 제조에도 상용화되어 있는데 와인의 완전 발효를 위해 양조용 효모와 혼합균 형태로 사용되고 있다([표 4-13]). 일례로 3가지 혼합균의 경우, 양조용 효모(60%), 토룰라스포라 델부뤼키(20%), 라첸세아 써모톨레란스(20%) 비율로 섞어 발효하면 양조용 효모가 주도적으로 알코올 발효를 진행한다. 그리고 비양조용 효모는 과실 향과 젖산을 강화시켜 와인의 신선감과 복합적인 아로마 프로파일을 증진하게 된다. 이때 비양조용 효모의 발효 특성과 향미 발현 정도에 따라 투입량과 투입 시기가 다르다.

[표 4-13] 상업용 비양조용 효모

| 구분 | 상품명 | 관능 특징 | 에탄올 생성량(%)/투입량 | 사용 조건 |
|---|---|---|---|---|
| *Hanseniaspora vineae* | OENOBRANS | • 과실 향과 꽃 향 강화<br>• 질감 강화<br>• 부드러움 강화 | 10% | • 낮은 이산화황<br>• 티아민과 효모엑스분 투입 |
| *Lanchancea thermotolerance* | CONCERTOTM CHrHANSEN | • 질감 강화<br>• 부드러운 신맛 강화<br>• 이산화황, 황화수소 및 휘발 산도 저감화 | 10%/<br>25g/100L | • 고온 지역 와인 |
| | LEVEL2LAKTATM LALLEMAND | • 복합 향 강화<br>• 젖산생성과 신선함 강화<br>• 휘발 산도 저감화<br>• 글리세롤 생성 강화 | 10%/<br>25g/100L | 질소 다량 필요<br>유리이산화황 15mg/L 이하 |
| *Metschnikowia fructicola* | GalaTM LALLEMAND | • 향미 개선<br>• 품종 고유의 향미 보존 | 0%/<br>7~27g/100L | • 낮은 pH와 이산화황 50mg/L에서도 사용 가능 |
| *Metschnikowia pulcherrima* | LEVEL2FLAVIA® MP346 LALLEMAND | • 품종 고유 아로마 발현<br>(털펜류와 티올류) | 9%/<br>25g/100L | • 유리이산화황 15gm/L 이하 |
| | LEVULIA® PULCHERRIRIMA AEB | • 2-페닐아세테이트와 이소아밀아세테이트, 털펜류의 생성 강화<br>• 휘발 산도 저감화 | 11.5%/<br>20~50 g/100L | • 품종 고유의 아로마 발현(털펜) |
| *Pichia kluyveri* | FROOTZENC® HrHANSEN | • 휘발성 티올류 강화<br>• 검은후추 향, 멘톨 향 강화 | 4~5%/<br>1 bag/10KL | • 과실 향 강화 |

| | | | | |
|---|---|---|---|---|
| *Torulaspora*<br>*delbrueckii* | PRELUDETM<br>CHrHABNSEN | • 중사슬 지방산에스터 강화<br>• 질감과 부드러움 강화 | 9%/<br>25g/100L | • 과실 향 강화<br>• 젖산 발효 강화 |
| | LEVEL2BIODIVA<br>TD291<br>LALLEMAND | • 복합 향과 에스터 향 강화<br>• 휘발 산도 저감화 | 10%/<br>25g/100L | • 삼투압에 저항성<br>이 강함<br>• 유리이산화황 15<br>mg/L 이하 |
| | ZYMAFLORE®<br>Alpha LAFFORT | • 복합 향과 질감 강화<br>• 티올류 향 발현 | 10%/<br>25g/100L | • 질소 다량 필요<br>• 낮은 휘발 산도 |
| *Torulaspora*<br>*delbrueckii* +<br>*Saccharomyces* spp. | Oenoferm® wild<br>pure F3 Erbsloeh | • 모노털핀과 에스터 강화<br>• 질감 강화 | 20~40g<br>/100L | • 질소 다량 필요<br>• 고농도 알코올에<br>내성 강함 |
| *Torulaspora*<br>*delbrueckii* +<br>*Metschnikowia*<br>*pulcherrima* | ZYMAFLORE®<br>EGIDE LAFFORT | • 향미 중성화<br>• 잡균 방지 | 10%/<br>2~5g/100L | • 이산화황 감소에 따<br>른 잡균 오염 예방 |
| *Schizosaccharomyces*<br>*pombe* | Pro/malic®<br>PROENOL | • 와인의 감산 | 100g/100L | • 와인 젖산 발효<br>• 유리이산화황 14<br>mg/L 이하 |

한편 비양조용 효모가 양조용 효모보다는 풍부한 향미를 부여하는 장점이 있지만, 와인의 이취를 유발하는 휘발성 산류, 황화합물과 고급알코올을 과도하게 생성할 수 있으므로 유의해야 한다([표 4-14]). 특히 토룰라스포라 델부뤼키는 양조용 효모나 다른 비양조용 효모들에 비해 황화수소를 후각으로 인지될 정도로 다량 분비한다. 그리고 메취니코비아 풀체리마는 카프로산과 카프릴산을 과도하게 생성하여 지방취나 치즈취를 풍긴다. 또 일부 한세니아스포라는 다량의 초산을 분비하기도 한다. 따라서 비양조용 효모를 상업적으로 사용할 때는 와인 품질 특성에 맞는 적당한 종을 선택하는 것이 매우 중요하다.

[표 4-14] 비양조용 효모의 이취 생성 물질

| 효모 | 이취 성분 | 이취 | 농도 | 역치<br>($\mu$g/L) |
|---|---|---|---|---|
| *Hanseniaspoara, Kloeckera* | 초산 | 초산 향 | 0.6g/L | 300,000 |
| | 에틸아세테이트 | 용매취, 매니퀴어취 | 100mg/L | 12,300 |
| *Lachancea thermotolerance* | 젖산 | 신맛 | 7~16g/L | - |

| | 초산 | 초산 향미 | 0.7g/L | 300,000 |
|---|---|---|---|---|
| *Metschnikowia pulcherrima* | 에틸아세테이트 | 용매취, 매니퀴어취 | 200mg/L | 12,300 |
| | 카프로산 | 지방취, 치즈 향 | 1.1mg/L | 420 |
| | 카프릴산 | 부패취 | 1.2mg/L | 500 |
| *Schizosaccharomyces pombe* | 초산 | 초산 향 | 1g/L | 300,000 |
| *Torulaspora delbrueckii* | 티올 | 썩은 달걀취 | 1.1mg/L | - |
| | 에틸아세테이트 | 용매취, 매니퀴어취 | 100mg/L | 12,300 |
| *Wickerhamomyces anomalus* | 초산 | 초산 향미 | 0.02g/L | 300,000 |

앞서 살펴본 바와 같이 비양조용 효모는 이미 와인과 수제 맥주 산업계에서 상용화되어 있고, 20세기가 양조용 효모의 시대였다면 21세기는 비양조용 효모의 시대가 도래할 것으로 학계는 전망하고 있다. 현재까지 비양조용 효모 관련 연구와 상업화는 와인의 아로마, 색상과 질감 증진에 초점을 맞추었지만, 미래에는 와인의 안정성에까지 관심을 두고 있다. 이러한 관점에서 비양조용 효모가 생성하는 유기산(젖산)은 pH를 감소시켜 와인의 전체 제조 과정을 더욱 안전하게 해준다. 게다가 비양조용 효모들은 다양한 킬러 독성 물질을 생성하여 와인의 안정성과 품질에 부정적인 영향을 미치는 잡균을 사멸시켜 술덧 내 미생물 생태계 균형을 잡아 주는 역할도 한다. 이에 따라 향후 와인 제조 시 보존제(이산화황)와 화학 첨가제 사용을 줄이고 비살균 과정의 공정을 현실화하는 시대가 열릴 것으로 학계는 전망하고 있다.

이와 관련 우리나라 전통주 제조 시 재래 누룩을 사용한 탁약주 제조가 일부 산업계에서 시도되고 있는데, 재래 누룩은 노지에서 다양한 미생물을 자연 증식시킨 것이다. 누룩의 역가와 누룩 제조 과정에서 생성된 다양한 아로마 성분이 탁약주의 아로마 프로파일과 품질에 영향을 미치게 된다. 재래 누룩의 장점은 술에 풍부한 향미를 부여하는 것이지만 다른 한편으로는 쓴맛, 흙맛 그리고 이취 생성 가능성 등 품질에 부정적인 측면도 있다. 특히 노지 상태의 누룩 제조로 인해 각 미생물의 분포 정도가 매번 다르고 이에 따른 누룩의 품질이 일정하지 않은 문제점도 있다. 또 주질이 일정하지 못한 부분도 재래 누룩 사용을 상용화하는 데 걸림돌로 작용한다. 특히 지구 온난화 등 기후 변화가 심해져 자연 노지 상태에서 과거처럼 일정한 미생물을 매번 일정하게 증식시킨다는 것은 쉽지 않다. 따라서 우리나라 재래 누룩도 향후 통제되지 않은 노지 상태의 누룩 빚기보다는 술 품질에 긍정적인 영향을 미치는 검증된 비양조용 효모들을 양조용 효모와 혼합하여 누룩을 제조하고 알코올 발효에 응용하는 것을 고려할 만

하다. 또 이러한 발효 공법을 통해 기존 입국 등 단일균 사용에 따른 부족한 향미를 보강하는
데도 활용할수 있을 것으로 전망된다.

### (2) 젖산 발효

① 개요

알코올 발효가 종료되면 화이트 와인과 스파클링 와인은 보통 오크통 숙성만을 진행하지
만, 레드 와인의 경우는 숙성전 대부분 젖산 발효(malolactic fermentation, MLF) 과정을 거치
게 된다. 젖산 발효는 젖산균이 와인의 L-사과산을 탈탄산 효소를 이용하여 L-젖산과 탄산으
로 분해하는 과정으로 와인의 산도를 낮춰 미생물적 안정성과 함께 와인의 향미에도 변화를
가져온다([그림 4-17]).

$$\underset{\substack{134g \\ (100\%)}}{\underset{\text{L-사과산}}{COOH-CH_2-CHOH-COOH}} \xrightarrow[\text{NAD, Mn}^{2+}]{\text{젖산발효 효소}} \underset{\substack{90g \\ (67\%)}}{\underset{\text{L-젖산}}{CH_3-CHOH-COOH}} + \underset{\substack{44g \\ (33\%)}}{CO_2}$$

[그림 4-17] 젖산 발효 대사 기전

젖산 발효를 진행하는 대표적인 젖산균은 오에노코커스 속(*O. oeni*), 페디오코커스 속(*P. damnosus*, *P. parvulus*, *P. pentosaceus*, *P. inopinatus*), 락토바실러스 속(*Lb. plantarum*, *Lb. brevis*, *Lb. buchneri*, *Lb. hilgardii*), 류코노스톡 속 및 바이셀라 속 등 5속이다. 이들 젖산균은 알코올
발효가 종료된 와인 환경(낮은 pH, 높은 알코올, 낮은 영양분)에 비교적 적응을 잘하고, 이 중
오에노코커스 오에니가 열악한 젖산 발효 환경(높은 알코올 농도, 낮은 pH와 영양분)에 적응
력이 뛰어나 가장 많이 이용된다([그림 4-18]). 그리고 락토박실러스 플랜타럼도 자주 사용되
지만 각 균이 생성하는 아로마 패턴은 많은 차이를 나타내며 동일한 속에서도 균 종류에 따라
분비하는 아로마가 다르게 나타난다.

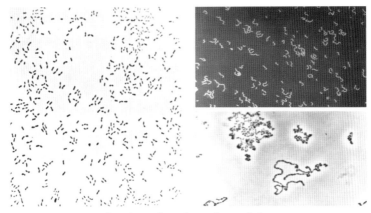

[그림 4-18] 오에노코커스 오에니

한편 젖산 발효는 알코올 발효 시 양조용 효모가 분비한 발효 부산물에 의해 영향을 많이 받으며, 영양 요구량이 적은 젖산균일수록 원활한 젖산 발효에 도움이 된다. 젖산 발효는 자연적으로도 진행되지만 양조장에서는 배양된 젖산균을 이용한다.

[그림 4-19]는 젖산 발효 시 와인의 성분 변화를 나타낸 것인데 우선 젖산균 증식기에는 젖산균이 증가하며 그에 따라 사과산이 분해되고 과당은 만닛으로 가수분해된다. 또 이 시기에는 포도당은 젖산과 초산으로 분해되어 초기 사과산 함량에 비해 젖산이 더 많이 생성된다. 이후 잔당이 전부 소진되었을 때 사과산이 본격적으로 분해되며 그로부터 젖산이 다량 생성되기 시작한다. 구연산 생성은 사과산 분해가 종료되면 시작되므로 초산은 젖산 발효 말기에 증가하기 시작한다.

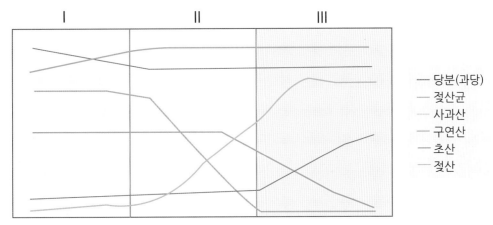

[그림 4-19] 젖산 발효 시 와인의 성분 변화

[표 4-15]는 젖산 발효를 통해 와인의 감소하는 성분과 그에 상응하여 증가하는 성분을 나타낸 것이다. 젖산 발효를 통해 총산, 사과산, 구연산, 아르기닌 및 아미노산은 감소하는 반면 pH, 젖산, 초산, 암모니아 및 아민은 증가하게 된다. 이에 따라 젖산 발효 후에는 와인의 품질과 향미 특성은 달라지게 된다.

[표 4-15] 젖산 발효를 통한 성분 변화

| 감소 | 증가 |
|---|---|
| 총산 | pH |
| L-사과산 | L-젖산 |
| 피루브산, 아세트알데히드, 케토글루타르산염 | - |
| 구연산 | 초산 |
| 과당 | 만닛(만니톨) |
| - | 디아세틸 |
| - | 에틸에스터 젖산 |
| 아르기닌 | 암모니아 |
| 아미노산 | 아민 |

젖산 발효는 이미 언급한 것처럼 당분, 산분, 아미노산 그리고 그 밖의 와인 성분들을 대사하여 젖산 등을 생성한다. 반면 젖산 발효 시 젖산균의 과도한 증식으로 와인 품질을 저해하는 성분을 생성하기도 하여 이른바 와인 품질 이상(wine fault)의 원인이 될 수 있다.

와인 품질을 저해하는 부패균은 야생 효모와 초산균이 거론되나 주 원인균은 젖산균이다. 특히 페디오코커스 속과 락토바실러스 속의 일부 균들은 휘발성 페놀을 생성하여 불쾌한 이취를 발생시킨다. 일례로 락토바실러스 플랜타럼, 락토바실러스 브레비스 및 페디오코커스 펜토사세우스는 계피산으로부터 비닐페놀을 생성하고, 락토바실러스 플랜타럼은 에틸페놀을 부가적으로 생성한다. 그러나 오에노코커스 오에니와 류코노스톡 메센테로이데스균은 페놀산(쿠마르산, 페룰산, 계피산)으로부터 휘발성 페놀을 생성하지는 않는다.

또 젖산 발효와 관련된 이취 성분은 일부 젖산균(락토바실러스 힐가디, 오에노코커스 오에니, 페디오코커스)이 pH가 3.5 이상일 경우 또는 이산화황의 첨가가 적을 경우 번식하여 생성된다. 곰팡이취와 아세트아미드취를 유발하는 성분들로는 2-에틸테트라히드로피리딘, 2-아세틸테트라히드로피리딘 및 2-아세틸피롤린 등을 들 수 있다.

젖산균에 감염된 와인은 미세 혼탁이 심하게 나타나며 질기고 끈끈한 맛을 나타내는데 그러한 젖산균은 제거하기가 상당히 어렵다. 또 개개의 품질 이상 성분들이 복합적으로 작용해 젖산균 종류를 별도 구별하기도 쉽지 않다.

젖산취는 부패한 고기 냄새나 사우어크라우트 등의 냄새를 연상시키는 것으로 젖산취가 심해지면 따끔거리는 젖산 맛(lactic acid prick) 단계로 넘어가 와인 품질이 저하되어 상품화하기 어려운 와인이 된다. 원래 사과산과 젖산은 맛으로 구별이 쉽지 않으며 젖산취나 따끔거리는 젖산 맛은 젖산 발효 중에 생성되는 디아세틸을 통해 더욱 두드러진다. 디아세틸은 1:1,000,000의 희석에서도 맛을 느낄 수 있으며 라거 맥주(맛 역치: 0.15~0.20㎎/L)와 주스 제품 등의 품질을 떨어뜨리는 성분이기도 하다. 와인의 디아세틸은 주로 젖산 발효가 종료되고 난 직후 구연산이 분해될 때 생성된다.

정상적인 젖산 발효 과정을 거친 와인에서는 보통 디아세틸의 농도가 0.2~0.3㎎/L 수준이며, 농도가 0.9㎎/L 이상이면 젖산취를 느낄 수 있다. 또 디아세틸의 맛 역치는 레드 와인이 화이트 와인보다 높으며 미국산 샤르도네 와인에서는 디아세틸 농도가 0.2㎎/L, 슈페트부르군더에서는 0.9㎎/L 그리고 카베르네 쇼비뇽에서는 2.8㎎/L로 확인된다.

한편 디아세틸 맛에 대한 평가는 지역이나 국가에 따라 다르며 일정 농도를 초과해도 긍정적인 평가를 하는 경우도 있다. 와인에서 디아세틸을 제거해야 하는 경우에는 와인을 신선한 포도즙으로 발효하고 다시 새로운 효모를 투입하여 숙성 과정을 거치면 된다. 디아세틸은 일반적으로 효모의 알코올 탈수소 효소에 의해 20%, 디아세틸 환원효소에 의해 80%가 분해된다.

와인 품질 이상에 관여하는 또 다른 물질은 에틸아세테이트이며 젖산 발효가 종료된 와인에 80~130㎎/L 함유되면 품질에 문제가 발생한다. 에틸아세테이트의 맛 역치는 60~110㎎/L이기 때문에 그 이상의 농도는 조화롭지 않은 와인 맛을 야기한다.

젖산 발효에 따른 와인 품질 이상의 징표가 되는 또 다른 물질은 고급 알코올인 2-부탄올이다. 특히 이 성분은 산도가 낮은 사과 와인과 배 와인에 많이 나타나며, 고농도의 부탄올은 고농도의 메탄올과 노르말프로판올을 동반하는 것이 일반적이다. 이소프로판올 역시 와인 품질 이상 때 나타나는 성분이다.

그리고 거친 초산 맛(acetic acid prick)은 와인 품질 이상 중 가장 흔히 나타나는 현상으로 젖산균이 젖산 발효 중에 생성한 초산이 주원인이다. 따끔거리는 젖산 맛은 기술적으로 개선할 수 있으나 따끔거리는 초산 맛은 되돌릴 수 없다. 따끔거리는 초산 맛은 화이트 와인과 로제 와인에서는 초산이 1.08g/L, 레드와인에서는 1.2g/L일 때 나타나는데 이 농도에서는 음용이 불가능하다.

그러나 와인의 초산량이 일정 농도를 벗어났는데도 따끔거리는 초산 맛을 느끼지 못하는 경우도 있는데, 이는 초산만이 따끔거리는 초산 맛의 유일한 원인이 아니라는 사실을 증명하는 것이다. 그래서 와인이 따끔거리는 초산 맛으로 분류되려면 초산이 와인에 0.8㎎/L 이상 존재하는 상태에서 에틸아세테이트의 농도가 90㎎/L 이상일 때 또는 초산이 0.8㎎/L 이하 존재하면서 에틸아세테이트의 농도가 200㎎/L 이상일 때인 것으로 문헌에 보고되고 있다. 유럽과 캘리포니아에서는 초산이 일반 화이트 와인에서는 1.08g/L, 레드 와인에서는 1.2g/L 이상이면 법적으로 상품화될 수 없다. 독일의 아이스 와인이나 베어렌아우스레제 와인의 경우 초산이 1.8g/L, 트로크넨아우스레제 와인은 2.1g/L 그리고 일부 프랑스와 이탈리아 와인에서는 1.5g/L까지 허용하고 있다.

젖산 발효 중에 생성되는 초산은 다양한 젖산균에 의해 분비되며 호기적 조건에서 알코올을 산화시켜 초산을 생성하는 초산균에 의해 생성되는 경우는 거의 없다. 포도즙에서는 야생 효모인 한세니아스포라 속, 칸디다 속, 피치아 속 그리고 와인에서는 데케라 속, 브레타노마이세스 속 및 일부 사카로마이세스 속 등이 초산을 생성한다.

이미 설명한 바와 같이 젖산 발효는 주로 레드 와인에서 실시하는데, 최근에는 화이트 와인도 젖산 발효를 와인 타입에 따라 적용하는 사례가 늘고 있다. 와인에서 신맛은 산도로 표현되는데 산도가 너무 높거나 낮은 것은 좋은 와인이 될 수 없고 신맛, 단맛(잔당) 그리고 떫은 맛(탄닌, 폴리페놀)이 조화되어야 좋은 와인으로 평가받을 수 있다. 또 젖산 발효를 통해 알코올 발효 후 와인의 일부 아로마 성분들을 변화시키거나 새로운 성분을 생성함으로써 와인의 향미 특성이 달라진다. 예를 들어 아세트알데히드류의 감소로 인해 허브 향이 줄어드는 반면 에스터류(디에틸숙신산, 에틸락테이트)와 디아세틸(버터향)이 증가하게 된다. 그리고 고급알코올류는 대부분 변화가 없지만 이소아밀알코올(허브향)과 2-페닐에탄올(장미 향)은 증가하는 현상을 보이기도 한다.

② 젖산균 효소의 역할

젖산 발효 중에 와인 젖산균은 자신의 다양한 효소들을 이용하여 와인의 구성 성분들을 변화시켜 와인 아로마와 품질에 영향을 미치게 된다([그림 4-20]). 주요 효소로는 $\beta$-글리코시다아제, 에스터라아제, 페놀산 탈탄산효소 및 구연산 분해효소 등이 있다.

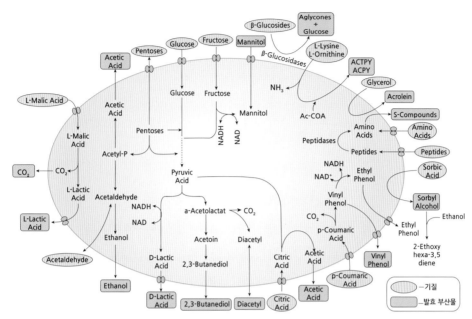

[그림 4-20] 오에노코커스 오에니의 젖산 발효 부산물

이 중에 젖산균이 보유한 가장 중요한 효소는 글루코시다아제이다. 앞서 설명한 바와 같이 포도와 와인의 많은 아로마 성분들은 포도당과 결합한 배당체 형태($\beta$-글루코피라노시드, $\alpha$-L-아라비노피라노오스, $\alpha$-L-람노피라노오스, $\beta$-D-자일로피라노오스, $\beta$-D-아피오피라노오스)로 존재하기 때문에 아로마에 영향이 없으나, 알코올 발효 중에 와인 효모의 효소들에 의해 일차적으로 가수분해되어 아로마 특성이 발현되기 시작한다. 그러나 효모는 배당체를 분해하는 $\beta$-글루코시다아제 효소를 소량 보유하고 있어 와인에는 여전히 많은 아로마 성분들이 향 발현이 안 되는 배당체 형태로 남아 있게 된다.

반면 젖산균은 효소($\beta$-글루코시다아제, 엑소글루코시다아제)를 다양 보유하고 있고 활성화되어 있다. 이에 따라 젖산 발효 중에 와인에 남아 있는 배당체를 분해하여 와인의 아로마(리나룰, 털피네올. 게라네올, 네롤)를 강화해 주는 역할을 하게 된다. 이때 투입되는 젖산균은 그 종류와 단일균 형태냐 혼합균 형태냐에 따라 생성되는 아로마 성분의 구성과 농도 차이는 크고 다르게 나타난다.

젖산균이 보유하고 있는 또 다른 주요 효소는 에스터라아제 효소이다. 이 효소는 와인에 에스터화되어 있는 유기산을 에스터와 산으로 분해하거나 에스터를 합성하는 효소이다. 와인 효모가 자신이 보유하고 있는 에스터라아제를 이용하여 알코올 발효 중 에스터 생성을 하는 대사 기전은 이미 잘 알려져 있다. 그러나 젖산균이 보유하고 있는 에스터라아제를 이용하여 젖산 발효 중 다양한 에스터류(에틸아세테이트, 이소아밀아세테이트, 에틸락테이트)가 부가적으로 생성되는 대사 기전에 대한 메카니즘은 최근 알려지기 시작하였다. 에스터라아제 관련 생성되는 아로마 성분들은 젖산균의 종류에 따라 그 생성 정도가 다르게 나타나는 것으로 문헌에 보고되고 있다.

와인의 향미에 영향을 미치는 젖산균이 보유하고 있는 그 밖의 효소로는 단백질 분해 효소(프로테아제, 펩티다아제)이며, 이 효소들의 작용으로 유리 아미노산 및 황 함유 아미노산들이 생성된다. 또 젖산균들은 아미노산인 메티오닌을 메탄티올(분뇨취), 메티오놀(삶은 양배추취), 3-(메틸설포닐)-프로피온산(로스팅 향) 및 디메틸디설파이드(삶은 샐러리취)로 분해하여 와인의 아로마에 영향을 미치는데, 그 농도가 적으면 긍정적이지만 과도하면 이취를 부여한다. 그 밖에 황 함유 성분(3-설포닐헥산올, 디메틸설파이드)은 그 농도가 적을때는 레드 와인에서 과실 향을 풍긴다. 특히 3-설포닐헥산올은 지방산 에스터류의 과실 향을 더욱 풍부하게 만들어 준다.

한편 에스터라아제 효소는 와인에서 주석산과 에스터 결합 상태의 페룰산을 분해시켜 유리 페룰산을 생성한 후 적은 농도지만 휘발성 페놀(에틸과이어콜, 비닐과이어콜)로 전환시켜 와인 아로마에 영향을 미치게 된다. 또 젖산균은 페룰산으로부터 소량이지만 바닐린을 생성하기도 하고 구연산으로부터 디아세틸을 만들기도 한다([그림 4-21]).

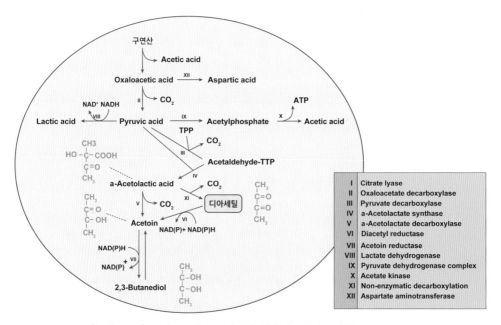

[그림 4-21] 오에노코커스 오에니의 젖산 발효대사 부산물(디아세틸)

③ 젖산균과 향미

젖산균은 젖산 발효를 통해 사과산, 구연산과 알데히드 등을 분해하여 와인 향미에 일차적으로 영향을 미치며, 와인의 영양분을 감소시켜 잡균 예방을 통해 미생물 안정성에 기여하게 된다([표 4-16]). 일례로 혐기성균인 데카라 브루셀렌시스균은 젖산 발효 중에 아미노산을 이용하여 증식하지만, 오에노코커스 오에니균은 아미노산인 아르기닌을 분해하여 잡균 번식을 예방하게 된다.

또 젖산 발효 관련 와인 타입에 따라 향미에 미치는 정도가 다르게 나타난다. 예로써 샤도네이 화이트 와인의 경우 젖산 발효를 통해 과실 향이나 꽃 향 등을 부가적으로 생성하지는 않는다. 그러나 뇨취나 삶은 마늘취를 유발하는 성분(1-옥탄올, 1-옥텐-3-올)은 감소하는 반면 버터취, 효모취와 흙취 등이 생성된다. 또 다른 화이트 와인인 쇼비뇽 와인의 경우는 두 종류의 젖산균(오에노코커스 오에니)을 이용하여 젖산 발효를 거치면 포도 유래의 향을 약화시키면서 버터취, 스파이시 향, 로스팅 향 및 바닐라 향 등을 강화시켜 와인의 아로마를 전체적으로 풍부하게 만들어 준다.

레드 와인인 카베르네 쇼비뇽의 경우 젖산 발효를 거치면서 과실 향, 점도 및 떫은맛에 영향을 미친다. 그리고 피노누아의 경우 페디오코커스균에 의한 젖산 발효를 통해 관능 특성이 개선되는 것으로 문헌에 보고되고 있다. 또 오크칩을 이용한 와인 숙성 시 젖산 발효를 거치면 더욱 강화된 오크칩 유래의 성분을 느낄 수 있다.

[표 4-16] 효모와 세균에 의해 생성된 와인 아로마 성분

| | 아로마 성분 | 아로마 | 농도 | 역치 |
|---|---|---|---|---|
| 에스터류 | Ethyl butanoate | 꽃 향, 과실 향 | 0.01~1.8mg/L | 0.02mg/L |
| | Ethyl carpoate | 풋사과 향 | 0.03~3.4mg/L | 0.05mg/L |
| | Ethyl caprylate | 비누취 | 0.05~3.8mg/L | 0.02mg/L |
| | Ethyl caprate | 꽃 향, 비누취 | 0~2.1mg/L | mg/L |
| | Ethyl propanoate | 과실 향 | - | 1.8mg/L |
| | Ethyl 2-methyl propanoate | 과실 향 | - | 1.5μg/L |
| | Ethyl 2-methyl butanoate | 달콤한 향 | - | 1μg/L |
| | Ethyl 3-methyl butanoate | 베리 향 | - | 3μg/L |
| | Ethyl lactate | 딸기 향 | - | 14mg/L |
| | Ethyl 2,3-dihydrocinnamate | 꽃 향 | 0.21~3.02μg/L | 1.6μg/L |
| | Ethyl cinnamate | 체리 향, 계피 향 | 0.1~8.89μg/L | 1.1μg/L |

| | Methyl anthranilate | 과실 향, 포도 향 | - | |
|---|---|---|---|---|
| | Ethyl anthranilate | 과실 향 | - | |
| | Ethyl acetate | 용매취, 과실 향 | 22~63mg/L | 7.5mg/L |
| | Isoamyl acetate | 바나나 향, 배 향 | 0.1~3.4mg/L | 0.03mg/L |
| | 2-phenylethyl acetate | 장미 향, 꿀 향 | 0~18mg/L | 0.25mg/L |
| | Isobutyl acetate | 바나나 향 | 0.01~1.6mg/L | 1.6mg/L |
| | Hexyl acetate | 향수취 | 0~4.8mg/L | 0.7mg/L |
| | 2-methyl propyl acetate | 바나나 향 | - | 1.6mg/L |
| | 2-methyl butyl acetate | 바나나 향 | - | 0.16μg/L |
| | 3-methyl butyl acetate | 바나나 향 | - | 30μg/L |
| | 2-phenylethyl acetate | 꽃 향 | - | 0.25mg/L |
| 알코올류 | Propanol | 알코올취 | 9.0~68mg/L | 500mg/L |
| | Butanol | 알코올취 | 0.5~8.5mg/L | 150mg/L |
| | Isobutanol | 알코올취 | 9.0~174mg/L | 40mg/L |
| | Isoamyl alcohol | 아세톤취 | 6.0~490mg/L | 30mg/L |
| | Hexanol | 풀취 | 0.3~12.0mg/L | 4mg/L |
| | 2-phenyleyhl alcohol | 장미 향 | 4.0~197mg/L | 10mg/L |
| | 2-methyl propanol | 알코올취 | - | 40mg/L |
| | 2-methyl butanol | 아세톤취 | - | 65mg/L |
| | 3-methyl butanol | 아세톤취 | - | 30mg/L |
| | Tyrosol | | 20~30mg/L | - |
| | Tryptophol | | 0~1mg/L | - |
| 산류 | Acetic acid | 식초 향 | 110~1,150mg/L | 280mg/L |
| | Propanoic acid | 식초 향 | - | 8.1mg/L |
| | 2-methyl propanoic acid | 치즈 향, 부패취 | - | 200,000mg/L |
| | Butanoic acid | 치즈 향, 부패취 | - | 2.2mg/L |
| | 2-methyl butanoic acid | 치즈 향, 단향 | - | 3mg/L |
| | 3-methyl butanoic acid | 치즈 향 | - | 3mg/L |
| | Hexanoic acid | 치즈 향, 단 향 | - | 8mg/L |
| | Octanoic acid | 부패취 | - | 8mg/L |
| | Decanoic acid | 지방취 | - | 6mg/L |
| 폴리올류 | Glycerol | 약한 단맛 | 5~14g/L | 5.2g/L |
| | Mannitol | 단맛 | | |
| | Erythritol | 단맛 | - | - |

| | | | | |
|---|---|---|---|---|
| 카보닐류 | Acetaldehyde | 풀취, 견과류 향 | 10~75mg/L | 100mg/L |
| | Diacetyl | 버터취 | 5mg/L | 0.2~2.8mg/L |
| | Acetoin | 버터취, 크림 향 | 0.6~253mg/L | 150mg/L |
| 모노털핀류 | Linalool | 장미 향 | 0.0017~0.010mg/L | 0.0015~0.0025mg/L |
| | Geraniol | 장미 향 | 0.001~0.044mg/L | 5~30mg/L |
| | Citronellol | 시트로넬라 향 | 0.015~0.042mg/L | 8~100mg/L |
| 락톤류 | *cis*-oak lactone | 코코넛, 꽃 향 | 0~589μg/L | 67 |
| | *N*-cyclic compounds | - | - | - |
| | 2-acetyl-1-pyrroline | 쥐뇨취 | 미량 | 0.001mg/L |
| | 2-acetyltetrahydropyridine | 쥐뇨취 | 0.0048~0.1mg/L | 0.0016mg/L |
| 페놀류 | 4-ethylphenol | 반창고취 | 0.012~6.5mg/L | 0.6~0.14mg/L |
| | 4-ethylguaiacol | 페놀취 | 0.001~0.44mg/L | 0.11~0.033mg/L |
| | 4-vinylphenol | 화장품취 | 0.04~0.45mg/L | 0.02mg/L |
| | 4-vinylguaiacol | 클로브취 | 0.0014~0.71mg/L | 10mg/L |
| 황화합물 | Hydrogen sulfide | 썩은 달걀취 | 0~80μg/L | 10~80μg/L |
| | Methanethiol | 삶은 채소취 | 2.1~5.1μg/L | 0.3μg/L |
| | Ethanethiol | 양파취, 고무취 | 1.9~18.7μg/L | 1.1μg/L |
| | Dimethyl sulfide | 옥수수, 당밀 향 | 1.4~61.9μg/L | 25μg/L |
| | Diethyl disulfide | 마늘, 탄고무취 | 0~85μg/L | 4.3μg/L |
| | Dimethyl disulfide | 삶은 채소취 | 2μg/L | 15~29μg/L |

# 4) 숙성 유래의 아로마 성분

## (1) 숙성과 아로마

알코올 발효가 종료된 와인은 숙성을 산화적 과정인 옹기나 오크통 숙성 또는 혐기적 숙성 과정인 스테인리스 용기 숙성이나 병 숙성을 거치게 된다([그림 4-22]). 와인의 숙성 과정은 알코올 발효를 통해 생성된 향 외에 부가적으로 이른바 3차 아로마를 생성시키기 위한 과정으로 볼 수 있다.

와인을 숙성하는 것은 와인의 품질을 높이려는 의도이고 특히 우수한 적포도 품종(카베르네 쇼비뇽, 템프라닐로, 네비올로)으로 제조된 레드 와인을 숙성한다. 이는 양질의 백포도 품종 (샤도네이, 리슬링)으로 제조한 화이트 와인에서도 마찬가지다. 그러나 그 외 대부분의 와인은 숙성을 통해 품질이 몇 달은 좋다가 이후 품질이 저하되는 현상을 보이는 것이 일반적이다.

[그림 4-22] 다양한 와인 숙성 용기

와인 숙성 시 색상 변화도 나타나며 일반적으로 레드 와인의 경우 색상이 진할수록 품질이 우수한 것으로 판정하는데(카베르네 쇼비뇽) 모든 레드 와인에 해당되는 것은 아니다. 그리고 일부 레드와인의 경우 숙성 기간을 거치면서 색상이 밝은 계열의 적색으로 변하면서 가장자리에 연한 오렌지 색상을 비추게 된다.

화이트 와인의 경우는 색상으로 품질과 숙성 정도를 예측할 수 있는데, 부르고뉴 지역의 백포도처럼 일부 포도 품종을 제외하곤 미숙성 화이트 와인의 경우는 밝은 황색이지만 숙성을 거치면서 진한 황색으로 변하게 된다([그림 4-23]).

[그림 4-23] 와인 숙성시 색상의 변화

기본적으로 숙성에 적합한 와인은 페놀 성분과 산도가 높아야 가능하다. 와인 숙성은 보통 6개월~2년 오크통에 숙성하거나 병 숙성을 진행하는데, 병 숙성의 경우는 소비자가 원하는 시기에 와인을 선택할 수 있도록 한 것이다. 일부 고급 레드 와인의 경우는 고품질 와인을 위해서는 보통 숙성 기간이 10~15년, 화이트 와인은 1~10년 정도 걸린다.

해외에서 와인 숙성 시 일반적으로 사용하는 목통(대부분 오크통)은 그 역사가 2000년 이전으로 거슬러 올라간다. 최근 우리나라에서도 와인과 증류주 숙성에 목통을 사용하는 경우가 증가하고 있는 추세이다. 목통 숙성은 와인을 기본적으로 와인의 향미를 개선시키는 방향으로 변하게 하고 떫은맛을 감소시키는 역할을 한다. 특히 오크나무의 심재(heartwood) 부분([그림 4-24])은 가수성 탄닌 성분인 엘라지탄닌(ellagitannin)을 함유하고 있으며, 이 성분은 역치가 낮고(0.2~6.3 $\mu$mol/L) 떫은맛을 부여한다. 한편 오크통 등 목통을 이용한 숙성 기술에도 노하우가 있고 정기적으로 위생 등에 대한 철저한 관리가 필요하다.

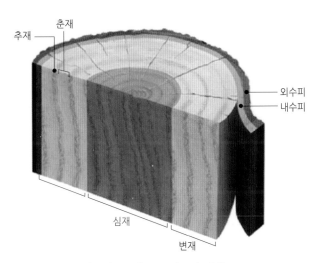

[그림 4-24] **오크나무의 심재**

한편 숙성 시 오크통과 관련된 향의 변화를 보면, 숙성 중에 생성되는 3차 향은 1차 향(포도) 또는 2차 향(발효)에서 유래된 와인의 성분들이 산소 존재하에 산화되어 새롭게 생성된 성분과 오크통에서 추출된 오크 향으로 구성되어 있다. 와인이 산화되면 먼저 알코올의 산화에 따라 알데히드류(아세트알데히드 포함)가 생성되면서 드라이한 너트 향, 버터 향과 자극적인 향을 풍기고 밋밋한 와인의 맛을 나타내어 테이블 와인에서는 그 농도가 높은 것은 바람직한 향이 아니다. 다른 한편으로는 이러한 향들은 브랜디와 포트 와인의 아로마 특징을 나타내기도 한다.

오크통 숙성 과정 중 생성되는 부가적인 향은 포도 품종, 양조 공정, 오크통 종류 및 로스팅 정도에 따라 달라진다. 오크통 숙성 시 생성되는 성분은 주로 알데히드류, 케톤류, 퓨라논류 (오크 락톤류)와 페놀류이다. 포도 품종 관점에서 보면, 샤도네이 와인은 숙성을 통해 바닐라 향 또는 코코넛 향을 강하게 풍기고, 카베르네 쇼비뇽의 경우는 향나무 향을, 리오하 와인은 로스팅 향을 풍긴다.

그리고 단기간의 와인 숙성을 할 경우에는 225리터 용량을 이용하고 장기간의 숙성을 필요로 하는 경우는 1,000리터 이상의 용량을 이용한다. 이는 작은 용량 오크통은 표면적이 크기 때문에 숙성이 빨리 진행되고 용량이 큰 것은 상대적으로 숙성이 느리게 진행되기 때문이다 ([그림 4-25]).

[그림 4-25] **오크통 크기**(좌: 1,000리터, 우: 225리터)

오크통 숙성을 통해 생성된 향기 성분은 주로 위스키 락톤(코코넛 향), 시스-, 트렌스- 오크락톤, 시스-, 트렌스- 이소유제놀(스파이시 향), 과이어콜(스파이시 향), 푸르푸랄(탄내), 바닐린(바닐라 향) 및 트랜스-2-노넨알(톱밥취)이며 10개 종류의 아로마 그룹으로 구분된다. 이 중 위스키 락톤이 가장 중요한 아로마이며 숙성을 통해 2배가량 그 농도가 높아지고 역치 이상의 농도를 나타낸다. 그리고 시스-, 트렌스 오크락톤의 경우는 18개월의 숙성을 통해 그 농도가 119$\mu$g/L으로 증가하게 되고, 이는 화이트 와인과 레드 와인에서 각각의 역치인 24 $\mu$g/L, 57$\mu$g/L을 초과하는 농도이다. 이러한 성분들의 증가로 인해 샤도네이 와인에서는 코코넛 향이 풍부해지고 카베르네 쇼비뇽 와인에서는 코코넛 향과 더불어 바닐라 향과 초콜릿 향 등이 부가적으로 강해지게 된다.

그리고 오크통 유래의 아로마 종류와 농도는 오크통의 구성 성분에 따라 크게 달라진다. 또 오크통 유래의 아로마들은 와인 종류와 스타일에 따라 다르게 나타난다. 일례로 위스키 락톤은 피노 누아의 경우 오크통 숙성시 나타나는 시음 시 코코넛 향과 로스팅 향 등이 때로는 긍정적으로, 때로는 의약품취와 건초취 등 부정적으로 느껴지기도 한다. 샤도네이 와인에서는 코코넛 향만이 느껴지지만 카베르네 쇼비뇽 와인에서는 코코넛 향, 커피 향과 초콜릿 향 등으로 다양하게 나타난다. 바닐린의 경우 화이트 와인에서 바닐린 향보다는 계피 향과 훈연 향으로 느껴지고, 4-메틸과이어콜, 4-에틸페놀, 푸르푸랄과 5-메틸푸르푸랄 등은 훈연 향을 더욱 강화시켜 주는 역할을 하기도 한다. 반면 레드 와인에서 페놀과 감마락톤 성분은 바닐라 향을 풍기고 푸리푸릴 알코올은 훈연 향으로 느껴진다([표 4-17]).

[표 4-17] 오크통 숙성에 따라 생성된 아로마 성분

| 성분 | | 역치(mg/L) | | | 향미 |
|---|---|---|---|---|---|
| | | 물 | 화이트 와인 | 레드 와인 | |
| 퓨란류 | Furfural | 8 | 65 | 20 | 아몬드 향 |
| | 5-methylfurfural | 6 | 52 | 45 | 구운 아몬드 향 |
| | Furfuryl alcohol | 1 | 35 | 45 | 건초취 |
| 락톤류 | $\beta$-methyl-octalactone | 0.02 | 0.12 | 0.125 | 코코넛 향 |
| 방향성 알데히드류 | Vanillin | 0.105 | 0.4 | 0.32 | 바닐라 향 |
| | Syringaldehyde | 50 이상 | - | - | - |
| 페놀류 | Guaiacol | 0.055 | 0.095 | 0.075 | 약품취 |
| | 4-methylguaiacol | 0.01 | 0.065 | 0.065 | 탄취 |
| | 4-ethylguaiacol | 0.025 | 0.07 | 0.15 | 훈연취 |
| | 4-vinylguaiacol | 0.032 | 0.44 | 0.38 | 정향(클로브 향) |
| | 4-vinylphenol | 0.085 | 0.77 | 1.5 | 흰독말풀 향 |
| | Eugenol | 0.007 | 0.1 | 0.5 | 정향(클로브 향) |
| | o-cresol | 0.045 | 0.06 | 0.8 | 아스팔트취 |
| | m-cresol | 0.085 | 0.38 | 0.18 | 의약품취 |
| | Phenol | 5.5 | 35 | 25 | 잉크취 |
| | 4-ethylphenol | 0.13 | 1.1 | 1.2 | 마굿간취 |

한편 오크통 숙성 시 나타나는 첫번째 현상은 추출 현상으로 오크통 숙성 와인은 보통 물과 에탄올이 용매 역할을 하여 오크통 성분들을 추출하게 된다. 이때 오크통의 크기가 클수록 표면적이 적어지고 이에 따라 추출 정도가 적어진다. 오크통 숙성 시 나타나는 또 다른 현상은

산소 유입이다. 오크통 숙성 중 산소가 유입되면서 오크통 성분의 변화가 생기고, 추출된 오크통 성분들도 산화가 되어 와인 아로마 성분이 강화되거나 약화되는 현상이 나타난다. 산소는 레드 와인의 경우 색상을 안정시켜 주는 역할을 하기도 한다.

일반적으로 오크통 숙성 시 필요로 하는 산소 농도는 0.5~6㎎/L로 알려져 있다. 이때 산소의 유입 농도는 와인 타입에 따라 다른데, 예를 들면 탄닌 성분이 적고 색상이 여린 와인은 산소에 약하고 예민하게 반응하여 와인 아로마에 부정적인 영향을 미치게 된다. 또 산소 유입은 오크통의 두께에 따라 달라지며 대형 오크통이나 스테인리스 스틸 용기에는 미세 산소를 임의적으로 주입하여 숙성하기도 한다.

그리고 오크통 숙성중에 탄닌이 추출되는데, 와인의 탄닌 성분은 대부분 포도에서 유래된 것이고 오크통 유래의 탄닌은 30~80㎎/L에 불과하다. 오크통의 탄닌 중 가장 큰 비율을 차지하는 물질은 엘라지탄닌으로 이 성분은 무미 무취지만 레드 와인의 색상 안정화에 기여한다. 이러한 색상 안정화는 오크통 숙성 중에 안토시아닌-아세트알데히드-엘라지탄닌 등이 축합 반응이 이루어질 때 나타나는 현상이다. 또 이러한 축합 반응으로 레드 와인의 쓴맛과 떫은맛도 감소하게 된다. 이때 아세트알데히드는 알코올 발효 중에 생성된 것이 아니라 숙성 중 화학 반응으로 생성된 성분이다.

한편 오크통에 숙성된 와인은 포도 품종에 따라 숙성 기간이 지나면서 최상급 고급 와인은 일정한 향과 맛을 유지하는 반면, 중급 와인 등은 일정 숙성 기간이 지나면 향미가 떨어지는 현상이 나타난다([그림 4-26]).

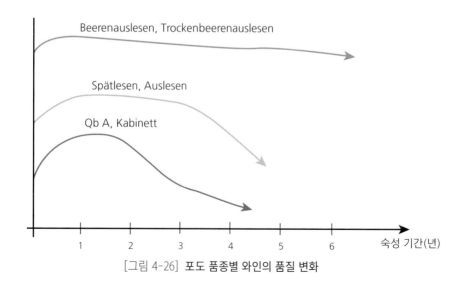

[그림 4-26] **포도 품종별 와인의 품질 변화**

### (2) 오크통 배열

와인 숙성 시 오크통 배열 방식은 숙성실 공간과 예상 숙성 기간, 전시 효과 그리고 와인 관리 주기 등에 따라 달라진다. 일반적으로 와인 숙성실의 습도가 중요하며 82~98%의 습도가 필요하고 80~85%가 최적이다. 습도가 낮은 숙성실은 와인 손실이 크다.

그리고 오크통 숙성 시 알코올과 수분 증발 현상이 나타나는데 수분은 분자량이 적으므로 알코올보다 빨리 증발한다. 또 습도가 높을수록 수분 증발은 적어지고 알코올 증발량이 많아진다. 그리고 오크통은 추출 성분이 보통 3회 사용하면 더 이상 주요 성분이 추출되지 않는다. 오크통을 새것을 사용할지 중고를 사용할지는 제조하고자 하는 와인 타입과 품질 특성에 달려있고 특별히 정해진 것은 없다.

와인을 오크통에 숙성할 때 어떤 와인 타입이 숙성에 적합한지는 항상 고민거리다. 우선 발효가 종료된 와인의 아로마가 오크통 유래의 성분들과 조화를 이루는 것이 중요하다. 기본적으로 과실 향이 과하지 않은 정도의 모든 와인은 오크통 숙성에 적합하다. 버건디 와인은 레드 와인, 화이트 와인과 관계없이 모두 오크통 숙성에 가장 잘 어울리는 와인이다. 카베르네 쇼비뇽 와인의 아로마 역시 오크통 유래의 아로마와 조화를 이룬다. 또 포도 유래의 1차 아로마가 특성이 강한 머스캣 와인도 오크통 숙성에 잘 어울린다. 그러나 리슬링 와인의 경우는 향 특성상 반드시 오크통 숙성이 필요하지는 않다. 보통 오크통 숙성 시 알코올 휘발성을 고려하여 와인의 알코올 농도는 13% 이상이어야 미생물 오염을 예방할 수 있다. 특히 레드 와인의 경우 색상 변화를 막기 위해 충분한 탄닌을 함유한 와인으로 오크통 숙성을 해야 한다.

### (3) 오크칩 첨가

현재 와인 숙성은 미국산 오크통 1종(*Quercus alba*)과 프랑스산 오크통 2종(*Quercus petra*, *Quercus robur*)이 대부분 사용되고 있다. 그러나 오크통 숙성은 생산 비용이 많이 드는 데다 숙성 기간이 긴 것이 단점이다. 그리고 온도 조절과 세척의 어려움, 잡균(브레타노마이세스균) 오염 위험과 와인 증발 등의 문제점도 안고 있다.

이에 대한 대안으로서 오크칩 또는 오크 목판 사용은 제조 단가를 낮추고 오크통 유래의 아로마를 와인에 풍기게 하는 효과가 있다. 오크칩은 숙성 시에 와인의 성분 구성과 향미에 영향을 미치는 것으로 이미 알려져 있다. 일례로 오크칩의 페놀 성분과 향기 성분들이 와인으로 전이되는데, 이때 와인 타입에 맞는 오크칩 사용과 첨가량 및 침지 시간 등을 조절하여 와인의 향미를 관리해야 한다. 그리고 오크칩의 사용량이 많을수록 오크 락톤류가 더 많이 생성되고 오크 종류에 따라 그 농도는 달라지는 것으로 나타난다([표 4-18]). 국내에서도 와인뿐 아니라 증류주에도 오크칩 사용이 허용된 이후 오크칩 사용과 효과에 대해 관심이 증가하고 있다. 오크통 구입이 수월하지 못한 국내 주류 제조 환경에서는 차선책으로 오크칩 사용에 대해 고려를 해볼 필요가 있다. 한편으로는 오크 향 강화를 위해 오크칩을 인공적으로 첨가하는 것은 와인의 품질에 오히려 부정적이라고 보는 시각도 있다.

[표 4-18] 오크칩 종류에 따른 아로마 특성 비교

| 구분 | 오크칩 성분 | 오크 유래 | 라이트 로스팅 | 미디움 로스팅 | 헤비 로스팅 |
|---|---|---|---|---|---|
| 오크칩 | Furfural(mg/kg) | 프랑스 | 78 | 357 | 170 |
| | | 미국 | 41 | 681 | 61 |
| | 5-methylfurfural(mg/kg) | 프랑스 | 16.5 | 42.3 | 25.1 |
| | | 미국 | 6.73 | 95.2 | 10.8 |
| | 5-hydroxymethylfurfural(mg/kg) | 프랑스 | 37.2 | 58.3 | 44.2 |
| | | 미국 | 14.6 | 74.5 | 30.2 |
| | Vanillin(mg/kg) | 프랑스 | 120 | 172 | 262 |
| | | 미국 | 27.4 | 120 | 244 |
| | Syringaldehyde(mg/kg) | 프랑스 | 196 | 443 | 721 |
| | | 미국 | 57.4 | 343 | 768 |
| | Coniferaldehyde(mg/kg) | 프랑스 | 179 | 293 | 283 |
| | | 미국 | 37.1 | 324 | 192 |
| | Sinapaldehyde(mg/kg) | 프랑스 | 385 | 782 | 803 |
| | | 미국 | 49.1 | 902 | 490 |
| | 4-vinylguaiacol(mg/kg) | 프랑스 | 0.33 | 1.24 | 0.66 |
| | | 미국 | 0.17 | 1.64 | 0.4 |
| | Ellagtannin(mg/kg) | 프랑스 | 1848 | 1118 | 12 |
| | | 미국 | 121 | 43 | 3 |
| 레드 와인 | Furfural(μg/L) | 프랑스 | 62.3 | 435.2 | 605 |
| | | 미국 | 55.7 | 88.2 | 738.2 |
| | 5-methylfurfural(μg/L) | 프랑스 | 57.8 | 538.2 | 557.1 |
| | | 미국 | 38.9 | 201 | 715.6 |
| | 5-hydroxymethylfurfural(μg/L) | 프랑스 | 80 | 121 | 137 |
| | | 미국 | 69.9 | 71.8 | 110.9 |
| | Vanillin(μg/L) | 프랑스 | 43.8 | 491 | 330 |
| | | 미국 | 324 | 503 | 361 |

| | | | | |
|---|---|---|---|---|
| Syringaldehyde(㎍/L) | 프랑스 | 247 | 365 | 318 |
| | 미국 | 205 | 391 | 407 |
| 4-vinylguaiacol(㎍/L) | 프랑스 | 9.8 | 15.8 | 39.9 |
| | 미국 | 9.6 | 13.7 | 35.1 |
| Ellagtannin(㎍/L) | 프랑스 | 14.1 | 6.2 | 4.09 |
| | 미국 | 2.46 | 1.07 | 0.58 |

그리고 오크칩을 이용한 와인 숙성 시 오크통 숙성 때와 마찬가지로 시스-, 트랜스-메틸옥타락톤(코코넛향)이 주요 향으로 나타나고 특히 레드 와인에서 강하게 풍기게 된다. 그 외 바닐린(바닐라 향), 유제놀(향긋한 향) 및 과이어콜(정향) 등도 부수적으로 나타난다. 물론 푸르푸랄(아몬드 향, 탄취)과 5-메틸푸르푸랄(로스팅 아몬드 향)도 검출되지만, 이들 성분은 높은 역치로 인해 후각으로 감지가 잘 안 되며 다만 오크칩의 다른 아로마를 강화해 주는 역할만을 한다. 그리고 프랑스산 오크칩이 미국산 오크칩보다 전체적으로 아로마가 강한 것으로 문헌에 보고되고 있는데, 미국산은 시스 락톤이, 프랑스산은 5-메틸푸르푸랄 성분이 많은 것으로 알려져 있다.

### (4) 병 숙성

병 숙성에서는 와인의 환원 물질 간의 화학적 반응으로 인해 생성되는 향으로 볼 수 있다. 병 숙성 시 우선 에스터 성분의 변화가 생기는데, 과실 향을 부여하는 에틸에스터, 이소아밀아세테이트 및 이소부틸아세테이트 등은 감소하는 반면 디에틸숙신산과 에틸카프로산은 증가한다. 그리고 마이얄 반응으로 인해 2-푸르푸랄과 2-포밀피롤은 증가하고, 병 숙성을 통해서만 생성되는 디메틸설파이드는 30℃에서 16주간 숙성 시 생성되는 것으로 알려져 있다. 맥주에서는 디메틸설파이드의 경우 이취로 취급하지만 와인에서는 병 숙성을 진행한 와인에서 숙성된 향으로 간주한다.

털핀류의 경우 병 숙성 시 모노털핀류(리나룰, 게라니올, 시트로네올)는 감소하는 반면, 리나룰 산화물(네올 산화물, 트리멘올, $\alpha$-털피네올, 하이드록시 리나룰, 하이드록시 시트로네올)은 증가하는 현상을 보인다. 특히 리슬링 와인에서 리나룰 향이 특징적이지만 병 숙성을 통해 그 농도는 감소하고 그의 산화물이 증가하게 된다. 리슬링 와인의 경우 병 숙성을 장기간 하면 휘발유취를 유발하는 1,1,6-트리메틸-1,2-디하이드로나프탈렌(TDN) 성분이 높아지게 된다.

# 7. 와인 아로마 성분의 특징

와인의 아로마 성분은 와인 품질을 평가하는 중요한 지표이며, 와인에서 느껴지는 복합적인 아로마는 포도 품종, 와인 타입, 떼루아르, 미생물 작용, 발효·숙성 및 병입 상태에 따라 달라진다. 와인에 함유된 아로마 성분들은 대부분 미량(㎎/L~ng/L)으로 존재하기 때문에 기기 분석을 통해 검출하더라도 관능상 표현하기가 쉽지 않다. 또 아로마 성분 간의 상호작용으로 인해 아로마 강도가 강화 또는 감소하는 현상이 나타나게 된다. 일례로 역치 이상의 농도를 가진 와인의 과실 향은 역치 이하의 농도를 가진 오크 향에 의해 마스킹 될 수 있다. 또 아로마 성분뿐 아니라 비휘발성 성분(단백질·탄수화물·폴리페놀 등)들이 와인 아로마와 상호작용을 통해 아로마의 인지와 발현에 영향을 미친다는 연구 결과들도 문헌에 보고되고 있다. 와인에는 약 1,000여 종류 이상의 아로마가 존재하는데, 그중 고급알코올류, 에스터류, 카보닐류, 산류, 털핀류, 비 이소프레노이드류, 황화합물 및 피라진류 등이 주요 성분이다. 각 성분의 아로마 특징을 살펴보면 다음과 같다.

## 1) 고급알코올류

와인의 고급알코올류는 효모가 알코올 발효 중에 생성하는 성분으로 와인 아로마에 에스터 다음으로 크게 영향을 미치는 성분이다. 그 농도는 효모 종류와 생리 대사 및 와인 타입에 따라 다르게 나타난다. 와인에는 고급알코올류가 약 39종 확인되는데, 그중 3종류(펜탄올, 이소아밀알코올, 활성아밀알코올)가 농도가 가장 높고 아로마에 영향을 가장 크게 미친다([표 4-19]).

[표 4-19] 와인의 주요 고급 알코올 성분

| 성분 | 농도 (mg/L) | 향 특성 | 향 역치 (μg/L, 물) |
|---|---|---|---|
| 1-propanol | 9~68 | 과실 향~알코올 향 | 9~40 |
| Butanol | 1.4~8.5 | 알코올 향 | 0.5 |
| Isobutanol | 6~174 | 에테르 향~과실 향 | 3.2 |
| Amylalcohol | 0.4 | 알코올 향 | 0.5 |
| Active amyl alcohol | 17~96 | 흙취~자극취 | - |
| Isoamyl alcohol | 70~490 | 과실 향 | 0.25~0.77 |
| Hexanol | 0.5~12 | 과실 향, 지방취 | 0.5 |
| 2-phenyl ethanol | 50 | 장미 향 | - |

고급알코올류는 와인 아로마에 긍정적 때로는 부정적인 영향을 미친다. 이 성분은 농도가 높으면 강하고 자극적인 향미를 부여하는 반면 적정 농도일 때는 과실 향을 나타낸다. 와인의 고급알코올류는 300mg/L를 초과하지 않으면 와인 아로마의 복합성을 증가시켜 주는 역할을 하고, 400mg/L를 초과하면 불쾌취를 나타내게 된다. 한편으로는 농도가 적을때는 고급알코올을 첨가하여 와인의 향미를 개선시키기도 한다.

고급알코올류는 지방족(aliphatic)과 방향족(aromatic) 등 2종류로 분류된다. 지방족 고급알코올류는 프로판올, 이소아밀알코올, 이소부탄올 및 활성아밀알코올 등이며, 방향족 고급알코올류는 2-페닐에틸알코올과 티로솔 등이다. 일부 고급알코올류는 보통 경쾌한 아로마 향을 나타내는데, 특히 활성아밀알코올과 이소아밀알코올은 마치판(marzipan) 향을 부여한다. 일반적으로 고급알코올류는 고온 발효에서보다 저온 발효(20℃, pH 3.4)에서 더 많이 생성된다.

헥산올은 와인에서 많이 검출되며 풀취를 유발하는 성분인데, 포도 속에 함유되어 있는 리놀레산이 포도 파쇄 시 효소 작용에 따라 생성된 물질이다. 비양조용 효모 역시 고급알코올류의 생성에 영향을 미치며, 특히 피치아 퍼멘탄스(*Pichia fermentans*)는 양조용 효모와 함께 발효되면 일부 고급알코올류(노르말프로판올, 노르말부탄올, 노르말헥산올)가 증가하게 된다.

## 2) 에스터류

와인의 모든 에스터류는 와인 아로마에 가장 큰 영향을 미친다. 이 성분은 알코올 발효 시 생성된 아로마 성분들이지만, 일부는 오크통 숙성 중에 산류와 알코올류의 화학적 반응으로 생성된 것도 있다. 에스터 성분은 특히 아로마가 강하지 않은 포도 품종으로 제조한 와인에서 대부분 꽃 향이나 과실 향을 풍긴다.

에스터는 기본적으로 산류($R^1COOH$)와 알코올류($R^2OH$)가 화학적 결합 또는 효소에 의한 결합으로 생성된 것이다. 와인의 에스터 성분은 약 160여 개로 확인되며 그중 32%는 지방족 (탄소와 수소 원자가 직선상으로 연결된 구조)에 속한 에스터이다. 나머지는 방향족(탄소와 수소 원자가 고리 모양을 한 구조)에 속한 에스터류이다. 일반적으로 지방족 에스터류가 방향족 에스터류보다는 아로마가 더 강하다.

와인의 에스터 농도(㎎/L)는 다른 휘발 성분 농도(㎍/L)에 비해 그 함량이 많은 편이지만, 일부만 아로마에 영향을 미치고 대부분의 에스터 성분들은 아로마에 영향을 미치지 못한다. 와인의 주요 에스터는 에틸아세테이트(과실 향, 매니퀴어취), 이소아밀아세테이트(바나나 향, 배 향), 이소부틸아세테이트(바나나 향), 에틸카프로산(파인애플 향) 및 2-페닐아세테이트(꿀 향, 꽃 향)이다. 에스터 중에 가장 많이 검출되는 에틸에스터류의 경우 그 농도가 12㎎/L 이상이면 매니퀴어취가 나고, 와인의 다른 아로마 성분의 방출을 억제하여 전체적으로 와인의 과실 향을 감소시키는 부정적인 결과로 나타난다. 따라서 포도 품종의 특성을 살리려면 에스터 농도가 너무 높지 않도록 알코올 발효와 효모 대사를 관리해야 한다.

앞서 언급한 바와 같이 에스터류는 양조용 효모뿐 아니라 비양조용 효모도 다량의 에스터를 생성하기 때문에 양조용 효모와 비양조용 효모(*Hanseniaspora guilliermondii*, *Pichia anomala*)를 혼합균으로 발효한 와인에서 양조용 효모 단독 발효 때보다 에스터가 더 많이 생성된다. 이때 다른 부산물(글리세롤, 아세트알데히드, 고급알코올, 초산)의 변화는 거의 없다.

그리고 에스터류는 효모의 알코올 발효(지방대사 또는 아세틸-CoA 대사)를 통해 생성되지만, 일부 특정 와인에서는 포도 유래의 전구물질을 효모가 이용하여 에스터를 생성하는 때도 있다. 예를 들면 피노누아 와인에서 느껴지는 과실 향(자두 향, 딸기 향, 블랙커런트 향)은 에틸안트라닐산(포도 향), 에틸계피산(계피 향, 체리 향), 2,3-디하이드로계피산(계피 향, 체리 향) 및 메틸안트라닐산 등은 효모가 포도의 전구물질을 이용하여 생성한 에스터 성분이다. 대표적인 화이트와인인 샤도네이 와인과 리슬링 와인은 에스터 프로파일이 유사하지만, 그중

3-메틸뷰티르산과 에틸카프로산은 리슬링 와인에서는 아로마에 영향을 주지 못한다.

그리고 젖산균에 의한 젖산 발효를 통해서도 에스터라아제 효소에 의해 일부 에스터류(에틸아세테이트, 에틸카프로산, 에틸락테이트, 에틸카프릴산)는 증가하지만, 반대로 일부 에스터류는 감소하는 현상을 보이기도 한다.

[표 4-20]은 스페인 와인에서의 주요 에스터 성분들의 농도와 특징을 나타낸 것인데, 포도 품종과 와인 제조법에 따라 에스터별 농도는 다르게 나타난다. [표 4-20]에서 보듯이 탄소 수가 적은 지방족 에틸에스터류(aliphatic ethyl esters), 즉 에틸카프로산($C_9$)까지는 과실 향(사과, 배, 바나나, 파인애플, 열대과일)이 특징적이지만, 탄소 수가 많은 지방족 에틸에스터는 비누, 기름, 왁스 아로마가 특징적이다. 그 밖의 일부 에스터(에틸벤조산, 이소아밀아세테이트, 헥실아세테이트)들도 과실 향을 나타낸다.

[표 4-20] 와인의 주요 에스터 성분

| 성분 | 와인 종류 | | 향 특성 | 역치 (물) |
|---|---|---|---|---|
| | 화이트 와인 | 레드 와인 | | |
| Methyl acetate(mg/L) | 0.01~5.45 | 0.08~0.15 | 과실 향~본드취 | 1.5~4.7 |
| Ethyl formate(mg/L) | 0.01~2.5 | 0.03~0.20 | 장미 향~풀취, | 17 |
| Ethyl acetate(mg/L) | 4.50~180 | 22~190 | 과실 향~본드취 | 5~60 |
| Ethyl propionate(mg/L) | 0.0~7.50 | 0.07~0.25 | 과실 향~본드취 | 9~45 |
| Ethyl butyrate(mg/L) | 0.04~1.0 | 0.01~0.25 | 과실 향~본드취 | 0.13~1 |
| Ethyl isobutyrate(μg/L) | 0.0~0.60 | 0.03~0.08 | 바나나, 파인애플 향~허브 향 | 0.01~1 |
| Ethyl caproate(μg/L) | 0.06~0.1 | 0.06~0.13 | 사과, 바나나, 파인애플 향 | 1~36 |
| Ethyl isovalerate(μg/L) | 0.0~0.04 | 0.0~0.09 | 바나나, 파인애플 향~허브 향 | 0.1~0.4 |
| Ethyl caprylate(μg/L) | 0.4~1.10 | 1.0~6.0 | 비누, 왁스 향 | 8~12 |
| Ethyl perlagonate(μg/L) | 0.0~0.3 | - | 과실, 오일, 견과류 향 | - |
| Ethyl caprate(μg/L) | 0.1~02.5 | - | 과실, 오일, 견과류 향 | - |
| Ethyl laurate(μg/L) | 0.1~1.2 | - | - | - |
| Ethyl mirystate(μg/L) | 0.1~1.2 | - | - | - |
| Ethyl palmitate(μg/L) | 0.1~0.85 | - | - | - |
| Ethyl lactate(μg/L) | 3.8~15 | 9~17 | 버터 향, 과실 향, 본드 향 | 5~200 |
| Propyl acetate(μg/L) | 0.0~2.8 | - | 배 향 | 2.7~11 |
| Diethyl succinate(μg/L) | 0.1~1.4 | - | 페인트취 | - |

| Isobutyl acetate(㎍/L) | 0.03~0.60 | 0.01~0.08 | 과실 향 | - |
| Isoamyl acetate(㎍/L) | 0.04~6.10 | 0.04~0.15 | 배 향, 바나나 향 | - |
| Isoamyl lactate(㎍/L) | 0.0~0.5 | - | - | - |
| Hexyl hexanoate(㎍/L) | 0.0~1.3 | - | 허브 향 | 6.4 |
| Phenyl ethyl acetate(㎍/L) | 0.2~5.1 | - | 살구 향, 꿀 향 | 650 |

일반적으로 화이트 와인의 경우 보통 10~15℃에서 발효를 진행하는데, 그 이유는 과실 향을 풍기는 에스터류의 형성이 쉽기 때문이며 이러한 특성은 특히 미숙성 와인에서 두드러진다. 또 와인 제조 중에 이산화황의 사용과 청징 과정도 에스터의 농도에 중요하며, 에틸아세테이트는 와인에 50~80㎎/L가 적당하고 그 이상 함유되면(160㎎/L) 용매취 등의 이취로 느껴질 수 있다. 에틸락테이트는 숙성한 와인에 다량 함유되어 있으며 이는 젖산 발효를 통해 분비된 젖산과 알코올의 결합으로 생성된 것이다. 그러나 에틸락테이트는 와인 아로마에 크게 영향을 주지는 못한다.

## 3) 알데히드류

와인에 함유된 알데히드류는 약 17종이 확인되며 이 물질 역시 알코올 발효 중 생성된다. 그 중 아세트알데히드는 카보닐 성분으로 와인에 10~75㎎/L 함유되어 있고 역치는 100㎎/L 수준이다. 알데히드류는 와인에 부패한 사과 향이나 견과류 향을 부여하며 대부분 산화취의 원인 물질이기도 하다. 알데히드류는 효모 종류와 발효 온도에 따라 그 농도가 달라진다(표 4-21).

[표 4-21] 와인의 주요 알데히드 성분

| 성분 | 농도 | 향 특성 | 향 역치 (㎍/L, 물) | 향미 역치 (㎍/L, 물) |
| --- | --- | --- | --- | --- |
| Acetaldehyde | 0.1g/L | 과실 향~풀취 | 4~120 | 22 |
| Propanal | 미량 | 풀취 | 9~10 | 170 |
| Butanal | 미량 | 풀취, 코코아 향 | 4~21 | 5.3~70 |
| 2-methyl propanal | 미량 | 과실 향, 맥아 향 | 0.9 | - |

| Pentanal | 미량 | 견과류 향 | 12 | 70 |
|---|---|---|---|---|
| 3-methyl butanal | 미량 | 복숭아 향 | 0.15~0.2 | 170 |
| Hexanal | 미량 | 풀취, 풋과일 향 | 4.5~9.2 | 3.7 |
| Heptanal | 미량 | 지방취~과실 향 | 3 | 31 |
| Octanal | 미량 | 오렌지 향 | 0.7 | 0.52 |
| Nonanal | 미량 | 비누취, 금속취 | 1~2.5 | 4.25 |
| *trans*-2-nonenal | 미량 | 마분지취 | 0.08 | - |
| Decanal | 미량 | 비누취 | 0.1 | 7 |
| Vanillin | 미량 | 바닐라 향 | 25 | - |
| Benzaldehyde | 미량 | 아몬드 향 | 350 | 1,500 |

한편 포도에 함유되어 있는 알데히드류는 대부분 알코올류로 산화되는데, 알코올 발효 중에 생성되는 아세트알데히드는 와인에 함유되어 있는 이산화황과 결합하는 형태에 따라 그 농도가 다르게 나타난다. 또 와인의 아세트알데히드는 다른 물질과의 결합한 형태가 아닌 비결합 형태일 때 향으로 느껴지며 피노쉐리 와인에서 특히 많이 느껴지는 향이다. 그리고 아세트알데히드는 안토시아닌과 다른 페놀 성분과 반응하여 특히 레드 와인의 색상 안정에 영향을 미치기도 한다.

알데히드류는 와인에서 역치 이상 검출되면 와인 맛이 밋밋하게 느껴진다. 화이트 와인에서 아세트알데히드가 검출되면 산화의 신호로 볼 수 있지만, 레드 와인의 경우는 그 농도가 100mg/L 이하이면 아로마에 긍정적인 영향을 주기도 한다.

알데히드류의 또 다른 성분인 헥산알의 경우는 트렌스 헥산알과 시스 헥산알 두 가지 형태가 있으며, 이 성분은 포도와 포도즙의 리놀레인산과 리놀레산이 포도를 분쇄할 때 효소작용으로 분해되어 생성된 것이다. 특히 이 성분들은 미숙성 그레나체 또는 카베르네 블랑 포도에서 느껴지는 아로마이며, 발효 과정에 알코올류로 전환되어 와인에서 적은 농도로도 풀취를 유발할 수 있다. 옥탄알의 경우는 카베르네 쇼비뇽 와인에서 확인되는 경우가 많다.

그 외 알데히드류 중에 바닐린과 신남알데히드와 같이 방향성 알데히드류는 와인 숙성을 통해 생성되고 와인의 향미에 중요하며 매우 적은 농도로 존재한다. 벤즈알데히드는 가메이 와인의 특징을 나타내는 향이며, 2-푸르푸랄과 5-하이드록시-메틸-2-푸르푸르알데히드는 탄수화물이 산화되어 생성된 것으로 병 숙성을 통해 더욱 증가하게 된다. 일부 세균 중에는 오에노코커스 속과 락토바실러스 속처럼 알데히드류를 에탄올과 초산으로 분해하는 균도 있다.

## 4) 케톤류

와인에는 케톤류가 약 20여 종 존재하는 것으로 알려져 있으나 그중 일부 케톤류만이 와인에서 주로 확인된다. 디아세틸의 경우 알코올 발효와 젖산 발효를 통해 생성되고 7.5mg/L 수준에서는 이취로 간주되며 버터취를 유발한다. 그러나 그 농도가 1~4mg/L 수준에서는 버터스카치 향을 부여하여 일부 와인에서는 와인 타입이나 스타일을 나타내는 아로마로 간주되기도 한다([표 4-22]).

[표 4-22] 와인의 주요 케톤 성분

| 성분 | 농도 (mg/L) | 향 특성 | 역치 | |
|---|---|---|---|---|
| | | | 향 역치 (µg/L, 물) | 향미 역치 (µg/L, 물) |
| Acetone | - | 알코올 향 | 300~500 | - |
| Diacetyl | 0.05~5.4 | 버터취 | 6.5~15 | 5.4 |
| Acetoin | 0.002~0.3 | 크림, 지방취 | - | - |
| Acetyl acetone | 0.007~0.88 | 버터취 | 10~20 | 30 |
| 2-hexanone | - | 과실 향 | - | - |
| Heptanone | - | 과실 향 | 140 | - |
| Octanone | - | 풋사과 향 | - | 0.15~1.6 |
| $\alpha$-, $\beta$-ionene | - | 딸기 향 | 0.007 | - |
| $\beta$-damascenone | - | 과실 향, 꿀 향 | 0.002~0.004 | 0.002 |

그리고 알코올 발효를 통해 생성되는 디아세틸은 역치 이하 정도로 미미하게 생성된다. 반면에 이 성분은 오에노코커스 오에니 같은 젖산균의 젖산발효를 통해 다량 생성되며, 특히 낮은 온도(18℃)에서 젖산 발효를 진행하면 디아세틸은 더욱 많이 생성된다. 아세토인의 경우는 우유 향을 풍기며 와인에서 보통 코로 인지될 정도의 농도가 존재한다. 그 외 케톤류의 경우는 와인에서 미량 존재하여 아로마에 영향을 미치지는 않는다.

한편 베타다마세논과 알파-, 베타이오논 역시 와인에서 검출되는데 이 성분들은 포도를 파쇄할 때 생성된다. 그리고 이 성분들은 장미 향이 특징적이고 역치가 낮으며 대부분의 와인에 존재하지만, 특히 리슬링 와인과 샤도네이 와인에서 특징적으로 많이 나타나며 제비꽃 향을 풍긴다. 일반적으로 베타이오논은 화이트 와인에서보다 레드 와인에서 많이 검출되며 이러한 와인을 이용한 브랜디에서도 베타이오논이 많이 확인된다.

## 5) 아세탈·퓨란 유도체류·퓨라논류

아세탈은 알데히드와 에탄올과의 반응으로 생성되며 와인에 약 20여 종류 존재한다. 이들 성분은 주로 허브 향을 나타내며 일반적으로 와인 아로마에 별 영향을 미치지는 않지만 쉐리 와인에서는 농도가 높게 나타나 아로마에 영향을 준다.

퓨란 유도체는 오크통 로스팅 때 탄수화물의 성분이 열분해 때문에 생성되거나 오크통 발효나 숙성 시 추출된 성분으로 푸르푸랄과 5-메틸푸르푸랄이 대표적이다. 이때 오크통 로스팅 정도와 오크통 표면적이 푸르푸랄과 5-메틸푸르푸랄의 농도에 영향을 미친다. 이 성분들은 역치가 낮아 오크통의 와인에서 코로 쉽게 감지되고 로스팅 향이 특징적이다. 소톨론은 퓨라논류로서 향긋한 아로마를 특징으로 하며 조기 숙성한 화이트 와인에서 검출되는 성분(역치 7.5μg/L)으로 와인 숙성 전에 첨가한 비타민 C의 산화분해에 따라 생성된 것이다. 물론 비타민 C의 첨가 없이도 알코올 발효 중에 분비된 2-케토뷰티르산과 알데히드의 반응에 따라 소톨론이 생성되기도 한다. 그 외 소톨론은 귀부병에 걸린 포도로 제조된 와인에서 확인되기도 한다.

퓨라네올은 딸기 향을 내는 성분으로 유럽 종과 미국 종을 교배한 포도 품종으로 제조한 와인에서 많이 검출되며, 멜롯 또는 람부르스코 포도로 제조된 와인에 다량 함유되어 있다. 특히 진판델 포도 품종으로 제조한 와인의 특성을 나타내는 아로마로 알려져 있다. 또 퓨라네올은 역치가 5μg/L로 매우 낮고 로제 와인에서 꽃 향과 캐러멜 향을 부가적으로 나타내게 한다. 퓨란류 중에 오크 락톤류는 오크에 숙성된 와인에서 ppm(mg/L) 수준으로 검출되는 아로마이다. 그리고 퓨란류는 알코올 발효 중에 대부분 생성되는데, 일부는 숙성 중에 오크통에서 생성되기도 하며 20여 종류가 와인에서 확인된다. 퓨란류 중에는 특정 포도 또는 와인에 다량 존재하여 와인의 특성을 나타내기도 한다. 일례로 2-비닐-디하이드로퓨란-2-원은 리슬링과 머스캣 포도에 함유되어 있다.

## 6) 휘발산류·질소화합물

산류는 와인에서 약 116종류가 확인되는데 그중 14종류만이 휘발산류(500~1,000㎎/L)로서 코로 느낄 수 있으며 전체 산류의 10~15% 정도 차지한다. 휘발산류는 포도와 알코올 발효를 통해 생성된 것으로 와인 종류와 스타일에 따라 긍정적 또는 부정적으로 영향을 미친다. 이러한 휘발성 성분들은 낮은 끓는점을 나타내고 물에 잘 녹는 수용성이 대부분이다.

와인에서 검출되는 주요 휘발산으로는 포름산(50~60㎎/L, 자극적인 향), 초산(60㎎/L 이하, 식초향), 뷰티르산(0.5㎎/L 이하, 부패취), 카프로산(1~73㎎/L, 파인애플 향), 카프릴산(2~717㎎/L, 지방산취) 및 카프르산(0.5~7㎎/L, 부패취) 등이 대표적이다. 일반적으로 와인의 산류 농도가 50~100㎎/L 수준이면 과실 향을 나타내어 긍정적인 효과를 볼 수 있다. 와인의 아민과 아마이드 등의 질소화합물은 약 31종류가 검출되는데 대부분 비휘발성이며 그 농도가 매우 낮다(㎍/L). 주요 아민을 보면, 메틸아민(13.5~491㎍/L), 디메틸아민(5~110㎍/L), 에틸아민(560~8,600㎍/L) 및 에틸아민(1㎍/L 이하) 등이며 암모니아취가 특징적이다.

## 7) 페놀류

와인의 휘발성 페놀류는 포도즙에서 일부 유래되지만 대부분은 알코올 발효 중 효모에 의해 생성된다. 와인의 페놀류는 약 17종류이며 대부분 검출되는 농도가 적다(㎍/L). 그중 휘발성 페놀로는 포도의 $p$-쿠마르산과 페룰산이 알코올 발효 중에 효모에 의해 각각 4-비닐과이어콜과 4-비닐페놀로 전환된다. 대부분의 휘발성 페놀성분은 역치가 낮아 와인에서 코로 쉽게 느껴지는 성분이다. 일부 비양조용 효모(브레타노마이세스 속)도 휘발성 페놀(에틸페놀)을 생성하는데 양조용 효모보다 이취가 더 심하게 나타난다. 일부 세균과 곰팡이류도 휘발성 페놀을 생성하는 것으로 알려져 있고 와인 숙성을 통해서도 휘발성 페놀 성분이 생성되기도 한다([그림 4-27]).

일부 휘발성 페놀 성분은 특정 와인에서 좋은 아로마로 여겨지지만, 대부분 와인에서는 반창고취, 특히 화이트 와인에서 약품취 외에 훈연 향 또는 타르 향을 풍겨 이취로 나타난다. 주요 휘발성 페놀로는 4-비닐페놀(약품취), 4-비닐과이어콜(약품취)과 숙성 중에 생성되는 4-에틸비닐, 4-에틸과이어콜(반창고취), 4-에틸페놀(반창고취)등이며, 그 외 $o$-크레졸, $m$-크레졸, $p$-크레졸 등도 검출되며 그 농도는 1~20㎍/L 수준이다.

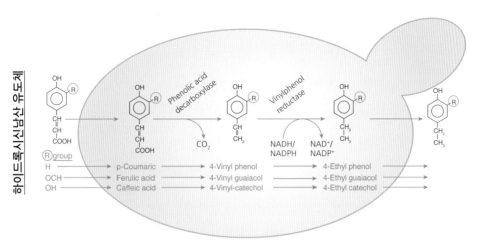

[그림 4-27] 브레타노마이세스의 대사 기전

## 8) 털핀류

와인의 털핀류는 포도에서 유래된 향으로 와인의 1차 아로마로 볼 수 있다. 일부 비양조용 효모류(클루이베로마이세스 락티스, 토룰라스포라 델부뤼키)와 곰팡이(페니실리움)도 털핀류를 생성하는 것으로 알려져 있다.

와인에서의 털핀류는 이소프레노이드(isoprenoid, $C_5$) 단위로 구성된 유기화합물로 보통 모노털핀류($C_{10}$)와 세스퀴털핀류로 구분된다. 와인에서 확인되는 털핀류는 약 19종류이며 그 중 6종류만이 와인 향미에 영향을 미치며 나머지 털핀류는 아로마에만 영향을 준다([표 4-23]).

[표 4-23] **털핀류의 아로마 특징 및 역치**

| 구분 | 향 특징 | 역치($\mu$g/L) | |
| --- | --- | --- | --- |
| | | 물 | 와인 |
| Linalool | 꽃 향~장미 향 | 6 | 50 |
| | 꽃 향~나무 향 | 5.3 | - |
| | 페인트취~시트러스 향 | 3.8 | - |

| Geraniol | 꽃 향~장미 향 | 40 | 130 |
|---|---|---|---|
| Nerol | 꽃 향~장미 향 | - | 400 |
| Citronellol | 시트러스 향 | - | 18 |
| Hotrienol | 보리수나무 향 | - | 110 |
| $\alpha$-Terpineol | 백합 향 | 350 | 400 |
| cis-linalool 산화물 | 곰팡이취~솔나무 향 | - | 7,000 |
| trans-linalool 산화물 | 곰팡이취~솔나무 향 | - | 65,000 |

털핀은 포도 껍질에 함유된 성분으로 일부는 모노털핀 형태로 아로마에 영향을 주는 반면, 배당체 형태나 디올 또는 트리올 형태로 존재하는 털핀은 비휘발성으로 아로마에 영향을 미치지 않는다.

모노털핀류의 경우 대부분 식물에 존재하지만 특히 포도와 홉은 모노털핀의 전구물질인 제라닐 피로인산염으로부터 모노털핀을 생성하는 대표적인 식물이다.

모노털핀의 경우 포도 품종에 따라 그 농도가 다른데 특히 머스캇 품종에서는 모노털핀류 중에 게라니올(장미향)과 네올이 가장 많이 검출되며, 리슬링, 뮐러투가우, 실바너와 게뷔어츠트라미너 포도 품종에서도 확인되고 아로마에 영향을 미친다. 반면 백포도 품종인 샤도네이처럼 포도 아로마가 중성인 경우는 그 농도가 매우 낮고 대부분의 적포도 품종에서도 그 농도가 일반적으로 낮아 아로마에 영향을 미치지 않는다. 머스캇 포도 품종처럼 털핀류가 풍부한 포도는 털핀 합성 효소가 활성화되어 있다. 이 효소들은 털핀 합성 경로(1-디옥시-D-자일룰로오스-5-인산)에 코드화되어 있어 털핀류의 향 성분들이 다른 포도 품종보다 많이 생성된다.

대부분의 털핀류는 와인에서 꽃 향을 풍기며 역치는 높은 편이지만 털핀류 간의 시너지 효과로 인해 와인 향에 영향을 미치게 된다. 모노털핀인 리나룰과 알파 털피네올(꽃 향)의 경우는 포도에서 낮은 역치로 인해 코로 쉽게 느낄 수 있다.

로즈 산화물(Z-rose oxide)은 게뷔어츠트라미너 와인에서 발견되는 털핀으로 리치 아로마를 강하게 풍기며 와인 락톤(wine lactone) 역시 게뷔어츠트라미너 와인에서 나타나는 특징적인 향이다. 그러나 포도 내의 털핀류는 포도즙이나 와인의 pH와 온도에 따라 성분 변형이 나타난다. 예를 들면 리나룰과 게라니올의 경우 제조 공정을 통해 산화되어 역치가 높은 성분인 리나룰 산화물 또는 알파 털피네올로 전환된다. 이러한 성분 변화는 특히 유통과 저장 중의 높은 온도로 인해 더욱 심화되고 오래 저장된 와인의 징표이기도 한다.

한편 포도 유래의 또 다른 털핀인 세스퀴털핀류의 경우는 모노털핀류보다는 그 분포도가 적지만 쉬라즈 와인에서 나타나는 로툰돈 향은 검은 후추 향 같은 특유의 향을 풍긴다. 와인 아로마에 영향을 미치는 포도 속의 털핀류는 현재까지도 밝혀내지 못한 성분들이 많아 학계에서는 이에 대한 연구가 계속되고 있다.

포도 속의 털핀류는 대부분 배당체 형태로 존재하여 아로마에 기여하지 못하는데, 양조용 효모나 비양조용 효모가 알코올 발효 중에 분비하는 베타 글루코시다아제 효소를 이용하여 털핀을 당으로부터 분리하여 아로마를 형성하게 한다. 이미 설명한 바와 같이 비양조용 효모(브레타노마이세스, 칸디다, 데바리오마이세스, 한세니아스포라, 피치아 속)가 양조용 효모보다 베타 글루코시다아제의 활성이 강하다. 이는 비양조용 효모가 베타 글루코시다아제 생성을 저해하는 성분(포도당, 에탄올, 이산화황)들에 대한 내성이 강해 베타 글루코시다아제 생성이 원활하기 때문이다. 아로마가 중성인 샤도네이 품종으로 제조된 와인에 베타 글루코시다아제를 첨가하면 모노털핀류(시트로네올, 네올, 게라니올)가 증가하여 아로마가 향상되는 효과가 나타난다는 보고도 있다.

## 9) 비 이소프레노이드류

비 이소프레노이드류도 와인 아로마로서 중요한 아로마 성분이며 털핀류에 속하지만, 화학 구조상 이소프레노이드와는 다른 형태를 띠며 이 성분은 카로티노이드로부터 생성된 것이다. 그러나 이 성분은 효모나 세균에 의한 형성되는지 아직 학계에 보고된 사례는 없다.

비 이소프레노이드류는 일반 식품에서도 흔히 발견되는 성분으로 와인에서는 메가스티그만($C_9$) 또는 베타다마세논($C_7$)이 주요 성분으로 확인되며, 주로 아로마 포도 품종으로 제조된 와인(세미용, 쇼비뇽 블랑, 샤도네이, 멜롯, 시라, 카베르네 쇼비뇽)에서 다량 검출된다. 특히 꽃 향과 꿀 향을 풍기는 베타이오논과 베타다마세논이 주요한 향으로 역치가 각각 $0.09 \mu g/L$, $0.05 \mu g/L$로 매우 낮아 소량으로도 코로 쉽게 느껴진다. 또 다른 비 이소프레노이드 성분은 1,1,6-트리메틸-1,2-디하이드론프탈렌(TDN)으로 숙성된 리슬링 와인에서 휘발유취로 느껴지는 성분이다. 그리고 (*E*)-1-(2,3,6-트리메틸페닐)부타-1,3-딘은 풀취를 풍겨 이취의 원인이 된다.

## 10) 페닐프로파노이드류

포도의 페닐프로파노이드류는 시킴산 경로(shikim acid pathway)를 통해 생성된 L-페닐알라닌으로부터 파생된 것이다. 대표적인 성분은 페닐에탄올, 페닐아세트알데히드, 벤즈알데히드 및 벤질아세테이트이며 모두 휘발성이다. 또 페닐프로파노이드류 생성 중에 2차 물질들(리그닌, 플라본, 탄닌, 플라보이드, 안토시아닌)도 분비되어 와인의 향미에 영향을 미친다. 미국산 포도품종인 콩코드 포도에서 풍기는 향수취와 화장품취로 느껴지는 이른바 여우취인 메틸안트라닐산 역시 페닐프로파노이드류이다. 이 여우취는 피노누아 와인에서도 확인된다. 그리고 포도뿐 아니라 50여 종류의 페닐프로파노이드 성분들이 로스팅한 오크통(*Quercus sp.*)의 추출을 통해서도 와인으로 전이되는 것으로 문헌에 보고되고 있다.

한편 양조용 효모도 방향성 아미노산(페닐알라닌, 티로신)을 통해 각각 페닐에틸알코올과 2-페닐에틸아세테이트를 생성한다. 이들 페닐프로파노이드 성분들은 특히 화이트 와인에서 꽃향, 장미 향과 꿀 향을 풍기며 역치 이상의 농도가 와인에 함유되어 코로 쉽게 느껴진다. 또 비양조용 효모인 브레타노마이세스는 페놀산 탈탄산 효소를 이용하여 하이드록시신남산으로부터 비닐페놀과 에틸페놀을 생성하여 가죽취나 퇴비취를 풍긴다. 그 외 곰팡이와 젖산균들도 각기 환원 효소를 이용하여 페놀 성분을 비닐 페놀과 에틸페놀을 생성하는 것으로 알려져 있다.

## 11) 피라진류

와인에서의 피라진류는 메톡시피라진류를 말하며 일부 포도 품종(카베르네 쇼비뇽, 쇼비뇽 블랑, 카베르네 프랑, 샤도네이, 리슬링)에서 0.5~50ng/L 정도 검출되며, 특히 덜 익은 포도일수록 그 농도가 더 높게 나타난다. 3-알킬-2-메톡시피라진, 3-이소프로필-2-메톡시피라진 및 *sec*-부틸-2-메톡시피라진이 대표적인 메톡시피라진류이며, 상기 포도 품종들은 *o*-메틸 전이효소를 이용하여 하이드록시 피라진을 메틸화하기 때문에 메톡시피라진의 다량 생성이 가능한다.

특히 2-메톡시-3-이소부틸피라진의 경우는 역치(2~15ng/L)가 매우 낮아 상기 포도품종으로 제조된 와인에서 허브 향, 그린 피망 향, 완두콩 향, 아스파라거스 향으로서 쉽게 코로 느낄 수 있다. 이 성분은 로스팅한 커피, 고추, 감자, 치즈 등에서도 느껴지는 향이기도 하다. 그 외 피라진류(2-메톡시-3-이소프로필 피라진, 2-메톡시-3-에틸피라진)는 검출되는 농도가 낮아 와인 아로마에 미치는 영향이 거의 없다. 피라진류는 보통 적은 농도로서는 상기 와인 스타일을 나타내는 향이지만 그 농도가 높을 때는 이취를 유발하기도 한다. 또 메톡시피라진류는 와인에서 검출되는 농도가 매우 적지만, 쇼비뇽 블랑, 멜롯 및 까르미네르 와인의 아로마를 나타내는 주요 성분이며 그 농도가 과도하면 이취로 간주한다.

## 12) 휘발성 황화합물

휘발성 황화합물은 그 화학 구조로 보면 크게 5가지(설파이드류·티올류·폴리 설파이드류·티오에스터류·고리형 화합물류)로 분류 된다. 그러나 휘발도를 기준으로 분류하면 휘발성(끓는점이 90℃ 이하)과 비휘발성(끓는점이 90℃ 이상) 화합물로 분류할 수 있다. 와인의 휘발성 황화합물은 보통 낮은 역치를 나타내고 저비점 성분(디메틸설파이드)부터 고비점 성분(메티오놀)까지 다양하게 존재한다. 그러나 대부분의 휘발성 황화합물은 역치가 낮고 와인에 이취를 부여하는 특성이 있다. 이러한 성분들은 보통 양배추 향, 마늘 향, 양파 향 및 고무 향을 풍긴다. 그리고 일부 휘발성 황화합물은 그 농도가 높으면 이취로 나타나는데, 일례로 황화수소의 경우 썩은 계란취, 메탄티올은 양파취와 마늘취, 그리고 디메틸설파이드는 캔 옥수수취와 삶은 아스파라거스취를 풍긴다. 그러나 모든 휘발성 황화합물이 와인에 부정적인 아로마를 나타내는 것은 아니다.

디메틸설파이드의 역치는 화이트 와인에서는 $25\mu g/L$, 레드와인에서는 $60\mu g/L$ 수준으로 낮은 농도에서는 경쾌한 블랙커런트 향을 부여하고, 다른 아로마 향과 섞여 꽃 향을 강화해 주는 시너지 역할도 한다. 특히 병 숙성 시 아로마 강화에 기여하기도 한다.

황화수소는 효모가 알코올 발효 중에 무기 황 성분(황산염, 아황산염)을 분해하는 과정 또는 유기 황 성분(시스테인, 글루타치온)을 생합성하는 과정 중에 생성된 부산물이다. 황화수소는 낮은 농도에서는 미숙성 와인의 특성을 나타내고 복합 향을 부여하기 때문에 이취로만 간주할 것은 아니다. 머캅탄(메틸머캅탄, 에틸머캅탄)은 매우 낮은 역치를 나타내며, 그중 에틸머캅탄은 양파취와 고무취를 풍기며 역치는 $1.1\mu g/L$ 수준이다.

황화합물 중에 와인 아로마에 영향을 미치는 또 다른 성분은 설파이드류와 티올류이다. 설파이드류 중의 대표적인 성분은 황화수소이며 썩은 계란취를 풍기고 매우 낮은 역치($50\sim80\mu g/L$)를 나타낸다. 이 성분은 모든 와인 양조장에서 나타나지만 구리와 산소공급을 통해 쉽게 제거된다. 즉 구리염을 첨가하면 구리와 황이 결합하여 황화구리가 생성되어 제거하고, 산소 공급을 하면 황화수소가 산화되기 때문에 계란 썩은취를 제거할 수 있다. 양조장에서는 산소 공급을 통한 산화된 황 성분으로 인해 와인의 품질에 영향을 미쳐 구리염 사용을 선호한다.

한편 휘발성 황화합물 성분들은 특정 와인의 아로마 특성을 나타내기도 하는데, 예를 들어 쇼비뇽 블랑, 게뷔어츠트라미너, 리슬링 및 머스캇 포도 품종으로 제조된 와인의 병 숙성 과정에서 생성되는 특징이 있다. 특히 쇼비뇽 블랑의 경우는 머캅토와 관련된 황 성분이 특징적으로 나타난다. 예를 들어서 4-머캅토-4-메틸-펜탄-2-원(4MMP)의 경우 역치를 초과 (40ng/L)를 초과하는 경우가 많고 회양목(boxwood) 아로마를 풍기게 된다. 그 외 3-머캅토 헥산-1-일-아세테이트는 블랙커런트 향을 풍기며, $\rho$-멘텐-8-티올은 낮은 역치와 강한 아로마를 특징으로 하며 그윽한 향을 풍긴다.

티올 중에 휘발성 티올 성분은 와인 아로마에서 차지하는 비율이 높은 성분으로 와인 아로마에 때론 긍정적 때론 부정적으로 영향을 미친다. 그리고 휘발성 티올 중에 푸르푸릴티올은 보르도 지역 레드 와인에서 흔히 검출되는 물질이며, 커피, 육류, 밀 빵, 팝콘에서도 확인되는데 그 역치는 0.4ng/L로 매우 낮다. 이 성분은 로스팅한 오크통의 푸르푸랄 성분을 효모가 알코올 발효하면서 생성한 것이다([표 4-24]).

[표 4-24] 와인의 황화합물

| 향기 성분 | 농도($\mu g$/L) | 역치($\mu g$/L) | 관능 |
|---|---|---|---|
| Hydrogen sulfide | 0~80 | 10~80 | 썩은 달걀취 |
| Methyl mercaptan | 5.1~2.1 | 0.3 | 삶은 양배추취, 고무취 |
| Ethyl mercaptan | 1.9~18.7 | 1.1 | 양파취, 고무취, 당밀취 |
| Dimethyl sulfide | 1.4~61.9 | 25 | 아스파라거스취, 옥수수취 |
| Diethyl sulfide | 4.1~31.8 | 0.93 | 삶은 야채취, 양파취 |
| Dimethyl disulfide | 2 | 15~29 | 삶은 양배추취, 양파취 |
| Diethyl disulfide | 0~85 | 4.3 | 마늘취, 탄 고무취 |
| Methionol | 140~5,000 | 500 | 감자취, 양배추취 |
| Benzothiazole | 11 | 50 | 고무취 |
| Thiazole | 0~34 | 38 | 팝콘취, 땅콩 향 |
| 4-Methylthiazole | 0~11 | 55 | 그린 헤즐넛 향 |
| 2-Furanmethanethiol | 0~350ng/L | 1ng/L | 로스팅커피 향, 탄 고무 향 |
| Thiophene-2-thiol | 0~11 | 0.8 | 탄 고무 향, 로스팅커피 향 |
| 4-Mercapto-4-methylpentan-2-one | 0~30ng/L | 3ng/L | 회향목취, 블랙커런트 향 |

| 3-Mercaptohexan-1-ol | 50~5,000ng/L | 60ng/L | 패션후루츠, 그레이프후루츠 향 |
| 3-Mercaptohexyl acetate | 1~100ng/L | 4ng/L | 패션후르츠, 화향목취 |

그 외 와인 아로마에 영향을 미치는 휘발성 티올 성분은, 4-머캅토헥산-1-올(역치 60ng/L)과 3-머캅토헥실 아세테이트(역치 4ng/L)이다. 이 성분들은 쇼비뇽 블랑 와인처럼 특정 와인에서 회양목 향, 그레이프후르츠 향, 구스베리 향 및 구아바 향을 풍겨 제품의 특징을 나타내기도 한다. 대부분의 휘발성 티올은 포도 속에 존재하지 않으며 알코올 발효와 젖산 발효를 통해 생성되므로 양조용 효모와 젖산균 종류가 휘발성 티올의 농도에 큰 영향을 미치게 된다. 즉 휘발성 티올은 일반적으로 황을 함유한 아미노산 특히 시스테인이 카보닐 성분(디아세틸)과 반응하여 알코올 발효 및 젖산 발효 과정에서 생성되는데, 쇼비뇽 블랑 포도 품종은 타 품종보다 시스테인을 많이 함유하여 휘발성 티올이 더 많이 생성된다. 물론 휘발성 티올은 그외 리슬링, 세미용, 멜롯 및 카베르네 쇼비뇽 와인에서도 흔히 검출된다.

# 8. 포도 품종별 아로마 특징

포도 품종별 아로마 특성은 관능상 확연히 다르지만 아로마를 구성하는 성분은 유사하게 나타난다. 물론 포도 품종마다 각각의 아로마 구성 성분 간의 비율이 매우 다른 것도 사실이다. [표 4-25]에서 보는 바와 같이 일부 포도 품종은 품종 특유의 핵심 아로마(key aroma) 성분이 와인의 전체 향기 특성을 좌우하는 경우도 있다. 그리고 대부분의 핵심 아로마 성분들은 역치가 매우 낮아(ng/L) 포도와 와인의 아로마에 큰 영향을 끼친다.

[표 4-25] 포도 품종별 아로마 특성과 역치

| 포도 품종 | | 성분 | 아로마 특성 | 역치 |
|---|---|---|---|---|
| *Vitis vinifera* | Muscat | Linalool, geraniol, nerol | 꽃 향, 시트러스 향 | 170 ng/L |
| | Riesling | 1,1,6-trimethyl-1,2-dihydronaphthalene | 휘발유취 | 20 $\mu$g/L |
| | Cabernet Sauvignon, Sauvignon blanc, Cabernet franc, Merlot, Camenere | 3-isobutyl-2-methoxypyrazines | 피망 향 | 2 ng/L |
| | Gewuerztraminer | *cis*-Rose oxide, wine lactone | 게라늄 오일향, 코코넛 향 | 200 ng/L |
| | Sauvignon blanc, Scheurebe | 4-methyl-4-mercaptopentan-2-one | 블랙커런트 향 | 0.6 ng/L |
| | Granache rose, Sauvignon blanc, Semillon | 3-mercapto-1-hexanol | 감귤류 껍질 향 | 50 ng/L |
| | Shiraz | Rotundone | 검은 후추 향 | 16 ng/L |
| *Vitis labrusca, Vitis rotundifolia* | | *o-aminoacetophenone* | 여우취 | 400 ng/L |

[표 4-26]은 각 포도 품종이 와인 아로마에 미치는 영향을 미치는 성분을 나타낸 것이다. 포도품종에 따른 와인 아로마는 주로 고급 알코올류, 에스터류 및 락톤류가 주요 성분이다. 다른 한편으로는 와인의 아로마가 포도품종에서 비롯된 성분도 있지만, 발효와 숙성을 통해서 유래된 것도 있어 포도품종만을 가지고 와인 아로마를 특정하는 것은 쉽지 않다. 다만 향 특성이 강한 특정 포도품종의 경우는 포도품종과 와인 아로마간의 연계 가능성은 있다.

[표 4-26] 포도 품종에 따른 주요 와인 아로마 특성

| 포도 품종 | 주요 아로마 |
|---|---|
| Scheurebe | 4-Mercapto-4-methylpentan-2-one, ethyl 2-methylbutyrate, isoamyl alcohol, 2-phenylethanol, 3-ethylphenol, 3-hydroxy-4,5-dimethyl-2(5$H$)-furanone, wine lactone |
| Gewuerztraminer | $cis$-Rose oxide, ethyl 2-methylbutyrate, isoamyl alcohol, 2-phenylethanol, 3-ethylphenol, 3-hydroxy-4,5-dimethyl-2(5$H$)-furanone, wine lactone |
| Grenache rose | 3-Mercapto-1-hexanol, furaneol, homofuraneol |
| Chardonnay | Ethyl butanoate, octanoic acid, 2-phenylacetaldehyde, 4-vinyphenol, $\delta$-decalactone, 2-methyltetrahydrothiophen-3-one, 3-methylbutyl acetate |
| Spanish Rioja (Tempranillo, Grenache, Graciano 3종의 포도 혼합) | 4-Ethylguaiacol, ($E$)-whiskey lactone, 4-ethylphenol, $\beta$-damascenone, higher alcohol, isovaleric, caproic acid, eugenol, fatty acid ethyl esters, iso acid ethyl esters, furaneol, 2-phenylacetic acid, ($E$)-2-hexenal |
| Pinot Noir | 2-Phenylethanol, isoamyl alcohol, 2-methylpropanoate, ethyl butanoate, 3-methylbutyl acetate, ethyl caproate, benzaldehyde |
| Cabernet Sauvignon, Merlot (보르도 지역) | Methylbutanol, 2-phenylethanol, 2-methyl-3-sulfanylfuran, acetic acid, 3-(methylsulfanyl)propanal, methylbutanoic acid, $\beta$-damascenone, 3-sulfanylhexan-1-ol, furaneol, homofuraneol |
| Cabernet Sauvignon, Merlot (미국, 호주) | isoamyl alcohol, 3-hydroxy-2-butanone, octanal, ethyl carpoate, ethyl 2-methylbutanoate, $\beta$-damascenone, 2-methoxyphenol, 4-ethenyl-2-methoxyphenol, ethyl 3-methylbutanoate, acetic acid, 2-phenylethanol |
| Riesling (미국) | $\beta$-damascenone, 2-phenylethanol, linalool, fatty acid, ethyl 2-methyl butyrate, $trans$-2-hexenol, $cis$-3-hexenol, geraniol, ethyl butyrate, carvone, ethyl caproate, isoamyl acetate |

# 9. 와인의 이미 이취

    와인에 나타나는 이미 이취 등 품질 이상에 대한 조기 진단과 적절한 대처 방안은 매우 중요하다. 품질 이상은 상태에 따라 물리화학적 이상과 생물학적 이상으로 구분된다. 침전, 이미 이취와 색소 변화 등이 물리화학적 원인으로 발생하는 것이다. 물리화학적 품질 이상이 포도 재배 때 발생하는 질소 부족이나 곰팡이병, 전처리 공정(포도 수확, 이송, 압착) 및 발효 공정 등에서 발생하면 원인 규명이 쉽지 않다. 사소한 물리화학적 품질 이상은 블렌딩으로 해결하는 때도 있지만 품질에 큰 문제가 발생하면 판매할 수 없게 된다.

    반면 생물학적 품질 이상은 외관상 문제 또는 이미 이취 등의 문제가 미생물에 의해 발생하는 경우를 말하며, 와인을 블렌딩할 때 다른 와인으로까지 오염이 전이될 수 있어 대처하기가 매우 어렵다. 와인의 이미 이취를 유발하는 대표적인 원인을 살펴보면 다음과 같다.

## 1) 포도 품종 특유의 아로마에 따른 이미 이취

### (1) 여우취

    미국의 대표적인 포도 품종인 비티스 라브라스카(*Vitis labrusca*)와 비티스 로툰티폴리아(*V. rotundifolia*) 그리고 그들의 교잡종인 나이아가라(Niagara), 이사벨라(Isabella) 및 콩코드(Concord) 등은 특유의 여우취 또는 동물취가 난다. 이는 젖은 개가죽 냄새 또는 그들의 배설물 같은 향미가 특징적이다. 추위와 해충에 저항성이 강한 이들 포도 품종은 미국과 캐나다에서 널리 재배되는데, 유럽에서는 여우취 때문에 이러한 포도 품종으로 와인을 제조하지 않는다. 라브라스카 품종에서 여우취로 알려진 안트라닐산 메틸에스터(anthranilic acid methyl ester)는 포도가 숙성될수록 그 함량이 증가하게 된다. 예로써 숙성된 나이아가라 포도 품종에서는 안트라닐산 메틸에스터의 농도가 254g/L, 콩코드 품종에서는 50㎎/L 수준이다. 최근 연구 결과에 따르면 안트라닐산 메틸에스터뿐 아니라 2-아미노아세토페논 역시 여우취의 원인물질로 문헌에 보고되고 있다. 여우취의 원인 성분인 안트라닐산 메틸에스터와 2-아미노아세토페논을 제거하려면 유럽 포도 품종과 여러 차례 교잡해야 한다.

### (2) 딸기취

딸기취는 미국 야생 포도 품종과 교잡한 곰팡이균에 저항성이 강한 카스토르(Castor)와 폴룩스(Pollux) 포도 품종에서 나타난다. 딸기취의 원인 물질은 2,5-디메틸-4-하이드록시-2,3-디하이드로퓨란-3-온(2,5-dimethyl-4-hydroxy-2,3-dihydrofuran-3-on)이며 퓨라네올로도 불리는 성분이다. 이 성분은 드라이한 와인 기준으로 맛 역치가 30~40㎍/L로 알려져 있으며 딸기취를 제거하려면 유럽 포도 품종과 여러 차례 교잡해야 한다.

### (3) 파프리카취

파프리카취는 카베르네 쇼비뇽, 카베르네 프랑 또는 쇼비뇽 블랑 등으로 제조한 와인에서 녹색 피망취와 녹두취를 나타내는데, 특히 유럽의 저온 지역에서 재배되어 수확량이 많고 미숙성된 포도 품종 중에서 발생한다.

피라진(pyrazine) 계열의 성분들이 파프리카취의 주요 원인 물질로 알려져 있는데, 2-메톡시-3-알킬피라진 그룹에 속하는 2-메톡시-3-이소부틸피라진, 2-메톡시-3-이차 부틸피라진, 2-메톡시-2-이소프로필피라진 및 2-메톡시-3-에틸피라진 등이 그 예이다. 이러한 성분들은 특히 역치가 매우 낮아 2-메톡시-3-에틸피라진의 경우는 2ng/L 농도에서도 코로 감지된다.

피라진 성분들은 포도 껍질에 다량 분포되어 있어 포도가 숙성되면서 그 함량이 대부분 줄어들게 된다. 일반적으로 피라진 계열의 성분들은 그 농도가 8~15ng/L이면 와인 아로마에 긍정적일 수 있으나 그 이상(30ng/L)이면 이취로 나타난다. 파프리카취 예방법은 카베르네 쇼비뇽, 카베르네 프랑 및 쇼비뇽 블랑 포도 품종의 경우는 숙성된 포도 사용과 와인 제조 시 포도껍질의 침출을 최소화하면 일정 부분 이취를 저감화하는데 도움이 된다. 또 포도 재배 지역 설정과 수확량을 최소화하는 것도 중요하다.

### (4) 약품취

약품취는 일반적으로 과숙한 포도 또는 부패한 포도가 많이 섞인 포도를 이송, 제경, 압착 시 너무 강한 물리적인 힘을 가하면 발생할 수 있다. 약품취의 원인 물질은 4-에틸페놀과 4-에틸과이어콜 같은 휘발성 페놀이며 그 함량은 포도 품종, 파쇄즙의 정체 시간, 온도, 펙틴 효소와 효모 등에 좌우된다.

포도의 페놀카르복실산(하이드록신남산, 쿠타르산, 페르타르산, 카프타르산)은 알코올 발효 중에 효모의 효소를 통해 휘발성 페놀인 4-비닐페놀과 4-비닐과이어콜 등으로 변환된다. 그리고 4-비닐페놀은 젖산 발효 시 다시 4-에틸페놀 또는 4-에틸과이어콜로 변환되어 와인에 약품취를 내게 된다.

한편 펙티나아제를 첨가하면 포도즙에서 이미 주석산 에스터가 분해되면서 페놀카르복실산이 변환되어 알코올 발효를 통해 4-에틸페놀 또는 4-에틸과이어콜 등이 생성되는데, 이는 결국 휘발성 페놀 함량을 높이는 결과로 이어지게 된다.

약품취 예방법은 우선 포도 이송, 제경 및 압착 과정 시 포도를 잘 다루어야 하며 파쇄 즙을 장시간 방치하지 않는 것이 중요하다. 또 펙티나아제 사용 전에 처방전을 준수하는 것도 중요하다. 와인의 경우 소량의 젤라틴, 카제인, PVPP 및 활성탄 등으로 처리를 하면 약품취를 감소시키는 효과가 있는 것으로 문헌에 보고되고 있다.

### (5) 휘발유취

휘발유취는 특히 리슬링 와인을 병 숙성할 때 나타나는 현상으로 리슬링 품종 특유의 향과는 구별되는 이취이다. 휘발유취의 주요 원인 물질은 당분과 카로티노이드의 분해에 따라 생성된 1,1,6-트리에틸-2-디하이드로나프탈린(TDN), 비티스피레인(vitispirane, 향 역치 0.8 mg/L 이하) 및 베타다마세논이 대표적이다. 특히 TDN은 미숙성 와인에서는 검출되지 않으며 리슬링 같은 와인이 오래될수록 농도가 증가하는데, 이 성분은 휘발유취의 핵심 원인이며 향 역치는 20 $\mu$g/L 수준으로 매우 낮아 코로 쉽게 감지된다.

남아프리카와 호주 남부 등 열대 지역에서 제조된 와인 또는 햇볕에 노출이 심한 포도 등에서는 수확 때 이미 카로티노이드의 농도가 높아져 있기 때문에 TDN 농도가 높아지게 된다. 그에 따라 와인의 과실 아로마를 감소시키는 원인으로 작용한다. 휘발류취를 제거할 수 있는 양조 기술적 방법은 아직까지 없으며, 리슬링을 저온 지역에서 재배하거나 여과된 와인을 저온에서 저장하는 것이 유일한 예방법이다.

## (6) 부패취

포도잎에 곰팡이균인 페로노스파라(*Peronospara*), 플라스모파라(*Plasmopara*), 비티콜라(*Viticola*) 등에 감염되면 흰점 등이 나타나는데, 이는 화학제로 제거되지 않으며 포도의 향미를 저하시키는 원인이 된다. 포도가 또 다른 곰팡이균인 오디움 투케리(*Odium tuckeri*), 언시누라 네카토르(*Uncinula necator*) 및 페니실리움 익스펜섬(*Penicillium expansum*) 등에 감염되면 부패취로 인해 와인 제조에 사용할 수 없게 된다. 일반적으로 곰팡이에 감염된 포도는 초산균과 야생 효모(한세눌라, 크로케라) 등이 같이 서식하게 되는데, 이러한 균들이 부패취의 원인인 초산취와 용매취(에틸아세테이트)를 풍기게 된다.

그러나 회색 곰팡이로 불리는 보트리티스 시네레아(*Botrytis cinerea*)가 고온 건조한 기후 조건에서 당도 19브릭스 이상인 숙성된 포도에 서식하게 되면 포도와 와인의 품질을 높이는 효과가 나타난다. 즉 보트리티스 시네레아에 의해서 포도의 수분 증발이 일어나며 이때 포도의 당분, 주석산, 글루콘산, 글리세린과 구연산 등이 농축되어 고품질 와인 생산에 이상적이다. 레드 와인의 경우는 보트리티스 시네레아가 색소를 파괴하므로 신선하고 과숙된 건조한 포도로 생산한다. 그러나 보트리티스 시네레아에 감염된 포도가 장기간 우기에 노출되면 농축된 과즙의 구성 성분이 증발하고 일부 성분은 씻기게 되어 고품질 와인 제조가 어렵게 된다. 이러한 포도로 제조한 와인은 곰팡이취가 난다([그림 4-28]).

[그림 4-28] **포도 병충해**

보통 포도의 당도가 14.8브릭스 이하일 때 보트리티스 시네레아에 감염되면 그 포도로 제조한 와인에서는 곰팡이취가 난다. 곰팡이취의 주요 원인 물질은 1-옥텐-3-올, 3-옥탄올 및 소톨론으로 불리는 디메틸-3-하이드록시-2-퓨라논 등이다.

또 보트리티스 시네레아에 감염된 포도에서는 종종 페니실리움 익스펜섬(*Penicillium expansum*)균도 같이 서식한다. 이 균도 보트리티스 시네레아와 마찬가지로 당도, 글루콘산, 글리세린 및 구연산 농도를 상승시키는 역할을 하지만 1-옥텐-3-올, 3-옥탄올, 지오스민(geosmin, 향 역치 $0.1\mu g/L$) 및 2-메틸이소보르네올(2-methyl isoborneol) 등과 같은 부산물을 생성하여 와인 아로마에 부정적 영향을 미친다.

푸른색 곰팡이로 알려진 페니실리움 익스펜섬은 다양한 독소를 생성하는데 미코톡신 (mycotoxin)과 파툴린(patulin)이 대표적인 성분이다. 포도나 와인에는 아플라톡신 같은 곰팡이 독소 성분은 검출된 사례는 없으나, 파툴린의 경우는 와인에 검출될 수 있고 와인의 맛에 부정적인 영향을 미친다. 이 성분은 특히 사과즙에서 자주 확인되는 물질로 포도즙에도 포도 재배 시 농약 처리가 없으면 30~2,200mg/L 정도 검출되는 것으로 알려져 있다. 포도즙의 아황산 처리를 통해 파툴린의 농도를 감소시킬 수 있다.

또 다른 곰팡이균인 트리코테시움 로세움(*Trichotecium roseum*)은 트리코테신을 생성하는데, 이 물질은 포도의 색을 적색으로 바꾸며 와인에 불쾌한 썩은취를 유발하며 쓴맛을 동반하기도 한다. 이 균이 포도에 서식하면 우선 포도의 주요 성분(당분, 산분, 글리세린)들이 감소하는 현상이 나타난다. 그리고 트리코테신은 효모에 독성으로 작용하여 알코올 발효가 중지되는 경우도 발생한다. 이 균에 감염된 포도는 와인 제조 시 섞이지 않게 분리하여 처리하는 것이 가장 좋은 방법이다.

한편 오크라톡신 A(Ochratoxin A, OTA)는 곰팡이균인 아스퍼질러스나 페니실리움에 의해 생성되어 와인에서 종종 검출되는데, 화이트 와인에서보다 레드 와인에서 더 자주 확인된다. 레드 와인에서 오크라톡신의 수치가 높은 것은 적포도 파쇄 즙의 가공처리 시간이 상대적으로 길기 때문이다. 또 늦은 포도 수확이나 압착을 과하게 할 때도 오크라톡신의 농도 증가 원인이 될 수 있다. 와인에서의 오크라톡신의 농도는 보통 0.005~0.11μg/L이며 그 농도 (0.130~1.300μg/L)가 높은 것은 무엇보다 제조장의 불량한 위생 상태가 주원인이다.

활성탄 또는 활성탄 벤토나이트 형태로 포도즙에 사용하여 오크라톡신을 제거할 수 있으나, 활성탄을 투입하면 와인 아로마 성분(이소아밀아세테이트, 카프로산 에틸에스터, 게라니올)도 감소하기 때문에 최적의 양(100~200g/100L)을 처방해야 한다.


## 2) 발효 이상에 따른 이미 이취

와인의 알코올 발효를 통해 생성되는 주요 물질은 글리세린(알코올의 8~10% 수준), 초산, 에틸아세테이트, 고급알코올류, 산류 및 아세트알데히드 등이다.

발효 이상에 따른 와인의 이미 이취 문제는 원인이 다양하다. 자연 발효 시에는 양조용 효모보다는 비양조용 효모와 세균(초산균·젖산균)들이 포도 표면에 주로 지배종으로 서식하게 된다. 초기 알코올 발효는 주로 비양조용 효모와 세균에 의한 것이며 이후 알코올 농도가 4vol%에 도달하면 이 균들은 산소 결핍으로 자연적으로 사멸한다. 그러나 비양조용 효모와 세균이 알코올 발효 초기에 과도하게 증식하면 생성된 발효 부산물 때문에 이미 이취가 발생하게 된다. 탁약주 제조 시에도 이와 같은 현상은 종종 나타난다. 또 알코올 발효 온도가 30℃ 이상일 때 알코올 농도가 급격히 증가하여 효모가 사멸하게 되면서 발효가 중지되게 된다. 이러한 술 덧에는 자연히 잔당이 남게 되고 고온에 저항이 강한 초산균과 젖산균에 의해 부패되기 쉽다.

한편 발효 용기가 30,000~100,000리터 크기에서는 포도즙의 압력과 이산화탄소의 농도 증가에 따라 효모가 알코올 발효를 정상적으로 못해 발효 이상이 발생하여 와인 향미에 문제를 일으킬 수 있다. 또 포도즙의 질소 부족에 따른 발효 이상이 나타날 수 있고 과다한 아황산 투입 역시 발효 이상에 따른 이미 이취를 유발할 수 있다.

와인의 발효 이상에 따른 이미 이취 현상을 살펴보면 다음과 같다.

### (1) 유황취

포도즙에는 일반적으로 냄새가 없는 여러 황화합물이 있는데, 알코올 발효 시 효모가 이러한 무취 황화합물들을 휘발성 성분으로 전환시켜 와인에 이취를 나타나게 하는 경우가 있다. 유황취를 유발하는 황화합물들은 비교적 역치가 낮은 편이다.

유황취는 특히 머캅탄(메틸머캅탄, 에틸머캅탄) 및 디메틸디설파이드로 인한 달걀 썩은 냄새와 곰팡이취를 동반한다. 유황취의 주요 원인 물질인 황화수소는 효모가 알코올 발효 중에 황 함유 아미노산인 메티오닌과 시스테인을 합성하는 과정에서 생성하는 중간 부산물이다. 황화수소의 역치는 10~100μg/L이며 달걀 썩은 냄새가 특징적이다. 또 이 성분은 고온 발효와 높은 pH에서 더 많이 생성되고 효모 종류마다 생성하는 농도는 매우 다르다. 또 알코올 발효 후 앙금 거르기를 늦게 하거나 미숙성 와인에 아황산을 첨가하면 나타나기도 한다.

보통 황화수소는 와인의 다른 성분들과 반응하여 와인에 이취를 유발하는 다양한 물질들을 만드는데, 예로써 에탄올 또는 알데히드와 반응하여 에틸머캅탄을 생성한다. 에틸머캅탄은 다시 산소 또는 산화물질과 연속 반응하여 디설파이드 계열의 성분을 생성하게 된다. 디메틸설파이드는 삶은 아스파라거스취, 곡류취와 당밀취를 풍기며, 역치가 화이트 와인과 레드 와인에서 각각 25μg/L, 60μg/L 수준으로 낮은 편이다. 그리고 디에틸설파이드는 에틸머캅탄의 산화에 의해 생성되며 삶은 야채취, 삶은 마늘취와 삶은 양파취를 나타내며 역치는 화이트 와인에서 0.92μg/L 수준이다. 디메틸디설파이드는 메틸머캅탄의 산화에 의해 생성되는데, 삶은 양배추취와 삶은 양파취를 풍기며 화이트 와인과 레드 와인에서 각각 1.1μg/L 수준으로 검출된다. 그리고 와인 병 마개를 금속 트위스트로 하면 황화수소가 생성되는데, 이는 금속 표면에서 이산화황이 황화수소로 환원되어 나타나는 현상이다.

알코올 발효 중에 생성되는 와인의 유황취를 기술적으로 완전히 차단하기는 어렵다. 그러나 원료 처리와 가공 공정에서 유황취 생성을 저감화할 수 있는 방법은 있다. 우선 포도 재배 시 농약 처리를 최소화하면서 포도나 포도즙이 초산균 등에 오염되지 않게 하고 포도즙의 청징을 심도 있게 해야 한다. 그리고 배양 효모를 사용하고 1차 착즙 포도즙만으로 발효하지 말고(질소 부족 문제 발생) 미숙성 된 포도로 제조하는 것을 피해야 한다. 포도즙의 질소 부족 예방과 원활한 알코올 발효를 위해서는 1g/L 인산암모늄과 0.6mg/L 염산 티아민을 첨가하는 것이 좋고 화이트 와인의 경우에는 발효를 20℃ 이하로 진행하는 것이 바람직하다. 화학적 처리법으로는 황산구리($CuSO_4$)를 10mg/L 첨가하면 유황취를 저감화할 수 있는데, 이때 와인에 침전 문제가 발생하지 않도록 주의해야 한다. 산도가 낮은 와인의 경우에는 조기에 앙금 거르기를 하여 효모를 제거하면 유황취를 일정 부분 제거하는 데 도움이 된다.

유황취의 원인인 모든 황화합물들이 와인의 이미 이취로 간주되는 것은 아니며, 유황취가 포도 품종에 따라서는 와인 특유의 아로마로 간주되는 경우도 많다. 예로써 보르도 지역의 카베르네 쇼비뇽, 멀롯 및 카베르네 프랑 품종으로 제조된 레드 와인의 경우에는 2-메틸-3-퓨란티올과 같은 역치(0.4~1.0ng/L)가 매우 낮은 황화합물이 확인되는데 이 성분은 로스팅 향을 부여하여 제품의 특성을 나타내기도 한다.

## (2) 젖산취

일반적으로 와인은 알코올 발효 후 젖산균을 이용한 젖산 발효 과정을 통해 와인에 남은 사과산을 젖산으로 변환시켜 와인의 맛을 부드럽게 해주는 과정을 거치게 된다. 그러나 젖산 발효 시 와인 향미에 영향을 미치는 성분들도 같이 생성되기 때문에 와인 본연의 특징이 달라져 포도 품종의 특성이 강한 리슬링, 뮐러투가우, 머스캇 및 게뷔어츠트라미너 등은 젖산 발효를 하지 않는 경우가 많다. 일부 샤도네이와 같은 화이트 와인 품종의 경우는 젖산균에 의한 젖산 발효가 아닌 화학적 방법을 통해 사과산의 산도를 낮추는 방법을 사용하기도 한다. 젖산 발효는 일반적으로 화이트 와인보다는 레드 와인에서 많이 하는데, 그 이유는 레드 와인의 경우 약한 신맛과 부드러운 맛을 중요시하며 화이트 와인에서보다는 젖산 발효를 통해 생성되는 부산물들이 부정적인 영향을 덜 미치기 때문이다.

젖산 발효 과정을 통해 생성되는 부수적인 향미 성분들은 사용된 젖산균의 종류와 특성에 따라 달라진다. 예를 들면 젖산 발효 때 젖산만을 생성하는 동형 발효 젖산균(페디오코커스 담노수스, 페디오코커스 세레비지에, 일부 락토바실러스균) 및 젖산 발효시 젖산외에 유기산, 탄산과 에탄올을 생성하는 이형 발효 젖산균(일부 젖산균, 오에노코커스 오에니균)들이 있다. 일반적으로 젖산 발효에 이용되는 균은 오에노코커스 오에니 균으로 증식이 빠르고 원활한 젖산 발효 및 초산과 디아세틸 등 와인 품질에 부정적인 영향을 미치는 성분을 적게 생성하여 널리 사용되는 균이다.

젖산취의 원인 물질은 젖산 발효 중에 생성된 젖산이며, 사과산에서 생성되는 젖산은 L형 젖산이지만 젖산취를 유발하는 젖산은 당으로부터 생성되는 D형 젖산이다. 젖산취가 있는 와인은 잔당에도 불구하고 자극적인 약품 냄새를 풍기며, 효소 반응을 통해 젖산취가 D형인지 L형인지 여부를 판단할 수 있다.

젖산 발효를 통해 생성되는 성분 중에 와인의 향미에 부정적인 영향을 미치는 또 다른 물질은 젖산균에 의해 생성된 디아세틸인데, 이 성분은 역치가 매우 낮아 화이트 와인과 레드 와인에서 각각 1mg/L, 5mg/L가 존재하면 젖산취로 불리는 버터취를 풍기게 된다. 디아세틸에 초산까지 와인에 함유되면 젖산취를 더욱 많이 코로 느끼게 된다. 또 에틸락테이트가 와인에 80~130mg/L 수준으로 검출되면 버터취를 강하게 나타낸다.

젖산취를 예방하려면 건조 효모를 이용한 신속한 발효가 진행해야 한다. 특히 대량 생산일 경우 냉각을 조절하여 발효열이 과다 생성되지 않도록 하고 발효 온도가 28℃ 이상 올라가지 않도록 유의해야 한다.

## (3) 점성화

와인의 점성화는 와인이 끈적거리는 현상을 의미하며 와인잔에 와인을 3분의 1가량 따르고 잔을 기울여 보면 점성이 강한 와인은 잔에서 잘 흘러내리지 않는다. 이러한 현상은 사과 와인과 배 와인에서도 종종 나타난다. 점성화 문제는 젖산균($5 \times 10^{6}$/mL)에 의해 발생하는데, 특히 1차 앙금 거름 후 아황산이 없는 산도가 낮고 잔당이 있는 미숙성 와인에서 발생한다. 보통 알코올 발효 후 효모를 알코올 발효 용기에 오래 남기거나 아황산 처리가 충분하지 않은 상태에서 병입하면 발생하게 된다. 이러한 현상은 발효 용기 또는 오크통 바닥에서 시작되며 바닥에 침전한 효모 위에 젖산균이 서식하는 것이 일반적이고 알코올 발효 후 남은 소량의 잔당(100㎎/L의 포도당)을 이용해 젖산균이 형성한 다당체가 점성의 원인 물질이다. 다당체를 형성하는 균은 젖산균(페디오코커스 담노수스, 페디오코커스 세레비지에, 류코노스톡 메센테로이데스, 류코노스톡 덱스트라니쿰)과 초산균(아세토박터)이며 주로 다당체로서 덱스트란(dextran)이라 불리는 α-1,6-글루칸을 생성한다. 일반적으로 점성화가 시작된 와인에서는 대부분 디아세틸도 같이 형성되기 때문에 와인의 아로마가 부정적으로 변하게 된다. 덱스트란은 우리나라 탁약주 제조시 비정상적인 밑술에도 산막 형태로 자주 확인되는 물질이다.

점성을 예방하기 위해선 잔당이 남지 않게 하고 아황산을 50㎎/L 첨가한 뒤 조기 앙금거르기를 하고 청징하는 것이 바람직하다. 점성이 심한 경우에는 청징 후 멤브레인 필터로 여과 처리해야 한다.

### (4) 바이오젠 아민

와인에서 검출되는 바이오젠 아민(biogen amine)은 알코올 발효 중에 생성된 것인데, 주로 아미노산의 탈 탄산화(이산화탄소가 분리되는 반응), 알데히드류 또는 케톤류의 아민화(아미노기의 전이 반응) 그리고 질소화합물이 분리되는 반응을 통해 생성된다. 그중 대부분의 아민류는 아미노산의 탈 탄산화되는 반응을 통해 생성된다. 와인은 지방족과 방향족 아민을 함유하고 있으며 발효 중에 생성되는 이소아밀아민과 에틸아민 그리고 히스타민, 티라민, 페닐에틸아민, 푸트레신 등이 있다. 그중 이소아밀아민(1~4㎎/L), 에틸아민(0.5~2㎎/L), 2-페닐에틸아민과 히스타민이 와인 아민류의 대부분을 차지한다.

일반적으로 아민을 섭취한다고 해서 건강에 직접 문제가 되는 것은 아니지만, 아민 농도가 높으면 건강상 문제를 유발할 수 있다. 아민 성분 자체가 관능에 미치는 영향은 없으나 아민류 중에 특히 히스타민은 혈압 저하와 두통의 원인이 된다. 화이트 와인과 레드 와인의 아민 농도는 차이가 거의 없으며 와인에 함유된 아민은 다른 식품에 비해 상대적으로 적다. 일례로 일부 치즈의 경우 히스타민이 200~1,000㎎/kg 함유되어 있으며 소시지와 햄도 100㎎/kg 정도 함유하고 있지만 건강에 문제가 되지는 않는다. 그러나 와인을 아민이 다량 함유한 치즈, 견과류, 초콜릿 등과 같이 섭취하면 아민에 예민하게 반응하는 사람의 경우 알레르기를 유발할 수도 있다.

아민 생성을 줄이려면 알코올 발효와 젖산 발효는 각각 배양 효모와 젖산균을 이용하는 것이 중요하다. 그리고 벤토나이트를 1g/L 첨가하면 히스타민을 18㎎/L 감소시키는 효과가 있는 것으로 문헌에 보고되고 있다.

### (5) 초산취

초산은 지방산(프로피온산, 뷰티르산)과 함께 휘발산이며 특히 화이트 와인에서는 소량의 초산과 지방산만으로도 와인의 향미에 부정적 영향을 끼치게 된다. 반면 레드 와인의 경우 파쇄 즙 발효에 따른 긴 가공 시간 때문에 화이트 와인보다는 레드 와인에 초산균이 많지만, 레드 와인의 탄닌 함량과 다양한 아로마 성분으로 인해 화이트 와인보다는 관능적으로 덜 부정적으로 느껴진다. 초산취의 원인인 초산균은 젖산균과 마찬가지로 고온(28~35℃)에서 증식하며 저온(10℃)에서는 증식하지 못해 초산을 생성하지 못한다. 초산은 에탄올과 에스터화 반응을 통해 에틸아세테이트를 생성하는데 와인에서 200㎎/L 이상 검출되면 용매취(아세톤, 에테르취)를 강하게 풍긴다.

초산은 초산균, 젖산균과 효모에 의해 다양한 생성 경로를 통해 분비되는데, 초산균에 의한 초산은 효모가 알코올 발효를 통해 생성한 에탄올을 이용하여 생성한 것이다. 반면 젖산균에 의한 초산은 이형 발효 젖산균이 당을 이용하여 생성한 것이다. 양조용 효모에 의한 와인의 초산 농도는 0.2~0.5g/L 수준이며, 비양조용 효모에 의해서는 더 많은 초산이 생성된다(0.5~1.2g/L). 이들 비양조용 효모는 또한 에틸에스터를 과도하게 분비하여 용매취를 유발하기도 한다.

일반적으로 양조용 효모는 발효 중에 초산을 0.2~0.5g/L을 생성하며, 개방형 발효 용기에서 산소와 접촉할 때는 0.6g/L로 증가하게 된다. 와인에 초산취가 난다는 것은 이미 다른 미생물도 존재한다는 것을 의미한다. 따라서 독일의 경우 초산 농도를 특급 와인을 제외하고는 법적으로 제한하고 있는데, 예로써 화이트 와인의 초산 허용 농도는 1.1g/L, 레드 와인은 1.2g/L로 한정하고 있다. 초산에 감염된 와인은 혼탁과 더불어 따끔거리는 신맛이 특징적이다. 초산취가 심한 와인은 부패한 것이므로 폐기 처분해야 하고 약한 초산취의 경우는 살균 후 다른 와인과 섞으면 상품화하는 데 별문제는 없다.

초산취의 예방법으로는 부패한 포도를 이용하여 와인을 제조할 때 포도즙에 아황산을 첨가(50~80㎎/L)하거나 살균 후 건조 효모로 발효를 진행하면 초산균 오염을 예방할 수 있다. 발효 중에 초산균이 와인에 1g/L 이하 함유되어 있을 때는 아황산을 첨가해도 효과가 없으며, 1g/L 이상 함유되면 규조토 여과와 멤브레인 필터를 통해서도 제거가 어렵다.

### (6) 동물가죽취

브레타노마이세스 브루셀렌시스균은 지구상의 모든 포도원에서 발견되는 균으로 특히 더운 지역에서 더 자주 나타난다. 이러한 비양조용 효모는 특히 처음 사용하는 나무통(오크통 포함)으로 숙성한 와인에서 중요한 의미를 갖는데, 그 이유는 새 오크통의 내부 표면에 있는 자일로오스와 셀로비오스 같은 목당(木糖)을 에너지원으로 하여 생존하면서 와인의 아로마에 영향을 미치는 성분을 생성하기 때문이다.

그러나 브레타노마이세스 브루셀렌시스균이 분비하는 아로마 성분이 미량일 경우 와인 아로마에 긍정적일 수 있지만, 일정 농도를 초과하면 쥐뇨취를 유발하여 와인의 품질을 떨어뜨리게 된다. 예로써 페놀 성분이 과도하면 와인에서 동물 가죽취나 휘발성 페놀취 등 이취의 원인이 되며, 4-에틸과이어콜(역치, 50g/L), 4-에틸페놀(역치, 300~600μg/L) 및 4-에틸카테콜(역치, 50μg/L) 등이 휘발성 페놀취의 주요 성분이다.

한편으로는 브레타노마이세스 브루셀렌시스균은 당분이 없는 경우에도 수년간 오크통 숙성 기간에도 증식이 가능한데, 그 이유는 에탄올과 휘발산으로부터 탄소원을 흡수하여 생존이 가능하기 때문이다. 물론 비살균 와인을 여과 없이 병입하면 병 와인에서도 증식이 가능하고 그에 따라 페놀성 성분의 농도는 더욱 증가하게 된다.

브레타노마이세스 브루셀렌시스균은 30℃ 이상 되는 와인 제조 환경에서 레드 와인의 파쇄 즙을 장시간 방치하고, 제조 설비 등의 위생 상태가 불량하면 다량 번식하게 되어 쥐뇨취와 마굿간취 등을 유발하게 된다. 보통 이 균이 $10^3$~$10^4$/mL 가량 증식하면 이취를 유발하는 것으로 알려져 있다.

브레타노마이세스 브루셀렌시스균 예방법은 오크통 및 양조기구 등을 아황산처리(50mg/L)하는 것이다. 만일 동물 가죽취가 발생하면 와인을 살균 여과해야 하지만, 미량일 경우에는 페놀 성분이 시간이 지나면서 냄새가 없는 성분(에톡시에틸페놀)으로 전환되기 때문에 코로 느끼지 못하게 된다.

### (7) 약품취

와인에서 나타나는 좀약취 또는 나프탈렌취는 와인 가공 과정, 특히 발효 직후 몇 개월 안에 생성되는 현상이다. 약품취의 주요 원인 물질은 2-아미노아세토페논(역치 0.5~1.2μg/L)이며, 그 외 미국산 포도 품종에서 여우취로 알려진 안트릴산 메틸에스터, 안트릴산 에틸에스터, 인돌 및 스카톨 성분도 약품취를 풍긴다.

약품취의 주요 성분인 2-아미노아세토페논은 포도 내 아미노산 트립토판이 이산화황으로 인해 인돌-3-초산으로 변환되어 생성된 것이다. 중간 생성 물질로는 스카톨과 포밀 아미노 아세토페논 등이 있다.

좀약취 예방법은 비타민 C를 알코올 발효 종료 후 4~6주 안에 15g/100L 첨가하면 2-아미노아세토페논을 감소시키는 데 효과가 있으며, 특히 숙성 전에서 첨가하면 가장 이상적으로 효과를 볼 수 있다. 이는 비타민 C가 이산화황의 산화에 따라 생성되는 라디칼을 흡수하여 불활성화시키기 때문이다. 활성탄 첨가(75g/100L) 역시 2-아미노아세토페논을 예방하는 데 효과가 있는 것으로 알려져 있으나 다량 첨가해야만 그 효과가 나타난다.

### (8) 쥐뇨취

쥐뇨취는 와인에서 그리 흔히 나타나는 이취는 아니지만 산도가 낮고 pH가 3.5~4 수준의 와인에서 가끔 나타나곤 한다. 쥐뇨취는 코에 자극적인 곰팡이취로 느껴지기도 한다. 쥐뇨취를 유발하는 성분은 주로 질소화합물인데, 주요 성분은 2-에틸테트라하이드로피리딘, 2-아세틸-1-피롤린 및 2-아세틸테트라하이드로피리딘이며 이들 성분의 역치는 물 기준 0.1~1.6 $\mu$g/L 수준이다. 와인에서 쥐뇨취가 나면 2-에틸테트라하이드로피리딘, 2-아세틸-1-피롤린 및 2-아세틸테트라하이드로피리딘이 각각 2.7~18.7 $\mu$g/L, 7.8~12 $\mu$g/L, 4.8~106 $\mu$g/L 수준으로 검출된다. 2-에틸테트라하이드로피리딘과 2-아세틸-1-피롤린은 팝콘과 크래커의 주요 아로마 성분이기도 하다.

쥐뇨취를 유발하는 주요 균은 브레타노마이세스 브루셀렌시스와 일부 젖산균(락토바실러스 브레비스, 류코노스톡 메센테로이데스, 페디오코커스 펜토사세우스) 및 초산균(글루코노박터속)이다. 이러한 균들은 거의 완전 발효된 와인에서 검출되는 미량의 잔당(275㎎/L)을 이용하여 에틸페놀을 생성하여 와인의 이취를 유발하기도 한다.

쥐뇨취 예방하려면 포도즙의 아황산 처리와 발효 시 양조용 효모 및 정상적인 젖산 발효균 투입이 중요하다.

### (9) 아황산취

와인에서 쓴맛, 금속 맛, 자극적인 향 등이 느껴지면 와인 제조 과정에서 아황산을 잘못 첨가하여 그 농도가 높아진 것이 원인일 수 있다. 일반적으로 와인 제조 시 포도즙 리터당 50mg의 이산화황을 첨가하면 포도즙이나 와인의 미생물(초산균, 젖산균, 비양조용 효모)이 사멸되고 양조용 효모는 생존하게 하며, 와인 제조 과정에서 산화된 물질들을 다시 환원시키는 기능을 한다. 또 포도와 와인의 효소, 특히 산소를 운반하는 산화효소들을 불활성시키고 갈색화 반응을 차단하는 역할도 한다. 그리고 알코올 발효 중 생성되는 와인에 부정적인 맛을 주는 성분(아세트알데히드, 피루브산, 케토글루타르산, 디아세틸, 아세토인)들과 결합하여 와인의 맛을 중성화하는 데 기여하게 된다. 실무적으로는 이산화황 첨가는 가스, 액상 그리고 고체 형태로 첨가하는데 대형 공장에서는 액상 형태로, 소규모 업체에서는 고체 형태(무수아황산 칼륨, $K_2S_2O_5$)로 투입한다. 무수아황산 칼륨은 산성 환경에서 이산화황이 분리되어 상기 기능을 수행한다. 그러나 이산화황을 과도하게 첨가하면(60㎎/L $SO_2$) 자극적인 향과 금속 맛과 더불어 후미에 아황산취를 느끼게 된다.

### (10) 곰팡이취

와인의 곰팡이취 원인은 산막효모로 불리는 일부 비양조용 효모들이 생성하는 에틸아세테이트, 초산, 아세트알데히드 성분 때문이다. 비양조용 효모는 알코올 발효 초기에 산소 존재 하에 증식하면서 에탄올도 일부 생성하는 역할을 하게 되지만, 양조용 효모에 의한 본격적인 알코올 발효가 시작되면 자연 도태된다. 그러나 알코올 발효 후에 발효 용기 상부층에 공기가 유입되면 잔존하는 비양조용 효모가 다시 증식하게 된다. 이때 곰팡이취를 유발하는 물질들을 생성하면서 와인에 이취를 유발하고, 에탄올을 에너지원과 세포 물질 형성에 사용하기 때문에 에탄올을 소진시키는 등 많은 문제를 야기하게 된다.

곰팡이취를 예방하려면 와인을 발효 용기의 상부까지 꽉 채워 산소 유입을 차단하고, 아황산 처리(30~50㎎/L)를 하며, 낮은 발효 온도를 유지하고 알코올 농도를 12% 이상 유지하는 것이 중요하다.

### (11) 과도한 쓴맛·떫은 맛

와인의 폴리페놀은 색상과 탄닌의 주성분이며 적당량이 있으면 와인에 부드러운 질감을 부여하는 반면, 과도하면 쓴맛이나 떫은맛을 나타내어 와인의 품질을 저하시키게 된다. 와인의 탄닌 성분은 주로 포도씨와 포도 껍질에서 추출된 것인데, 씨유래 탄닌이 껍질 유래의 탄닌보다 더 쓰고 떫다. 그리고 탄닌 성분 중에 프로시아니딘의 결합 단위에 따라 쓴맛과 떫은 맛에 차이가 있는데, 결합 단위가 4개일 때가 가장 쓴맛을 나타내고, 결합 단위가 7개일 때까지 쓴맛을 나타내는 것으로 알려져 있다.

과도한 쓴맛과 떫은 맛을 예방하려면 완숙된 포도를 사용하고 포도 껍질에서 폴리페놀의 과도한 추출을 최소화하며 압착을 과도하게 하지 않는 것이 좋다. 다른 방법으로는 폴리페놀 제거를 위해 젤라틴, 카제인(2~80g/100L) 및 PVPP(80g/100L)를 사용하는 경우도 있다.

한편 병 와인을 수년간 저장하면 색상이 갈색화되고 쓴맛을 나타내는 경우가 있다. 이것은 자연 코르크 마개가 불량해 공기가 병으로 유입되어 발생되는 현상이다. 갈색화는 와인의 아미노산과 당분에 의한 마이얄 반응에 따른 현상이며, 리슬링 와인에서 공기 유입에 따른 쓴맛은 1,1,6-트리메틸-디하이드로나프탈린이 주요 원인 물질이다. 이러한 쓴맛의 예방책은 햇빛이 차단된 10℃ 이하에서 저장하는 것이 가장 좋은 방법이다.

## (12) 오크통취

오크통 제조 시 로스팅 과정을 통해 오크통 특유의 아로마가 생성되어 오크통에서 숙성이나 저장하는 와인에 긍정적인 아로마를 나타내지만 부정적인 아로마를 부여하기도 한다. 특히 225리터 용량의 새로운 오크통에서 첫 번째로 사용할 경우 이취가 나타나며 때에 따라서는 불쾌취가 약해지다가 두 번째 사용할 때 없어지기도 한다.

새로운 오크통에서 발견되는 주요 향은 오크 락톤으로 불리는 시스-, 트랜스-3-메틸-4-옥타락톤 성분이다. 이때 시스-3-메틸-4-옥타락톤은 오크통취와 더불어 바닐라 향과 로스팅 향을 내는 반면, 트랜스-3-메틸-4-옥타락톤은 약품취, 건초취와 정향취를 풍기게 된다.

와인에서 불쾌취를 내는 다른 성분은 트랜스-2-노넨알로 톱밥취, 마분지취를 낸다. 불쾌취의 또 다른 원인 물질은 2-옥텐알, 1-데칸알 및 3-옥텐-1-온으로 곰팡이취를 풍긴다. 2,4-헵타디엔알, 2,4-데카디엔알 및 2-데신알 등은 모든 오크통에서 밝혀진 물질은 아니지만 톱밥취의 원인이 된다. 그리고 오크통에서 추출된 엘라지탄닌 성분들은 와인 숙성 시 와인 아로마가 큰 영향을 미친다. 오크통취 예방법으로는 오래된 오크통의 와인과 블렌딩하는 방법이 있다.

## (13) 코르크취

자연 코르크는 뛰어난 탄력성으로 인해 특히 고급 와인의 마개로 널리 사용된다. 그러나 코르크 관련 이미 이취 문제가 나타나고 가격 상승으로 인해 지속적인 사용 여부는 항상 논란의 대상이다. 자연 코르크의 경우 전체 와인의 2% 정도가 곰팡이취를 연상시키는 코르크취에 노출되어 있으며 심하면 와인의 20~50%까지 문제를 일으킬 수 있다는 문헌 보고도 있다.

코르크취의 주요 원인 물질은 2,4,6-트리클로르아니졸(2,4,6-trichloranisol)이며 향 역치는 화이트 와인에서는 10μg/L, 레드 와인에서는 0.05μg/L 수준으로 알려져 있다. 코르크 마개의 표백과 살균을 위해 사용되는 차아염소산염은 염소와 페놀 성분 등을 유발하게 되고 트리클로로페놀을 거쳐 트리클로르아니졸로 변환된다.

코르크취 제거에는 활성탄(25~75㎎/L)이 효과적이지만 코르크취 상태에 따라 투입되는 활성탄 양을 조절할 필요가 있다. 코르크취를 예방하기 위한 또 다른 방법으로 집괴 코르크(agglomerate cork)를 이용하는 것인데, 몇개월 후에 곰팡이취가 나고 와인과 접촉해 생성되는 용매취를 유발하는 1,2,3,4-테트라하이드로나프탈린이 생성되는 등의 단점도 있다. 알루미늄 마개는 유럽에서 널리 사용되는 마개로 마개 안쪽에 PVC 재질을 넣어 마개가 밀봉되게 되어 있다.

그리고 인조 마개는 일정한 품질로 생산할 수 있는 장점이 있지만, 산화 변화를 일으키기 때문에 인조 마개로는 와인을 최대 3년간만 저장할 수 있다. 최근에 개발된 와인 마개로는 비노락이라 불리는 마개로 유리 재질이며 PVC 재질을 같이 넣어 마개를 밀봉하게 되어있다. 이 마개는 깨지는 것을 방지하기 위해 알루미늄으로 유리 마개를 덧붙인 형태다([그림 4-29]).

한편 와인의 코르크취는 코르크 마개 외에 오크통 외부 소독제인 펜타클로르페놀(pentachlorphenol)에 의해서도 유발될 수 있는 것으로 문헌에 보고되고 있다.

[그림 4-29] **와인 코르크 마개의 종류**

## 3) 혼탁과 침전

일반적으로 소비자는 침전물에 의한 탁한 와인보다는 시각·맛 측면과 맛 측면에서 여과되고 깔끔한 맛과 향을 내는 와인을 선호한다. 와인의 혼탁은 보통 미생물적 혼탁, 화학적 혼탁, 금속 혼탁 그리고 먼지, 코르크 등의 외부 물질 등에 의한 혼탁이 있다.

## (1) 미생물적 혼탁

와인의 미생물적인 혼탁 현상은 초정밀 여과법이 도입된 이후부터는 와인에 그리 흔히 나타나는 현상은 아니지만, 제조 위생 상태가 불량하거나 아황산 처리가 부족할 경우에는 발생할 수 있다. 미생물적 혼탁은 크게 세균에 의한 혼탁과 효모에 의한 혼탁으로 구분된다([그림 4-30]). 세균에 의한 미생물적 혼탁을 보면, 이미 설명한 바와 같이 젖산 발효에는 오에노코커스 오에니 균이 사용되는데, 이 균은 젖산 발효를 통해 사과산을 젖산으로 전환하면서 와인 향미에 부정적인 영향을 주는 물질을 분비하지 않기 때문이다. 그러나 이 균은 신선할 때는 둥근 모양을 하면서 쌍을 이루는 형태를 띠지만 늙은 균들은 체인 형태의 모양을 띠며 혼탁을 유발하게 된다.

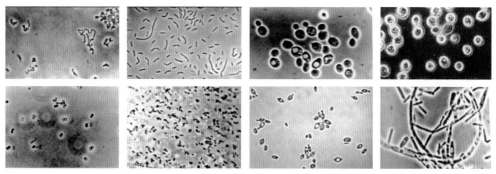

[그림 4-30] **와인의 미생물 혼탁 원인 효모균**

젖산균의 또 다른 종류인 락토바실러스 속의 균들도 혼탁의 원인이 되는데, 특히 간균들이 모여 사슬 형태를 띠면서 혼탁을 유발한다. 이러한 균들은 혼탁과 더불어 초산취, 젖산취와 디아세틸을 유발하여 와인의 품질을 떨어뜨린다. 그리고 젖산균 중에 페디오코커스 속 구균들은 젖산취, 초산취와 더불어 쌍을 이루어 혼탁을 유발한다. 초산균 역시 아황산 처리나 살균 처리가 부족할 때 와인의 혼탁을 유발할 수 있는 균이며, 특히 발효 용기 상부에 공간이 남아 있을 때 초산균이 번식할 수 있다. 초산균은 증식에 산소가 필요하므로 병입된 와인에서는 증식하지 못한다.

젖산균에 의한 혼탁을 방지하는 방법으로는 병입 전 정밀 여과(0.2㎛)와 아황산 처리를 통해 세균을 제거하는 것이 가장 효과적이다. 효모는 병입 전 정밀 여과(0.45㎛)로 제거되기 때문에 효모에 의한 혼탁은 세균에 의한 혼탁보다 발생 빈도가 낮다. 그러나 소수의 효모가 와인에 함유되면 2차 발효가 진행돼 아세트알데히드가 생성되고, 이것이 유리 이산화황과 결합함으로써 결국 아황산을 추가로 첨가해야 하는 문제가 발생한다.

효모에 의한 혼탁 원인균은 양조용 효모(사카로마이세스 세레비지에)와 비양조용 효모(크로케라, 아피쿨라투스, 피치아 파리노사) 등 다양하다. 이러한 효모균들은 정상적인 여과 과정을 거치지 못한 와인에서 나타나며 예방법으로는 와인을 정밀 여과하고 질소를 발효 용기에 주입하여 산소를 제거하고 이산화황의 함유량을 35㎎/L로 유지하면 효과를 볼 수 있다.

### (2) 화학적 혼탁

와인의 화학적 혼탁은 크게 크리스털 혼탁, 단백질 혼탁 및 펙틴 혼탁 등 3가지 형태로 나뉜다. 크리스털 혼탁은 주로 칼슘염, 칼륨염과 옥살산염으로 인해 발생하며 칼슘 주석산, 칼륨 주석산 및 칼슘 옥살산 형태로 나타난다. 크리스털 혼탁은 와인의 구성 성분 간의 반응으로 생성되는데, 예로써 칼슘 주석산은 병 와인에서 종종 나타나는 긴 육각형 형태의 크리스털로 포도즙과 와인에 함유된 주석산과 칼슘 이온의 결합으로 형성된 것이다. 크리스털 혼탁은 다른 침전과 다르게 코르크나 와인병의 거친 벽 부분에 침전되는데, 디캔팅을 통해 침전물을 분리할 수 있으나 미세한 크리스털 침전물은 분리하기가 쉽지 않다. 특히 미숙성 와인을 조기에 병입하고 저온 저장하면 온도 쇼크로 크리스털 혼탁이 발생한다.

크리스털 혼탁 예방법으로는 와인을 병입 전 저온(-4~-5℃)에서 2주간 방치하거나 메타 주석산을 100㎎/L을 첨가하면 효과를 볼 수 있다.

단백질 혼탁은 레드 와인을 오래 보관하면 탄닌 성분이 단백질과 결합하여 침전되면서 일어나는 현상이다. 와인을 나트륨-칼륨 혼합 벤토나이트를 이용하여 사전에 제거하거나 포도즙을 가열하면 단백질 혼탁을 예방할 수 있다.

펙틴 혼탁은 포도의 펙틴이 포도즙으로 전이된 후 펙틴이 펙티나아제에 의해 펙틴산이 생성되면서 포도즙의 칼슘과 결합하여 펙틴 혼탁을 유발하게 된다. 펙틴 혼탁을 예방하려면 과도한 효소(펙티나아제) 처리를 피하는 것이 좋다.

### (3) 금속 혼탁

금속 혼탁은 와인 성분이 와인 제조 장비, 부속품, 잔류 농약 및 황산구리 등과 반응하여 생성되는 것으로 일정 농도를 초과하면 혼탁이 형성된다. 금속 혼탁의 주요 원인 물질은 철, 구리, 아연 등이다.

철 혼탁은 병 와인을 장기간 보관할 경우 병 바닥에 띠 형태의 가느다란 실 모양 혼탁물이 생성되는데, 이는 아황산 결핍으로 철분자가 산화되어 인산화 철($FePO_4$)을 형성하기 때문이다. 특히 철 혼탁 현상은 산도가 낮은 와인에서 발생하기 쉽다.

철 혼탁 예방책으로는 철분이 압착기로부터 포도즙으로 혼입되는 경우가 많으므로 압착기를 스테인리스 재질로 사용하는 것이 최선책이다.

구리 혼탁 현상은 대부분 구리 합금으로 만들어진 이송관이나 펌프 등으로부터 와인으로 흡입되어 일어난다. 구리 침전물은 주로 황화구리($Cu_2S$)나 황산구리($Cu_2SO_3$) 성분으로 구성되어 있으며, 구리 침전 와인에서는 일반적으로 1㎎/L의 구리가 검출된다. 이러한 와인에서는 구리의 쓴맛이 나게 된다. 벤토나이트나 젤라틴을 사용하면 구리 혼탁을 예방하는 데 효과적이다. 아연 혼탁은 아연 재질의 설비에 와인이 접촉되면 나타날 수 있으며 아연의 농도가 높을 때 아연-단백질 혼탁을 유발할 수 있다.

### (4) 기타 이미 이취

와인에서 기타 이미 이취로 간주하는 성분은 예를 들어서 에스터취, 만닛취, 버터취, 아크롤레인취, 게라니에취, 스티롤취 및 클로로포름취 등을 들 수 있다.

에스터취(ester tone)의 원인 물질인 에틸아세테이트는 와인 제조 과정 중에 효모나 세균에 의해 생성된 알코올과 초산의 에스터화 반응으로 생성된 것이다. 비양조용 효모(피치아 속, 칸디다 속, 한세니아 우바리움, 메취니코비아 풀체리마)들은 특히 이러한 에틸아세테이트를 다량 분비하여 와인에 이취를 유발하는 경우가 많다. 일반적으로 에틸아세테이트는 정상적인 와인에서는 30~80㎎/L 함유되어 있는데, 200㎎/L가 함유되면 초산 함유량이 0.8g/L 이하라도 부패한 와인으로 간주된다. 에틸아세테이트는 그 농도에 따라 보통 배 향 또는 매니퀴어취를 풍기는데, 함유량이 200㎎/L 이상이면 에스터취, 용매취, 매니퀴어취가 발생한다. 이러한 이취는 포도즙의 전처리 여과나 가열을 통해 예방할 수 있으나 이때 다른 아로마 성분의 유실도 고려해야 한다.

만닛취(mannit tone)는 과당이 이형 발효 젖산균(오에노코커스 오에니, 류코노스톡 덱스트라니쿠스, 락토바실러스)에 의해 환원되어 만닛을 생성하면서 발생한 것으로 이때 초산도 함께 생성된다. 만닛취를 풍기는 와인에서는 노르말프로판올과 2-부탄올이 많이 확인되는데 이는 젖산균이 생성한 것이다. 특히 산도가 낮은 포도로 제조한 와인은 이러한 만닛취에 노출되기 쉽다. 만닛취를 예방하려면 알코올 발효를 정상적으로 수행하여 잔류 과당을 최소화하는 것이 중요하다. 또 와인을 낮은 온도에 저장하며 앙금 거르기를 적절한 시기에 수행하고 아황산 처리를 충분히 하는 것도 필요하다.

버터취(뷰티르산취)는 와인에서 흔히 나타나는 이취는 아니지만 부패한 포도에 서식하는 클로스트리디움 균(*Clostridium butyricum*)이 뷰티르산을 생성하여 나는 이취이며 적은 농도로도 코로 느낄 수 있는 물질이다. 이 클로스트리디움은 혐기성이고 약산성에서 증식하는 균이기 때문에 일반적인 와인 제조 환경에서는 증식이 용이하지 못한 균이지만, 감산으로 인해 산도가 낮고 pH가 4.2~4.4 수준이면 증식이 가능하다. 또 이 균은 당을 분해하여 대사를 진행하고 부산물로서 뷰티르산 외에 초산, 탄산, 노르말 부탄올, 아세톤 및 2-프로판올 등을 생성하여 와인에 이취를 내게 된다.

아크롤레인취(acrolein tone)는 글리세린이 젖산균에 의해 분해되면서 발생하는 것으로 특히 산도가 낮은 와인에서 젖산균(류코노스톡 메센테로이데스)에 의해 글리세린이 완전히 분해되어 아크롤레인을 생성하면서 자극적인 이취를 유발하게 된다. 이때 클로스트리디움도 같이 증식하여 아크롤레인의 함량은 10배까지 증가시킬 수 있다. 레드 와인의 경우 안토시안 같은 페놀 성분이 아크롤레인과 결합하여 쓴맛을 유발하는 때도 있다. 약간의 아크롤레인취는 활성탄 처리를 통해 제거가 가능하다.

게라니에취(geranie tone)는 젖산균(오에노코커스 오에니)이 보존료인 소르빈산을 분해하면서 생성한 2-에톡시-3,5-헥사디엔이 이취를 유발하는 원인 물질이다. 이 성분은 와인에 0.1$\mu$g/L가 함유되면 이취를 느끼게 된다. 게라니에취를 예방하려면 제조 시설의 청결한 위생 상태를 유지하고 소르빈산 사용을 안 하면 된다. 특히 오크통의 경우 소르빈산을 첨가한 와인을 숙성하면 소르빈산이 오크통에 스며들어 게라니에취를 유발할 수 있다. 활성탄 처리 등은 게라니올 제거에 효과가 별로 없다.

스티롤취(styrol tone)는 가격이 저렴해 와인 저장 용기로 많이 활용하였는데, 이러한 스티롤 재질의 저장 용기에 저장된 와인에서 자극적인 이취가 생성된다. 이는 저장 용기의 벽면에서 스티롤(폴리우레탄)이 추출된 것이 원인이며 0.1mg/L 농도에서 이취를 느낄 수 있다. 예방법으로는 뜨거운 스팀으로 씻으면 저장 용기의 스티롤취를 효과적으로 제거할 수 있다. 스티롤은 알코올에 용해되므로 고농도 알코올의 와인을 저장하는 것은 피해야 한다. 그리고 약간의 스티롤취는 활성탄 처리(5g/100L)로 제거가 가능하다.

클로로포름취(chloroform tone)는 염소 함유 세척제가 와인에 전이되어 나타나거나 에탄올이 산화되면서 생성한 아세트알데히드가 크로랄(chloral)을 거쳐 클로로폼과 포름산이 생성되기도 한다. 보통 클로로포름취는 와인에 1$\mu$g/L가 함유되면 자극적인 이취를 느끼게 된다. 예방책으로는 염소 함유 세척제 사용 후 기기나 기구들을 물로 깨끗이 세척하는 것이 가장 좋은 방법이다.

한편 병 두께가 얇거나 무색 병을 매장에서 와인을 장기간 보관했을 때는 와인이 빛에 노출되어 일광취의 원인이 될 수 있다. 무색 병의 경우 빛의 투과율이 90% 수준이다. 빛에 노출된 와인은 보통 고무취나 유황취 등이 나타나며 와인의 색상이 연해지는 현상을 보인다. 예방책으로는 갈색 병을 사용하거나 저장 온도를 10℃ 이하로 하는 것이 효과적이다. 무색 병이나 초록색 병의 경우 박스 포장을 하거나 검은색 천 등으로 덮어 빛을 차단하는 것도 중요하다.

# 10. 와인의 관능

　1,000여 종류 이상의 와인 아로마 성분은 관능상 사람의 코로 모두 느낄 수 있는 성분은 아니며 역치 이상의 아로마 성분만을 주로 느끼게 된다. 물론 역치 이하의 성분들도 향과 관련 시너지 효과를 낸다.

　관능평가는 눈, 코, 혀를 통해 색깔과 냄새, 맛을 평가하는 것을 의미하며 국가별로 자국에서 개발한 와인 관능평가 방법을 이용해 실시한다. 일반적으로 와인 평가는 관능평가를 다른 주종과 마찬가지로 훈련된 전문가가 하며, 평가 전에 생산 연도, 포도 품종, 품질 등급, 원산지 표기 등이 일치하는지를 확인한다. 와인을 평가할 때 한정된 수의 와인을 가지고 생산연도와 포도품종 등을 구분할 수 있으나, 불특정 다수의 와인을 대상으로 하는 관능평가에서는 생산 연도와 포도 품종 등을 구분하기가 불가능하다. 따라서 관능평가에서는 평가 대상인 와인의 품질을 평가하는 데 의미를 두어야 한다. 그리고 와인 관능평가 시에는 와인의 온도가 낮을수록 산미가 증가하고, 온도가 높을수록 알코올 향이 증가하므로 화이트 와인의 온도는 12~14℃, 로제 와인의 온도는 13~15℃ 그리고 레드 와인의 온도는 17~20℃를 유지하는 것이 바람직하다.

　관능평가의 기본 항목은 탁도, 색깔, 냄새, 맛 등이다. 1회 관능평가를 할 수 있는 포도주 수량은 평가될 와인의 평가 정도에 달려 있다. 그리고 품질에 이상이 있는 와인만 골라내는 관능평가의 경우 20~50개 와인을 대상으로 관능평가가 가능하다. 그러나 품질이 유사한 와인들이나 세부 항목에 대한 관능평가를 실시할 경우에는 5~6개의 와인을 대상으로 관능평가를 실시하는 것이 적당하며, 와인 한 품목당 15분 정도의 평가 시간이 소요된다.

　관능평가 시 사용되는 와인잔은 모양에 따라 와인 향을 인지하는 데 일정 부분 영향을 미치지만 그 차이가 크지는 않다. 화이트 와인과 레드 와인에 공용으로 사용할 수 있는 국제표준(ISO) 와인잔이 고안되어 있다. 부피 대비 와인 깊이를 최대화하여 색상 구별에 도움이 되도록 잔을 고안하였고, 크리스털 재질에 무색투명하며 잔 아랫부분이 윗부분에 비해 폭이 넓게 만들었다. 잔의 경사진 면은 와인이 잔에서 강하게 흔들려도 넘치지 않고 아로마가 모이도록 만들었다. 이때 잔에 와인을 3분의 1 정도 채우는 것이 적당하다. 관능평가 시 와인의 특성과 품질평가에 필요한 평가표는 여러 가지 타입으로 개발되어 있으나, 단시간에 평가 가능하고 결과가 호환 가능한 평가표는 아직 개발되지 않았다.

따라서 평가표가 세부적일수록 호환성이 약하기 때문에 평가표는 가능한 한 단순화하는 것이 일반적이다. 또 국가마다 평가하는 주안점이 다르기 때문에 어느 특정한 평가표를 활용하여 모든 와인 관능평가에 적용하는 것은 무리이므로 와인 타입에 따른 관능평가표를 제작해야 한다. 관능평가 전문 패널은 개개인의 평가 편차 상쇄 및 평균화를 위해 가능한 한 많은 수로 구성하는 것이 좋으며 훈련된 패널로 구성하는 것이 일반적이다.

관능평가 시 한 가지 와인에 대해 여러 번 냄새를 맡게 되는데 이때 한 번 냄새를 맡을 때마다 30~60초 간격을 두는 것이 올바른 평가 방법이다. 이는 냄새 감각기관의 수용체가 냄새를 감지하기 위해 재정립되는 데 시간이 다소 걸리기 때문이다.

한편 와인 관능평가 시 개개인의 맛을 느끼는 정도가 다른데 보통 향미에 민감한 부류, 덜 민감한 부류, 향미를 잘 못 느끼는 부류 등 3부류로 나눈다. 이중 향미에 민감한 부류는 특히 인공 감미료에 매우 민감한 반응을 보인다.

그리고 와인의 맛 중에 단맛, 신맛, 쓴맛 등의 균형이 중요한데, 예를 들면 와인의 신맛과 쓴맛은 맥주에 비해 강함에도 불구하고 와인을 마실 때 거부감이 별로 없다. 이는 와인의 알코올 농도(11~13%)가 맥주보다 높아 알코올의 단맛이 신맛과 쓴맛을 일정 부분 마스킹하기 때문이다. 그러나 잔당이 많은 달콤한 와인의 경우는 맛 균형을 위해 높은 산도를 유지하는 것이 중요하다.

## 1) 시각적 평가

와인의 색상을 측정하는 데는 분광광도계를 이용하는 기기분석 방법과 사람의 시각을 이용하여 측정하는 두 가지 방법이 있지만 둘은 서로 연관성이 없다. 와인 색상을 분석적인 방법을 통하여 측정하는 방법을 사용하여 와인 색상과 색상 깊이까지 측정할 수 있다. 일반적으로 와인 색상으로 포도 착색 정도, 과피 접촉 기간, 와인 이상 상태 등을 간접적으로 알아낼 수 있다. 와인 색상은 와인 품질을 판단하는데 영향을 주며 와인 품질과 포도 색도, 색조와 연관이 있다는 주장도 있다. 예를 들어 잘 만들어진 와인은 적당한 알코올과 pH, 낮은 이산화황 함량 그리고 과피에서 파생된 아로마 등으로 인해 향미가 우수하기 때문에 색상을 통해 와인 품질을 알 수 있다고 주장하는 것이다. 이와 같이 와인 색상이 와인 품질에 미치는 선입관을 차단하기 위해 시음 시 검은 와인잔을 이용하는 경우도 있다.

## 2) 맛 평가

맛의 경우 비휘발성 성분(짠맛 · 단맛 · 신맛 · 쓴맛)을 혀로 느끼는 것인데, 각각의 맛은 혀의 특정 위치에서 강하게 느껴지는 것으로 그간 알려져 왔다. 그러나 사람의 혀에서 느끼는 맛은 느껴지는 정도가 다소 다를 뿐 특정 혀의 부위와 관계없이 혀 전체에서 느껴지는 것이며, 다만 혀의 중심 부위가 맛에 상대적으로 덜 민감하다고 주장하는 문헌도 보고되고 있다.

맛에 대한 관능평가는 물리적 · 화학적 · 생물학적 요소의 영향을 받는데, 예를 들어서 낮은 온도에서는 단맛과 알카로이드계의 쓴맛을 줄여 주는 경향이 있으나 쓴맛과 떫은맛이 강화되는 것이 일반적이다. pH도 미뢰의 수용체 분자 모양을 변경함으로써 맛에 영향을 크게 미친다. 또 서로 다른 당 성분이 혼합되어 있을 때 단맛은 억제되며 당도가 높을수록 이런 현상은 더욱 두드러진다.

음식의 짠맛과 와인의 단맛으로 인해 탄닌의 쓴맛이 억제되고 산도는 단맛을 감소시키는 반면 쓴맛과 떫은맛은 강화된다. 알코올은 단맛과 알카로이드계 쓴맛을 강화하는 반면 일부 산의 신맛과 탄닌의 떫은맛을 억제하는 역할을 한다. 레드 와인의 떫은맛은 주로 포도씨와 껍질에서 유래된 플라보노이드계의 탄닌 성분이며 안토시아닌은 프로시아니딘에서 유도된 쓴맛을 강화하는 역할을 한다. 화이트 와인에서는 페놀 성분의 농도가 낮아 떫은맛이 약하게 나타나는데, 특히 높은 산도로 인해 화이트 와인의 떫은맛을 느끼게 되며 pH가 낮을수록 떫은맛을 강하게 인지하게 된다.

알코올 농도가 높은 와인의 경우 목 후미에서 타는 듯한 느낌을 주며 일부 페놀 성분은 후추와 같은 타는 듯한 느낌을 준다. 와인의 바디감은 당과 알코올 농도 등의 영향을 받으며 글리세롤 역시 바디감을 강화하는 데 영향을 미치지만, 일부 스위트한 와인을 제외하고는 바디감을 높일 정도로 함유되어 있지 않다. 포도의 다당체인 아라비노갈락탄-단백질(arabinogalactan-protein)과 효모의 다당체인 마노단백질 역시 와인의 바디감에 영향을 미친다. 산도는 와인의 바디감을 줄이는 역할을 한다.

## 3) 후각 평가

역치는 코를 통해 아로마 성분을 감지할 수 있는 최소 농도를 말한다. 시각적인 관능이 동반되지 않으면 냄새를 정확히 구별할 때 개인마다 차이가 크다. 따라서 와인 관능 전문가들도 종종 블라인드 테스트에서 품종과 원산지를 판별하는 데 오류를 범하게 된다. 일반적으로 여성이 남성보다는 냄새 감각 관련 호르몬과 유전적 차이에 따라 후각이 예민하게 발달되어 있으며 인종과 연령에 따라 후각 발달에 차이가 난다.

와인의 불쾌취를 빠르고 정확히 판명하는 것은 제조자와 유통업자에게 매우 중요한데, 일부 와인 성분은 일정 농도에서는 불쾌취를 나타내지만 낮은 농도에서는 오히려 바람직한 향미를 나타내기도 한다. 또 와인 타입에 따라 일부 불쾌취는 바람직한 향미를 나타낸다. 예로써 쉐리 와인의 산화된 부케 향, 포트 와인의 퓨젤 향과 마데이라 와인의 누린내 등이 그러하다. 그리고 병 와인에서도 산화는 진행되는데 *o*−디페놀과 같은 페놀 성분과 구리와 철과 같은 금속 이온 그리고 이산화황, pH, 온도와 빛 등이 산화에 영향을 미친다.

와인은 병을 개봉한 후 몇 시간 안에 본래의 품질 특성을 잃는데, 주원인은 에틸아세테이트가 산화되고 휘발성 털핀이 휘발되기 때문이다. 특히 에틸아세테이트는 발효 초기에 생성되었다가 후발효 과정에서 농도가 다소 감소하는데 와인에 50㎎/L일 때는 긍정적인 향미를 준다. 그러나 100㎎/L 이상일 때는 부정적인 향미를 부여하며 이는 주로 초산균에 의해 생성된 것이다. 이산화황도 일정 농도를 초과하면 자극적이고 타는 듯한 불쾌취를 내는데 이때 와인 잔을 흔들어 돌리면 소멸된다.

한편 와인 보존제인 소르빈산을 사용하면 게라늄 같은 불쾌취가 나타날 수 있는데, 주원인은 2-에톡시헥사-3,5-디엔 성분으로 이는 젖산균이 소르빈산 생성 대사 부산물로 생성된 것이다. 고급알코올도 발효 중에 미량 생성되어 와인 풍미에 긍정적인 영향을 주지만 농도가 300㎎/L 이상이면 거의 모든 와인에서 부정적인 향미가 나타난다. 예외적으로 정제되지 않은 브랜디를 첨가해 제조한 포르투갈의 포트 와인의 경우는 고급알코올의 과도한 농도가 오히려 제품 특성을 나타내는 지표로 사용되기도 한다.

일반적으로 와인 후각 평가 시 대기 중의 공기는 일반적인 상황에서는 5% 정도만 후각에 도달한다. 따라서 코를 훌쩍거리며 냄새를 맡는 행위(sniffing)를 통해 20%까지 높일 수 있어 와인 시음에서는 와인의 향 특성을 구별하기 위해서는 스니핑이 꼭 필요하다. 물론 시음 전 와인잔을 돌리는 행위(swirling) 역시 향을 맡는 데 도움이 된다. 와인 시음 시 첫 번째 시음하는 와인에서의 특정 아로마가 코에 남고 후각이 그 향기에 적응하여 이후 시음하는 와인에서는 다른 향기 성분을 구별하기가 어려운 경우도 많다. 또 시음 온도 역시 와인 관능평가에 중요한데, 차가운 온도로 서빙된 와인의 경우 휘발성이 매우 강한 향기 성분만 시음 시 느껴지며, 시간이 지나면서 휘발성이 약한 성분들이 후각으로 서서히 느껴지게 된다. 탄산으로 인한 와인의 거품(공기 방울)은 와인의 표면적을 넓혀 줌으로써 향기 성분이 방출되는 효과를 주기 때문에 샴페인의 경우 일반 와인보다는 아로마를 더 많이 느끼게 된다.

이상과 같이 와인의 관능은 맛과 향을 평가하는 것으로 주관적인 평가로 볼 수 있다. 또 사람마다 평가하는 정도와 표현이 달라 와인 평가 결과는 항상 일정하지 못하다. 따라서 아로마 휠을 이용하여 와인 향미 평가를 하면 관능을 보다 객관적이고 구체적인 언어로 표현이 가능해진다([그림 4-31]).

한편 분배계수(partition coefficient)란 액상의 와인에 남아 있는 아로마 양과 공기 중으로 휘발된 아로마 양과의 비율을 나타내는 계수를 말한다. 분배계수가 크면 클수록 휘발되는 양이 많다는 것을 의미하며 향기 성분을 더 많이 느낀다는 의미가 된다. 예를 들어서 시음 온도가 높을수록 분배계수가 커지며 아로마를 더 많이 느끼게 된다.

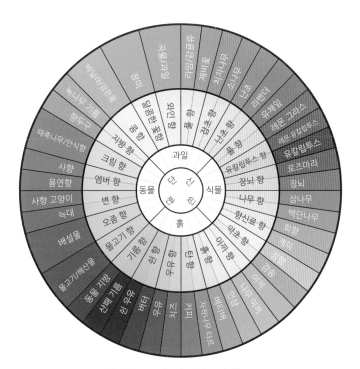

[그림 4-31] 와인 아로마 휠

# 막걸리의 향미

이 장에서는 우리나라 발효 주류 중 쌀을 주 원료로 제조하는 막걸리(탁주)의 원료와 제조 특징 및 향미 특성에 대해 살펴보기로 한다.

# 1. 개요

우리나라의 전통주로는 막걸리, 약주, 증류식 소주 등 여러 종류의 술이 있으나, 이 중 막걸리는 복합적인 맛(신맛·단맛·쓴맛·감칠맛·청량감)을 지닌 우리 고유의 대표적인 전통 발효주이다. 막걸리는 쌀, 밀 등 전분 원료와 누룩, 입국 등 국(麴·麯)을 이용하여 발효시킨 술덧을 혼탁하게 제성하여 마시는 술이다.

주세법상 발효제는 국(麴)과 밑술(주모, 酒母)로 구분하는데, 국은 전분질에 액화·당화 효소를 분비하는 미생물(세균·곰팡이·효모)을 번식시킨 것이다. 국에는 우리나라 재래 누룩 또는 전분질에 특정 곰팡이를 번식시킨 입국, 그리고 효소 역가를 강화한 조효소제와 정제효소 등이 있다. 종균(種菌)은 입국과 개량 누룩 제조 시 사용되는 곰팡이 씨앗으로 조제 종국과 분말 종국이 있다([표 5-1]).

[표 5-1] 국의 종류와 규격

| 구분 | 특징 | 규격 | | | | | |
|---|---|---|---|---|---|---|---|
| | | 수분 | 당화력 (SP) | 내산성 당화력 | 산도 | 잡균 | 쌀 대비 사용 비율 |
| 재래누룩 | 다양한 미생물 | 12% 이하 | 300 이상 | - | - | - | 9% 이하 |
| 입국 | 아스퍼질러스 오리제 | 30% 이하 | 60 이상 | - | 5 이상 | 음성 | 45% 이하 |
| 개량 누룩 | 라이조푸스 | 12% 이하 | 1,200 이상 | | | | 2.3% 이하 |
| 조효소제 | 아스퍼질러스 루추엔시스 | 10% 이하 | 600 이상 | 당화력의 50% | - | - | 4.5% 이하 |
| 정제 효소제 | 다양한 미생물에서 추출하여 제조 | 8% 이하 | 10,000 이상(액상) 15,000 이상(분말) | 당화력의 50% | - | - | 0.27% 이하 |

재래 누룩은 다양한 원료(쌀, 생밀, 밀기울, 호밀, 보리)를 분쇄·반죽하여 성형한 후 미생물(곰팡이류, 세균류, 효모류)을 자연 번식시켜 고분자 물질(전분, 단백질, 지질)을 물질(당분, 아미노산, 지방)로 분해하는 전분 분해효소(알파아밀라아제, 글루코아밀라아제), 단백질 분해효소(펩티다아제, 카르복실 펩티다아제) 및 지질 분해효소(리파아제) 등을 분비하게 한 것이다. 또 재래 누룩에는 효모류(양조용 효모, 비양조용 효모)도 번식하기 때문에 알코올 발효제를 겸하는 역할을 한다. 재래 누룩에는 제조 시 다양한 미생물들이 번식하면서 생성된 대사물질들로 인해 재래 누룩과 술에 여러 향미를 부여하게 된다.

입국(粒麴)은 전분 원료를 증자 후 종국을 인위적으로 번식시켜 다양한 효소를 분비하게 하여 전분, 단백질 및 지질을 분해하는 역할을 한다. 입국 역시 곰팡이가 증식하면서 분비한 대사물질들로 인해 입국과 술의 향미에 영향을 미친다.

조효소제(粗酵素劑)는 전분을 증자하여 인공적으로 곰팡이를 번식시켜 당화력을 강화한 국을 말한다. 조효소제는 회백색의 과립 형태이며 독특한 아로마를 풍긴다.

정제효소(精製酵素)는 고체 또는 액체 배지에 곰팡이를 배양 후 전분과 단백질 그리고 지질을 분해하는 효소를 추출·분리한 것을 말한다.

그리고 종국 제조에 사용되는 곰팡이는 아스퍼질러스 루추엔시스(*Aspergillus luchuensis*), 아스퍼질러스 오리제(*A. oryzae*) 및 라이조푸스(*Rhizopus*)속 들이다. 조제 종국은 상기 곰팡이들을 배지에 접종하여 포자가 착생하도록 만든 국이며, 이 중 순수 포자만을 별도 분리하여 배양하여 제품화한 것이다.

주종별 사용되는 국의 종류를 살펴보면, 우리나라 탁약주와 증류식 소주에는 재래 누룩, 개량 누룩, 입국, 조효소제와 정제 효소제가 주로 사용되는 반면, 청주, 사케, 소주에는 입국이 사용된다. 중국 백주는 누룩과 입국이 사용된다. 그리고 희석식 소주의 원료가 되는 주정은 조효소제와 정제효소가 이용된다.

예전에 전통 방식의 막걸리를 제조할 때는 누룩만을 발효제로 사용하였으나, 요즘은 입국만을 사용하거나 입국에 소량의 누룩과 조효소제(개량누룩) 등을 병행 사용하기도 한다. 막걸리 제조 시 누룩만을 발효제로 사용하면 막걸리의 향미 강화와 복합적인 맛을 내는 데는 효과가 있다. 하지만 알코올 발효에 불필요한 잡균 등도 누룩에 함유되어 있어 온도 관리가 불안정하거나 역가가 일정 수준 이하면 주질과 양조에 문제가 발생하기도 한다.

입국은 일정 온도와 습도에서 단일 곰팡이만을 번식시킨 것으로 각종 유기산과 효소를 생성하기 때문에 잡균 오염을 예방하고 주질을 안전하게 유지하는 장점이 있다. 그러나 입국 막걸리는 맛이 깔끔하지만 누룩 막걸리에 비해 복합미가 상대적으로 약할 수 있고 입국 유래의 유기산 신맛이 가끔 강하게 나타나는 경우도 있다.

한편 국내 일부 가양주나 전통주 제조자 중에는 전통주를 고문헌에 기록된 그대로 재현하면 제대로 된 전통주를 빚는다고 생각하는 경우가 있는데, 전통주라고 해서 반드시 재래 제법을 재현하는 것만을 의미하는 것은 아니다. 본 책에서 소개된 세계 각국의 명주(맥주, 와인, 사케, 황주, 증류주 등)들도 그 나라의 고유 전통주이다. 그러나 해외 술들도 나름 그 옛날 제조법이 있지만 그 제법을 오늘날 그대로 이용하지는 않는다. 옛날 제법은 우선 품질을 떠나 단기간에 소비되는 자가 소비용이므로 품질 유지 등을 고려할 필요가 없다. 그러나 소비자 판매용은 일정한 주질 관리뿐 아니라 유통 중의 품질 변화까지 예측하고 관리해야 하는 오늘날의 주류 시장 환경과 맞지 않는다.

해외 양조장들도 과거 전통 방식의 제조법이 가지고 있는 술의 복합적이고 오묘한 향미 특성 등의 장점을 모르는 바가 아니다. 그러나 이미 이취 발생과 주질 불균일화 문제점 등 양조상의 어려움과 더불어 유통상의 애로가 발생하기 때문에 전통 제법을 그대로 사용하지 않는 것이다. 해외에서는 이러한 양조와 품질상의 문제점을 기술적·학술적으로 그 원인을 규명하고, 도출된 과학적인 데이터를 기반으로 양조 기술을 개선하여 고품질의 주류를 제조하고 효율적인 품질 관리 방식을 정착시켜 명주로 발돋움한 것이다.

현재 대중화된 막걸리들은 대부분 인공 감미료 등 첨가물을 사용하여 향미를 조절하기 때문에 전통주에 비해 향미 측면에서 단순하고 맛이 획일적이라는 일각의 주장도 있다. 그러나 좋은 술은 전통 방식으로만 만들어지고 입국과 첨가물 등을 사용한 막걸리는 품질이 좋지 않다는 일부의 주장은 설득력이 없다. 전통 방식이든 현대 방식이든 각각의 술 특징은 서로 다른 것이고 막걸리 품질 관련 소비자마다 기호도와 선호도가 엇갈리기 때문이다. 판매용 막걸리라면 양조 기술과 품질 관리 측면에서 여러 가지 풀어야 할 숙제가 많으며 막걸리의 글로벌 시장 진출을 꾀한다면 더욱더 그러하다.

우리 선조들처럼 술 제조 시 첨가물 사용은 최소화하고 지역의 우리 농산물을 주원료로 사용하여 전통의 의미를 살리고자 하는 기본 방향은 맞다. 다만 주류 제조는 현대 양조 기술을 접목하여 주류의 안전성과 안정성을 담보하고 제품 경쟁력을 갖추면서 소비자의 눈높이에 맞는 술을 제조하는 것이 올바른 양조법이다. 즉 술에는 전통의 의미를 담되 양조는 과학으로 해야 소비자가 찾는 차별화된 좋은 술이 만들어진다.

　　최근 국내에서는 막걸리에 관한 관심이 증대되고 있으며, 특히 젊은 층으로 시장이 확산되는 추세로 향후 막걸리 시장은 점차 확장될 것으로 전망된다. 또 동남아시아 소비자들의 우리나라 막걸리에 대한 관심과 소비가 늘어나는 현상도 매우 고무적이다. 다만 국내 대부분의 막걸리 양조장은 영세하고 현대식 제조시설과 전문 양조 인력 부족으로 품질 개선과 관리에 한계가 있는 것도 주지의 사실이다. 향후 막걸리의 지속적인 소비 증대와 국내외 시장 확장을 위해서는 국 제조 공정의 표준화 및 현대 양조법이 접목된 다양한 막걸리 제조 기술 개발이 필요하다.

# 2. 원료

막걸리에 사용되는 원료는 전분을 함유한 곡류, 서류와 당분 등이 있다. 곡류 중에는 대표적으로 쌀, 밀, 옥수수, 보리 등이 있고, 서류로는 고구마 그리고 당분으로는 과당, 설탕, 포도당, 맥아당 등이 있다. 다만 국내 주세법상 발아 곡류(맥아)는 막걸리 원료로 사용할 수 없다.

이 장에서는 발효 주류에 주로 사용하는 쌀과 밀을 중심으로 기술하기로 하고 고구마, 보리, 수수를 이용한 주류 제조는 증류주 부문에서 별도 설명하기로 한다.

## 1) 쌀

### (1) 쌀 품종

쌀(*Oryza sativa L.*)은 크게 자포니카, 인디카, 자바니카 품종 등 3종으로 나뉘는데, 자포니카종과 인디카종은 서로 쌀의 형태, 색상, 향미 그리고 구성 성분에 차이가 있다. 자포니카종은 둥글고 두툼한 쌀이고 향이 없는 것이 특징인 반면, 인디카종은 굵고 납작한 쌀 형태로서 향이 강한 쌀이다. 국내 막걸리 제조에는 자포니카형의 일반미로서 추청, 일품, 동진 등이 대표적이다. 기본적으로 막걸리 원료로서 쌀은 쌀알이 굵고 물 흡수성이 우수하고 증자가 쉬운 것이어야 한다. 또 입국 제조 시 곰팡이의 번식이 양호하고 알코올 발효 시 액화·당화가 쉬워야 한다. 특히 혼탁의 원인이 되고 향기 성분과 연관된 단백질과 산화취의 원인이 되는 지질은 적은 것이 바람직하다. 또 쌀 중앙에 심백(心白, white core)이 많은 품종이 적합한 쌀 품종이다. 그리고 막걸리 제조에 사용되는 쌀은 고미화가 진행된 정부 재고미보다는 햅쌀을 사용하는 것이 좋다.

## (2) 찹쌀과 멥쌀

쌀은 크게 찹쌀과 멥쌀로 구분하고 각 쌀은 도정 여부에 따라 현미와 백미로 구분된다. 백미는 다시 도정도에 따라 8분도미, 10분도미, 12분도미 등으로 세분화된다. 멥쌀과 찹쌀의 가장 큰 차이는 전분 구조이다. 쌀 전분은 쌀의 배유 부분에 함유되어 있고 각각의 전분과립은 아밀로오스와 아밀로펙틴으로 구성되어 있다. 아밀로오스와 아밀로펙틴은 일종의 나선형 또는 반 크리스털 형태를 띠는데, 이 전분들은 물과 함께 열을 가하면 물에 잘 녹지는 않고 호화($\alpha$-전분, 콜로이드화)되면서 부풀어 수용성 과립으로 변하고 접착성을 갖게 된다. 호화된 $\alpha$-전분은 낮은 온도에서 장시간 방치하면 다시 전분 입자가 모여서 미셀 구조로 되돌아가 생전분으로 변한다. 이 전분은 결정성을 갖게 되어 용해성이 저하되면서 굳어지는 현상이 나타나는데 이를 노화(retrogradation)라고 한다. 이 노화 현상은 특히 아밀로오스가 노화되면서 나타나는 현상으로 멥쌀에서 더 두드러지게 나타난다. 따라서 아밀로오스 함량이 낮은 찹쌀일수록 고두밥 과정에서 잘 부풀면서 호화되기 쉽고 고두밥을 식혔을 때 노화가 더디게 일어나는 특징을 가지고 있다.

막걸리에 사용되는 쌀은 멥쌀과 찹쌀이 사용되는데, 멥쌀은 아밀로오스가 70~80%, 아밀로펙틴이 20~30%를 차지하고 장사슬의 아밀로오스 가지에 아밀로펙틴이 결합한 구조이다. 반면 찹쌀은 아밀로펙틴이 99% 이상 차지하고 단사슬의 아밀로오스에 장사슬의 아밀로펙틴이 결합한 구조이다. 찹쌀은 주성분이 아밀로펙틴이기 때문에 포도당으로 분해도 빠르고 소화가 멥쌀보다 상대적으로 쉽다.

그리고 쌀에는 하이드록시벤조산과 하이드록시신남산 등 두 종류의 페놀산이 존재하는데, 찹쌀보다는 멥쌀에 페놀산 함유량이 2배가량 더 많다. 또 찹쌀을 이용하여 제조한 막걸리에는 멥쌀을 이용한 막걸리에서보다 단맛이 두드러는데, 이는 아밀로펙틴은 아밀로오스보다 당분으로의 분해가 더 빠르고 분자량이 크기 때문에 분해되는 당분도 많고 이러한 당분의 일부가 잔당(포도당·덱스트린)으로 술덧에 남기 때문이다.

한편 쌀의 구조를 보면 과피와 중피 등으로 구성되어 있다. 쌀겨는 170종류 이상의 향기 성분이 함유되어 있는데, 4-비닐과이어콜과 4-비닐페놀이 주요 아로마 성분이다. [그림 5-1]에서 보는 바와 같이 쌀은 전분(60~80%), 단백질(6~8%)과 지질(1~4%) 등으로 구성되어 있다. 그리고 쌀의 향미는 도정도, 증자 방법, 저장 기간 등이 주요한 변수로 작용한다.

최근에는 고두밥을 만들어 막걸리를 제조하는 방법과 더불어 팽화미를 사용하는 추세가 증가하고 있다. 팽화미(膨化米)란 쌀을 증자 후 호화시킨 상태로 저장 가능한 쌀을 말한다. 이러한 팽화미는 세미와 증자 과정이 생략되어 공정이 단순화되고 원가가 절감되는 효과가 있다. 다만 팽화미는 증자한 쌀에 비해 수분이 30% 가량 적어 담금 과정에서 물 첨가량 조정이 필요하다.

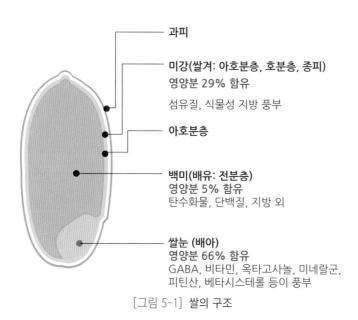

[그림 5-1] **쌀의 구조**

쌀의 조성은 품종, 저장 기간 및 쌀 도정도에 따라 다르며 각 주요 성분들의 유도 물질들이 쌀의 아로마에 미치는 영향은 다음과 같다.

① 지질 유래의 아로마 성분

쌀의 지질은 전분 지질과 비전분 지질로 나뉜다. 비전분 지질은 쌀겨층에 주로 분포되어 있어 도정 시 대부분 소실된다. 쌀의 지방산은 팔미틴산, 스테아린산, 올레산 및 리놀레산이 주요 성분이다. 지질 유래의 쌀 아로마 성분은 효소에 의한 작용과 열에 의한 작용 때문에 생성된 것이다. 예를 들어서 효소(리파아제)에 의해 지방산이 생성되는 경우가 있고, 열에 의해서는 알데히드류, 케톤류, 알코올류, 퓨라논류, 산류, 락톤류, 하이드로카본류 및 2-알카논류 등이 생성된다.

② 단백질 유래의 아로마 성분

쌀의 단백질은 도정 시 6.2~6.9%로 줄어드는데 호분층의 단백질이 주로 감소한다. 쌀의 단백질은 물에 녹지 않는 글루테닌과 물에 녹는 알부민과 글로불린으로 구성되어 있다. 증자 시 마이얄 반응으로 인해 피라진, 메톡시피라진, 피롤, 피리딘, 피롤린, 피롤리딘, 피롤리진 및 피페린 등이 생성되어 쌀의 아로마에 영향을 미친다.

### ③ 전분 유래의 아로마 성분

이미 설명한 바와 같이 쌀의 전분은 찹쌀 전분과 멥쌀 전분으로 구분되는데 찹쌀 전분은 아밀로오스가 매우 적다(0~5%). 아밀로오스의 함량에 따라 쌀의 질감, 침지 시 수분 흡수율 및 증자 시간 등이 영향을 미친다. 찹쌀은 멥쌀보다 지방산이 많아 지방산의 산화에 의한 휘발성 성분(카보닐류)이 많아진다.

## (3) 검정 쌀

검정 쌀은 표면에 노화 억제 항산화 물질인 안토시아닌 색소(시아니딘-3-글루코시드, 페오니딘-3-글루코시드)를 가지고 있어 색이 검으며, 단백질, 필수아미노산, 비타민과 미네랄 등이 백미보다 다량 함유되어 있다. 안토시아닌 색소는 뽕나무 열매인 오디에도 많은 성분이다.

검정 쌀을 증자 후 분석해 보면 10종류의 방향 성분, 4종류의 질소 함유 성분, 6종류의 알코올류, 10종의 알데히드류, 3종의 아세톤 및 2종의 털핀류가 확인되는 것으로 문헌에 보고되고 있다. 이 중 방향 성분과 질소 함유 성분이 백미보다 가장 많은 농도를 나타낸다([표 5-2]).

[표 5-2] 검정 쌀의 주요 아로마

| 향기 성분 | 관능 | 역치 (μg/L) | 향기 성분 | 관능 | 역치 (μg/L) |
|---|---|---|---|---|---|
| Toluene | 페인트취 | 1,000 | (E)-2-octenal | 견과류 향 | 3 |
| 1-pentanol | 과실 향 | 4,000 | Guaiacol | 훈연 향 | 3 |
| Hexanal | 풀취, 토마토 향 | 517 | 2-nonanone | 과실 향, 꽃 향 | 200 |
| (E)-2-hexenal | 풀취 | 530 | Nonanal | 시트러스 향 | 1 |
| p-xylene | 약품취, 용매취 | 3 | (E)-2-nonenal | 마분지취 | 0.08 |
| Heptanal | 지방취, 부패취 | 0.1 | Naphthalene | 니프탈렌 향 | 5 |
| 2-acetyl-1-pyrroline | 팝콘 향 | 350 | Decanal | 시트러스 향 | 2 |
| Benzaldehyde | 아몬드 향 | 3 | (E)-2-decenal | 지방취 | 0.4 |
| 1-heptanol | 풀취 | 1 | 2-methylnaphthalene | 나프탈렌취 | 20 |

| 1-octen-3-ol | 버섯취 | 6 | Indole | 좀약취 | 140 |
|---|---|---|---|---|---|
| 2-pentylfuran | 꽃 향, 과실 향 | 3 | 4-vinylguaiacol | 정향, 클로브 향 | 3 |
| Octanal | 시트러스 향 | 3 | (E,E)-2,4-decadienal | 지방취 | 0.07 |
| 3-octen-2-one | 장미 향 | - | | | |

알데히드류는 헥산알, (E.E)-2,4-데카디엔알, 나난알, 옥탄알, 헵탄알, (E)-2-옥탄알, 데칸알, (E)2-노넨알 및 (E)2-데칸알 등이며, 지방이 산화되면서 생성된 성분들로 역치가 낮아 검정 쌀의 주요 아로마에 해당된다. 방향 성분으로는 페놀, 퓨란, 벤젠 그리고 나프탈렌 유도물질들이 있다. 2-펜틸퓨란은 캘리포니아산 장립형 쌀의 주요 아로마 성분이고 4-비닐과이어콜은 현미의 주요 향이기도 하다. 그 외 성분들도 농도가 적지만 검정 쌀 아로마에 영향을 미친다. 또 검정 쌀에는 2-아세틸-1-피롤린이 백미보다 많고 알데히드류가 검정 쌀 함량이 많을수록 그 농도가 증가하며, 팝콘 향으로 빵, 녹차 및 방향성 쌀에서도 확인되는 향이다.

검정 쌀의 주요 아로마는 2-아세틸-1-피롤린, (E)-2-노넨알, 헥산알 및 3-옥텐-2-원이며 이들 성분은 아로마가 1 이상인 향이다. 그 밖에 훈연 향을 부여하는 과이어콜 역시 역치가 낮고 검정 쌀의 주요 성분이다.

### (4) 쌀 아로마

쌀에는 약 200여 종류의 아로마가 존재하는데([표 5-3]), 그중 일부만이 증자한 쌀에서 코로 감지된다. 일반 쌀에는 4-비닐페놀과 2-에틸헥산올이 주요 향으로 알려져 있다.

일반적으로 방향성 쌀(자스민 싸르 바스마티)과 비방향성 쌀은 2-아세틸-1-피롤린을 기준으로 구분하는데, 이 성분은 방향성 쌀에서는 0.04~0.09mg/L 그리고 비 방향성 쌀에서는 0.006~0.008mg/L이 함유되어 있다. 신선한 쌀에는 2-아세틸-1-피롤린 외에 아로마가 1 이상인 성분은 거의 없고 일부 묵은쌀에서는 지방의 산화물이 아로마가 1 이상으로 나타나는 경우가 대부분이다. 일례로 알데히드류 중에 (E)-2-노넨알(역치 0.08 μg/L)과 (E.E)-2,4-데카디에날(역치 0.07μg/L)은 역치가 매우 낮아 코로 감지되고, 헥산알과 2-펜틸퓨란 및 옥탄알 등도 도정된 쌀을 저장하면 각각 풀 냄새와 콩 냄새를 풍긴다.

그리고 증자한 현미에서는 2-아미노 아세토페논이 가장 많이 검출되며 현미에 약품취를 풍기게 된다. 쌀 품종에 따라 아로마 조성에는 차이가 거의 없고 다만 품종 간 농도 차이는 나타날 수 있다.

쌀의 아로마는 보리나 밀의 아로마에서 검출되는 성분들과 크게 다르지 않은데, 특히 곡류의 아로마는 지방이 산화되어 생성된 물질이 주요 성분이다. 일례로 1-옥텐-3-올, 3-메틸부탄알, 2-메틸부탄알, 헥산알, 2-헥산알, 2-노네날 및 3-히이드록시-4,5-디메틸-2(5$H$)-퓨라논 등은 보리, 밀, 쌀에서 공통으로 검출되는 아로마 성분들이다.

[표 5-3] 쌀의 주요 아로마

| 성분 | 아로마 | 쌀 상태 |
|---|---|---|
| Butan-2,3-dione | 버터취 | 현미 |
| Hexanal | 풋내 | 현미, 도정쌀 |
| (7)-Hex-3-enal | 풀취, 잎사귀취 | 현미 |
| Octanal | 지방취, 시트러스 향 | 현미, 도정쌀 |
| Oct-1-en-3-one | 버섯 향 | 현미 |
| 2-Methyl-3-furanthiol | 고기 향, 유황취 | 현미 |
| 2-Acetyl-1-pyrroline | 팝콘 향 | 현미, 도정쌀 |
| Non-1-en-3-one | 버섯 향 | 현미 |
| 2-Methoxy-3,5-dimethylpyrazine | 흙냄새 | 현미 |
| Acetic acid | 초산취 | 현미 |
| Methional | 은감자 향 | 현미 |
| Decanal | 스프 향 | 현미, 도정쌀 |
| (Z)-Non-2-enal | 지방취, 풋내 | 현미 |
| 2-Isobutyl-3-methoxypyrazine | 흙냄새, 녹색 피망취 | 현미 |
| (E)-Non-2-enal | 지방취 | 현미, 도정쌀 |
| (E,Z)-Nona-2,6-dienal | 오이 향 | 현미 |
| (Z)-Dec-2-eanl | 지방취, 풋내 | 현미, 도정쌀 |
| Butanoic acid | 달콤한 향, 자극적인 향 | 현미 |
| Phenylacetaldehyde | 꿀 향 | 현미 |
| 2-and-3-Methylbutanoic acid | 치즈 향, 달콤한 향 | 현미 |
| (E,E)-Nona-2,4-dienal | 지방취 | 현미 |
| Pentanoic acid | 달콤한 향 | 현미 |
| (E,Z)-Deca-2,4-dienal | 지방취, 풋내 | 현미 |
| (E,E)-Deca-2,4-dienal | 지방취 | 현미, 도정쌀 |
| Hexanoic acid | 달콤한 향 | 현미 |
| 2-Methoxyphenol | 훈연 향 | 현미 |

| 2-Phenylethanol | 꿀 향 | 현미 |
|---|---|---|
| $\gamma$-Octalactone | 코코넛 향 | 현미 |
| $\beta$-Ionone | 제비꽃 향 | 현미 |
| 4,5-Epoxy-($E$)-dec-2-enal | 금속취 | 현미 |
| 4-Hydroxy-2,5-dimethyl-3(2$H$)-furanone | 캐러멜 향 | 현미 |
| $\gamma$-nonalacton | 코코넛 향 | 현미 |
| 4-Methylphenol | 페놀 향 | 현미 |
| 3-Methylphenol | 스파이시 향 | 현미 |
| bis-(2-methyl-3-furly)-disulfide | 고기 향 | 현미 |
| 3-Hydroxy-4,5-dimethyl-2(5$H$)-furanone | 조미료 향 | 현미 |
| 4-Vinyl-2-methoxyphenol | 스파이시, 클로브 향 | 현미 |
| 2-Amino acetophenone(현미이취) | 약품취, 페놀 향 | 현미 |
| 5-Ethyl-3-hydroxyl-4-methyl-2(5$H$)-furanone | 조미료 향 | 현미 |
| 4-Vinylphenol | 페놀 향 | 현미 |
| Indole | 달콤한 향, 탄냄새 | 현미, 백미 |
| 3-Methylindole | 좀약취 | 현미 |
| Phenylacetic acid | 꿀 향 | 현미 |
| Vanillin | 바닐라 향 | 현미 |

## 2) 밀

밀은 서양에서는 맥주 원료로서 동양에서는 주로 누룩 제조 원료로 사용해왔다. 밀의 구조를 보면 겉층은 과피로 둘러싸여 있는데 과피는 외표피, 피하조직, 유조직, 중층 세포, 막세포와 관세포 등 여러 층으로 구성되어 있다([그림5-2]).

밀은 전분(65%), 단백질(12%), 지방(2.1%), 섬유질(2.4%), 수분(11%) 및 기타(3.6%)로 구성되어 있다. 섬유질은 셀룰로오스와 헤미셀룰로오스로 구성되어 있고 소량의 물에 녹는 당분도 존재한다. 밀의 전분은 과립 형태를 띠는데 크기와 형태에 따라 A형과 B형으로 구분되며, 크기가 큰 전분 과립 입자(10~40㎛)는 수량으로는 3~4%를 차지하지만, 전체 전분 무게의 50~75%를 차지한다. 과피는 밀의 5% 정도 차지하고 단백질(6%), 회분(20%), 셀룰로오스

(20%) 및 지방(0.5%) 등으로 구성되어 있다. 전분과 배아는 호분층이 둘러싸고 있고 입방체 형태의 블록 형태를 띠고 있다. 호분층은 효소 활성이 가장 활발한 구역이고 회분, 단백질, 인, 지방 및 나이아신으로 구성되어 있다.

배아는 밀의 2.5~3.5%를 차지하며 단백질(25%), 당분(18%), 오일(16%) 및 회분(15%)으로 구성되어 있고 효소와 비타민 B와 E도 다량 함유되어 있다. 배유는 전분과 단백질로 구성되어 있으며 단백질은 배유 내에서 골고루 분포되어 있다. 이때 전분은 글루텐 단백질 망에 내장된 형태로 존재한다.

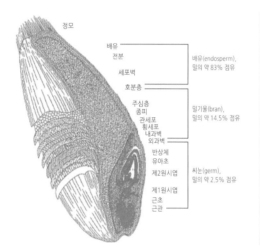
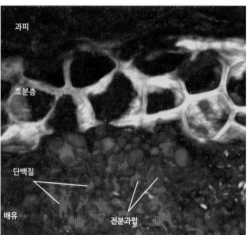

[그림 5-2] **밀의 구조**

밀은 글루텐 함량에 따라 강력분(15%), 중력분(11%), 박력분(10% 이하)으로 구분하며, 막걸리 제조용과 누룩에 사용하는 밀은 글루텐 함량(8%)이 적은 박력분을 사용한다.

밀의 전분은 그 형태가 일정하지 않고 지방, 단백질, 인 등이 함께 존재한다. 밀 전분의 크기가 작은 전분 입자는 큰 입자에 비해 아밀라아제 효소 함량은 적지만, 아밀라아제 효소에 의한 분해가 빠르고 호화가 잘되며 고온에서 용해도가 낮다. 그리고 크기가 작은 전분 입자는 큰 입자에 비해 지질 함량이 많다. 또 밀은 보리나 다른 곡류에서보다 베타글루칸은 적은 편이고 펜토산은 많은 편이다. 밀의 단백질은 글루텐이 전체 단백질의 80%를 차지하며 글루텐은 글리아딘과 글루테닌으로 구성되어 있는데, 배유 부분에 분포하고 있고 알부민과 글로불린도 존재한다.

밀은 높은 전분과 단백질 함량으로 인해 쌀보다 다양한 미생물 증식에 최적 조건을 갖추고 있다. 또 높은 셀룰로오스 함량으로 인해 솜털 같은 공간이 확보되어 통기가 원활하여 누룩 제조 시 다양한 미생물 증식과 효소 생성이 용이한 장점이 있다. 그리고 밀의 단백질 중 가장 큰 비중(80~85%)을 차지하는 글루텐 성분으로 인해 누룩 내 사각망이 형성되어 미생물 증식을 유도하고 강화하는 역할을 한다.

한편 밀을 이용한 누룩 제조는 아시아 국가마다 다르고 우리나라에서도 지역마다 누룩 제조법이 다르다. 그러나 누룩 표면은 통기성을 위해 부드러운 층이 형성되게 만드는 것이 중요하다. 최근에는 살균한 밀에 특정 균 접종 후 누룩을 제조하여 누룩 제조 기간을 단축하는 효과도 있으나 이러한 누룩은 전통 누룩과는 향기의 차이가 크다.

누룩의 역가는 곰팡이뿐 아니라 세균과 비양조용 효모들의 효소 생성 정도에 의해 결정된다. 지역마다 누룩 품질과 아로마가 다른 것은 누룩 제조 방법과 지역 기후가 다르기 때문이며, 모든 지역에 공통으로 존재하는 균도 있지만 각 지역만의 특유한 미생물도 존재한다. 일반적으로 누룩 품질의 판정 기준은 3가지 요소(효소 역가 · 미생물 분포도 · 향미)이며 그중 향미가 가장 중요한 요소이다.

# 3. 누룩

## 1) 누룩의 분류

우리나라의 누룩 기원은 아직까지 문헌상 명확히 밝혀진 바가 없다. 중국은 중국의 누룩이 우리나라와 일본을 비롯해 동아시아로 전파된 것으로 주장하지만, 현재 우리나라의 누룩이 중국에서 유래됐다는 근거가 학술적으로 증명된 바가 없다.

누룩은 우리나라와 중국을 비롯해 현재도 동아시아 지역에서 곡류 기반의 자연 발효 방식을 고수하면서 일부 발효주 제조에 발효제로써 이용되고 있다. [표 5-4]에서와 같이 나라마다 누룩의 명칭, 원료, 형태 그리고 증식하는 미생물이 다르다. 또 나라마다 누룩 제조에는 곡류뿐 아니라 다양한 초재를 부재료로 사용한다. 이는 다양한 누룩 미생물들의 증식을 유도하고 누룩 발효 초기에 보습 효과와 온도 유지, 잡균 방지 그리고 가향과 기능성 강화를 목적으로 첨가한 것이다. 우리나라 누룩의 경우 초재로써 연잎, 쑥, 소엽류 및 짚 등을 활용한다.

[표 5-4] 아시아 지역의 누룩 종류

| 국가 | 명칭 | 원료 | 형태 | 주요 미생물 |
|------|------|------|------|-------------|
| 한국 | Nuruk | 밀, 쌀, 보리 | 다양한 크기의 케익 | *Aspergillus* spp., *Rhizopus* spp. Yeasts |
| 중국 | Chu | 밀, 보리, 기장, 쌀 | 큰 케익 | *Rhizopus* spp., *Amylomyces* spp. |
| 인도네시아 | Ragi | 쌀가루 | 작은 케익 | *Amylomyces* spp., *Endomyces* spp. |
| 필리핀 | Budod | 쌀, 찹쌀가루 | 작은 케익 | *Mucor* spp., *Rhizopus* spp., *Saccharomyces* sp. |
| 태국 | Loogpang | 밀겨 | 분말 | *Amylomyces* spp. |
| 인도 | Marcha | 쌀 | 평평한 케익 | *Hasenula anomala*, *Mucor fragilis*, *Rhizopus arrhizus* |

우리의 전통 누룩은 여러 고문헌의 누룩 제조법에 누룩 이름으로 국(麴 · 麯) 또는 곡(曲)을 사용한 기록이 많다. 그 외 누룩을 뜻하는 누룩, 국말, 곡말, 쥬국 등의 용어도 자주 등장한다. 일각에서는 누룩을 국자 또는 곡자로 주로 표현하는데 순수 우리말인 누룩으로 표현하는 것이 옳다.

한편 [그림 5-3]에서와 같이 우리나라 누룩은 누룩 빚기에 사용되는 재료와 재료 처리 방법과 계절, 성형 방법에 따라 구분한다. 예로써 주재료 기준으로 보면, 밀 · 보리 누룩(조국, 분국, 섭누룩, 신국, 추모국, 맥국, 면국, 내부비전국), 쌀 누룩(이화국, 미국, 홍국, 연화국, 요국), 녹두 누룩(백수환동국, 녹두국), 약제 누룩(만전향주국, 백주국 등)으로 분류된다. 계절에 따라서는 춘국, 하국, 추국, 동국으로 분류하기도 한다. 그리고 성형 방법에 따라 원형, 사각형, 둥근알형, 도넛형, 흩임형으로 구분할 수 있다. 재료 처리에 따라서는 날것, 볶은것, 찐것 등으로 분류하기도 한다.

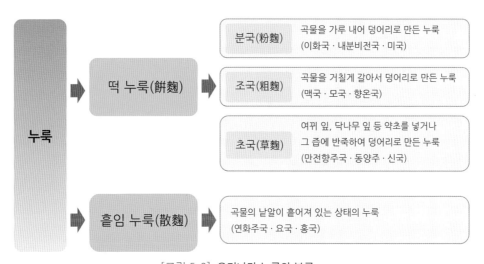

[그림 5-3] 우리나라 누룩의 분류

한편 누룩의 미생물적 특징은 누룩의 제조 온도, 수분, pH, 산도, 초기 미생물 지배종, 미생물 간의 상호작용 및 원료에 따라 다르게 나타난다. 그리고 법제 된 누룩의 수분이 13% 이상이면 저장 중에 재발효가 일어나기 쉬우며 이에 따라 페니실리움과 젖산균, 기타 세균 등이 번식할 수 있다. 누룩의 전분 함량에 따라서도 증식하는 미생물군의 종류가 달라지고 누룩과 막걸리의 향미에 영향을 미치게 된다. 특히 누룩 제조 시 온도와 수분이 미생물 천이 과정에서 가장 중요한 요소이며 일부 미생물(아스퍼질러스, 라이조푸스, 무코어, 세균)은 온도와 수분 관련 증식 범위가 넓어 누룩에서 흔히 발견된다.

## 2) 누룩 종류별 특징

우리나라 일부 재래 누룩의 종류, 사용 원료 및 제조법을 살펴보면 [표 5-5]와 같다. 고문헌 상에 기록된 재래 누룩은 제조하려는 술 종류에 따라 다양한 누룩을 사용하였고 원료 역시 쌀, 밀, 녹두 등 다양하게 활용한 것을 알 수 있다. 또 사용한 누룩 종류에 따라 술의 향미 특성 역시 달랐을 것으로 추정된다.

[표 5-5] 우리나라 누룩의 종류

| 구분 | 유래 | 원료 | 제조법 | 해당 주류 | 비고 |
|------|------|------|--------|-----------|------|
| 백수환동주국<br>(白首還童酒麴) | 흰머리 노인이 어린아이로 회춘한다는 건강 술인 백수환동주 전용누룩 | 녹두, 찹쌀, 솔잎 | 녹두를 설익혀서 찌고 찧어 찹쌀가루와 반죽하여 오리알만 하게 만들어 솔잎 속에서 띄운다 | 백수환동주 | 양주방<br>(1837년경) |
| 이화주국<br>(梨花酒麴) | 배꽃필 때 빚는 이화주 전용누룩 | 쌀가루, 솔잎 | 쌀가루를 물로 반죽하여 주먹만한 덩어리로 만들어 솔잎에 덮어 띄운다 | 이화주 | 임원십육지<br>(1827년) |
| 내부비전국<br>(內府秘傳麴) | 궁중에서 비전되어 오는 누룩 | 흰밀가루, 녹두, 황미 | 녹두를 거피해서 가루 내고 그 껍질을 물에 담고 그 물에 흰밀가루, 녹두가루, 황미가루를 반죽하여 디뎌 띄운다 | 약주 | 임원십육지<br>(1827년) |
| 녹두국<br>(綠豆麴) | 녹두누룩 | 녹두, 멥쌀 | 불려 빻은 녹두와 쌀가루를 반죽해서 납작하게 디뎌 띄운다 | 여름용 탁약주 | 증보산림경제<br>(1766년) |
| 미국<br>(米麴) | 쌀누룩 | 쌀가루, 솔잎 | 쌀가루를 쪄서 반죽하여 디뎌 솔잎 속에 묻어서 띄운다 | 탁약주 | 증보산림경제<br>(1766년) |
| 분국<br>(粉麴) | 밀가루 누룩 | 밀가루 | 밀가루를 물에 반죽하여 만든다 | 약주<br>/과하주 | 조선주조사<br>(1935년) |
| 설향국<br>(雪香麴) | 눈 같이 흰 누룩이라는 뜻 | 찹쌀가루, 밀가루 | 재료를 반죽 후 디뎌서 띄운다 | 탁약주 | 오주연문장전산고<br>(1850년경) |
| 맥국<br>(麥麴) | 맥류(보리/밀) 누룩 | 보리/밀 닥나무잎 | 세척, 건조한 보리/밀을 빻아 물에 반죽하여 디딘 후 닥나무 잎에 싸서 띄운다 | 막걸리/소주 | 임원십육지<br>(1827년) |

| 모국<br>(麰麴) | 보리 누룩 | 통보리<br>(봄/가을) | 일반 누룩제법 | 탁주/소주 | 임원십육지<br>(1827년) |
|---|---|---|---|---|---|
| 향온주국<br>(香醞酒麴) | 궁중 내 의원 약국에서 빚던 내국법온 전용 누룩 | 통보리/밀, 녹두 | 통밀(/보리)가루와 녹두가루(1%)를 섞어 반죽해서 디더 띄운다 | 향온주<br>(내국법온)<br>내국홍로주 | 임원십육지<br>(1827년) |
| 동양주국<br>(東陽酒麴) | 동양주 전용누룩 | 밀가루, 녹두, 도인/행인/바곳/오두/목향/육계/여뀌/모등/창이/뽕나무잎 | 도인/행인/바곳/오두는 거피하고, 목향/육계/매여뀌는 물에 7일 담근다. 녹두를 삶아 다른 원료와 반죽하여 만들어 잎에 싸서 띄운다 | 동양주 | 농정회요<br>(1830년경) |
| 만전향주국<br>(滿殿香酒麴) | 집안에 향이 가득할 정도로 향이 진한 만전향주 전용누룩 | 밀가루, 찹쌀가루, 목향/백출/백단/참외/축사/감초/곽향/백지/정향/광영령향/연꽃 | 밀가루,쌀가루,약재가루를 연꽃/참외즙으로 반죽해서 납작하게 밟아 만들어 종이주머니에 담아 띄운다 | 만전향주 | 임원십육지<br>(1827년) |
| 면국<br>(麵麴) | 밀가루누룩 | 밀가루, 녹두, 여뀌즙, 행인 닥나무잎 | 밀가루를 여뀌즙에 삶은 녹두와 여뀌가루, 찧은 행인과 반죽하여 디딘 후 닥나무잎에 싸서 띄운다 | 탁약주 | 임원십육지<br>(1827년) |
| 백주국<br>(白酒麴) | 백주 전용누룩 | 찹쌀가루, 여뀌즙, 당귀/축사/ 목향/ 곽향/영령향/천초/ 백출/단향/백지/ 오수유/감초/ 살구씨/관계/매운여뀌/백약 가루 | 찹쌀가루와 각종 약재가루를 여뀌즙으로 반죽하여 달걀 크기로 빚어 가운데를 뚫고 백약을 바르고 볏짚을 덮어 띄운다 | 백주 | 임원십육지<br>(1827년) |
| 신국<br>(神麴) | 주조용과 의학적 치료 기능을 가진 누룩 | 밀가루, 팥가루, 행인가루, 청호즙/창이즙/야료즙, 삼잎/닥나무잎 | 가루재료를 즙으로 반죽해서 덩어리를 만든 후 잎에 싸서 띄운다 | 탁약주, 처방약 | 본초강목<br>(1596년) |
| 양릉국<br>(襄陵麴) | 양릉주 전용누룩 | 밀가루, 찹쌀가루, 꿀, 천초 | 재료를 반죽하여 디더서 띄운다 | 양릉주 | 임원십육지<br>(1827년) |
| 연화주국<br>(蓮花酒麴) | 연화주용 전용누룩 | 멥쌀, 청호, 닥나무잎 | 고두밥 위 아래로 초재를 덮어서 띄운다 | 연화주 | 역주방문<br>(1800년대중) |
| 요국<br>(蓼麴) | 여뀌(蓼)즙에 불린 흩임누룩 | 찹쌀, 밀가루, 달인 여뀌즙 | 찹쌀을 여뀌즙에 불려서 표면에 밀가루를 버무려 종이주머니에 담아서 띄운다 | 탁약주 | 임원십육지<br>(1827년) |

(출처: 옛술연구회)

## 3) 누룩의 제조 과정

누룩 제조에 사용되는 밀은 알갱이가 굵고 속이 꽉 찬 것을 사용한다. 밀은 분쇄하기 전 선별기나 물에 적셔 오염물을 제거한다. 밀 분쇄 시 막걸리용은 조국으로 거칠게 빻아서 하고, 약주용은 분국으로 곱게 빻아서 사용한다. 이후 분쇄 밀에 밀 대비 20~25%의 물을 뿌린 후 수분간 방치하여 물을 밀 전체에 골고루 침투시켜 미생물이 번식을 유도한다. 그다음 보자기에 싸서 발로 단단하게 밟거나 기계 성형 틀을 이용하여 성형한다. 이때 누룩이 단단하지 않으면 밀 내부에 공기층이 형성되어 유해 미생물이 번식할 우려가 있다. 이후 주발효를 10일간 진진행하는데 누룩의 품온 온도가 45℃ 이상 상승하지 않도록 누룩 갈아 쌓기를 하거나 별도로 온도를 조절해야 한다. 발효 후에는 누룩 품온 온도를 35~40℃로 유지하고 7일간 배양한다. 그다음 누룩 품온을 30~35℃로 하여 누룩을 15일간 서서히 건조하는데 이때 건조를 너무 빨리하면 표면만 마르고 내부의 수분이 남아 누룩이 부패할 수 있다. 건조 후 누룩은 2~3개월 숙성 후 사용해야 누룩 고유의 향미를 극대화할 수 있다([그림 5-4]).

[그림 5-4] 누룩의 제조 과정

## 4) 누룩의 아로마

우리나라 누룩 제조는 주로 밀을 이용하여 제조하므로 여기서는 밀 누룩과 관련된 미생물과 아로마에 관해 기술하기로 한다. 밀 누룩 제조 시 미생물들은 다양한 효소(전분 분해효소,

단백질 분해효소, 지질 분해효소 등)를 분비하고, 다른 한편으로는 균이 증식하면서 생성한 부산물들이 누룩의 향미에 영향을 미치게 된다.

[그림 5-5]는 누룩 제조 중에 생성되는 주요 아로마를 나타낸 것으로 막걸리 제조 시 효모가 알코올 발효하면서 생성하는 성분들과 별반 다르지 않다. 각 아로마 성분은 누룩 제조 중에 일어나는 성분들 간의 화학반응과 각종 미생물의 대사 및 미생물이 분비한 효소들에 의해 생성된 것이다. 또 일부 아로마 성분은 1차 생성된 물질을 미생물이 이용하여 2차 대사를 통해 생성한 것도 있다.

막걸리 제조 시 누룩 첨가량에 따라 막걸리 아로마에 미치는 영향이 달라질 수 있다. 또 누룩에는 매우 다양한 아로마 성분들이 존재하여 막걸리 향미에 직접적인 영향을 미치므로 누룩의 역가뿐 아니라 누룩의 아로마 특성에 대해서도 제조자는 관심을 기울여야 한다. 또한 누룩은 그 종류가 다양하기 때문에 사용한 각 누룩의 아로마 특성을 미리 파악하는 것이 막걸리의 향미와 품질 특성을 설정하는 데 도움이 된다.

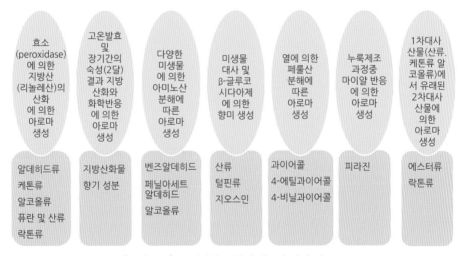

[그림 5-5] 우리나라 누룩의 아로마 생성 경로

한편 증자한 쌀을 이용한 입국에서보다는 통밀을 이용한 누룩 제조 때 밀의 풍부한 영양 성분이 다양한 미생물이 더 많이 서식할 수 있는 최적 조건을 제공하게 된다. 밀 누룩에는 미생물 중에 보통 곰팡이류가 가장 많이 번식하며, 특히 아스퍼질러스 균이 지배종으로 증식하게 된다. 이는 대기 중에 아스퍼질러스가 풍부하게 존재하기도 하지만, 다른 한편으로는 밀 누룩의 느슨한 구조와 누룩 내부의 산소에 의해 다른 균보다 아스퍼질러스 균이 유리하게 증식할 수 있는 환경이기 때문이다.

통밀 누룩의 주요 아로마 성분을 보면, 통밀에는 17.1%의 지질이 함유되어 있고 전체 지방산 중에 76.8~82.3% 정도를 불포화지방산이 차지한다. 또 통밀 누룩의 배아 부분에는 58.3% 정도의 리놀레산이 함유되어 있다. 이 불포화지방산은 통밀 누룩의 페록시다아제와 슈퍼옥사이드 디뮤타아제 효소에 의해 또는 자연적으로 산화되어 케톤류, 알코올류, 퓨라논류, 산류, 락톤류 및 하이드로카본류(2-헵타논, 2-옥타논, 헥산올)를 생성한다. 2-펜틸퓨란은 리놀레산의 2차 대사 부산물이다.

그리고 밀 누룩을 고온에서 띄우거나 장기간 저장하면 지방이 산화되어 아로마 성분이 생성된다. 그리고 밀의 페룰산은 열에 의한 탈탄산화를 통해 4-에틸과이어콜, 과이어콜 및 4-비닐과이어콜을 생성하여 누룩 아로마에 기여하게 된다. 또 누룩 제조 중에는 마이얄 반응에 따라 피라진류도 생성되고 누룩의 효모류는 $\beta$-글리코시다아제를 이용하여 털핀류를 생성한다. 스트렙토마이세스와 일부 곰팡이류는 지오스민을 생성하여 흙냄새를 풍기기도 한다. 또 누룩 미생물도 누룩의 아로마에 상당한 영향을 미치는데, 예를 들면 미생물의 아미노산 대사에 따라 벤즈알데히드, 페닐아세트알데히드와 알코올류가 생성된다.

[그림 5-6]은 누룩 미생물의 향미 생성 기전을 나타낸 것으로 라이조푸스, 아스퍼질러스 및 바실러스균은 각종 효소를 분비하여 고분자 성분을 저분자 성분으로 분해 후 누룩 발효에 필요한 영양소를 제공하는 역할을 한다. 또 바실러스, 엔테로코커스, 칸디다, 슈도모나스 및 크렙시엘라균은 알코올류를 생성하여 누룩 아로마에 영향을 미친다.

또 아스퍼질러스, 락토바실러스, 라이조푸스, 바이셀라 및 엔테로박터균은 유기산을 다량 생성하여 누룩의 향미에 영향을 준다. 그 외 스타필로코커스, 락토바실러스, 바이셀라, 바실러스, 슈도모나스, 아시네토박터, 라이조푸스, 칸디다, 아스퍼질러스 및 트리코스포론균은 에스터를 생성하여 누룩에 꽃 향과 과실 향을 부여한다.

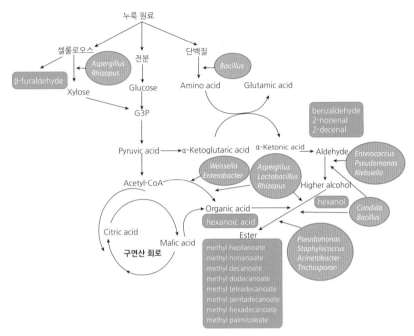

[그림 5-6] 누룩 미생물의 향미 생성 기전

[표 5-6]은 누룩의 각 미생물에 의한 누룩의 아로마와 그 생성 기전을 나타낸 것이다. 한세니아스포라 구일리에르몬디스 2-페닐아세테이트를, 피치아 아노말라는 이소아밀아세테이트를 다량 분비하여 누룩에 꽃 향을 부여하게 된다. 또 스트렙토코커스균은 디아세틸을 생성하고 아스퍼질러스 속은 피라진류를 분비한다. 그 외 균들도 다양한 아로마를 생성한다. 이렇게 누룩에는 다양한 미생물들이 여러 물질을 이용하여 향기 성분을 생성하여 누룩의 아로마에 영향을 끼친다. 물론 누룩 아로마에는 바람직한 향과 불쾌취가 혼재되어 있어 기기 분석과 관능평가를 종합 판단하여 각 누룩 아로마의 특성을 설정해야 한다.

[표 5-6] 누룩의 아로마

| 구분 | 성분 | 아로마 | 주요 미생물 | 생성 기전 |
|------|------|--------|-------------|-----------|
| 알코올류 | 2-페닐에탄올 | 장미 향 | *S. cerevisiae*, *Hasenula anomala*, *Kluveromyces maxianus* | 2-페닐알라닌 |
| 케톤류 | 메틸케톤, 메틸 노르말 펜틸 케톤 | 숙성 치즈 향 | *Penicillium roqueforti*, *Pseudomonas oleovorans*, *Aspergillus niger* | 지방산 분해 |

| 디케톤류 | 디아세틸 | 버터 향 | *S. cerevisiae*, *Lactobacillus lactis*, *Streptococcus thermophilus*, *Streptococcus diacetylactis*, *Leuconostoc mesenteroides* | 아미노산 발린 생합성 |
|---|---|---|---|---|
| 락톤류 | γ-옥타락톤 γ-노나락톤, 6-펜틸-2-피론, δ-도데카락톤 | 코코닛 향, 크림 향, 과실 향 | *Trichoderma viridae* *Cladosporium suaveolens* *Candida tropicalis* | 지방산 분해 |
| 뷰티르산류 | 펜틸 뷰티르산 | 버터/ 치즈 향, (과실 향) | *Clostrium Butyri vibrio*, *Eubacterium Fusarium* *Acetobacter pasteurianus* | 주로 절대 혐기성 미생물이 생성, 초산균도 생성 |
| 에스터류 | 에틸아세테이트, 헥실아세테이트, 이소아밀아세테이트, 2-페닐에틸아세테이트, 지방산 에틸에스터 | 과실 향 | *Lactobacillus lactis*, *S. cerevisiae*, *Haseniaspora guilliermondii*, *Pichia anamala* | 알코올류와 산의 결합 |
| 피라진류 | 테트라메틸피라진 | 견과류, 로스팅 향 | *Corynebacterium glutamicum*, *Bacillus sp.*, *Pseudomonas sp.*, *Aspergillus sp.* | 아미노산에서 생성 |
| 지오스민 | 지오스민 | 젖은 흙냄새 | *Actinomyces*, *Streptomyces citreus* | |
| 바닐린류 | 4-하이드록시-3-메톡시벤즈알데히드 | 바닐라 향 | *Pseudomonas putida*, *Aspergillus niger*, *Corynebacterium glutamicum*, *Corynebacterium sp.*, *Arthrobacter globiformis*, *Serratia marcescens* | 페룰산, 리그닌, 유제놀, 이소유제놀 |
| 방향족 알데히드류 | 벤즈알데히드 | 살구씨 향, 체리 향 | *Pseudomonas putid*, *Trametes suaveolens Polyporus tuberaster Bjerkandera adusta Phanerochaete chrysosporium* | 2-페닐알라닌 |
| 털핀류 (역치가 가장 낮음) | 리나룰, 네롤, 게라니올, 시트로네올 | 꽃 향 | *Ceratocystis moniliforms*, *C. virescens*, *Tramates odorata* | 곰팡이(자낭균류, 담자균류)가 생성 |

한편 우리나라 지역별 누룩의 미생물 분포도를 예를 들어 보면, 분포하는 미생물의 종류는 다르게 나타나며, 누룩 제조 시 원료나 제조 환경에 따라 상이하게 나타날 수 있다. 누룩에는 거의 모든 지역에서 곰팡이류, 세균류와 효모류가 확인되는데, 그중 세균류가 가장 많고 곰팡이와 효모가 그 뒤를 잇는 것으로 나타난다([표 5-7]).

그리고 곰팡이류와 세균류는 그 종류가 지역별로 큰 차이를 보이지 않으나 바실러스 아밀로리퀴파시엔스(Bacillus amyloliquefaciens)와 바실러스 서브틸러스(Bacillus subtilus)가 세균류 중에 지역과 관계없이 지배종으로 확인된다. 또 효모균 중에는 피치아 자디니(Pichia jadinii)균이 지배종으로 나타나며 이 균은 김치에도 자주 검출되는 균이다. 그리고 양조용 효모인 사카로마이세스 세레비지에는 일부 지역에서만 검출된다. 누룩에 분포하는 미생물의 반 정도는 그 분포도가 1% 미만으로 존재하여 누룩의 아로마와 막걸리의 향미에 미치는 영향이 미미한 것으로 문헌에 보고되고 있다.

[표 5-7] 우리나라 누룩의 주요 미생물 분포도

| 곰팡이류 | 세균류 | 효모류 |
|---|---|---|
| Aspergillus flavus | Bacillus amyloliquefaciens | Issatchenkia orientalis |
| Aspergillus niger | Bacillus methylotrophicus | Kluyver marxianus |
| Aspergillus oryzae | Bacillus pumilus | Pichia jadinii |
| Euroticum amstelodami | Bacillus subtilis | Pichia anomala |
| Euroticum rubrum | Cronobacter sakazaki | Pichia kudriavzevii |
| Lichthemia corymbifera | Enterobacter cloacae | Saccharomyces cerevisiae |
| Lichthemia ramosa | Enterobacter dissolvens | Torulaspora delbrueckii |
| Mucor circinelloides | Enterobacter faecium | |
| Mucor indicus | Enterobacter durans | |
| Penicillium chermesinum | Enterococcus faecalis | |
| Penicillium citrinum | Enterococcus faecium | |
| Penicillium sumatrense | Klesiella pneunoniae | |
| Rhizomucor pusillus | Klesiella pneumoniae | |
| Rhizomucor tauricus | Lactobacillus plantarum | |
| Rhizomucor variabilis | Leuconostoc mesenteroides | |
| Rhizopus oryzae | Pantoea agglomerance | |
| | Pantoea eucrina | |
| | Pediococcus acidilactici | |
| | Pediococcus pentosaceus | |

| | | |
|---|---|---|
| | *Staphylococcus gallinarum* | |
| | *Staphylococcus saprophyticus* | |
| | *Staphylococcus sciuri* | |
| | *Staphylococcus xylosus* | |
| | *Weissella paramesenteroides* | |
| | *Weissella acibaria* | |

물론 밀 누룩 제조 시 증식하는 미생물의 구성과 분포도는 밀 누룩 제조 방법과 지역의 기후에 따라 달라지기 때문에 지역별 밀 누룩의 미생물 분포도와 지배종은 일률적이지 않다. 또 누룩 제조 원료와 방법이 같더라도 제조 지역의 기후에 따라 그 지역만의 미생물이 증식할 개연성이 있고, 그에 따라 누룩의 아로마와 그에 따른 막걸리의 향기 성분이 다르게 나타날 수 있다.

이미 설명한 바와 같이 밀 누룩 제조 중에 다양한 미생물들이 증식하는데, 이 균들은 모두 효소를 분비하여 누룩 역가에 영향을 미친다. 예를 들어서 압시디아 코림비페라는 효소로서 베타 만노시다아제를, 라이조푸스 오리제는 산성 단백질 분해효소를, 아스퍼질러스 오리제는 단백질 분해효소를 그리고 엔테로박터는 피타아제를 생성한다. 그리고 고초균은 아밀라아제를, 이사첸키아와 칸디다는 글루타치온-황-전이효소를 각각 분비한다. 이때 누룩 미생물의 효소 생성 정도는 누룩의 제조 원료와 수분 및 온도에 의해 좌우된다.

누룩의 미생물은 다양하게 존재하지만, 일부 누룩은 누룩 향미에 영향을 미치는 반면 일부 미생물은 영향을 전혀 미치지는 못하는 균도 있다. 따라서 누룩의 특정 미생물의 분포도가 크다고 해서 누룩 향미에 반드시 영향을 미치는 것을 의미하는 것이 아니다. 즉 누룩 향미에 실질적으로 영향을 미치는 핵심 미생물군(core microbita group)을 파악해야 누룩과 막걸리의 향미 연계성을 객관적으로 평가할 수 있다.

물론 향미에 영향을 주지 못하는 균들은 향미 생성 균들의 증식을 강화해 주는 역할을 하기 때문에 누룩과 막걸리의 향미 향상에 도움을 줄 수는 있다. 예를 들면 피치아 멤브라네파시엔스와 바실러스 아밀로리퀴파시엔스는 향미를 직접 생성하는 균은 아니다. 그러나 이 균들은 향미 생성균(사카로마이세스 세레비지에, 이사첸키아 오라엔탈리스, 바실러스 리체니포미스)들 간의 경쟁을 완충해 주는 역할을 통해 향미 생성 균들의 증식을 강화해 향미를 더 많이 생성하게 도와주는 역할을 하게 된다.

또한 일부 아로마 성분(3-메틸티오-노르말프로판올, 디에틸디설파이드)은 누룩 미생물 간의 상호작용으로 생성되기도 한다. 따라서 누룩과 막걸리의 향미는 향미를 생성하는 균들 뿐 아니라 미생물간의 상호작용에 관여하는 미생물균들도 역할을 한다.

이와 같이 누룩 미생물 간의 상호작용이 누룩 내 미생물 간의 공생 유지와 누룩 아로마에 큰 영향을 미치기 때문에, 최근에는 공생 네트워크 분석법(cooccuring network analysis)을 통해 각 미생물이 누룩 아로마에 미치는 영향 정도를 파악하는 데 활용하고 있다. [그림 5-7] 은 이러한 분석기법을 통해 누룩의 미생물과 아로마와의 연관성을 나타낸 것이며 굵은 선일 수록 연관성이 큰 것이다. 그림에서 보는 것과 같이 락토바실러스, 사카로마이세스, 크라비스 포라 및 칸디다균이 누룩 아로마 생성에 핵심 미생물군으로 나타난다. 이 균들은 산뜻한 향 (에틸아세테이트, 에틸락테이트, 1-옥텐-3-올, 카프릴산, 에틸 3-페닐프로피온산, 감마노나 락톤)과 불쾌취(초산, 카프로산, 에틸올레산, 3-메틸-노르말부탄올)를 분비하여 누룩의 향미 특성을 나타내게 된다. 그리고 바실러스는 1-옥텐-3-올 생성과 연관이 있고, 피치아는 페닐 에탄올 생성 그리고 사카로마이콥시스균은 2-메톡시-4-비닐페놀 생성과 연관이 있다.

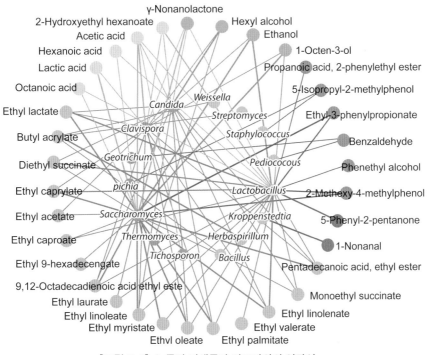

[그림 5-7] 누룩의 미생물과 아로마와의 연관성

[그림 5-8]은 공생 네트워크 분석을 통해 누룩 미생물 간의 상호 공생 관계를 나타낸 것으로 어떠한 미생물들이 상호 간 공생 관계에 있는지 규명할 수 있다. 예를들어서 효모(사카로마이세스)와 젖산균(락토바실러스)은 다른 미생물과는 공생 관계 연관성이 작지만 두 균은 공생 관계 연관성이 큰 것으로 나타난다. 일례로 효모는 젖산균에게 영양분(피루브산, 아미노산, 비타민)을 제공하여 젖산균의 증식을 돕는 역할을 한다.

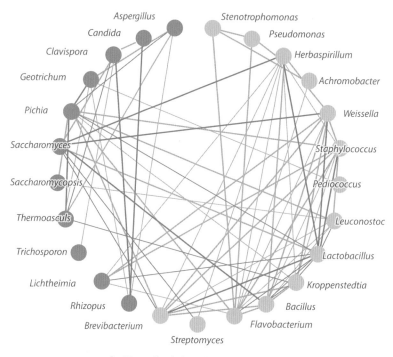

[그림 5-8] 미생물 간의 상호작용

다른 한편으로 누룩의 미생물 분포도와 향미 생성 기여도 등을 예를 들어 살펴보면, [그림 5-9]에서와 같이 총 83개 미생물속중 33속이 지배종이며 15개 속이 향미를 생성하고 23개 속이 서로 공생 관계에 있다. 특히 5개 속(락토바실러스, 사카로마이세스, 칸디다, 지오트리쿰, 피치아)은 향미 생성 및 공생관계 등 모든 상황에 관여하는 핵심 미생물군이다. 물론 상기 미생물의 분포도에 따른 향미 기여도는 누룩의 환경(수분, 영양분, pH)에 따라 다르게 나타날 수 있고 그에 따라 누룩과 막걸리의 향미 역시 다르게 나타날 수 있다. 따라서 누룩 종류에 따른 미생물의 종류와 향미 연관성을 파악하여 누룩의 향미 특성을 설정하고, 막걸리 품질과 향미에 미치는 영향을 파악하는 것이 중요하다.

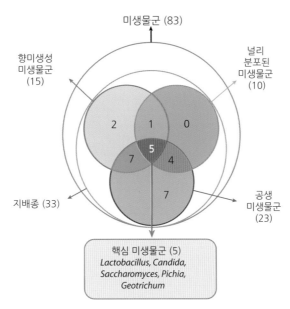

미생물군 (83)

향미생성
미생물군
(15)

널리
분포된
미생물군
(10)

2      1      0

5

7      4

7

지배종 (33)

공생
미생물군
(23)

핵심 미생물군 (5)
*Lactobacillus, Candida,*
*Saccharomyces, Pichia,*
*Geotrichum*

[그림 5-9] 누룩 미생물의 분포도와 향미 기여도

한편 주류도 일종의 먹거리이기 때문에 소비자로서는 주류 제조에 사용되는 원료나 주류 제품의 안전성에 관심이 많을 수밖에 없다. 전통 밀 누룩도 예외는 아니다. 이른바 바이오제닉아민(biogenic amine)은 단백질이 발효될 때 발생하는 저분자 질소화합물로 전통 발효식품(된장, 청국장, 간장, 젓갈 등)이나 우유를 발효해 만드는 치즈 등에서도 확인된다. 바이오제닉아민은 미생물의 탈탄산화 효소에 의해 아미노산(히스티딘, 티로신, 트립토판, 리신, 페닐알라닌)이 탈탄산화되어 생성된 것이다.

바이오제닉아민은 과다 섭취할 때는 두통 등 인체에 해를 입히는 것으로 알려져 있으며, 생성된 바이오제닉아민은 제거가 어렵기 때문에 바이오제닉아민 저감화는 식품업계에서는 주요 관심 사항이다. 바이오제닉아민에는 설사와 복통을 유발하는 히스타민, 고혈압을 유발하는 티라민 등이 포함되는데 미국 FDA는 히스타민 안전 기준을 500mg/kg 이하로 규정하고 있다. 히스타민과 티라민은 80℃ 이상에서 1시간 이상 가열하거나 위장 내 다른 물질과 결합해 발암물질이 될 수 있으므로 주의가 필요하다. 그 외 페닐에틸아민, 트립타민, 카다베린은 비교적 독성이 약한 편이다. 누룩의 경우 특히 일부 균(엔테로코커스 페칼리스, 엔테로코커스 페시움)은 티라민을 생성하며, 일부 균(시트로박터, 에쉬리키아, 클렙시엘라)은 퓨트레신과 카다베린를 분비한다. 따라서 누룩 제조 시에도 바이오제닉아민류 생성에 대한 세심한 관찰이 필요하다.

# 4. 입국

## 1) 개요

입국은 우리나라 탁약주와 청주 그리고 일본의 사케와 소주 제조에 주로 사용된다. 우리나라에서는 주류 제조에 백국균(*Aspergillus luchuensis mut. kawachii*)을 사용하고 일본의 경우는 황국균(*Aspergillus oryzae*)을 사용한다. 백국균은 황국균보다 증식이 약하지만, 내산성이 강한 당화 효소와 구연산을 다량 생성하여 술덧의 pH를 3.1~3.3으로 낮춰 특히 여름철 탁약주 제조에 유용한 국이다.

입국은 쌀의 전분, 단백질, 지방 등 고분자 성분을 저분자 성분으로 분해하는 각종 효소를 생성하는 데 1차 목적이 있고, 알코올 발효 시 효모의 영양 성분인 비타민과 아미노산 등을 제공하는데 2차 목적이 있다. 그리고 탁약주에 향미를 부여하는 3차 기능도 가지고 있다. 아스퍼질러스 오리제의 경우는 아플라톡신 합성 효소가 제거되어 입국 제조 시 아플라톡신이 생성되지 않는다.

입국에는 50여 종류의 효소가 존재하며 그중 전분 분해효소인 아밀라아제가 가장 중요한 효소이다. 순수 아밀라아제 효소 1g은 전분 2kg을 50℃에서 1시간 이내에 분해하는 힘, 즉 자신의 2,000배 이상의 전분을 분해하는 능력이 있다.

누룩 제조에서와 같이 입국 제조 시에도 온도와 습도가 곰팡이의 증식에 가장 중요한 요소이며, 입국실 내부 온도보다 입국 품온이 높으면 곰팡이의 증식은 불안정하게 된다. 따라서 입국 제조 시 국 뒤집기를 자주 하는 것이 중요하며 이때 노동력이 상당히 소요된다.

일반적으로 입국은 재래식(상자국법), 간이제국법(대형 국상자법, 보쌈 제국법)과 기계 제국법 등을 이용하여 제조한다. 나무 상자를 이용한 입국 제조 시에는 나무 살균에 사용된 살균제 유래의 2,4,6-트리클로로페닐이 생성되고 이후 2,4,6-트리클로로아니졸로 전환되어 입국에 곰팡이취를 유발하게 되는 원인이 된다. 따라서 최근에는 나무 재질의 입국 제조보다는 스테인리스 재질 자동 입국기를 이용하여 노동력 절감과 품질을 개선하는 효과를 내고 있다.

## 2) 입국의 제조 과정

[그림 5-10]은 입국의 제조 과정을 나타낸 것으로 입국 시 가장 중요한 것은 온도 관리라 할 수 있다. 입국의 제조는 보통 36시간 내외이지만 제조 과정이 복잡하고 입국이 막걸리 향미에 미치는 영향이 크다. 국내 막걸리 제조에는 백국이 이용되는데 황국과는 제조 온도가 다소 다르다. 최근에는 입국 제조의 번거로움으로 인해 입국 제조업체로부터 구매하여 사용하는 경우가 늘고 있는 추세이다.

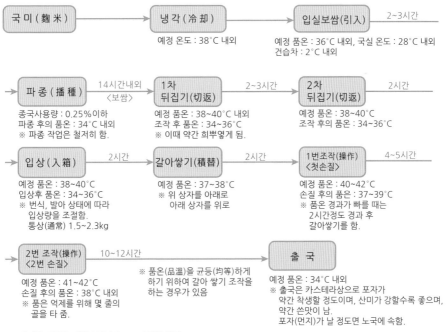

[그림 5-10] 입국의 제조 과정

입국의 주요 기능은 3가지이며 각 역할을 살펴보면 다음과 같다.

① 효소에 의한 전분질의 분해

생전분은 물에 용해되지 않으나 물과 함께 가열하면 호화(알파화)되어 효소의 작용을 쉽게 받게 된다. 입국에는 호화된 전분을 분해하는 $\alpha$-아밀라아제와 글루코아밀라아제 효소가 함유되어 있다. $\alpha$-아밀라아제는 큰 전분 분자를 올리고당의 작은 분자로 분해시키는 역할을 하고 글루코아밀라아제는 전분 분자를 포도당까지 분해시키는 기능을 맡게 된다. 효모는 포도당을 이용하여 알코올 발효를 하게 된다. 소주 제조에는 백국균, 흑국균 및 황국균이 사용되는데 이 중 백국균과 흑국균으로 제조된 입국에는 생전분을 분해할 수 있는 효소력이 있다.

② 단백질 분해와 향미 부여

입국에는 단백질을 분해하는 산성 프로테아제와 산성 카르복시펩티다아제 등 단백질 분해 효소가 함유되어 있다. 산성 프로테아제는 단백질을 아미노산이 2~20개로 결합된 펩타이드로 분해되는 작용을 하고, 산성 카르복시펩티다아제는 단백질이나 펩타이드를 아미노산으로 분해하는 기능을 한다.

③ 술덧의 오염 방지

보통 백국균이나 흑국균이 생성하는 산에 의해 술덧의 오염 방지가 된다. 그러나 다량의 산 생성은 전분의 소모를 동반하고 술덧의 향미에도 영향을 미치므로 필요 이상의 산이 생성되지 않도록 술덧의 품질 관리에 유의하여야 한다. 입국 막걸리 제조에 중요한 것은 입국과 밑술 제조, 술덧 관리이며 고품질의 막걸리를 제조하기 위해서는 특히 좋은 입국을 만드는 공정이 중요하다. 기존에는 입국 제조를 수작업으로 하여 일정한 품질의 좋은 입국을 제조하기가 어려웠다. 하지만 최근에는 기계적으로 자동 제국하는 기술이 개발되어 국내에서도 자동 제국 설비를 이용, 경제적이고 위생적인 고품질의 입국을 제조하여 막걸리의 품질을 고급화와 다양화하고 있다.

## 3) 입국의 품질

입국의 품질에는 효소 역가가 우선적으로 중요하며 관능적으로는 파정 상태를 통해 판단한다.

입국 시간을 늘리면 역가와 산 생성이 높아져 알코올 발효가 안정적으로 진행되지만, 이러한 노국 (老麴)은 입국의 전분 손실이 크고 주질에 부정적이므로 입국 시간과 온도 조절에 주의해야 한다.

또 고두밥이 연해야 곰팡이 균사가 쌀 내부 깊이 번식하면서 쌀 표면에도 왕성하게 증식하 여 총파정이 되고 효소 역가도 높다. 반면 고두밥의 표면이 단단하고 쌀 내부만 연하면 표면 번식은 적고 쌀 내부에만 번식이 많은 돌파정이 된다. 돌파정은 고두밥을 바로 사용하지 않고 방치하여 표면이 말라서 생기는 현상이므로 제국을 바로 하는 것이 좋다. 멍터구리 파정 상태 의 입국은 과습, 과연한 증자미를 사용했을 때 나타나며 감주국이 되어 변패의 원인이 된다. 그리고 미파정의 입국은 잘못된 입국 제조 과정이 원인인데 이러한 입국은 효소 역가가 낮아 정상적인 주류 제조가 어렵다([표 5-8]).

[표 5-8] **입국 상태와 품질**

| 구 분 | | 상 태 | 모 양 |
|---|---|---|---|
| 정상 입국 | 총파정(總破精) | • 국균의 균사가 입자(粒子) 모든 부분에 고루 깊숙이 파고 들어간 상태 | |
| | 돌파정(突破精) | • 국균의 균사가 입자의 부분적으로 깊숙이 파고 들어간 상태이며, 호파정(虎破精) 또는 점박이파정이라고도 함 | |
| 비정상 입국 | 겉발림파정 | • 국균의 균사가 입자 표면에만 슬쩍 발린 상태 | |
| | 멍텅구리파정 | • 국균의 균사가 입자 중심까지 완전히 파고 들어가 푸른 상태 | |
| | 미파정(未破精) | • 국균의 균사가 입자 표면에 전혀 번식하지 않은 상태 일반적으로 총파정 형식이 보통이며, 파정 상태가 다를 때에는 효소력 및 조성 성분 내용이 달라지고 품질에도 차이가 생김 | |

(출처: 농촌진흥청 발효가공식품과)

입국은 제조 방식과 사용 원료에 따라 역가 차이는 크며, 일반적으로 쌀 입국이 보리 입국보다 역가가 높게 나타나고 특히 산성 카르복시펩티다아제의 역가가 높게 나타난다. 그리고 제국 온도 역시 효소 역가에 영향을 미치는데, 예를 들면 입국 제조 시작 30시간까지 40℃를 유지하면 다양한 효소가 많이 생성되고, 입국 시작 후 15시간까지 품온을 35℃로 유지하면 산 생성 능력이 향상된다.

그리고 입국이 분비하는 전분 분해효소($\alpha$-아밀라아제, 글루코아밀라아제, $\alpha$-글리코시다아제)는 pH가 낮은 산성 술덧 환경에서도 내산성과 열에 강하고, 단백질 분해효소(펩티다아제, 카르복시펩티다아제) 역시 pH가 3.0일 때 효소 활성이 최적으로 산성 환경에 강한 특성이 있다. 이처럼 곡류가 생성하는 효소(맥아 효소)와는 다르게 미생물이 생성하는 효소는 pH가 낮은 산성 환경에서도 효소의 활성을 유지하는 특성이 있다.

한편 입국제조시 도정도에 따른 입국 제조 곰팡이의 증식 형태를 보면([그림 5-11]), 10% 도정한 식용 쌀과 양조용 쌀은 곰팡이가 쌀 표면에만 대부분 번식한 반면, 50% 도정한 쌀에는 곰팡이가 쌀 표면뿐 아니라 내부에도 균사가 증식하는 것이 확인된다. 10% 도정한 쌀 표면에는 단백질과 지방이 많아 곰팡이가 대부분 표면에 번식하지만, 50% 도정한 쌀은 전분이 대부분이므로 영양분과 수분을 찾아 쌀 내부로도 침투한 것으로 보인다.

또 50% 도정한 쌀에는 10% 도정한 쌀에서보다 $\alpha$-아밀라아제와 글루코아밀라아제 효소 유전자 발현이 각각 5.2배, 1.7배가 더 강하다. 그러나 쌀의 주요 단백질인 글루테닌을 펩타이드와 아미노산으로 분해하는 카르복시펩티다아제 효소 유전자 발현은 도정도에 관계없이 유사하게 발현된다. 그리고 쌀 표면층 중의 호분층에는 지질과 지방산이 함유되어 있는데 도정도가 높을수록 이 성분들은 감소하는데, 사케 양조 시 지방산은 에탄올과 에스터 결합 후 긴 죠향의 특징인 에틸카프로산 생성에 중요하다. 그리고 50% 도정한 쌀에서 지방산 합성 효소 유전자의 발현이 5~7배가량 높게 나타나는 것으로 문헌에 보고되고 있다.

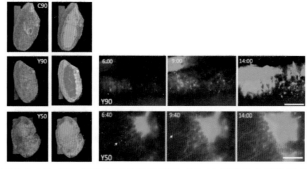

[그림 5-11] 식용 쌀과 양조용 쌀의 입국 제조 시 곰팡이의 번식 형태
(C90 : 식용 10% 도정, Y90: 양조용 10% 도정, Y50 : 양조용 50% 도정)

## 4) 입국 종류별 생리 특성

주류 제조에 사용되는 입국은 백국, 황국 및 흑국 등이 있다([그림 5-12]). 백국은 우리나라의 주류 제조에 널리 사용되는 국으로 전분 당화력과 단백질 분해력이 강하고 산 생성 역시 우수하다. 제국 온도는 35~40℃ 수준이다. 백국균은 흑국균의 변이주이며 백색 포자를 만들어 균이 백색을 띠는데 원종인 흑국균과는 그 특성과 성질이 다르다.

황국은 일본 사케 제조 시 사용되는 국으로 전분 당화력과 단백질 분해력 및 유기산 생성력이 우수하나 산 생성능은 다른 국보다 낮아 술덧의 오염 방지가 약한 편이다. 그러나 황국의 액화력과 당화력은 흑국에 비해 각각 10배, 5배 강하다. 하지만 당화 효소 능력이 다른 국보다 상대적으로 약하고 특히 증류식 소주의 술덧 온도와 pH에서는 실활되어 증류식 소주 제조에는 적당하지 않다. 제국 온도는 33~37℃ 수준이다.

흑국의 경우는 일본 아와모리 소주 등 증류식 소주 제조에 사용되는 균으로 산 생성 능력과 당화력이 우수하여 술덧의 부패를 예방하는 데 유용하다. 제국 온도는 35~43℃ 수준이다.

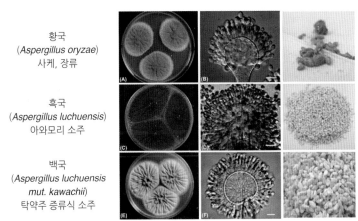

황국
(*Aspergillus oryzae*)
사케, 장류

흑국
(*Aspergillus luchuensis*)
아와모리 소주

백국
(*Aspergillus luchuensis mut. kawachii*)
탁약주 증류식 소주

[그림 5-12] **입국의 종류**
(출처 : Advances in Applied Microbiology, 2017. doi.org/10.1016/bs.aambs.2017.03.001)

## 5) 입국별 아로마 특성

입국 종류별 아로마 특성을 살펴보면 [표 5-9]와 같으며 분석수치는 크로마토그램 피크치가 가장 높을 것을 100으로 하여 나타낸 것이다. 검출된 아로마 성분 중에 11개 성분이 모든 입국에서 공통으로 검출되고 그중 사이클로펜탄, 헵탄, 노르말옥탄, 2-페닐퓨란, $\alpha$-메틸스틸렌, 아세토페논 및 리모넨의 검출량은 유사하게 나타난다. 2-페닐퓨란은 캘리포니아 장립형 쌀과 현미에서 나타나는 특유의 향으로 알려져 있고 입국의 주요한 향이다. 부탄알, 헥산알, 디메틸트리설파이드 및 사이클로헥실이소티오시안산염은 고두밥에서만 확인되는 성분이다. 이 중 헥산알은 쌀의 리놀레산으로부터 생성된다. 디메틸트리설파이드는 떡에서 나타나는 특유의 향이지만 사케에서는 이취 성분이며 숙성 시 그 농도는 더욱 증가하게 된다. 그리고 이소부틸알데히드, 이소발라알데히드(아몬드향), 1-옥텐-3-올 및 페닐아세트알데히드는 모든 입국에서 확인되는 향이지만, 특히 황국에서 다량 검출되는 특징적인 아로마 성분이고 페닐아세트알데히드는 황국에서만 검출된다. 이소프로필 포름산은 백국에서만 확인된다.

[표 5-9] 입국 아로마

| 구분(%) | | 황국<br>(*A.oryzae*) | 백국<br>(*A.luchuenssis*<br>mut. *kawachii*) | 흑국<br>(*A.luchuensis*) | 고두밥 |
|---|---|---|---|---|---|
| 알칸류 | 사이클로펜탄 | 50.9 | 91.9 | 10 | 51.7 |
| | 헵탄 | 64.6 | 87.6 | 80.3 | 100 |
| | 노르말옥탄 | 52.7 | 55.1 | 100 | 46.0 |
| | 트랜스-2-옥텐 | 100 | - | 93.7 | - |
| 알코올류 | 이소부탄올 | 100 | 62.4 | - | 7.43 |
| | 활성아밀알코올 | 100 | 42.3 | 14.4 | - |
| | 이소아밀알코올 | 100 | 67.3 | 28.2 | - |
| | 1-옥텐-3-올 | 100 | 44.1 | 89.6 | - |
| 알데히드류 | 이소부탄올 | 100 | 17.6 | 48.1 | 1.76 |
| | 부탄알 | - | - | - | 100 |
| | 2-메틸뷰티르알데히드 | 100 | 10.4 | 15.7 | - |
| | 이소발레르알데히드 | 100 | 10.8 | 19.1 | - |
| | 헥산알 | - | - | - | 100 |
| 케톤류 | 2-부탄온 | 56.2 | 100 | 67.9 | 6.63 |
| 퓨란류 | 2-메틸퓨란 | 18.2 | 100 | 64.5 | 7.37 |
| | 3-메틸퓨란 | 43.8 | 100 | 44.3 | - |
| | 2,5-디메틸퓨란 | - | 57.3 | 100 | - |
| | 2-펜틸퓨란 | 42.3 | 41.8 | 30.9 | 100 |

| 에스터류 | 이소프로필 포름산 | - | 100 | - | - |
|---|---|---|---|---|---|
| 페놀류 | 에틸벤젠 | 69.0 | 93.8 | 100 | 16.0 |
| | 프로필벤젠 | - | 94.3 | 100 | - |
| | $\alpha$-메틸스틸렌 | 100 | 95.0 | 85.0 | 68.0 |
| | 벤즈알데히드 | 50.2 | - | - | 100 |
| | 페닐아세트알데히드 | 100 | - | - | - |
| | 아세토페논 | 81.0 | 57.9 | 71.2 | 100 |
| 기타 | 리모넨 | 75.8 | 90.0 | 98.8 | 100 |
| | 1,8-시네올 | - | 92.0 | 100 | - |
| | 디메틸트리설파이드 | - | - | - | 100 |
| | 사이클로헥실이소티오시안산염 | - | - | - | 100 |

그리고 백국과 흑국에서만 공통적으로 확인되는 향기 성분은 2,5-디메틸퓨란, 프로필벤젠 및 1,8-시네올이다. 이 중 1,8-시네올은 스파이시하고 민트 향을 풍기는 유칼립투스 향이며 리모넨과 $\alpha$-털피네올로부터 생성되는 것으로 알려져 있다. 1,8-시네올과 리모넨은 입국에서 소량 검출되지만 역치가 각각 1~64 $\mu$g/L, 4~229 $\mu$g/L로 매우 낮아 입국의 아로마에 영향을 미친다.

알칸류와 페놀류는 입국 종류 간 큰 차이가 없는 반면, 알코올류와 알데히드류는 황국에서 특히 검출이 많이 되어 황국 특유의 아로마 성분으로 볼 수 있다. 전체적으로 보면 백국과 흑국 간의 향기 성분 차이는 크지 않지만 퓨란 성분은 백국과 흑국이 황국에서보다 더 많이 확인된다. 그리고 황국은 백국과 흑국에서보다는 알코올류와 알데히드류가 풍부하다. 특히 2,5-디에틸퓨란은 백국과 흑국에서만 검출되어 황국과의 향기 구분에 기준점이 된다. 일부 문헌에서는 황국의 주요 아로마로 메티오날(감자 향), 1-옥텐-3-원(버섯 향) 및 페닐아세트알데히드(장미 향)를 지목하기도 한다.

# 5. 막걸리의 향미 특성

## 1) 개요

해외 주류(맥주·와인·사케·황주·증류주)는 각 주종마다 제품군의 특성에 따라 품질 기준이 있고 향미를 설정하여 품질 지표로 관리한다. 일례로 맥주는 라거 맥주와 에일 맥주로, 와인은 화이트 와인, 레드 와인, 로제와인으로 그리고 스카치 위스키는 몰트 위스키, 그레인 위스키, 블렌디드 위스키로 각각 분류하고, 각 제품별 주요 향미를 특정하여 이화학적 분석과 관능평가를 통해 품질을 최종 평가한다.

그러나 우리나라의 경우 막걸리를 비롯해 각 주종별 제품군의 분류가 없고 제품의 향미 특성이 설정되지 않아 객관적인 품질 평가가 어렵고 품질 관리 지표 설정에도 어려움이 발생한다. 일각에서는 막걸리를 단순히 전통 막걸리와 상업용 막걸리로 구분하는데, 이는 향미 특성과 품질 평가 측면에서 보면 별 의미가 없다. 우리나라 막걸리의 제품군별 분류는 아직까지 공식적으로 설정된 것은 없고 업계에서 일상적으로 사용하는 분류가 통용되고 있는 실정이다.

현재 국내 막걸리 시장에서 판매되는 막걸리의 종류를 기반으로 살펴보면([그림 5-13]), 막걸리는 크게 발효제별 또는 원료·가공별로 구분할수 있다. 발효제별로는 입국 막걸리, 누룩 막걸리 그리고 효소제 막걸리 등으로 구분할수 있다. 또 원료·가공별로는 사용하는 주 원료를 기준으로 구분될 수도 있고, 덧술 횟수에 따라 1단 담금부터 5단 담금 등으로 분류할수 있다. 또 열처리 여부에 따라 증자 또는 무증자 막걸리로 구분되는데, 무증자 발효법은 쌀에 열처리를 하지 않은 생쌀 발효법이다. 반면 증자 발효법은 밑술과 덧술에 사용될 쌀을 쪄 호화시키며 밑술 제조시 쌀을 증자, 떡, 죽 등의 형태로 만들어 사용한다.

[그림 5-13] 막걸리의 분류

국내 막걸리의 경우 분류 체계는 없지만 원료가 다르고 국 종류도 상이하여 막걸리의 종류는 다양하게 존재한다. 현재 국내에 유통되는 막걸리의 pH는 3.4~3.9, 알코올 농도는 5~8% 그리고 산도는 0.89~1.0 수준이다. 또 막걸리의 주원료로는 쌀을 사용하며 그외 밀, 밀가루, 옥수수, 보리 등을 혼합하여 사용하기도 하고 쌀도 제조장별로 찐쌀, 생쌀, 팽화미 등을 사용한다.

현재 국내에서 판매되는 막걸리의 향미 특징을 보면, 입국 쌀 막걸리의 경우 색상이 회백색이고 입자가 균일하여 침전이 더디고, 맛은 구연산 신맛과 잔당이 어우러진 깔끔하면서 담백한 맛이 특징적이다. 반면 재래 누룩 막걸리는 밀 누룩 사용 시 색상이 다소 어둡고 글루텐 성분으로 인해 침전물이 떡진 상태가 종종 발견된다. 또 덱스트린이나 잔당으로 인해 단맛과 바디감이 강하고 향이 다소 무거우며 텁텁한 맛과 강한 산미가 특징적이다. 그리고 생쌀 발효 막걸리의 경우는 입자가 균일하고 잔당이 적어 깔끔하고 라이트한 맛이다. 물론 산류와 당류 등 첨가물 사용 여부에 따라서도 막걸리의 향미는 매우 다르게 나타날 수 있다

한편 막걸리는 액화·당화와 알코올 발효가 동시에 진행되는 병행복발효로서 향미 생성 기전은 다음과 같다([그림 5-14]).

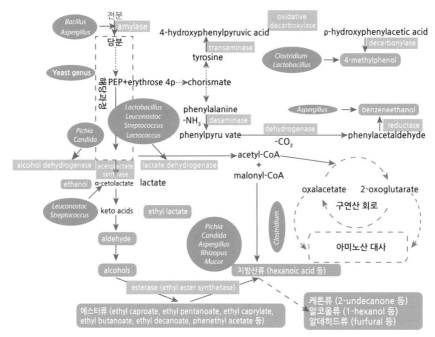

[그림 5-14] 병행복발효를 통한 막걸리의 향미 생성 기전

막걸리의 향미는 이미 언급한 바와 같이 원료, 국의 종류와 특성에 의해 1차적으로 영향을 받는다. 그리고 알코올 발효에 관여하는 효모(양조용 효모·비양조용 효모)와 젖산균의 다양한 생화학적 대사를 거쳐 생성된 발효 부산물에 의해 2차적으로 영향을 받게 된다. 물론 알코올 발효 온도와 기간 그리고 숙성 기간도 막걸리의 향미에 영향을 미치게 된다. 이와 같이 막걸리 제조 시 생성되는 다양한 향미 성분들은 누룩과 입국의 향미 물질들과 크게 다르지 않다. 다른 주류도 이와 같은 알코올 발효 대사 기전을 통해 향미 성분이 생성되는 것이기 때문에 모든 주류 제조의 알코올 발효 원리는 동일한 것이다. 다만 각 주종별 원료와 제조 공정 조건이 달라 생성된 향미 물질들의 종류와 농도가 다르게 나타나게 된다.

## 2) 전처리 과정에 따른 쌀의 아로마 변화

여기서는 쌀의 전처리 과정이 막걸리 향미에 미치는 영향을 살펴보고자 한다.

## (1) 도정도

쌀의 아로마는 기본적으로 쌀겨층(과피층 · 호분층)에 있는 지방 산화물에 의한 것이고 현미와 백미의 아로마 차이는 여기에 기인한다. 쌀의 아로마는 도정도에 따라 달라지는데, 도정도를 8~50%로 하여 증자한 쌀의 아로마를 보면 그 차이를 알 수 있다. 우선 도정도에 따라 쌀겨에 남아 있는 지방 산화물의 함유량이 다르므로 도정도가 높을수록, 즉 쌀을 많이 깎을수록 단맛이 늘어나고 생쌀 맛, 젖은 종이 맛, 건초취와 쓴맛 등은 줄어든다. 일반적으로 쌀을 도정하면 지질, 티아민, 인, 식이섬유, 단백질과 미네랄 등이 줄어들고 유황취, 전분취와 금속취가 나게 된다.

그리고 도정된 쌀은 저장 기간과 온도에 따라 쌀겨에 남아 있는 지방 분해효소(리파아제)가 쌀겨의 지방을 지방산으로 분해하여 쌀의 아로마 특성이 변하게 된다. 이 중 불포화지방산 특히 리놀레산과 리놀렌산이 산화되어 알데히드류, 케톤류, 알코올류, 퓨란류, 산류, 락톤류 및 하이드로카본류 등을 생성하여 쌀에 불쾌취를 나타낸다. 또 도정 중에 이 지방산들은 또 다른 지방 분해효소인 리폭시게나아제에 의해 이취를 생성하게 된다. 이러한 쌀의 지방취는 식용 쌀로써는 큰 문제가 없지만, 양조용으로 사용하게 되면 적은 지방산 농도(0.1%)라도 술 품질에 매우 큰 영향을 미치게 된다.

한편 도정한 쌀을 고온(30~40℃)에서 저장하면 저온(4℃)에서 저장한 쌀에서보다 불쾌취는 내는 성분(펜탄알, 헥산알, 헵탄알, 케톤, 2-페닐퓨란, 4-비닐페놀, 4-비닐과이어콜)들이 더 많이 생성되며, 이 중 4-비닐페닐이 불쾌취의 주요 물질이다. 황화수소 역시 증자한 쌀에서 검출되는 성분인데 고온에서보다 저온에서 저장한 쌀에서 더 많이 확인된다. 쌀의 당분과 아미노산 역시 쌀의 향미에 영향을 미치며 저장 중에 단맛과 감칠맛(글루타민산, 아스파타산)은 줄어들게 된다. 쌀의 팝콘 향을 나타내는 2-아세틸피롤린은 일반 쌀에는 농도가 적은 편이지만, 특히 저장 중에 그 농도는 40~50%까지 더 줄어들게 되고 저장 온도가 높으면 농도 감소는 가속화된다. 따라서 막걸리 제조 시 묵은쌀보다는 햅쌀로 제조하는 것이 술의 향미를 좋게 한다.

## (2) 세척과 침지

도정된 쌀을 많이 씻으면 쌀 표면의 지방 감소로 지방산이 60~80%까지 줄어들어 쌀의 이미 이취를 감소시킨다. 고문헌에 쌀을 백 번 씻으면(백세, 百洗) 술 맛이 좋아진다는 기록은 나름 과학적인 근거가 있는 것이다.

일반적으로 쌀을 증자하기 전 2시간 가량 물에 불리는데 이는 증자 시 쌀이 고르게 익게 하고 호화 시간을 단축하려는 목적이다. 또 침지 과정 중에 쌀의 향미 성분 변화도 일어난다. 우선 전분 분해효소인 아밀라아제의 작용으로 올리고당이 다량 생성되고 이당류와 아미노산 역시 생성되어 단맛과 지미를 부여하게 된다. 반면 침지 과정 중에 황 함유 아미노산의 유출로 침지한 쌀에서 불쾌취가 나기도 한다. 따라서 적절한 침지는 균일한 증자와 증자 시간 단축을 위한 과정으로 질감에 영향을 주지만, 장시간의 침지는 황 함유 아미노산의 유출로 부정적인 영향을 미친다. 또 쌀과 물의 비율은 고두밥의 질감에 영향을 주기도 한다. 침지 후 물빼기를 한 다음 증자한다.

## (3) 증자

쌀의 증자는 고두밥을 만드는 과정으로 단단한 크리스털 형태의 전분 입자를 호화시켜 액화·당화 시 효소작용을 쉽게 하기 위함이며 온도가 높을수록 물량이 많을수록 호화가 빠르게 진행된다.

쌀 증자를 통해 생성되는 향의 종류는 약 320여 종류로 알려져 있다. 그중 일부만이 후각으로 감지되는데 때론 좋은 향으로 때론 불쾌취로 나타난다. 쌀 증자 시 생성된 부산물은 화학 반응에 따라 3종류(마이얄 반응 부산물·열 반응 부산물·지방 산화 부산물)로 다음과 같다.

① 마이얄 반응(당분과 아미노산·펩타이드의 반응)으로 인해 아미노산(L-페닐알라닌)이 스트렉커 분해에 따라 2-페닐에탄올(장미 향)과 페닐초산(장미 향)이 생성된다. 또 2-아미노아세토페논(나프탈렌취)은 아미노산(트립토판)이 스트렉커 분해 반응에 따라 생성한 것으로 팝콘향을 풍기지만 현미에서는 불쾌취로 간주되기도 한다.

② 고두밥 제조 중에는 올레산, 리놀산 및 리놀레산의 산화물이 생성되어 고두밥에 아로마를 부여한다. 예로써 옥탄올(시트러스 향), 헵탄알(풀취), 노난알(과실향), 트랜스-2-노넨알(마분지취), 데칸알(비누취) 및 2-헵타논은 올레산으로부터 생성된다. 반면 헥산알, 펜탄올, 펜탄알, $(E)$-2-옥텐알, $(E,E)$-2,4-데카디엔알(지방취) 및 2-펜틸퓨란(로스팅향)은 리놀레산으로부터 생성된 것이다. 이러한 성분들은 역치가 낮고 불쾌취뿐 아니라 다른 물질(단백질, 아미노산 등)들과 반응하여 이취를 더 강화하게 된다. 반면 고두밥 제조 중에 생성되는 바닐린의 경우는 좋은 향으로 느껴진다.

③ 마이얄 반응과 관련 없이 열에 의해 생성된 아로마 성분은 소톨론과 비스(2-메틸-3-

푸릴) 디설파이드들이며 각각 조미료 향과 고기 향을 풍긴다. 그 밖에 2-메톡시-4-비닐페놀, 4-비닐과이어콜(약품취) 및 4-비닐페놀(약품취)은 열과 효소의 작용으로 생성된 성분들로 이취를 나타낸다.

한편 쌀의 품종에 따라서도 아로마가 달라진다. 일례로 방향성 쌀 타입과 비방향성 쌀 타입을 각각 증자 후 아로마 특성을 비교해 보면, 알데히드류[(헥산알, $(E)$-2-헥센알, 헵탄알, 옥탄알, 노난알, 트랜스-2-노넨알, 데칸알, $(E)$-2-데센알, $(E,E)$-2,4-데카디엔알)]와 휘발 성분(벤즈알데히드, 2-펜틸퓨란), 알코올류(노르말프로판올, 1-옥텐-3-올) 그리고 질소 함유물(2-아세틸피롤린) 등이 검출되는 것으로 문헌에 보고되고 있다. 그중 방향성 쌀 타입에서는 알데히드류와 휘발 성분이 대부분인 반면 비방향성 쌀 타입에서는 알데히드류만이 휘발 성분의 주요 물질로 나타난다.

각 쌀 품종별 고두밥에서 확인된 성분들을 아로마가 및 역치와 연계하여 그 농도를 살펴보면 다음과 같다([표 5-10]). 검출된 성분 중 역치가 가장 낮은 성분은 2-아세틸피롤린(0.02 ng/L)이며 알데히드류[$(E)$-2-노넨알, $(E,E)$-2,4-노나디엔알, 옥탄알, 헵탄알, 헥산알, $(E,E)$-2,4-데카디엔알, 노난알, 데칸알, $(E)$-2-옥텐알, $(E)$-2-데센알, $(E)$-2-헥센알]가 그다음으로 역치(0.09~3.1 ng/L)가 낮다. 훈연 향을 풍기는 과이어콜은 역치가 1.5ng/L로써 검정 쌀에서만 검출된다. 1-옥텐-3-올은 역치가 2.7ng/L 수준인데, 곰팡이취를 풍기고 모든 쌀 품종에서 확인되며 치즈의 주요 향으로도 알려져 있다. 우리나라 비방향성 쌀의 경우 증자 후 헥산알이 가장 높은 아로마가를 보이고, 그다음으로 트랜스-2-노넨알, 옥탄알, 2-아세틸피롤린, 헵탄알 및 노난알이 높게 나타난다. 전반적으로 방향성 쌀 스타일 품종에서는 증자 후 2-아세틸피롤린이 높게 확인된다.

[표 5-10] 쌀 품종별 고두밥의 아로마 특성 비교

| 구분 | 아로마가 | | | | | | 역치 (ng/L) |
|---|---|---|---|---|---|---|---|
| | 국내 쌀 (비방향성) | 해외 쌀 (방향성) | 해외 쌀 (방향성) | 해외 쌀 (비방향성) | 해외 쌀 (방향성) | 해외 쌀 (비방향성) | |
| 1-펜탄올 | 0.002 | 0.01 | 0.004 | 0.006 | 0.003 | 0.004 | 153 |
| 헥산알 | 232 | 117 | 31 | 44 | 16 | 1,670.3 | 1.1 |
| $(E)$-2-헥센알 | 0.3 | 0.09 | 0.04 | 0.06 | 0.06 | 0.7 | 3.1 |
| 2-헵타논 | 0.9 | 0.5 | - | 0.5 | - | 5.4 | 3.5 |

| | | | | | | |
|---|---|---|---|---|---|---|
| 헵탄알 | 12 | 3.2 | 4.0 | 6.1 | 1.2 | 5.8 | 0.9 |
| 2-아세틸-1-피롤린 | 17 | 191 | 153 | 8.0 | 246 | 0.06 | 0.02 |
| 벤즈알데히드 | 0.1 | 0.05 | 0.01 | 0.02 | 0.007 | 1.3 | 85 |
| 1-옥텐-3-올 | 1.8 | 0.8 | 0.3 | 0.4 | 0.3 | 0.1 | 2.7 |
| 2-펜틸퓨란 | 0.3 | 0.3 | 0.08 | 0.1 | 0.1 | 9.4 | 19 |
| 옥탄알 | 19 | 6.2 | 3.6 | 4.9 | 1.8 | 0.1 | 0.4 |
| 3-옥텐-2-원 | 0.2 | 0.05 | - | - | 0.02 | 1.3 | 6.7 |
| $(E)$-2-옥텐알 | 1.7 | 0.9 | | 0.6 | 0.2 | 0.03 | 2.7 |
| 1-옥탄올 | 0.05 | - | - | - | - | - | 22 |
| 과이어콜 | - | - | - | - | 0.3 | 0.01 | 1.5 |
| 2-노나논 | 0.02 | 0.005 | - | 0.0007 | 0.004 | 2.0 | 31 |
| 노난알 | 5.1 | 1.4 | 1.7 | 2.3 | 1.4 | 0.3 | 2.6 |
| $\rho$-메탄-3-원 | 1.1 | - | 0.3 | - | 0.03 | 16 | 4.7 |
| 트랜스-2-노넨알 | 25 | 7.8 | 5.0 | 5.7 | 2.7 | 0.2 | 0.09 |
| 1-노난올 | - | - | - | - | 0.006 | - | 1.8 |
| 데칸알 | 0.5 | 0.2 | 0.2 | 0.3 | 0.1 | 0.2 | 2.6 |
| $(E,E)$-2,4-노나디엔알 | 1.3 | 0.9 | - | - | 0.5 | 1.1 | 0.2 |
| $(E)$-2-데센알 | 0.4 | 0.3 | 0.07 | 0.1 | 0.04 | 0.3 | 2.7 |
| 인돌 | - | - | - | - | 0.04 | - | 8.1 |
| 4-비닐과이어콜 | 0.1 | 0.09 | - | - | 0.08 | - | 2.8 |
| $(E,E)$-2,4-데카디엔알 | 0.8 | 0.4 | 0.2 | 0.2 | 0.1 | 0.4 | 2.3 |

## 3) 막걸리의 제조와 향미

이미 언급한 바와 같이 우리나라 막걸리는 쌀을 쪄서 고두밥을 만들어 제조하는 증자 막걸리 방법과 생쌀을 이용하여 제조하는 이른바 생쌀 발효법으로 불리는 무증자 막걸리 방법이 있다. 대부분의 업체에서는 현재 증자 막걸리 제조 방식을 이용하지만, 고두밥 제조 과정이 생략되어 제조 과정에 단순해지고 경제성도 좋은 무증자 방식이 점차 늘어나는 추세이다. 증자와 무증자 막걸리의 향미 특성은 다르게 나타나며 소비자의 선호도는 호불호가 갈린다.

### (1) 증자 막걸리의 제조

[그림 5-15]는 증자 막걸리의 제조 과정을 나타낸 것이다. 막걸리의 주원료로는 찹쌀, 멥쌀, 보리, 옥수수 등 곡류와 감자, 고구마 등의 서류 그리고 그 가공품인 밀가루, 전분 등 녹말이 포함된 재료를 사용할 수 있다. 부원료로 당분, 과실, 채소류를 사용할 수 있다. 그 밖에 첨가 재료로 주세법의 규정에 따라 당분과 산분 및 식품위생법상 허용되는 식물을 사용할 수 있다. 보통 알코올 발효는 2~3단 담금 방식을 주로 사용하지만 업체에 따라서는 1단 담금이나 5단 담금으로 하는 경우도 있다.

[그림 5-15] 증자 막걸리의 제조 공정

### (2) 무증자 막걸리 제조

① 개요

앞서 설명한 바와 같이 전분질 원료의 증자는 전분 과립 입자를 파괴하여 입자 내의 단단하게 결합해 있는 아밀로오스나 아밀로펙틴을 호화시켜 수용액으로 노출함으로써 액화·당화 효소에 의해 쉽게 가수분해가 일어나도록 하는 것이 목적이다.

반면 무증자 막걸리는 쌀을 열처리 없이 생쌀로 제조하는 것을 말한다. 최근 국내에서는 무증자 막걸리 제조법이 증자법보다 에너지를 30~40% 절약하는 경제적인 효과가 커 이에 대한 관심이 커지는 추세이다.

무증자 전분(생전분)을 호화하는 방법에는 무증자 전분 분해에 특이성을 갖는 효소를 이용하는 효소적 방법과 물리화학적 전처리 방법 등이 있으나 식용 알코올 발효를 위한 무증자 방법에는 효소적 방법만이 이용된다. 막걸리의 무증자 제조법은 고려 시대와 조선 시대에 응용되었던 백화주의 제조에서 그 유래를 찾아볼 수 있다.

입국을 이용한 무증자 막걸리 제조법은 다음과 같다. 쌀은 물로 씻은 후 3시간가량 침지한 다음 물 빼기를 한다. 물 빼기 후 분쇄기로 쌀 입자가 0.5mm 이하 되도록 곱게 분쇄한다. 무증자 막걸리 제조용 조효소제는 사용법은 조효소제를 그대로 투입하는 방법과 조효소제를 물로 추출하여 추출액을 투입하는 방식이 있는데, 보통 효소 추출액을 사용하는 것이 일반적이다. 효소제를 추출하지 않고 사용하면 조효소제의 밀기울이 제성 시 유입되어 막걸리의 미관이 좋지 않다. 효소 추출은 3시간 정도 진행하며 이때 양조용 효모를 투입하여 잡균의 번식을 예방하고 알코올 발효를 진행한다([그림 5-16]).

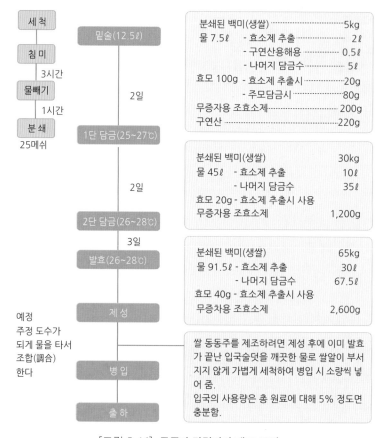

[그림 5-16] **무증자 막걸리의 제조 공정**

② 생전분의 분해 원리

무증자 막걸리는 조효소제를 이용하여 고두밥을 만들지 않고 무증자 전분을 액화 · 당화하여 제조하는데, 조효소제에 의한 생전분의 분해 원리를 살펴보면 다음과 같다.

라이조푸스와 아스퍼질러스 니게르는 글루코아밀라아제 효소를 이용하여 무증자 전분을 당화시키는 곰팡이다. 효모류로는 사카로마이콥시스 피브리겔라(*Saccharomycopsis fibuligera*)가 분비한 글루코아밀라아제 역시 생전분(생쌀) 분해력이 우수한 것으로 알려져 있다.

이미 알려진 바와 같이 전분은 아밀로오스(수십, 수백여 개의 포도당 단위)와 아밀로펙틴(수만 개의 포도당 단위)으로 구성되어 있다. 아밀로오스는 포도당이 $\alpha-1,4$ 결합으로 직선 형태로 구성되어 있다. 반면 아밀로펙틴은 $\alpha-1,4$ 결합 외에 5% 정도의 포도당이 $\alpha-1,6$ 결합으로 가지 형태로 구성되어 있다. 그리고 아밀로펙틴의 분자량이 아밀로오스보다 훨씬 크며 아밀로펙틴은 결정질 구조이고, 아밀로오스는 비결정질 구조를 띠고 있다. 따라서 전분의 결정도는 아밀로펙틴의 분지 정도에 달려 있으며, 분지 정도에 따라 효소에 의한 분해 정도가 달라진다.

쌀 전분의 경우 멥쌀은 아밀로오스와 아밀로펙틴의 비율이 8 : 2 수준이고 찹쌀의 경우는 1 : 99 수준으로 알려져 있다. 앞서 설명한 바와 같이 아밀로펙틴은 아밀로오스보다 당으로의 분해가 빠르고 분자량이 크기 때문에 분해되는 당분이 많고 이러한 당분의 일부가 잔당(포도당 · 덱스트린)으로 술덧에 남기 때문에 같은 조건하에 막걸리를 제조해도 찹쌀 막걸리가 멥쌀 막걸리에 비해 단맛이 강한 것은 이러한 이유 때문이다.

그리고 곡류의 전분은 그 모양과 크기가 각각 다르며 전분의 구조와 크기에 따라 효소의 흡착력과 분해력이 달라지며 곰팡이가 분비하는 효소 중에는 전분을 분해하는 효소가 있는데 $\alpha$-아밀라아제와 글루코아밀라아제가 대표적이다. 그러나 $\alpha$-아밀라아제와 글루코아밀라아제는 전분 분해 정도가 서로 다르다. 즉 $\alpha$-아밀라아제는 전분의 $\alpha-1,4$ 결합만을 분해하고 $\alpha-1,6$ 분지점 부근에서 분해를 멈춰 단맛이 적은 올리고당 형태의 덱스트린(3~7개의 포도당 단위)이 주로 생성된다. 특히 $\alpha$-아밀라아제는 $\beta$-아밀라아제와는 다르게 분자 구조에 효소의 안정성과 활성에 필요한 칼슘을 보유하고 있다. 따라서 칼슘이 결핍된 $\alpha$-아밀라아제는 단백질 분해 효소에 의해 쉽게 분해될 수 있기 때문에 기질에는 일정량의 칼슘이 필요하다.

반면 아밀로글루코시다아제 또는 감마아밀라아제라고도 불리는 글루코아밀라아제는 전분의 $\alpha-1,4$ 결합과 $\alpha-1,6$ 결합 모두를 분해하여 최종 산물로 포도당을 생성하게 된다. 물론 곰팡이마다 분비하는 글루코아밀라아제의 특성에 따라 $\alpha-1,6$ 결합을 완전히 분해하지 못하는 경우도 있다. 즉 글루코아밀라아제는 전분을 포도당으로 100% 분해하는 것과 70~80% 정도 분해하는 것 두 가지 형태가 있다. 또 $\alpha-1,6$ 결합을 분해하는 속도가 $\alpha-1,4$ 결합에 비해 느리기 때문에 전분을 포도당으로 완전히 분해하는 데는 장시간이 소요된다.

글루코아밀라아제는 일부 아스퍼질러스 속(아스퍼질러스 루추엔시스, 아스퍼질러스 오리 제, 아스퍼질러스 니게르), 무코어속(무코어 룩시안스)과 라이조푸스 속(라이조푸스 오리제)의 균들이 분비하는 효소이다.

그리고 곰팡이들이 생성하는 $\alpha-$아밀라아제는 생전분을 분해하지 못하지만, 글루코아밀라아제는 호화전분(예 : 입국)만을 포도당으로 분해할 수 있는 것과 호화전분과 생전분(예 : 누룩)을 모두 포도당으로 분해할 수 있는 것 등 두 가지 타입으로 나뉜다. 일부 아스퍼질러스균 중에도 생전분을 포도당으로 분해할 수 있으나 라이조푸스 균이 생성하는 글루코아밀라아제보다는 분해력이 약하다.

곰팡이가 생성한 효소의 전분 분해 메커니즘을 보면 다음과 같다. 기본적으로 곰팡이가 분비하는 효소는 아미노산들로 구성된 펩타이드 형태를 띠고 있다. 펩타이드의 아미노산 배열은 일반적으로 C-말단(전분 흡착 영역, starch binding domain)과 N-말단(촉매 영역, catalytic domain)으로 이루어져 활성 부위(active site)를 구성하고 있고, 두 영역은 N-말단에 있는 o-글리코실 폴리펩타이드에 의해 결합되어 있다. 그 외 보효소들이 활성 부위에 같이 위치하고 있다.

그러나 곰팡이가 분비하는 $\alpha-$아밀라아제는 전분 흡착 영역이 C-말단과 연결되어 있는 반면 라이조푸스의 경우는 전분 흡착 영역이 N-말단과 연결되어 있다.

그리고 전분 분해에 관여하는 효소($\alpha-$아밀라아제, 글루코아밀라아제)는 효소 전체가 관여하는 것이 아니라 효소 중의 전분 흡착 영역과 촉매 영역만 직접 관여하며 이 효소 영역들은 전체 효소의 10%가량 차지한다. 이때 전분이 실질적으로 분해되는 영역은 촉매 영역이다. 이때 우선 효소의 전분 흡착 영역이 전분을 흡착하면서 전분의 구조를 재배열하고 이후 촉매 영역이 산염기 촉매 반응을 통해 전분을 포도당으로 완전히 분해하게 된다.

호화된 전분으로 제조되는 입국은 곰팡이가 분비하는 $\alpha-$아밀라아제와 글루코아밀라아제가 전분을 포도당으로 분해하는 데 문제가 없다. 왜냐하면, 호화된 전분은 $\alpha-$아밀라아제 또는 글루코아밀라아제의 촉매 영역만으로도 당으로 분해될 수 있기 때문이다. 그러나 호화되지 않은 전분(생전분, 생쌀)이 당으로 분해되려면 $\alpha-$아밀라아제만으로는 분해가 안 되거나 매우 느리게 진행되기 때문에 글루코아밀라아제의 전분 흡착 영역이 전분 세포벽에 흡착된 후 촉매 영역이 당으로 분해하는 과정을 거쳐야만 한다. 즉 $\alpha-$아밀라아제의 경우는 효소 내에 전분 흡착 영역을 보유하고 있지만 생전분이 촉매 영역에서 분해되도록 전분 흡착 영역이 생전분을 재배열하지 못한다.

반면 글루코아밀라아제의 경우는 생전분이 촉매 영역에서 원활히 분해되도록 전분 흡착 영역이 생전분을 재배열하는 것이다. 따라서 생전분의 분해는 일차적으로 글루코아밀라아제의 전분 흡착 영역에서의 기능에 달려 있으며, 이러한 기능으로 인해 생쌀 발효가 가능한 것이다. 또한 글루코아밀라아제는 당분을 5~20%가량 함유하고 있는데, 당이 존재하면 효소 분비와 안정성이 증가하고 당이 없으면 감소하는 현상이 나타난다. 이렇게 곰팡이가 분비하는 글루코아밀라아제는 전분 흡착 영역의 아미노산 구성과 배열 순서에 따라 그 유형이 여러 형태이기 때문에 같은 글루코아밀라아제라 하더라도 생전분의 분해 정도가 다르게 나타날 수 있다.

다른 한편으로는 전분 흡착 영역이 단백질 분해 효소에 의해 과도하게 제거되면 글루코아밀라아제의 생전분 분해력이 저해될 수 있기 때문에 과도한 단백질 분해 효소 생성은 생전분 분해기작을 저해할 수 있다.

식물의 경우(맥아 효소)는 곰팡이가 분비하는 효소와는 다르게 전분 흡착 영역이 없기 때문에 생전분을 당으로 분해하지 못해 담금 공정을 통해 맥아 전분을 호화시킨 후 당으로 전환하는 과정을 거쳐야만 한다.

## 4) 막걸리의 후처리 과정과 향미

주류는 병입 전 유통 중의 제품 안정성을 위해 살균과정을 거치는 것이 일반적이고 특히 발효 주류의 경우는 더욱 그러하다. 반면 국내 막걸리는 소비자의 선호추세에 따라 냉장 유통하에 생막걸리가 대부분 소비되고 있다. 그러나 생막걸리는 출시 후 냉장 유통으로 인해 주질이 크게 변하지는 않지만, 유통 기간이 짧고 보관이 부실할 경우 품질이 변하는 문제점을 안고 있다.

해외의 주류는 여과 또는 살균 과정을 거쳐 품질 안정성을 유지하지만, 살균 과정을 거치면서 열취가 나거나 유통 중에 산화가 빠르게 진행되는 등의 문제점이 나타나기도 한다. 이에 따라 해외에서는 살균 주류의 열취나 산화도를 저감화하는 살균 기술을 적용, 품질 저하를 최소화하는 기술 개발에 주력하여 생주와의 품질 차이를 줄여가고 있다.

한편 감미료의 첨가 여부에 따라 막걸리의 맛은 많이 바뀌는데, 사용하는 감미료 종류에 따라서도 단맛의 질은 다르게 나타난다. 또 밑술의 상태에 따라서도 막걸리의 향미는 영향을 받는다.

## (1) 열처리

일반적으로 막걸리를 살균하면 물리화학적인 반응이 발생하고 막걸리의 향미에 영향을 미치게 된다. 이때 막걸리의 살균 온도와 시간에 따라 향미 특성은 달라질 수 있다.

최근 문헌에 보고된 시중의 생막걸리의 아로마를 분석한 자료를 보면 다음과 같다([표 5-11]). 막걸리에서 확인된 주요 아로마 성분으로 45개의 향이 분석되었고, 그중 에스터류가 33종, 알코올류가 8종, 알데히드, 산류와 털핀이 각각 1종씩 검출된 것으로 보고하고 있다. 분포도로 보면 에스터류가 가장 많지만 에스터류는 0.19~4.77 ㎍/L 수준으로 맥주나 와인에 비하면 매우 적은 편이다. 반면 농도별로 보면 아로마 성분 중에 알코올류가 높은데, 그중 2-페닐에탄올이 농도가 가장 높고 이소아밀알코올이 그 뒤를 잇는다.

생막걸리의 주요 성분으로는 에틸아세테이트, 에탄올, 이소아밀알코올, 에틸카프릴산, 에틸데칸산, 디에틸숙신산, 2-페닐아세테이트, 에틸도테칸산, 에틸헥사데칸산, 2-메톡시-4-비닐페놀, 에틸테트라데칸산 및 에틸 9,12-옥타데카디엔산 등이 확인된다. 그 외 성분들은 미량으로 검출된다. 전체적으로 보면 막걸리 제품별의 아로마 차이가 나타나고 일부 막걸리는 꽃 향과 과실 향이 특징적이고, 일부는 곡류 향 등이 특징적으로 나타나는 것으로 문헌에 보고되고 있다.

[표 5-11] 막걸리의 주요 아로마

| 향기 성분 | 관능 | 아로마가 |
|---|---|---|
| Isoamyl alcohol | 발효 향, 맥아 향 | 300 |
| Active amyl alcohol | 발효 향, 맥아 향 | 300 |
| 2,3-butanediol | 버터 향 | 150,000 |
| Butanoic acid | 치즈 향, 불쾌취 | 173 |
| 3-methylbutanoic acid | 발효 향, 치즈 향, 부패취 | 33 |
| 2-methylbutanoic acid | 발효 향, 치즈 향, 부패취 | 100 |
| 3-(methylthio)-1-propanol | 야채 향, 양파 향 | 500 |
| 2-phenethyl ethanol | 꽃 향, 단 향 | 750~1,100 |
| Ethyl decanoate | 꽃 향, 꿀 향 | 630 |
| Ethyl dodecanoate | 꽃 향, 꿀 향 | 590 |
| Ethyl tetradecanoate | 꽃 향, 꿀 향 | 400 |

한편 막걸리를 살균하면 우선 마이얄 반응으로 인해 다양한 물질(2-메틸부탄알, 3-메틸부탄알, 4-메틸-2-헥사논, 에틸메탄산, 2-메틸퓨란, 2,5-디메틸퓨란, 2-퓨란카르복시알데히드, 벤즈알데히드, 4,1-메틸에틸벤조산, 게라닐아세톤, 푸르푸랄, 황화합물)들이 생성된다. 또 시간이 지나면서 그 농도는 점차 증가하는 현상을 보이고 꽃 향을 풍기는 에스터류는 감소하게 된다. 반면 생막걸리에는 고급 알코올류와 에스터류가 보존되어 있고 이로 인해 신선한 향미를 느끼게 된다. 특히 에스터류(이소아밀아세테이트, 에틸아세테이트, 에틸카프로산, 페닐에틸아세테이트, 에틸페닐아세테이트)와 고급 알코올류(이소부탄올, 노르말프로판올, 이소아밀알코올)가 생막걸리의 신선한 향미를 부여하게 된다.

살균 막걸리(65℃, 20분)와 생막걸리를 각각 4℃에서 30일간 저장 기간 중의 향기 성분 변화를 보면 다음과 같다. 이소아밀알코올, 활성아밀알코올 및 2-페닐에탄올은 생막걸리의 경우 저장 기간에 따라 증가한다. 또 버터취를 풍기는 2,3-부탄디올과 삶은 감자취를 풍기는 3-(메틸티오)-노르말프로판올 역시 저장 기간 중에 대폭 증가한다. 이러한 성분들은 그 농도가 높으면 막걸리의 이취로 간주한다. 그리고 에스터류 역시 비살균 막걸리에서 저장 기간 중에 증가하는 것으로 나타난다([표 5-12]). 이와 같은 막걸리의 성분 변화는 맥주 살균 시에 나타나는 현상과 유사하다.

그러나 생막걸리와 살균 막걸리에 대한 소비자의 선호도는 블라인드 테스트를 하면 호불호가 갈린다.

[표 5-12] 살균 막걸리와 생막걸리의 향기 성분 비교

| 구 분(mg/L) | | 저장 기간 | | | | | | | |
|---|---|---|---|---|---|---|---|---|---|
| | | 0일 | | 10일 | | 20일 | | 30일 | |
| | | 살균 | 비살균 | 살균 | 비살균 | 살균 | 비살균 | 살균 | 비살균 |
| 디케톤류 | 2,3-butanediol(버터 향) | 46.0 | 38.1 | 97.9 | 221.1 | 89.1 | 207.7 | 131.8 | 259.3 |
| 알코올류 | Isoamyl alcohol (알코올, 바나나 향) | 32.7 | 25.1 | 54.3 | 115.2 | 55.8 | 89.4 | 118.9 | 183.0 |
| | Active amyl alcohol (톡 쏘는, 발효 향) | 0.78 | 0.4 | 1.58 | 2.7 | 35.13 | 23.1 | 2.13 | 269.7 |
| | 3-methylthio-1-propanol (삶은 감자 향) | 4.6 | 3.3 | 7.2 | 17.8 | 8.0 | 16.0 | 12.8 | 21.5 |
| | 2-phenyl ethanol (꽃 향, 장미 향, 꿀 향) | 46.8 | 32.3 | 74.8 | 168.5 | 82.8 | 142.6 | 150.8 | 280.3 |
| | 소계 | 84.88 | 61.1 | 137.88 | 304.2 | 181.73 | 271.1 | 284.63 | 754.5 |

| 산류 | Butanoic acid (산패취, 치즈 향) | 0.02 | 0.01 | 0.03 | 0.16 | 0.03 | 0.04 | 0.05 | 0.09 |
|---|---|---|---|---|---|---|---|---|---|
| | 3-methylbutanoic acid (치즈 향, 땀내) | 0.43 | 0.3 | 0.64 | 1.9 | 0.76 | 1.6 | 1.41 | 2.6 |
| | 2-methtybutanoic acid (치즈 향, 땀내) | 0.57 | 0.4 | 0.88 | 2.2 | 0.99 | 1.8 | 1.70 | 3.1 |
| | 소계 | 1.02 | 0.71 | 1.55 | 4.26 | 1.78 | 3.44 | 3.16 | 5.79 |
| 에스터류 | Ethyl caprate (사과 향) | 2.8 | 2.4 | 4.83 | 12.8 | 5.04 | 10.5 | 11.20 | 20.4 |
| | Ethyl dodecanoate (지방산취, 사과 향) | 2.9 | 1.9 | 3.7 | 10.1 | 4.0 | 9.8 | 5.8 | 10.6 |
| | Ethyl tetradecanoate (지방산취) | 28.1 | 17.2 | 22.6 | 51.9 | 27.9 | 77.9 | 90.0 | 84.7 |
| | 소계 | 33.8 | 21.5 | 31.13 | 74.8 | 36.94 | 98.2 | 107 | 115.7 |

(출처 : Molecules, 2013. doi:10.3390/molecules18055317)

　　유기산도 막걸리의 향미에 영향을 미치는 성분으로 막걸리에 신맛을 부여하며, 효모가 증식할 때 또는 발효할 때 생성된다. 산소 존재하에 효모가 증식할 때는 호박산이 사과산보다 더 많이 생성되는 반면 산소가 없는 발효 시기에는 사과산이 호박산보다 더 많이 생성된다. 이는 효모가 산소 존재 유무에 따라 효모 내 미토콘드리아의 대사 활동이 달라지는 것이 원인이다([그림 5-17]). 보통 호박산은 묵직하고 복잡한 신맛을 부여한다. 반면 사과산은 산뜻한 신맛을 나타내므로 라이트한 막걸리의 경우 호박산 농도가 과도한 것은 피하는 것이 좋기 때문에, 알코올 발효 시 산소가 발효 용기에 과도하게 유입되지 않도록 뚜껑을 닫는 것이 현명한 방법이다.

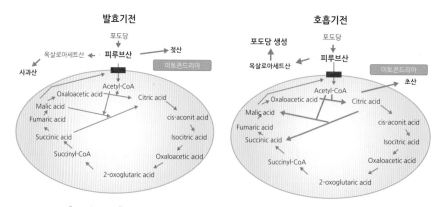

[그림 5-17] 산소유무에 따른 효모의 발효기전(좌)과 호흡기전(우)

또 막걸리의 신맛은 젖산균이 생성한 젖산에 의해서도 나타나는데, 특히 밑술의 락토바실러스 파라카제이(*Lactobacillus paracasei*)와 락토바실러스 플랜타럼(*Lb. plantarum*)이 젖산을 생성하는 주요 균이다. 그 밖에 락토바실러스 브레비스(*Lb. brevis*)와 락토바실러스 하비넨시스(*Lb. harbinensis*)도 젖산 생성균으로 알려져 있다. 락토바실러스 파라카제이와 락토바실러스 플랜타럼균은 이형 발효 젖산균으로 젖산 외에 초산과 에탄올 그리고 이산화탄소를 생성하며 김치에서도 흔히 발견되는 균이다.

젖산균은 신맛 외에 막걸리의 아로마에도 영향을 미치며, 특히 바이셀라 속, 페디오코커스 속 및 락토바실러스 속이 아로마와 연관성이 가장 큰 것으로 알려져 있다. 젖산균이 생성한 젖산은 에탄올과 결합하여 에틸락테이트를 생성하여 참외 향에 기여하기도 한다. 그 외 락토바실러스 아세토톨레란스(*La. acetotolerans*)와 락토바실러스 파라부흐너(*La. parabuchner*)는 에탄올을 생성하고, 락토바실러스 오도라티토푸이(*La. odoratitofui*), 락토바실러스 힐가디(*La. Hilgardii*) 및 락토바실러스 디오리보란스(*La. diolivorans*)는 초산 생성과 연관이 있다. 또 락토바실러스 브레비스는 에틸아세테이트, 이소부틸아세테이트, 펜탄산, 에틸에스터, 에틸벤젠아세테이트, 2-메틸-노르말프로판올 및 4-에틸페놀 생성과 연관이 있는 것으로 알려져 있다.

그리고 찹쌀과 멥쌀로 제조한 막걸리의 아로마를 보면 멥쌀 막걸리의 주요 아로마는 에스터류 중에는 2-페닐아세테이트이며 알데히드류중에는 벤즈알데히드가 주성분으로 문헌에 보고되고 있다.

## (2) 감미료

막걸리의 단맛은 일부 아미노산에 의한 단맛도 있으나, 대부분 잔당이나 감미료에 기인한 것이다. [표 5-13]은 국내 주류 제품에 주로 사용되는 감미료의 종류와 맛 특성을 나타낸 것으로 설탕보다는 보통 200~600배가량 강한 단맛을 낸다. 그러나 이러한 감미료는 화학 구조의 변화로 인해 단맛이 감소하거나 쓴맛으로 변화는 경우도 생긴다. 일례로 사카린의 경우 그 화학 구조상 파라(para) 위치가 메틸기($CH_3$)나 염소이온($Cl^-$)으로 치환되면 단맛이 절반으로 감소하게 되고 아미노기($NH_2$)로 치환되면 단맛은 유지가 된다. 그러나 이산화질소로 치환되면 강한 쓴맛으로 변하게 된다.

[표 5-13] 감미료의 종류와 특징

| 구 분 | 특 징 |
|---|---|
| 아스파탐 | • 아스파탄산과 페닐알라닌이 결합한 디펩타이드로 감칠맛과 신맛이 있고 물에 잘 녹지 않음<br>• 설탕의 200배의 단맛이며 단맛의 발현이 늦게 나타나며 오래 지속<br>• 상온, pH 4.3에서 반감기가 300일 정도 소요<br>• 저열량 감미료로 소장에서 빠르게 분해<br>• 보통 사카린과 혼합하여 사용하기도 하며 열에 불안정 |
| 아세설팜 칼륨 | • 설탕의 200배의 단맛을 가진 무열량 감미료<br>• 낮은 농도에서 강한 감미를 나타내며 pH 3.0~7.0에서 안정적임<br>• 열에 안정하고 물에 잘 녹고 단맛이 설탕에 비해 초기에 발현되고 빨리 사라져 지속성이 없음<br>• 단독으로 사용하면 다소 쓴맛이 나타날 수 있으나 수크랄로오스 또는 아스파탐과 혼용하여 사용하면 설탕과 유사한 맛을 나타냄 |
| 수크랄 로오스 | • 설탕의 600배의 단맛이며 무열량 감미료로 설탕과 유사한 감미<br>• 단맛의 발현이 빠르고 단맛의 지속성은 설탕과 유사<br>• pH 4~7에서 안정적이고 타 감미료와 병행 사용하면 타 감미료의 단점을 보완 |
| 사카린 | • 설탕의 300배의 단맛을 가진 감미료로 물에 잘 녹음<br>• 고농도 시 불쾌한 쓴맛 또는 금속취가 나기도 함 |
| 스테비오 | • 스테비아 잎에서 추출한 설탕의 200배의 단맛을 내는 천연 감미료 |

[그림 5-18]은 감미료가 첨가된 막걸리를 마실 경우 시간에 따른 단맛 정도를 느끼는 반감기를 나타낸 것이다. 예를 들면 아세설팜 칼륨의 경우 설탕보다 단맛을 초기에 느끼게 되고 단맛의 반감기도 빨리 나타나 단맛이 빨리 사라지게 된다. 반면 수크랄로오스와 아세설팜 칼륨 혼합 감미료의 경우는 설탕보다 단맛이 늦게 느껴지지만, 단맛이 좀 더 오래 느껴진다. 그리고 아스파탐의 경우는 첨가량이 많을수록 일부 에스터류와 털핀류의 아로마를 더 강하게 인지할 수 있는 것으로 알려져 있다. 또 일부 감미료의 경우 첨가량에 따라 아로마 성분을 관능상 더 인지하거나 덜 인지하게 하는 마스킹 현상도 나타난다.

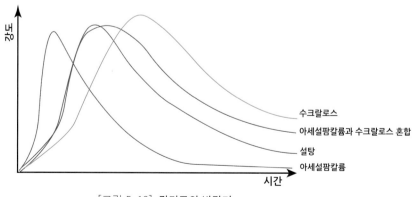

[그림 5-18] 감미료의 반감기

# 6. 막걸리의 이미 이취

막걸리의 이미 이취는 원료나 알코올 발효 중의 발효 부산물 또는 숙성·저장중에 생성되는 일부 물질이 원인이다. 효모 자가분해는 당분이 고갈되고 효모 증식이 정지되는 시기에 천천히 진행되는데 알코올 발효와 숙성 기간에 주로 발생한다. 효모의 자가분해는 온도와 pH에 따라 달라지며 낮은 온도라도 에탄올이 존재하면 일어난다. 자가분해 중에는 효모 세포 내 단백질, 아미노산류, 지방산류, 에스터류 및 알데히드류 등의 물질들이 유출되고 효모의 효소에 의해 2차 부산물도 생성된다([그림 5-19]).

이미 설명한 바와 같이 효모의 자가분해물은 디아세틸, 알파아세토젖산, 에틸카프르산, 장사슬 지방산, 지방, 단백질, 펩타이드, 만난, 베타글루칸 및 알카라인 등이 대표적이다. 이 중 디아세틸과 알파아세토젖산은 버터취를, 일부 아미노산은 쓴맛을, 에틸아세테이트는 효모취를 각각 나타낸다. 이러한 성분들은 막걸리의 향미를 저하시키고 장사슬 지방산과 지방은 막걸리 노화를 촉진하게 된다. 따라서 막걸리 제조 시 발효 온도는 너무 높지 않게 관리하고 발효 기간을 필요 이상으로 길게 하지 않는 것이 중요하다. 또 효모 종류에 따라 자가분해 정도가 다르기 때문에 자가분해가 쉽게 일어나지 않는 효모를 선택하는 것도 중요하다.

[그림 5-19] 막걸리의 이미 이취 성분

한편 막걸리의 또 다른 품질 이상은 일부에서 종종 나타나는 쓴맛이다. 사용한 국 종류와 관계없이 막걸리에서 나타나는 현상으로 불쾌한 쓴맛은 막걸리 품질에도 부정적인 영향을 주게 된다.

막걸리를 일정 기간 숙성하면 쓴맛이 감소되는데 이는 숙성 중에 저분자 펩타이드가 아미노산으로 분해되었기 때문인 것으로 추정된다. 단백질과 관련된 다른 식품(사케, 치즈, 간장, 된장)에서의 쓴맛 생성 원인에 대해 문헌에 보고된 연구를 토대로 보면 막걸리의 쓴맛 원인 대사 기전은 [그림 5-20]과 같이 설명된다. 아직까지 국내에서는 막걸리 쓴맛 원인에 대해 국내에서는 과학적으로 명확히 규명된 바는 없지만, 일본 사케나 타 식품에서의 쓴맛 관련 연구를 보면 쓴맛 원인이 원료(쌀, 누룩, 입국 등)에서 비롯된 것으로 추정이 가능하다.

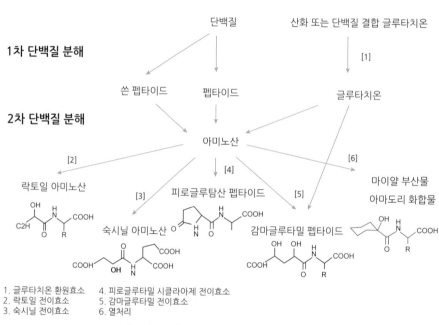

[그림 5-20] **막걸리의 쓴맛 대사 기전**

쌀과 국에 함유된 단백질은 국의 미생물(곰팡이, 세균 등)이 생성한 단백질 분해효소에 의해 쓴맛 성분인 펩타이드와 아미노산 및 그 유도체로 분해되는데, 특히 일부 저분자 소수성 펩타이드가 쓴맛의 주요 원인 물질로 추정된다. 펩타이드는 아미노산 2~20여 개가 중합체 형태로 결합된 물질로서 특정 펩타이드가 일정 농도 이상 술에 존재하면 쓴맛을 내는 것으로 다수의 문헌에 보고되고 있다.

따라서 막걸리 제조 시 단백질이 함량이 높은 곡류와 밀 누룩까지 사용했다면 쓴맛이 나타날 가능성이 크다고 볼 수 있다. 왜냐하면, 단백질 함량이 높은 밀 누룩에는 쌀 입국에서보다 더 다양한 미생물군이 서식하게 되어 더 많은 단백질 분해효소가 함유되면서 펩타이드가 과다하게 생성될 수 있기 때문이다.

막걸리에서도 제품마다 쓴맛의 정도가 다른 것은 사용한 쌀의 품종도 영향이 있을 수 있고, 막걸리의 신맛과 단맛에 의해 쓴맛이 마스킹되어 인지 못하는 경우도 있다. 또 같은 단백질 분해효소라도 제조 조건(알코올 발효 조건, 국 띄우기 조건 등) 등에 따라 펩타이드를 생성하는 정도가 다르게 나타날 수 있다.

쓴맛의 원인 물질인 펩타이드의 종류가 매우 많고 펩타이드의 농도가 적어 분리 · 정제가 쉽지 않아 현재까지도 쓴맛 원인인 모든 펩타이드에 대한 연구는 진행형이다. [표 5-14]는 펩타이드의 아미노산 배열에 따라 맛의 특징을 나타낸 것으로 아미노산의 배열에 따라서도 쓴맛의 강도와 질은 달라진다.

[표 5-14] 막걸리의 쓴맛 펩타이드

| 고리형 펩타이드 | 맛 | 직선형 펩타이드 | 맛 |
|---|---|---|---|
| -글리신-글리신- | 무미 | -글리신-글리신- | 무미 |
| -알라닌-알라닌- | 무미 | -알라닌-알라닌- | 무미 |
| -알라닌-글리신- | 무미 | -알라닌-글리신- | 무미 |
| -발린-발린- | 쓴맛 | -발린-발린- | 무미 |
| -발린-글리신- | 쓴맛 | -발린-글리신- | 지미 |
| -류이신-류이신- | 쓴맛 | -류이신-류이신- | 지미 |
| -류이신-글리신- | 쓴맛 | -류이신-글리신- | 쓴맛 |
| -이소류이신-이소류이신- | 쓴맛 | -이소류이신-이소류이신- | 쓴맛 |
| -이소류이신-글리신- | 쓴맛 | -이소류이신-글리신- | 쓴맛 |
| -페닐알라닌-페닐알라닌- | 불용성 | -페닐알라닌-페닐알라닌- | 쓴맛 |
| -페닐알라닌-글리신- | 쓴맛 | -페닐알라닌-글리신- | 쓴맛 |
| -라이신-라이신- | 지미 | -라이신-라이신- | 무미 |
| -아르기닌-아르기닌- | 쓴맛 | -아르기닌-아르기닌- | 쓴맛 |
| -아르기닌-글리신- | 쓴맛 | -아르기닌-글리신- | 쓴맛 |
| 아스파르트산-글리신 | 신맛 | 아스파르트산-글리신 | 신맛 |
| -글루타민산-글리신- | 신맛 | -글루타민산-글리신- | 신맛 |

| -프롤린-프롤린- | 무미 | -프롤린-프롤린- | 쓴맛 |
|---|---|---|---|
| -아르기닌-페닐알라닌 | 쓴맛 | -아르기닌-페닐알라닌 | 쓴맛 |
| -아르기닌-프롤린- | 쓴맛 | -아르기닌-프롤린- | 쓴맛 |
| -히스타민-페닐알라닌- | 쓴맛 | -히스타민-페닐알라닌- | 쓴맛 |

막걸리의 쓴맛을 저감화하는 방법은 펩타이드를 수지(resin)를 이용한 흡착 또는 은폐제(사이클로덱스트린, 폴리감마글루탐산)를 이용하여 쓴맛을 제거하는 방법이 있다. 또한 효소를 이용하는 방법으로서 트랜스글루타미나아제 또는 펩티다아제를 첨가하면 쓴맛을 제거할 수 있는 것으로 문헌에 보고되고 있다.

그 외 다른 방법은 효소(감마 글루타밀 전이효소)를 첨가하여 쓴맛을 부여하는 아미노산(페닐알라닌, 발린, 류이신, 히스타민)을 감마 글루타민 유도체로 전환시키는 방법이다. 이때 감칠맛이 증가하고 쓴맛을 억제하는 효과가 나타난다. 그 외에도 글루탐산 베이스 펩타이드(알파글루타민산-글루타민산, 알파글루타민-아스파라긴, 알파글루타민-세린, 알파글루타민-글루타민-글루타민)를 첨가하면 쓴맛을 마스킹하면서 지미를 강화하는 효과가 있다는 연구 결과도 있다. 이와 같이 막걸리 쓴맛 원인은 펩타이드가 주요 원인으로 문헌에 보고되고 있으나 쓴맛을 나타내는 그 밖의 물질들도 최근 계속 밝혀지고 있다.

다른 한편으로는 막걸리의 품질 이상 현상으로 흙맛이 종종 나타나는데, 중국에서는 약주의 흙맛은 스트렙토마이세스 속과 일부 균(믹소박테리아, 시나오박테리아, 균류)에 의해 생성되는 지오스민(털퍼류의 일종)인 것으로 문헌에 보고되고 있다. [그림 5-21]은 흙맛의 원인이 되는 지오스민의 다양한 생성 경로를 나타낸 것이다. 지오스민을 생성하는 상기 균들은 일반 주류 제조에는 관계가 없는 균들인데, 주로 막걸리처럼 미살균 조건하에 누룩을 사용하는 경우에 지오스민 생성균들이 서식할 가능성이 있고 막걸리 흙맛의 원인으로 추정해 볼 수 있다. 국내에서는 아직까지 막걸리의 품질 이상 현상인 쓴맛과 흙맛 원인 규명에 대한 학술적 연구가 전무한 실정인데 막걸리의 품질 향상을 위해 다각적인 연구가 필요하다.

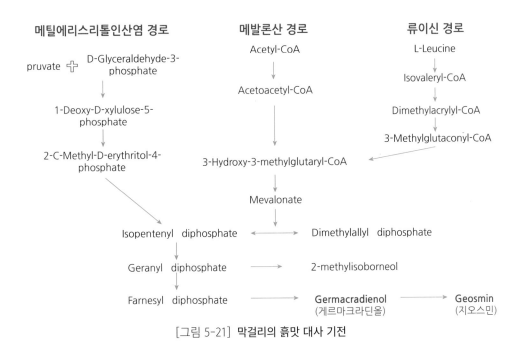

**메틸에리스리톨인산염 경로**

pruvate + D-Glyceraldehyde-3-phosphate

1-Deoxy-D-xylulose-5-phosphate

2-C-Methyl-D-erythritol-4-phosphate

**메발론산 경로**

Acetyl-CoA

Acetoacetyl-CoA

3-Hydroxy-3-methylglutaryl-CoA

Mevalonate

**류이신 경로**

L-Leucine

Isovaleryl-CoA

Dimethylacrylyl-CoA

3-Methylglutaconyl-CoA

Isopentenyl diphosphate ←→ Dimethylallyl diphosphate

Geranyl diphosphate → 2-methylisoborneol

Farnesyl diphosphate → **Germacradienol** (게르마크라딘올) → **Geosmin** (지오스민)

[그림 5-21] 막걸리의 흙맛 대사 기전

한편 해외에는 맥주와 와인을 비롯해 사케, 증류주 등 각 주종별 아로마 휠과 향미 판별을 훈련을 위한 키트가 상업적으로 개발되어 있다. 그러나 기존 상업용 주류 관련 키트는 향미 표현에 있어 과실, 꽃, 허브 종류 등 그 명칭만 간접적으로만 언급하고 화학 성분을 직접 표현하지 않아 그 향미가 무엇인지 사실 정확히 알 수 없다. 향미의 화학 물질을 정확히 모르면 그 향미의 정체와 주류 품질에 미치는 영향을 알 수 없고 품질 관리 지표를 설정할 수 없다. 따라서 키트를 이용한 향미 훈련은 전문가라면 각 향미 성분의 화학 성분이 명기된 키트를 이용하여 훈련하는 것이 올바른 방법이다.

우리나라의 경우는 막걸리를 비롯한 전통주 관련 주종별 아로마 휠과 그에 맞는 맞춤형 키트가 없어 주류업 종사자, 수입사 및 주류 소믈리에들이 제대로 된 아로마 훈련을 할 수 없다. 이에 최근 국내 대학기관에서 주류 아로마 훈련이 가능하도록 키트를 개발하였다([그림 5-22]). 이 아로마 키트는 전통주를 비롯한 다른 주종의 향미 훈련에도 활용되도록 주류에서 공통적으로 나타나는 100종류를 엄선하여 제작하였고, 이 키트에는 바람직한 향과 이취 등으로 구성되어 있다.

[그림 5-22] 양조 아로마 키트
(출처 : 서울벤처대학원대학교)

# 중국 약주의 향미

이 장에서는 중국 약주의 원료 특징과 제조방법을 살펴보고 그에 따른 아로마 특성과의 연관성에 대해 서술하기로 한다.

# 1. 누룩

## 1) 개요

중국의 누룩은 주국(Jiuqu, 酒麴)이라 하며, 이는 다시 대국(Daqu, 大麴), 소국(Xiaoqu, 小麴) 및 부국(Fuqu, 麩麴) 등으로 분류된다. 중국에서 누룩은 술의 뼈(酒之滑), 술의 혼(酒之魂)으로 불릴 정도로 중국인들은 누룩을 술 제조에서 가장 중요한 요소로 여긴다. 대국은 전국(磚麴)이라고도 하는데 이는 벽돌 모양의 누룩이란 뜻이며, 소국은 대국보다 작다는 의미에서 붙여진 이름이다. 대국은 보통 무게가 1~5㎏이고, 제조 기간이 3~8주가량 소요된다. 반면 소국은 보통 10~100g 정도의 작은 무게이고, 20~25℃에서 3~4일간 띄우며, 이후 햇볕에서 자연 건조(법제)시켜 제조한다. 부국은 우리나라의 흩임 누룩과 같은 형태이고 입국처럼 균을 접종하여 제조한다([그림 6-1]).

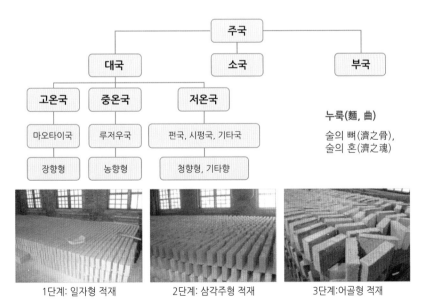

[그림 6-1] 중국 누룩 분류(상)와 중온국 띄우기(하)

중국의 유명한 황주나 일반 약주는 대부분 대국을 이용하여 제조하며 대국 제조는 제조 단계마다 온도 조절을 통해 특정 미생물군의 형성과 천이를 유도한다. 즉 제조 온도에 따라 고온국(60~65℃), 중온국(50~60℃) 및 저온국(45~50℃) 등 3종류로 구분하며 마오타이국은 고온국, 루저우국은 중온국, 편국은 저온국의 대표적인 예이다.

그리고 중국 누룩에서 가장 많이 발견되는 균은 주로 세균류이며, 그중 바실러스균은 다양한 가수분해 효소(프로테아제, 셀룰라아제, 아밀라아제, 펙티나아제, 글루카나아제, 리파아제)를 분비하며, 액화·당화 및 단백질 분해 과정 등에도 관여한다. 또 이 균은 장향형의 피라진 아로마를 생성하며 휘발산, 디아세틸 및 페놀 성분 등도 분비한다. 중국은 누룩 제조에 우리나라와 같이 밀을 주원료로 사용한다. 그리고 우리나라와 중국의 누룩은 건조한 환경 때문에 주로 떡 누룩 형태로 발전해 온 반면, 일본은 습도가 높은 환경으로 인해 흩임 누룩(입국) 형태가 발전되어 있다. 중국의 누룩 제조에는 다양한 원료를 사용하고 누룩 띄우기와 약주 제조 방법이 지역마다 매우 다양하고 독특한 제법을 구사하여 약주 품질과 아로마 특성을 일일이 열거하기가 어려울 정도이다. 여기서는 중국 약주의 표준화된 제조법을 중심으로 설명하고 우리나라 탁약주 제조와 아로마 특성을 설정하는 데 참고할 만한 내용으로 기술하기로 한다.

## 2) 누룩의 제조

누룩 제조에 사용하는 밀은 전분 69%, 단백질 12%, 지방 2.1%, 섬유질 2.4%, 수분 11% 및 기타 3.6%로 구성되어 있다. 밀은 충분한 영양소(질소와 탄소)로 인해 쌀보다 다양한 미생물 증식에 최적 조건을 갖추고 있는데, 이는 우리나라 누룩 제조 시 사용하는 밀의 특성과 별반 다르지 않다. 밀은 특히 높은 셀룰로오스 함량으로 인해 솜털 같은 공간이 확보되어 통기가 원활하기 때문에 누룩을 띄울 때 다양한 미생물 증식과 효소 생성이 가능한 환경을 갖추고 있다. 이미 설명한 바와 같이 밀 단백질 중 가장 큰 비중을 차지하는 성분인 글루텐으로 인해 누룩 내 사각망이 형성되어 미생물 증식을 강화하는 역할을 하게 된다.

한편 우리나라의 누룩은 보통 누룩 성형을 대부분 견고하게 하는 반면, 중국 누룩은 내부에 층이 형성되도록 느슨하게 만들고 흐트러지지 않게 하면서 견고하게 만들되 딱딱하게 만들지 않는다. 다만 표면은 통기성을 위해 부드러운 층이 형성되게 만드는 것을 원칙으로 한다.

중국 누룩의 경우 종류별로 그 제법이 다르지만 우리나라와 유사한 조건에서 제조하는 중온국 누룩 제조법을 중심으로 살펴보면 다음과 같다([그림 6-2]). 1단계에는 미생물 증식 기간으로 온도를 30~40℃, 수분은 90% 이상에서 3일간 유지한다. 2단계에서는 미생물 대사산물 축적 기간으로 온도를 40~45℃, 수분은 90% 이상에서 5일간 유지한다. 3단계에서는 누룩 중심부의 수분 제거와 아로마를 형성하는 기간으로 온도를 12℃로 낮추고 수분은 80% 이하로 유지한다. 그다음 4단계에서는 건조 기간으로 누룩의 수분을 12% 이하로 유지하면서 온도 45℃에서 누룩을 건조한다. 마지막 5단계에서는 누룩을 숙성하는 기간으로 2개월간 저온에서 보관 후 제품화한다.

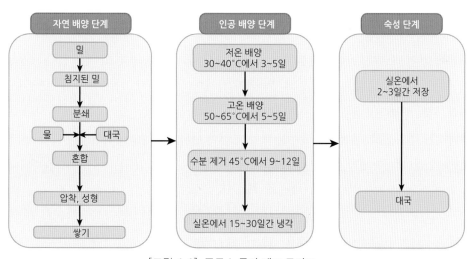

[그림 6-2] 중국 누룩의 제조 공정도

한편 살균한 밀에 특정 균을 접종하여 제조한 누룩은 재래누룩에 비해 향이 약한 것으로 문헌에 보고되고 있으며, 최근에는 재래누룩(특정향 형성용), 접종누룩(역가 형성용) 또는 정제효소(역가 강화용)를 혼합하여 누룩을 제조하는 방법도 시도되고 있다.

중국 누룩의 역가는 우리나라 누룩과 마찬가지로 곰팡이, 세균 및 비양조용 효모들이 생성하는 효소 정도에 좌우된다. 그리고 지역마다 누룩 품질과 아로마가 다른 것은 누룩 제조 방법과 그 기후가 서로 다르기 때문이다. 또 모든 지역에 공통으로 존재하는 균도 있지만, 지역만의 특유한 미생물도 존재하는 것 또한 우리나라 누룩 특성과 별 차이는 없다. 다만 중국에서는 누룩 품질의 판정 기준을 3가지 요소(효소 역가, 미생물 분포도, 향미)로 보는데, 그중 향미를 가장 중요한 요소로 여기는 점이 누룩 역가를 가장 중시하는 우리와는 다른 점이다.

## 3) 누룩의 미생물 배양 및 검출

우리나라 누룩과 중국 누룩에 존재하는 미생물의 경우 그간 특정 미생물의 검출을 위해 특정 배지를 사용하여 분리하거나 배양하는 기술을 이용해 왔다. 일반적으로 대부분의 미생물은 배지를 이용하여 분리하거나 배양할 수 있다. 하지만 누룩 내 특정 미생물의 분포도가 적으면 배지를 이용한 배양방법으로는 검출하기가 쉽지 않다. 따라서 배지에서 증식한 미생물만을 지배종으로 간주하여 누룩 미생물의 분포도를 파악하고, 배양되지 않은 주요 미생물군을 간과하는 오류를 범하기도 한다. 최근에는 이처럼 배지를 이용하여 배양되지 않은 미생물을 분리하거나 배양하는 연구에 초점을 맞추고 있다.

배지에서 배양이 잘 안 되는 균들은 보통 누룩에서 그 분포도가 매우 적거나 다른 균들과 혼재되어 있어 배양이 늦게 되어 분리가 쉽지 않은 경우가 많다. 특히 증식을 위해 특정 영양분이 필요한 미생물의 경우는 더욱 배양하기가 까다롭다. 누룩의 경우는 다양한 미생물군이 존재하는데, 특히 양조용 효모인 사카로마이세스 세레비지에의 경우 그 분포도가 매우 낮아 배양하기가 쉽지 않고 젖산균도 일부는 배양 조건이 까다로워 분리하기가 어렵다. 특히 사카로마이세스 세레비지에의 경우는 젖산균(락토바실러스 브레비스, 락토바실러스 플랜타럼)과 혼재될 경우 배지에서 사카로마이세스 세레비지에의 증식이 저해된다. 락토바실러스 브레비스가 사카로마이세스 세레비지에의 증식을 가장 저해하는 균이지만, 반대로 모든 젖산균은 사카로마이세스 세레비지에와 혼합균 형태로 존재하면 증식이 오히려 강화된다.

이처럼 배양이 어려운 미생물들은 rRNA 염기서열을 기반으로 한 밀도구배 원심분리법(density gradient centrifugation)을 이용하면 쉽게 분리할 수 있다.

또 사카로마이세스 세레비지에나 젖산균은 누룩처럼 영양분이 열악한 환경에서는 산막으로 불리는 생물막(biofilm)을 형성한다. 이는 미생물이 스트레스 환경에서 생존을 위해 내성을 갖기 위해 분비한 체외다당체 물질(extracellular polymeric substance)에 효모와 젖산균이 달라붙어 형성한 막이다. 식초 제조에 이용되는 초산균이 초산 환경에 내성을 가지려고 셀룰로오스(초막)를 만들어 내는 것과 와인 젖산 발효 시 오에노코커스 오에니균이 산막을 형성하여 스트레스 환경을 견디는 이치와 같다. 이러한 생물막에 사카로마이세스 세레비지에와 젖산균이 같이 붙어 있어 배지 배양을 통해 검출을 더욱 어렵게 하는 추가적인 원인으로 문헌에 보고되고 있다([그림 6-3]).

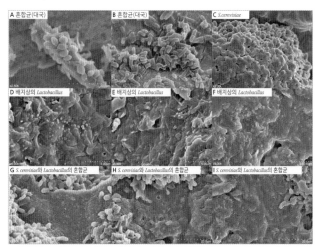

[그림 6-3] 대국에서의 생물막(산막) 형성

한편 젖산균과 사카로마이세스 세레비지에는 증식과 대사를 위해서는 당이 필요하다. 누룩의 전분과 단백질을 젖산균과 사카로마이세스 세레비지에는 자신의 효소를 이용하여 분해를 못하지만, 곰팡이가 분비한 효소들에 의해 전분과 단백질이 분해되어 나온 영양분(당과 아미노산)을 흡수하여 증식과 대사 활동에 이용하게 된다. 그러나 누룩은 영양 환경이 열악하므로 생존을 위해 두 균은 자신을 보호할 생물막을 형성하는 것이다([그림 6-4]). 젖산균은 생물막내의 산소가 적은 하층에 존재하여 대사 활동이 비활성 되지만, 사카로마이세스 세레비지에는 비교적 산소가 많은 상층에 존재하여 대사 활동이 상대적으로 활발하다.

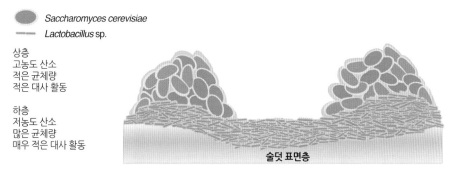

[그림 6-4] 미생물의 생물막(산막)의 형성

그러나 알코올 발효 환경처럼 영양분이 풍부해지면 미생물들은 더 이상 생물막을 형성하지 않고 빠르게 증식하게 된다. 보통 알코올 발효 때 바실러스, 라이조푸스, 피치아 및 사카로마이콥시스는 알코올 발효 초기 단계에 지배종으로 존재하면서 에탄올을 생성하는 데 관여하지만 알코올 발효가 진행되면서 이 균들은 감소하게 된다. 이후 젖산균과 사카로마이세스 세레비지에가 빠르게 증식하면서 알코올 발효를 주도하게 되고 곰팡이는 알코올 발효 7일 이후에 완전히 사멸하게 된다. 이때 락토바실러스 아세토톨레란스는 알코올 내성이 강해 알코올 발효 마지막 단계까지 생존하는 유일한 젖산균이다.

[그림 6-5]는 PCR 기반 복제 염기서열 방법과 샷건 메타지놈 시퀀싱(shotgun metagenomic sequencing)을 이용하여 중국 누룩의 세균류와 균류의 분포도를 분석한 결과이다. 세균 중에는 젖산균이 지배종으로 검출되고 류코노스톡, 바실러스, 바이셀라 및 스트렙토마이세스가 그 뒤를 잇는다. 곰팡이 중에는 라이조푸스가 지배종으로 검출되고 피치아, 사카로마이콥시스 및 아스퍼질러스가 그 뒤를 따른다. 대국에는 781속의 다양한 미생물들이 검출되지만, 그 중 11속이 전체 미생물의 93%를 차지하고 나머지 미생물들은 미량 존재하여 일부 미생물 속이 집중 증식된 것을 알 수 있다. 락토바실러스균은 배지 외 방법으로 배양이 되고, 사카로마이세스 세레비지에는 샷건 메타지놈 시퀀싱 방법으로만 검출할 수 있는데, 그 분포도는 0.005%에 불과하다.

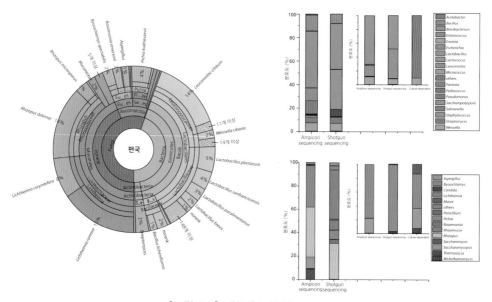

[그림 6-5] 대국의 누룩 분포도

[그림 6-6]은 생물막 형성 균을 규명하기 위해 크리스털 바이올렛 염색법으로 분석한 결과이다. 젖산균은 보통 48~72시간 이내에 견고한 생물막을 형성하는데 생물막의 흡광도를 보면, 락토바실러스 브레비스, 락토바실러스 플랜타럼 및 락토바실러스 파라리멘타티우스가 각각 3.48, 1.61, 1.34를 나타내어 락토바실러스 브레비스균이 세균 중에서는 가장 두꺼운 생물막을 형성하는 것을 알 수 있다. 균류 중에는 사카로마이세스 세레비지에가 48시간 이내에 4.13의 흡광도를 나타내어 견고한 생물막을 형성한다. 따라서 사카로마이세스 세레비지에가 생물막을 젖산균보다 더 빨리 그리고 더 많이 형성하는 것으로 나타난다.

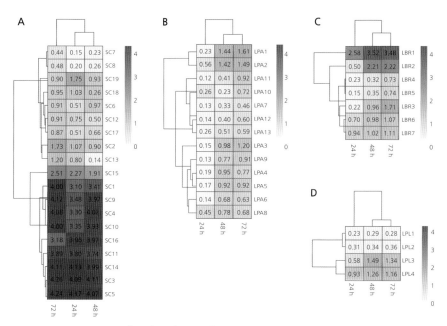

[그림 6-6] **효모와 젖산균의 생물막 형성**
A: *S. cerevisiae*, B: *L. paralimentarius*, C: *L. brevis*, D: *L. plantarum*

한편 생물막을 생성하는 균(락토바실러스 속, 라이조푸스 속, 리히테미아 속, 류코노스톡 속, 바실러스 속, 피치아 속, 리조무코어 속)들은 다양한 효소를 분비한다. 이 중에 일부 효소($\alpha$-아밀라아제, 글루코아밀라아제, 프로테아제)는 알코올 발효 중에 전분이나 단백질을 분해하는 데 역할을 하지만, 또 다른 효소(리파아제, 카르복시 에스터라아제, $\beta$-글루코시다아제)는 주류의 향미를 형성하는 데 기여하게 된다([그림 6-7]).

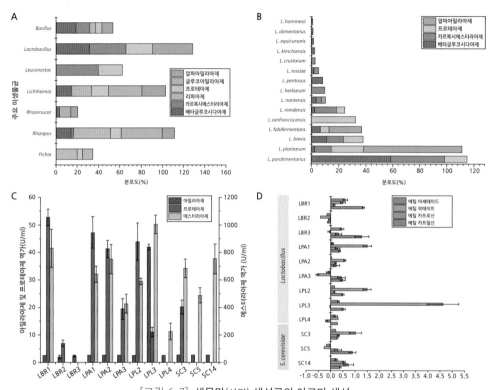

[그림 6-7] 생물막(산막) 생성균의 아로마 생성

LBR: *L. brevis*, LPA: *L. paralimentarius*, LPL : *L. plantarum*, SC: *S. cerevisiae*

이미 언급한 바와 같이 누룩에는 젖산균이 지배종으로 등장한다. 젖산균 중에는 특히 락토바실러스 파라리멘타티, 락토바실러스 플랜타럼 및 락토바실러스 브레비스가 주요 균이다. 이때 락토바실러스 플랜타럼은 알코올 발효 중에 전분을 분해하는 역할을 하는 반면, 락토바실러스 파라리멘타티와 락토바실러스 브레비스는 향미를 생성하는 기능을 하게 된다.

상기 균들의 효소 생성능을 보면, 모두 카르복시에스타라아제를 생성하지만 락토바실러스 플랜타럼만이 다량의 아밀라아제를 생성하고, 일부 락토바실러스와 사카로마이세스 세레비지에는 프로테아제를 생성한다. 그러나 효소를 분비하는 능력은 균마다 차이가 매우 크게 나타난다.

생물막을 형성하는 균들로 인해 생성되는 아로마 성분은 주로 에스터류인데, 그중 에틸아세테이트, 에틸락테이트, 에틸카프로산 및 에틸카프릴산이 중국 약주에서 확인된다. 또 락토바실러스 브레비스는 에틸카프릴산 생성에, 락토바실러스 플랜타럼과 락토바실러스 파라리멘타티는 에틸락테이트 생성에 관여한다.

[그림 6-8]은 사카로마이세스 세레비지에와 젖산균 간 누룩에서의 상호작용을 분석한 결과이다. 이때 두 균이 각각 생성하는 생물막보다는 두 균이 혼합균 형태로 존재할 때 생물막이 더 많이 생성되는데, 이는 두 균 간의 경쟁 관계로 인해 생존을 위해 더 많은 생물막을 형성하게 되는 이유이다. 그러나 누룩에서 두 균이 혼합한 형태로 존재하면 주요 비휘발성 성분들은 감소하는 현상을 보인다. 또 락토바실러스 브레비스와 락토바실러스 플랜타럼은 젖산, 초산 그리고 2-하이드록시 이소뷰티르산의 생성능을 상실하는 반면, 사카로마이세스 세레비지에는 비휘발성 성분들의 생성에 기여하게 된다.

그리고 페닐에틸알코올, 3-메틸부탄산, 이소아밀알코올 및 에탄올은 사카로마이세스 세레비지에에 의해 생성되는 주요 부산물이지만, 초산과 2,4-디-터트-부틸페놀은 젖산균에 의해 생성된다. 특히 카프로산, 1-헥산올 및 2-헵텐알은 락토바실러스 파라리멘타티에 의해서, 2-헵텐-1올은 락토바실러스 브레비스에 의해 각각 생성된 것이다.

전반적으로 두 균이 혼합균 형태로 존재하면 비휘발성 성분 패턴과 비슷하게 휘발성 성분들도 감소하는 현상을 보인다. 이는 젖산균의 경우 사카로마이세스 세레비지에에 의해 대사 활성이 저하되는 반면 사카로마이세스 세레비지에는 증식은 억제되지만 대사 활성은 강해지기 때문이다.

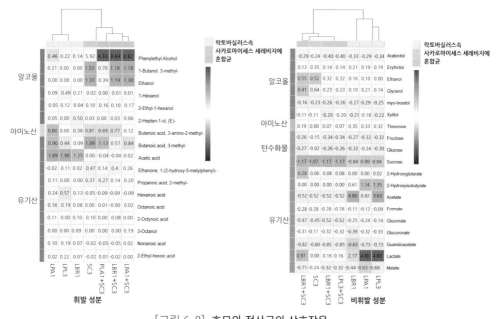

[그림 6-8] 효모와 젖산균의 상호작용

LBR, *L. brevis*; LPA, *L. paralimentarius*; LPL, *L. plantarum*; SC, *S. cerevisiae.*

## 4) 중국 누룩의 아로마

중국의 밀 누룩 제조 과정 중 아로마 성분 변화는 [그림 6-9]와 같으며 멘톨을 제외한 모든 향기 성분들은 누룩 발효 첫날부터 증가하기 시작한다. 아로마별로 변화 추이를 세부적으로 보면 다음과 같다([그림 6-9]).

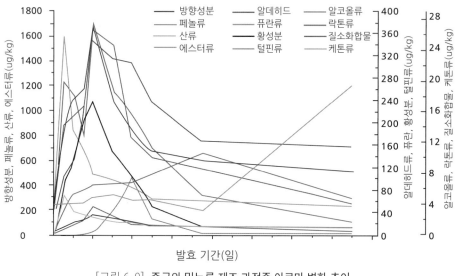

[그림 6-9] 중국의 밀누룩 제조 과정중 아로마 변화 추이

① 알코올류로는 2-메틸프로판올, 1-펜텐-3-올, 3-메틸부탄올, 1-펜탄올, 1-헵탄올, 2-헵탄올, 1-헥산올, 1-옥텐-3-올, 2-에틸-1-헥산올, 1-옥탄올 및 1-노난올 등이 검출된다. 이 성분들은 밀 누룩 발효 1~4일째까지 증가하다 점차 감소하고 이후 안정적인 농도를 보인다. 밀 누룩의 알코올류는 누룩의 다양한 미생물들이 분비한 지방 분해효소(리폭시게나아제)에 의한 지방의 산화 또는 미생물에 의해 아미노산이 분해되면서 생성된 것이다. 그 외 다른 아로마 성분들은 밀 누룩 발효 기간의 알코올류와 같은 유사한 추이를 보이는데, 예외적으로 1,2,3-트리메톡시벤젠과 2-페닐에탄올은 발효 8일째까지 증가하는 경향을 보이다 완만하게 감소하는 추세를 나타낸다. 1,2,3-트리메톡시벤젠(훈연 향·곰팡이취)과 2-페닐에탄올(장미 향·꿀 향)은 누룩 발효 4일째에 가장 높게 나타나며 중국 약주의 주요한 아로마 성분이다. 그리고 1,2,3-트리메톡시벤젠과 4-에틸-1,2-메톡시벤젠은 밀에서는 검출되지 않고 밀 누룩에서만 확인되는 향기 성분이

다. 또 벤즈알데히드, 페닐아세트알데히드, 벤질알코올, 에틸벤조산, 아세토페논, 1,2-디메톡시벤젠 및 2-페닐알코올은 누룩 발효 모든 기간 동안 발견되는 성분으로 중국 약주에서도 확인된다.

② 밀 누룩의 발효 기간중 생성된 휘발성 페놀류(페놀, 과이어콜, 4-에틸과이어콜, 4-비닐과이어콜)는 밀의 리그닌의 분해에 기인한 것이다. 물론 일부 미생물들은 상기 휘발성 페놀 향을 분비하기도 한다. 휘발성 페놀 성분은 과이어콜을 제외하곤 중국 약주에서 확인되는 성분이다. 보통 휘발성 페놀은 누룩 발효 기간중 다른 향기 성분들보다 더 많이 생성되는데, 발효 1~4일째까지 증가하다 이후 감소하는 경향을 보이며 휘발성 페놀 성분에 따라 누룩 발효 기간에 증감 현상이 다르게 나타난다.

③ 알데히드류, 질소화합물 및 황 성분들은 누룩 발효 기간중 미량 확인되며, 발효 1~4일째 증가하다 이후 감소하는 패턴을 보인다. 질소화합물의 경우 밀에서는 검출되지 않고 밀 누룩에서만 생성되는데, 누룩 발효가 진행되면서 누룩 온도가 상승하면서 비효소적 반응인 마이얄 반응과 고초균(*Bacillus subtilis*)의 효소에 의해 생성되기도 한다. 퓨란 성분도 마이얄 반응 시 탄수화물이 분해되면서 생성된다.

④ 산류와 케톤류는 누룩 발효 1일째 상승하다 2일째부터 감소한 후 안정적인 농도를 보인다. 산류는 누룩 발효 기간중 모든 구간에서 높은 농도를 보이며 효모와 젖산균에 의해 생성된다. 그리고 누룩의 휘발성 지방산은 젖산균의 효소(리파아제)에 의해 대부분 생성되며, 이러한 휘발성 지방산은 알코올류, 에스터류, 락톤류 및 케톤류 생성의 전구물질이기도 하다. 누룩의 케톤류는 대부분 지방산이 산화되어 분비된 물질이며 일부 케톤류는 알코올류를 생성하기도 한다.

⑤ 누룩의 에스터류는 발효 1일째부터 서서히 증가하다 8일째 가장 큰 폭으로 증가한다. 누룩에서의 꽃 향을 풍기는 에스터류는 주로 고급알코올과 아세틸-CoA 간의 결합 때문에 생성된 것이다. 에스터류의 생성은 온도, 질소 성분 및 산소 농도 등이 중요한 변수인데, 누룩 발효 기간 상기 조건들이 일정하게 유지되는 것이 에스터류 생성에 중요하다.

⑥ 누룩의 락톤류는 발효 1일째부터 서서히 증가하다 15일째 최고치를 보이다 이후 점차 감소하는 경향을 나타낸다. 누룩에서 검출된 락톤은 감마노나락톤이 유일한데, 이는 세균이 산류를 분해하여 생성된 것으로 문헌에 보고되고 있고 중국 약주에서도 확인되는 성분이다.

⑦ 털핀류로는 흙맛을 내는 지오스민이 검출되는데, 이 성분은 발효 기간 초기에는 서서히

증가하다 급격히 증가하는 경향을 보인다. 이는 결합형으로 존재하는 털핀류가 누룩 발효가 진행되면서 미생물들이 분비한 효소($\beta$-글리코시다아제)에 의해 지속해서 유리형 털핀으로 분해되기 때문이다. 지오스민은 스트렙토코커스와 곰팡이 등이 미량 분비하는데 중국 약주에서는 검출되지 않는다. 대체로 밀 누룩 발효 시 나타나는 대부분의 향기 성분은 발효 4일째까지 증가 추세를 보이다 이후 감소하는 경향을 보인다. 산류와 케톤류는 다른 아로마 성분의 전구물질로도 작용하기 때문에 발효 1일째 증가하다 이후 급격히 감소하는 현상을 보이는 것이다. 에스터류와 락톤류는 고급 알코올류와 지방산류로부터 생성되는 2차 대사물질로서 누룩 발효 시 8일째와 15일째에 최고치를 보이다 이후 감소하는 현상을 보인다. 에스터류와 락톤류는 누룩 발효 시 미량 생성되지만 중국 약주의 아로마에 영향을 크게 미친다.

# 2. 중국 약주의 향미 특성

## 1) 제조 공정

5000년 역사의 중국 약주는 우리나라 약주와 일본 사케와 다른 독특한 향을 나타내며 병행 복발효를 통해 제조되고 알코올 농도는 보통 20 vol% 수준이다. 약주 제조에 사용되는 누룩은 홍국 또는 밀 누룩을 사용하는데, 홍국에는 모나스커스(*Monascus*)균이, 밀 누룩에는 아스퍼질러스 균이 지배종으로 나타난다.

홍국으로 제조한 약주는 적색을 띠면서 단맛과 기능성을 나타내는 반면, 밀 누룩으로 제조한 약주 중에는 황주가 대표적이며 황색을 띠면서 달콤하면서 독특한 향미, 약효와 영양가를 자랑한다. 중국 황주는 특히 밀 누룩과 찹쌀을 주원료로 사용하고 당화와 알코올 발효는 자연적인 환경에서 진행한다. 중국 약주의 제조 공정을 살펴보면 다음과 같다([그림 6-10]).

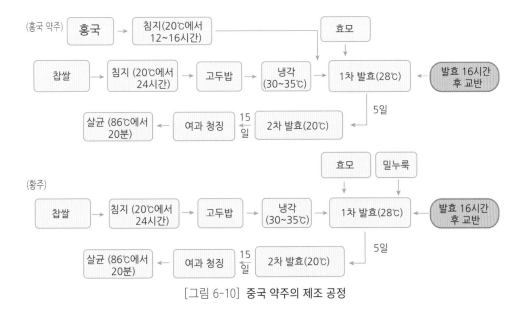

[그림 6-10] **중국 약주의 제조 공정**

우선 찹쌀을 실온에서 씻고 12~15℃에서 40시간 침지한다. 이후 전분 호화를 위해 찹쌀을 증자하고 냉수로 30℃로 조절 후 알코올 발효를 진행한다. 밑술 제조는 우선 찹쌀 대비 10%의 누룩을 첨가 후 25℃의 물 200%를 첨가한다. 그다음 젖산을 이용하여 밑술의 pH를 4.0으로 조정한 다음 쌀 대비 3%의 효모를 첨가하여 25℃에서 48시간 효모를 증식시킨다. 이후 찹쌀에 10%의 누룩과 6%의 밑술 그리고 150%의 지하수를 혼합하여 덧술을 만든 후 옹기에서 병행 복발효를 진행한다. 주발효는 28~30℃에서 7일간 반고체 상태에서 진행하고 후발효는 실온에서 15일간 진행한다. 이후 여과 과정을 거쳐 제품화하는데 여과된 약주에 캐러멜을 첨가하여 황주의 색상을 띠게 하고 미숙성 약주를 88~90℃에서 3분간 살균한다. 마지막으로 아로마 형성을 위해 옹기에서 숙성 후 병입하여 제품화한다. 숙성은 보통 1~3년이 일반적이나 5년 이상 숙성하는 제품도 많다.

## 2) 약주의 아로마

사케의 경우는 에스터류, 산류, 황화합물 그리고 카보닐류가 주요 향기 성분이며, 특히 소톨론이 주요 향으로 다소 탄내가 특징적이다. 반면 중국 약주의 아로마는 질적으로나 양적으로 상당히 복합 향을 특징으로 한다. [표 6-1]은 지역별 중국 약주의 주요 아로마 성분을 나타낸 것이다.

중국 약주에서는 향기 성분으로서 고급알코올류, 산류, 에스터류, 방향류, 알데히드류, 황화합물, 케톤류, 락톤류, 페놀류 및 퓨란류 등이 확인된다. 이 중 에스터류가 15종류로 가장 큰 그룹을 형성하고 그 농도는 1,410~25,501 $\mu$g/L 수준이며 특히 에틸 에스터류가 가장 많다.

[표 6-1] 중국 약주의 주요 향기 성분

| 향기 성분 ($\mu$g/L) | 약주 종류 | | | | | | | | | |
|---|---|---|---|---|---|---|---|---|---|---|
| | A | B | C | D | E | F | G | H | I | J |
| 고급알코올류 | 885 | 900 | 700 | 644 | 648 | 1,235 | 262 | 1,649 | 2,651 | 5,946 |
| 산류 | 229 | 197 | 194 | 168 | 209 | 328 | 495 | 627 | 1,079 | 751 |
| 에스터류 | 1,423 | 1,992 | 1,933 | 1,473 | 1,410 | 3,995 | 7,385 | 4,561 | 16,189 | 25,501 |
| 알데히드류 | - | 721 | 15 | 28 | 14 | 6 | 71 | 64 | 103 | - |

| 방향류 | 2,713 | 3,258 | 2,142 | 3,145 | 2,722 | 4,460 | 8,099 | 9,556 | 22,844 | 19,155 |
|---|---|---|---|---|---|---|---|---|---|---|
| 락톤류 | 14 | 8 | 19 | 29 | 9 | 18 | 40 | 81 | 287 | 218 |
| 페놀류 | 8 | 36 | 10 | 5 | 17 | 14 | 61 | 120 | 102 | 31 |
| 황화합물 | - | 32 | 21 | 2 | 5 | 4 | 65 | - | 204 | 139 |
| 퓨란류 | 125 | 186 | 266 | 167 | 223 | 655 | 1,487 | 603 | 3,189 | 984 |
| 질소화합물 | - | 5 | 4 | 5 | 14 | 16 | 118 | 24 | 701 | 174 |

에스터류 중에 에틸아세테이트, 3-메틸부틸아세테이트, 에틸 2-하이록시프로판산, 디에틸숙신산 및 비스(2-메틸프로필)헥사네디온산이 모든 중국 약주에서 확인된다. 에틸부탄산, 에틸 3-메틸부탄산, 에틸카프로산, 에틸헵탄산 및 에틸카프릴산은 대부분의 약주에서 확인되며 중사슬 지방산 에스터의 경우 아로마가 1 이상으로 나타난다. 특히 3-메틸부틸아세테이트는 과실 향(바나나 향, 배 향)을 나타내며 낮은 역치로 인해 중국 약주의 아로마에 영향을 준다.

방향류는 중국 약주에서 두 번째로 큰 그룹을 형성하는데 그 농도는 2,142~22,844μg/L 수준이다. 이중 벤즈알데히드, 에틸벤조산, 2-페닐에탄올 및 에틸 2-페닐아세테이트는 모든 약주에서 확인된다. 그리고 1,2-디메톡시벤젠, 2페닐에틸 이소니코틴산 및 5-메틸-2-페닐-2-헥산알은 최근 분석에서 확인된 성분이다. 에틸 2-페닐아세테이트는 장미 향을 부여하고 에틸벤조산과 에틸 3-페닐프로판산은 각각 꽃 향과 과실 향을 나타내며 중국 약주 아로마에 큰 영향을 미친다. 방향류 중에는 사카로마이세스 세레비지에에 의해 생성되는 2-페닐에탄올이 가장 많은 농도를 나타내며 장미 향과 꿀 향을 부여한다.

중국 국가표준표기법에서는 전통 약주에서는 2-페닐에탄올의 농도를 최소 80mg/L로 규정하고 있으며 사용하는 효모 종류와 원료에 따라 그 농도는 큰 차이를 보인다.

효모의 알코올 발효 중 생성되는 고급 알코올류와 산류는 그 농도가 150~6,000μg/L 수준이며 알데히드류와 케톤류는 100μg/L 이하로 검출된다. 황화합물 역시 매우 적은 농도로 검출되고 황 함유 아미노산의 분해에 따라 생성된다. 페놀 성분 중에는 4-에틸페놀은 모든 중국 약주에서 적은 농도로 확인되며 밀짚의 리그닌 분해에 따라 생성된다.

퓨란류도 약주의 열처리 과정에서 마이알 반응에 의해 생성된 것으로 그중 푸르푸랄의 농도가 가장 높고 모든 약주에서 확인된다. 락톤류는 밀 누룩의 세균에 의해 생성된 것으로 감마 뷰티로락톤과 감마 노나락톤이 대표적이며 그 농도는 매우 낮다.

## 3) 누룩이 아로마에 미치는 영향

중국 약주는 특히 남중국(저장성, 장수성)에서 많이 제조하고 독특한 향미를 나타낸다. 이와 같은 자연조건하에서 제조된 약주는 효모, 젖산균과 곰팡이 등의 대사 부산물로 인해 아미노산, 비타민, 미네랄과 올리고당 등이 생성되어 술빵으로도 불린다. 밀 누룩은 중국 약주에 향미 관련 직접적인 영향을 미치며 알코올 발효 과정에도 간접적으로 영향을 준다. 그러나 중국 밀 누룩의 아로마 농도는 중국 약주에서보다 적게 검출되는 것을 감안하면 누룩의 영향보다는 약주 발효 중에 생성된 아로마가 더 큰 영향을 미친다는 연구 결과도 문헌에 보고되고 있다.

[표 6-2]는 밀 누룩의 첨가량에 따른 중국 약주 아로마에 미치는 영향을 나타낸 것이다.

[표 6-2] 누룩 첨가량에 따른 중국 약주의 아로마 특성

| 향기 성분($\mu$g/L) | 역치 ($\mu$g/L) | 16% 누룩 | 아로마가 | 8% 누룩 | 아로마가 | 효소 처리 | 아로마가 |
|---|---|---|---|---|---|---|---|
| 2-methylpropanol | 40,000 | 126,371 | 3.16 | 114,700 | 2.87 | 85,537 | 2.14 |
| 1-butanol | 150,000 | 7,999 | 0.05 | 61,17 | 0.04 | 7,842 | 0.05 |
| Isoamyl alcohol | 30,000 | 240,859 | 8.03 | 208,397 | 6.95 | 177,421 | 5.91 |
| 1-pentanol | - | 184 | - | 158 | - | 133 | - |
| 1-hexanol | 8,000 | 631 | 0.08 | 763 | 0.10 | 509 | 0.06 |
| 1-heptanol | - | 72 | - | 69 | - | 53 | - |
| 2-phenylethyl alcohol | 14,000 | 106,149 | 7.58 | 93 | 6.71 | 75,347 | 5.38 |
| 고급 알코올류 합계 | | 482,265 | | 330,297 | | 346,842 | |
| Ethyl acetate | 7,500 | 231,152 | 3.09 | 25,712 | 3.43 | 17,512 | 2.33 |
| 2-methylpropyl acetate | 1,605 | 78 | 0.05 | 68 | 0.04 | 62 | 0.04 |
| 3-methylpropyl acetate | 30 | 84 | 2.81 | 78 | 2.63 | 63 | 2.11 |
| 2-phenylethyl acetate | 250 | 16 | 0.07 | 14 | 0.06 | 16 | 0.07 |
| Ethyl propanoate | 10 | 85 | 8.57 | 77 | 7.73 | 65 | 6.56 |
| Ethyl 2-methylpropanoate | 15 | 63 | 4.22 | 52 | 3.47 | 40 | 2.67 |
| Ethyl butanoate | 20 | 171 | 8.55 | 127 | 6.35 | 109 | 5.46 |
| Ethyl pentanoate | - | 55 | | 60 | - | 48 | |
| Ethyl caproate | 14 | 155 | 11.10 | 130 | 9.32 | 102 | 7.35 |
| Ethyl octanoate | 5 | 104 | 20.89 | 91 | 18.33 | 72 | 14.58 |
| Ethyl decanoate | 200 | 786 | 3.93 | 755 | 3.78 | 613 | 3.07 |

| Diethyl succinate | 200,000 | 711 | 0.00 | 685 | 0.00 | 652 | 0.00 |
|---|---|---|---|---|---|---|---|
| Ethyl benzoate | 575 | 43 | 0.08 | 34 | 0.06 | 27 | 0.05 |
| Ethyl 2-phenyl acetate | 100 | 48 | 0.48 | 49 | 0.50 | 24 | 0.25 |
| 에스터류 합계 | | 233,551 | | 27,932 | | 19,405 | |
| Acetic acid | 200,000 | 507,194 | 2.54 | 466,195 | 2.33 | 405,758 | 2.03 |
| 2-methylpropanoic acid | 2,300 | 1,853 | 0.81 | 1,435 | 0.62 | 1,531 | 0.67 |
| Butanoic acid | 173 | 949 | 5.49 | 732 | 4.23 | 891 | 5.15 |
| 3-methylbutanoic acid | 33 | 962 | 28.83 | 986 | 29.54 | 811 | 24.29 |
| Hexanoic acid | 3,000 | 1,067 | 0.36 | 1,141 | 0.38 | 827 | 0.28 |
| Octanoic acid | 500 | 390 | 0.78 | 370 | 0.74 | 417 | 0.83 |
| 유기산류 합계 | | 512,415 | | 470,859 | | 410,235 | |
| Guaiacol | 10 | 226 | 22.63 | 193 | 19.33 | 59 | 5.92 |
| 4-vinylguaiacol | 40 | 5,794 | 144.87 | 3,692 | 92.31 | 349 | 8.75 |
| Phenol | 30 | 85 | 2.84 | 60 | 2.01 | 21 | 0.71 |
| 4-ethylphenol | 440 | 639 | 1.45 | 471 | 1.07 | 103 | 0.24 |
| 4-methylphenol | 68 | 53 | 0.78 | 36 | 0.53 | - | - |
| 페놀류 합계 | | 6,797 | | 4,452 | | 534 | |
| Phenyl acetaldehyde | 25 | 39 | 1.59 | 33 | 1.33 | 30 | 1.21 |

표에서 보듯이 밀 누룩 16%를 첨가하여 제조한 약주에서 8% 첨가한 약주에서보다 아로마가 더 많이 확인되고, 복합 효소제를 첨가한 약주에서 아로마가 가장 낮게 나타난다. 그리고 밀 누룩을 첨가한 약주에서 휘발성 페놀류(페놀, 4-비닐과이어콜, 과이어콜, 4-에틸페놀)가 복합 효소제를 첨가한 약주에서보다 더 높은 아로마 농도를 나타낸다. 특히 4-비닐페놀은 중국 약주에서 가장 많이 검출되는 휘발성 페놀로서 주요 아로마 성분이며, 복합 효소제를 통한 약주에서보다 누룩을 첨가한 약주에서 16배가량 높다. 4-비닐페놀은 역치가 낮고 클로브 향을 풍기는 성분으로 밀에 함유된 풍부한 페룰산(0.05~0.07%)이 효모 효소(feruloyl esterase, decarboxylase)에 의해 분해되어 생성되기 때문에 중국 약주에는 이 성분이 많이 검출되는 것이다.

한편 고급알코올도 중국 약주 아로마에 영향을 미치는데 보통 373~520mg/L 수준으로 검출된다. 특히 2-메틸프로판올(알코올 향), 이소아밀알코올(매니퀴어취) 및 2-페닐에틸알코올(장미 향)이 중국 약주의 특징적인 향이며, 누룩을 첨가한 약주에서 복합 효소제를 이용한 약주에서보다 더 많이 확인된다. 고급 알코올은 이미 알려진 바와 같이 효모가 알코올 발효 중 아미노산 대사를 통해 생성한 성분이다. 따라서 밀 누룩을 이용한 중국 약주에서 고급 알코올이 다량 생성되는 것은 밀의 높은 단백질 함량이 원인인 것을 알 수 있다. 그리고 중국 약주에서 검출되는 에스터 향은 복합 효소제 약주에서보다 밀 누룩을 첨가한 약주에서 1.3배가량 높게 나타난다.

에스터류 중에는 8종류가 역치 이상의 농도를 보인다. 그중 에틸뷰티르산(꽃 향, 과실 향), 에틸카프로산(파인애플 향) 및 에틸카프릴산(과실 향)이 중국 약주에서 가장 많이 확인되는 에스터류이다. 중국에서 검출되는 알코올류, 에스터류 및 산류는 효모 대사와 연관된 성분들이고 페놀류는 발효제와 관련된 물질들이다. 그리고 페놀 유도체 성분들은 밀의 리그닌 성분들로부터 생성된 물질들이다.

## 4) 효모의 종류와 아로마

중국 약주의 향미는 앞서 살펴본 바와 같이 원료와 숙성에 영향을 받지만 효모의 종류에 따라서도 향미 특성이 다르게 나타난다. 중국 약주의 아로마 특성 중 아로마가 1 이상인 향기 성분을 살펴보면 다음과 같다([표 6-3]). 효모에 의한 향기 성분의 차이는 각 효모의 생리 특성이 다르기 때문인데, 각 효모 종류별 향기 성분 중 고급 알코올의 경우 그 농도가 376,787~423,921 ㎍/L까지 차이가 난다. 그중 이소부탄올, 이소아밀알코올 및 페닐에탄올이 효모 종류 간 차이를 보이고 아로마가 1 이상이다. 이 성분들은 중국 약주의 주성분으로 효모의 아미노산 또는 당 대사 때 생성되는 향기 성분이다.

에스터의 경우는 그 농도가 8,820~20,818 ㎍/L까지 차이가 나며 특히 주요 에스터류(에틸아세테이트, 이소부틸아세테이트, 이소아밀아세테이트, 2-페닐에틸아세테이트)는 효모 종류 간 차이를 보인다. 중국 약주의 간장 향은 3-메틸티올프로판올에 기인하는데 이 성분은 와인에서 이취로 간주된다.

[표 6-3] 효모 종류에 따른 중국 약주의 향기 특성 비교

| 향기 성분 | 향기 특성 | 역치 (μg/L) | 효모별 아로마가 1 이상인 성분 | | | | | | | |
|---|---|---|---|---|---|---|---|---|---|---|
| | | | 약주 A | 약주 B | 약주 C | 약주 D | 약주 E | 약주 F | 약주 G | 약주 H |
| 고급 알코올류 | | | | | | | | | | |
| Isobutanol | 알코올취 | 40,000 | 2.4 | 2.2 | 2.1 | 1.8 | 2.0 | 2.1 | 1.9 | 2.0 |
| Isoamyl alcohol | 매니퀴어취 | 30,000 | 6.1 | 6.5 | 5.0 | 5.7 | 4.8 | 5.5 | 4.8 | 5.1 |
| Phenyl ethanol | 장미 향 | 14000 | 6.0 | 7.0 | 9.9 | 10.9 | 8.8 | 6.9 | 9.5 | 8.7 |
| 에스터류 | | | | | | | | | | |
| Ethyl acetate | 과실 향, 용매취 | 7,500 | 1.4 | 1.2 | 2.3 | 2.8 | 1.6 | 1.7 | 1.9 | 2.4 |
| 3-methylbutyl acetate | 배 향, 바나나 향 | 30 | 3.4 | 2.9 | 2.0 | 2.9 | 1.9 | 1.8 | 2.2 | 2.3 |
| Ethyl butanoate | 꽃 향, 과실 향 | 20 | 4.5 | 5.1 | 9.2 | 15.7 | 8.3 | 8.4 | 8.4 | 12.3 |
| Ethyl caproate | 사과 향 | 14 | 6.8 | 8.2 | 9.6 | 11.4 | 10.2 | 10.0 | 9.2 | 10.0 |
| Ethyl octanoate | 비누취 | 5 | 12.5 | 10.0 | 13.0 | 9.2 | 11.0 | 11.0 | 7.4 | 8.5 |
| Ethyl decanoate | 꽃 향 | 200 | 4.0 | 4.2 | 7.5 | 5.4 | 7.1 | 6.0 | 6.3 | 6.8 |
| 유기산류 | | | | | | | | | | |
| Acetic acid | 식초 향 | 200,000 | 1.6 | 1.6 | 1.4 | 1.3 | 1.5 | 2.0 | 1.2 | 1.2 |
| 2-methylpropanoic acid | 부패취, 쉰내 | 2300 | 2.1 | 2.0 | 1.6 | 1.5 | 1.7 | 1.7 | 1.4 | 1.6 |
| Butanoic acid | 부패취, 치즈 향 | 173 | 5.7 | 6.8 | 9.4 | 15.9 | 8.3 | 9.6 | 11.5 | 13.2 |
| 3-methylbutanoic acid | 부패취, 쉰내 | 33 | 3.07 | 28.6 | 27.2 | 29.2 | 24.3 | 54.3 | 27.5 | 34.0 |
| Hexanoic acid | 쉰내, 치즈 향 | 420 | 2.0 | 1.9 | 2.4 | 2.0 | 2.6 | 3.4 | 2.2 | 2.1 |
| 기타 | | | | | | | | | | |
| Phenylacetaldehyde | 꽃 향, 장미 향 | 1 | 35.7 | 23.7 | 47.1 | 49.8 | 42.8 | 56.3 | 34.8 | 44.8 |
| 3-methylthiopropanol | 간장 향 | 1,000 | 6.5 | 7.1 | 12.7 | 23.4 | 16.8 | 10.7 | 18.5 | 15.5 |
| γ-nonalactone | 코코넛 향 | 30 | 2.9 | 2.7 | 4.3 | 6.4 | 4.6 | 5.8 | 5.4 | - |

[표 6-4]는 밀 누룩 제조 지역에 따른 중국 약주 아로마 특성을 나타낸 것으로, 특히 아로마가 1 이상을 나타내는 아로마 성분을 중심으로 살펴보면 다음과 같다. 누룩을 띄운 지역에 따라 미생물의 분포도와 누룩 품질이 다르기 마련이고 이에 따라 제조된 약주의 아로마에도 영향을 미친다. 중국 약주에서는 알코올류와 에스터류가 가장 많이 확인되지만, 중국 약주 아로마와 직접적인 영향을 미치는지는 아로마가로 판단해야 한다. 각 지역에서 검출된 향기 성분 중에 아로마가 1 이상인 것이 1지역에서는 20가지, 2지역에서는 16가지 그리고 3지역에서는

11가지가 확인된다. 이들 향기 성분 중에 특히 이소아밀알코올, 1-옥텐-3-올, 에틸뷰티르산, 에틸아세테이트, 에틸카프로산, 에틸카프릴산, 3-메틸부탄산, 카프로산, 2-페닐에탄올, 페닐 아세트알데히드 및 1-헥스알데히드가 중국 약주 아로마에 영향을 가장 크게 미치는 성분으로 나타난다. 에틸에스터류는 발효 중에 에탄올과 지방산의 결합으로 생성된 것이고, 2-페닐에탄올과 페닐아세트알데히드는 밀이나 쌀 유래의 아미노산을 효모가 알코올 발효 중에 아미노산 생합성 과정에서 생성된 것이다. 이들 성분은 중국 약주 아로마에 영향을 미치는 성분으로 특히 페닐아세트알데히드는 일본 사케 향으로도 주요한 성분이고, 중국 약주에서는 밀 누룩에서 유래된 것으로 문헌에 보고되고 있다.

[표 6-4] 밀 누룩 제조 지역에 따른 중국의 약주 아로마 특성 비교

| 구분 | 역치 ($\mu$g/L) | 1지역 | | 2지역 | | 3지역 | |
|---|---|---|---|---|---|---|---|
| | | 농도 ($\mu$g/L) | 아로마가 | 농도 ($\mu$g/L) | 아로마가 | 농도 ($\mu$g/L) | 아로마가 |
| 1-propanol (알코올 향, 과일 향) | 36,000 | 45,600 | 1.27 | 18,353 | 0.51 | 22,211 | 0.62 |
| 2-methyl propanol (와인 향, 용매취) | 40,000 | 42,123 | 1.05 | 15 | 0.39 | 74,121 | 1.85 |
| 2-methyl butanol (단맛, 맥아 향) | 30,000 | 25,225 | 0.84 | 16,340 | 0.54 | 16,308 | 0.54 |
| Isoamyl alcohol (매니퀴어취) | 30,000 | 135,214 | 4.51 | 97,412 | 3.25 | 140,620 | 4.69 |
| 1-octen-3-ol (버섯 향) | 1 | 22 | 22.00 | 18 | 18.00 | 20 | 20.00 |
| Ethyl acetate (과일 향, 용매취) | 7,500 | 121,745 | 16.23 | 294,38 | 3.93 | 66,120 | 8.82 |
| Ethyl butanoate (파인애플 향) | 20 | 907 | 45.35 | 368 | 18.40 | 1,735 | 86.75 |
| 3-methylbutyl acetate (과일 향) | 30 | 151 | 5.03 | 21 | 0.70 | 173 | 5.77 |
| Ethyl pentanoate (사과 향, 견과류 향) | 10 | - | - | - | | 296 | 29.60 |
| Ethyl caproate (파인애플 향) | 5 | 89 | 17.80 | 49 | 9.80 | 178 | 35.60 |

| | | | | | | | |
|---|---|---|---|---|---|---|---|
| Ethyl caprylate (풋사과 향) | 2 | 112 | 56.00 | 90 | 45.00 | 97 | 48.50 |
| Acetic acid (초산취) | 200,000 | 307,788 | 1.54 | 97,841 | 0.49 | 142,059 | 0.71 |
| Butyrate (땀내) | 173 | 13,27 | 7.67 | - | | 1,531 | 8.85 |
| 3-methylbutanoic acid (치즈 향, 땀내) | 33.4 | 42,25 | 126.50 | 2,613 | 78.23 | 2,796 | 83.71 |
| Phenyl acetaldehyde (꿀 향) | 1 | 95 | 95.0 | 1,017 | 2.42 | 4,187 | 9.97 |
| Hexanoic acid (땀내) | 420 | 17,56 | 4.18 | 42 | 42.0 | 57 | 57.00 |
| Benzylalcohol (아몬드 향) | 1,000 | 10,31 | 1.03 | 489 | 0.90 | 6,722 | 6.72 |
| 2-phenylethanol (장미 향, 꿀 향) | 1,100 | 111,066 | 100.97 | 61,494 | 55.90 | 61,372 | 55.79 |
| Guaiacol (약품취, 훈연취) | 10 | 85 | 8.50 | - | | | |
| 1-hexaldehyde (갓 베어낸 풀취) | 5 | 21 | 4.20 | 11 | 2.20 | 31 | 6.20 |
| Furfural (견과류, 탄취) | 14,100 | 20,886 | 1.48 | 52,74 | 0.37 | 10,368 | 0.74 |
| furfuryl alcohol (탄내) | 2,000 | 6,869 | 3.43 | - | - | - | - |

# 3. 황주의 아로마

    중국 황주는 오랜 제조 역사를 지니고 있고 중국을 비롯한 아시아 지역에서 많은 소비가 되고 있는 중국의 대표적인 전통 약주이다. 황주는 중국 내 소비가 적은 편은 아니지만, 맥주나 백주에 비하면 시장이 매우 작다. 이를 황주의 향미 다양성과 개성이 부족한 것이 원인으로 황주 산업계에서는 지목하고 있다. 최근 중국 소비자도 황주 향미를 품질 기준으로 삼는 추세가 강해지면서 황주 향미 개선과 제품 간 차별화와 특성화를 위한 연구가 활발히 이루어지고 있다. 황주의 제조 기술은 기본적으로 우리나라 약주나 일본 사케와 크게 다르지 않지만 향미 개선을 위한 원료 전처리와 발효 과정은 주목할 필요가 있다.

## 1) 개요

    중국 황주의 제조 공정과 아로마 생성 및 특징을 보면 다음과 같다([그림 6-11]). 중국 황주는 전통 황주, 라이트 황주 및 스페셜 황주 등 3가지 타입으로 구분하며 각 타입은 사용하는 원료나 발효 공법이 다르다. 황주는 일반적으로 제조 공정이 3단계로 구성되는데, 쌀 침지 공정, 알코올 발효 공정 및 후처리 공정으로 나뉜다. 침지 공정에서는 산을 생성하는 미생물이 증식하여 쌀을 산성화한다. 이 산성화된 쌀은 알코올 발효 초기 술덧의 pH를 낮추고 잡균의 번식을 방지하여 원활한 알코올 발효가 진행되게 한다. 알코올 발효는 28℃에서 5일간 주발효를 진행하고, 이후 10~15℃에서 10~20일간 후발효를 진행한다. 주발효에서는 효모 증식을 통한 알코올 생성이 주목적이고, 후발효에서는 향기 성분을 축적하는 데 목적이 있다. 그리고 후처리 공정에서는 황주의 살균과 숙성이 이루어지며 특히 숙성을 통해 황주의 에스터 성분 형성을 유도한다.

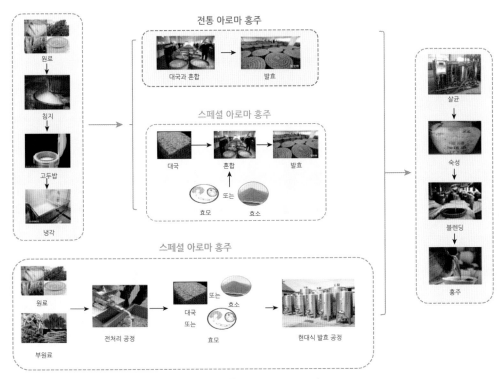

[그림 6-11] 황주의 제조 공정

## 2) 쌀 전처리과정과 아로마

황주에는 900여 종류의 아로마가 확인되며 이는 주로 에스터류, 알코올류, 케톤류, 알데히드류, 페놀류 및 산류로 구성되어 있다. 황주의 아로마 생성 기전을 보면 [그림 6-12]와 같다. 황주 향기 성분에 영향을 미치는 원료는 곡류이며, 곡류의 전분과 단백질은 술덧에서 미생물의 다양한 효소에 의해 포도당과 아미노산으로 분해되어 미생물의 증식과 대사에 이용된다. 황주에 사용되는 곡류 종류에 따라 성분 구성(전분, 단백질, 지방)에 차이가 있고 침지 등 곡류 전처리 과정에 따라 황주의 아로마에 영향을 미치게 된다.

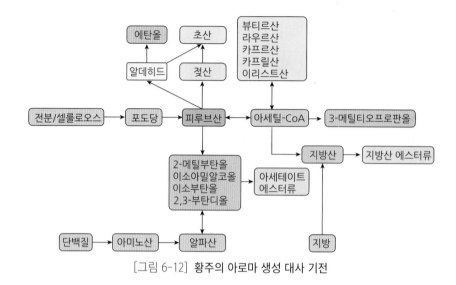

[그림 6-12] 황주의 아로마 생성 대사 기전

우선 고품질의 황주 제조에 사용되는 쌀은 아밀로펙틴 함량이 높고 단백질과 지방이 적은 것이 적합하다. 아밀로펙틴은 아밀로오스보다 전분 구조가 무질서하여 아로마 생성을 위해 미생물이 우선적으로 이용한다. 쌀의 품종, 크기, 아밀로오스와 아밀로펙틴의 비율과 다당체의 분자량 역시 중요하다. 이러한 이유로 황주 제조에는 대부분 아밀로펙틴으로 구성되어 있는 찹쌀이 이용된다. 그러나 찹쌀을 이용한 황주는 단가가 높고 강한 맛으로 인해 홍국 황주 또는 소홍주 등 전통 황주 제조에만 사용하고 일반 황주에는 자포니카형 멥쌀을 사용한다.

황주의 주요 향기 성분 중 하나인 2-페닐에틸알코올(장미 향)은 사용되는 원료에 영향을 받는데, 수수나 옥수수를 원료로 제조한 황주에서는 쌀을 이용한 황주에서보다 더 많이 생성된다. 이는 2-페닐에틸알코올 생성 원인 물질인 L-페닐알라닌이 수수나 옥수수에 더 많이 함유되어 있기 때문이다. 일반적으로 수수는 단백질의 함량이 높아 아미노산 비율도 높다. 또 수수 품종에 따른 탄닌 성분 함량 차이로 인해 증식하는 곰팡이의 분포도가 달라져 황주의 향미에 영향을 미친다. 황주의 향미 성분 중에 알코올류가 50%를 차지하고 그다음 에스터류가 그 뒤를 잇는다.

최근에는 황주 제조 시 전통적으로 사용했던 쌀, 수수 외에 보리, 귀리가루, 메밀 등도 원료로 사용하기 위한 연구가 진행되고 있다.

한편 황주 향미에 영향을 미치는 주요 요소는 앞서 설명한 바와 같이 곡류의 침지 과정이다. 이때 쌀을 며칠 동안 침지하여 침지액의 총 산도를 2~5g/L 도달하게 하는 것이 중요하다(여름에는 1~3일, 겨울에는 2~5일 소요). 침지하는 동안 침지액의 산도와 아미노산의 농도는 처음에는 서서히 증가한 이후 급격히 증가하는 현상을 보이고 당도는 감소하는 현상이 나타난다. 그러나 현재까지도 곡류의 침지 과정에 대한 표준화가 없어 황주의 향미가 일정하지 않은 현상들이 중국 황주에서도 나타난다.

최근에는 침지 시 발생하는 이러한 오염 방지를 위해 젖산균을 첨가하기도 하는데, 이러한 황주는 에스터 농도는 증가하고 고급 알코올 농도는 감소하여 부드러운 황주가 제조되는 것으로 문헌에 보고되고 있다. 일반적으로 침지에 사용된 물은 다음 침지 제조 공정에 재사용한다.

## 3) 미생물이 황주 아로마에 미치는 영향

황주 향미에 영향을 미치는 주요 요소 중 하나는 누룩이며, 이 누룩은 자연 방식으로 발효한 누룩과 곰팡이를 인위적으로 번식시킨 인공 누룩으로 분류된다. 자연 누룩은 밀 누룩으로서 다양한 황주에 풍부하고 복합 향을 부여하지만, 미생물의 분포도와 품질이 일정치 않아 황주 향미가 균일하지 못한 문제도 발생한다. 반대로 인공 누룩은 황주의 향미가 약해지는 문제가 나타난다. 최근에는 이러한 문제를 해결하기 위해 전통 누룩과 인공 누룩을 혼합하여 사용하는 방법을 황주 산업체에서 사용하는 추세이다. 또 효소를 첨가하여 누룩 제조 시 단가와 효율성을 높이는 방법도 시도하고 있다.

황주의 알코올 발효에는 양조용 효모(사카로마이세스 세레비지에)가 생성하는 발효 부산물만이 향미에 영향을 주는 것이 아니라 비양조용 효모(데바리오미세스, 이사첸키아, 메이로지마, 로도토룰라, 비카하모마이세스, 블라스토보트리스, 칸디다, 클라비스포라)들 역시 황주 향미에 긍정적인 영향을 미친다. 일례로 비양조용 효모는 아미노산(트립토판, L-페닐알라닌)을 티로솔, 트립티솔 및 2-페닐에탄올로 전환시켜 황주의 향미와 효모 증식에 영향을 준다.

일부 황주 제조에는 양조용 효모를 단일균으로 제조하는 경우가 있는데, 이때 황주의 향미가 단순해지는 현상이 나타나 황주 제조자들은 복합 향 생성을 위해 양조용 효모와 비양조용 효모를 혼합균 형태로 알코올 발효를 진행하는 것을 선호한다([그림 6-13]). 황주는 알코올 도수가 14~20도 정도이며 이때 효모는 스트레스 환경에 놓이게 되어 감패 현상이 나타나기도 한다. 현재 중국 황주 산업계에서는 일본의 사케 효모처럼 내산성이 강한 향미 강화용 효모와 하이브리드 기술을 황주 효모에 적용하는 기술을 시도하고 있다.

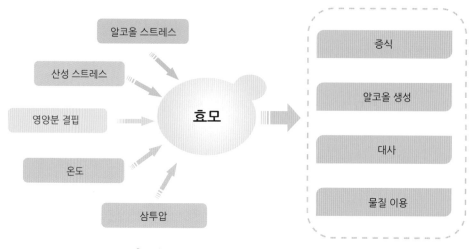

[그림 6-13] **효모와 발효 대사 부산물**

황주용 누룩에 존재하는 곰팡이는 주로 아스퍼질러스 균과 라이조푸스 균이지만 주로 아스퍼질러스 균이 지배종으로 자리한다. 이 곰팡이들은 다양한 효소 생성뿐 아니라 2-페닐에탄올, 에틸카프로산 및 에틸락테이트 등을 생성하여 황주 향미에 영향을 준다. 또 이미 언급한 바와 같이 세균들도 다량 존재하는데, 주로 젖산균(락토바실러스, 바실러스)이 지배종으로 존재하여 유기산과 황주의 향미에 영향을 미친다.

그리고 황주는 알코올 발효 후 80~90℃에서 15~30분 살균 과정을 진행하는데, 이러한 전통 방식은 황주의 색상과 아로마의 변화가 나타나는 등의 부작용이 많다. 최근에는 열처리 방식 대신 초고압 방식을 이용하며 황주의 향미를 개선하고 숙성 기간도 단축시키는 공법을 이용한다. 초고압 방식은 다른 일반 식품에서도 저장성 향상을 위해 사용하는 일반적인 방법인데 장비 가격이 고가여서 산업 현장 보급이 어려운 것이 단점이다.

한편 황주는 보통 1~3년 동안 도자기에서 숙성을 하는데, 이러한 자연 숙성 방식은 에너지 소비가 많고 황주 품질이 일정치 않은 문제점이 있다. 이에 따라 최근에는 스테인리스 스틸 용기를 이용하여 숙성을 진행하는 것이 일반적이다. 물론 숙성 용기에 따른 황주 향기 성분 간의 차이는 있다. 제조 후 병입된 약주는 향이 약하고 맛이 불균형하지만, 숙성을 통해 맛이 조화롭고 향이 풍부해진다. 이것은 숙성 중에 황주가 물리적 숙성(향기 성분 간의 수소결합·일부 휘발성 성분의 휘발)과 화학적 숙성(산화·에스터화·가수분해)에 의해 품질이 변하기 때문이다.

특히 약주 숙성 중에 바닐린, 이소아밀알코올, 소톨론, 벤즈알데히드 및 1,1-디에톡시에탄은 증가하는 반면, 4-비닐과이어콜과 메티오날은 감소하는 경향을 보인다. 미숙성 약주의 경우는 맛이 거칠고 쓴맛도 나면서 불쾌취가 나는 것이 일반적인데, 이는 특히 알코올의 농도가 높을 경우 두드러진다. 숙성 기간을 거치면서 물과 알코올과의 수소 결합이 강해지면서 점차 황주는 부드러워지게 된다. 또 산류와 알코올류의 결합으로 생성된 에스터로 인해 향미가 개선되는 효과가 나타난다. 이러한 숙성 효과는 다른 주류에서도 나타나는 일반적인 현상과 다르지 않다.

## 4) 숙성이 일반 약주의 아로마에 미치는 영향

[표 6-5]는 일반 약주를 숙성한 것과 숙성하지 않은 것과의 아로마 차이를 나타낸 것이다. 표에서 보는 바와 같이 미숙성 약주와 숙성 약주에서 아로마가 1 이상인 향기 성분은 각각 27 종류와 31 종류로 나타난다. 그중 3-메틸뷰티르산(아로마가 379), 1,1-디에톡시에탄(아로마가 134), 에틸뷰티르산(아로마가 70), 바닐린(아로마가 56), 뷰티르산(아로마가 51), 1-옥텐-3-원(아로마가 50), 에틸 3-메틸부탄산(아로마가 47), 3-메틸부탄알(아로마가 26) 및 소톨론(아로마가 23)이 숙성된 약주에서 주요 향기 성분으로 확인된다.

반면 미숙성 약주에서는 4-비닐과이어콜(아로마가 68), 메티오날(아로마가 35), 1-옥텐-3-원(아로마가 33), 디메틸트리설파이드(아로마가 18) 및 1,1-디에톡시에탄(아로마가 16)이 가장 많은 성분으로 검출된다. 그리고 숙성된 약주에서 일부 성분은(3-메틸부티르산, 1,1-디에톡시에탄, 에틸뷰티르산, 바닐린, 뷰티르산, 3-메틸부탄알, 소톨론, 3-메틸부틸아세테이트, 카프로산, 벤즈알데히드)은 미숙성 약주에서보다 5~56배가량 높게 나타나 숙성된 약주와 미숙성 된 약주와의 아로마 차이가 상당함을 알 수 있다.

그리고 일본 사케에서와 마찬가지로 중국 약주에서도 바닐라 향을 가장 중요시하며, 성분으로 밀 누룩으로 제조한 약주에서 바닐라 향이 효소 처리한 약주에서보다 더 많이 생성된다. 밀 누룩의 다양한 효소가 쌀에 있는 결합형 페룰산을 분리하는 역할을 한다. 이에 따라 중국 약주의 4-비닐과이어콜은 효모보다는 밀 누룩에 의해 더 많이 생성된다. 일반적으로 쌀에는 페룰산과 4-비닐과이어콜이 밀보다 적다.

[표 6-5] 중국 약주 숙성 중의 아로마 변화

| 향기 성분 | 역치(μg/L) | 농도(μg/L) | | 아로마가 | |
|---|---|---|---|---|---|
| | | 미숙성 | 숙성 | 미숙성 | 숙성 |
| 3-methyl butanoic acid | 33.4 | 337 | 12,600 | 10 | 379 |
| 1,1-diethoxyethane | 1,000 | 15,800 | 134,000 | 16 | 134 |
| Ethyl butanoate | 20 | 47.0 | 1,400 | 2 | 70 |
| Vanillin | 26 | 33.4 | 1,460 | 1 | 56 |
| Butanoic acid | 173 | 686 | 8,860 | 4 | 51 |
| 1-octen-3-one | 0.03 | 1.00 | 1.50 | 33 | 50 |
| Ethyl 3-methylbutanoate | 3 | 28.9 | 142 | 10 | 47 |
| Ethyl 2-methylbutanoate | 15 | 143 | 660 | 10 | 44 |
| Dimethyl trisulfide | 0.18 | 3.32 | 5.11 | 18 | 28 |
| 3-methybutanal | 120 | 139 | 3,090 | 1 | 26 |
| Sotolon | 9 | 27.9 | 207 | 3 | 23 |
| 3-methylbutyl acetate | 30 | 10.3 | 437 | 〈1 | 15 |
| Ethyl acetate | 12,264 | 47,600 | 145,000 | 4 | 12 |
| $\gamma$-nonalactone | 30 | 88.2 | 284 | 3 | 9 |
| $\beta$-phenylethyl alcohol | 8,500 | 83,800 | 69,400 | 10 | 8 |
| Caproic acid | 420 | 351 | 2,460 | 1 | 6 |
| Acetic acid | 200,000 | 455,000 | 113,0000 | 2 | 6 |
| Benzaldehyde | 990 | 150 | 5,560 | 〈1 | 6 |
| Phenol | 30 | 11.5 | 127 | 〈1 | 4 |
| Benzyl alcohol | 1,000 | 12.4 | 4,050 | 〈1 | 4 |
| Pheneyl acetaldehyde | 25 | 60.8 | 97.2 | 2 | 4 |
| Ethyl octanoate | 5 | 58.0 | 18.4 | 12 | 4 |
| 4-vinylguaiacol | 40 | 2,750 | 125 | 68 | 3 |
| Acetophenone | 65 | 26.5 | 219 | 〈1 | 3 |
| Ethyl caproate | 14 | 25.5 | 46.4 | 2 | 3 |
| 3-methyl butanol | 30,000 | 244,000 | 94,000 | 8 | 3 |
| 2-methyl propanoic acid | 2,300 | 11,900 | 5,400 | 5 | 2 |
| Ethyl 2-phenylacetate | 100 | 1.95 | 184 | 〈1 | 2 |
| 2,3-butanedione | 100 | 719 | 108 | 7 | 1 |
| Guaiacol | 9.5 | 9.2 | 9.40 | 1 | 1 |
| Methional | 0.5 | 17.6 | 0.48 | 35 | 1 |
| 2-methyl propanol | 40,000 | 62,700 | 17,000 | 2 | 〈1 |
| $\beta$-damascenone | 0.05 | 0.11 | - | 2 | 〈1 |

　한편 0~15년간 숙성 기간에 따른 일반 약주 향기 성분 변화를 보면 [그림 6-14]와 같다. 쌀의 페룰산에서 생성된 4-비닐과이어콜은 미숙성 약주에서 다량 확인되는데, 숙성 기간에 따라 그 농도는 감소하고 대신 바닐린 함량이 증가하는 현상을 보인다. 이는 4-비닐과이어콜이 숙성 중에 바닐린으로 전환됐기 때문이다.

　그리고 3-메틸부탄알, 벤즈알데히드 및 1,1-디에톡시에탄은 숙성 기간에 증가하는 현상을 보인다. 특히 1,1-디에톡시에탄은 에탄올과 알데히드의 결합으로 생성되는 성분으로 쉐리 와인이나 백주에서도 숙성 중에 생성되어 숙성주의 지표가 되는 물질이다.

　메티오날과 2,3-부탄디온은 숙성 중에 감소하는 경향을 보이는데, 메티오날은 숙성 중에 정량적으로는 두 번째로 가장 많이 검출되는 성분으로 미숙성 약주에서 아로마가 가장 높게 나타나는 물질이다(17.6 $\mu$g/L, 아로마가 35). 그러나 이 성분은 숙성을 거치면서 감소하여 10~15년 숙성된 약주에서는 그 농도가 1 $\mu$g/L 이하로 줄어든다. 디메틸디설파이드는 숙성 기간에 일정한 농도를 유지하는 반면, 일본 숙성 사케와 포트 와인에서 핵심적인 성분인 소톨론은 숙성 중에 증가하는 현상을 뚜렷이 보인다. 소톨론은 숙성 중에 아세트알데히드와 2-케토 뷰티르산과의 알돌축합 반응으로 생성된 물질이다.

　유기산 중에 3-메틸뷰티르산은 숙성 중에 증가하는 현상을 보인 반면, 뷰티르산과 카프로산은 숙성 연도에 따라 그 농도가 다르게 나타난다. 이와 같은 결과를 토대로 소톨론, 바닐린, 3-메틸부탄알 및 벤즈알데히드가 중국 숙성 약주의 가장 중요한 아로마로 문헌에 보고되고 있다.

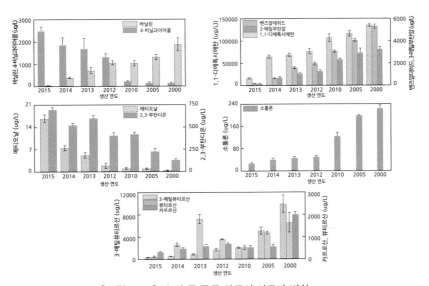

[그림 6-14] 숙성 중 중국 약주의 아로마 변화

최근에는 약주에 아미노산을 첨가하여 아로마 강화와 고급 약주 제조를 시도하는 연구도 진행 중이다. 아미노산은 효모가 알코올 발효 시 증식과 대사에 필요한 중요한 성분이며 약주의 아로마에도 영향을 미친다. 특히 아르기닌, 글루탐산 및 글루타민의 첨가를 통해 중국 약주의 아로마를 강화하는 효과는 보기도 한다. 예를 들면 고급 알코올류는 양적으로 중국 약주에 가장 많이 분포하는 성분으로 특히 상기 아미노산의 첨가에 따라 이소아밀알코올, 노르말프로판올, 이소부탄올, 노르말부탄올 및 2-부탄올의 증가가 뚜렷이 나타난다. 이에 따라 전체 고급 알코올류의 농도가 169mg/L에서 268mg/L로 증가하여 중국 약주의 향미를 강화시키는 효과를 보게 된다. 그리고 에스터류도 상기 아미노산 첨가에 따라 그 농도가 증가하여 중국 약주의 아로마에 긍정적인 영향을 끼치는 것으로 문헌에 보고되고 있다.

또 중국 약주 제조 시 알코올 발효 온도에 따라 아로마 성분 생성 정도가 달라지는데, 에탄올과 글리세롤은 23℃에서 가장 많이 생성되고 젖산과 초산은 33℃에서 가장 많이 생성되는 것으로 알려져 있다.

그리고 앞서 언급한 바와 같이 최근에는 알코올 발효 시 양조용 효모 단일균 사용보다는 비양조용 효모와 혼합 사용하여 약주의 향미를 개선하는 연구가 문헌에 다수 보고되고 있다. 그중 비양조용 효모를 양조용 효모와 병행하여 약주를 제조하는데, 이때 비양조용 효모를 알코올 발효 초기에 투입하고 1~3일 이후 양조용 효모를 투입하는 공법을 사용한다. 이러한 혼합균 투입으로 약주의 산도와 떫은맛을 감소시키고 질감을 강화하는 효과가 있다. 예를 들어, 양조용 효모(사카로마이세스 세레비지에)와 비양조용 효모(토룰라스포라 델부뤼키)를 혼합하여 약주를 제조하면 알코올 수율은 다소 낮아지지만 에스터류는 강화되어 꽃 향을 강화하는 데 효과가 있다. 그리고 한세니아스포라 우바리움과 혼용하면 중사슬 지방산 에틸에스터가 증가하는 효과를 볼 수 있다. 또 비커하모마이세스 아노말누스와 혼용하면 알코올류, 에스터류, 페닐에틸류 및 털핀류의 향기 성분이 370~766mg/L 수준으로 증가하여 약주의 그윽한 곡류 향이 풍부해지며, 특히 에틸아세테이트가 강화되는 것으로 알려져 있다.

이와 같이 중국 약주와 유럽의 와인 그리고 사케 제조에도 알코올 발효 시 특정 혼합균을 사용하여 술의 향미를 강화하는 기법을 실용화하는 추세로 우리나라 탁약주 제조와 향미 개선 차원에서 시사하는 바가 크다.

# 일본 사케의 향미

사케는 일본을 대표하는 전통주로서 쌀과 입국을 사용하여 제조하는 발효주이다. 1970년대에 비하면 일본 내 사케 소비가 당시의 1/4 수준으로 줄고 수출은 오히려 증가하는 현상이 나타나고 있다. 그러나 일본인들은 그간 사케를 글로벌 명주로 육성하기 위해 꾸준한 품질 개선과 다양화를 위해 나름 연구 개발에 힘을 쏟아왔다. 또 각 공정을 표준화하고 품질 지표를 설정하여 제품 관리 체계를 갖춘 점은 우리나라 탁약주 산업계에 시사하는 바가 크다. 중국도 일본의 사케 제조가 과학적이고 표준화된 공정에 힘입어 다양한 고품질 생산이 가능한 것으로 인정하고 있고, 이에 따라 중국 약주도 사케 제조 기술을 벤치마킹하려는 시도가 이어지고 있다.

사케는 기본적으로 쌀을 도정하는 부분과 사용하는 국 종류가 우리와는 다르지만, 쌀을 주원료로 하고 입국을 사용한다는 관점에서는 우리나라 탁약주 제조와 아로마 특성 설정에 참고할 만한 점이 많다. 이 장에서는 사케의 원료 처리, 제조 공정 및 효모 개량이 사케 향미에 미치는 영향을 중심으로 서술하기로 한다.

# 1. 개요

1300년의 역사를 지닌 일본 사케는 그 기원이 명확히 밝혀진 바가 없다. 중국 고서 《위지왜인전》(魏志倭人伝, AD 280~290)에 의하면 일본인들은 남녀노소 축제 때 사케를 즐기는 민족으로 기록하고 있다. 그리고 사케의 제조 기술은 남중국의 이민자들이 일본에 전한 것으로 일본 문헌에 기록되어 있다.

일본은 고대 중국으로부터 쌀 재배 농사법을 습득한 이후 쌀 전분 분해에 필요한 국 제조 기술이 없어 8세기까지는 타액을 이용하여 쌀 전분을 분해하는 기법을 이용하였다. 중국 고서 《제민요술》에 서술된 중국 누룩에 관한 기록을 보면, 고대 중국인들은 보리나 밀을 이용하여 물을 섞어 반죽하여 다양한 형태의 누룩을 제조하였다. 누룩 제조에 사용되는 곡류들중 증자한 밀가루, 무 증자한 밀가루, 볶은 밀가루를 서로 혼합하는 방식, 물로 반죽한 곡류에 배양된 누룩곰팡이를 섞는 방법 등 다양한 방식을 이용하였다. 이러한 제조법으로 인해 아스퍼질러스 속 균들은 증자한 곡류로 만든 누룩의 겉과 속에 지배종으로 자라나게 되고, 라이조푸스 속 균들은 무증자한 곡류로 만든 누룩의 겉과 속에 지배종으로 증식하게 된다. 또 아스퍼질러스와 라이조푸스 균들은 볶은 밀가루로 만든 누룩의 겉과 속에 자라나게 된다.

이렇게 곰팡이가 원료 처리 방식에 따라 선택적으로 자라나게 되는 이유는 라이조푸스속 균들의 경우는 무증자 쌀의 전분을 분해할 수는 있지만, 증자로 인해 변성된 쌀 단백질의 분해는 제한적이라 증식에 필요한 아미노산을 충분히 획득할 수 없기 때문이다. 반면 아스퍼질러스는 증자된 쌀의 단백질을 분해할 수는 있으나 무증자한 전분을 분해할 수 없어 필요한 당분을 획득하지 못하기 때문이다. 라이조푸스속 균들은 단백질 분해 효소(프로테아제, 펩티다아제)가 비교적 적어 변성된 단백질 분해가 제한적이다. 현대 중국 누룩 제조에도 무증자한 보리나 완두콩을 사용하는데, 라이조푸스와 무코어 곰팡이들이 지배종으로 자라나게 된다. 물론 누룩 제조 지역의 환경이나 사용한 원료 특성에 따라 증식하는 곰팡이는 예상과는 다르게 나타나는 경우도 많다.

고대 중국의 누룩을 이용한 제조법이 사케 제조에 응용되었는지는 불명확하나 일본 사케 제조법은 남중국으로부터 일본으로 전해졌다는 것이 정설이다. 아스카나라 시대와 헤이안 시대(5~8세기)에 황실에 거대한 공예 공장을 세워 공예에 전념했다. 당시 많은 기술자와 노동자들이 그들에 고용되어 모든 분야의 실용적 기술을 독점하고 있었다. 이런 공장에서도 양조장이 지어졌고 사케는 당시의 기술을 이용해 양조되었다. 헤이안 시대(8세기 이후)에 사케는 지역 의식이나 연회에 사용하기 위해 중요한 물자였고, 사케노츠카사는 사케 양조장이자 황실의 감독청이었다. 일부 사케는 황제, 황실 그리고 귀족들을 위해 특별히 양조되기도 하였다. 당시의 사케 술덧은 10일 동안 야생 효모를 사용하여 4단 담금 발효를 하였고 여과 후 사케를 제조하였다.

당시의 문헌에 여러 종류의 사케 관련 내용을 기술한 내용을 보면, 당시 사람들은 사케가 너무 비싸서 마실 수 없었는데, 가마쿠라 시대(12~16세기)를 거쳐 후기 헤이안 시대와 무로마치 시대 사이에 사케는 사찰과 개인 양조장에서 생산되면서 대중화되고 인기 있는 알코올 음료로 자리매김하게 된다. 12세기에 봉건 정부는 치안 유지를 위해 여러 차례 술 금지법을 발표하기도 하고 경찰관들은 도시 전역에 사케 창고를 파괴한 것으로 기록되어 있다.

사케 제조는 본래 사케 제조 기술을 보유한 관료들만이 제조하도록 규정되어 있었다. 이후 사케 기술은 수도사들에 의해 유지되었고 사케 산업화는 1603~1867년 사이에 비로소 이루어지게 된다. 그리고 남일본에서 동일본으로의 사케 수송을 위해 사케 제조 기술과 살균 기술이 급속도로 발달하게 된 계기가 되었다. 당시 사케의 저온살균 기술은 서양의 파스퇴르 저온살균법이 개발되기 이전부터 시작된 기술로 일본 학계에서는 기록하고 있다.

한편 메이지 시대 이후 유럽의 맥주 양조 기술을 바탕으로 사케 양조 방식이 크게 바뀌는 일대 전환기를 맞게 된다. 그러나 사케 제조에는 맥주 제조와 관련 없는 곰팡이에 대한 지식과 이를 이용한 입국 제조 기술이 부족하였다. 이에 일본 양조장들은 유럽의 맥주 양조 기술과 일본의 오래된 전통 기술을 접목한 사케 생산 기술을 개발하기에 이른다. 오늘날 일본은 쌀 도정 기술, 우수한 양조용 사케 효모 그리고 첨단 양조 기술에 힘입어 사케를 보르도 와인에 견줄만한 품질로 향상할 수 있었던 것으로 여기고 있고, 사케 품질에 대한 기술적 자부심과 더불어 문화적 긍지를 가지고 있다.

# 2. 사케의 원료

## 1) 물

물은 사케의 80%를 차지하며 원료로서뿐 아니라 쌀 침지, 세척 및 용기 세척수 등으로 사용되는데, 사케 1톤 제조에 물이 총 20,000~30,000리터가 소요된다. 사케에 사용되는 물은 무색, 무취, 무미하고 중성이나 약산성이 좋고 암모니아, 질산염과 유기물 등이 함유되어야 한다. 그러나 철분은 사케 색상 변화에 원인이 될 수 있으므로 필터나 활성탄 등으로 미리 처리한다.

## 2) 쌀

사케 제조에 사용되는 쌀은 우리나라와 같이 자포니카형 멥쌀을 사용하며 쌀알은 굵은 것을 사용한다. 보통 천립중(알곡 1,000개의 무게) 기준으로 25g 정도가 좋으며 특히 쌀 내부의 중심 부분에 심백 부분이 많고 전분질이 풍부한 쌀 품종을 사용한다. 쌀의 단백질과 지방은 사케 향에 매우 큰 영향을 미치는데, 이 성분들은 주로 전분이 함유된 배유층을 에워싸고 있는 호분층 부근에 분포하고 있어 쌀 도정을 통해 상당 부분 제거할 수 있다. 단백질의 함량은 쌀 침지 시 물 흡수 정도와 당화 효소에 의한 당분 생성 정도에도 연관이 있어 중요한 성분이다.

과거에는 사케 제조에 사케용 쌀과 식용 쌀을 혼용하여 사용해 왔다. 그러나 식용 쌀에는 입국 제조 시 곰팡이의 침투가 용이한 심백 부분이 적어 사케 제조에는 주로 심백 부분이 많은 사케용 쌀을 주로 사용한다. 쌀의 심백은 전분 함량이 적고 연하며 그 주위는 전분 함량이 많은 단단한 부분이다. 이러한 심백미는 입국 시 파정이 깊고 고두밥 제조 시 부드럽고 무른 연질미가 되어 입국 제조에 유리하다([그림 7-1]).

한편으로는 전분 중앙에 있는 심백 부분은 전분이 느슨한 구조이기 때문에 심백이 많으면 수분 흡수가 빠른 장점이 있으나, 심백은 견고성이 떨어져 도정 시 쌀이 부서지기 쉬워 증자 때 수분 흡수가 일정치 못하는 단점도 있다.

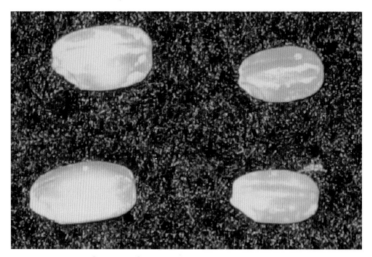

[그림 7-1] **사케용 쌀(좌)과 일반 쌀(우)**

사케용 쌀은 침지 때 수분 흡수율이 우수하고 단백질이 적고 당화가 쉬우며, 도정 시 쌀이 깨지지 않도록 견고성이 중요하다. 이 중 낮은 단백질이 가장 중요한 요소인데, 최근에는 늦게 수확한 식용 쌀이 단백질 함량이 낮고 입국 제조 시 곰팡이의 번식이 쉽고, 높은 도정률에도 쌀의 견고성이 좋아 고품질의 사케 제조에 사용되기도 한다.

## 3) 미생물

### (1) 곰팡이

사케 제조에 필수적인 입국은 곰팡이균인 아스퍼질러스 오리제(*Aspergillus oryzae*)를 증자한 쌀에 번식시킨 것이다. 사케 제조에 사용되는 아스퍼질러스 오리제는 아플라톡신을 생성하지 않는 곰팡이균이다.

입국 제조 과정 중에 곰팡이는 50여 종류의 효소들을 분비하는데, 그중 중요한 효소는 알파아밀라아제와 알파글루코아밀라아제이다. 또한 술덧의 pH가 3~4인 환경에서 쌀 단백질을 분해하는 효소인 산성 프로테아제와 알카리 프로테아제의 생성 역시 효모의 영양 성분인 아미노산과 펩타이드를 생성하기 때문에 매우 중요하다. 그러나 단백질 분해효소의 경우는 전분을 분해하는 알파 아밀라아제의 활성 부위를 결합하는 성질로 인해 전분 분해효소의 활성을 저해하는 특징을 가지고 있다.

## (2) 효모 육종과 아로마 생성

사케 제조에 사용되는 효모는 상면 효모인 사카로마이세스 세레비지에이며 맥주, 제빵, 와인 및 증류주 제조에도 널리 사용된다. 이 효모는 메이어(Meyer)에 의해 처음 발견되고 한젠(Hansen)에 의해 그 이름이 붙여지게 된다. 사케 효모는 다른 효모와는 다르게 내산성과 내당성이 강하고 낮은 pH에서도 알코올 생성이 왕성한 효모이다. 사케는 주원료인 쌀에서 발현되는 아로마가 적기 때문에 효모의 알코올 발효에 의한 아로마가 중요하며, 사케의 아로마는 맥주나 와인 아로마와 유사한 패턴을 보인다.

일반적으로 사케의 아로마는 꽃 향, 과실 향, 캐러멜 향 및 지방 향 등 4가지로 분류된다. 특히 과실 향은 소비자가 가장 선호하는 향이다. 따라서 최근에는 기존 효모를 돌연변이 시킨 변종 효모를 사케 제조에 사용하여 과실 향을 강하게 풍기는 사케를 제조하고 있다. 특히 파인애플 향을 풍기는 에틸카프로산과 바나나 향을 풍기는 이소아밀아세테이트를 많이 생성하는 효모를 주로 사용한다. 사케 제조 시 발효 온도 조절을 통해 효모 대사를 조정하여 사케 아로마 생성을 강화하는 시도로는 아로마 강화에 효과가 별로 없다. 따라서 효모 육종을 통해 개량된 효모 사용 이전에는 사케의 아로마를 강화하기가 어려웠다.

한편 사케에는 500여 종류의 향미 성분이 확인되는데, 사케 아로마 휠은 맥주와 와인 아로마 휠을 참고하여 제작되었고 4대 주요 향(과실 향·꽃 향·캐러멜 향·지방 향)을 중심으로 구성되어 있다([그림 7-2]). 일본 소비자는 과실 향의 조화로운 맛과 풍부한 향을 선호하는 반면 쓴맛에 대한 거부감이 강하다. 프리미엄 사케는 파인애플 향(에틸카프로산)과 바나나 향(이소아밀아세테이트)의 농도를 기준으로 평가한다. 이러한 아로마 강화를 위해 효모 돌연변이 또는 비양조용 효모를 양조용 효모와 혼합 발효하는 연구가 진행되고 있고 나름 성과를 거두고 있다.

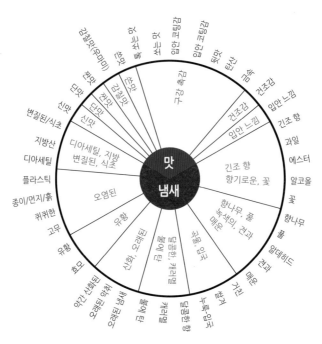

[그림 7-2] 사케 아로마 휠

양조용 효모에 의해 생성되는 주요 사케 아로마는 고급알코올류와 에스터류이다. 쌀에는 아미노산류 중에 특히 류이신과 발린이 부족하여 효모는 두 아미노산을 생합성해야 되는데, 이때 부산물로써 이소아밀알코올과 이소부틸알코올이 생성되게 된다. 그리고 에스터류는 전체 아로마에 비록 0.1%를 차지하지만 소량으로도 사케의 아로마에 큰 영향을 준다.

사케 효모의 육종 변천사를 보면 에도 시대(1603~1868년)까지는 사케 효모는 없었고 입국, 물, 쌀로만 사케를 제조하였다. 메이지 유신 초(1868~1912년)까지 효모와 알코올 발효에 대한 이해가 없어 단지 현미경을 이용하여 사케 효모를 자연환경이나 사케 술덧에서 분리하는 기술만 보유하였다. 이후 Yabe와 Kozai는 각각 1897년과 1900년에 사케 효모를 쌀짚에서 처음 발견하였고, Yabe는 사케 술덧에서 사케 효모를 발견하고 사카로마이세스 야배 (*Saccharomyces yabe*)로 명명하였다([그림 7-3]).

또 1895년 처음으로 쌀 입국에서 사케 효모(*Saccharomyces tokyo*, *Saccharomyces yedo*)를 발견해 독일 뮌헨공대 맥주연구소에 의뢰하여 균을 분리하고 명명하게 된다. 그러나 일본 양조학자들은 자연 유래의 효모로는 만족할 만한 효모가 없어 사케에서 순수 분리한 효모를 이용

하여 사케 전용 효모로 발전시켜 나가게 된다. 1906년에 사케 술덧에서 분리한 효모(Kyokai)
가 사케 제조에 가장 적합하여 양조장에 널리 사용되게 되고 현재의 상업용 사케 효모들은 이
효모의 자손으로 볼 수 있다.

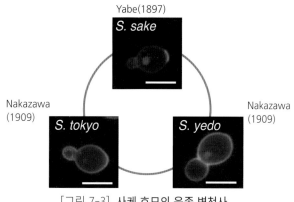

[그림 7-3] 사케 효모의 육종 변천사

일본 사케 효모는 기본적으로 반수체(haploid)로는 사용하지 않고 에스터류(이소아밀아세
테이트, 에틸카프로산)를 더 많이 생성시키기 위해 수정을 통해 이배체(diploid)로 전환한 후
사용하게 된다. 사케 효모 개량을 위해 사용하는 기법인 다양한 효모 육종 기술을 보면 다음
과 같다.

① 유성생식(sexual reproduction): 암수 개체가 생식세포를 만들고 그 생식세포가 다시
결합하여 새로운 개체가 되는 생식 방법

② 포자 형성(spoluation): 영양 포자나 진정 포자가 형성되게 하는 방법

③ 교잡(malting): 계통, 품종 및 종을 달리하는, 즉 유전자형을 달리하는 개체 간의 교배하
는 방법. 이것은 잡종을 만드는 변이를 창출해 내는 육종의 첫 단계이며 법으로 GMO
육종은 금지되어 있다. 교잡을 통해 프리미엄 긴죠 사케에서 아로마 강화되는 효과를
거두게 된다.

사케 효모의 육종은 알코올 발효 시 효모가 좋은 아로마는 더 많이 발현되도록 하고 이미
이취는 억제하는 데 목표를 두고 있다. 일본 사케 효모의 발전은 1935년 K6가 육종되면서 비
약적으로 발전하게 되는데, 에틸카바메이트를 생성하지 않는 효모 육종, 에틸카프로산 생성
을 유도하고 피루브산과 디아세틸의 생성은 억제하는 육종 그리고 알코올 내성이 강한 효모

육종 등이 대표적이다. 예로써 효모 K1601과 1701은 이소아밀아세테이트와 에틸카프로산을 다량 생성하고, K1901은 요소 생산이 억제되도록 육종된 효모이다([그림 7-4]).

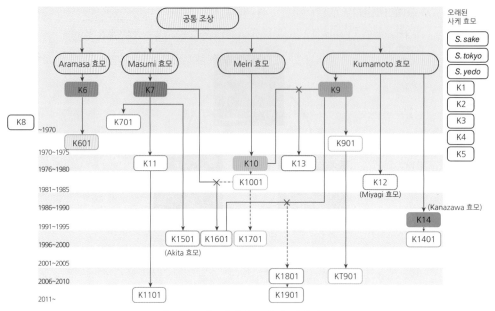

[그림 7-4] 사케 효모 육종 연대기

#### ① 알코올 내성이 강한 효모 육종

일반적으로 양조용 효모는 알코올 발효를 통해 알코올을 최대 18~20vol%가량 생성시키며 그 이상 생성시키는 효모는 아직 없다. 사케 효모도 보통 알코올을 최대 20vol%까지 생성하는데, 이 농도에서는 알코올 발효 후반에 효모의 자가분해가 나타나 효모 세포 내 아미노산 등 다양한 물질들이 술덧에 유출되어 사케 품질을 저하시키게 된다. 이에 따라 알코올 20vol% 이상에서 생존하는 돌연변이 효모를 분리하여 알코올 내성이 강한 효모로 육종하여 조상 효모보다 내성이 100배 강한 효모를 육종하게 된다. 육종된 효모로 제조된 사케에서 아미노산이 조상 효모를 이용한 사케에서보다 적게 검출된다. 이러한 돌연변이 효모는 스트레스 환경에 강한 유전자를 보유하고 있고 조상 효모의 세포벽과는 다른 세포벽의 구조를 띤다.

#### ② 에틸카프로산 생성이 강한 효모 육종

에틸카프로산은 파인애플 향 또는 익은 사과 향을 풍기며 프리미엄 긴죠 사케에 함유되어 있지만, 그 농도가 낮아 발효 공정 개선을 통해서는 그 함량을 늘리기는 어렵다. 이미 알려진 바와 같이 에틸카프로산은 에탄올과 카프로산의 에스터 결합으로 생성된다. 이러한 에탄올과 카프로산의 에스터 결합을 늘리기 위해서는 효모 내 지방산 합성 효소 생성을 저해하는 물질인 세룰레닌(cerulenin)에 내성이 강한 효모 육종이 필요하다. 즉 돌연변이(point mutation)를 통해 지방산 합성 효소인 Fas2 효소를 변이시켜 세룰레닌에 내성이 강한 효모를 육종하면 세룰레닌 내성형 돌연변이 효모가 된다. 실제 카프로산 또는 카프로일-CoA는 에탄올과 에스터 결합하여 에틸카프로산을 더 많이 생성하게 되어 아로마가 강화되는 효과를 내게 된다([그림 7-5]).

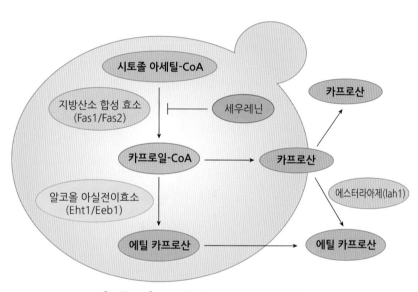

[그림 7-5] 효모의 에틸카프로산 합성 경로

③ 이소아밀아세테이트 생성이 강한 효모 육종

이소아밀아세테이트는 바나나 향을 풍기는 주요 아로마로서 이소아밀알코올과 아세틸-CoA가 효소에 의해 에스터 결합으로 생성된 것으로 긴죠 사케에서 확인된다. 효모 세포 내 류이신의 농도가 높으면 효소($\alpha$-isopropylmalate synthase)가 저해되어 이소아밀알코올이 적게 생성된다. 이에 따라 이소아밀알코올이 적게 생성되면서 돌연변이를 통해 류이신의 농도를 줄여 알파 이소프로필말산 합성 효소($\alpha$-isopropylmalate synthase)가 많이 생성되게 육종한다([그림 7-6]).

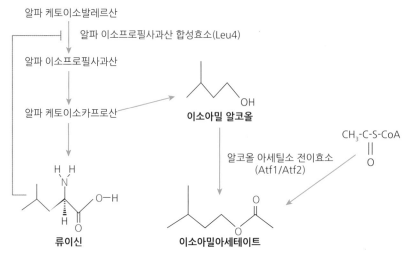

[그림 7-6] 효모의 이소아밀아세테이트 합성 경로

④ 요소 생성 결핍 효모 육종

에틸카바메이트는 발효식품에서 흔히 검출되는 발암물질로 숙성 중에 요소와 에탄올의 결합으로 생성되는 성분이다. 이 성분은 사케에서도 미량 검출되지만 유전공학 기술을 이용하여 효모 이배체 돌연변이를 통해 요소 생성을 차단하여 기존 사케의 향미에 영향을 미치지 않으면서 에틸카바메이트 생성을 차단하게 된다.

⑤ 티로솔 생성이 강한 효모 육종

티로솔은 과다하면 쓴맛을 부여하지만 사케 질감을 증강하는 효과가 있어 효모 육종을 통해 알코올 스트레스 환경에서도 티로솔 생성이 강한 효모를 사케 효모로 사용한다.

⑥ β-페닐에탄올 생성이 강한 효모 육종

β-페닐에탄올과 β-페닐에틸아세테이트는 장미 향을 부여하는데, β-페닐에탄올의 생성이 강한 효모 육종을 통해 페닐알라닌, β-페닐에탄올과 트립토판의 생성을 강화시키고 티로신의 함량은 감소시키는 육종을 한다.

⑦ 사과산 생성이 강한 효모 육종

사케의 유기산은 대부분 효모에 의해 생성되는데 유기산들은 역치 이상으로 검출되어 사케의 맛에 영향을 미친다. 유기산 중에 특히 사과산은 아삭한 신맛을 부여하기 때문에 사케에서는 주요한 유기산으로 여겨 사과산 생성이 강한 효모를 육종한다. 이를 위해 디메틸숙신산의 생성을 차단하거나 당 분해력을 낮추는 방식으로 육종을 한다.

⑧ 피루브산·α-이세토락테이트 생성 감소 효모 육종

알코올 발효 중에 생성된 피루브산은 사케에 잔존하여 디아세틸과 아세트알데히드를 생성하면서 이취를 부여하기 때문에 피루브산과 α-아세토락테이트 생성이 약한 효모 육종을 한다. 피루브산을 효모의 미토콘드리아로 이송하는 물질인 에틸-α-트랜스시아노계피산을 차단한 돌연변이 효모를 육종한다. 육종한 효모는 디아세틸의 전구물질인 α-아세토락테이트의 함량도 0.28mg/L에서 0.05gm/L 수준으로 감소시킨다. 이때 사케의 알코올 농도는 조상 효모와 돌연변이 효모와의 차이가 없으며, 이 육종 효모는 스파클링 사케 제조에도 응용되고 있다([그림 7-7]).

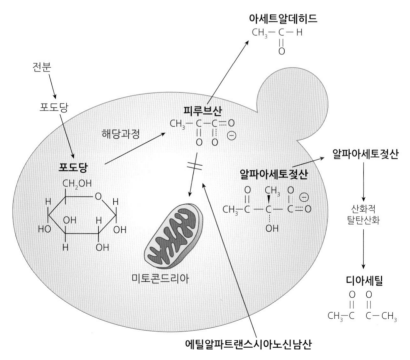

[그림 7-7] **피루브산·α-아세토락테이트의 생성 감소 효모 육종**

## (3) 젖산균

젖산균은 사케 제조에 중요한 세균이며 효모와 같이 포도당을 발효하는 그람양성균이고 구균 또는 간균 모양을 띤다. 또 이 균은 통성혐기성이며 포자를 형성하지 않는다. 앞서 설명한 바와 같이 젖산균에는 동형 발효 젖산균과 이형 발효 젖산균 등 2가지 유형이 있다. 동형 발효 젖산균은 1분자의 포도당으로부터 2분자의 젖산을 생성하는 반면, 이형 발효 젖산균은 1분자의 젖산, 1분자의 에탄올, 1분자의 초산 및 1분자의 이산화탄소를 생성한다. 일례로 류코노스톡 속은 이형 발효 구균 젖산균이고, 페디오코커스 균은 동형 발효 구균이며 락토바실러스는 간균이면서 동형과 이형 발효 두 종류가 있다.

한편 전통 사케 제조에는 젖산균이 개방형 용기에서 밑술 제조에 함유되어 잡균 방지 역할을 한다. 밑술 제조 시 류코노스톡 메센데로이데스(*Leuconostoc mesenteroides*) 균이 5℃ 이하에서 증식하고 거기에 이형 젖산 발효균인 락토바실러스 사케아이(*Lactobacillus sakei*) 균이 동반 증식하게 된다.

현재 젖산균은 300여 종류가 알려져 있다. 그중 알코올 내성이 강한 락토바실러스 프럭티보란스(*Lactobacillus fructivorans*)는 사케 오염균으로서 20도의 알코올과 열에 강해 살균 후에도 생존할 수 있는데, 이때 증식을 위해서는 아스퍼질러스 오리제가 생성한 메발론산(mevalonic acid)이 필요하다.

# 3. 사케 제조와 아로마 생성

　사케 제조 과정에서 효모가 알코올 발효 때 생성하는 주요 아로마는 황화합물, 유기산, 고급알코올류, 에스터류 및 카보닐 화합물 등 5종류이다. 이 중 사케에서는 과실 향을 풍기는 휘발성 에스터류가 중요하며, 특히 15℃에서 발효하면 에틸카프로산(파인애플 향)과 이소아밀알코올(바나나 향)의 농도를 극대화할 수 있다. 지방산 에스터인 에틸카프로산은 에틸카프로산은 긴죠 사케에서 주요한 품질지표이고 그 역치가 0.17~0.12㎎/L 정도이다.

　그리고 사케의 호박산과 사과산은 효모의 구연산회로를 통해 생성되는데 사케의 맛 균형에 주요한 성분이다. 일반적으로 긴죠 사케에 사용되는 쌀은 40%의 도정을 통해 쌀겨와 배유층의 일부를 깎은 쌀을 사용한다. [그림 7-8]은 사케 제조 공정을 나타낸 것으로 우리나라 약주 제조 과정과 매우 유사하다.

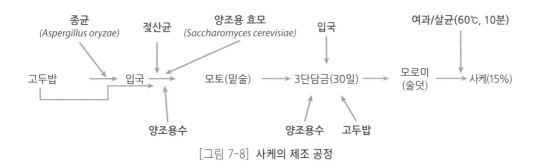

[그림 7-8] 사케의 제조 공정

## 1) 쌀 전처리

　백미는 현미의 쌀겨층(5%)과 배아(3%)를 제거한 것으로 정백도는 92% 수준이다. 이미 설명한 바와 같이 백미에 남아 있는 쌀겨층의 글리세리드(glyceride, 지방산+글리세롤의 에스터 화합물) 성분은 쌀의 지방분해 효소(lipase)에 의해 가수분해되어 퀴퀴한 냄새를 유발한다. 지방산은 다시 또 다른 지방분해 효소인 리폭시게나아제에 의해 산화되어 알데히드류 등의 생성으로 쌀의 품질을 저하시킨다. 따라서 산화된 쌀은 식용으로는 큰 문제는 없으나 주류용으로는 0.1%의 지방산만으로도 주류 향미에 부정적 영향을 미치게 된다. 우리나라 탁약주 제조에는 주로 백미를 사용하지만 일본 사케 제조에는 도정한 쌀을 사용하는 것이 일반적이다.

사케의 경우 쌀을 도정을 하는 이유는 이미 알려진 바와 같이 쌀겨층(종피, 호분층)에 함유된 단백질, 지질 및 미네랄에 의한 품질 저하를 방지하려는 목적이다. 쌀에 단백질이 많으면 맛이 거칠고 사케 숙성 중 아미노산에 의해 색상 변화가 생긴다. 따라서 사케용 쌀은 단백질이 적은 것이 적합하다.

단백질의 경우 도정율 50%까지만 감소하고 그 이상 도정해도 감소하지 않는 반면, 지방의 경우는 도정율에 따라 급속히 감소하게 된다. 일본 최고급 사케의 경우 도정율이 30% 이하인 경우도 있으며, 도정도가 높을수록 침지 시 수분 흡수가 빠르다([표 7-1]). 또 도정도가 높을수록 팽화된 옥수수취, 생쌀취, 마분지취 및 건초취가 증가하는 반면 쓴맛은 감소하고 단맛은 증가하게 된다.

최근에는 일본에서도 도정율에 따른 사케의 밋밋한 맛을 개선하고자 도정하지 않은 쌀을 이용해 사케를 제조하는 일부 양조장들도 등장하고 있다.

[표 7-1] 도정율에 따른 쌀의 구성 성분 변화

| 구분(%) | 도정율(%) | | | |
|---|---|---|---|---|
| | 100(현미) | 80(일반주) | 60(긴죠주) | 50(다이긴죠주) |
| 수분 | 13.5 | 13.3 | 11.0 | 10.5 |
| 단백질 | 6.55 | 5.12 | 4.06 | 3.8 |
| 지방 | 2.28 | 0.11 | 0.07 | 0.05 |
| 회분 | 1.00 | 0.25 | 0.20 | 0.15 |
| 전분 | 70.9 | 74.3 | 76.3 | 77.6 |

## 2) 세척과 침지

쌀의 세척과 침지는 증자하기 전에 실시하며 세척 중에 쌀끼리 부딪히며 부가적으로 1~35%가량 도정되는 효과가 있다. 세척된 쌀은 바로 침지 용기로 이송되어 침지를 시작하며 이때 쌀 무게 대비 25~30% 가량의 물이 흡수되게 된다. 물이 쌀 내부로 흡수되면서 쌀을 찔 때 열이 잘 전달되고 쌀의 호화를 촉진시킬 수 있다. 물의 흡수는 쌀 품종과 도정도에 따라 다르며 일반적인 쌀은 1~20시간, 부드러운 쌀은 1~3시간 소요된다. 도정도가 높은 쌀은 물 흡수가 빠르며 침지 중에 칼륨과 당분은 감소하고 칼슘과 철분 이온은 쌀 표면에 흡착된다.

## 3) 증자

증자 시 전분은 호화되고 단백질은 변성되며 증자 시간은 보통 30~60분가량 소요된다. 증자 과정 중에 수분이 쌀 무게 대비 7~12%가량 증가하게 된다. 증자된 쌀은 밑술과 덧술에 사용되며 냉각기를 통해 냉각한다.

## 4) 밑술과 알코올 발효

알코올 발효 시 필요한 입국은 아스퍼질러스 오리제를 증자한 쌀에 고루 뿌리고 34~36℃에서 5~6일간 배양하여 다양한 효소들이 생성되게 한 것이다. 입국 제조 시 낮은 배양 온도 (30℃)에서는 단백질 분해효소가 그리고 고온(42℃)에서는 아밀라아제가 더 많이 생성된다. 아스퍼질러스 오리제가 생성하는 효소는 글루코아밀라아제와 $\alpha$-아밀라아제이다. 글루코아밀라아제는 아스퍼질러스 오리제가 쌀의 내부로 침투하면 합성되는 반면, $\alpha$-아밀라아제는 쌀 표면에서 합성된다. 이때 두 효소가 균형 있게 합성되는 것이 중요하다.

한편 전통 사케 제조 방식에서의 밑술은 술덧에 필요한 효모를 증식시키고 밑술 제조 시 발생할 수 있는 잡균 오염 방지를 위한 젖산 생성을 목적으로 한다. 전통 사케 제조법에서는 효모는 건조 효모를 사용하고 밑술의 젖산 생성은 자연적인 젖산균을 이용하여 젖산 생성을 유도한다. 반면 현대식 제조법에서는 젖산을 첨가하는 방식을 이용한다. 밑술에 사용하는 쌀의 양은 보통 술덧의 7% 수준이다.

고대 사케 밑술 제조 방식을 개량한 전통 방식의 사케 밑술 제조 방법을 살펴보면 다음과 같다(그림00). 우선 증자한 쌀 120kg에 국 60kg과 물 120리터를 혼합하여 13~14℃에서 3~4일간 교반한다. 이 기간에 밑술에서 당화가 이루어지며 이때 온도를 7~8℃로 낮춘다. 이후 온수를 부어 밑술 온도를 하루에 1℃씩 상승시켜 10일간 14℃가 유지되도록 한다.

밑술 제조 시 발생하는 미생물 천이를 보면([그림 7-9]), 우선 질산염 감소 세균(슈도모나스, 에어로박터, 아크로모박터)과 산막 형성 효모는 물에서 비롯된 질산염을 아질산염으로 전환하고 아질산염은 밑술의 좋지 않은 비양조용 효모를 사멸시키는 역할을 한다. 질산염이 제거되면 입국 유래의 젖산균(류코노스톡 메센테로이데스, 락토바실러스 사케아이)이 밑술에서 증식하기 시작하며 젖산균은 pH를 낮춰 밑술과 발효 초기의 잡균 오염을 억제하는 역할을 한다. 이 시기에 당도와 산도가 높아지면서 양조용 효모에 의한 알코올 발효가 술덧에서 원활하게 이루어진다.

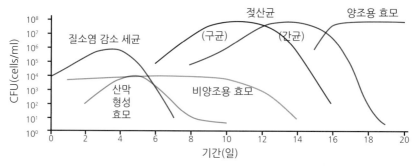

[그림 7-9] 고대 사케의 밑술 제조 방법

한편 현대식 밑술 제조법에서는 젖산을 인위적으로 첨가하여 잡균 오염을 방지하고 밑술 제조 온도(18~22℃)를 높여 밑술 제조 기간을 단축한다. 젖산을 물 100리터 기준 700mL 첨가하여 밑술의 pH를 3.6~3.8로 조정하여 사용한다.

덧술의 경우는 원활한 효모 증식과 잡균 오염 방지가 목적이며 발효 초기에는 효모 증식과 잡균 증식 억제를 위해 저온(7~8℃)을 유지한다. 또 효모가 충분히 증식한 발효 중기 정도에 온도를 14~16℃로 올려 당화와 알코올 발효가 원활히 진행되도록 한다. 이때 발효 온도는 단계적으로 낮추는 것이 원칙인데 저온 발효(10~18℃) 시 고급알코올 및 다른 아로마 성분이 휘발되지 않는 장점이 있다. 일반적으로 저온 발효 시에는 에틸카프로산이 이소아밀아세테이트보다 더 많이 생성된다. 특히 고급 사케는 도정율이 40% 이상인 쌀을 이용한 경우이며 이때 에틸카프로산의 농도가 품질 지표가 된다.

3. 사케 제조와 아로마 생성 **409**

## 5) 사케 숙성과 아로마

사케 숙성 중에 변화하는 아로마가 1 이상인 핵심 아로마는 3-메틸부탄알, 메티오날, 벤즈알데히드 및 디메틸트리설파이드로 나타난다([표 7-2]). 이 중 숙성 전 사케에 비해 디메틸트리설파이드의 농도가 증가하여 아로마가가 가장 높은 값을 보이는 것으로 문헌에 보고되고 있다. 이 성분은 숙성된 사케에서 유황취와 삶은 채소취 등 이취를 유발하는데, 소톨론을 첨가하면(1.6㎍ 디메틸트리설파이드에 140㎍ 소톨론 첨가) 이취를 마스킹할 수 있는 것으로 알려져 있다. 디메틸트리설파이드가 숙성 중 증가하는 현상은 일본에서는 아직 학술적으로 규명하지 못했으나, 메티오날의 분해물인 메티네티올의 산화를 원인으로 추정하고 있다. 그리고 숙성후 3-메틸부탄올의 함량도 증가 폭이 큰 것으로 확인된다. 그 외 사케 숙성 기간에 따라 다양한 성분들이 감소 또는 증가하는 현상을 보여 숙성 사케 전후의 품질은 매우 다르게 나타난다.

[표 7-2] 사케 숙성에 따른 주요 아로마 변화

| 아로마 성분 | 농도 (㎍/L) | 숙성 사케(㎍/L) | | 아로마가 | |
|---|---|---|---|---|---|
| | | 최소(2년) | 최대(35년) | 최소 | 최대 |
| 2-methyl propanal(짚취) | 1,000 | 8 | 364 | 〈0.1 | 0.4 |
| 2-methyl butanal(로스팅 향) | 1,500 | 극미량 | 996 | 〈0.1 | 0.3 |
| 3-methyl butanal(미숙성 사케에서 이취, 풀취) | 120 | 55 | 722 | 0.5 | 6.0 |
| Methional(감자칩 향) | 10 | 극미량 | 17 | 〈0.1 | 1.7 |
| Benzaldehyd(아몬드 향) | 990 | 77 | 1,067 | 〈0.1 | 1.1 |
| Phenyl acetaldehyde(꿀 향) | 25 | 1.1 | 15 | 〈0.1 | 0.6 |
| Dimethyl disulfide(불쾌한 마늘취) | 7 | 0.11 | 5.6 | 〈0.1 | 0.8 |
| Dimethyl trisulfide(썩은취) | 0.18 | 0.04 | 2.4 | 〈0.2 | 14 |
| Ethyl-2-methylbutyrate(자두 향, 파인애플 향) | 7,200 | 0.8 | 11 | 〈0.1 | 0.1 |
| Ethyl-3-methylbutyrate(파인애플 향) | 18,200 | 1.6 | 24 | 〈0.1 | 0.2 |
| Diethyl succinate(과일 향) | 100,000 | 76 | 11,424 | 〈0.1 | 0.1 |
| Ethyl phenylacetate(과실 향) | 100 | 1.5 | 25 | 〈0.1 | 0.3 |
| Isoamyl acetate(바나나 향) | 300 | 50 | 1,531 | 〈0.2 | 5.7 |
| Phenethyl acetate(산딸기 향) | 3,000 | 10 | 865 | 〈0.1 | 0.3 |

그리고 사케 숙성 중 알데히드류의 변화를 예를 들어 살펴보면([그림 7-10]), 2-메틸부탄알, 3-메틸부탄알 및 페닐아세트알데히드 모두 숙성 기간이 늘어나면서 증가하는 것으로 나타난다. 이와 같은 알데히드류의 숙성 중 증가는 맥주에서도 마찬가지이다. 메티오날은 1974년도를 제외하곤 숙성 기간에 따라 증가하며, 벤즈알데히드는 숙성 기간 8년차에 가장 높은 농도를 보이다 다시 감소하는 현상을 보인다.

3-메틸부탄알은 풀취나 견과류 향을 풍겨 비살균 사케에서는 이취로 간주되는 성분이며, 살균 후 숙성을 통해 증가하는데 그 원인에 대해서는 학술적으로 해석된 바가 아직 없다. 메티오날의 농도는 숙성 과정 중 높지 않으나 숙성된 사케 아로마 전반에 영향을 미치는 것으로 보인다. 이 성분은 오염된 와인에서 흔히 검출되는 성분이다. 3-메틸부탄알은 소톨론(캐러멜향)을 첨가하여 마스킹하면 이취를 감소시키는 것으로 문헌에 보고되고 있다.

벤즈알데히드의 경우는 숙성 8년차 이후 그 농도가 감소하는데, 그 이유는 벤즈알데히드의 산화 및 에스터화에 따라 에틸벤조산으로 변한 것으로 추정하고 있다.

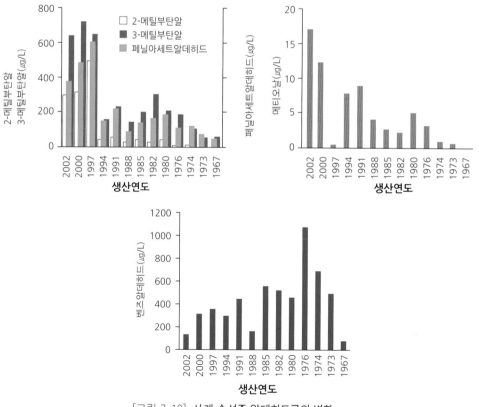

[그림 7-10] 사케 숙성중 알데히드류의 변화

[그림 7-11]은 사케 숙성 중 에스터류의 성분 변화를 나타낸 것이다. 에스터류 중에 2-메틸뷰티르산, 에틸 3-메틸뷰티르산, 에틸페닐아세테이트 및 디에틸숙신산은 숙성 중 증가하는 것으로 나타나는데, 이러한 현상은 맥주에서도 동일하게 나타나는 현상이다. 그러나 상기 에스터류는 아로마가 1 이하로 사케 아로마에는 별 영향이 없다.

그리고 바나나 향을 부여하는 이소아밀아세테이트는 미숙성 사케에서는 아로마가가 6에서 숙성 후에는 0.2로 감소되고, 장미 향과 파인애플 향을 내는 페닐에틸아세테이트와 에틸카프로산 역시 숙성 후 그 농도가 감소하는 것으로 나타난다. 이러한 에스터류의 감소는 숙성 사케 향미에 부정적인 영향을 미치게 된다.

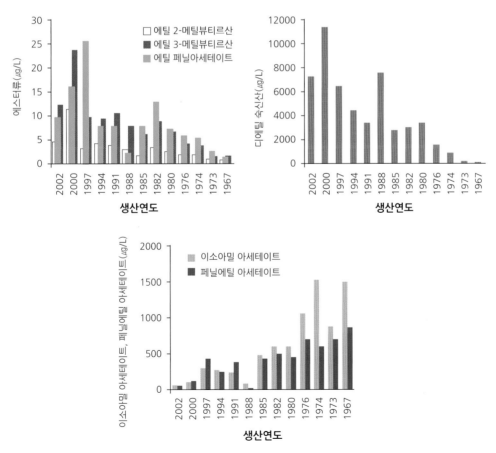

[그림 7-11] 사케 숙성 중 에스터류의 변화

한편 사케를 숙성하면 마이얄 반응에 의한 색상이 어두워지면서 숙성에 따라 푸르푸랄의 농도가 증가하는 반면 쉐리 향이 강해지고 장기 숙성의 경우 초콜릿 향이 나타난다([그림 7-12]). 이와 별도로 숙성 중의 사케는 다른 주류에서와 마찬가지로 알코올과 물과의 수소결합이 강해짐에 따라 맛이 조화롭고 부드러워지게 된다.

| 10년 숙성 | 5년 숙성 | 3년 숙성 | 6개월 숙성 |

[그림 7-12] 사케 숙성 시 색상 변화

# 4. 사케의 이미 이취

이미 기술한 바와 같이 사케의 소비는 70년대에 비해 대폭 감소하였고 일본의 노령층의 소비가 젊은층의 3배에 달한다. 그리고 현대 일본 소비자는 사케의 쓴맛을 가장 싫어하며 향을 중시하는 것으로 나타난다. 이러한 일본 내 소비자들의 소비 경향에 맞춰 사케 제조사들은 사케의 이미 이취 저감화에 연구를 집중하고 있다. 사케의 이미 이취는 주로 황화합물취, 효모취, 디아세틸취, 쓴맛 및 균일하지 않은 질감 등이다([그림 7-13]).

산소 관련 성분

산소 관련 성분
3-메틸부탄알
2-메틸부탄알
벤즈알데히드
페닐 에탄알

열 관련 성분
2-푸르푸랄
니콘틴산 에틸에스터
감마 노나락톤
메티오날

산소 및 열 관련 성분
3-메틸부탄-2-온
2-아세틸퓨란
2-프로피오닐퓨란

발효제 관련 성분
2,4,6-트리클로로아니졸
2,4,6-트리브로모아니졸

[그림 7-13] 사케의 주요 이미 이취 성분

사케의 쓴맛은 퓨란류, 케톤류와 연관이 있으며 퓨란류는 열처리 과정에서 주로 생성된다. 퓨란류 중에는 특히 2-옥틸퓨란과 에타논이 쓴맛과 관련이 있고, 케톤류 중에는 2-펜타논 및 2-사이클로헥센-1-원 성분이 쓴맛과 연관이 있는 것으로 알려져 있다.

사케의 중사슬 지방산 에틸에스터류는 고품질 사케에서 산뜻한 꽃 향과 과실 향을 부여하는 주요한 향미 성분이다. 그러나 중사슬 지방산 에틸에스터의 전구물질인 중사슬 지방산(카프로산, 카프릴산)은 사케에서 지방취와 불쾌취를 나타낸다. 또 고급 사케에서 불쾌취가 나타나는 경우는 카프로산과 카프릴산이 각각 34.1mg/L, 8mg/L 수준으로 나타난다. 그리고 카프로산과 카프릴산과의 비율에 따라 사케 쓴맛 정도가 다르게 나타난다.

페놀 성분 역시 사케의 이취 원인이 되는데, 4-비닐과이어콜은 사케의 이취 성분으로 쌀의 페룰산이 세균(바실러스 속과 스타필로코커스 속)의 효소에 의해 분리·생성된 것이다. 이 성분은 입국의 곰팡이나 일부 사케 효모에 의해서는 생성되지 않는다. 일본 소주 제조 시 증류 과정에서 열작용에 의해 산성 조건에 생성되기도 한다. 과이어콜과 4-비닐과이어콜은 역치가 각각 14.6μg/L, 141μg/L이며 과이어콜이 아로마가가 가장 높게 나타난다.

한편 긴죠 사케들에서 이미 이취가 생성되는 대사 경로를 보면 [그림 7-14]와 같다. 해당과정의 초기 단계에서 발생하는 포도당과 포도당 6-인산염의 패턴은 유사하지만(그림 4B), 글리세롤 3-인산염, 피루브산 및 젖산 등 후기 단계 생성물은 사케 종류에 따라 다양하게 나타난다. 그리고 일부 제품을 제외하고는 이취가 나는 사케에서는 피루브산 수치가 극히 낮게 나타난다. 잘 알려진 바와 같이 피루브산은 해당과정의 마지막 단계 성분일 뿐만 아니라 효모의 알코올 발효의 중심 성분이다([그림 7-14 A]). 긴죠 사케에서는 피루브산의 농도는 사케의 맛, 질감과 깊은 상관관계가 있다. 일례로 일부 이취가 나는 사케([그림 7-14 B])에서 피루브산이 많이 감소하는 것이 발견되는데, 이는 특정 이취 성분이 효모 활성을 저해하여 피루브산의 손실이 나타난 것으로 문헌에 보고 되고 있다.

그리고 [그림 7-14 A]에서 묘사된 바와 같이 젖산은 일반적으로 긴죠 사케(슈보)의 밑술에 첨가된다. 젖산 수치는 대부분의 사케에서 거의 같지만 농도는 B6와 C2 사케 샘플에서 확실히 더 높게 나타난다.

[그림 7-14 C]는 효모가 구연산 회로(TCA)상에서 생성한 발효 부산물을 나타낸 것이다. 구연산회로와 관련된 시스 아코니트산과 이소시트르산 모두 이취가 나는 사케([그림 7-14 C])에서 더 높은 것으로 확인된다. 이때 검출된 시스 아코니트산과 이소시트르산의 농도는 비슷한 수치를 보인다([그림 7-14 C]). 그리고 2-옥소글루타르산과 푸마르산의 농도는 서로 완전히 다른데, 고품질 사케에서는 2-옥소글루타르산 농도가 높게 나타나는 반면, 저품질 사케에서는 푸마르산의 농도가 높게 검출된다([그림 7-14 C]). 마찬가지로 피리독신과 피리독사민 수치도 긴죠 사케 품질과 높은 상관관계가 있는 것으로 문헌에 보고되고 있다([그림 7-14 D]).

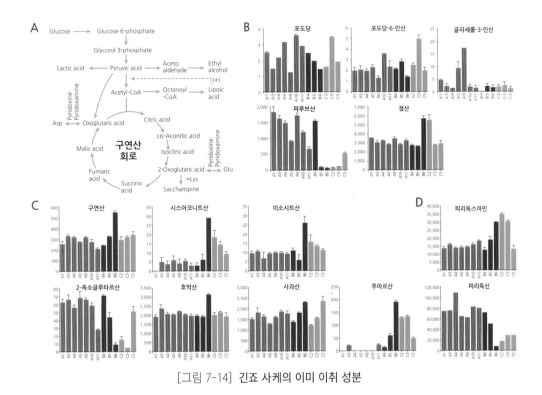

[그림 7-14] 긴죠 사케의 이미 이취 성분

[그림 7-15]는 사케에서 분석된 성분을 기준으로 한 사케 종류별 품질 차이를 나타낸 것으로 사케 이미 이취를 쓴맛과 지방산취를 기준으로 표기한 것이다. 쓴맛과 관련된 성분은 카다베린, 아그마틴, *N*-메틸푸트레신, 푸트레신 및 히스타민 등이다. 그 외 핵산 유도체들도 쓴맛과 연관이 있는 것으로 나타난다. 이와 같이 사케의 쓴맛은 대부분 아민류와 관련된 물질이 원인인 것으로 문헌에 보고되고 있다.

또 쓴맛과 이취는 구연산, 아코니트산 및 이소시트산과 연관이 있으며, 입국 제조에 사용된 아스퍼질러스 오리제는 구연산을 많이 생성하는데, 사케에서의 이취와 쓴맛은 입국의 이런 구연산의 함량과도 관련이 있는 것으로 알려져 있다.

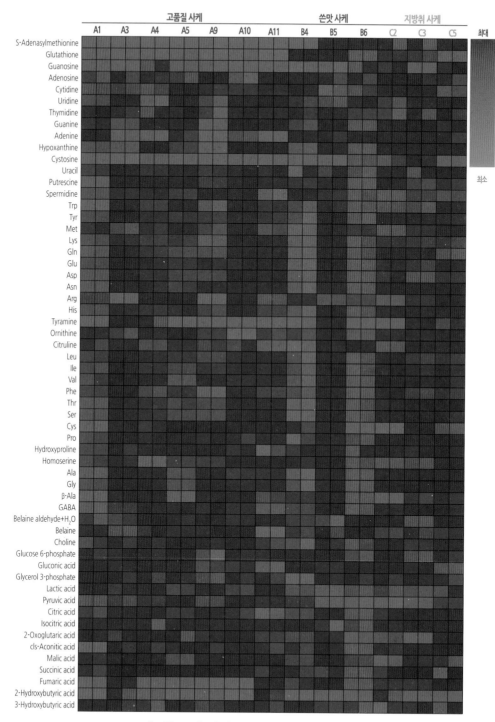

[그림 7-15] 사케 품질별 이미 이취 성분

한편 고급 사케에서는 피리독신, 글루타민산-글루타민산, 알파케토글루타르산, 피루브산, 옥타파민, 류이신-류이신-트립토판, 트립토판-아르기닌, 메발로락톤, 2-데옥시시티딘, 에탄올아민인산 및 트립토판-글루타민산 등의 농도가 높게 확인된다.

반면 저급 사케에서는 푸마르산, 감마 부티로베타인, 오프탈민산, 트레오닌-아스파르트산, 호모세린 사카로핀, 트립토판, 히스타민-글루타민산, 5-데옥시-5-메톡시티오아데노신, 옥시클루타치온, 글루타민, 시스테인 글루타치온 디설파이드 및 피리독사민 등이 많다. 그리고 상기 분석 결과는 전문 패널에 의한 관능 평가에서도 연관성이 있는 것으로 확인된다.

최근에는 일부 사케에서 2,4,6-트리클로르아니졸(2,4,6-trichloroanisol)과 2,4,6-트리브로모아니졸(2,4,6-tribromoanisol)이 각각 1.7ng/L, 4ng/L 검출되어 사케의 이취 원인 물질 중 하나로 문헌에 보고되고 있다. 이러한 이취 성분들은 입국(*Aspergillus oryzae*)에서 유래된 것으로 사케에 곰팡이취를 풍기게 되고 품질 저하를 야기한다. 특히 2,4,6-트리클로르아니졸이 2,4,6-트리브로모아니졸보다 곰팡이취의 주요 원인으로 지목되고 있다. 2,4,6-트리클로르아니졸은 와인에서도 코르크 오염으로 인해 발생되며 이취로 간주한다. 또 젖산과 호박산에 의한 강한 신맛으로 인해 사케의 품질이 저하되는 문제가 종종 발생한다. 이러한 문제는 사케를 데워 마시면 젖산과 호박산의 강한 신맛이 완화되어 편하게 마실 수 있다.

최근 사케 개발은 와인에서 느껴지는 신맛에 초점을 맞춰 사케를 개발하고 있고, 과거처럼 도정에만 의존하는 형태의 사케 개발은 점차 사라질 것으로 산업계에서는 전망하고 있다.

# 5. 사케의 분류

[그림 7-16]은 사케의 향미를 시각화하여 분류한 것으로 소비자가 사케 향미 특성을 이해하는데 도움이 된다. [그림 7-16 A]는 사케 맛을 13개 언어로 표현한 것이고, [그림 7-16 B]는 이를 4가지(풍부함·청량감·신선함·깊음)로 단순화하여 시각화한 것이다. 또 가로축과 세로축은 가벼움과 풍부함 그리고 초기 맛과 후미를 표기하였다. 그리고 4가지 향미가 조화롭게 느껴지는 사케는 부드러움으로 표현하였다.

한편 일본인들은 사케를 데워 마시는 습성이 있는데 이는 사케의 유기산(젖산, 호박산)의 맛을 저감화하고 음용 후 후미를 오래 느끼기 위한 것이다.

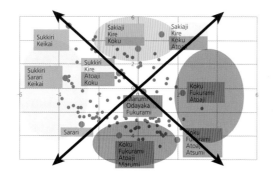 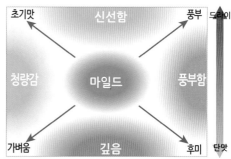

[그림 7-16] 사케의 향미 분류(좌 : A, 우 : B)

[표 7-3]은 사케를 주세법상 분류한 것으로 각 단계별로 사용 원료, 도정율, 입국 사용 비율 및 알코올과 첨가물 첨가 여부에 따라 총 9단계로 구분되어 있다. 중국 약주나 증류주(위스키, 브랜디)처럼 사케의 경우는 품질에 영향을 미치는 향미 성분을 특정하지는 않지만, 에틸카프로산과 이소아밀알코올 등 특정 아로마 성분의 농도를 기준으로 프리미엄 사케로 산업계에서는 평가한다.

[표 7-3] 사케의 분류

| 분류 | 사용 원료 | 도정율 | 입국 사용 비율 | 알코올 첨가 여부 | 기타 첨가물 |
|---|---|---|---|---|---|
| 준마이 다이긴죠 (純米大吟釀) | 쌀, 입국, 물 | 50% 이하 | 15% 이상 | 없음 | |
| 준마이 긴죠 (純米吟釀) | 쌀, 입국, 물 | 60% 이하 | 15% 이상 | 없음 | |
| 토쿠베쯔준마이 (特別純米) | 쌀, 입국, 물 | 60% 이하 혹은 특별제조방법 | 15% 이상 | 없음 | |
| 준마이 (純米) | 쌀, 입국, 물 | 기준 없음 | 15% 이상 | 없음 | |
| 다이긴죠 (大吟釀) | 쌀, 입국, 물, 양조용 알코올 | 50% 이하 | 15% 이상 | 쌀의 5% 이하 | |
| 긴죠 (吟釀) | 쌀, 입국, 물, 양조용 알코올 | 60% 이하 | 15% 이상 | 쌀의 10% 이하 | |
| 토쿠베쭈혼죠조 (特別本釀造) | 쌀, 입국, 물, 양조용 알코올 | 60% 이하 혹은 특별제조방법 | 15% 이상 | 쌀의 10% 이하 | |
| 혼죠조 (本釀造) | 쌀, 입국,물 양조용 알코올 | 70% 이하 | 15% 이상 | 쌀의 20% 이하 | |
| 후쯔슈 (普通酒) | 쌀, 입국, 물, 양조용 알코올 및 당류, 산미류 | 규정 없음 | 15% 이상 3등미 사용 가능 | 쌀의 20~40% 혹은 그 이상 | 당류, 산류, 조미료 사용가능 |

# 증류주의 향미

증류주는 발효주를 이용하여 제조되는 술로서 그 종류와 제조 방법이 그리고 증류 설비가 매우 다양하다. 또 발효주에 비해 과학적인 증류 기술과 풍부한 실무 경험이 특별히 요구되는 주류이다. 증류주는 발효주보다 특히 아로마를 척도로 하여 품질 지표를 설정하는 대표적인 주류로 볼 수 있다. 이 장에서는 증류주 중 대중에게 널리 알려져 있는 주류를 중심으로 원료와 제조 특성 및 그에 따른 각 증류주의 향미 특징을 중심으로 기술하기로 한다.

# 1. 개요

    인류의 증류 기술에는 그 용도를 떠나 매우 오래된 역사가 존재한다. 현재까지 고고학적으로 검증된 가장 오래된 증류기는 메소포타미아(BC 3500)의 테페가우라 지역(지금의 아랍)에서 발견된 청동기 증류기로 알려져 있다. 당시의 증류기는 알코올 제조용보다는 향수 제조용이나 의약용으로 사용되었을 것으로 추정하고 있다([그림 8-1 A]).

    증류기와 증류 기술의 변천사를 문헌 기록을 통해 살펴보면, 고대 후기 이집트의 연금술사였던 조시모스(Zosimos)가 4세기 초에 증류 장치를 개발한 것으로 기록되어 있다. 물론 이 증류 장치는 알코올 증류 용도가 아닌 향수 제조나 다른 용도로 사용된 것으로 학계는 추정하고 있다. 7세기경 중세 시대에는 인도에서 향수 제조용 증류 장치가 사용된 것으로 문헌에 기록되어 있다([그림 8-1 B]).

    증류 기술과 설비는 이후 아랍의 화학자들에 의해 눈부시게 발전하게 되며, 특히 아랍의 화학 아버지로 불리는 자비르(Jabir, 721~815)는 오늘날 화학의 기초와 기술 분야에 초석을 놓는 데 크게 이바지하게 된다. 또 현재 사용되고 있는 안전하고 효율성이 높은 단형 증류기인 알람빅 형태와 유사한 증류 장치를 최초로 고안한 인물로서, 훗날 아랍 과학자 알라지(Al Razi, 865~925)가 증류를 통해 알코올을 처음으로 추출하는데 기초를 제공하게 된다. 알라지는 약사이면서 물리학자로서 증류를 통해 최초로 알코올을 분리하였고 오늘날의 유기화학과 무기화학 분야 발전에도 크게 이바지한 인물이다([그림 8-1 C]).

    아랍의 또 다른 과학자인 이라크 사람 알킨디(Al Kindi, 801~873)는 지금의 알람빅 증류 장치와 유사한 장비를 이용하여 수백 개의 향수 제조 비방을 서적으로 발간하였다. 이후 아프카니스탄 사람인 아비세나(Avicenna, 908~1037)는 최초로 스팀을 이용한 증류 기술을 고안했으며 이 스팀 증류 기술을 통해 알코올과 에센스 오일을 증류하였고, 이러한 에센스 오일 증류 기술은 오늘날 아로마 테라피 기술의 기반을 제공하게 된다([그림8-1 D]). 또 그는 냉각기를 최초로 발명하여 증류 기체를 액체화하여 알코올을 최초로 포집하였고, 장미꽃을 이용한 에센스 오일을 추출하여 이전 오일과 허브를 혼합하여 제조한 제품보다 정교하고 섬세한 에센스 오일을 제조하여 단숨에 명성을 얻게 된다([그림 8-1 E]).

산업혁명 이후 각국은 증류주 제조를 비롯하여 석유 정제와 바이오에탄올 제조 등에 첨단 증류 기술을 접목하였고, 주류 분야에서는 오늘날 이러한 고도화된 증류 기술로 다양한 고품질의 증류주 제조가 가능하게 되었다([그림 8-1 F]).

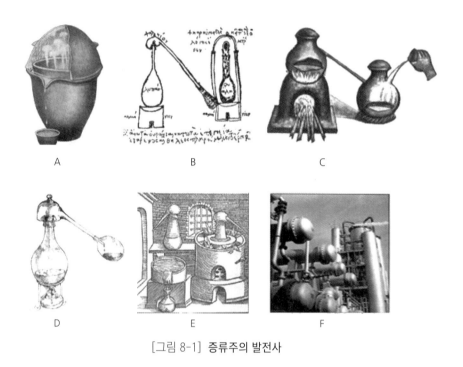

[그림 8-1] 증류주의 발전사

한편 아랍세계에서 발명된 증류 기술이 어떤 경로와 시기에 우리나라를 비롯한 동아시아 지역으로 전파되었는지에 대한 역사적 기록과 사료는 명확히 남아 있지 않다. 다만 그간 해외 저널에 발표된 결과를 보면 그 경로와 시기에 대해 학계의 다양한 견해들이 존재한다.

중국 명나라 때의 이시진(李時珍, 1518~1593)은 자신이 엮은 의학 저서인 《본초강목(本草綱目)》에 증류주 기원에 대해 상반되는 내용을 기록하고 있다. 즉 중국의 증류기술이 원나라(몽골 시대)가 기원이라는 기록과 포도를 누룩과 혼합하여 발효 후 얻은 와인을 스팀 증류를 통해 브랜디를 제조하였는데, 이 증류 기술이 당나라(618~906)가 기원이라고 하는 기록이다.

이러한 중국의 기록으로 유추해 보면, 아랍에서 알코올 증류가 약 9세기경 발명된 것이므로 중국은 오히려 아랍보다 그 이전(7세기경)에 알코올 증류 기술을 보유한 것으로 볼 수도 있다.

그러나 앞서 기술한 바와 같이 이시진 역시 자신의 저서에 증류주 기원 관련 서로 다른 기록을 하여 어느 것이 정확한 사료인지 판단하기는 어렵다. 다만 학계에서는 당시 고문헌의 기록을 통해 중국의 증류 기술은 당나라와 송나라 시대로 거슬러 올라가는 것으로 추정하고 있다.

현재 세계 고고학계에서는 중국의 증류 기술이 원나라 시대 때부터라는 고문헌 기록들을 가장 신뢰할 만한 사료로 보는 시각이 우세하지만, 또 한편으로는 증류 기술이 아랍을 비롯하여 인도와 중국 등지에서도 서로 다른 증류 기술이 동시다발적으로 발명된 것으로 보는 시각도 있다. 다만 원나라 때 동서양의 무역 통로인 실크로드를 통해 동서양이 증류 기술을 서로 활발히 교류했던 것으로 학계는 추측하고 있다.

원나라 때 알라지(alaji), 야라지(yalaji)라는 용어가 등장하는데, 이는 1256년 몽골이 서아시아 및 중앙아시아 침공 때 당시 페르시아인들로부터 증류주 아락(araq, 달다의 의미)의 증류 기술을 배운 것이기 때문에 중국이 증류 기술을 아랍에서 도입한 것으로 일부 서양학자들은 주장하기도 한다.

어쨌든 중국의 증류 기술에 대한 역사적 기록은 논쟁거리지만 원나라 때 증류 기술이 본격적으로 도입되고 활성화된 것에 대해서는 학계 내 이견은 없으며 이런 사실을 뒷받침하는 사료를 일부 소개하면 다음과 같다.

원나라 시대(1231~1232)에 당시의 정부는 알코올 식초청(Alcohol and Vinegar Bureaus)을 설치하여 제조장과 세금징수를 관리 · 감독하는 세무원이 임무를 수행하도록 하는 공식적인 정부조직을 만들어 관리하게 된다. 또 와인과 증류주의 유통과 판매 관련 알코올 전매권을 행사하여 개인의 알코올과 식초 제조를 금지하고 세금을 징수하는 기반을 마련하게 된다. 이는 원나라 때 이미 알코올 제조가 상업적으로 이루어진 상태로 증류주를 비롯한 알코올 산업이 활발했던 것으로 볼 수 있다.

그리고 2002년 중국 강서성(江西省) 난창의 이도(李度) 지역에서 700년 된 증류장이 발굴되어 유네스코 세계 10대 고고유물로 지정되었는데 그 시기를 보면 원나라 시대의 유물로 볼 수 있다. 고고학계에서는 이 증류장에서 스팀 장치와 강판 등을 유물로 발굴한 상태이며 현재도 이 지역은 유명한 증류주 제조장으로 남아있다. 또한 이 증류장은 양자강 근교에 자리 잡고 있는데 이는 고품질의 수질을 이용하고 수송의 수월성 때문인 것으로 추정하고 있다.

또 이러한 이도 지역의 와인 발효 웅덩이에서 700년 된 미생물들이 검출된 것으로 보아 증류주를 알코올 음용용으로 하는 중국의 증류 기술이 송나라 후기 또는 원나라 초기가 기원이라는 주장을 강력히 뒷받침한다는 주장이 최근 설득력을 얻고 있다.

원나라 후반기 이도 지역이 추운 계절성 기후로 변하여 곡류를 비롯한 농산물의 부족이 심해 중국 증류주의 전성기는 원나라 중반기 정도로 학계는 추정하고 있다. 현재 중국 쓰촨성 루저우시에 산재해 있는 유명 증류장은 대부분 원나라 때 제조가 시작된 것으로 기록되어 있다.

중국 백주 제조의 공식적인 역사는 《본초강목》에 보면 원나라(몽골) 때 최초로 고체발효(solid state fermentation) 백주가 제조된 것으로 기록되어 있다. 그러나 아직도 중국 백주 제조 기원에 대해 명확하지 않아 논쟁은 계속되고 있다. 다만 982년 투투(脫脫)가 지은 송사(宋史)에서 송나라 때 증류 도구가 사용되었다고 언급되었고, 증류주 제조를 위해 밀, 찹쌀, 보리 등이 사용된 기록으로 보아 아랍에서 증류 기술이 중국으로 도입되기 이전부터 중국 내에서 이미 증류 기술이 자생적으로 발명된 자체 기술일 수도 있다는 주장도 있다.

일본의 경우는 15세기에 시작된 아와모리 증류주가 최초의 증류주이며, 당시 태국의 무역상이나 여행객을 통해 일본으로 증류 기술이 전파된 것으로 일본 학계에서는 문헌에 보고하고 있다.

한편 우리나라의 증류주 기술 도입 시기는 문헌상 명확히 나타나 있지 않지만, 중국의 문헌으로 보아 몽골이 고려 침입 때 유입된 것으로 추정하고 있다. 일부 학계에서는 아랍에서 전래한 증류 기술이 중국(몽골)을 거쳐 우리나라에 거의 동시대에 전파된 것으로 주장하기도 한다. 당시 개성에 증류장이 설립 운영된 것으로 기록되어 있고 실제로 개성 증류장에서 제조된 증류주가 아락주로 판매된 기록도 있다. 당시의 증류주는 옹기 증류기에 장작이나 석탄을 이용한 직화를 통한 증류주 제조법이 성행하였다.

그리고 소주의 전래나 증류에 관한 문헌상 근거는 없지만 개성, 안동, 제주에는 원나라의 전진 기지가 있어 소주가 이곳에서 많이 빚어진 것은 사실이다. 이후 소주는 고려 시대에 왕실로부터 널리 민간에 전파되었고 조선 시대에는 소주를 고급주로 취급했던 기록이 고문헌을 통해 나타나고 약소주로도 불렸다. 또 소주를 음용용이나 약용으로도 사용된 기록도 있다.

우리나라 소주의 초기 제조법을 보면, 곡류와 누룩 등으로 빚은 술덧이나 술지게미를 솥에 담고 솥뚜껑을 뒤집어 덮는다. 그다음 뒤집어 덮은 솥뚜껑의 손잡이 밑에는 주발을 놓아두고 솥에 불을 때면 증발된 알코올 증기는 솥뚜껑에 미리 부어둔 냉수에 의하여 냉각되어 이슬을 맺고 액체가 되어 솥뚜껑의 경사를 따라 손잡이를 타고 떨어져 주발에 고이게 되는데 이것이 이른바 간이식 소주 제조법이다. 이런 이유로 소주 만드는 것을 소주를 내린다고 말하기도 한다. 그리고 이보다 발전한 것이 고리라는 증류기인데 이 증류 장치는 아래위의 두 부분으로 되어 있어 밑의 것은 아래가 넓고 위가 좁으며 위의 것은 반대로 밑이 좁고 위쪽이 넓게 벌어졌다. 이 고리를 흙으로 만든 것은 토(土)고리, 동이나 철로 만든 것은 동(銅)고리 혹은 쇠고리라 불렀다. 과거 소주 제조법은 지역에 따라 사용하는 원료의 종류와 배합 비율이 다소 차이는 있으나, 누룩을 사용하여 밑술을 빚고 재래식 고리를 사용하여 증류하는 등 재래식 방법을 공통적으로 이용하였다.

경술국치 이후 일제는 1916년 새로운 주세법을 시행함에 따라 소주의 제조 방법도 점차 변경하여 증류 때 냉각코일을 쓰도록 하고, 누룩 사용 비율을 줄이는 대신 입국 투입 비율을 늘리는 방식을 사용토록 하였다. 해방 후에는 식량 부족으로 쌀을 이용한 주류 제조를 금지함에 따라 증류식 소주도 생산을 제한받게 된다. 1949년에는 주박과 막걸리를 증류하여 소주를 제조하거나 정부가 지정한 곡류만을 이용하여 증류식 소주를 제조하게 하였다. 1961년에는 소주를 증류식 소주와 희석식 소주로 구분하여 각기 소주의 제조 방법의 특징을 구분하게 된다.

그러나 1962년 식량 부족으로 증류식 소주에 곡류 사용을 금지하는 조치를 다시 취하게 된다. 이에 따라 증류식 소주 업체는 급격히 감소하게 되고 1973년에 증류식 소주 제조는 완전히 중단되는 우여곡절을 겪게 된다. 그 후 1980년대에 우리나라 전통 민속주의 역사성과 제조 기능자의 기능을 보호할 목적으로 전통 민속주에 대한 제조면허를 허용하였다. 이에 따라 1990년 문배주와 안동소주가 증류식 소주 제조면허를 받게 되어 증류식 소주가 다시 세상에서 빛을 보게 되었다.


한편 전 세계적으로 발효주의 소비는 정체된 상태지만 웰빙 시대임에도 고도주인 증류주의 소비는 계속 증가하고 있고, 향후 이 시장은 계속 성장할 것으로 세계적인 전문 리서치 기관들은 전망하고 있다. 막걸리 부문에서 살펴본 바와 같이 증류식 소주도 고문헌에 기록된 단순한 양조법을 재현하는 행위로는 양조 기술과 품질을 향상시키는 데 한계가 있다. 현재 우리나라 증류식 소주의 기술과 연구는 그간 나름 발전도 있었으나 아직까지는 일본 증류식 소주의 양조 방법과 원리를 모방하는 수준으로 평가된다. 또 증류식 소주 제조에 필요한 현대식 증류 설비와 숙련된 기술자의 부족으로 제품 개발과 품질 개선에 별 진전이 없다. 따라서 증류식 소주 시장의 확대와 국내외 소비자의 호응을 끌어내기 위해서는 제품 경쟁력이 필요하고 이를 위해서는 현대식 증류 제조 기술 도입과 전문 양조기술인력 양성이 시급한 과제이다. 이 장에서는 증류주별 증류 기술과 제품 특징 그리고 브랜드별 향미 특성을 중심으로 소개하고자 한다.

# 2. 증류주의 분류

[그림 8-2]는 증류주의 종류를 분류한 것으로 세계 6대 증류주는 백주, 럼, 위스키, 브랜디, 데킬라, 보드카로 나뉜다. 각 증류주는 사용하는 원료와 증류 방식 그리고 숙성 방법이 상이하고 그에 따라 향미 특성이 다르게 나타난다. 또 나라마다 자국의 독특한 원료와 오랜 제조 기술을 이용하여 소위 명주와 명가를 탄생시켰고 품질 지표 설정을 통해 제품 관리를 체계적으로 해온 점은 우리에게 시사하는 바가 크다.

그림에서 보듯이 증류주는 크게 원료에 따라 곡류 증류주와 과실 증류주로 구분되며, 나라마다 농업 환경에 따라 증류주에 사용하는 원료를 장려하는 정책을 시행하고 있다. 우리에게 친숙한 대부분의 증류주 브랜드들은 글로벌 제조사가 판매하는 것이지만, 세계 곳곳에는 잘 알려지지 않은 농가형 소규모 증류주 제조사도 매우 많고 제품군도 다양하다.

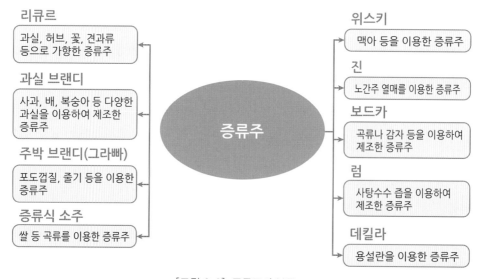

[그림 8-2] 증류주의 분류

[표 8-1]은 증류주 종류별 사용 원료와 증류기별 대표적인 증류주를 나타낸 것으로 각 증류주는 제품 특성에 맞는 원료와 증류 방식을 꾸준히 진화시킨 결과 오늘날 자국의 전통주로서 지위를 지키고 있다. 대부분의 국가는 상압 증류 방식을 선호하고 감압 증류 방식의 경우는 우리나라와 일본에서 일부 사용하는 기법이다.

또 증류주 제조용 원료는 증류주마다 매우 다양하며 대부분 자국의 풍부한 농산물을 이용하고, 숙성 용기로는 동양에서는 주로 옹기를, 서양에서는 오크통을 주로 이용한다. 그리고 증류 설비와 증류 기술도 매우 상이하고, 숙성 기간 역시 증류주마다 달라 향기 특성이 다르게 나타난다. 이렇게 증류주는 발효주와는 다르게 향미와 품질에 미치는 요소가 다양한 것이 매력인 주종으로 볼 수 있다.

[표 8-1] 증류주 종류별 원료와 증류 방식

| 원료 | 발효주 | 증류주 | 증류 방식 |
|---|---|---|---|
| 보리 | 맥주 | 보리소주(한국, 일본) | 상압, 감압, 단형 1회 |
| | | 스카치 위스키(영국) | 상압, 단형 2회 |
| | | 아이리쉬 위스키(아일랜드) | 상압, 단형 3회 |
| 호밀 | 호밀 맥주 | 캐나디안 위스키(캐나다) | 상압, 단형 2회 |
| | | 보드카(폴란드) | 연속식 |
| 옥수수 | 옥수수 맥주 | 버번 위스키(미국) | 상압 단형 2회, 다단형, 연속식 |
| 수수 | 부루쿠투, 피토, 메리사 (아프리카) | 고량주, 마오타이(중국) | 상압, 단형 1회 |
| 쌀 | 막걸리, 황주, 사케 | 안동소주(한국) | 상압, 감압, 단형 1회 |
| | | 아와모리(일본) | 상압, 단형 1회 |
| | | 백주(중국) | 상압, 단형 1회 |
| 메밀 | | 메밀소주(일본) | 상압, 단형 1회 |
| 조 | 오메기술, 조껍데기술 | 고소리술(한국) | 상압, 감압, 단형 1회 |
| 감자 | 감자맥주 | 보드카(폴란드, 러시아) | 연속식 |
| 고구마 | 고구마 막걸리 | 고구마소주(한국, 일본) | 상압, 단형 1회 |
| 용설란 | 플케(멕시코) | 데킬라(멕시코) | 상압, 단형 2회 |
| 당밀 | | 럼(카라비안) | 상압, 단형 2회, 연속식, 다단형 |
| | | 카차카(브라질) | 상압, 단형 2회 |

| 포도 | 와인 | 코냑(프랑스) | 상압, 단형 2회 |
|---|---|---|---|
| | | 알마냑(프랑스) | 상압, 단형 2회, 다단형 (반 연속식) |
| | | 피스코(칠레, 페루) 아락(시리아, 레바논, 요르단) | 상압, 단형 2회 |
| 포도 | 와인 주박 | 그라빠(이탈리아) | 상압, 단형 2회 |
| | | 락키(터키, 그리스) | |
| | | 테스코비나(루마니아) | |
| | | 아락(이라크) | |
| 사과 | 사과주(사이다) | 사과브랜디, 칼바도스(프랑스) | 상압, 단형 2회 |
| 배 | 포이레(프랑스), 페리 | 배브랜디, 팔란카(헝가리) | 상압, 단형 |
| 자두 | 자두와인 | 쭈비카, 팔랑카 | |
| 코코넛 | 랍바농(스리랑카) | 아락(스리랑카) | 상압, 단형 |

# 3. 증류의 원리

## 1) 증류 이론

증류란 술덧을 끓인 후 휘발된 기체를 액체로 응축시키는 공정을 말한다. 알코올이 함유된 술덧이 끓을 때까지 가열하면 알코올 함량에 따라 그 끓는점은 다르게 나타나며, 대기압 상태에서 알코올은 78.3℃에서 그리고 물은 100℃에서 끓게 된다. [표 8-2]에서 보듯이 성분별 끓는점 차이를 이용하여 증류 과정을 통해 바람직한 향기 성분과 불쾌한 향기 성분을 분리하게 된다. 물론 증류 과정에서 에탄올을 비롯한 휘발성 성분들 뿐 아니라 비휘발 성분들도 휘발성 성분들에 붙어 증류액으로 동시에 유출된다.

술덧과 같이 물과 알코올의 혼합물을 가열하면 분자의 진동 에너지가 상승되고 일정 간격을 유지하면서 결합 상태로 존재하게 된다. 그러나 증기압이 대기압과 평형을 이루는 시점이 되면 술덧은 끓게 된다. 따라서 감압(진공) 상태에서는 끓는점이 낮아지고 상압 상태에서는 반대로 끓는점이 높게 된다. 그리고 증발하는 증기는 항상 알코올과 물의 혼합물 상태로 존재하지만, 시간이 지날수록 알코올 농도가 초기 증기에서보다 높아지게 된다. 이때 술덧의 액체는 에너지가 약한 분자 상태이고 냉각되기 때문에 증류를 위해서는 일정한 열을 계속 가해주어야 한다.

[표 8-2] 성분별 끓는점

| 발효 부산물 | 끓는점(℃) | 발효 부산물 | 끓는점(℃) |
|---|---|---|---|
| 알데히드 | 20.2 | 초산 | 118.2 |
| 시안화 수소산 | 26.0 | 젖산 | 122.0 |
| 아크롤레인 | 52.8 | 활성아밀알코올 | 128.9 |
| 에틸아세테이트 | 77.1 | 이소아밀알코올 | 131.0 |

| 에탄올 | 78.3 | 이소아밀아세테이트 | 141.0 |
|---|---|---|---|
| 이소프로판올 | 82.8 | 뷰티르산 | 162.5 |
| 프로판올 | 97.2 | 벤즈알데히드 | 179.5 |
| 이소부탄올 | 108.1 | 벤질알코올 | 205.2 |
| 부탄올 | 117.0 | 글리세린 | 290.0 |

[표 8-3]은 증류 중 술덧의 알코올 농도와 증기 속의 알코올 농도 관계를 나타낸 것이다. 표에서 보는 바와 같이 증류 과정에서 물과 알코올 혼합물은 일정한 끓는점을 갖게 되며 알코올 농도가 높을수록 끓는점은 낮게 된다. 즉 자비되는 술덧 내에 알코올이 많이 함유될수록 증발하는 증기에 더 많은 알코올이 함유되게 된다. 이론상으로 보면, 술덧의 알코올 농도가 10vol%일 때 휘발하는 증기에는 51vol%의 알코올이 함유되게 된다. 그리고 증류가 진행될수록 증발하는 증기 속의 물 양은 많아지고 알코올의 농도는 낮아지면서 농축지수 역시 낮아지게 된다.

[표 8-3] 술덧의 알코올 농도와 증기내의 알코올 농도 관계

| 술덧의<br>알코올 농도(vol %) | 끓는점<br>(℃) | 증기내의 알코올 농도<br>(vol %) | 농축지수 |
|---|---|---|---|
| 0 | 100.0 | 0.0 | 0.0 |
| 1 | 99.0 | 9.9 | 9.9 |
| 2 | 98.2 | 17.7 | 8.85 |
| 4 | 96.6 | 31.3 | 7.83 |
| 5 | 95.5 | 35.8 | 7.16 |
| 6 | 95.2 | 39.3 | 6.55 |
| 8 | 93.9 | 45.4 | 5.68 |
| 10 | 92.6 | 51.5 | 5.15 |
| 15 | 90.2 | 61.5 | 4.10 |
| 20 | 88.3 | 66.2 | 3.31 |
| 25 | 86.9 | 68.0 | 2.72 |
| 30 | 85.7 | 69.3 | 2.31 |
| 35 | 84.8 | 70.6 | 2.02 |
| 40 | 84.1 | 72.0 | 1.80 |

| 50 | 82.8 | 75.0 | 1.50 |
|---|---|---|---|
| 60 | 81.7 | 78.2 | 1.30 |
| 70 | 80.8 | 81.9 | 1.17 |
| 80 | 79.9 | 86.5 | 1.08 |
| 90 | 79.1 | 91.8 | 1.02 |
| 95 | 78.8 | 95.4 | 1.00 |
| 97.2 | 78.15 | 97.2 | 1.00 |
| 100 | 78.35 | 100 | 1.00 |

　[그림 8-3]은 회분식 다단형 증류기를 이용한 증류 시 이론적으로 알코올이 농축되는 단계를 나타낸 것이다. 그림에서 보듯이 회분식 3단 다단형 증류기로 증류할 경우 술덧의 알코올 농도가 5vol%일 때 1단에서는 38vol%, 2단에서는 74vol% 그리고 3단에서는 83.5vol%의 알코올이 얻어진다. 물론 실무적으로는 증류 과정 중 열손실과 물질 간의 간섭 현상으로 이론과 같이 알코올이 얻어지지 않기 때문에 이론적 단수보다 단수를 더 많이 설치해야 한다.

　그러나 다단형 증류기에서 단수는 최종 알코올 농도에 맞게 설계하지만, 단수를 더 높여도 알코올의 농도는 97.2vol% 이상으로 증류되지 않는다. 알코올 농도가 97.2vol%일 때는 증발하는 증기와 술덧의 조성이 같아 이른바 공비혼합물(azeotrope, 共沸混合物) 형태로 존재하여 단순 증류로는 물과 알코올의 분리가 안돼 알코올 농도를 더 이상 높일 수 없는 상태가 된다. 일반적으로 술덧을 증류하면 그 조성이 변하기 때문에 술덧의 끓는점도 상승 또는 하강하는 것이 보통이다. 그러나 특정한 성분비의 술덧은 순수 액체와 같이 일정한 온도에서 성분비가 변하지 않은 상태에서 끓기만 하는데, 이때 그 술덧과 증기의 성분비가 같아지는 공비점에 도달하게 된다.

　기술적으로는 알코올 농도를 사이클로헥산이나 멤브레인법을 이용하면 99.8vol%까지 높일 수 있으며 이러한 고농도의 알코올은 의약용으로 이용된다. 사이클로헥산은 알코올과 물의 혼합물과 새로운 혼합물을 형성하는데, 이때 형성된 혼합물의 끓는점은 62.4℃로 낮아지기 때문에 이 혼합물을 재증류함으로써 99.8vol%의 알코올을 얻을 수 있게 된다.

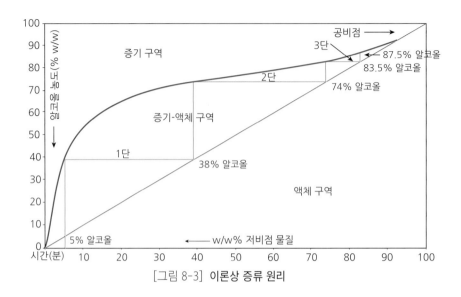

[그림 8-3] 이론상 증류 원리

한편 증류는 술덧에 함유된 에탄올을 비롯한 휘발성 성분을 물에서 분리하는 과정인데, 이러한 휘발성 성분들은 대부분 극성이기 때문에 에탄올보다는 물에 잘 녹는다. 증류 중 술덧에 함유된 휘발성 성분들과 물과의 관계는 다음 4가지의 특징을 나타낸다.

① 휘발되는 증기에 에탄올이 함량이 높으면 휘발성 성분은 완전히 또는 부분적으로 에탄올에 녹으며 증류가 잘된다.
② 휘발되는 증기에 에탄올의 함량이 낮으면 휘발성 성분은 물에 잘 녹으며 증류가 잘된다.
③ 물과 에탄올 모두 잘 녹는 휘발성 성분은 증류 모든 과정에서 증류된다.
④ 물에 녹지 않는 성분은 증류되지 않지만 물 수증기가 이런 불용성 성분을 증류액으로 같이 묻어 가게 한다.

## 2) 증류 컷

증류 컷이란 증류 과정에서 초류(Foreshots), 본류(Spirit), 후류(Feints)로 나누어 증류액을 분획하여 포집(제조장에서는 밸브를 이용해 별도 포집용기에 구분하여 포집)하는데, 이때 각 증류액을 나누는 시점을 말한다([그림 8-4]).

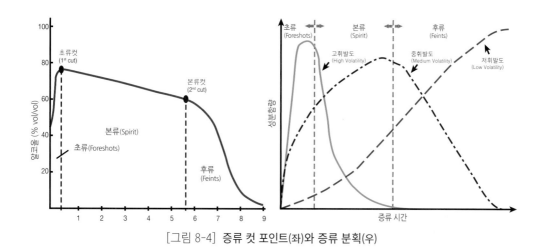

[그림 8-4] 증류 컷 포인트(좌)와 증류 분획(우)

증류가 시작되고 초류가 유출되어 끝나는 지점의 컷 포인트를 초류 컷(1st cut)이라고 하고, 본류를 받기 시작하여 끝나는 지점을 본류 컷(2nd cut)이라고 한다. 그리고 후류를 받고 끝내는 지점을 후류 컷(end cut)이라고 한다. 각 컷 포인트는 제조장에서 자사 제품의 특성 및 제조 목적에 맞게 실험 및 경험을 토대로 정한다. 컷 포인트는 제조 현장에서 제품 생산 시 반복적으로 이루어지는 과정으로서 일률적으로 정해진 것이 아니라 제품 특성에 맞게 제조자가 정하는 것이다([표 8-4]).

증류의 컷 포인트는 일반적으로 유출되는 알코올 농도를 기준(증류액의 현장 표본, 알코올의 비중 측정, 혹은 유출 라인에 비중계를 설치하여 모니터링)으로 설정할 수 있다. 또 다른 방법은 유출되어 포집되는 유출량을 기준으로 설정할 수도 있다. 그리고 증류가 일정하게 반복적인 작업이라면 증류 시간을 기준으로 컷 포인트를 설정할 수도 있다. 이때 작업 환경, 술덧 상태 및 주위 온도 등의 변수들에 의해 영향을 받게 되어 작업자의 숙련도를 필요로 한다.

[표 8-4] 제조사별 증류 컷 예시

| 구분 | 초류 컷 | 본류 컷 | 후류 컷 | 비고 |
|---|---|---|---|---|
| 과실 브랜디 | 술덧 대비 0.5~1.0% 포집 | 증류액 알코올 12% 지점 | 후류 미포집 | 초류 포집으로 메탄올 감소 |
| 쌀 증류식 소주 | 술덧 대비 0.5~1.0% 포집 | 증류액 알코올 15% 지점 | 쌀술덧량 대비 5~10% 포집 | 초류와 후류는 다음 증류시 재투입 |

| 위스키 | 증류액 알코올 68~75% 지점 | 증류액 알코올 55~65% 지점 | 증류액 알코올 1% 지점 | 초류와 후류는 다음 증류시 재투입 |
|---|---|---|---|---|
| 쌀 을류(乙類) 소주 | 초류 미포집 (초류 컷 미시행) | 증류액 알코올 13~14% 지점 | 후류 미포집 | 본류량 증가를 통한 제품량 증가 |

(출처 : 증류주 개론, 2015)

한편 키트를 이용하여 증류장에서 초류와 본류를 간단히 구분하는 방법이 개발되어 있다([그림 8-5]). 초류 컷의 기준은 일반적으로 아세트알데히드 농도를 기준으로 한다. 이 키트법은 과실 증류주의 초류를 측정하기 위한 것이다. 일반적으로 저비점 물질인 아세트알데히드가 50mg/L이면 품질에 문제가 없고, 50~100mg/L은 품질에 약간의 부정적인 영향을 주며 100mg/L 이상은 품질에 부정적 영향을 주므로 아세트알데히드 농도를 관리해야 한다. 이 방법은 증류주의 아세트알데히드의 농도를 측정하기 위한 신속한 테스트이며, 아세트알데히드는 증류 시 첫 번째 증발되는 초류 성분이다. 이 키트 방법은 초류와 본류를 정확하게 분리하거나 증류주의 품질 평가 또는 과실주 유래 증류주의 아세트알데히드 농도 측정에 유용하게 이용된다.

유출된 증류주의 색상이 색상 평가표의 등급 2 혹은 그보다 밝으면 아세트알데히드의 농도가 낮아 음용하기에 적합하며, 만일 증류주의 색상이 등급 2보다 어둡거나, 등급 3이 되면 맛에 부정적인 영향을 준다는 의미이다.

I      II      III

초류 분리 정도

충분      불충분

[그림 8-5] **키트를 이용한 아세트알데히드의 신속 판별법**

한편 컷 포인트에 따라 증류주는 증류 과정에서 분획된다([표 8-5]). 우선 초류는 증류 초기 단계에 나오는 물질로써 끓는점이 낮은 아세트알데히드, 메탄올 및 에틸아세테이트 등이 주요 성분이다. 이 성분들은 자극취가 강하며 일부는 유해물질이기 때문에 분리 후 폐기하는 것이 일반적인데, 증류주 종류에 따라 초류를 재사용하는 경우도 있다.

본류에서는 주성분이 에탄올과 일부 고급 알코올류이며 알코올 농도가 46%에 이르면 백탁현상이 나타난다. 이러한 백탁현상은 원료 성분 중 일부 지방산류, 에스터류와 단백질이 원인 물질이며 증류 후 냉각·여과를 통해 제거가 가능하다.

후류에서는 주로 고급알코올류가 유출되며 이 중 아밀알코올류가 주성분이다. 고급알코올류는 증류주의 독특한 향미를 부여하는데 그 농도와 조성에 따라 증류주의 특성이 달라진다. 증류 후반부에 유출되는 푸르푸랄은 탄내의 주성분으로 적당량은 증류주의 맛을 조화롭게 하지만 지나친 경우 품질 저하의 요인이 된다. 회분식 상압 증류 시 증류 시간에 따라 성분 구성을 보면, 증류 시간이 길어져도 아세트알데히드, 에틸아세테이트, 산도 그리고 고급 알코올류의 농도는 큰 차이가 없고 푸르푸랄의 경우는 증류 시간이 길수록 많이 생성된다.

[표 8-5] 증류주 분획별 유출 성분과 끓는점

| 분획 | 끓는점 | 유출 성분 | 분자식 |
|---|---|---|---|
| 초류 | 21℃ | 아세트알데히드(Acetaldehyde) | $C_2H_4O$ |
| | 52℃ | 아크롤레인(Acrolein) | $C_3H_4O$ |
| | 64℃ | 메탄올(Methanol) | $CH_3OH$ |
| | 77℃ | 에틸아세테이트(Ethyl acetate) | $C_4H_8O_2$ |
| 본류 | 78℃ | 에탄올(Ethanol) | $C_2H_5OH$ |
| | 82℃ | 이소프로필알코올(2-propanol) | $C_3H_8O$ |
| | 97℃ | 1-프로필알코올(1-propanol) | $C_3H_8O$ |
| | 108℃ | 이소부틸알코올(Isobutanol) | $C_4H_{10}O$ |
| 후류 | 128℃ | 활성아밀알코올(Active amyl alcohol) | $C_5H_{12}O$ |
| | 131℃ | 이소아밀알코올(Isoamyl alcohol) | $C_5H_{12}O$ |
| | 137.5℃ | 이소아밀아세테이트(Isoamyl acetate) | $C_7H_{14}O_2$ |
| | 162℃ | 푸르푸랄(Furfural) | $C_5H_4O_2$ |
| | 166.5℃ | 에틸카프로산(Ethyl caproate) | $C_8H_{16}O_2$ |
| | 208℃ | 에틸카프릴산(Ethyl caprylate) | $C_{10}H_{20}O_2$ |
| | 244℃ | 에틸카프르산(Ethyl caprate) | $C_{12}H_{24}O_2$ |
| | 269℃ | 에틸라우르산(Ethyl laurate) | $C_{14}H_{28}O_2$ |

## 3) 증류액의 유출 방식

증류 과정에서 증류액(distillate)은 유출 방식에 따라 [그림 8-6]에서 보는 바와 같이 직렬 방식, 혼합 방식 및 역류 방식 등 다양한 방식으로 진행된다. 이러한 유출 방식은 증류주 타입에 따라 선택하는 것이며 각기 증류주의 향미 특성을 결정짓는 중요한 요소이다.

### (1) 직렬 방식

회분식 단형증류기의 경우 직렬 방식의 원리에 따라 증류되는데 이는 에탄올 증기가 증류 솥에서 냉각기에 도달하여 응축되는 과정을 의미한다. 이 방식은 소줏고리 증류주나 중국 백주, 코냑 등 특정 증류주 제조에 사용하는 기법이다.

### (2) 환류 방식

환류(reflux)란 증류 중에 휘발된 증기(알코올 증기 · 휘발성 성분 증기 · 수증기 등)가 액화되어 증류 솥으로 다시 되돌아와 끓여져 재휘발되는 과정을 말한다. 이때 증류기의 머리 부분과 목 부분이 크거나 긴 경우 표면적이 넓어져 증류액은 식게 되면서 휘발된 증기는 액화되어 다시 증류 솥으로 환류되는 효과가 나타나게 된다. 이때 역류량이 많으면 많을수록 알코올 농축은 더 많이 된다.

즉 증류기의 머리 모양과 크기가 환류량에 영향을 미치고 이 환류량은 증류주의 휘발성 성분 구성과 특성에 영향을 주게 된다. 따라서 증류기의 머리 부분이 긴 경우 증류 솥으로 환류량이 많아져 재증발 과정을 다시 거치므로 아로마가 감소하고 장사슬지방산 성분 감소로 질감이 약하게 된다. 반면 증류기의 머리 부분 길이가 짧은 경우는 환류량이 적어져 재증발하는 양이 적어 아로마가 강한 증류주가 된다. 일반적으로 역류 방식은 회분식 다단형 증류기나 연속식 증류기를 이용한 위스키와 주정 제조 시 사용하는 기법이다.

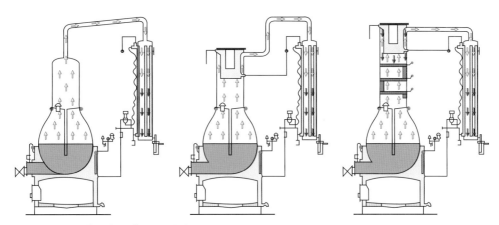

[그림 8-6] 증류 방식(왼쪽: 직렬 방식, 중간: 혼합 방식, 오른쪽: 역류 방식)

　한편 과실 술덧을 증류할 때 보통 곡류 술덧보다는 거품이 더 많이 생성되기 때문에 증류 솥에 술덧을 70~80% 정도만 채우는 것이 일반적이다. 따라서 과실 술덧을 증류하는 증류기의 머리 형태는 거품을 제어하는 구조로 만들어져 있다. 즉 회분식 증류기의 목 형태는 관 모양, 양파 모양 및 실린더 모양 등 증류기마다 다른 디자인 형태를 가지고 있다([그림 8-7]). 이때 증류기의 머리 부분은 물과 아로마 성분을 분리해 주는 기능도 한다. 앞서 기술한 바와 같이 증류기의 목과 증류관 부분의 길이가 길고 넓으면 증류 과정에서 증류 수증기(물 · 휘발성 성분)가 식으면서 증류액은 증류기 몸체로 환류되어 재증류되는 과정을 거치게 된다. 반대로 증류기의 목과 증류관 부분의 길이가 짧고 좁으면 증류 수증기는 증류 과정에서 환류 없이 증류기 목과 증류관을 거쳐 냉각기로 이송되면서 증류액으로 바로 유출되게 된다. 즉 환류가 많을수록 알코올 농도는 높아지는 반면 아로마는 약해지는 현상이 나타난다. 따라서 증류기는 증류주 종류와 특성 그리고 에탄올 수율 등을 기준으로 제조자의 올바른 선택이 중요하다

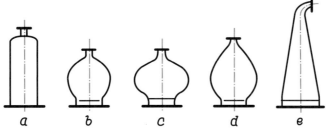

[그림 8-7] 회분식 증류기의 다양한 머리 형태

## 4) 냉각기의 종류와 기능

증류 과정에서 에탄올을 비롯한 아로마 성분들은 냉각기를 통해 액체(증류액)로 유출된다. 냉각기는 기본적으로 아로마 성분의 응축 기능뿐 아니라 증류액이 가능한 낮은 온도 상태를 유지하도록 설계되어야 한다. [그림 8-8]에서와 같이 냉각기의 종류와 형태는 다양한데, 냉각기 내부는 고리형 형태가 일반적이며 증류액은 냉각기 상단에서 하단으로 유입되도록 설계되어 있다. 증류액의 냉각을 위해서는 냉각수가 필요하며 이 냉각수는 냉각기 하단에서 상단 방향으로 유입되도록 되어 있다. 냉각기의 표면적은 그 구조가 냉각수의 유입과 유출 온도, 증기량과 응축량 그리고 증류액의 유출 온도 등에 따라 다르다.

냉각기는 증류관을 넘어온 증기를 증류액으로 응축시키는 설비로서 냉각 효율이 높지 않으면 에탄올 손실로 인한 증류 비율이 감소하게 된다. 상압 증류에서는 증류 온도가 높기 때문에 냉각기를 통하는 냉각수 온도가 15~20℃ 정도에서 충분한 온도차가 확보된다. 따라서 알코올의 손실이 거의 없어 1회 증류를 통해서도 충분히 증류 비율이 확보된다. 이때 냉각 후 증류액의 유출 온도가 최대 30℃를 넘지 않는 것이 좋다.

반면 감압 증류에서는 앞서 설명하였듯이 냉각기의 효율이 매우 중요한데, 감압도가 증가할수록 증류 온도는 낮아져 증기를 응축시키기 위해 냉각수의 사용량이 증가하게 된다. 이때 냉각 효율을 높이기 위해서는 냉각수 온도를 낮추거나 냉각수의 순환 속도를 높여야 한다. 감압 증류를 위한 증류기의 설계 시 냉각기를 직렬로 2기를 배치(배관형·코일형)하는 예도 있다.

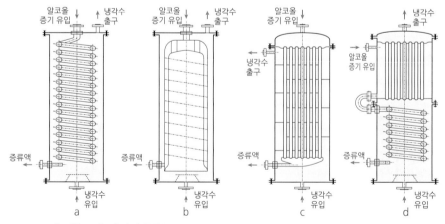

[그림 8-8] **냉각기 종류**(a: 코일형, b: 테두리형, c: 배관형, d: 배관형과 코일형 조합형)

## 5) 가열 방식

증류주 제조 시 사용되는 가열 방식은 직접 가열 방식과 간접 가열 방식 두 가지가 있다([그림 8-9]). 직접 가열 방식은 직화하는 방식과 직접 스팀을 주입하는 방식으로 구분된다. 직화 방식은 증류기에 불을 직접 가열하는 방식으로써 몰트 위스키와 코냑 제조에 사용되는 방법이다. 이때 화점이 발생하여 푸르푸랄 등 열에 의해 생성되는 성분들의 함량이 많아지면서 주질이 무겁고 강렬하게 느껴진다. 반면 직접 스팀 주입 방식은 스팀을 직접 술덧에 주입하고 가열하여 증류하는 방식으로, 점성이 높은 술덧에 적합하며 중국의 백주 제조에 사용되는 방법이다.

간접 가열 방식에서는 대부분 회분식 단형으로 제조되는 증류주에 사용되는 방법으로써 스팀 코일(steam coil)과 스팀 재킷(steam jacket) 방법 그리고 술덧을 증류기로부터 일부 빼내어 가열하여 다시 증류기로 돌려보내는 외부 가열 방식(calandria) 등이 있다. 외부 가열 방식은 직접 가열의 방식보다 열원의 제어가 쉽고 열에 의한 변성이 적은 것이 특징이다.

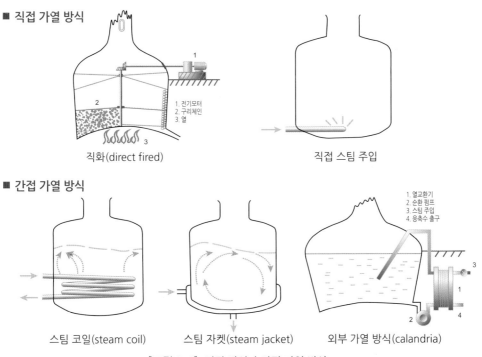

**■ 직접 가열 방식**

1. 전기모터
2. 구리체인
3. 열

직화(direct fired)

직접 스팀 주입

**■ 간접 가열 방식**

1. 열교환기
2. 순환 펌프
3. 스팀 주입
4. 응축수 출구

스팀 코일(steam coil)

스팀 자켓(steam jacket)

외부 가열 방식(calandria)

[그림 8-9] **직접 방식과 간접 가열 방식**
(출처 : 증류주 개론, 2015)

## 6) 증류기의 재질과 향기 특성

증류기의 재질은 보통 스테인리스 또는 구리로 되어 있다. 스테인리스의 경우 구리보다 내구력이 강하여 오랫동안 사용이 가능하다. 또 열전도율이 양호하고 특히 세척과 살균하기에 좋은 재질로 알려져 있다. 그러나 스테인리스의 경우 과실을 재료로 하는 증류주 제조시에는 맛과 향이 저하되는 단점을 갖고 있어 과실 증류주 제조에는 거의 사용하지 않는다. 반면 구리 증류기는 산에 강한 재질이며 열전도율도 우수하고 불순물인 황화합물을 제거해 주는 기능이 있다. 황화합물은 알코올과 결합하면 머캅탄이 형성되어 증류주 품질에 심각한 문제를 가져오게 된다.

증류주 제조 시 서양에서는 그간 구리 재질의 증류기를 이용하여 증류주의 아로마를 개선시켜 왔다. 특히 황화합물의 경우 그 농도가 높을 경우 증류주에 불쾌취, 썩은 계란취 및 고무취 등 이취를 풍기기 때문에 구리 재질 증류기를 통해 황화합물을 흡착시켜 제거하는 방법을 사용하고 있다. 황화합물 중에 특히 디메틸트리설파이드가 불쾌취의 주요 원인 물질이며 증류주 제조 공정 중 메탄티올과 황화수소의 결합으로 생성된 것이다. 이 성분은 역치가 33ng/L으로 매우 낮아 미량으로도 코로 쉽게 느낄 수 있다.

[그림 8-10]은 구리 재질의 증류기와 스테인리스 재질의 증류기로 만든 증류주 간의 황 성분 농도 차이를 나타낸 것인데, 두 증류기의 가장 큰 차이는 디메틸트리설파이드 성분으로 확연히 나타난다. 즉 스테인리스 재질 증류기에서 증류주의 핵심 이취 성분인 디메틸트리설파이드가 구리 증류주보다 현격히 높게 나타나는 것을 알 수 있다. 또 알려지지 않은 황화합물에서도 구리 증류기를 이용한 증류주에서 황 성분이 유의적으로 적게 검출되는 것으로 문헌에 보고되고 있다.

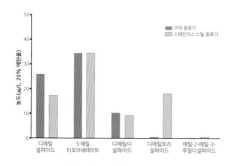 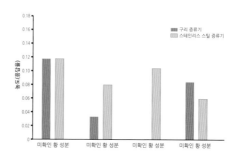

[그림 8-10] 구리 증류기와 스테인리스 스틸 증류기 간의 황화합물 농도 차이

[그림 8-11]은 구리 재질 증류기와 스테인리스 재질 증류기의 관능평가 차이를 나타낸 것으로 구리 재질의 증류기를 이용하여 제조한 증류주는 스테인리스 재질을 이용한 증류주에 비해 깔끔하고 섬세한 향을 나타낸다. 이와 같은 관능 결과는 구리 증류주에서 유황취와 고기 향이 제거되었기 때문이며 상기 향기 분석 결과와의 연관성이 증명된다.

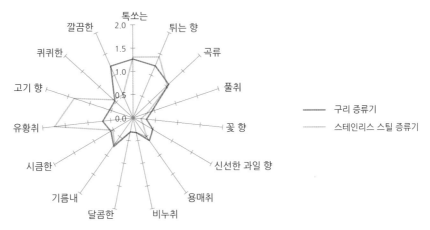

[그림 8-11] 구리 증류기와 스테인리스 스틸 증류기로 제조된 증류주의 관능평가

## 7) 백탁 현상

증류 과정 중에 알코올 농도가 45vol% 이하일 때 뿌옇게 변하는 현상으로 휘발 성분(고급 알코올류, 지방산 및 지방산에스터)이 저온에서 용해도가 감소하면서 나타난다. 특히 지방산 에스터류(에틸라우르산, 에틸팔미트산, 에틸팔미트올레산, 에틸미리스트산)의 농도가 일정 수준을 초과하면 발생하는데, 이는 지방산 에스터의 소수성기(hydrophobic group)가 물과 섞이는 것을 방해하기 때문에 나타나는 현상이다. 또 물, 증류 용기 및 저장 용기 유래의 일부 무기질 성분(구리, 철분, 나트륨, 마그네슘, 칼륨) 등도 백탁의 원인이 될 수도 있다.

백탁을 제거하는 방법은 증류주의 지방산 에스터 농도를 저감화하거나 활성탄을 이용한 소수성 성분 흡착 후 여과를 통해 저감화하는 방법이 있다. 그러나 증류주 업계에서 가장 많이 사용하는 방법은 증류주를 목표로 하는 알코올 농도로 희석 후 냉동(영하 5~7℃)한 다음 여과를 통해 저감화하는 냉동·여과 방법이다. 이때 여과 과정에서 아로마 손실을 감안하여 여과제 선택에 주의가 필요하다.

# 4. 증류 방법

일반적으로 증류주의 증류 방법은 원료 공급 방법에 따라 크게 회분식(batch distillation)과 연속식(continuous distillation)으로 구분한다. 이때 회분식은 다시 단수에 따라 단형(pot still)과 다단형(column still)으로 구분되며, 연속식은 다단형만 있다. 또 증류주의 유출 온도에 따라 상압과 감압 방식으로 구분하기도 한다. 증류기의 재질은 회분식의 경우 스테인리스, 구리, 옹기 등이 있고 연속식에서는 스테인리스 재질을 사용하는 것이 일반적이다. 증류주 제조 방식에 있어 회분식과 연속식, 감압과 상압 방식, 구리 또는 스테인리스 재질 사용 여부 등 장단점에 대해 논란이 많다. 그러나 기본적으로 각 증류 방법은 장단점을 가지고 있어 어느 방식이 좋다는 논쟁보다는 제조자가 자기의 제품 특성과 향미 특징을 위해 어떤 증류 방식이 적합한지를 선택하는 것이 더 중요하다([그림 8-12]).

한편 회분식 증류에서는 증류를 빨리하면 증류주의 일부 성분이 열분해되는 문제가 발생하기 때문에 전체 증류 과정을 천천히 진행하는 것이 중요하다.

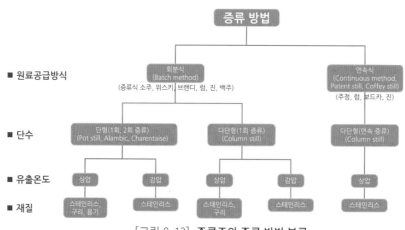

[그림 8-12] 증류주의 증류 방법 분류

# 1) 회분식 증류 방법

## (1) 회분식 단형

이미 설명한 바와 같이 회분식 증류법은 회분식 단형(batch pot still)과 회분식 다단형 (batch column still)으로 구분되며 전자는 프랑스식 증류법, 후자는 독일식 증류법으로 부른다. 두 방식 모두 중소 규모 증류 제조장에서 적용할 수 있는 증류 방법이다([그림 8-13]).

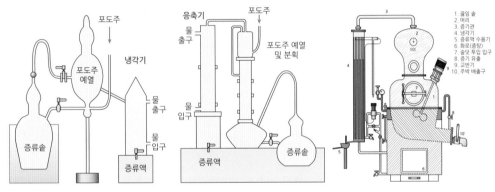

[그림 8-13] 회분식 단형 증류기 종류

회분식 단형은 1회 증류하거나 고농도의 알코올 수득을 위해 2회 증류하지만, 회분식 다단형은 1회 증류로 고농도의 알코올을 얻는 방식이다. 경제적인 측면에서 보면 다단형보다 단형 증류가 후류의 알코올 수득을 위해 장시간 증류를 하므로 열소비가 많은 단점이 있다. [표 8-6]은 증류 횟수에 따른 아로마 성분 변화를 나타낸 것으로 증류 횟수가 증가할수록 에탄올과 메탄올의 농도는 증가하지만 총산을 비롯하여 아로마 성분은 감소하게 된다. 이는 증류를 반복할수록 물과 에탄올이 계속 분리되면서 에탄올의 농도는 증가하는데, 이때 아로마 성분도 물 분자에 붙어 물과 같이 분리되면서 나타나는 현상이다.

[표 8-6] 증류 횟수에 따른 아로마의 성분 변화

| 증류 횟수 | 에탄올 (vol%) | 총산 (g/L) | 알데히드 (mg/L) | 에스터 (mg/L) | 고급 알코올 (mg/L) | 메탄올 (vol%) |
|---|---|---|---|---|---|---|
| 1회 | 43.8 | 1.39 | 448 | 6,611 | 4,779 | 0.84 |
| 2회 | 60.6 | 0.36 | 209 | 3,243 | 3,264 | 1.03 |

회분식 증류에서는 일반적으로 증류를 2회 실시한다. 이때 회분식 단형 증류를 통해 증류된 1차 증류주에는 술덧의 알코올, 물 그리고 거의 모든 휘발성 성분들이 함유되어 있다. 따라서 1차 증류주는 대부분 탁하며 에스터 향과 고급 알코올 향이 강하고 알코올 농도는 25~35vol% 정도이다. 증류 후 남은 찌꺼기는 술지게미라 부르며 알코올 농도는 0~1 vol% 수준이다. 2차 증류주는 1차 증류주에서 필요한 성분만을 끓는점 차이를 이용하여 증류 후 얻은 것으로 초류·본류·후류 등으로 분리하게 된다. 이때 본류가 가장 중요한 부분이며 그 알코올 농도는 약 65~75vol% 수준이다. 일반적으로 초류는 메탄올과 알데히드가 함유되어 있으므로 버리고 후류는 분리 후 다음 증류 시에 술덧에 혼합하여 증류한다. 그러나 해외 유명 고급 증류주(noble distilled spirit)는 보통 본류만 분리하여 제품화하는 경우가 많다.

한편 회분식 단형 증류기는 몸체(pot)의 모양, 목(neck)과 증류관(lyne arm)의 길이와 넓이, 각도도 증류주 향미에 영향을 미치는데, 이는 앞서 설명한 바와 같이 증류 과정에서 환류에 크게 영향을 주기 때문이다. 이러한 이유로 열에 민감한 상압 증류기가 감압 증류기보다 증류기 디자인에 영향을 더 크게 받는다.

[그림 8-14]에서 보는 바와 같이 A형은 B형의 변형된 형태로 증류 몸체에 목과 머리 부분이 직접 연결된 형태이다. B형은 코냑 제조에 사용되는 전통 알람빅 샤랑테의 목과 머리 형태이다. C형은 수직형 머리 형태와 직선형 목 형태의 구조이고 D형은 B형과 유사한 형태로 목 부분이 굽은 형태를 가지고 있다. E형은 머리 부분은 수직이면서 목 부분은 굽은 구조를 갖고 있다. 이러한 증류기 목 형태와 굽은 각도에 따라 증류주의 향미는 다르게 나타난다. 한편으로는 증류기의 목은 구리 재질로 만들어 증류액의 황 성분 등 이취 성분을 최대한 제거한다.

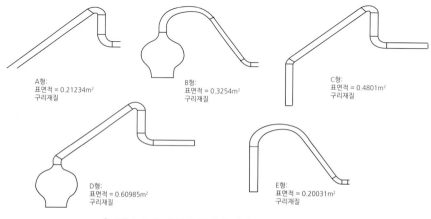

[그림 8-14] 단형 증류기의 머리와 목 형태

그리고 일부 회분식 단형 증류기의 경우 목 부분에 농축기(reflux column)를 장착하여 환류를 가속화하여 에탄올의 농도를 높이는 방법을 사용하기도 한다([그림 8-15]).

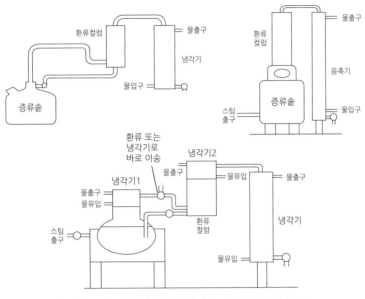

[그림 8-15] 회분식 단형 증류기의 다양한 환류형 구조

## (2) 회분식 다단형

회분식 다단형의 증류 원리는 회분식 단형 증류기와 같으나 증류기 몸체와 연결된 여러 단(plate)이 장착된 증류탑으로 구성된 것이 특징적이다([그림 8-16]). 이때 단이 일반적으로 3~4개로 구성되어 있어 회분식 단형 증류기 기준으로 보면 증류를 여러 차례 반복하는 효과가 있다. 즉 알코올 농도를 높이기 위해서는 단형 증류기에서는 증류액을 매번 증류 솥에 투입하여 증류를 반복해야 하지만, 다단형 증류기에서는 3~4회 증류가 연속적으로 진행되어 증류 후 에탄올 80vol% 내외가 얻어지게 된다. 만일 단수를 더 높게 하면 80vol% 이상의 에탄올을 얻을 수 있지만 아로마가 많이 약해져 음용용 증류주로서 적합하지 않게 된다. 반대로 단수를 너무 낮게 하면 아로마는 강해지지만 에탄올의 농도가 낮아 효율성이 떨어지게 된다. 따라서 에탄올 수율과 아로마 측면을 고려할 때 3~4개 단수로 증류탑을 구성하는 것이 최적으로 문헌에 보고되고 있다. 또 다단형 증류기의 증류탑 상부층에 별도 농축기(dephlegmator, reflux column)를 장착하여 저농도의 에탄올은 증류솥으로 환류되게 하고 고농도의 에탄올만 최종 냉각기로 흘러가게 하여 알코올 효율을 더 높이는 기술을 사용하기도 한다.

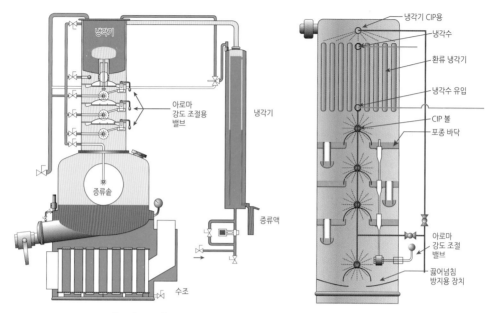

[그림 8-16] 회분식 다단형 증류기(좌)와 증류탑(우)의 구조

그리고 회분식 다단형 증류기 증류탑 내의 단에는 종형과 채형 등 두 가지 종류의 포종 형태가 있다. 일반적으로 껍질이 많고 묽은 술덧의 경우 종형 단을 사용하고, 엷은 술덧의 경우 채형 단을 사용하게 된다([그림 8-17]).

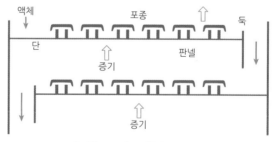

[그림 8-17] 종형의 구조

다단형 증류기 증류탑 내 3개의 단을 이용하여 증류하는 원리를 보면 다음과 같다. 우선 술덧을 끓이면 물과 지방산 등 고비점 물질은 증류탑 내 단 바닥에 남게 되며 에탄올 증기는 계속해서 그다음 단 바닥으로 올라가게 된다. 따라서 단 바닥에는 물이 점차 축적되고 상승하는 증기에는 에탄올이 누적되게 된다. 각 단 바닥의 액체(에탄올-물)가 머무르는 시간은 단 바

닥의 지름, 종형의 지름 및 유출구의 높이에 좌우된다. 단 바닥에 액체가 많을수록 끓는 정도는 격렬해지며 큰 포종에서는 작은 포종에서보다 자비가 균일하게 되며 구리 접촉면도 넓다. 단 바닥에 액체가 많을수록 보통 격렬하게 끓게 되어 에탄올 농축이 잘 되지만 아로마 성분은 적어진다. 반면 단 바닥에 액체가 적으면 에탄올의 농축이 적게 되지만 아로마 성분은 많아지게 된다. 또 회분식 다단형 증류기의 증류탑 내 3개의 단으로 구성된 증류기의 경우 술덧을 끓일 때 단에 액체가 오래 머무르면 열에 약한 아로마는 파괴될 수 있다. 이를 방지하기 위해 별도 밸브를 각 단에 장착하여 액체가 단에 머무르는 시간과 양을 조절하면서 향을 보존하는 기술을 이용하기도 한다. 즉 열에 약한 아로마(핵과류)의 경우 각 단에서 끓는 시간과 액체량을 줄이고, 열에 강한 아로마의 경우는 각 단에서 끓는 시간과 액체량을 높이는 기술을 이용한다. 이 기술은 술덧의 타입과 목표로 하는 증류주 품질 특성에 따라 제조자가 정하는 것이다.

최근에는 씨가 있는 과실을 증류할 경우 에틸카바메이트의 함량이 높은 수치를 나타내기 때문에 구리 증류기를 사용하게 되고 부가적으로 시아닌 흡착기(katalysator)를 장착하는 때도 있다. 시아닌 흡착기는 구리 재질이며 넓은 표면적을 이용하여 에틸카바메이트뿐 아니라 황화합물과 초산 및 휘발산 등을 감소시킬 수 있는 기능이 있다. 보통 이 흡착기는 냉각기 앞에 부착하여 상기 물질들을 최대한 흡착 후 냉각기로 흘러가도록 설계되어 있다([그림 8-18]).

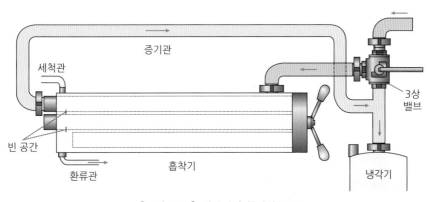

[그림 8-18] 시아닌 흡착기의 구조

### (3) 회분식 단형과 다단형의 아로마 특성 비교

앞서 기술한 증류 방법인 회분식 단형과 다단형의 증류 기술은 이론상으로는 동일하며 초류·본류·후류로 분획하는 형태 역시 같음에도 불구하고 증류주의 에탄올 농도와 향미 특성은 매우 다르게 나타난다. 일례로 단형 증류기를 이용한 본류의 에탄올 농도는 다단형 증류기를 이용한 본류에서보다 낮게 나타난다.

[그림 8-19]는 단형과 다단형 증류기를 이용한 증류 과정 중 컷 포인트별 아로마 성분 차이를 나타낸 것이다. 두 증류 방식에서 메탄올, 지방산 에스터류, 노르말프로판올 및 이소아밀알코올 성분에서 그 차이가 특히 크게 나타난다. 증류기별 아로마 성분의 차이는 주로 술덧의 에탄올 함량과 휘발량에 좌우되며 각 아로마 성분의 끓는점보다는 에탄올과의 결합 정도가 더 큰 영향을 미치게 된다.

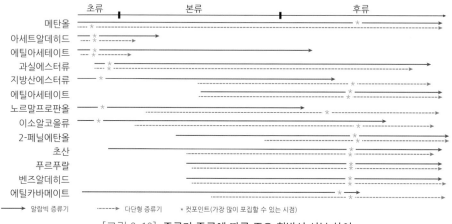

[그림 8-19] 증류기 종류에 따른 주요 휘발성 성분 차이

[그림 8-20]은 회분식 단형 알람빅 증류기의 아로마 유출 농도를 나타낸 것으로 각 유출량에 따른 각 아로마 성분의 농도를 표현한 것이다. 그림에서 보듯이 에스터류와 고급알코올류는 초류에서 많이 검출되고 메탄올의 경우는 후류에서 가장 많이 검출된다.

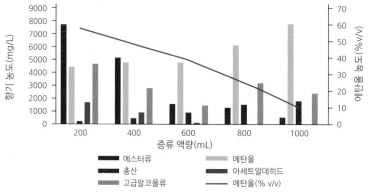

[그림 8-20] 회분식 단형 알람빅 증류기의 아로마 유출 농도

한편 회분식 단형 또는 다단형 증류기를 이용한 증류 과정 중에 휘발되는 주요 아로마 성분들의 특성을 살펴보면 다음과 같다.

### ① 메탄올

메탄올은 발효 부산물이 아니며 과실 껍질에서 생성되는 물질로 곡류에서보다 과실 증류주에서 훨씬 높게 나타난다. 과실 증류주의 메탄올 검출은 증류주 원료로서 자연과실이 사용된 증거이기도 하다. 메탄올의 농도는 과실 가공 기술과 증류 방식 그리고 과실 종류와 품종에 좌우된다. 메탄올의 끓는점은 64.7℃이며 물과 완전히 섞인다. 메탄올은 공비혼합물의 형성으로 인해 증류 중에 모든 분획에서 일정한 농도로 검출된다. 따라서 메탄올은 물로부터 분리하기가 매우 어려우며 후류에 더 많이 축적되게 된다.

### ② 고급 알코올류

고급 알코올류는 증류주에서 가장 많은 농도를 나타내는 성분으로 오일이 아님에도 퓨젤유라고도 불리는데, 이는 저농도의 알코올에서 오일 반점을 형성하기 때문에 붙여진 이름이다. 고급알코올 중에 아밀알코올, 활성아밀알코올, 이소아밀알코올, 이소부탄올 및 노르말프로판올이 가장 많이 검출되고, 그 외 고급알코올(1-헥산올, 노르말부탄올, 노르말프로판올, 2-부탄올)은 전체 고급알코올의 5% 미만으로 확인된다. 2-부탄올은 저급의 원료를 사용하거나 알코올 발효 중 세균에 의해 생성되며 증류주에 부정적인 영향을 미친다. 1-헥산올은 특히 사과주에서 풀냄새를 풍기는 성분으로 순수 알코올 1리터당 100mg을 초과하면 증류주에서 강한 풀냄새와 더불어 맛과 향에 부정적인 영향을 준다.

2-페닐에탄올은 방향성 알코올로서 장미 향을 부여하며 낮은 역치로 인해 증류주에서 향에 기여하는 바가 크다. 다양한 미생물(세균, 곰팡이, 효모)이 L-페닐알라닌을 이용하여 2-페닐에탄올을 생합성 한다. 고급알코올은 끓는점이 200℃ 이하이며 에탄올에 잘 섞이고 물에는 부분적으로만 섞인다. 알코올이 낮은 술덧에서는 고급알코올은 물과 잘 섞이지 않는 특성으로 인해 끓는점이 높음에도 불구하고 초류에서 많이 검출된다. 그러나 고농도의 알코올 술덧(40% 이상)에서는 끓는점에 따라 증류된다. 따라서 다단형 증류 방식에서는 고급알코올은 후류에서, 단형 증류 방식에서는 초류에서 많이 검출된다. 또 증류주의 아로마에 영향을 주는 고급알코올의 성분은 단식 증류 방식보다는 다단식 증류 방식에서 많이 확인된다. 일반적으로 고급알코올은 증류주에서 적은 농도일 때 증류주의 향에 긍정적인 영향을 주지만 그 농도가 순수알코올 기준 3,500mg/L 이상일 때는 품질에 부정적인 영향을 미친다.

### ③ 에스터류

에스터류는 알코올 발효 부산물로서 그 역치가 낮아 증류주 아로마에 영향을 미치게 된다. 에스터 중 가장 농도가 높은 에틸아세테이트는 보통 낮은 농도로는 증류주에 꽃 향과 과실 향을 부여하는 반면, 고농도에서는 거친 접착제 냄새를 풍겨 부정적인 영향을 준다. 에틸아세테이트의 농도가 순수 알코올 1리터당 180g이면 산 특성을 나타낸다. 고농도의 에틸아세테이트는 장기간의 원료 보관이나 초산균에 의해 형성될 수 있고 증류 공정도 영향을 미칠 수 있다.

또 전체 에스터 농도와 에틸아세테이트와의 구성비 역시 증류주의 품질을 평가하는 요소인데, 이때 전체 에스터류 대비 에틸아세테이트의 농도가 적을수록 고급 증류주로 평가된다. 에틸아세테이트의 끓는점은 77.1℃로서 증류 방식과 관계없이 초류에서 많이 확인되며, 다단식 증류 방식에서보다는 단식 증류 방식에서 더 많이 검출된다.

이소아밀아세테이트, 이소부틸아세테이트 및 2-페닐에틸아세테이트는 과실 증류주에서 많이 검출되는 성분으로 증류주에 꽃 향과 과실 향을 부여한다. 이소아밀아세테이트는 바나나 향을 부여하는 반면 이소부틸아세테이트는 딸기 향을 나타낸다. 에스터 중 탄소수 $C_6 \sim C_{12}$(이소아밀아세테이트, 에틸카프로산, 에틸카프릴산, 에틸카프르산)에 속하는 성분은 단식 증류 방식에서보다 다단식 증류 방식에서 다소 많이 생성된다.

에틸락테이트는 부패한 버터취를 풍기는데 역치는 250mg/L 수준이다. 이 성분은 젖산 발효와 관련이 있고 저농도(154mg/L)에서는 증류주 맛을 부드럽게 하는 긍정적인 영향을 준다. 또 이 성분은 증류 시 후류에서 많이 검출되고 다단식 증류 방식에서보다는 단식 증류 방식에서 더 많이 검출된다.

2-페닐아세테이트는 장미 향을 부여하며 물과의 결합이 부분적으로만 이루어져 높은 끓는점에도 불구하고 모든 증류 분획 구간에서 확인된다.

### ④ 카보닐 성분

카보닐 성분 중에는 아세트알데히드가 가장 중요한 성분이고 알데히드 성분 중 90%를 차지한다. 특히 호기성 상태에서 초산균이 알코올을 산화하여 아세트알데히드가 생성되는 경우가 많으므로 알코올 발효가 종료된 술덧은 바로 증류하는 것이 바람직하다. 아세트알데히드의 농도는 원료와 관련이 없고 효모 종류와 발효 공정 및 증류 시 분획 정도에 영향을 받는다. 아세트알데히드는 향을 부여하지만, 농도가 높으면 숙취를 유발하고 순수 알코올 1리터 당 120mg을 초과하면 증류주 품질에 부정적인 영향을 준다. 이 성분은 낮은 끓는점으로 인해 증류 시 초류에서 많이 검출되고 물과 알코올에 잘 섞인다. 알데히드 중에는 그외 포름알데히드와 벤즈알데히드, 푸르푸랄도 증류 시 확인되며 이들 성분은 증류주의 향에 부정적인 영향을 미친다.

벤즈알데히드는 특히 핵과류(자두, 체리, 살구)를 원료로 하여 발효 · 증류한 제품에서 많이 검출되며, 과실 씨에 존재하는 아미그달린의 가수분해로 인해 생성된다. 이 성분은 주로 쓴 아몬드 향을 부여하며 저농도에서는 증류주 풍미에 긍정적인 영향을 미치며, 증류 방법과는 관련 없이 증류시 후류에서 많이 확인된다.

푸르푸랄은 증류 중에 산성 조건으로 가열하거나 마이얄 반응에 따라 오탄당의 당 잔기가 탈수되어 생성되는 것으로 비타민 C가 산화하면 생성된다. 이 성분은 저농도에서는 증류주에 긍정적인 향을 부여하지만 고농도에서는 이른바 화근내(hotness)를 나타내어 바람직하지 않은 향이 된다. 또 푸르푸랄은 물과 잘 섞이므로 증류 방식과 관계없이 증류 시 후류에서 많이 검출되며 증류를 오래 할수록 그 농도는 더 많아진다. 그리고 다단식 증류 방식에서보다 단식 증류 방식에서 더 많이 생성되는데 직화를 통해 2회 증류하는 단식 방식에서 특히 많이 확인된다.

한편 증류주 산도의 90%를 차지하는 초산은 알코올 발효 부산물로써 호기성 상태에서 양조용 효모에 의해 생성된다. 즉 초산은 아세트알데히드가 산화되어 생성되며 그 농도는 효모의 종류에 따라 달라진다. 물론 고농도의 초산은 초산균 오염에 의한 것이고 이 경우 초산은 증가하고 알코올은 감소하는 경향을 보인다. 초산은 저농도일 때 증류주에서 약간의 신맛과 톡 쏘는 향으로 인해 증류주에 긍정적인 영향을 주기 때문에 증류주의 품질에 중요한 요소이다. 이 성분은 높은 끓는점(117℃)으로 인해 증류 시 후류에서 검출된다.

## 2) 연속식 증류 방법

연속식 증류 방식은 술덧을 연속적으로 증류 솥에 공급하여 고농도의 알코올(85~96%) 획득을 목표로 고안된 장치이다. 이 방식은 단시간에 다량의 고농도 에탄올을 제조하는 것을 목표로 하며 보통 주정이나 보드카 등을 제조할 때 사용하는 증류 방법이다. 연속식 증류는 술덧을 지속적으로 증류 솥에 주입하고 증류 후 남는 주박 역시 연속적으로 배출되는 시스템으로 작동하며 이 작업은 수일 내지 몇 주가 걸릴 수도 있다.

연속식 증류 설비로는 patent still 또는 Coffey still이 대표적이며, 이 설비는 1820년대에 스코틀랜드 곡류 증류장에서 최초로 개발되었고, 이후 아일랜드 사람 코피(Coffey)에 의해 특허가 나면서부터 본격적으로 산업에 활용되기 시작하였다.

연속식 증류 장치는 기본적으로 2개의 증류탑(column)으로 구성되는데, 하나는 분리탑(analyzer)으로 다공성 분획 판을 통해 스팀을 쏘아 올려 알코올을 술덧에서 분리하는 기능을 한다. 나머지 하나는 정제탑(rectifier)으로 분리탑의 술덧에서 분리된 알코올을 순환시켜 농축하여 목표로 하는 알코올 농도를 얻는 기능을 한다([그림 8-21]).

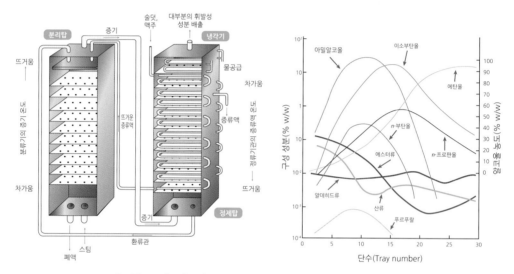

[그림 8-21] **연속식 증류기 구조(좌)와 증류액 유출 동향(우)**

연속식 증류 장치의 작동 원리를 살펴보면, 우선 정제탑 위에 설치된 배관을 통해 술덧이 주입되고, 술덧은 정제탑의 바닥에서 분리탑의 상부로 이송되기 전에 정제탑에서 스팀으로 예열된다. 여기서 끓는 술덧은 다공성 분획 판을 통해 분리탑 아래로 흐르게 되고 이때 상부로 흘러 들어가는 스팀과 만나게 된다. 이후 분획 판 표면에서 술덧과 스팀이 만나면서 술덧은 끓게 되고, 알코올을 비롯한 휘발성 성분 등의 혼합물이 분리탑 상부로 이동하게 된다. 이때 물을 비롯한 휘발성이 약한 성분들은 분리탑 하부로 이송되어 폐수로 빠져나가게 된다. 그 다음 분리탑에서 발생한 뜨거운 증기는 정제탑의 하부를 통해 이송되고 상부로 올라가면서 휘발성 성분들은 각각 끓는점에 따라 긴 코일에 응축되게 된다. 알코올 증기는 정제탑 상부에 있는 냉각탑 내의 냉각수에 의해 응축되어 증류액으로 나가게 된다.

연속식 증류 방식에서는 증류액이 한번 받아지면 술덧의 주입이 멈출 때까지 증류 공정은 연속적으로 이루어지게 된다. 이러한 방식은 회분식 단형 또는 다단형 증류 방식보다 고농도의 알코올을 단시간에 저렴하게 대량으로 제조할 수 있는 장점이 있다. 연속식 증류 방식으로 제조된 95.6vol%의 증류주는 아로마 성분이 거의 없다. 세계적으로 식용 및 비식용 주정 제조용으로 이 방식을 이용하며, 소주나 진에 이용되는 주정은 별도로 활성탄 처리를 거치게 된다. 리큐르 제조 시에도 순수 알코올 주정이 일부 첨가되기도 한다. 그러나 일부 국가에서는 과실 주정의 경우 과실 증류주의 향미 강화를 위해 알코올 농도를 86 vol% 이하로 규정하는 경우도 있다.

국내에서는 연속식 증류 방법을 이용하여 제조하는 증류주는 주정이 대표적이며 거의 소주 원료로 이용된다. 우리나라의 주정 기술과 품질은 세계적으로도 우수한 것으로 평가받고 있으며, 주정사와 소주사의 품질관리로 매우 우수한 주정이 제조되고 있다.

해외의 경우 생산되는 주정의 종류는 각 주정에 사용된 원료와 제조 공법이 달라 다양하며 각기 다른 향을 나타낸다([표 8-7]).

[표 8-7] **독일 음용 주정의 종류**

| 구분 | 아로마 특징 | 사용 원료 | 응용 주종 |
|---|---|---|---|
| 프리미엄 주정 | 중성향 | 계절별 곡물, 사탕무우, 감자 등 혼합 | 일반 증류주, 리큐르 |
| 정밀여과 주정 | 부드러운 향 | | |
| 곡물 주정 | 섬세한 향 | 일반 곡물 혼합 | 보드카, 향 첨가된 보드카, 일반 증류주 |
| 감자 주정 | 중성 아로마 향 | 특수 품종의 감자 | |
| 지역 특수곡물 주정 | 곡물 특유의 향 | 지역 호밀과 밀의 혼합 | 곡물 증류주, 보드카, 진 |
| 밀 주정 | 여성형 부드러운 향 | 특수 품종의 밀 | |
| 호밀 주정 | 남성형 허브 향 | 특수 품종의 호밀 | |
| 프리미엄 유기농 주정 | 유기농 | 특수 품종의 유기농 밀 | 유기농 리큐르, 유기농 진, 유기농 보드카 |

[표 8-8]은 오스트리아의 주정 종류와 제품의 이화학적 품질 특성을 예로써 나타낸 것으로 품질 규격은 국제표준에 맞춰져 있으며 각 주정사의 연구소에서 엄격히 관리한다. 오스트리아의 경우도 각 증류주 타입에 맞는 주정을 선택할 수 있도록 다양한 주정이 시장에서 선보이고 있다.

[표 8-8] 오스트리아 주정별 품질 특성

| 항목 | Ethanol Absolut 99.9% | Ethanol Prima 96% | Ethanol Prima 96% Bio AT-Bio 902 | 곡물 주정 | 과실 주정 | 와인 주정 |
|---|---|---|---|---|---|---|
| 알코올(vol%) | 99.50 이상 | 95.1~96.9 | 95.1~96.9 | 95.0 이상 | 86.0 이하 | 93.0~94.8 |
| 비중 | 0.790~0.793 | 0.805~0.812 | 0.805~0.812 | 0.812 이하 | 0.844 이상 | 0.820~0.813 |
| 투명도 | 투명 | 투명 | 투명 | 투명 | 투명 | 투명 |
| 색도 | 무색 | 무색 | 무색 | 무색 | 무색 | 무색 |
| 향 | 중성 | 중성 | 중성 | 중성 | 고유향 | 고유향 |
| 맛 | 중성 | 중성 | 중성 | 중성 | 고유맛 | 고유맛 |
| 흡광도(340~270nm) | 최대 0.1 | 최대 0.1 | 최대 0.1 | 최대 0.1 | - | - |
| 흡광도(260~250nm) | 최대 0.3 | 최대 0.3 | 최대 0.3 | 최대 0.3 | - | - |
| 흡광도(240nm) | 최대 0.4 | 최대 0.4 | 최대 0.4 | 최대 0.4 | - | - |
| 산도(초산으로서, mg/L) | 최대 30 | 최대 15 | 최대 30 | 최대 15 | - | - |
| 메탄올(mg/L) | 최대 200 | 최대 200 | 최대 200 | 최대 200 | 최대 1000 (g/100L) | - |
| 휘발성 성분(g/100L) | - | - | - | - | 최대 200 | - |
| 청산(g/100L) | - | - | - | - | 최대 7 | - |
| 아세트알데히드, 아세탈(mg/L) | 최대 10 | 최대 10 | 최대 10 | 최대 10 | - | - |
| 벤졸(mg/L) | 최대 2 | 최대 2 | 최대 2 | 최대 2 | - | - |
| 총불순물(mg/L) | 최대 300 | 최대 300 | 최대 300 | 최대 300 | - | - |
| 증발잔분(mg/L) | 최대 25 | 최대 15 | 최대 25 | 최대 15 | - | - |
| 영양가(kcal/100g) | 700 | 700 | 700 | 700 | 700 | 700 |
| 미생물 | 항균 | 항균 | 항균 | 항균 | 항균 | 항균 |
| 유통기한 | 무기한 | 무기한 | 무기한 | 무기한 | 무기한 | 무기한 |

또 독일과 오스트리아의 경우 주정 제조사는 주정이 음용용으로 사용될 경우 응용하는 주종에 따라 수요자가 각기 달리 선택이 가능하도록 주정 샘플을 소형 병에 담아 수요자에게 사전 제공한다([그림 8-22]).

[그림 8-22] 다양한 주정 종류

# 5. 증류 방식

## 1) 개요

증류 방식에는 증류액의 유출 온도와 압력에 따라 상압 증류와 감압 증류 등 두가지 방식이 있다. 위스키와 브랜디, 백주 등 대부분의 증류주는 상압 증류 방식을 이용하는 반면, 일본의 증류식 소주는 주로 감압 방식이 전통적으로 사용되고 있다. 우리나라의 경우는 감압과 상압 두 방식을 업체별로 다르게 사용하고 있다.

상압 증류 방식([그림 8-23])에서는 증류기의 재질이 구리 또는 스테인리스가 가능하지만, 감압 증류 방식에서는 스테인리스 재질로 만들어진 증류기를 사용하는 것이 일반적이다. 우리나라와 일본에서는 주로 스테인리스 재질의 증류기를 이용하여 감압 증류 방식으로 증류식 소주를 제조하지만, 해외의 경우는 구리 재질의 증류기를 이용하여 상압 증류 하는 것이 일반적인 증류 방식이다

그리고 상압 증류 증류주는 고비점 물질 생성으로 인해 장기간의 숙성 기간이 필요한 반면, 감압 증류 증류주는 낮은 온도에서 증류가 진행되어 상대적으로 고비점 물질이 적기 때문에 숙성 기간이 상대적으로 짧다.

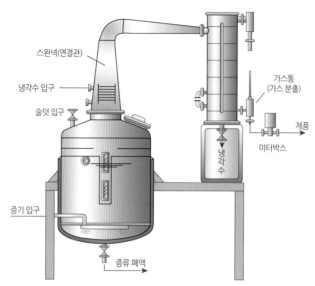

스완넥(연결관)

냉각수 입구

술덧 입구

증기 입구

증류 폐액

가스통
(가스 분출)

냉각수

제품

미터박스

[그림 8-23] 상압 증류기(출처: 증류주 개론, 2015)

## 2) 상압 증류 방식

상압 증류의 경우 가압이나 감압 없이 대기압에서 증류하는 방식으로 가열과 냉각 등을 통해 증류를 진행하게 된다. 상압 증류는 분류기, 농축기 및 시아닌 흡착기 등의 구조에 따라 그 기능이 달라진다. 상압 증류는 보통 기압 1bar에서 증류하지만 감압 증류 시에는 공기가 차단된 증류기를 이용하여 기압이 250~100mbar에서 증류하게 된다.

상압 증류는 대기압 조건에서 술덧을 끓여 증류하는 방식으로 아로마 성분의 유출 유형은 [그림 8-24]와 같으며 크게 4가지로 구분된다.

① 급감형(에스터류): 증류 초기에 많고 그 후 급격히 감소하는 성분(알데히드, 에틸아세테이트, 이소아밀아세테이트)
② 점감형(알코올류): 증류 초기에 많고 그 후 점차 감소하는 성분(에탄올, 이소아밀알코올, 이소부틸알코올, 노르말프로판올, 에틸팔미트산, 에틸리놀산, 에틸카프릴산, 에틸카프르산)
③ 점증형(산류): 증류 과정 중에 완만하게 증가하는 성분(초산, 베타페닐에탄올)
④ 급증형: 증류 후반기에 급격히 증가하는 성분(푸르푸랄)

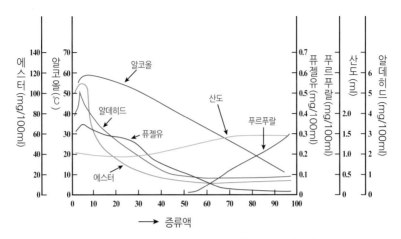

[그림 8-24] 회분식 단형 상압 증류 시 휘발성 성분의 유출 동향

회분식 단형 상압 증류 시 유출 성분의 향미 특성을 예로써 보면, 고급알코올류는 증류식 소주에 적당량 함유되면 조화로운 향미를, 다량일 경우 자극적인 향미를 부여하게 된다. 유기 산의 경우는 적당량일 경우 감칠맛을 부여하지만, 다량이면 부조화로운 맛을 나타내게 된다. 에스터도 적당하면 과실 향을 내지만 과다하면 용매취를 부여한다. 알데히드류는 대체로 자극취와 거친 맛을 나타내게 된다. 후류의 푸르푸랄도 적당량일 경우 감칠맛을, 과다하면 탄내 와 잡미를 나타낸다.

상압 증류의 경우는 증류기의 크기, 재질 및 두께에 따라 증류주의 향미가 다르게 발현되 고, 술덧의 양에 따라 휘발되는 성분도 다르게 나타난다. 그리고 증류기의 목과 증류관의 길 이와 높이도 향미에 영향을 미친다.

그리고 상압 증류는 보통 증류 시작 후 30분이 지나면 에탄올이 유출되고 이후 2~3시간 정 도면 증류가 완료된다. 후류의 경우는 증류주의 특성이 다르지만 알코올 도수가 8~10% 정도 면 증류를 종료하는 것이 일반적이다.

## 3) 감압 증류 방식

감압 증류 방식은 해외에서는 스테인리스 재질의 증류기를 이용하여 주로 에센스 오일 성 분 추출에 많이 사용하는 방식이며 음용용으로 사용하는 경우는 거의 없다. 음용 목적의 감압 증류 방식은 일본에서 처음 도입된 방식이다. 본래 일본의 전통 증류식 소주는 항아리에 장기 숙성하지 않고 증류 직후 소주를 냉각하여 여과하거나 활성탄 처리를 통해 단기간에 판매하는 제품이 주를 이루었다. 즉 단기간의 제조 방식이면서 깔끔한 제품이 필요하여 감압증류 방식이 음용용으로 일본에서 주로 사용된 것이다.

감압 증류의 경우는 열에 약한 성분들이나 향기 성분 등을 보호할 목적으로 감압 장치를 통해 감압 증류를 실행하는 때도 있으며, 이때 끓는점은 30~40℃ 또는 그 이하로 낮아지게 된다. 해외의 경우 일반적으로 과실이나 곡류를 이용한 증류주 제조에는 감압 증류 방식은 사용되지 않으며 이미 언급한 바와 같이 에센스나 향료 제조를 목적으로 주로 사용된다.

감압 증류의 장점은 에스터류나 불포화지방산 같은 열에 약한 아로마 성분을 유지할 수 있다는 것과 끓는점이 낮아 열취가 적다는 점이다. 다만 감압 증류의 경우 에너지 소비가 적다는 것이 장점이지만 진공펌프를 가동하는데 소요되는 에너지를 고려해야 한다. 압력과 알코올 농도에 따른 끓는점은 [표 8-9]와 같다. 감압 증류기에서는 압력이 133mbar이면 36.2vol%의 알코올이 약 40℃에서 끓지만 대기압 상태에서는 약 85℃에서 끓는다. 물의 경우 대기압에서 100℃에서 자비되지만 감압 상태에서는 133mbar에서 51℃일 때 끓게 된다.

[표 8-9] 압력과 알코올 농도에 따른 끓는점 비교

| 알코올 농도 | | 50 | 100 | 190 | 250 | 380 | 500 | 760 | mm Hg |
|---|---|---|---|---|---|---|---|---|---|
| 중량% | 부피% | 67 | 133 | 253 | 333 | 507 | 667 | 1013 | mbar |
| 0 | 0 | 38.05 | 51.33 | 65.30 | 71.50 | 81.60 | 87.45 | 100 | |
| 10 | 12.4 | 32.80 | 45.70 | 59.15 | 64.95 | 74.33 | 80.55 | 91.45 | |
| 20 | 24.5 | 29.40 | 42.15 | 55.49 | 60.55 | 70.09 | 76.35 | 87.15 | |
| 30 | 36.2 | 27.10 | 39.75 | 53.64 | 58.15 | 67.80 | 73.95 | 84.65 | |
| 40 | 47.3 | 25.60 | 38.10 | 52.40 | 56.55 | 66.82 | 72.40 | 83.10 | |
| 50 | 57.8 | 24.60 | 37.25 | 51.16 | 55.40 | 65.93 | 71.30 | 81.90 | |
| 60 | 67.7 | 23.90 | 36.60 | 49.85 | 54.65 | 65.12 | 70.50 | 81.00 | |
| 70 | 76.9 | 23.25 | 36.00 | 48.95 | 54.10 | 64.34 | 69.70 | 80.20 | |
| 80 | 85.5 | 22.60 | 35.40 | 48.69 | 53.60 | 63.71 | 69.00 | 79.35 | |
| 90 | 93.3 | 21.95 | 34.70 | 48.70 | 53.15 | 62.81 | 68.25 | 78.50 | |
| 100 | 100.0 | 21.55 | 34.25 | 50.05 | 53.05 | 63.14 | 68.05 | 78.30 | |

감압 증류기의 구성과 기능을 보면, 감압 증류기는 증류관, 증류탑, 응축기, 냉각기 및 진공 펌프 등으로 구성되어 있다. 그 외 기타 부속 설비로는 지게미 분리기와 샘플 채취구 등이 있다. 표준형 감압 증류기는 [그림 8-25]와 같다.

감압 증류기에서는 증류 장치 전체를 밀폐시켜 진공펌프에 의해 감압 상태에서 증류하게 된다. 증류관 및 증류탑의 구조를 보면, 감압 증류의 경우는 술덧의 직접 가열 방식을 피하고 자켓식을 이용한 간접 가열 상압·감압 겸용형의 증류기가 보급되고 있다. 또 가열 시 가열 면과 접촉해 있는 술덧의 눌어붙는 현상을 방지하기 위하여 교반기를 부착하는 때도 있다. 증류탑은 증류 효과를 높이기 위하여 여러 가지 형식과 구조의 것이 있다.

냉각탑은 증류 솥에서 증발한 알코올 증기가 증류탑을 통과하여 응축·냉각시키는 기능을 한다. 이때 응축·냉각 방식에는 소규모 공장일 경우 코일식 또는 다관식의 냉각기만으로 응축과 냉각을 동시에 하는 것이 많으나, 대형 공장에서는 다관식 또는 프레이트식의 응축기와 코일식 냉각기를 병용하는 것이 일반적이다.

그리고 진공펌프는 기계적 진공펌프, 분사 펌프 및 확산 펌프로 나뉜다. 기계적 진공펌프에는 기계의 왕복과 회전 등을 이용한 피스톤 펌프와 회전 펌프 등이 있으며, 용기 내에서 기체를 빨아들여 이것을 대기압 또는 그보다 약간 높게 압축하여 배출하는 설비로 원리적으로는 압축기와 같다.

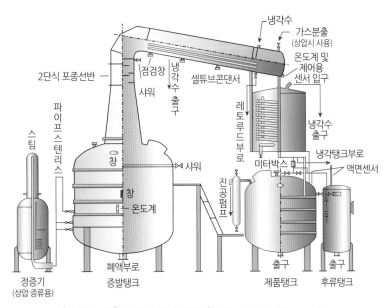

[그림 8-25] 회분식 감압 증류기(출처 : 증류주 개론, 2015)

## 4) 상압 증류주와 감압 증류주의 향미 특성

상압 증류와 감압 증류 제품의 향미 특성을 비교해 보면, 감압 증류 제품은 원료의 특징이나 결함을 나타내는 성분이면서 유취의 원인이기도한 고급 지방산이나 에스터류의 함유량이 상압 증류 제품보다 현저히 낮다. 또 증류 중에 술덧이 눌어 붙어 2차적으로 생성되는 푸르푸랄은 감압증류 제품에는 검출되지 않는다. 이처럼 감압 증류 제품과 상압 증류 제품 간의 관능적 차이가 있으며, 상압 증류 제품은 일반적으로 원료의 특징이 강해 맛이 농후한 반면 감압 증류 제품은 원료의 특징이 적고 맛이 가벼워 부드러운 제품이 얻어진다.

그리고 상압 증류주는 증류 직후 자극적인 향미를 나타내지만 숙성하면서 향미와 품질이 크게 향상된다. 또 상압 증류주의 품질과 향미는 감압 증류주보다 증류기의 형태, 재질 및 증류 조건에 영향을 받는다.

한편 상압 증류한 제품과 감압 증류한 제품을 블렌딩하여 증류식 소주는 다양한 품질의 제품으로 소비자의 기호에 대응할 수 있다. 감압 증류에 의한 원료별 주질을 비교하면, 쌀 소주의 경우 상압 증류 방식의 쌀 소주는 국으로부터 유래된 특이한 향이 있어 술덧 가열에 의한 고린내(초취)가 나기 쉬우며 맛이 무거워 현대인의 기호에 맞지 않는 측면이 있다.

그러나 감압 증류를 통해 쌀 소주는 향기와 맛이 담백하게 되어 부드럽고 소비자의 기호 추세에 따라 쌀 소주는 거의 감압 증류 제품이 주류를 이루고 있다. 보리소주의 경우는 보리소주 특유의 고린내 등을 제거하여 맛을 가볍게 할 목적으로 상압 증류 제품의 경우 이온교환수지를 통해 정제하는 방법이 있다. 이온교환수지에 의해 초산, 아세트알데히드 및 푸르푸랄 등이 제거되고 유취 성분인 지방산 에스터류도 제거되면서 주질이 좋아진다. 이처럼 상압 증류 후 이온교환수지 처리 방식에 의한 보리소주는 지금까지의 상압 증류 제품보다 소비자의 호응도가 높아 보리소주의 하나의 유형으로 진화하고 있다.

반면 감압 증류에 의한 보리소주 제품은 상압 증류 제품 특유의 고린내가 없어 맛이 경쾌하며 이온교환수지 처리 과정을 거친 제품과는 또 다른 가벼운 방향이 있어 상압 증류와는 또 다른 주질의 소주가 제조된다.

한편 증류 방법과 증류 조건에 따라 제품의 특성이 달라지는데([표 8-10]), 쌀소주와 보리소주를 예를 들어 보면, 상압 증류주는 향미가 농후하고 감압 증류주는 경쾌하고 부드러운 향미가 특징적으로 나타난다. pH와 산도, 메탄올은 차이가 없고 아세트알데히드와 에틸아세테이트는 감압 증류주에서 적게 검출된다.

[표 8-10] 회분식 상압 증류주와 감압 증류주의 향미 특성 비교

| 구분 | 쌀소주(알코올 44vol%) | | | 보리소주(알코올 44vol%) | | |
|---|---|---|---|---|---|---|
| | 상압 (760mmHg) 증류 온도 (86~96℃) | 감압 (300mmHg) 증류 온도 (62~70℃) | 감압 (100mmHg) 증류 온도 (40~48℃) | 상압 (760mmHg) 증류 온도 (86~96℃) | 감압 (300mmHg) 증류 온도 (62~70℃) | 감압 (100mmHg) 증류 온도 (40~48℃) |
| 일반 성분 | | | | | | |
| pH | 6.5 | 6.2 | 6.3 | 5.7 | 5.6 | 5.9 |
| 산도 | 0.20 | 0.25 | 0.20 | 0.40 | 0.45 | 0.4 |
| 푸르푸랄(mg/100mL) | 0.15 | 0.05 | - | 0.30 | 0.05 | - |
| 자외선흡광도($\times 10^3$) | 271 | 53 | 32 | 582 | 72 | 34 |
| TBA 값($\times 10^3$) | 165 | 28 | 11 | 176 | 21 | 12 |
| 알데히드(mg/100mL) | 2.81 | 1.16 | 0.31 | 1.86 | 0.94 | 0.46 |
| 에스터류(mg/100mL) | 10.5 | 10.1 | 10.1 | 17.8 | 14.1 | 11.3 |
| 고급 알코올류(%) | 0.085 | 0.085 | 0.085 | 0.085 | 0.071 | 0.071 |
| 저비점 휘발 성분(ppm) | | | | | | |
| 아세트알데히드 | 23 | 10 | 3 | 18 | 10 | 5 |
| 에틸아세테이트 | 100 | 60 | 33 | 121 | 96 | 61 |
| 노르말프로판올(P) | 176 | 165 | 166 | 125 | 130 | 129 |
| 이소부탄올(B) | 272 | 253 | 254 | 188 | 185 | 189 |
| 이소아밀알코올(A) | 540 | 512 | 503 | 570 | 534 | 530 |
| 고급 알코올류간의 비율 | | | | | | |
| B/P | 1.55 | 1.53 | 1.53 | 1.50 | 1.42 | 1.47 |
| A/P | 3.07 | 3.10 | 3.03 | 4.56 | 4.11 | 4.11 |
| A/B | 1.99 | 2.02 | 1.98 | 3.03 | 2.89 | 2.80 |

또 저비점 아로마 성분(노르말프로판올, 이소부탄올, 이소아밀알코올)에서는 차이가 없는 반면, 중고비점 휘발 성분에서는 상압 증류주에서 더 많이 검출된다. TBA값과 외부 흡광도 역시 상압 증류주에서 높게 나타난다.

증류 초기와 중기에 유출되는 저비점 휘발 성분은 술덧에 함유된 전량이 유출되기 때문에 상압과 감압 증류주에서 차이가 없다. 그리고 감압 증류주에서 아세트알데히드가 낮게 검출된다. 이는 아세트알데히드가 끓는점이 낮아 증류 초기에 유출되는데 응축이 완전히 안 된 상태에서 진공펌프의 수봉(water ring)으로 들어가기 때문이다.

또 지방산이나 에스터류 등 중고비점 아로마 성분들은 낮은 온도에서 간접 가열 방식의 감압 증류에서는 유출이 어려워 감압 증류주에서 상압 증류주에서보다 현저히 적게 확인된다.

# 6. 증류주 종류별 향미 특성

증류주의 향미 특성은 일반적으로 고급알코올류, 에스터류, 알데히드류, 산류 그리고 메탄올을 중심으로 판단한다. 각 증류주별 향미 특성을 보면 중국 백주의 향미 종류가 가장 많고, 그 뒤를 증류식 소주, 브랜디, 싱글몰트 위스키, 블렌디드 위스키와 보드카가 잇는다. 물론 각 증류주의 향미 종류는 원료와 제조 공정에 따라 상이하게 나타날 수 있다. 그러나 수치상으로 향미 성분이 많은 것이 반드시 강한 향미를 의미하지 않는다. 중요한 것은 각 증류주의 제품군별 향미 특성을 나타내는 핵심 성분이 무엇이고, 그 성분이 향미에 어떠한 영향을 미쳤는지가 중요하다. 또 핵심 성분의 유래가 어디인지를 알아야 품질의 특성을 설정하고 관리하는데 도움이 된다.

다른 술과 마찬가지로 증류주도 바람직한 향미는 제품 특성에 맞게 적당히 존재해야 하고, 이미 이취는 적게 함유되어 있는 것이 품질이 우수한 제품으로 인정될 수 있다.

이 장에서는 각 증류주의 향미 특성을 소개하기로 한다.

## 1) 과실 증류주

과실 증류주는 포도를 비롯한 과실을 주원료로 제조된다. 유럽의 경우 과실 증류주에 사용되는 원료는 신선하고 과육이 풍부한 과실 또는 과즙을 사용해야 한다. 또 알코올은 과실의 알코올 발효를 통해서만 생성되어야 하는 것으로 규정하고 있다. 과실 증류주에 사용되는 과실은 포도, 사과, 배 외에도 딸기류, 들장미 열매, 구즈베리 열매, 마가목 열매 및 바나나 등이 이용된다. 주정이나 다른 증류주를 이용하여 추출한 다음 재증류하는 방법도 상업화되어 있다.

과실 증류주는 과실의 당도나 아로마 특성에 따라 다양한 품질의 제조가 가능하다. 일반적으로 20리터 100% 순수 알코올을 얻으려면 100kg의 과실이 필요하다. 과실 증류주는 제조하고자 하는 제품 특성과 규정된 증류주 제조 방법에 따라 [그림 8-26]과 같이 5개 유형으로 구분한다. 유형 A는 과실 술덧 발효 후 초류와 후류를 제거한 다음 알코올 함량이 86vol% 이하로 얻어진 증류주를 숙성 후 과실 아로마 특성이 남는 증류주를 말한다. 유형 B는 과실을 압착하여 얻어진 과즙을 발효 후 알코올 함량이 86vol% 이하로 얻어진 증류주를 말하며 이때 과실 특유의 아로마가 남아 있어야 한다. 이 방식은 칼바도스 제조 방식이며 미세한 아로마가 특징적이다. 유형 C는 일부 발효가 진행된 술덧에 주정을 첨가 후 수일간의 추출 과정을 거친 다음 초류와 후류를 제거한 증류주를 숙성시킨 과실 증류주를 말한다. 이 증류주의 아로마 특징은 발효된 술덧의 투입 함량에 따라 결정된다. 유형 D는 주정 생산이 주목적이며 신선한 과실 또는 낙과 등을 이용하여 발효 후 증류와 정제 과정을 거쳐 주정이 제조된다. 유형 E는 미발효된 과실에 주정을 첨가하여 술덧을 만들며 24~72시간의 추출 과정을 거친 후 증류와 정제 과정을 통해 과실 증류주를 제조하는 방법이다.

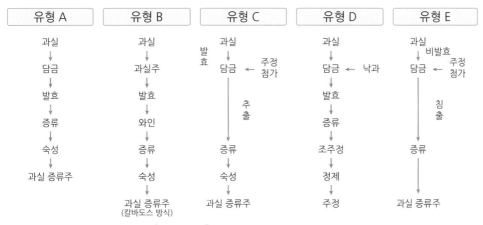

[그림 8-26] 과실 증류주의 제조 유형

과실 증류주의 경우 국가마다 품질관리 차원에서 향기 성분과 숙성 기간 등을 설정한 경우가 많다. 예로써 독일 과실 증류주의 경우 향기 성분은 100리터 순수 알코올 기준 125g을 준수해야 하고 에탄올의 농도는 최소 36vol%를 함유해야 한다. 또 오크통 숙성은 최소 1년 이상하도록 법적으로 규정하고 있지만, 오크통 용량이 1,000리터 이하일 경우는 숙성 기간을 최소 6개월로 규정하여 소규모 제조자를 배려하는 정책도 시행하고 있다.

각 과실 증류주의 품목별 원료, 증류 특징과 아로마 특성을 소개하면 다음과 같다.

## (1) 코냑

코냑(cognac)은 수백 년 전부터 샤랑떼(charente)라는 와인 재배 지역에서 제조되기 시작했는데, 이 지역의 포도는 고품질의 와인 제조보다는 브랜디 제조에 적합한 품질 특성을 가지고 있다. 샤랑떼 지역의 중심에 코냑 지방이 있으며 이 코냑 명칭은 지리적 표시제에 따라 보호받고 있다. 샤랑떼 지역의 와인은 산도가 높고 알코올 함량이 적으며(8~10vol%) 판매량이 적어 일찍이 와인을 증류하여 장기 숙성을 통해 색상이 진한 현재의 코냑이 18세기부터 제조되어 새로운 시장을 개척하기 시작하였다. 코냑을 생산하는 이 지역에서는 국립코냑사무국(Bureau National Interprofessionnel Cognac, BNIC)을 결성, 코냑의 제조, 표기 및 가격 등에 관한 규정을 마련하여 시행하고 있다. 특히 샤랑떼의 특정 재배 지역(région delimitée)에서 생산된 브랜디를 코냑이라는 명칭을 사용하는 배타적 권리를 부여하며 이 규정은 이미 1909년부터 시행되고 있다. 샤랑떼의 지역은 다시 6개 등급으로 분류되고 이에 따라 브랜디 품질과 유통 가격 등이 정해지게 된다([표 8-11]).

[표 8-11] 코냑의 등급 분류

| 표기 | | 위치 |
|---|---|---|
| 1. 크뤼 | Grande Champagne | 샤랑트 남부 지역 |
| 2. 크뤼 | Petite Champagne | Joncac 지역 |
| 3. 크뤼 | Borderies | 코냑의 북부 지역 |
| 4. 크뤼 | Fin Bois | Petite champagne 지역 |
| 5. 크뤼 | Bon Bois | Fins Bois 지역 |
| 6. 크뤼 | Bois ordinaires | Oleron 해안 지역 |

① 사용 원료

코냑 제조에 사용되는 포도 품종은 위니블랑(Ugni Blanc)과 콜롬바드(Colombard), 폴 브랑슈(Folle blanche) 등 3개 품종을 사용하도록 법적으로 규정되어 있는데 주로 위니블랑 품종으로 제조된다. 이들 화이트 와인 품종은 압착 공정에서 전체 중량의 90%를 사용해야 하며, 나머지 10%는 세미용, 쇼비뇽, 플리에 생 프랑소아, 쥐랑송 및 몽티 등의 품종과 혼합하여 제조가 가능하다. 또 압착 공정에서 탄닌 성분 유출을 최소화하기 위해 연속식 나선형 압착 사용을 금지하고 바구니형 압착기 사용을 의무화하고 있다. 압착 후 얻어진 포도즙은 보당이나 아황산 처리를 금하고 있다. 알코올 발효 후에는 잔당이 거의 없고 알코올 함량이 8~10vol% 수준의 산도가 높은 와인이 제조되며 아황산처리 없이 증류하게 된다.

### ② 증류 방법

코냑 증류에 사용되는 증류 방법은 알람빅 샤랑떼(Alambic charente) 증류기를 이용하여 회분식 단형 방식으로 2회 증류하는 전통 방식을 사용하도록 규정되어 있다. 증류 시 가열은 주로 프로판가스를 사용하여 직화 방식으로 진행한다. 이때 효모 등이 포함된 술덧이 타는 것을 방지하기 위해 증류기 안에 수분이 충분히 남도록 하여 증류주에서 열취 등이 발생하는 것을 피한다. 증류주에서 효모취가 발생하는 것을 방지하기 위해 현대식 공법에서는 증류 전에 효모를 미리 제거하기도 한다.

증류 시 증발하는 증기는 백조 목 모양의 구부러진 관을 지나 가느다란 냉각기를 거쳐 증류주가 제조되게 된다. 1차 증류에서 얻어진 24~30vol%의 거친 증류주를 2차 증류에서는 초류에 함유된 알데히드 성분과 후류에 함유된 퓨젤유를 분리하고 고품질의 본류를 별도로 받게 된다. 본류에서 후류로 넘어가는 과정에서는 증류를 서서히 진행하는 것이 좋으며 1차 증류액의 품질에 따라 다르지만 알코올 농도가 60vol% 되면 본류에서 후류로 넘어가는 컷 포인트로 볼 수 있다. 1차 증류 시간은 보통 7~8시간, 2차 증류는 12~14시간이 소요된다. 2차 증류 시에 얻어진 초류와 후류는 다음 1차 증류주에 첨가하여 재증류하는 과정을 거치게 된다. 본류는 알코올 함량이 최대 72vol%까지 허용되며 일반적으로 실온보다 낮은 온도(10℃)에서 보관하여 장기 저장 중에 아로마 성분이 유지되도록 한다. 그리고 2차 증류 시에는 증류기의 용량 크기가 법적으로 정해져 있으며 2,500리터 술덧을 2회 증류하려면 최대 3,000리터 크기의 증류기를 사용하도록 규정되어 있다.

### ③ 저장

코냑의 저장은 대부분 지상 저장 창고에서 진행되며 350리터 용량의 건조된 너도밤나무통만을 이용한다. 저장 중에 증류주의 성분과 너도밤나무통과의 강렬한 반응이 일어나며 통의 미세한 기공을 통해 산화 과정이 진행되게 된다. 이 과정에서 증류주에 함유된 알데히드와 새로이 생성되는 알데히드는 산으로 산화되고 이것은 다시 알코올과 반응하여 에스터와 물로 전환된다. 이러한 저장 중에 발생하는 에스터화 과정을 통해 증류주의 맛은 부드러워지며 품질이 높아지게 된다.

$$\text{알데히드} + \text{산소} = \text{산} + \text{알코올} = \text{에스터} + \text{물}$$
$$CH_3CNO + O_2 = CH_3COOH + C_2H_5OH = CH_3COOC_2H_5 + H_2O$$

나무통의 연령은 증류주의 숙성에 결정적인 영향을 미치는데, 새 나무통에서는 나무 성분과 증류주 간의 반응이 격렬히 일어나는 반면 오래된 나무통일수록 그 효과는 경감된다. 20~25년 된 나무통의 저장 효과는 산소에 의한 산화 과정에 의한 것이며 나무통의 수명은 30~50년으로 다양하다. 그리고 증류주마다 최적 저장 기간이 있고 그 이상의 저장 기간은 오히려 품질을 낮추는 역효과가 나타나게 되며, 이때 케톤류 등이 생성되어 부패한 냄새를 유발하게 된다. 코냑의 최소 저장 기간은 2년으로 규정되어 있으며 연수에 따라 여러 형태의 연수 호칭을 부여할 수 있다. 연수 호칭은 국립코냑사무국에서 부여하며 저장 기간이 2년이 되면 V.S 호칭을 부여받아 유통할 수 있다. 저장 연수가 서로 다른 코냑을 섞으면 연수가 낮은 코냑을 기준으로 연수를 정한다([표 8-12]).

[표 8-12] 코냑의 호칭 부여

| 최소 저장 기간(년) | 호칭(국립코냑사무국에서 호칭 부여) | 제품명 |
|---|---|---|
| 2 | VS(Very Superior) | Special |
| 3 | Cuvee Superieure | Grande Selection |
| 4 | VSOP(Very Superior Old Pale) | Reserve |
| 5 | VVSOP | Grande Reserve |
| 6 | Extra XO | Napoleon |

일반적으로 코냑은 일정한 품질을 유지하기 위해 블렌딩 공정을 거치며 알코올 농도 40vol%로 희석한 다음 코냑에 다량 함유된 지방산 에틸에스터를 제거하기 위해 저온 저장을 하게 된다. 이 지방산 에틸에스터는 저온에서 불용성이며 혼탁의 원인이 되기 때문에 코냑을 영하 6℃에서 일정 기간 저장한 후 같은 온도에서 여과 과정을 거치게 된다. 여과 과정을 거친 제품은 다시 열풍을 이용 실온 온도로 맞추게 된다.

코냑 제조 시 당 첨가가 내수용은 최대 2%까지 수출용은 최대 3.5%까지 허용되며, 색상 유지를 위해 캐러멜 첨가를 허용하고 있다. 수출용의 경우 국립코냑사무국에서는 코냑의 제품 색상에 따라 명칭을 달리하여 송장을 발부하게 된다. 코냑 판매의 약 90%는 미국과 영국, 독일 등지로 수출된다. 코냑 생산의 대부분은 대형 업체가 담당하며 650여 개의 중소 업체에서 생산된 제품은 저장하지 않은 상태 혹은 저장한 코냑을 대형 업체에 판매하는 형태를 취하고 있다. 또 대부분 코냑 생산자는 약 7년 정도 판매할 수 있는 수량의 저장고를 갖추고 있다.

한편 세계적으로 공인된 코냑의 품질은 포도 품종과 양조 기술, 원주 그리고 블렌딩과 숙성 과정에 의해 좌우된다. 특히 아로마 성분 중에 가장 큰 그룹을 차지하며 꽃 향과 과실 향을 풍기는 지방산 에틸에스터류의 농도는 매우 중요하다. 일반적으로 코냑은 위스키와 거의 유사한 향미 특성을 나타내지만 그 농도는 서로 차이가 크다.

[표 8-13]은 증류 직후의 코냑 제품별 아로마 성분 특징을 나타낸 것이다. 버터취를 나타내는 디아세틸은 물에서 역치가 2.3~6.5 $\mu$g/L 수준으로 매우 낮고 제품군별 농도 차이가 크게 나타난다. 과일 향을 풍기는 에틸뷰티르산은 물에서 역치가 1 $\mu$g/L로 매우 낮아 제품군별 검출된 농도에 따라 코로 느껴지는 정도가 다르다. 그리고 키위 향을 내는 에틸메틸뷰티르산은 0.3 $\mu$g/L 수준이다.

[표 8-13] 증류 직후 코냑의 제품별 아로마 성분 특징

| 아로마 성분(mg/L) | 제품1 | 제품2 | 제품3 |
|---|---|---|---|
| Ethyl acetate(용매취, 꽃 향) | 194 | 302 | 213 |
| Dicaetyl(버터취) | 미량 | 미량 | 미량 |
| Ethanol(알코올) | 미량 | 미량 | 미량 |
| 2-methylpropyl acetate(풀취) | 미량 | 미량 | 미량 |
| Ethyl butyrate(과실 향) | 0.97 | 1.92 | 0.64 |
| Ethyl 2 methylbutanoate(키위 향) | 미량 | 미량 | 미량 |
| 2-methylbutyl acetate+2-methylbutyl acetate(바나나 향, 배 향) | 4.78 | 15.66 | 2.19 |
| 2-methylbutanol+3-methylbutanol(과실 향, 카카오 향) | 2,586 | 1,683 | 2,571 |
| Ethyl caproate(파인애플 향) | 3.7 | 5.7 | 2.5 |
| Octen-3-one(버섯취) | 미량 | 미량 | 미량 |
| n-hexanol(풀취) | 5.8 | 11.5 | 12.2 |
| (Z)-3-hexenol(풀취) | 1.47 | 1.46 | 2.32 |
| Nonanal(곤충취) | 미량 | 미량 | 미량 |

| | | | |
|---|---|---|---|
| Octen-3-ol(꽃 향) | 미량 | 미량 | 미량 |
| 3-methylthiopropanal(감자 향) | 39 | 0 | 5 |
| Vitispirane(꽃 향) | 0.174 | 0.108 | 0.235 |
| Linalool(레몬 향, 꽃 향) | 0.370 | 0.380 | 0.649 |
| 2-methylpropanoic acid(먼지취) | 미량 | 미량 | 미량 |
| 2,6-nonadienal(풀취, 오이 향) | 미량 | 미량 | 미량 |
| 2-methylbutanoic acid+3-methylbutanoic acid(치즈 향) | 미량 | 미량 | 미량 |
| 2-thiophencarboxyaldehyde(조미료 향) | 미량 | 미량 | 미량 |
| $\beta$-citronellol(건초취, 차 향) | 미량 | 미량 | 미량 |
| Methyl salicylate(삶은 과일 향) | 미량 | 미량 | 미량 |
| $\beta$-damascenone(꽃 향) | 0.191 | 0.218 | 0.222 |
| 2-phenylethyl acetate(장미 향) | 0.814 | 1.705 | 0.364 |
| 2-phenyl ethanol(장미 향) | 18.5 | 7.2 | 16.4 |
| Butyl dodecanoate(와인 향) | 미량 | 미량 | 미량 |
| Dodecanol(와인 향) | 미량 | 미량 | 미량 |
| Nerolidol(건초취) | 0.469 | 0.170 | 0.511 |

메틸부틸아세테이트는 역치가 물에서 2㎍/L로 매우 낮고 메틸부탄올은 그 검출량이 매우 높다. 이 두 성분은 다른 증류주에서와 마찬가지로 코냑 증류주에서도 카카오 향과 단 향을 내는 향미 지표로서 매우 중요한 물질이다. 그리고 딸기 향과 파인애플 향을 내는 에틸카프로산은 역치가 물에서 0.3㎍/L로 매우 낮다. 버섯취를 풍기는 옥텐원은 물에서 역치는 0.005~4㎍/L로 낮으며, 감자 향을 나타내는 3-메틸티오프로판알은 물에서 역치가 0.3㎍/L로 매우 낮다. 풀취를 강하게 풍기는 2,6-노나디엔알은 코냑뿐 아니라 위스키에서도 나타나는 성분이다. 이 성분은 역치가 0.01㎍/L로 매우 낮아 미량으로 검출되더라도 코냑 아로마에 영향을 미치게 된다. 그리고 과실 향을 내는 베타다마세논은 역치가 0.002㎍/L로 낮은 농도로도 쉽게 코로 느낄 수 있다. 2-페닐에탄올은 역치가 1.8mg/L으로 장미 향을 부여하는 코냑에서 중요한 아로마 성분이다.

## (2) 알마냑

알마냑(armagnac)은 코냑보다 역사가 길고 프랑스 남부 지역에서 생산된 포도 와인을 증류한 브랜디를 말하며 코냑과 같이 원산지 표기에 대한 배타적 권리를 부여받고 있다. 알마냑을 생산하는 대표적인 지역은 바자르마냑(Bas Armagnac), 떼나레즈(Ténarèze) 및 오따르마냑(Haut Armagnac) 등 3곳이다. 알마냑 생산 지역의 구분은 이미 1909년에 설정되었으며 생산 방법과 통제는 국립코냑사무국에서 관리하고 있다. 알마냑의 증류 특징은 효모가 제거된 발효 술덧을 회분식 알람빅 다단형(5~8단) 증류기를 통해 알코올 농도 52~63vol%의 증류주를 얻는 점이다. 알마냑은 단형 증류인 코냑과는 증류방식이 달라 더욱더 풍부한 향을 특징으로 한다. 그리고 숙성은 일반적으로 225~420리터 크기의 프랑스산 오크통을 이용하여 1~20년간 하며 이를 통해 에스터와 아로마가 풍부한 증류주가 제조된다. 오크통 숙성을 통해 매년 0.4%씩 알코올이 휘발되는데 알마냑은 다른 증류주와는 다르게 보통 숙성후 알코올 농도가 낮아 별도로 물로 희석하지 않는다. 다만 유통 판매를 위해서는 알코올 농도 최소 40vol%를 유지해야 하며 보당과 캐러멜 색소 첨가가 허용된다. [그림 8-27]은 브랜디의 바람직한 향과 불쾌한 향을 구분하여 표기된 아로마 휠을 나타낸 것이다.

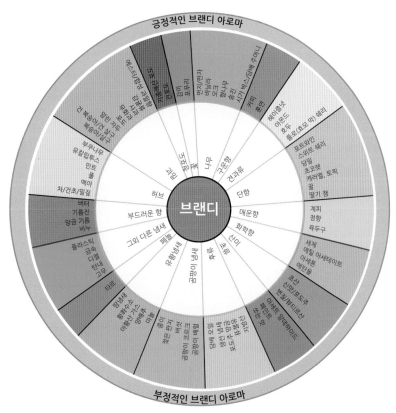

[그림 8-27] 브랜디 아로마 휠

한편 브랜디의 향미와 아로마는 사용 포도 품종, 발효 공법 그리고 증류 방식 등 여러 요소에 의해 좌우된다. 우선 포도품종에 따라 포도즙의 품질과 발효 상태 그리고 증류주 품질은 영향을 받는다. 각 요소 중에 브랜디 향미와 품질에 미치는 영향을 분석한 결과를 보면, 포도 품종은 영향 지수가 0.089~0.096, 발효 공법은 0.274~0.097 그리고 증류 방식은 0.930~0.978로 나타난다. 즉 증류 방식이 포도 품종과 발효 과정보다는 브랜디의 향미와 품질에 가장 더 크게 영향을 미치는 것으로 해석할 수 있다([표 8-14]).

[표 8-14] 포도 품종별 · 공정별 브랜디 아로마 특성

| 구분 | | 리슬링 품종 | 피노블랑 품종 | 피노그리스 품종 | 샤도네이 품종 | 트라미너 품종 |
|---|---|---|---|---|---|---|
| 포도즙 · 포도 품종 중요도 (0.089~0.096) | 1-butanol(풀취, 용매취) | 0.28 | 0.34 | 0.29 | 0.25 | 0.29 |
| | Isoamyl alcohol(알코올 향, 소독약취) | 0.35 | 0.37 | 0.32 | 0.27 | 0.37 |
| | Ethyl lactate(버터취) | 4.50 | 5.70 | 4.43 | 2.37 | - |
| | 1-hexanol(풀취, 코코넛 향) | 0.83 | 2.04 | 1.71 | 0.47 | 2.30 |
| | Linalool(풀 향, 고수 향) | 0.16 | 0.16 | 0.87 | 0.31 | 1.04 |
| | 2-phenyl ethanol(꽃 향, 장미 향) | - | - | - | -0.85 | - |
| 와인 · 발효 공법 중요도 (0.274~0.997) | 1-butanol(풀취, 용매취) | 0.65 | - | 0.85 | 0.55 | 0.73 |
| | Isoamyl alcohol(알코올 향, 소독약취) | 190.23 | 163.29 | 129.03 | 115.55 | 161.37 |
| | Ethyl lactate(버터취) | 3.86 | 2.69 | 5.98 | 8.74 | - |
| | 1-hexanol(풀취, 코코넛 향) | 5.22 | 2.93 | 2.92 | 1.71 | 3.81 |
| | Linalool(풀 향, 고수 향) | 1.28 | 0.70 | 0.36 | 0.87 | 0.63 |
| | 2-phenyl ethanol(꽃 향, 장미 향) | 32.04 | 17.15 | 43.37 | 55.42 | 15.71 |
| | Acetaldehyde(풀취) | 22.33 | 10.66 | 30.77 | 19.51 | 24.31 |
| | Ethyl acetate(꽃향, 용매취) | 41.11 | 22.02 | 45.33 | 32.85 | 42.73 |
| | 1-propanol(알코올 향) | 20.56 | 9.97 | 28.10 | 18.94 | 20.14 |
| | Isobutanol(알코올 향, 소독약취) | 43.17 | 24.63 | 31.35 | 26.68 | 33.52 |
| | Isoamyl acetate(바나나 향) | 2.74 | 1.22 | 2.45 | 1.82 | 3.12 |
| | Ethyl caproate(파인애플 향) | 0.953 | - | 0.76 | - | 0.32 |
| | Ethyl caprylate(풋사과 향) | - | 1.50 | 3.66 | 0.53 | 1.93 |
| 브랜디 · 증류 방식 중요도 (0.930~0.978) | 1-butanol(풀취, 용매취) | - | - | - | - | 0.89 |
| | Isoamyl alcohol(알코올 향, 소독약취) | 148.79 | 189.9 | 88.80 | 165.39 | 193.05 |
| | Ethyl lactate(버터취) | 3.07 | 1.41 | - | - | 2.54 |
| | 2-phenyl ethanol(꽃 향, 장미 향) | 2.97 | 4.52 | 3.45 | 4.75 | 2.73 |
| | Acetaldehyde(풀취) | 57.15 | 13.76 | 14.11 | 38.58 | 41.60 |

| Ethyl acetate(꽃 향, 용매취) | 86.57 | 14.20 | 44.31 | 57.49 | 75.58 |
|---|---|---|---|---|---|
| 1-propanol(알코올 향) | 24.75 | 4.70 | 18.20 | 21.00 | 5.28 |
| Isobutanol(알코올 향, 소독약취) | 53.62 | 9.39 | 15.37 | 30.42 | 34.94 |
| Ethyl caproate(파인애플 향) | 2.47 | 1.57 | - | 2.24 | 2.36 |
| Ethyl caprylate(풋사과 향) | 5.92 | 2.69 | 2.92 | 4.18 | 4.55 |

### (3) 칼바도스

프랑스 북서부의 노르망디 칼바도스 지역에서는 사과 와인(cidre)이 전통적으로 생산되어 왔는데, 1553년 증류기 도입에 따라 제조된 사과 와인 브랜디를 칼바도스로 지칭하게 되었다. 칼바도스 제조 방식은 코냑 제조 방식과 유사하며 제조 지역에 따라 Appellation Réglementée와 Appellation Controlée 등 두 가지 형태의 원산지 표기로 분류되는데, 원산지 표기는 오크통에 최소 숙성 2년이 경과한 제품에 한해 라벨에 표기할 수 있다.

칼바도스 지역 중 페이도주(Pays d'Auge) 지역에서 가장 유명한 칼바도스가 생산되며 원산지 표기(Pays d'Auge Appellation Controlée)를 할 수 있다. 칼바도스 제조를 위해서는 페이도주 지역에서 생산된 사과 와인만을 사용해야 한다. 칼바도스 제조에 사용되는 주 원료는 사과이며 배가 사용되기도 한다.

제조 과정을 보면, 과실 분쇄 후 최소한 1시간 과즙이 흐르게 한 뒤 압착하여 과즙을 얻는다. 이 과즙을 자연 발효나 배양 효모를 이용하며 발효를 진행하며 과즙을 가열하는 것은 허용되지 않는다. 칼바도스 드 페이도주(Calvados du Pays d'Auge)와 칼바도스 레글레만떼(Calvados reglementée) 생산을 위한 발효는 최소 4주 소요되며 효모 영양제 사용은 금지되어 있다. 칼바도스 제조에 사용되는 사과 와인의 기본 요건은 다음과 같다.

- 알코올 함량이 최소 4vol%이어야 한다.
- 휘발산 함량은 최대 2.5g/l이어야 한다(초산으로서).
- 보당은 허용되지 않는다.
- 사과 와인은 음용 기준에 적합하여야 한다.
- 사과 와인 제조 후 발생하는 효모 등 부산물은 칼바도스에 첨가해서는 안 된다.

일부 칼바도스 생산자는 사과 와인을 아황산 첨가 없이 증류하기 전 수개월 동안 저장하기도 한다. 증류 방식과 조건은 칼바도스의 종류에 따라 다르며 원산지 표기를 하는 칼바도스 드 페이도주의 경우 코냑 증류 방식과 같이 알람빅 증류기를 이용한 회분식 단형 증류로만 증류하며 초류는 분리하여 제거한다. 사용되는 증류기는 300~2,500리터 크기의 구리 증류기이며 가열은 가스를 이용한 직화 방식이다. 일반적으로 사과 와인의 증류는 2회에 걸쳐 진행된다. 1차에서는 알코올 농도 15~25vol%의 거친 증류주가 제조되며 2차에서는 초류와 후류가 제거된 70vol%의 섬세한 증류주가 제조된다. 본류에서 후류로 넘어가는 컷 포인트는 알코올 농도(60vol%)와 관능을 통해 결정한다. 알코올 농도 10vol% 수준인 후류는 다음 증류주 제조 시 재투입된다. 2,500리터 용량의 증류기에서 1차 증류주를 제조하는 데는 보통 8시간이 소요되며 2차 증류주는 12시간 정도 소요된다.

그리고 칼바도스 드 페이도주와 칼바도스 레글레만떼 제조에는 같은 종류의 증류 장비를 사용한다. 증류 방식은 회분식 단형 증류 또는 다단형 증류 방식을 사용하고 24시간 동안 최대 25,000리터까지만 증류하도록 규정하고 있다. 이때 회분식 다단형 증류 방식은 원산지표시를 하지 않는 칼바도스인 경우에 허용된다.

또 에스터류, 산류, 알데히드류, 푸르푸랄 및 고급알코올 성분의 합은 순수 알코올 100mL 기준 400mg를 충족해야 한다. 그중 에스터류는 법적으로 순수 알코올 100mL 기준 최소 100mg이 되어야 하는 것으로 규정하고 있다. 그리고 칼바도스의 숙성은 보통 250~600리터 용량의 오크통에서 하며 1,000~10,000리터의 용량에서도 숙성한다. 칼바도스는 알코올 농도 70vol%에서 숙성을 하여 숙성 중에 알코올 농도를 물을 첨가하여 55~60vol%로 희석하는 방식과 숙성 전에 알코올 농도 55~65vol%로 희석하여 숙성하는 방식이 있다. 새 증류주는 새로운 오크통에 숙성하여 시간이 지나면서 오래된 통으로 옮겨 담는다. 이때 산소가 오크통에 유입되어 숙성에 영향을 미치게 되며 숙성은 보통 12~14℃에서 수행하고 기간은 최소 2년이다.

오크통 숙성 중에 칼바도스는 황갈색으로 변하며 일정한 품질을 유지하기 위해 연도가 서로 다르고 지역이 다른 칼바도스를 섞어 또다시 몇 달씩 숙성 과정을 거치게 된다. 그다음 알코올 농도를 40~45vol%로 희석하여 최종 제품으로 판매된다. Appellation d'Origine Controlée 또는 Réglementée를 획득하기 위해서는 관청에서 실시하는 제품 분석과 관능검사를 거쳐야 가능하다. 모든 칼바도스는 숙성 연수에 따라 등급이 나누어지는데 다음과 같은 등급 기준이 설정되어 있다([표 8-15]).

[표 8-15] 칼바도스 등급 기준

| 등급 | 특징 |
|---|---|
| Trois Etoilles | 최소 2년 연수 |
| Vieux | 최소 3년 연수 |
| Vieille Réserve | 최소 4년 연수 |
| Grande Réserve | 최소 5년 연수 |
| Extra | 최소 5년 이상 |

칼바도스는 다른 증류주에 비해 아로마 성분의 농도가 높으며 특히 고급알코올의 농도가 높은 것이 특징적이다. 고급알코올류 중에 특히 부탄올, 프로판올, 이소부탄올, 2-메틸부탄올 및 이소아밀알코올은 칼바도스 품질에 간접적인 영향을 미치므로 품질관리 지표로 관리한다.

칼바도스의 아로마별 함량과 품질과의 연관성을 예를 들어 살펴보면 다음과 같다([표 8-16]). 에스터류는 법적으로 순수 알코올 1리터 기준 최소 100g으로 규정하고 있다. 법적 기준으로 보면, 제품 1은 에스터류가 100g으로 기준치에 도달하였고 관능평가에서도 우수한 평가를 받았다. 에스터류 중에 지방산 에틸에스터의 농도가 가장 높은데, 이 성분의 최대 농도는 정해진 것은 없으나 그 함량이 높지 않은 것이 좋으며 보통 500g을 초과하지 않아야 관능상 문제가 없다. 이런 면에서 제품 8은 500g을 초과하여 품질상 문제가 있으며 관능평가에서도 나쁜 평가를 보였다.

그리고 에스터류 중에 가장 큰 농도를 차지하는 에틸아세테이트가 전체 에스터류 대비 비율이 클수록 칼바도스 품질이 우수한 것으로 판단한다. 즉 에틸아세테이트의 농도가 전체 에스터류에 비해 농도가 적은 것이 우수한 칼바도스가 되는 것이다. 일반적으로 칼바도스의 전체 에스터류에서 에틸아세테이트가 차지하는 비율은 1.05~1.45 수준으로 문헌에 보고되고 있다.

고급알코올류의 경우는 그 농도와 관계없이 칼바도스 품질과는 직접적인 연관성이 없는 것으로 나타나는데, 이는 다른 향미 성분으로 인한 마스킹 현상으로 보인다. 다만 고급알코올류는 각 고급알코올 성분 간의 비율과 균형이 오히려 향미와 품질에 영향을 미치는 것으로 알려져 있다.

알데히드류(아세탈·아세트알데히드)는 그 농도가 높을 경우 풋취 등을 유발하여 이취의 원인이 되는데, 제품 7의 경우 함량이 11.22를 나타내어 관능적으로도 부정적인 영향을 나타낸다. 관능상 아세탈은 그 농도가 최대 5~9g, 아세트알데히드는 8~11g 이면 정상으로 본다.

그러나 제품 2의 경우 아세트알데히드가 다른 제품에서보다 높음에도 우수한 품질로 판정되는 것을 보면 아세탈보다는 향미에 미치는 영향이 덜한 것으로 해석할 수 있다. 헥산올과 (Z)-헥센올은 허브취를 풍겨 이취로 간주되는데 그 농도가 최대 3.5~20g 정도면 관능상 큰 문제가 없다. 그러나 제품 2의 경우 이러한 성분의 농도가 높음에도 관능상 우수한 품질로 판정되는 것을 보면 이 성분들이 반드시 부정적이지 않다는 반론도 있다.

전체적으로 8개 칼바도스 제품군에 대한 품질을 분석 결과와 관능평가를 기준으로 평가해 보면, 제품 1과 2는 과실 향을 풍기며 이미 이취가 없는 우수한 제품으로 평가되며, 제품 3과 4는 보통 수준의 제품으로 평가된다. 그러나 제품 5~8은 에틸아세테이트가 전체 에스터류 중에서 차지하는 비율이 과도하여 허브취, 고무취와 아크롤린취 등 이취가 강해 품질이 낮은 것으로 평가된다. 특히 이러한 저품질의 제품들은 공통적으로 플라스틱취, 버섯취 및 나무취 등의 이취를 나타내는 것이 특징적이다.

[표 8-16] 제품별 칼바도스의 아로마 성분 특성과 품질과의 연관성

| 아로마 성분<br>(g/순수알코올 100 리터) | 제품1 | 제품2 | 제품3 | 제품4 | 제품5 | 제품6 | 제품7 | 제품8 |
|---|---|---|---|---|---|---|---|---|
| Acetal | 1.30 | 4.05 | 2.45 | 2.84 | 1.32 | 5.54 | 9.02 | 2.70 |
| Acetaldehyde | 0.86 | 3.31 | 1.11 | 1.71 | 0.90 | 2.73 | 2.19 | 1.51 |
| Ethyl formate | 0.33 | 0.90 | 0.48 | 0.56 | 0.83 | 0.58 | 0.40 | 3.16 |
| Ethyl acetate | 63.54 | 388.77 | 153.40 | 269.9 | 216.04 | 141.73 | 185.63 | 597.37 |
| Ethyl lactate | 26.38 | 38.78 | 19.44 | 15.58 | 33.03 | 52.47 | 12.23 | 20.84 |
| Ethyl carpoate | 0.54 | 2.20 | 0.83 | 0.88 | 1.01 | 0.96 | 0.67 | 0.95 |
| Ethyl butanoate | 0.17 | 0 | 0 | 0 | 0.23 | 0.33 | 0.38 | 0.17 |
| Ethyl caprylate | 0.44 | 2.45 | 1.23 | 0.58 | 0.68 | 0.60 | 0.93 | 1.26 |
| Diethyl succinate | 0.45 | 1.59 | 1.14 | 0.60 | 1.02 | 1.35 | 0.66 | 2.30 |
| Ethyl dodecanoate | 0.47 | 2.05 | 0.57 | 0.74 | 0.67 | 1.29 | 0.42 | 2.56 |
| 2-butanol | 138.49 | 379.16 | 90.22 | 173.2 | 109.52 | 44.97 | 17.69 | 250.85 |
| Propanol | 57.97 | 145.31 | 62.05 | 58.26 | 67.11 | 94.50 | 51.25 | 65.66 |
| Isobutanol | 98.01 | 249.1 | 52.69 | 40.54 | 106.87 | 117.54 | 85.94 | 91.58 |
| Allylic alcohol | 13.94 | 43.21 | 18.52 | 2.44 | 12.35 | 27.90 | 8.35 | 2.49 |
| 1-butanol | 13.89 | 15.46 | 10.65 | 12.14 | 15.0 | 12.33 | 6.71 | 19.84 |
| Avtive amyl alcohol | 5.05 | 132.61 | 45.02 | 48.57 | 71.39 | 66.92 | 61.18 | 42.49 |
| Isoamyl alcohol | 196.64 | 519.12 | 196.05 | 161.75 | 330.82 | 362.51 | 213.2 | 148.48 |

| Hexanol | 7.61 | 22.89 | 7.39 | 4.53 | 7.67 | 7.33 | 6.17 | 11.62 |
|---|---|---|---|---|---|---|---|---|
| (Z)-hexenol | 0.12 | 1.28 | 0.11 | 0.38 | 0.06 | 0.07 | 0.37 | 0.14 |
| 2-phenyl ethanol | 3.34 | 4.40 | 3.04 | 1.92 | 7.82 | 9.27 | 1.59 | 1.64 |
| Furfural | 12.24 | 27.36 | 11.31 | 16.68 | 15.14 | 8.89 | 4.84 | 20.15 |
| 고급알코올류 합계 | 555.06 | 1,441 | 456.7 | 494.48 | 700.71 | 698.78 | 435.97 | 618.9 |
| 알데히드류 합계 | 2.16 | 7.36 | 3.55 | 4.55 | 2.22 | 8.27 | 11.22 | 4.21 |
| 에스터류 합계 | 92.31 | 436.74 | 177.1 | 288.72 | 253.5 | 199.32 | 201.31 | 628.6 |
| 에스터류/에틸아세테이트의 비율 | 1.45 | 1.23 | 1.16 | 1.07 | 1.18 | 1.40 | 1.08 | 1.05 |

## (4) 체리·자두·복숭아 증류주

과실 증류주 중 널리 알려진 독일의 체리 증류주는 슈납스(schnaps)의 일종으로 독일 슈바르츠발트(Schwarzwald, 검은 숲) 지역에서 생산되며 그 외 스위스와 룩셈부르크 등지에서 제조되고 있다. 슈납스는 독일 남부와 오스트리아 지역에서 주로 과실을 이용하여 농가형 다단형 증류기를 이용하여 제조되는 전통주이다. 슈납스의 특징은 다양한 과실을 이용하여 증류주를 제조하고, 3~6개월간 유리 병에서 단기 숙성 후 판매되는 중저가의 증류주로 지역에서 인기가 높다([그림 8-28]). 우리나라의 경우 오크통 구입이 어렵고 소규모 제조업체가 많은 점을 감안하면 유럽의 슈납스 제조 기법을 벤치마킹하여 상품화하는 전략도 필요한 것으로 보인다.

체리 증류주에 사용되는 원료는 작고 당도가 높은 체리가 적합한데 씨 함량이 과육 부분보다 상대적으로 비중을 많이 차지한다. 체리의 당도, 아로마 강도, 과육과 씨의 비율 및 기후 조건 등이 품질에 영향을 미치게 된다. 체리 수확 시 체리의 줄기, 잎, 가지 부분 등은 증류주의 품질에 부정적 영향을 미치기 때문에 미리 제거한다. 체리 크기가 작을 경우는 분쇄 과정이 생략될 수 있으나 크기가 클 경우는 분쇄 과정을 거치는데, 이때 씨가 파쇄되지 않도록 분쇄기의 롤러 간격을 조절해야 한다.

[그림 8-28] 다양한 과실을 이용한 슈납스 제조

알코올 발효는 순수 배양 효모를 이용하여 15~20℃에서 주발효와 후발효를 거쳐 약 3주간 진행하며 때때로 미생물 오염을 방지하기 위해 발효 전에 아황산을 첨가하는 경우도 있다. 과실 증류주에서 발생하는 씨 맛의 주원인은 아미그달린이며 복숭아에 특히 많이 함유되어 있다. 이 아미그달린은 씨에 함유된 베타 글루코시다아제와 옥시니트릴라아제 효소에 의해 글루코오스, 청산 및 벤즈알데히드로 분리된다. 청산과 벤즈알데히드는 술덧에 함유되어 결국 증류주에 남게 되어 쓴맛을 주게 된다.

특히 발효가 완료된 술덧을 장시간 방치할 경우 아미그달린의 분해에 따른 청산과 벤즈알데히드의 생성으로 고미가 강해져 과실 증류주 특유의 아로마가 마스킹되는 결과가 나타난다. 일반적으로 체리 증류주의 증류 방식은 소규모 공장에서는 회분식 다단형 증류 방식을 사용하는 반면, 대형 증류장에서는 연속식 증류 방식을 통해 원주에 함유된 아로마 성분을 획득하게 된다. 연속식 증류 방식에서는 1차 증류가 종료된 증류액은 정제탑에서 초류와 후류를 제외한 2차 증류액이 생산된다. 그리고 과실 증류주에는 아로마와 과실의 맛이 함유되어야 하며 알코올 농도는 86vol% 이하여야 한다. 또 과실 고유의 아로마 성분과 발효 부산물 등 아로마 성분이 100리터당 최소 200g이 함유되어야 한다. 체리 증류주는 100kg 체리에서 평균적으로 4~9리터 순수 알코올이 생성된다. 이때 메탄올 함량은 아로마 성분에 포함되지 않는다. 증류 후 남는 과실 증류주의 주박은 곡류, 감자, 당밀 증류장에서보다는 적으며 가축 사료나 비료, 바이오가스용으로 이용된다.

한편 체리 술덧의 액화를 위해 일반적으로 체리 자체 효소도 효과를 나타내지만 활성이 약해 정제 효소 첨가가 불가피하다. 이 효소에 함유된 폴리에스터라아제와 폴리갈락투로나아제는 발효 속도를 증가시키고 포도 피막 형성을 감소시키며 알코올 수율을 높이는 등의 효과가 있다. 효소 첨가를 하지 않은 술덧에서의 펙틴 제거는 매우 서서히 일어나며 알코올 함량이 증가함에 따라 펙틴은 침전하기 시작한다. 따라서 발효 초기에는 술덧 상태가 매우 묽은 상태이기 때문에 발효에 장애가 된다. 효소 첨가에 따라 펙틴의 사슬 연결구조와 고분자화합물이며 불용성인 프로토펙틴 등이 분해되어 액화 과정이 빠르게 진행된다. 이때 체리 자체 효소나 정제 효소 등에 의해 펙틴 분자로부터 메탄올이 유리되고 발효가 진행되는데, 과실의 펙틴 함량, 에스터화 정도와 펙틴 효소의 활성화에 따라 메탄올 농도가 다르게 나타난다.

체리 증류주에는 평균적으로 순수 알코올 기준으로 메탄올 함량이 0.6~1.2% 함유되어 있다. 최근 연구에 따르면 정제 효소로 인해 메탄올 형성이 증가하는 것은 아니며, 과실 자체 효소에 의해 에스터화되어 있는 펙틴으로부터 메탄올이 유리되는 것으로 밝혀졌다. 인공 효소는 그 활성이 45~50℃가 최적 온도이며 55℃ 이상이나 10℃ 이하에서는 활성을 잃게 된다. 또 pH와 아황산 농도 및 폴리페놀 함량 등도 효소제의 활력에 영향을 미치며 최적 pH는 3.0~6.0이다. 메탄올 함량은 과즙을 85~90℃로 열처리하면 감소시킬 수 있으며 30분 후에 20℃로 냉각을 하면 메탄올 농도를 저감화시킬 수 있다. 체리로 발효된 술덧에서 이와 같은 열처리를 통해 메탄올 함량을 40~90%까지 감소시킬 수 있다. 또 열처리가 가능한 특수 용기를 이용하면 메탄올 함량을 10~15% 감소시킬 수 있다. 그리고 체리 증류주의 아로마 강화를 위해 특수 효소제를 사용하기도 한다. 일례로 베타 글루코시다아제의 경우 당과 배당체를 형성하고 있는 털핀을 유리화하여 체리 증류주의 향미를 향상하는 데 효과가 있다.

증류가 완료된 체리 증류주는 거칠고 부조화로운 맛을 개선하기 위해 일정 기간 저장이 필요한데, 과실 증류주의 종류와 원하는 숙성 정도에 따라 그 기간은 달라진다. 무색 증류주를 원하면 저장을 옹기, 유리 용기 또는 스테인리스 용기에 저장할 수 있다. 물론 이러한 저장 조건에서는 산소의 유입이 극히 적어 저장 중의 아로마 생성은 매우 서서히 진행된다. 과실 증류주의 알코올 농도는 38~45vol%가 일반적이며 40vol%가 최적의 알코올 농도이다. 알코올 농도가 너무 높으면 체리 증류주의 아로마 특성이 마스킹 되며 알코올취가 심하게 나게 된다. 반면 고농도의 증류주를 저농도로 제조하기 위해 물로 희석하면 체리 증류주의 구성 성분들의 용해도 조건이 달라져 혼탁이나 침전 등의 물리적인 현상들이 나타나게 된다. 완제품의 혼탁 예방을 위해서는 증류주를 영하 10℃에서 3~7일간 저온 저장 후 정밀 여과를 하거나 벤토나이트 또는 젤라틴 등 침전제를 투입하고 저온 저장 후 규조토 여과하면 체리 증류주의 물리적 안정성에 큰 효과가 있다.

한편 체리 증류주 외 자두, 복숭아, 살구 등의 과실들도 체리와 같은 제조 공정을 거쳐 증류주로 제조될 수 있다. 그러나 모든 씨 있는 과실은 가공 시에 시아닌 성분과 쓴맛 성분이 유출되지 않고 씨가 파쇄되지 않도록 유의해야 한다.

자두의 경우는 당도가 높고 아로마가 풍부한 과실이기 때문에 유럽에서 자두 과실주 제조가 일반화되어 있다. 슬로베니아 자두의 경우 당도가 40%에 달하여 전 세계에서 가장 많은 자두 증류주를 생산하는 국가이다. 자두 증류주의 품질은 자두의 품질 특성과 증류 방식에 따라 다르게 나타나는데, 특히 자두 증류주의 경우 고급알코올이 아로마에 가장 큰 영향을 미치게 되며 숙성 정도에 따라 증류주 색상이 무색에서 황금색까지 나타난다. 살구와 복숭아의 경우는 오스트리아, 프랑스, 헝가리 등지에서 재배와 생산을 많이 한다. 특히 살구 증류주인 바락 팔링카(Barack Pálinka)는 알코올 농도가 40~43vol%로서 헝가리에서 널리 알려진 증류주이며 오크통 저장을 거쳐 고품질의 증류주로 생산된다. 복숭아의 경우 과실 증류주로서 가공이 적은 편이나 식용으로 판매되지 못하는 복숭아를 증류주로 가공하고 이탈리아와 그리스에서 많이 생산하며 헝가리에서 생산되는 알코올 40 vol%의 왜지 팔링카(Oezi Pálinka)가 유명하다.

[표 8-17]은 다양한 과실 증류주의 아로마 성분을 나타낸 것으로 각 증류주마다 아로마 특성이 다르게 나타난 것을 알 수 있다. 특히 고급 알코올류에서는 프로판올과 이소아밀알코올이 증류주에서 가장 많이 확인되며, 에스터류중에는 에틸아세테이트가 가장 많이 검출된 것으로 나타난다. 그 외 성분들은 소량 분포하는 것으로 확인된다.

[표 8-17] 과실 증류주의 아로마 성분 비교

| 구분<br>(mg/100mL 순수알코올) | 자두<br>증류주 | 자두<br>증류주 | 체리<br>증류주 | 사과<br>증류주 | 윌리암스<br>배증류주 | 칼바도스 |
|---|---|---|---|---|---|---|
| Methanol | 1,130 | 1,230 | 560 | 980 | 1,190 | 120 |
| n-propanol | 151 | 132 | 685 | 247 | 218 | 79 |
| Allylalcohol | 1.4 | 1.2 | 13 | 0.4 | 13 | 8 |
| 1-butanol | 14 | 44 | 1.8 | 25 | 22 | 18 |
| 2-butanol | 20 | 24 | 34 | 82 | 42 | 79 |
| Isobutanol | 92 | 41 | 44 | 100 | 51 | 55 |
| Active amyl alcohol | 42 | 24 | 19 | 74 | 29 | 47 |
| Isoamyl alcohol | 138 | 78 | 93 | 233 | 111 | 210 |
| 1-propanol | 0.5 | 0.5 | 0.1 | 0.1 | 0.6 | 0.3 |

| | | | | | | |
|---|---|---|---|---|---|---|
| 3-methyl-1-pentanol | 0.2 | 〈0.03 | 〈0.03 | 0.1 | 〈0.03 | 0.08 |
| 1-hexanol | 2.3 | 3.4 | 1.3 | 10 | 12 | 11 |
| cis-3-hexen-1-ol | 0.4 | 0.4 | 0.05 | 0.4 | 0.03 | 0.3 |
| trans-2-hexen-1-ol | 〈0.1 | 〈0.1 | 0.04 | 〈0.1 | 〈0.03 | 〈0.07 |
| 1-octanol | 0.2 | 0.2 | 〈0.03 | 〈0.2 | 0.2 | 0.2 |
| 1-decanol | 0.2 | 〈0.1 | 〈0.03 | 〈0.1 | 〈0.03 | 0.1 |
| 1-dodecanol | 〈0.03 | 〈0.03 | 〈0.03 | 〈0.03 | 〈0.03 | 〈0.03 |
| 2-phenylethanol | 2.6 | 1.5 | 1.2 | 3.9 | 1.0 | 6.0 |
| Benzalcohol | 3.4 | 3.0 | 6.7 | 〈0.2 | 0.05 | 〈0.2 |
| α-terpineol | 0.2 | 0.4 | 0.1 | 〈0.03 | 〈0.03 | 〈0.05 |
| Geraniol | - | - | 0.1 | 〈0.1 | 〈0.03 | - |
| Linalool | 0.2 | - | 0.2 | 〈0.1 | 〈0.03 | - |
| cis-linalooloxid | 0.4 | 0.3 | 〈0.03 | 〈0.2 | 0.15 | 0.07 |
| trans-linalooloxid | 0.4 | 0.3 | 0.1 | 〈0.2 | 0.2 | 0.1 |
| Acetaldehyde | 17 | 13 | 15 | 12 | 9 | 15 |
| Propionaldehyde | 1.3 | 1.1 | 1.0 | 1.5 | 0.4 | 1.0 |
| Isobutyraldehyde | 0.3 | 0.2 | 0.2 | 〈0.1 | 0.2 | 〈0.1 |
| Acrolein | 0.3 | 0.2 | 0.3 | 0.2 | 0.3 | 〈0.1 |
| Benzaldehyde | 3.4 | 4.0 | 1.8 | 0.2 | 〈0.03 | 〈0.1 |
| Furfural | 1.1 | 0.9 | 2.9 | 〈0.3 | 1.8 | 0.5 |
| Aceton | 1.0 | 0.8 | 1.0 | 0.5 | 0.4 | - |
| Methylethylketone | - | - | 1.0 | 0.1 | 0.6 | - |
| Acetoin | 3.5 | - | 5.2 | 6.4 | 9.5 | 7.6 |
| 1,1-diethoxyethan | 6.1 | 4.5 | 5.2 | 6.4 | 9.5 | 7.6 |
| 1,1,3-triethoxpropan | 0.2 | 0.2 | 0.2 | 0.3 | 0.7 | 1.5 |
| Ethyl formate | 0.5 | 0.4 | 0.6 | 0.5 | 〈0.2 | 〈0.2 |
| Ethyl acetate | 212 | 250 | 254 | 131 | 140 | 154 |
| Ethyl-3-ethoxypropinate | - | - | - | - | - | 0.3 |
| Ethyl acetate | 74 | 71 | 102 | 49 | 46 | 20 |
| Ethyl butyrate | 0.4 | 0.4 | 0.1 | 0.3 | 0.3 | 0.4 |
| Ethyl-α-hydroxy-isovalerate | 0.3 | 0.3 | 〈0.3 | 〈0.3 | 〈0.3 | - |
| Ethyl caproate | 0.7 | 0.7 | 0.2 | 0.7 | 0.3 | 0.7 |
| Ethyl heptanoate | 〈0.05 | - | - | - | 1.7 | - |
| Ethyl nonanoate | 〈0.03 | 〈0.03 | 〈0.03 | 〈0.03 | 〈0.03 | 〈0.07 |

| Ethyl decanoate | 3.4 | 2.0 | 2.3 | 2.7 | 1.5 | 2.3 |
|---|---|---|---|---|---|---|
| Ethyl laurate | 1.9 | 1.5 | 0.7 | 1.0 | 0.4 | 1.0 |
| Ethyl myristate | ⟨0.3 | ⟨0.2 | 0.1 | ⟨0.1 | 0.04 | 0.5 |
| Ethyl palmitate | ⟨0.3 | ⟨0.2 | 0.2 | ⟨0.2 | 0.03 | 0.3 |
| Ethyl phenylacetate | ⟨0.03 | ⟨0.03 | ⟨0.03 | - | ⟨0.03 | 1.3 |
| Ethyl benzoate | 1.0 | 1.0 | 1.7 | ⟨0.2 | 0.06 | 0.1 |
| Diethyl succinate | 1.8 | 3.4 | 1.8 | 0.5 | 0.1 | 0.7 |
| Methyl acetate | 9 | 10 | 6 | 10 | 19 | 1.6 |
| Methyl decanoate | ⟨0.03 | ⟨0.03 | ⟨0.03 | ⟨0.03 | ⟨0.03 | ⟨0.01 |
| Propyl acetate | - | - | 4.7 | 0.3 | 1.5 | ⟨0.01 |
| Butyl acetate | - | - | - | ⟨0.03 | 2.8 | - |
| Isoamyl acetate | 0.5 | 0.8 | 0.3 | 0.7 | 0.4 | 0.7 |
| Isoamyl propionate | - | - | - | - | - | ⟨0.1 |
| Isoamyl lactate | 0.7 | ⟨0.3 | 0.8 | 0.5 | 0.5 | 0.3 |
| Isoamyl hexanoate | ⟨0.1 | ⟨0.1 | - | - | - | 0.04 |
| Isoamyl octanoate | ⟨0.3 | ⟨0.3 | ⟨0.05 | ⟨0.03 | ⟨0.03 | ⟨0.1 |
| Isoamyl decanoate | ⟨0.1 | ⟨0.1 | ⟨0.03 | ⟨0.03 | ⟨0.03 | ⟨0.08 |
| Hexyl acetate | ⟨0.1 | - | ⟨0.03 | 0.1 | 0.4 | ⟨0.1 |
| 2-phenethyl lactate | ⟨0.3 | ⟨0.3 | ⟨0.03 | ⟨0.3 | ⟨0.03 | 1.4 |
| Benzyl acetate | ⟨0.3 | ⟨0.3 | 0.2 | - | - | - |

한편 에틸카바메이트(우레탄, $CH_3-CH_2-O-CONH_2$)는 발효식품에 널리 분포되어 있으나 발암물질로 알려져 있다. 특히 씨 있는 과실로 제조한 증류주에서 검출되고 25년 전 캐나다에서부터 시작해서 유럽까지 알려지게 되었다. 음용용으로써 적당한 에틸카바메이트의 함량은 0.4mg/L 이하이며, 에틸카바메이트의 전구물질은 청산(hydrocyanic acid)과 그의 염인 청산염(cyanide)이다. 이 에틸카바메이트 전구물질들은 씨 있는 과실의 씨에 함유되어 있으며 과실 숙성 중에 효소의 작용 또는 가공 때문에 술덧에서 증류주로 전이되어 벤즈알데히드의 영향하에 알코올과 반응하여 에틸카바메이트로 변환된다. 또 이 반응은 빛에 의해 촉진되는 특성을 가지고 있다.

에틸카바메이트 저감화를 위한 각 공정의 대안으로는([표 8-18]), 특히 청산의 제거를 위해서는 구리 증류기에 시아닌 흡착기를 부착하면 불용성의 구리와 시아닌이 결합하기 때문에 매우 효과적이다. 청산을 제거하는 또 다른 방법은 구리가 함유된 시아누렉스(cyanurex) 재제를 특수 용기에 담고 증류 시 증발하는 증기가 특수 용기를 통과하게 하여 제거하는 방식도 효과적이다.

[표 8-18] 에틸카바메이트 저감화 대안

| 공정명 | 대책 |
|---|---|
| 담금 공정 | ● 씨 파쇄를 억제<br>● 발효 후에 발효 즙의 장시간 방치 억제 |
| 증류 장비 | ● 구리 증류기를 사용하며 CIP에 의한 정기적인 세척 |
| 증류 공정 | ● 시아닌 흡착기 부착(katalysator)<br>● 알코올 농도 50vol%부터 후류를 받음<br>● 후류는 별도의 재증류 |
| 증류주 | ● 빛이 없는 곳에 저장<br>● 어두운 병에 병입<br>● 빛 차단용 상자 이용 |

## (5) 배 증류주

배는 전 세계적으로 널리 재배되는 과실로 고문헌에 신석기시대 때부터 재배된 것으로 기록하고 있다. 배 품종은 약 6,000가지이며 그중 유일하게 윌리암스 배(Williams pear)만이 증류주로서 적합한 것으로 알려져 있다. 배 증류주는 과실 증류주로서 윌리암스 배 브랜드 상품이 알려지면서 유명세를 타게 되었다([그림 8-29]).

[그림 8-29] 윌리암스 배(좌)와 배 증류주(우)

윌리엄스 배 증류주의 제조 과정을 살펴보면, 완숙된 배를 이용하여 저온(18℃)에서 알코올 발효를 진행하여 배 아로마를 유지한다. 발효 술덧은 48시간 이내에 증류를 시작해야 메탄올, 알데히드류, 산류 및 시안산 등의 과도한 생성을 막을 수 있다. 배 증류는 다양한 증류 설비를 이용하지만 숙성은 오크통에 하지 않는다. 그 이유는 배 증류주의 아로마는 오크통 유래의 향과는 조화롭지 않기 때문이다. 이후 증류주는 물로 희석하여 40~45vol%의 배 증류주를 완성한다.

그리고 다른 과실 증류주에서 마찬가지로 배 증류주 역시 증류기 종류에 따라 향미와 품질 특성이 달라지기 때문에 제품 특성에 맞는 증류기 선택이 중요하다([그림 8-30]). 또 아로마 구성과 강도가 중요하고 품질 지표로서 고급알코올류, 에스터류 및 알데히드류가 핵심 아로마로서 관리가 필요하다.

[그림 8-30] **회분식 다단형 증류기**(좌 : 알람빅형, 중 : 솥형, 우 : 구형)

한편 증류기 종류별 향미 특성 차이를 살펴보면 [표 8-19]와 같다. 에탄올의 경우 증류후 알람빅형, 솥형 및 구형 증류기는 각각 59.5, 59.6, 51.5vol%를 나타낸다. 다른 증류주에서와 같이 배 증류주에서도 에탄올은 품질에 중요한 지표인데, 그 이유는 알코올 농도가 낮으면 일부 다른 아로마의 강도가 낮아지는 현상이 동반되기 때문이다. 아로마 성분 중에는 이소아밀알코올이 98.90~119.91mg/L로 가장 높은 농도를 보이고 그 뒤를 배 향을 풍기는 에스터류(메틸데카디엔산, 에틸데카디엔산)가 잇고 있다. 이소아밀알코올의 경우는 알람빅형과 솥형 증류기를 통해 제조된 배 증류주에서 유사한 농도가 검출되는 반면 구형은 다소 낮게 나타난다. 에틸카프릴산과 에틸라우르산은 비교적 에스터류 중에 높은 농도를 보이고 그 외 에스터류는 그 농도가 매우 낮게 검출된다. 배 증류주의 이취 성분인 $\alpha$-털피네올과 털핀엔-4-올은 매우 적은 농도를 보여 아로마에는 별 영향이 없다. 이상의 결과로 보아 알람빅 증류기를 이용한 배 증류주의 제조에 가장 적합한 것으로 문헌에 보고되고 있다.

[표 8-19] 증류기 종류별 향미 특성 차이

| 향미 성분(mg/L) | 알람빅형 | 솥형 | 구형 |
|---|---|---|---|
| Ethanol(vol%) | 59.51 | 59.60 | 51.50 |
| Acetaldehyde | 43.76 | 43.96 | 44.11 |
| Methanol | 0.025 | 0.035 | - |
| *n*-propanol | 94.75 | 84.70 | 88.20 |
| *n*-hexanol | 17.16 | 19.18 | 18.35 |
| 2-phenyl ethanol | 22.97 | 23.52 | 23.45 |
| Isobutanol | 23.62 | 19.39 | 15.37 |
| Isoamyl alcohol | 118.79 | 119.91 | 98.80 |
| Ethyl acetate | 56.57 | 54.20 | 44.31 |
| Ethyl caproate | 12.47 | 11.57 | - |
| Ethyl lactate | 3.07 | 1.41 | - |
| Ethyl caprylate | 35.92 | 32.69 | 32.92 |
| Methyl 2-*trans*-4-*cis* decadieonate | 52.16 | 53.18 | 52.24 |
| Ethyl 2-*trans*-4-*cis* decadieonate | 65.34 | 64.33 | 57.49 |
| Ethyl laurate | 31.74 | 30.91 | 29.18 |
| Ethyl dodecanoate | 16.23 | 15.73 | 14.16 |
| Ethyl *cis*-4 decanoate | 11.07 | 10.08 | 10.13 |
| Ethyl pentadecanoate | 9.78 | 9.54 | 9.65 |
| Ethyl caprate | 8.23 | 9.56 | 10.12 |
| *α*-terpineol | 4.1 | 4.78 | 3.17 |
| Terpenen-4-ol | 4.01 | 4.02 | 3.45 |
| Linalool | 0.63 | 0.87 | 1.33 |
| $SO_2$ | 4.54 | 3.95 | 3.85 |
| Acidity | 247.60 | 285.00 | 107.00 |
| Furfural(mg/L 순수 알코올) | 0.002 | 0.001 | - |

앞서 살펴본 바와 같이 전 세계적으로 증류주의 품질과 향미는 증류기의 종류와 형태 그리고 재질이 중요한데, 증류기는 증류주 제품 용도에 적합한 맞춤형 증류기가 개발돼 상용화되어 있다. 대표적인 증류기를 보면 [표 8-20]과 같다. 이 증류기들은 대부분 구리 재질로 되어 있고 에센스 오일 추출용은 스테인리스 재질로 만들어져 있다. 그리고 알코올 농도에 따라 농축탑의 단수가 다르게 구성되어 있다.

최근 개발된 증류기들은 원료 종류에 관계없이 공통적으로 사용할 수 있으며, 좋은 향미는 살리고 이미 이취는 저감화하는 방식으로 진화하고 있다. 또 단시간 내에 알코올 수율을 높이면서 에너지는 절감하는 시스템으로 설비가 구축되어 있다.

그리고 구리 증류기는 사용 후 이른바 동녹이 발생할 수 있어 항상 증류 후에는 철저한 세척이 필요하며 이를 위해 자동 CIP 장치가 증류기 내에 반드시 설치되어야 한다. 교반기 설치역시 필수적이다. 그리고 구리 증류기의 내구연한은 보통 구리 두께에 달려 있으며 보통 20~30년 사용한다.

[표 8-20] **용도별 증류기의 종류**

| 용도 | 증류기 | 용도 | 증류기 | 용도 | 증류기 |
|---|---|---|---|---|---|
| 위스키, 농축 알코올 68% | | 과실 단형 기본 알코올 25% | | 과실 곡류 알코올 65% 다단형/농축 2way 증류 | |
| 알코올 65% 유럽 농가형 장작 사용 | | 과실 및 곡류 2way 다단형 농축 알코올 65% | | 에센스 오일 추출용 | |
| 농축 타워 기본형 알코올 45% | | 과실 곡류 2way 기본모델 알코올 65% | | 위스키 생산용 알코올 68% | |
| 2way 기본 알코올 65% | | 고농도 알코올 보드카 증류기 알코올 90% | | 농축 타워 기본 2대 멀티형 알코올 45% | |

(출처 : Kothe Destillationstechnik)

### (6) 과실 증류주의 향미

과실 증류주에는 원주의 조건에 따라 다르지만, 일반적으로 1,300여 종류의 아로마가 확인되고, 비휘발성 성분을 포함하면 2,000여 종류 이상이 검출되는 것으로 알려져 있다. 아로마에는 증류주에 영향을 크게 미치는 성분과 적게 미치는 성분이 섞여 있는데, 모든 아로마 성분은 어떤 형태로든 증류주 향기에 영향을 미치게 된다. 일반적으로 고급알코올, 지방산 및 지방산 에스터 성분이 페놀류, 황화합물류 및 질소 성분보다 아로마에 영향을 더 크게 준다.

과실 증류주 아로마에 영향을 미치는 각 성분들을 세부적으로 살펴보면 다음과 같다.

#### ① 에스터류

에스터류는 주류를 비롯해 많은 식품에 분포하는 성분으로 앞서 언급한 바와 같이 알코올 발효 중에 생성된 알코올류(에탄올, 고급 알코올)와 산류(지방산, 유기산)의 결합으로 생성된 2차 아로마 성분이다. 일반적으로 에스터류가 증류주에 많으면 싱그러운 꽃 향이나 과실 향이 강하게 느껴지는데, 장기간의 증류주 숙성을 통해서도 에스터가 생성되어 향이 더욱 강해지는 현상이 나타나기도 한다.

또 과실 증류주의 에스터류 농도는 증류 방식에 따라 달라지기도 하는데, 일례로 프랑스 증류주는 에스터류 농도가 385mg/L, 이탈리아 증류주에는 506mg/L 그리고 독일 증류주에서는 그 농도가 이보다 낮게 나타난다. 에스터류 중 아로마에 가장 영향을 크게 미치는 성분은 에틸아세테이트와 에틸락테이트이다. 이 두 성분은 전체 에스터류 중에 약 90%를 차지하며 낮은 역치와 낮은 끓는점으로 인해 과실 증류주의 아로마에 영향을 크게 주게 된다.

에틸아세테이트는 대표적인 아세테이트 에스터류(acetate esters)이며, 과실주와 미숙성 과실 증류주에서 가장 많이 검출되는 성분으로 소량일 때는 꽃 향을 풍긴다. 하지만 그 농도가 높으면(150~200mg/L) 오히려 용매취(본드취)를 내기 때문에 술에 부정적인 영향을 준다. 이는 일차적으로 원료 또는 술덧의 초산균에 의한 오염이 원인이며 증류 방식도 원인이 될 수 있다. 또 장기간의 원료 보관도 원인이 될 수 있다. 이런 과다한 에틸아세테이트는 우선 증류 전 과실 발효주의 저장을 짧게 하고 낮은 온도에서 보관하면 일정 부분 저감화할 수 있다. 에틸아세테이트는 알코올 발효 중에 생성된 유기산(초산)과 에탄올이 결합하여 생성된 것인데, 알코올 발효 중에 두 성분이 가장 많이 분비되므로 에틸아세테이트가 에스터류 중 가장 많이 생성되는 것이다. 이 성분은 전체 에스터류 중 50~80%를 차지하게 된다. 또 이 성분은 회분식 단형 증류

때 초류에서 가장 많이 검출된다. 그러나 증류가 진행되면서 농도는 계속 증가하다 증류를 계속해도 그 농도는 더 이상 증가하지는 않는다. 일반적으로 과실 증류주는 에틸아세테이트의 농도가 175~595mg/L 수준으로 유지되는 것이 품질에 긍정적인 영향을 주는 것으로 문헌에 보고되고 있다. 아세테이트 에스터류는 과실 증류주의 품질관리 지표로써 활용되는데, 전체 에스터류 대비 에틸아세테이트의 농도가 적을수록 고품질의 과실 증류주로 평가된다.

아세테이트 에스터류의 끓는점은 77.1℃이며 회분식 단형 및 다단형 증류법 모두 증류 시에 초류에서 검출된다. 그리고 에틸아세테이트는 다단형 증류 시보다 단형 증류 시에 더 많이 검출되는 것으로 알려져 있으나 반대의 결과를 보고한 문헌도 있다. 에틸락테이트는 발효 중에 유기산(젖산)과 에탄올과의 결합으로 생성된 것으로 증류 시에 후류에 나타나는 성분이다. 특히 과실주를 장기간 보관하여 젖산 발효가 발생하면 이 성분이 과실주에 과다하게 생성되고 증류 시에도 후류에서 다량 검출되게 된다. 에틸락테이트는 버터향을 풍기며 그 농도가 154mg/L 이하이면 부드러운 향미를 부여하고 다른 향을 안정화해 긍정적인 향이지만, 250~455mg/L 이상이면 부정적인 영향을 미치게 된다. 에틸락테이트는 과실주를 젖산 발효하거나 2차 증류할 때 나타나는 성분이며, 다단형 증류기에서보다 단형 증류기에서 더 많이 확인된다.

그 밖에 초산과 고급 알코올과의 결합으로 생성된 이소아밀아세테이트, 이소부틸 아세테이트 및 2-페닐 에틸아세테이트도 과실 증류주에 함유되어 있고 증류주에 꽃 향과 과실 향을 부여한다. 이소아밀아세테이트는 바나나 향을 부여하는 반면, 이소부틸 아세테이트는 라즈베리 향(산딸기 향)을 풍긴다. 일반적으로 탄소 수가 6~12개인 에스터류(이소아밀아세테이트, 이소부틸아세테이트, 페닐아세테이트)가 다단형 증류법에서 단형 증류법에서보다 더 많이 검출되는 것으로 문헌에 보고되고 있다. 2-페닐 에틸아세테이트는 장미 향을 풍기는 성분으로 높은 끓는 점에도 불구하고 물에 부분적으로 녹는 성질 때문에 증류 시 모든 증류 구간에서 확인된다. 일부 문헌에는 이 성분이 초류에 대부분 검출되는 것으로 보고한 사례도 있다. 디에틸석신산은 일종의 좀약취를 풍기는 성분으로 세균 오염 시 발생하며 증류법과 관계없이 증류 시 후류에서 확인되는 물질이다.

한편 또 다른 에스터류인 지방산 에틸 에스터류(fatty acid ethyl esters)는 발효 중 생성된 중사슬(middle chain) 지방산류(카프릴산, 카프로산, 카프르산)와 고급 알코올류(아밀알코올, 프로판올, 부탄올 등)가 결합하여 생성된 것으로 증류주에 과실 향과 꽃 향을 풍긴다. 지방산 에틸 에스터류는 특히 효모 찌꺼기(yeast lees)를 이용하여 증류주(그라빠)를 제조할 때 다량 생성되게 되는데, 이 성분 역시 증류 방식에 따라 그 농도가 달라진다. 일례로 회분식 단형 증류법보다 연속식 증류법에서 지방산 에틸 에스터류의 농도가 적게 검출된다. 이는 단형 증류 시에는 지방산과의 에스터 형성을 위해 필요한 고급 알코올류의 농도가 상대적으로 적기 때문이다.

그리고 지방산 에틸 에스터류는 물(hydrophilic, 친수성)과 에탄올(hydrophobic, 소수성)에 다 잘 녹는 성질을 갖은 양쪽성(amphiphilic) 물질이다. 그러나 물보다는 에탄올에 더 잘 녹는 특성으로 인해 증류 시에 에탄올의 농도가 낮아지면 백탁현상의 원인 물질이 되기도 한다.

그리고 지방산 에틸 에스터류는 그 농도가 너무 낮으면 과실 증류주의 아로마에 부정적인 영향을 주며, 특히 탄소 수가 6~12개를 지닌 지방산 에틸 에스터류(에틸카프로산, 에틸벤조산)는 위스키 향을 풍기는 것으로 알려져 있다. 또한 코냑과 일반 다른 과실 증류주 간의 식별에 지방산 에틸 에스터류의 농도가 지표가 되기도 한다. 예로써 코냑에는 탄소 수 10~14개를 지닌 장사슬 지방산 에틸 에스터류(에틸신남산)가 많고 탄소 수 3~5개를 지닌 단사슬 지방산 에틸 에스터류(에틸포름산)의 농도는 적다.

중사슬 지방산 에틸 에스터류(카프로산, 카프릴산, 카프르산)는 고비점 성분임에도 불구하고 증류 시에 초류에서 다량 유출된다. 이는 물과의 결합보다는 에탄올과의 결합이 우세하여 에탄올에서 쉽게 분리되기 때문이다. 또 지방산 에틸 에스터류 중에 과실 증류주에 과실 향과 꽃 향을 부여하면서 아로마에 가장 크게 영향을 주는 성분은 에틸카프로산(ethyl caproate), 에틸카프릴산(ethyl caprylate), 에틸카프르산(ethyl caprate) 및 에틸라우르산(ethyl laurate)이다. 에틸카프로산은 방향성이 강하고 파인애플 향, 익은 사과 향 및 멜론 향 등을 부여한다. 에틸카프릴산은 톡 쏘는 향으로 방향성은 약하며 풋사과 향을 풍긴다. 에틸카프르산은 약한 지방 향을 부여하고 에틸라우르산은 향이 매우 약하며 왁스취를 풍긴다.

일반적으로 지방산 에틸 에스터의 경우 다단형 증류기에서는 후류에서 많이 검출되며, 다단형 증류기에서보다는 단형 증류기에서 더 많이 검출되는 것으로 알려져 있다. 반면 장사슬 지방산 에틸 에스터 성분도 농도가 높을 때는 왁스취와 양초취를 풍겨 향미에 부정적 영향을 미친다. 이 성분은 물에 잘 녹지 않기 때문에 증류주의 혼탁과 침전물의 원인이 되고 증류주 품질을 불안정하게 하는 성분이므로 관리가 필요한 물질이다.

보통 과실 증류주에는 지방산 에틸 에스터류의 농도는 2.1~70mg/L 수준으로 함유되어 있다. 그중에 장사슬 지방산 에틸 에스터류 중에서 탄소 수 6~16개를 가진 에스터류(이소아밀 아세테이트, 에틸라우르산, 이소발레르산, 에틸팔미트산, 에틸올레산)의 농도가 보통 14mg/L을 유지되어야 증류주 아로마에 긍정적인 영향을 미치는 것으로 문헌에 보고되고 있다.

② 휘발성 지방산류

휘발성 지방산류는 알코올 발효 중에 생성된 것으로 증류 중에 증류액으로 전이된다. 지방산은 증류 시에 효모의 자가분해로 인해 생성되기도 한다. 다만 지방산 중에 탄소 수가 1~10개인 단사슬 지방산(포름산, 초산, 프로피온산, 뷰티르산, 이소뷰티르산, 벨레르산, 이소발레르산, 2-메틸부타논산)과 중사슬 지방산(카프로산, 카프릴산, 카프르산)만이 휘발되어 증류주로 전이되기 때문에 원료 종류에 따른 과실 증류주의 지방산 구성 성분 차이는 크지 않다. 따라서 원료 유래의 지방산 자체가 증류주의 아로마에 미치는 영향은 미미하다. 과실 증류주에 다량의 지방산이 검출되는 경우는 효모가 함유된 과실주를 증류할 경우이며 이때 특히 탄소 수가 2~10개인 지방산이 확인된다.

일반적으로 증류주에 가장 많이 검출되는 휘발산은 초산이며 전체 휘발산에서 위스키에는 40~95%, 코냑에서는 50~75% 그리고 럼에서는 75~90%를 각각 차지한다. 초산을 제외하면 카프르산(capric acid)이 20~45%로 가장 많고, 그다음 카프릴산(caprylic acid), 라우르산(lauric acid), 카프로산(caproic acid) 순으로 검출된다. 카프릴산과 카프로산도 약 30%가량 차지하며 증류주의 향에 영향을 미친다. 위스키의 경우는 미리스트산(myristic acid), 팔미트산(palmitic acid) 및 팔미트 올레산(palmitic oleic acid)이 주요 지방산이지만, 브랜디의 경우는 카프로산과 카프릴산이 주요 아로마 성분으로 알려져 있다. 단사슬 지방산 중에 카프릴산, 카프로산 및 라우르산이 술덧에 많이 함유되어 있으면 부패한 버터취를 풍기기 때문에 품질이 낮은 증류주로 간주한다.

그 외 휘발성 지방산으로는 포름산(formic acid), 프로피온산(propionic acid), 이소뷰티르산(isobutyric acid), 발레르산(valeric acid), 이소발레르산(isovaleric acid) 및 펠라르곤산(pelargonic acid) 등이 있지만 초산에 비해 적은 농도로 증류주에 함유되어 있다. 그러나 이 지방산 성분들도 증류주의 관능에 영향을 주며, 특히 이들 지방산은 고급 알코올류와 결합하여 지방산 에틸에스터를 형성한 후 증류주의 향미에 영향을 준다.

③ 알코올류

알코올류 중 메탄올은 삶은 양배추취를 풍기는 성분으로 역치는 증류주에서 보통 1,200mg/L로 알려져 있다. 이 성분은 특히 과실 원료를 이용한 발효주에서 펙티나아제 효소에 의해 펙틴이 분해되어 생성된 것이다. 따라서 메탄올은 곡류 증류주에서보다 과실 증류주에서 더 많이 검출된다. 펙틴은 과실 유래의 천연 물질이므로 메탄올이 증류주에서 검출된다는 것은 원료가 자연산임을 나타내는 것이기도 하다.

메탄올은 증류 시에 초류에 다량 함유되어 있고 유해 물질이므로 본류와 반드시 분리해서 관리해야 한다. 우리나라에서는 과실 증류주의 경우 1,000mg/L 이하로 제한되어 있다. 메탄올은 끓는점이 64.7℃이고 물에 잘 녹는 특성이 있어 모든 증류 구간에서 일정하게 검출된다. 특히 메탄올은 물과 공비점 혼합물을 형성하기 때문에 메탄올을 물-에탄올 혼합물에서 분리하는 것은 매우 어렵다. 에탄올의 농도가 낮은 술덧(막걸리, 과실주)의 경우 메탄올은 회분식 단형 증류 시에 끓는점보다 낮은 온도에서 물에서 쉽게 분리되어 증류된다. 그리고 휘발되는 증기에 물이 많으면 메탄올은 물에 잘 섞이는 성질로 인해 증류 시 후류에서 메탄올이 더 많이 나타난다.

반면 에탄올의 농도가 높은 술덧의 경우 메탄올은 메탄올의 끓는점에서 휘발되고 증류 시 초류에서 많이 검출되게 된다. 이러한 현상은 다단형 증류기 사용 시 나타나게 되는데, 보통 초류에서 단형 증류기 사용 시보다 7배 많이 검출되는 것으로 문헌에 보고되고 있다. 그러나 메탄올의 농도는 증류 시스템과 관계없이 유사한 농도로 나타난다는 연구결과도 있다.

또 다른 알코올류인 고급 알코올류는 에탄올보다는 탄소 수가 많은 고분자로서 고비점 성분이고 아로마 성분 중에는 양적인 면에서 가장 많이 검출되는 물질이다. 이 성분이 퓨젤유로 불리는 이유는 이미 설명한 바와 같이 고급알코올류는 물에 부분적으로 섞이는 특성이 있지만 낮은 에탄올 농도에서는 기름 반점이 형성되기 때문이다. 일반적으로 이 성분은 발효주에서도 많이 검출되며 특히 모든 증류주에서 다량 검출되어 증류주 아로마에 매우 중요한 성분이다. 고급알코올은 앞서 언급한 바와 같이 발효 시 당의 분해 과정(해당 과정)과 효모의 아미노산 합성 및 분해 과정에서 생성되는 부산물이다. 고급알코올의 농도는 원료 종류, 효모 종류 및 증류 방식에 따라 다르게 나타나며, 증류 시에는 저분자 고급알코올은 많이 검출되고 고분자 고급알코올은 소량 검출된다.

일반적으로 과실주에는 이소아밀알코올, 활성아밀알코올, 이소부탄올 및 노르말프로판올이 주요 고급알코올 성분이다. 이 중 이소아밀알코올이 과실주와 과실 증류주에 가장 많이 검출되는데, 이 성분은 과다하면 불쾌취를 부여하게 된다. 또한 증류주에 노르말프로판올이 과다하게 검출되면 술덧의 오염이 원인일 수 있다. 그리고 증류 방법에 따라 고급알코올의 농도가 다르게 나타나므로 증류 시 이소아밀알코올의 농도 관리가 매우 중요하다. 그 외 1-헥산올, 노르말부탄올, 1-펜탄올 및 2-부탄올은 전체 고급알코올류의 5% 미만으로 증류주에서 소량 검출된다. 2-부탄올은 저급 원료 사용 시 나타는데 알코올 발효 중에 세균에 의해 생성되는 사례도 있으며 아로마에 부정적인 영향을 미친다. 1-헥산올은 원료에서만 생성되는 물질로 과다하면(100mg/L, 순수 알코올 기준) 증류주에서 풀취를 풍기며 향미에 부정적인 영향을 준다. 이 성분은 쌀 소주에서는 치약 냄새를 풍기기도 한다.

2-페닐에탄올은 장미 향을 부여하며 낮은 역치로 인해 과실 증류주의 아로마에 영향을 준다. 이 성분은 미생물(곰팡이·효모·세균)이 아미노산 페닐알라닌을 분해하여 생성하는 것이다. 활성아밀알코올과 이소아밀알코올 역시 적은 농도가 검출되며 효모에 의해 합성된다. 그 밖에 트랜스-3-헥산올, 시스-3-헥산올, 1-옥탄올 및 벤질 알코올 등도 증류주에서 미량 검출되며, 특히 이러한 성분들은 핵과류(복숭아, 자두 등)를 이용한 과실 증류주에서 자주 확인된다.

일반적으로 증류주 제품에 에스터류와 고급알코올류의 농도는 낮게 그리고 2-페닐아세테이트의 농도가 높은 것이 우수한 것으로 평가되기 때문에 이러한 아로마 패턴이 도출되도록 적절한 증류 방법을 적용하는 것이 중요하다. 물론 증류주를 장기 숙성하면 에스터류와 고급알코올류의 농도가 증가하는 것을 감안하여 미숙성 증류주에서의 에스터류와 고급알코올류의 농도를 낮게 잡아야 한다.

한편 고급알코올 성분 중 활성아밀알코올과 이소아밀알코올간의 구성 비율을 품질지표로 활용하는 경우도 있다. 예를 들어 럼과 브랜디 경우는 그 구성 비율이 0.20 그리고 위스키의 경우는 0.34일 때 최적의 비율로 평가한다. 특히 브랜디의 경우 고급알코올의 농도에 따라 등급을 구분하기도 한다. 일례로 고급알코올의 농도가 420~525mg/L일 때는 가벼운 질감, 525~630mg/L일 때 중간 질감 그리고 603mg/L 이상일 때는 강함 질감을 갖는 브랜디로 평가한다.

그리고 고급알코올은 주류의 맛과 향에 영향을 크게 미치므로 너무 적은 농도를 보일 때는 고급알코올을 첨가하여 향미를 개선하는 방법도 산업적으로 응용되고 있다. 고급알코올의 경우 과실 증류주에서 소량일 때 산뜻한 아로마를 부여하고 증류주 제품마다 특성을 나타내게 하는 주요한 아로마 성분이다. 그러나 증류주에 다량 함유되면 톡 쏘는 자극적 향미를 부여하며 일반적으로 증류주에 고급알코올류의 농도가 3,500mg/L을 초과하면 품질이 저하된 제품으로 간주한다.

고급알코올류는 보통 200℃ 이하에서 끓고 물에는 부분적으로 녹고 알코올에는 완전히 녹는다. 저 알코올의 술덧을 증류할 때 휘발되는 기체에 에탄올이 풍부하면 고급알코올류는 잘 증발된다. 반면 술덧의 에탄올 농도가 높을 경우(40vol% 이상) 고급알코올류는 그들의 끓는 점에서 증발하고 증류를 거치면서 그 농도는 점차 증가하게 된다. 이러한 이유로 다단형 증류법으로 증류 시 후류에서 많이 생성되는 반면 단형 증류법에서는 초류에서 고급알코올이 더 많이 생성되는 것이다. 일반적으로 다단형 증류 방식으로 제조된 증류주에서 단형 증류 방식으로 제조된 증류에서보다 고급알코올이 더 많이 검출된다.

④ 알데히드류

알데히드류는 알코올 발효 중에 고급알코올을 생성하는 과정 중에 생성되는 성분으로 휘발성이 가장 강한 물질이다. 또 이 성분은 산소 존재하에 초산균이 알코올을 산화하여 생성되는 경우도 많으므로 발효주는 가능한 한 빨리 증류하는 것이 중요하다. 알데히드류 중에 아세트알데히드가 전체 알데히드류의 90%를 차지하며 다른 주류에서도 동일하게 나타나는 현상이다.

아세트알데히드의 농도는 원료 종류와 관계없고 효모 종류와 발효 과정 및 증류 컷 시점이 영향을 미치게 된다. 그리고 이 성분은 아세트알데히드는 저비점 성분으로 증류 시 초류에 대부분 검출되며 물과 에탄올에 모두 잘 섞인다. 일반적인 브랜디에서는 알데히드류는 적게 검출되는 것이 보통이지만 저품질 브랜디의 경우는 많이 확인된다. 또 이 성분은 그 자체가 톡 쏘는 듯한 향을 풍기는 것을 비롯해 숙취의 원인 물질이므로 가능한 저감화하는 것이 중요하며, 소량일 경우 견과류 향, 체리 향 및 과숙한 사과 향 등을 풍긴다. 그리고 증류주에 순수 알코올 기준 1,200mg/L가 함유되면 관능상 부정적으로 느껴진다. 또 이 성분은 단형 증류기를 이용한 증류에서 다단형 증류기를 사용한 증류에서보다 더 많이 확인된다.

한편 알데히드류 중에는 이소뷰티르알데히드, 아크롤레인 및 디아세틸 등도 있다. 증류주에서 이취를 부여하는 성분은 아크롤레인과 디아세틸이며, 아크롤레인은 증류 시 초류에 나타나는 저비점 물질로 세균이 글리세롤을 분해하면서 생성되고 고추 향을 풍기는 물질이다. 디아세틸은 버터취를 풍기는 성분으로 위스키와 브랜디에는 0.16mg/L 함유되어 있고, 일부 럼의 경우는 4.4mg/L까지 검출되기도 한다. 아세탈은 알데히드와 에탄올이 결합하여 생성된 것으로 과실 증류주에서 섬세한 향미를 부여한다. 그러나 총 알데히드(아세트알데히드+아세탈)는 정상적인 발효에서는 적은 농도로 생성되어 특별히 문제 될 것은 없다.

단사슬 지방족 알데히드류(프로판알, 부탄알, 펜탄알, 2-메틸-1부탄알, 3-메틸-1-부탄알)는 톡 쏘는 지방취를 유발하며 증류주에 알싸한 맛을 주게 된다. 일반적으로 탄소 수가 8개인 중사슬 알데히드류(아세트알데히드, 포름알데히드, 아크롤레인, 벤즈알데히드, 푸르푸랄)는 톡 쏘는 역겨운 취를 유발하여 증류주에서는 부정적인 향미 성분이다. 장사슬 알데히드류는 증류주에 산뜻한 아로마를 부여하지만 일반적으로 증류주에는 농도가 낮아 냄새를 맡을 수는 없다.

벤즈알데히드도 알데히드류의 일종이며 핵과류(자두, 살구, 체리 등)를 이용한 증류주에서 많이 확인된다. 이 성분은 아미그달린이 분해되어 생성된 것으로 과실의 씨와 핵에 많이 분포되어 있고, 과실 증류주에서 쓴 아몬드 향과 체리 향 등을 풍기며 발효를 핵과 함께 발효하면 다량 생성된다. 벤즈알데히드는 증류주에 다량 함유되면 아로마에 부정적이지만 소량일 경우 긍정적인 영향을 미치며, 고비점 성분으로서 증류 방식과 관계없이 증류 시 후류에서 대부분 검출된다.

푸르푸랄은 이미 기술한 바와 같이 증류 시 산성 조건하에 열에 의해 당분(오탄당)의 탈수 또는 마이얄 반응을 통해 생성되기도 한다. 그리고 과실의 비타민 C의 산화에 의해서도 생성되기도 한다. 따라서 푸르푸랄은 과실 증류주에서는 자연스럽게 나타나는 성분이기 때문에 증류주의 자연성을 나타내는 지표이기도 하다. 푸르푸랄은 적은 농도에서는 견과류 향을 부여하지만, 과도하면 이른바 고추 향을 풍기는 화근내의 원인이 되어 증류주에 부정적이다. 푸르푸랄은 고비점 성분이면서 물에 잘 섞이기 때문에 증류 방식과 관계없이 증류 시 후류에서 확인되고 증류를 오래 할수록 더 많이 검출된다. 일반적으로 푸르푸랄은 다단형 증류기에서 보다 단형 증류기를 이용한 증류주에서 더 많이 생성된다. 특히 알람빅 증류 방식처럼 단형이면서 2회 증류를 직화로 가열하는 경우는 더 많이 검출된다.

⑤ 털핀류

털핀류는 과실과 알코올 발효 과정에서 생성되어 증류 시 증류액으로 전이된다. 털핀류는 증류주에 꽃 향과 과실 향을 부여하며, 그중 비이소프레노이드류는 꿀 향을 풍겨 증류주 아로마에 영향을 미친다. 리나룰은 숙성 중에 리나일아세테이트(linayl acetate)로 전환되어 그 농도가 감소하게 된다. 과실 유래의 베타다마세논은 증류 시에 그 농도가 증가하며, 알파 털피네올, 리나룰 및 그의 산화물도 증류주에서 자주 확인되고 베타 시트로네올과 파네졸은 극히 제한적으로 나타난다.

과실 증류주 중에서는 브랜디와 칼바도스에서 검출되는 털핀류의 종류와 농도는 매우 다르게 나타난다. 그 예로써 브랜디에서는 감마 털피네올과 베타 털피네올이, 칼바도스에서는 4-털피네올과 게라니올이 확인된다.

⑥ 초산

초산은 증류주에서는 신맛과 톡 쏘는 냄새를 풍기는 성분으로 미량일 경우는 증류주에 긍정적인 영향을 준다. 이 성분은 고비점 성분(117℃)이기 때문에 증류 시 후류에서 검출되는 것이 일반적이지만 다단형 증류기 사용 시에는 초류에도 많이 생성되는 것으로 문헌에 보고되고 있다.

⑦ 시안화 수소산

시안화 수소산은 기본적으로 핵과류 과실에 존재하는데 과실이 숙성 기간을 거치면서 효소에 의해 분비되는 발암물질의 전구물질이다. 또 아미그달린 같은 시아닌 배당체 성분이 효소에 의해 발효 중에 형성되기도 한다. 이때 증류주에 긍정적인 영향을 주는 견과류 향을 부여하는 벤즈알데히드도 같이 생성된다. 즉 발효 시에 긍정적인 향(벤즈알데히드)과 부정적인 성분(시안화수소산)이 동시에 생성되므로 발효 시 핵과류를 너무 과도하게 파쇄하지 않는 것이 좋다. 그리고 증류 시에도 핵과류의 씨를 같이 증류하지 않으면 시안화 수소산의 생성을 최소화하면서 벤즈알데히드의 생성을 극대화할 수 있다. 일반적으로 양조용 효모를 이용한 핵과류 과실 발효에서보다 자연 발효 시에 더 많이 생성되는데 특히 발효 첫날 가장 많이 생성된다. 시안화 수소산은 저비점 성분으로 25.7℃에서 끓기 때문에 증류 시 초류에서 검출된다. 유럽에서는 시안화 수소의 농도를 순수 알코올 리터당 70mg으로 법적으로 규정해 놓고 있다.

⑧ 에틸카바메이트

에틸카바메이트는 우레탄이라고도 하며 많은 발효식품과 음료에 함유된 성분이다. 이 성분은 알코올 발효 시에 에탄올이 요소(urea) 또는 시안화물(cyanide)과의 반응으로 생성된다. 또한 이 성분은 에틸카바메이트는 증류 시에도 빛에 노출되면 핵과류 술덧 유래의 성분들에 의해 생성되기도 한다. 에틸카바메이트는 발암물질로 특히 핵과류 과실 술덧을 이용한 증류주에서 확인된다. 유럽에서는 법적으로 증류주에 150μg/L로 제한하고 있다. 에틸카바메이트는 분류에서보다는 초류와 후류에서 많이 검출된 것으로 알려져 있으나 일부 문헌에서는 증류 시 모든 과정에서 나타나는 것으로 보고하고 있다.

⑨ 과실 증류주의 향미에 영향을 미치는 요소

과실 증류주의 향미에 영향을 미치는 요소는 원료, 알코올 발효 과정, 증류 기술 및 숙성 과정 등 매우 다양하다. 향미 성분에 있어 중요한 것은 증류주에 함유된 각 성분의 농도, 특히 역치값이 중요하며 또한 성분 간과의 상호작용으로 생성되는 제3의 향미 등이 제품의 특성을 좌우하게 된다.

과실 증류주의 향미 평가에 있어서 제품에 함유된 성분 중 특정 물질이 향미에 절대적인 영향을 미친다고 볼 수는 없으며, 증류주에 함유된 모든 성분의 복합된 향미로 봐야 한다. 따라서 주요 아로마뿐 아니라 그 밖의 성분들도 분석을 통해 관리할 필요가 있다. 그러나 역치값 이상을 나타내는 성분들은 품질과 제품 특성을 나타내는 주요 지표이며 품질에 부정적인 영향을 미치는 성분들은 관리에 더욱더 관심을 기울여야 한다. 예로써 과실 증류주에서는 에틸아세테이트가 600mg/L을 초과하면 안 되고, 노르말부탄올과 2-부탄올은 각각 6~7mg/L 수준으로 관리해야 이취를 유발하지 않는다. 그리고 아세트알데히드는 60mg/L 이하로, 에틸뷰티르산은 4~5mg/L 이하로 그리고 2,3-부탄디올은 8mg/L 이하로 관리해야 품질상 문제가 없다. 또 과실 증류주의 톡 쏘는 듯한 거친 향은 알데히드류가 과다하게 함유(50~200mg/L) 되어 나타나는 현상이며, 에틸아세테이트가 과다하면(180mg/L, 순수 알코올 기준) 신맛으로 나타나게 된다. 그리고 퀴퀴한 냄새는 에틸뷰티르산과 노르말부탄올과 관계가 있고 플라스틱 냄새는 아크롤레인과 연관이 있으므로 이들 성분의 품질관리가 필요하다.

그리고 과실 증류주에 긍정적인 영향을 미치는 성분 중 바나나 향을 풍기는 이소아밀아세테이트는 0.3~10mg/L 수준으로 그리고 꽃 향을 풍기는 지방산 에틸에스터류는 10~30mg/L로 관리하는 것이 좋다. 또 허브 향을 풍기는 3-헥산올과 버터 향을 풍기는 디아세틸은 각각 4mg/L을 초과하면 오히려 부정적인 영향을 준다. 따라서 고품질의 과실 증류주를 유지하려면 에스터류, 고급알코올류 및 알데히드류의 농도는 낮게, 그리고 산류는 높게 유지하는 것이 중요하다.

한편 알람빅 단형 증류법과 다단형 증류법 중 어느 증류법이 과실 증류주에 적합한지는 중요한 문제이다. 왜냐하면, 선택하는 증류법에 따라 증류주의 향미가 달라지고 제품 특성에 영향을 주기 때문이다. 문헌에 의하면 증류법 선택에 따른 증류주의 주요 향미 성분 차이는 없는 것으로 보고된 것도 있고, 반대로 증류법에 따른 향미 차이가 크다고 보는 연구 결과도 있다. 또 일부 문헌에는 증류주의 아로마 성분 관련 증류법 자체보다는 과실 원료의 가공처리 기법과 숙성 조건이 더 중요하다고 보고한 사례도 있어 문헌마다 주장하는 바가 다르다.

알람빅 단형 증류법은 원료 유래의 향미 성분이 증류 후 제품의 특징을 나타내는 주요 아로마로 나타나게 하는 데는 효과가 있다. 이 증류 방식은 시간과 노동력이 많이 들지만, 고품질 증류주 제조에 적합한 것으로 문헌에 보고되고 있다.

반면에 다단형 증류법은 고농도의 알코올 수득과 높은 휘발성 성분의 분리 성능이 장점이며 이에 따라 생산성 높은 효율성이 우수한 증류법으로 볼 수 있다. 또 알람빅 증류법보다 에스터 농도가 4배, 고급 알코올 농도는 20% 이상, 아세트알데히드는 40% 정도 낮게 그리고 메탄올은 10% 가량 적게 생성된다.

물론 소비자의 기호에 따라 알림빅 증류법에 따라 제조된 증류주를 선호할 수도 있고, 다단형 증류기로 제조된 증류주를 선호할 수도 있다. 그러나 과실 증류주 제조 시 사용되는 과실 원료의 아로마가 약한 경우 다단형 증류기를 사용하는 것이 상품성에 유리할 수 있다.

그리고 각 증류법은 장점도 서로 다른데, 일례로 알람빅 단형 증류에서는 단순히 열 공급량 조절을 통해 향미 성분의 농도를 조절할 수 있는 장점이 있지만, 다단형 증류기는 환류량을 조절함으로써 향미 성분의 구성 비율을 조절할 수 있는 장점이 있다. 또 알람빅 단형 증류기를 통해 제조된 증류주가 다단형 증류기를 이용해 제조된 증류주에 비해 재연성이 좋다는 문헌도 보고되고 있다.

다른 한편으로는 알람빅 증류기를 이용해 제조된 증류주(코냑 · 위스키)는 향미 개선 및 불순물 제거를 위해 오크통에 수년간 저장을 거쳐야 하지만, 다단형 증류기는 증류주의 불순물이 대부분 제거된 상태로서 유리 병에 단기 숙성 후 상품화할 수 있는 장점이 있다. 그러나 과실 증류주의 경우 오크통 숙성을 통한 3차 아로마 생성이나 증류 기술보다는 과실 자체의 향미를 최대한 보존하여 술덧과 증류주에 많이 함유되도록 해서 과실 본연의 향미가 나타나도록 하는 데 관심을 더 기울여야 한다는 주장도 많다.

## 2) 곡류 증류주

곡류 증류주는 와인을 이용한 브랜디 제조 증류 기술이 발달한 이후 16세기 초에 도입되기 시작하였다. 유럽이나 미국에서 곡류 증류주에 사용하는 원료는 주로 호밀, 밀, 메밀, 보리, 귀리, 옥수수 등이다. 독일에서의 곡류 증류주란 호밀, 밀, 메밀, 보리, 귀리 등으로 제조한 증류주를 말하며 쌀, 옥수수, 수수, 밀가루, 밀기울, 트리트케일 등의 곡류는 제외한다. 각 곡류는 전분 함량에 따라 알코올 수율이 다르게 나타난다.

곡류 증류주는 과실 증류주와는 다르게 우선 전분을 당으로 전환하는 과정을 거쳐야 한다. 이후 곡류 분쇄 후 3~6bar 하에 120~150℃에서 증자 과정을 거치거나 $\alpha$-아밀라아제와 글루코아밀라아제 등의 효소를 첨가하여 액화 및 당화 공정을 통해 당도 18%의 담금액을 제조한다([그림 8-31]).

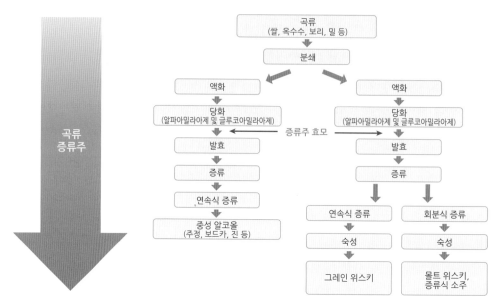

[그림 8-31] 곡류 증류주의 제조 공정

일반적으로 액화 및 당화 공정은 56~60℃에서 20분간 진행하며 당화액을 25℃로 냉각 후 배양된 액상 효모나 분말 효모를 이용하여 18~22℃에서 약 3일간 발효를 진행한다. 증류 공정은 1차 증류를 통해 거친 증류주를 생산 후 회분식 또는 연속식 증류를 이용하여 초류와 후류를 제거한 55~95vol%의 2차 증류주를 생산하게 된다. 일반적으로 95vol%의 증류주 생산은 증류를 거쳐 알데히드와 고급 알코올류 등을 제거하는 정제탑에서 실시한다. 맛과 향의 증진을 위해 대부분의 곡류 증류주는 스테인리스 용기, 옹기나 오크통에서 일정기간 숙성 과정을 거친다.

이 장에서는 각 곡류 증류주의 원료, 제조 특성 및 향미 특징을 살펴보기로 한다.

## (1) 위스키

위스키는 곡류를 이용하여 제조되는 세계인이 즐기는 대표적인 증류주이다. 이 술은 증류주 중 그 인지도와 명성이 으뜸이며 증류주 제조의 표본이 되고 있다. 특히 스카치 위스키는 오랜 역사를 가진 명주로서 글로벌 시장을 형성하고 있다. 일본은 위스키 제조 역사가 길지 않지만 장기적인 안목으로 위스키 산업을 육성한 결과 스카치 위스키에 견줄 만한 고품질의 위스키 생산국으로 자리매김하여 일본 주류 산업의 큰 비중을 차지하고 있다. 우리나라의 경우도 한때 위스키 산업 진흥을 추진하였으나, 현재는 거의 해외 완제품을 수입하는 상황이며 그에 따른 위스키 제조 기술과 산업의 후퇴는 매우 아쉬운 대목이다.

① 개요

위스키는 전 세계적으로 스카치 위스키, 아메리칸 위스키, 캐나디안 위스키, 아이리쉬 위스키, 일본 위스키 등 5개 유형으로 구분한다. 이들 위스키는 사용 원료뿐 아니라 제조 공정과 향미 특성이 다르다. 일본의 경우는 1920년에 스카치 위스키 산업체로부터 제조 기술을 습득하여 현재 4개의 대형 위스키 업체와 지역의 소형 크래프트 위스키 업체들로 구성되어 있고 업체별 개성 있는 제품을 판매하고 있다.

위스키는 다양한 곡류를 이용하여 오크통에 숙성하여 제조되며 원료와 가공 특성에 따라 매우 다양한 제조 방법이 있고 각국의 제조 방법 규정에 따라 생산 방식이 다르다([표 8-21]).

예를 들면 아이리쉬 위스키는 회분식 단형 증류기로 3회 증류하며, 그레인 위스키는 연속식 증류기를 사용하는 것이 일반적이다. 아이리쉬 위스키는 자국과 EU로부터 지리적 표시를 공인받고 있다.

반면 미국 버번 위스키와 캐나디안 위스키는 스카치 위스키와 아이리쉬 위스키와는 사용 원료와 발효·숙성 과정이 다르다. 특히 증류는 2회 실시하는데 1차 증류 시 다단형 증류기를 사용하며 2차 증류에서는 회분형 단식형을 사용한다. 숙성은 새 오크통에 2년간 진행하며 사용한 오크통은 다른 나라 증류주 숙성에 이용된다. 캐나디안 위스키는 미국 버번 위스키보다 향미가 훨씬 가벼운 스타일이다. 이는 블렌딩을 할 때 향이 강한 몰트 위스키보다 그레인 위스키의 사용량이 더 많기 때문이다. 또 증류는 회분식 단형 증류기를 사용하고 숙성은 버번 위스키를 숙성했던 오크통을 사용한다. 그리고 캐나디안 위스키에는 와인이나 향료 첨가가 최대 9.09%까지 허용되는데 EU 수출용은 첨가가 금지되어 있다.

[표 8-21] 위스키 종류별 제조 특성과 향미 특징

| 구분 | 아이리쉬 위스키 | 스카치 위스키 | 버번 위스키 | 캐나디안 위스키 |
|---|---|---|---|---|
| 기초 향미 | 미발아 보리 | 발아 보리 | 옥수수 | 호밀 |
| 증류 횟수 | 3회 | 2회 | 2회 | 3회 |
| 블렌딩 | 곡류 위스키 + 몰트 위스키 | 곡류 위스키 + 몰트 위스키 | 혼합 곡류 위스키 + 곡류 위스키 | 혼합 곡류 위스키 + 곡류 위스키 |

| 증류 방법 | 회분식 단형·연속식 | 회분식 단형·연속식 | 회분식 단형·다단형 | 회분식 단형·다단형 |
| --- | --- | --- | --- | --- |
| 숙성 | 최소 3년 | 최소 3년 | 최소 2년 | 최소 3년 |
| 오크통 | 사용한 로스팅 쉐리통, 버번통, 포트와인통 | 사용한 쉐리통, 버번, 포트와인통 | 새로운 로스팅통 | 사용한 로스팅 버번통 |
| 색상 | 중간 | 맥아 색상 | 어두운 | 밝은 |
| 아로마 | 향수 향 | 훈연 향, 피트 향 | 날카로운 향 | 그윽한 향 |
| 맛 | 균형잡힌 맛 | 달콤한, 드라이한 맛 | 나무 향, 드라이한 맛 | 곡류 맛 |

한편 유럽연합에서는 위스키란 효소를 함유한 맥아 또는 정제 효소 첨가를 통해 당화시킨 곡류 술덧을 증류한 것으로 정의하고, 알코올 농도는 94.8vol% 이하여야 하며 사용된 원료의 맛과 향이 제품에 나타나야 한다고 규정하고 있다. 숙성 기간은 700리터 용량 또는 그 이하의 오크통에서 최소 3년, 알코올 농도는 최소 40vol%로 규정하고 있다. 미국과 유럽의 협정에 따라 유럽은 테네시 위스키, 버번 위스키, 버번 등 3종류의 위스키 브랜드를 유럽 지역에서 보호할 의무를 갖고 있다.

스코틀랜드에는 현재 133개의 위스키 업체가 성업 중인데, 1979년도부터 학계와 연구계를 중심으로 위스키 향미 관련 연구를 시작하였고 이후 몰트아로마 휠을 완성하였다. 그간 위스키의 향미는 관능평가에 의존하였으나 분석 기술이 발달하면서 위스키 품질 평가를 보다 과학적이고 객관적으로 평가하는 시스템을 정립하였다. 다른 주류에서와 마찬가지로 위스키의 경우도 모든 물질이 위스키 향미에 영향을 미치는 것이 아니라 일부 특정 성분이 영향을 미치므로 핵심 성분을 특정하기 위한 연구가 지속적으로 진행되고 있다.

한편 몰트 위스키의 제조 공정을 보면 [그림 8-32]와 같다. 몰트 위스키의 경우 양조용수, 원료, 효모 종류, 제조 공정, 증류기 형태 및 증류주 컷 포인트 등이 향미에 영향을 미치는 요소로 알려져 있다. 물론 제맥 공정 중의 피트(peat)를 통한 훈연취 역시 몰트 위스키 향미에 영향을 큰 영향을 준다.

몰트 위스키의 제조는 증류 공정 전까지는 맥주 제조 과정과 매우 유사하다. 차이점은 맥주에서는 맥즙 제조 과정에서 홉을 투입하여 끓이는 과정이 필수지만, 몰트 위스키 제조시에는 홉을 투입하는 자비 과정이 없다는 것이다. 따라서 몰트 위스키의 경우 담금과 발효 과정 중에 효소가 여전히 활성화되어 있고 이때 맥아 유래의 젖산균은 대부분은 사멸한다. 하지만 일부 젖산균은 생존하여 몰트 위스키의 향미에 영향을 미치게 된다. 그리고 위스키 제조장은 알코올 발효 시 사용하는 효모 종류가 다르지만 대부분 유사한 효모 종류를 사용한다. 맥주 제조와의 또 다른 차이점은 알코올 발효 온도를 30~34℃로 유지하여 알코올 발효를 2~4일 내에 빨리 종료하는 것이다.

[그림 8-32] 몰트 위스키의 제조 공정

몰트 위스키의 증류 방법을 보면([그림 8-33]), 알코올 발효가 종료된 술덧을 워쉬(wash)라 하고, 이 워쉬를 구리 재질의 회분식 단형 증류기를 이용하여 2회 또는 3회 증류하게 되는데, 1차 증류를 통해 얻어진 21도 증류주를 로우 와인(low wine)이라 한다. 이때 로우 와인은 알코올이 1vol%가 될 때까지 증류하여 수율을 최대한 높이는 것이 중요하다. 그다음 로우 와인을 증류하여 초류·본류·후류 등으로 분획하게 되고 이때 알코올 농도는 70vol%에 도달하게 된다. 이후 증류가 종료된 70vol% 증류주를 희석하여 60vol%로 낮춰 3년 이상 쉐리 또는 버번 오크통 숙성을 거쳐 상품화된다. 이때 증류기는 반드시 구리 재질의 증류기를 사용해야 증류주 이취 성분인 황화합물을 저감하는 데 효과가 있다.

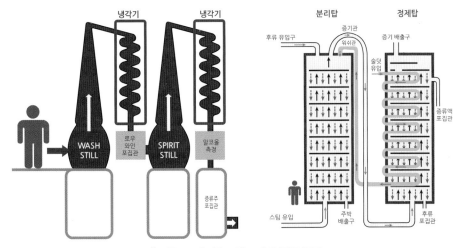

[그림 8-33] 몰트 위스키의 증류 공정

한편 위스키의 오크통 숙성은 첫째, 오크의 성분을 추출하고, 둘째, 이미 이취를 흡착 또는 휘발시키며, 셋째, 알코올의 거친 향을 감소시켜 부드러운 향미를 부여하는 데 그 목적이 있다. 오크통 추출을 통해 얻어지는 주요 아로마는 주로 바닐라 향과 클로브 향이며 그 외 위스키락톤, 3-메톡시-4-하이드로벤즈알데히드 및 4-알리-2-메톡시페놀 등도 주요 성분이다. 특히 오크 락톤으로 알려진 위스키 락톤은 코코넛 향을 부여하는 성분으로 최초로 위스키에서만 발견된 물질이다. 불쾌취를 부여하는 황 성분(디메틸설파이드, 폴리설파이드)은 숙성 중에 오크통 내부로 흡착되어 수년에 걸쳐 서서히 제거된다.

### ② 스카치 위스키

#### ⓐ 개요

스카치 위스키는 양조 용수, 보리맥아 및 효모를 이용한 발효 공정을 거쳐 제조된 술덧을 증류한 것이다. 스카치 위스키는 알코올 농도가 94.8vol% 이하여야 하고 700리터 용량의 오크통에 3년 이상 숙성할 것을 법적으로 규정하고 있다. 또 첨가물로서는 캐러멜이 허용되며 알코올 농도가 최소 40vol%여야 한다. 스카치 위스키에는 보리 맥아를 이용하여 회분식 단형 증류를 통해 제조된 몰트 위스키와 보리 맥아 외에 생보리, 옥수수, 호밀, 귀리 등을 이용하여 연속식 증류를 통해 제조된 그레인 위스키 등 2종류가 있다. 블렌디드 스카치 위스키는 몰트 위스키와 그레인 위스키를 일정비율로 혼합한 것으로 특정 제품에 품질과 정해진 연수에 따라 스카치 위스키 생산자로부터 제조된다. 그리고 Single Malt, Pure Malt, All Malt, Unblended Malt, Rare Malt 또는 Rare Old Malt 등이 표기된 스카치 위스키는 모두 스트레이트 몰트 위스키(straight malt whisky)이다. 이 중 100% 맥아로 단일 증류장에서 제조한 위스키를 싱글 몰트 위스키라 한다. 반면 100% 맥아로서 제조된 것으로 여러 증류장에서 제조하여 취합된 위스키는 배티드 몰트 위스키라 한다.

#### ⓑ 제조 방법

보리는 일반적인 제맥 공정을 거쳐 건조 과정을 거치게 되는데 이때 건조를 통해 제조된 맥아 종류에 따라 위스키의 향은 영향을 받게 된다. 건조 온도와 기간에 따라 아미노산과 과당에 의한 마이얄 반응이 일어나 맥아와 위스키의 향미에 영향을 주게 된다. 맥아는 열교환기를 이용하여 간접 가열되며 이탄취와 훈연취가 함유된 증기를 통해 맥아가 건조되며 아로마 성분의 용출이 진행되고, 건조 온도에 따라 약, 중, 강으로 건조된 훈연 맥아로 구분된다. 훈연 맥아는 이후 담금 공정을 거치게 되는데 이 과정에서 맥아의 효소를 이용하여 전분을 당으로 분해하고, 승온 담금 방식을 이용하여 온도를 60~74℃까지 단계별로 상승시켜 담금 공정을 종료한다.

담금 후 얻어진 맥즙은 10,000~45,000리터 용량의 발효 용기에서 증류주 효모 또는 아로마 증진을 위해 혼합 효모 등을 이용 48~72시간 간헐적인 산소 공급하에 20~25℃에서 발효를 진행한다. 발효 과정에서 생성된 고급알코올, 지방산, 에스터 및 카보닐 성분 등이 위스키의 품질에 영향을 미치게 된다. 발효 후의 술덧은 회분식 단형 증류기를 통해 2회 증류 과정을 거치게 되며 25,000~50,000리터 용량의 구리 증류기를 이용하여 술덧을 50~70% 채운 다음 스팀 증기를 이용 가열을 한다. 1차 증류 후 얻어지는 알코올 농도는 20~25vol%이며 2차 증류 과정에서는 초류·본류·후류 등으로 분리하고 이때 알코올 농도는 60~70vol% 정도이다. 초류와 후류는 다음 1차 증류 과정에 투입되어 재분획된다. 그리고 증류 시 생성되는 황화합물은 적은 농도에서도 위스키의 맛과 향미에 부정적인 영향을 미치기 때문에 황화합물의 분해 및 결합을 위해 구리 증류기의 사용은 매우 중요한 의미가 있다. 위스키 숙성을 위해 알코올 농도를 63.5~68.5vol%로 가수하여 희석하고 숙성실은 세무서의 감시 하에 각각의 숙성량을 점검한다.

한편 숙성 오크통은 700리터 이하 용량의 통을 사용해야 하며 미국(*Quercus akba*) 또는 스페인산(*Quercus sessilis*)이 주로 이용되고 일부는 프랑스산(*Quercus robur*)이 이용된다. 숙성 오크통은 숙성 용량에 대비 표면적을 넓히기 위해 작은 통을 사용하는 것이 일반적이다. 245리터 용량의 미국산 숙성 오크통은 4년간 버번 위스키를 숙성했던 오크통을 스카치 위스키 숙성을 위해 사용하는 방식이며, 500리터 용량의 미국산 또는 스페인산 숙성 오크통은 중고 오크통이며 향미가 약한 위스키 숙성에 이용된다. 그리고 558리터 용량의 표면을 일부 로스팅한 미국산 오크통은 일반 곡류 증류주를 숙성하고 난 후 몰트 위스키 또는 그레인 위스키 숙성에 이용한다. 숙성 오크통은 숙성 기능을 상실하기 전까지는 지속해서 사용할 수 있다. 숙성 중에 소실되는 알코올 함량은 스카치 위스키 전체로 보면 순수 알코올 기준 연간 800만 리터에 달한다. 일반적으로 스카치 위스키의 숙성 연수는 5~8년이며 싱글몰트 위스키의 경우는 10~12년간 숙성 기간을 거친다.

몰트 위스키의 최적 숙성 기간은 위스키 종류마다 다르나 아로마가 강한 몰트 위스키일수록 숙성 기간을 길게 한다. 위스키의 최적 숙성 기간은 숙성 기간, 오크통 종류와 크기, 알코올 농도 및 숙성실 온·습도에 좌우된다.

그리고 위스키의 최종 품질을 결정하는 블렌딩 과정은 매우 중요한 과정이다. 블렌딩이란 증류 방식, 생산 지역 및 숙성 기간 등에 큰 차이가 없는 구성 성분이 유사한 2종류 또는 그 이상의 위스키를 서로 섞는 공정을 말한다. 이 과정에서는 블렌더의 역할이 매우 중요하며 최종 제품에서 원하는 향미와 품질에 영향을 주는 각 위스키의 숙성 기간, 증류 방식 및 숙성 통의 종류 등을 고려하여야 한다. 최근에는 강한 향미보다는 부드럽고 조화로운 위스키를 찾는 소비자의 증가에 따라 블렌딩 시 그레인 위스키의 첨가량을 늘리는 추세이다.

일반적으로 이와 같이 블렌딩된 위스키는 조화로운 색상과 향미를 위해 6개월간의 숙성 기간을 거치게 된다. 최종 위스키는 물로 희석하여 알코올 농도 40vol%로 조절되며 이때 이용되는 양조 용수는 연수이고 특히 스코틀랜드 늪지의 물이 위스키 품질에 중요한 역할을 하게 된다. 만약 위스키의 색상이 숙성에도 불구하고 황금색이 약하면 캐러멜을 첨가제로 투입하기도 하며, 혼탁과 응집 현상을 막기 위해 영하 10℃에서 냉각 안정화를 거쳐 규조토 여과와 정밀 여과 후 제품화된다.

한편 그레인 위스키는 주정과 유사한 품질 특성을 가지며 1827년 Aenas Coffey에 의해 연속식 증류 방법 관련 특허 등록된 기술이다. 그레인 위스키는 블렌디드 위스키의 일정한 품질 유지를 위해 몰트 위스키와 블렌딩용으로 제조된다. 그레인 위스키 제조는 일반 곡류 증류주의 제조법과 매우 유사하나 일부 특징적인 점이 있다. 원료는 대부분 옥수수이며 호밀, 귀리, 기타 곡류는 매우 드물게 사용된다. 전분질의 호화는 증자기를 이용 120℃에서 진행하며 담금은 60~65℃에서 10~15%의 보리 맥아를 첨가하여 당화와 위스키의 향미에 효과를 주게 된다. 맥즙은 여과를 통해 얻어지며 담금 종료 온도는 75℃이고, 발효는 효모 투입하에 30℃에서 48시간 진행되고 알코올 농도는 7~8vol%에 도달한다. 알코올 발효가 종료된 술덧은 연속식 증류 방식을 통해 알코올 농도 94.2vol%가 얻어지며 몰트 위스키보다 향미가 약한 위스키가 제조된다. 숙성 조건은 몰트 위스키와 유사한 조건에서 실시되며 최소 숙성 기간이 지난 그레인 위스키는 몰트 위스키와 블렌딩되어 블렌디드 스카치 위스키가 제조된다.

### ⓒ 위스키의 아로마 특성

[표 8-22]는 싱글몰트 위스키, 그레인 위스키 및 블렌디드 위스키의 아로마 성분을 나타낸 것이다. 일반적으로 블렌디드 스카치 위스키는 몰트 위스키 20~35%와 그레인 위스키 70~80% 비율로 혼합하여 제조한다. 일반적으로 스카치 위스키에서는 노르말프로판올과 이소부탄올은 모두 검출되는데, 예로써 몰트 위스키에서는 그 합계가 100리터 순수 알코올 기준 97~198g이지만,

그레인 위스키에서는 102~221g으로 나타나며 블렌디드 위스키에서는 98~188g으로 나타난다.

그리고 그레인 위스키에서의 활성아밀알코올과 이소아밀알코올은 노르말프로판올과 이소부탄올보다는 그 농도가 적게 검출되는데, 그 이유는 연속식 증류에서는 휘발성이 약한 이 두 성분이 적게 증류되기 때문이다. 그리고 두 성분은 100리터 순수 알코올 기준 몰트 위스키에서는 190g이며 그레인 위스키에서는 30g이 확인된다. 따라서 블렌디드 위스키에서는 활성아밀알코올과 이소아밀알코올의 합계/이소부탄올의 비율은 증가하게 된다. 몰트 위스키에서는 이소아밀알코올/활성아밀알코올의 비율은 2.6 정도가 정상이다. 또 메탄올과 에틸아세테이트 농도 역시 몰트 위스키와 그레인 위스키의 구성 비율을 나타내는 지표이며, 특히 활성아밀알코올과 이소아밀알코올의 합계 농도는 블렌디드 위스키의 몰트 함량을 나타내는 지표로 볼 수 있다.

메탄올은 순수 알코올은 100리터 기준 4.7~16.4g이며, 노르말부탄올은 1g 이하 수준으로 나타난다.

[표 8-22] 위스키 아로마 특징

| 스카치 위스키 (g/순수알코올 100 리터) | | 아세트 알데히드 | 메탄올 | 에틸아세테이트 | 노르말 프로판올 (p) | 이소 부탄올 (b) | 활성 아밀알코올 | 이소 아밀 알코올 | 활성 아밀 알코올+이소아 밀코올(a) | (a)/(b) | 이소아밀알코올/활성 아밀 알코올 | p+b | p+b+a |
|---|---|---|---|---|---|---|---|---|---|---|---|---|---|
| 스카치 몰트 위스키 | 최소 | 2.6 | 4.7 | 12 | 34 | 50 | 37 | 111 | 151 | 1.9 | 2.2 | 97 | 252 |
| | 평균 | 11.1 | 6.5 | 38 | 47 | 83 | 50 | 140 | 190 | 2.4 | 2.0 | 130 | 320 |
| | 최대 | 17.0 | 9.7 | 66 | 73 | 147 | 92 | 207 | 299 | 3.5 | 3.5 | 198 | 494 |
| 스카치 그레인 위스키 | 최소 | 6.4 | 5.1 | 17 | 46 | 56 | 4 | 14 | 18 | 0.3 | 2.5 | 102 | 139 |
| | 평균 | 9.4 | 11.1 | 24 | 89 | 72 | 8 | 23 | 30 | 0.6 | 3.0 | 161 | 191 |
| | 최대 | 13.2 | 16.4 | 37 | 138 | 83 | 9 | 31 | 40 | 1.1 | 3.4 | 221 | 244 |
| 스카치 블렌디드 위스키 | 최소 | 5.2 | 5.2 | 16 | 36 | 56 | 7 | 19 | 26 | 0.4 | 2.3 | 98 | 152 |
| | 평균 | 7.2 | 9.6 | 28 | 69 | 70 | 18 | 48 | 66 | 0.9 | 2.6 | 139 | 205 |
| | 최대 | 11.0 | 14.0 | 53 | 121 | 94 | 94 | 107 | 145 | 1.6 | 2.9 | 188 | 297 |

### ⓓ 스카치 몰트 위스키의 아로마별 구분

스카치 몰트 위스키의 향미에 영향을 미치는 요소는 다양하며 제품별 아로마 특성은 다르게 나타난다([그림 8-34]).

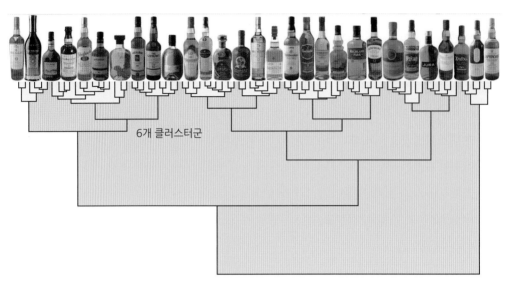

[그림 8-34] 아로마에 따른 스카치 몰트 위스키의 분류

한편 스카치 위스키의 향미와 품질에 영향을 미치는 요소를 살펴보면 다음과 같다.

### ㉮ 피트

피트는 이탄(泥炭)으로도 불리며 진한 갈색의 다공질로서 부분적으로 화석화된 식물질이 고밀도로 집적되어 형성된 것이다. 이탄은 나뭇가지, 뿌리 및 기타 식물 파편들로 구성되어 있다. 이탄은 보리를 맥아로 만드는 제맥 과정 중에 마지막 단계인 건조 과정에서 맥아를 로스팅하기 위한 연료로 사용된다. 이때 이탄은 맥아에 페놀 향을 부여하는데 이 페놀 향은 약품 향, 훈연 향과 탄취 등이 특징이다. 맥아에서 검출된 주요 페놀 성분으로는 2-메톡시페놀, 페놀, 2-메틸페놀, 2,3-자일렌 및 3,5-자일렌 등이 있다. 그리고 위스키에서는 페놀, 2-메톡시페놀, 4-에틸페놀, 2,5-디메틸피라진 및 2-메틸-5-아세틸피라진 등이 확인된다. 그 외 헤테로고리 질소화합물(피리딘, 2-메틸피리딘, 피롤) 등도 위스키에서 검출된다.

### ㉯ 효모

알코올 발효는 증류주용 효모를 사용하는데 일부 증류장에서는 맥주용 효모와 증류주용 효모를 혼합하여 사용하기도 한다. 이는 증류주용 효모 단독 사용보다는 맥주용 효모를 혼합하여 발효하면 알코올 수율을 5% 정도 더 높일 수 있기 때문이다. 또 혼합 효모를 사용하면 몰트 위스키의 디티아펜틸(dithiapentyl) 유도물질과 디메틸트리설파이드의 생성으로 질감을 강화하는 효과가 있는 것으로 문헌에 보고되고 있다. 한편 영국에서는 맥주 효모 중 에일 효모를 사용하는 반면 일본에서는 라거 효모를 사용하는데, 맥주 효모 종류에 따라 증류주의 향기 성분은 영향을 받게 된다.

맥주 효모에 의해 생성되는 아로마 성분으로는 에틸 2-메틸뷰티르산, 에틸 2-메틸프로판산, 에틸카프르산, 퓨라논 및 퓨라네올 등이 대표적이다.

효모에 의해 생성되는 향기 성분과 생성 대사 기전은 맥주와 와인 등에서 설명한 바와 같다. 스카치 위스키 제조용 증류주용 효모는 보통 3종류(MX yeast, Pinnacle yeast, DistillMax yeast)가 상용화되어 있고 분말이나 액상 형태 등으로 판매되고 있다. 이 효모들은 그레인 위스키 제조용이나 주정 제조용 효모와는 그 특성이 좀 다르다. 그러나 스카치 위스키 제조장에서는 효모의 종류나 효모의 발효 특성보다는 다양한 증류 방식을 통해 몰트 위스키의 품질을 차별화한다.

### ㉴ 젖산균

젖산균은 맥아에서 유래된 것으로 알코올 발효 시 증식하게 되고 몰트 위스키의 향미에 영향을 미친다. 젖산균은 위스키 제조 시 양면성을 띠는데, 하나는 알코올 발효 초기에 술덧에 과다 증식하면($10^6$/mL) 알코올 발효가 정상적으로 진행되기 어렵고 이취를 부여하기 쉽다. 반면 알코올 발효 후반기에 증식하면 효모와의 상호작용으로 인해 위스키의 향미에 긍정적인 영향을 미치기도 한다. 젖산균에 의해 생성되는 향기 성분은 주로 달콤하면서 지방취를 풍기게 되는데, 특히 감마데카락톤과 감마도데카락톤이 주요 물질이다. 이 물질들은 다시 10-하이드록시데카헥산산과 10-하이드록시옥타데칸산으로 전환되어 몰트 위스키의 향미에 영향을 준다. 이러한 성분들은 젖산균이 알코올 발효 초기 사멸한 효모의 영양분과 잔당(올리고당, 오탄당)을 흡수하여 증식하면서 생성되기 때문에 효모와 젖산균은 상호작용 관계에 있다.

한편 몰트 위스키 알코올 발효 중의 미생물 변화를 보면 [그림 8-35]와 같다. 알코올 발효 초기 효모가 알코올 발효를 이끌고 이때 소수의 젖산균이 공생하게 된다. 발효 36시간이 경과하면 효모는 사멸하게 되고 발효 72시간 경과 후 젖산균이 대량 번식하게 된다. 젖산균은 알코올 발효 초기와 같이 포도당이 많고 산소가 결핍된 환경에서는 이형 발효 젖산균(락토바실러스 퍼멘텀, 락토바실러스 파라카세이)이 번식하게 되며, 당이 고갈된 알코올 발효 말기에는 동형 발효 젖산균(락토바실러스 엑시도필러스)이 번식하게 되고 젖산은 이때 다량 생성된다.

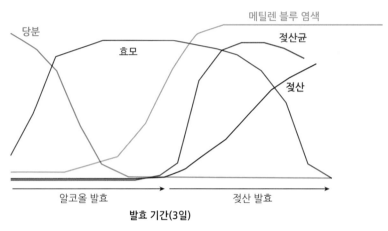

[그림 8-35] 몰트 위스키의 알코올 발효 중 미생물 변화

ⓒ 숙성

몰트 위스키의 오크통 숙성 중의 성분 변화는 숙성 기간, 알코올 농도, 증류량 및 오크통의 로스팅 정도에 따라 달라진다. 일본 몰트 위스키의 숙성 시 변화를 예로써 보면 다음과 같다. 숙성 중에 대표적인 황화합물은 3-(메틸티오)프로판알, 디하이드로-2-메틸-3(2*H*)티오페논, 에틸 3-(메틸티오)프로판산, 3-(메틸티오)프로필아세테이트, 3-(메틸티오)프로판올, 디메틸설파이드, 디메틸디설파이드, 디메틸트리설파이드, 2-티로펜카르복시알데히드, 5-메틸-2-티오페카르복시알데히드, 벤조티오펜 및 벤조티오졸 등이다.

그러나 이 황화합물은 숙성을 거치면서 3-(메틸티오)프로판알, 하이드로-2-메틸-3(2*H*)티오페논, 에틸 3-(메틸티오)프로판산, 3-(메틸티오)프로필아세테이트 및 3-(메틸티오)프로판올 등은 3년 내에 급격히 감소한다. 반면 디메틸디설파이드와 디메틸트리설파이드는 서서히 감소하는 것으로 문헌에 보고되고 있다.

특히 이취를 부여하는 황화합물인 디메틸설파이드, 디메틸디설파이드, 디메틸트리설파이드 및 3-(메틸티오)프로판올은 미숙성 몰트 위스키에서 확인되는 대표적인 성분으로 이러한 성분의 제거를 위해서는 충분한 숙성 기간이 필요하다. 따라서 황 성분은 구리가 흡착하므로 구리 증류기를 사용하는 것이 숙성 기간을 단축하는데 효과적이다.

한편 오크통 숙성 중 추출되는 휘발성 성분을 보면, 위스키 락톤은 몰트 위스키에서 검출되는 대표적인 향기 성분으로서 숙성 기간, 오크통 출처 및 오크통 로스팅 정도에 따라 그 농도가 달라진다. 일반적으로 미국산 오크통(*Quercus alba*)은 프랑스산 오크통(*Q. petraea, Q. pedunculata*)

에 비해 위스키 락톤 농도가 높게 나타난다. 이러한 위스키 락톤은 시스형과 트랜스형 등 2가지 형태의 이성체가 존재하는데, 두 이성체 간의 농도와 비율에 따라 몰트 위스키의 향기 정도는 달라진다. 일반적으로 위스키 락톤의 역치는 0.067~0.79mg/L로 매우 낮은 편이다.

오크통 숙성 시 추출되는 또 다른 성분으로써 방향성 페놀이 있는데 3-메톡시-4-하이드록시벤즈알데히드가 대표적인 성분이다. 이 성분은 오크통 숙성 시 오크통의 리그닌으로부터 유래되어 증가하며 바닐라 향을 부여한다. 그 외 방향성 페놀로서는 페룰산, 아세토바닐론, 코니퍼알데히드, 시납알데히드 및 시링알데히드 등이 있다.

그리고 숙성 중 오크통에서 추출되는 비휘발성 성분을 보면, 엘라지탄닌, 트리털피노이드 및 리그난이 몰트 위스키의 맛에 쓴맛과 단맛에 영향을 미친다([그림 8-36]). 또 위스키 숙성 중 사용되는 오크통의 종류에 따라 향기 성분의 종류와 특성이 달라진다. 예를 들어 버번 오크통을 사용하여 숙성한 위스키는 플라볼류, 올리고 리그놀류 및 지방산류가 주요 성분인 반면, 쉐리 오크통을 사용하여 숙성한 위스키에서는 폴리페놀글리코시드류(쿼세틴 글루쿠로나이드, 미리세틴 글루코시드)가 주요 향기 성분이다. 또 버번 오크통 위스키의 고유 향기 성분과 쉐리 오크통 위스키 성분은 다르며 공통적으로 나타나는 성분은 4,814개 수준으로 나타난다.

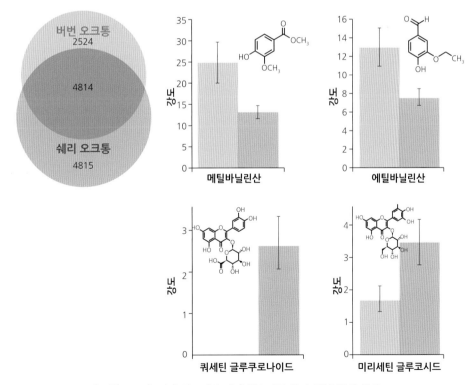

[그림 8-36] 버번 위스키와 쉐리 위스키의 향기 성분 특성 차이

한편 위스키는 알코올 70도 수준에서 오크통에 숙성시키고 병입 전 물로 희석하여 40도로 조정하여 제품화한다. 이때 물로 희석 시 희석 비율에 따라 위스키의 맛이 달라지는데, 위스키의 맛은 특히 과이어콜과 같은 양쪽성 분자(amphipathic molecule)가 영향을 미치는 것으로 알려져 있다. 물론 위스키 향미에 영향을 주는 성분은 알코올과 물외에 유기산도 있다. 위스키의 대표적인 향미 성분은 훈연 향을 부여하는 페놀 성분이고 그중 과이어콜이 대표적이다. 이 성분은 아메리칸 위스키나 아이리쉬 위스키에서보다 스카치 위스키에서 더 강하게 나타난다. 과이어콜은 물과 잘 섞이지 않는 소수성 분자로서 극성 용매와 잘 섞이는 성질이 있고 위스키에서 보통 3.7~4.1mg/L 수준으로 함유되어 있다.

오크통 내의 위스키는 알코올 농도가 55~60도 정도인데, 병입 전에 물로 희석한 40도의 위스키가 되면 오크통의 위스키와 향미가 달라진다. 이는 위스키 맛에 영향을 미치는 과이어콜이 물보다는 에탄올과 수소결합 형태로 섞이고 특히 에탄올 농도가 낮을수록 더 잘 섞기는 성질 때문이다. 즉 과이어콜은 알코올 농도 27~45도 위스키에서는 공기가 접하는 위스키 잔 표면에 위치하게 되어 시음 시 향미를 강화시켜 주게 된다.

그러나 위스키에 물을 더 첨가하여 위스키의 알코올 농도가 27도 이하이면 과이어콜이 에탄올과의 결합력이 떨어져 휘발성 약화돼 술잔 표면으로 모이지 못해 향미가 약하게 나타난다. 또 물을 덜 희석하여 위스키의 알코올 농도가 59도 이상이면 알코올이 물과 과이어콜을 둘러싸 클러스터를 형성하여 과이어콜이 술잔 바닥에 모여 이때도 향미가 약해지는 현상이 나타난다.

위스키에는 과이어콜과 유사한 분자 특성을 가진 물질(바닐린, 에틸아세테이트, 리모넨)들도 함유되어 있는데, 이와 같은 성분들도 상기 원리에 의해 위스키의 향미를 강화하는 데 기여하게 된다. 이런 이유로 전 세계적으로 시중에 판매되는 증류주는 대부분 알코올 농도를 30~50도 수준으로 유지하는 것이다.

### ⓕ 위스키의 진품 여부 판정

스카치 위스키의 진품을 가리는 데는 여러 방법이 있지만 기기 분석을 통해서도 진품 여부를 가늠할 수 있다. [표 8-23]에서와 같이 스카치 위스키는 다른 위스키와 비교해 다음과 같은 품질 특성이 나타난다. 스카치 위스키의 알코올 농도가 40도 이하는 없으며 메탄올의 농도는 100리터 순수 알코올 기준 25g 이상 검출되지 않는데, 보리와 밀이 원료인 경우는 17g 이하, 옥수수인 경우는 25g 이하로 검출된다. 또 모든 종류의 스카치 위스키는 노르말프로판올과 이소부탄올의 합이 100리터 순수코올 기준 97g을 초과하지 않는다. 그리고 활성아밀알코올과 이소아밀알코올의 합/이소부탄올의 비율은 몰트 위스키의 경우 1.9~3.5 사이에 놓이게 된다. 또 이소아밀알코올/활성아밀알코올의 비율은 모든 종류의 스카치 위스키에서 2.2~3.5가 정상이다. 당 농도는 500mg/L을 초과하지 않고 자당/포도당과 과당의 합의 비율 0.1 이하가 정상적인 스카치 위스키이다.

그리고 스카치 위스키의 각 숙성 연도는 일정한 바닐린/시링알데히드의 비율을 나타내고 숙성 연도가 길수록 바닐린과 시링알데히드의 수치는 올라간다. 일반적으로 블렌디드 스카치 위스키의 바닐린/시링알데히드 비율은 0.4~0.6 수준이다. 그 외 관능평가로써 스카치 위스키의 진품 여부를 가리는데, 예로써 스카치 위스키의 고유향의 여부 또는 스카치 위스키에서 나타나면 안 되는 아로마가 있는지 여부로 판단한다.

[표 8-23]은 스카치 위스키 진품과 모조품을 판명하는 예인데, 앞서 설명한 스카치 위스키의 진품 분석 데이터를 기준으로 보면, 제품 1~3은 진품이며, 나머지는 모조품 스카치 위스키이다. 즉 제품 1~3번은 알코올 도수 40도를 나타내고 관능평가에서 스카치 위스키의 고유 향을 풍기며 분석 데이터 상 정상적인 수치를 보여 스카치 위스키로 판정한다. 그러나 4~18번의 위스키는 모조품 스카치 위스키로 판명된다.

앞서 설명한 스카치 위스키의 품질 특성 기준에 따라 메탄올과 에탄올 함량, 고급알코올 간의 비정상적인 비율 또는 당분의 농도와 숙성 연수에 비해 적은 성분 검출 등이 모조품 판정의 이유이다.

[표 8-23] 스카치 위스키의 진품 판명 여부(g/순수알코올 100L)

| 제품 | 아세트알데히드 | 메탄올 | 에틸아세테이트 | 노르말 프로판올 (p) | 이소부탄올 (b) | 활성아밀알코올 | 이소아밀알코올 | 활성아밀알코올+이소아밀알코올 (a) | 이소아밀알코올/활성아밀알코올 | a/b | p+b | p+b+a | 진품여부 |
|---|---|---|---|---|---|---|---|---|---|---|---|---|---|
| 1 | 3.4 | 6.8 | 20.9 | 99.1 | 56.3 | 9.9 | 24.3 | 34.2 | 2.5 | 0.6 | 155 | 190 | O |
| 2 | 5.8 | 6.1 | 19.8 | 84.9 | 58.6 | 19 | 45.3 | 64.2 | 2.4 | 1.1 | 143 | 208 | O |
| 3 | 8.0 | 4.2 | 19.9 | 44.3 | 67.9 | 17.4 | 43.0 | 60.4 | 2.5 | 0.9 | 112 | 173 | O |
| 4 | 1.5 | 125 | 3.5 | ⟨0.5 | ⟨0.5 | ⟨0.5 | ⟨0.5 | ⟨0.5 | - | - | ⟨0.5 | ⟨0.5 | X |
| 5 | 4.6 | 35.0 | 15.0 | 12.0 | 20.0 | - | - | - | - | - | 32 | 82 | X |
| 6 | 3.1 | 0.6 | 4.6 | 7.4 | 8.8 | 5.6 | 19.0 | 24.6 | 3.4 | 2.8 | 16 | 41 | X |
| 7 | 2.4 | 450 | 3.2 | 8.5 | 32.0 | 2.5 | 11.0 | 13.5 | 4.4 | 0.4 | 41 | 54 | X |
| 8 | 4.1 | 9.5 | 2.3 | 4.3 | 8.7 | 12.0 | 56.0 | 68.0 | 4.7 | 7.8 | 13 | 81 | X |

| 9 | 8.0 | 6.0 | 41.0 | 52.0 | 83.0 | 52.0 | 130 | 182 | 2.5 | 2.2 | 135 | 317 | X |
| 10 | 13.0 | 6.4 | 15.0 | 88.0 | 61.0 | 14.0 | 37.0 | 51.0 | 2.6 | 0.8 | 149 | 200 | X |
| 11 | 1.7 | 12.0 | 2.7 | 1.5 | 4.6 | 5.4 | 19.0 | 24.4 | 3.5 | 5.3 | 6 | 31 | X |
| 12 | 9.3 | 1.4 | 54.0 | 6.8 | 26.0 | 15.0 | 51.0 | 66.0 | 3.4 | 2.5 | 33 | 99 | X |
| 13 | 4.8 | 1.7 | 5.5 | 9.5 | 31.0 | 18.0 | 40.0 | 58.0 | 2.2 | 1.9 | 41 | 99 | X |
| 14 | 6.0 | 9.2 | 5.4 | 3.0 | 5.3 | 3.6 | 9.6 | 13.2 | 2.7 | 2.5 | 8 | 22 | X |
| 15 | 3.6 | 3.2 | 4.3 | 3.8 | 8.2 | 4.7 | 13.2 | 17.9 | 2.8 | 2.2 | 12 | 30 | X |
| 16 | 5.4 | 2.2 | 20.0 | 23.0 | 38.0 | 11.0 | 41.0 | 52.0 | 3.7 | 1.4 | 61 | 113 | X |
| 17 | 4.9 | 1.0 | 37.0 | 0.6 | 32.7 | 0.6 | 152 | 152 | 252 | 4.6 | 34 | 185 | X |
| 18 | 5.6 | 3.7 | 6.9 | 5.5 | 12.0 | 8.1 | 210.0 | 29.1 | 2.6 | 2.4 | 18 | 47 | X |

한편 위스키의 품질 평가를 위해서는 우선 전문 패널이 정기적으로 관능 훈련을 받아야 한다. 특히 맛의 기본 요소인 단맛, 짠맛, 신맛 및 쓴맛을 구별할 수 있어야 하며 설탕, 소금, 구연산 및 카페인 등 4가지 물질이 훈련용으로 주로 이용된다. 또 위스키 아로마 휠과 키트를 이용하여 위스키 고유 향을 인지하고 훈련하여 테이스팅 때 활용한다([그림 8-37]).

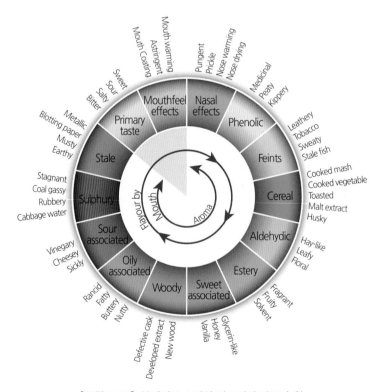

[그림 8-37] 블렌디드 스카치 위스키의 아로마 휠

## (2) 중국 백주

중국 전통 술 백주(白酒, Baijiu, 바이주)는 곡물 증류주이며 중국인들에게는 고유문화와 음식이고 거대 산업이면서 매력적인 투자 상품이다. 마오타이는 부동산, 주식, 금 이상으로 투자자들 사이에서 인기 있는 상품으로 꼽힌다. 중국 백주는 화장품에 비해 시장이 3배나 큰 거대 시장이기도 하다. 수수, 쌀, 밀, 콩 등으로 제조되는 백주는 중국인들에게는 농경문화의 산물로서 역사성이 짙은 인문학적인 자산이면서 자부심이다. 중국의 백주 제조 역사는 5000년 전으로 거슬러 올라가며 이 술은 오랜 세월 중국인들에게는 희로애락을 함께 해왔다. 중국인들은 중화주(中华酒)라는 시에서 술의 시조 두강(杜康)의 후예이고, 중국 역사는 곧 술의 역사와 문화임을 노래하고 있다. 백주는 일상생활과 투자 상품 문화 콘텐츠로서 중국인들의 삶의 전반에 걸쳐 심오한 영향을 미쳐왔다. 중국은 오랜 세월 백주의 고품질 유도를 위해 백주 국가표준 표기법을 마련하는 등 국가 차원에서 체계적으로 육성해온 결과 현재의 명주·명가를 탄생시켰고 이런 점은 우리나라 증류주 산업에도 시사하는 바가 크다.

### ① 개요

중국 백주는 오랜 역사를 지닌 무색투명한 술로 세계 6대 증류주 중의 하나다. 백주라는 명칭은 예전에는 고량주, 백간, 바이깔, 소주 등으로 불렸으나 중화인민공화국이 들어서면서 청명한 술이라는 뜻으로 새롭게 붙여진 이름이다. 우리나라에서 백주를 빼갈이라고 부르는것은 바이깔 이름에서 유래된 것이다. 중국백주품평회는 제품의 이화학적 분석과 전문 심사위원들의 향미 평가로 진행되는데, 이른바 명주 반열에 오른 백주의 대부분은 역사가 오래된 전통주들이다. 역사가 오래된 전통 백주들이 그 이름값을 하는 것을 알 수 있다. 2018년 중국백주품평회에서 백주 10대 명주로 선발된 브랜드를 보면 대부분 사천성(오량액주, 노주노교주, 랑주, 검남춘주)과 귀주성(마오타이주, 동주)에서 제조된 백주들이고 그 명성에 걸맞게 품질 면에서 으뜸을 자랑한다.

백주는 역사 흐름 속에서 그 명맥이 단절되기도 하고 이어지기도 해왔다. 중국인들은 증류주를 중국 발효식품의 근간으로 여기고 있고 중국인 일인당 증류주의 소비가 연간 순수 알코올 기준 9리터로 우리나라와 미국인이 일인당 소비하는 주류 전체 소비량과 맞먹는다. 백주는 서양 증류주(위스키·브랜디·럼·보드카)와 함께 가장 소비가 많은 증류주로 중국인들은 이 백주를 사회 공동체를 엮는 생활의 활력제로써 중요한 매개체이면서 적당한 백주 음용은 건강에도 도움이 된다고 여긴다. 특히 기름기가 많은 중국 음식에 백주는 궁합이 매우 잘 맞는 술이다.

그리고 중국인들은 예로부터 '술이 없으면 예를 다하지 못한다(無酒不成禮儀)'고 해서 일상 생활에서 술이 빠지지 않는다. 명절이나 각종 행사 등에 궁합에 맞는 술을 골라 마시는 것이 그들의 음식 문화이고 술 문화다.

백주의 주산지는 장강(長江) 상류, 적수(赤水) 하류인 귀주성 인회(貴州省 仁懷), 사천성 의빈(四川省 宜賓)과 사천성 노주(四川省 瀘州)를 잇는 삼각형 지대가 최대 생산지다. 산이 높고 좋아 각종 약초 및 향신료가 풍성하게 생산되며 산이 좋아 물도 좋지만, 지세가 험해 평지가 드물고 기후가 애매해서 쌀농사가 어렵고 당도 높은 과실이 거의 생산되지 않는다는 공통점이 있는 곳이다. 그리고 중국은 대륙답게 그 외의 지역에서도 다양한 백주들이 생산되고 있고, 중국 전역에 유통하는 대기업부터 소규모 영세업체까지 수만 개 양조장이 백주를 생산하고 있다.

중국 백주는 서양의 증류주(위스키, 브랜디 등)와는 다르게 담금 과정과 고체 발효를 병행 복 발효로 진행하는 복잡한 공정을 거쳐 제조된다. 중국 백주는 주로 옹기 숙성을 통해 향미를 강화하는 공법을 이용한다. 또 위스키의 경우 주요 향미 성분이 1,180여 종류, 브랜디가 1,000여 종류지만, 중국 백주의 경우는 1,300여 종류가 향미에 영향을 미치는 것으로 문헌에 보고되고 있다. 일반적으로 백주 제조에 사용되는 증류법은 회분식 단형 상압 증류 방식을 주로 이용한다([그림 8-38]).

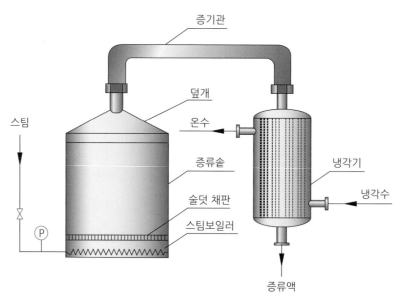

[그림 8-38] **백주 제조용 증류기**

② 백주 분류

백주의 종류는 수백 종류에 달하며 지역마다 특성이 다른 백주가 제조되고 있다. 백주는 발효 기법, 발효제 종류 그리고 백주 향미에 따라 분류하는데 향미를 중심으로 분류하는 것이 일반적이다. 백주의 알코올 도수는 보통 30~72도까지 다양한데 보통은 40~55도 수준이지만, 최근에는 37~39도의 낮은 도수 백주를 제조하여 소비자층을 넓히고 있다. 알코올 도수에 따라 50도 이상의 백주를 고도주, 41~50도의 백주를 중도주 그리고 40도 이하를 저도수 술로 분류하기도 한다. 원료에 따라서는 수수 백주와 옥수수 백주, 쌀 백주 등으로 구분한다.

③ 발효 기술

ⓐ 고체 발효

고체 발효란 다양한 미생물군이 수분 없이 고체 상태의 술덧에서 알코올 발효를 진행하는 것을 말한다. 고체 발효 기법은 중국에서 오랜 세월 사용했던 전통적인 방법으로 다양한 원료(수수, 찹쌀, 보리, 밀, 옥수수)를 사용하여 술덧을 제조한다. 백주 제조 과정은 크게 ① 원료 전처리 과정, ② 누룩 제조 과정, ③ 고체 발효, ④ 반고체 증류, ⑤ 숙성 등 5단계로 구성된다. 고체 발효 후 60%의 수분이 함유된 술덧이 제조되며, 고체 발효 조건에 따라 다양한 종류의 백주가 제조되고 향미 또한 다양하게 나타난다. 고체 발효를 통해 제조된 백주는 마오타이주가 대표적이다.

ⓑ 반고체 발효

반고체 발효는 수분이 일정 부분 존재하는 상태에서 알코올 발효를 진행하는 것으로 계림삼화주(桂林三花酒)와 전주호산주(全州湖山酒)가 대표적인 백주이다.

ⓒ 액체 발효

액체 발효는 일반 증류주 제조 시 사용되는 기법으로 당화 과정, 알코올 발효 과정 및 증류 과정을 거쳐 제조되는 백주를 말하며, 홍성 이두과주가 대표적이다.

④ 발효제

발효제에 따라서는 백주를 3가지 유형의 구분할 수 있다. 이때 사용되는 발효제는 우리나라와 유사한 누룩이며 크게 대국(大麴), 소국(小麴), 부국(麩麴) 등으로 구분한다. 각 누룩별 아로마 특징에 대해서는 앞장에서 이미 설명한 바와 같다.

### ⓐ 대국

대국을 이용하여 제조하는 백주는 마오타이주(茅台酒), 오량액주(五粮液酒), 분주(汾酒)와 노주노교주(泸州老窖酒) 등이 대표적이다. 대국은 크기가 일반 누룩보다 크기 때문에 붙여진 이름으로 밀, 보리, 완두콩 등 곡물을 주원료로 하여 제조한 발효제로 평평하게 또는 굴곡지게 성형한다.

대국 제조 시에 보통 4종류의 미생물(세균류·효모류·곰팡이류·방사선균류)이 번식하며 각 미생물은 다양한 효소들과 아로마를 생성하여 누룩과 증류주 품질 특성에 영향을 주게 된다. 대국은 제조 기간이 길며 누룩에 함유된 알코올 농도는 매우 적다.

### ⓑ 소국

소국은 대국에 비해 크기가 작으며 주원료로 쌀 또는 쌀겨를 사용한다. 대국과는 미생물의 분포도 다르게 나타나며 주로 곰팡이(라이조푸스, 무코어), 세균(젖산균) 및 효모가 번식하게 된다. 이 미생물들은 소량으로도 당화와 알코올 발효를 빠르게 이끌고 발효 기간도 그만큼 짧다. 그러나 대국보다 미생물군의 분포도가 적어 누룩이나 증류주의 향미가 약하다.

한편 재래 방식으로 제조한 누룩과 기계식으로 제조한 누룩 간에 미생물군의 분포도는 다르다. 예를 들어서 재래 방식에서는 바이셀라, 아세토박터 및 글루코노박터 균이 지배종이지만, 기계식에서는 락토바실러스와 페디오코커스 균이 지배종으로 확인된다. 소국을 이용하여 제조된 백주는 계림 삼화주(桂林三花酒)와 유양하주(浏阳河酒)이다.

### ⓒ 부국

부국은 중국 독립 이후 연태(烟台)에서 사용 방법이 개발된 것으로 대국과 소국과는 다르게 주원료로 밀기울을 이용하고 곰팡이(아스퍼질러스)만이 누룩에 서식한다. 따라서 부국은 당화력이 우수하고 발효 기간이 짧아 경제성이 우수하다. 부국으로 제조된 증류주는 가벼우면서 깔끔한 향을 나타낸다. 부국은 입국 또는 흩임 누룩과 유사한 형태이다. 부국을 이용하여 제조된 대표적인 백주는 이과두주(二锅头酒)이다. 상기 국외에 대국과 소국을 섞어 쓰는 혼국도 있으며 정제 효소를 사용하는 경우도 있다.

⑤ 백주 제조

중국인들은 백주 제조 기술을 귀중한 국가 유산으로 여기며 오늘날의 백주 품질은 제조 기술이 발전하면서 서서히 변화가 온 것이다. 중국 전역에 10,000여 개의 제조장은 각기 자기만의 제조 기술을 보유하고 있으나 백주 제조에 대한 기본 원칙은 같다. 하지만 원료, 누룩 제조 방법과 발효 기술 등이 각기 다르고 그에 따라 품질과 향미 특성이 다르게 나타난다([표 8-24]).

[표 8-24] 주요 백주의 품질 특성 비교

| 구분 | 장향형 백주 | 농향형 백주 | 청향형 백주 |
|---|---|---|---|
| 향미 특성 | 파인애플 향, 로스팅 향 | 꽃 향, 바나나 향, 파인애플 향 | 싱그러운 과실 향, 꽃 향 |
| 원료 | 고온국(대국), 수수 | 중온국~저온국(소국), 수수 단독 또는 수수, 밀, 찹쌀, 옥수수 혼합 | 저온국(대국), 수수 |
| 발효 | 퇴적 발효 후 교에서 반복 발효 | 교에서 반복 발효 | 옹기에서 반복 발효 |
| 주요 미생물 | 곰팡이: *Paecilomyces variotii*, *Aspergillus oryzae*, *Aspergillus terreus*<br>효모: *Zygosaccharomyces bailii, Saccharomyces cerevisiae, Pichia membranifaciens, Schizosaccharomyces pombe*<br>세균: *Lactobacillus* sp., *Bacillus* sp. | 곰팡이: *Aspergillus* sp., *Rhizopus* sp., *Eurotium* sp., *Phanerochaete chrysosporium*<br>효모: *Saccharomyces cerevisiae, Saccharomycopsis fibuligera, Talaromyces Pichia kudriavzevii.*<br>세균: *Clostridium kluyveri, Burkholderia* sp., *Streptococcus* sp., *Lactobacillus* sp., *Lactobacillaceae* sp. | 곰팡이: *Rhizopus oryzae*<br>효모: *Saccharomycopsis fibuligera, Pichia anomala, Saccharomyces cerevisiae*<br>세균: *Lactobacillus* sp., *Lactobacillaceae* sp., *Bacillus* sp. |
| 주요 향미 | Ethyl caproate, caproic acid, 3-methylbutanoic acid, 3-methylbutanol, pyrazines, ethyl 2-phenylacetate, 2-phenylethyl acetate, ethyl 3-phenylpropanoate, 4-methylguaiacol, $\gamma$-decalactone | Ethyl caproate, ethyl acetate, ethyl lactate, caproic acid, butanoic acid, ethyl butyrate, heptanoic acid, furfural, ethyl valerate, phenylethyl alcohol, ethyl heptanoate | Ethyl acetate, $\beta$-damascenone, ethyl lactate, acetic acid, 2-methylpropanoic acid, terpenoids |

백주의 일반적인 제조 공정은 우리나라 증류식 소주 방식과 전체 제조 과정은 흡사한 듯 보이지만 세부적인 제조 과정을 보면 복잡한 여러 단계로 구성되어 있다.

일례로 장향, 농향, 청향 백주는 수수를, 미향의 경우는 쌀을 주원료로 한다. 또 여러 원료를 투입 비율을 달리하여 제조하는 경우도 있다. 그리고 각 향형별 사용하는 누룩 종류가 다르며 누룩 첨가 시기도 각기 다른 것을 알 수 있다. 알코올 발효 전 술덧의 전처리 방식과 발효 온도 그리고 증류 과정도 각기 다른 방식을 사용하여 향형별 향미와 품질 특성이 매우 다양하게 나타난다. 각 향형별 제조 과정과 아로마 특성을 살펴보면 다음과 같다.

### ⓐ 장향형 백주

장향형 백주는 이미 언급한 바와 같이 복합향을 풍기는 백주로 마오타이주가 대표적이다. 이러한 장향은 백주 제조 공정을 정교하고 주의 깊게 관리해야 나타낼 수 있다. 마오타이주를 예로써 장향형 백주 제조를 살펴보면 다음과 같다. 우선 장향형 백주 제조에는 60℃ 이상의 고온에서 제조한 누룩이 필요하다. 이때 고온에서만 생존할 수 있는 내열성 미생물군만이 이 누룩에서 살아남게 된다. 따라서 열에 민감한 곰팡이류보다는 세균 특히 열에 강한 바실러스 속이 주로 살아남게 된다. 누룩의 원료로는 밀과 수수가 사용되며 두 원료의 배합 비율은 0.85~0.9w/w%로 구성되는데 이러한 비율은 다른 대국 제조 타입보다는 높은 편이다.

누룩은 27cm×23cm×6.5cm 크기로 성형한 후 온도 65~68℃ 정도의 누룩실로 이송하여 누룩을 쌓아 올려 40일간 누룩 띄우기를 한다. 이때 누룩 제조 온도가 너무 높거나 낮으면 누룩 역가와 향미에 영향을 주기 때문에 누룩을 띄울때 세심한 관리가 필요하다. 누룩 띄우기 종료 후 누룩을 실온으로 이송하여 수분 15%가 되도록 8~10일간 방치한 후 숙성실에서 6월간 숙성하면 누룩 제조가 완성된다.

마오타이주 제조용 누룩의 역가는 매우 낮고 알코올 발효에 필요한 양조용 효모는 증식이 어렵다. 대국의 미생물 분포도를 보면, 세균류가 가장 많고 곰팡이와 효모가 그 뒤를 잇는다. 그러나 곰팡이가 종류로는 51종으로 가장 다양하며 세균류가 41종으로 그 뒤를 잇는다. 세균류 중에 특히 바실러스 서브틸러스, 바실러스 리체니포미스 및 바실러스 아밀로리쿠에파엔시스는 피로피온산, 1,3-부타네디올, 초산 및 메틸에스터 등을 분비하여 누룩의 아로마에 영향을 주며 그 향은 백주에도 일부 전이된다. 누룩의 경우 제조 직전, 숙성 그리고 저장 기간 중 미생물의 분포도가 매우 다르게 나타난다. 예로써 젖산균과 곰팡이는 누룩 띄우기 초기에 증식이 왕성하고, 그중 곰팡이류는 그 종류가 숙성 기간 동안 현저히 감소하지만 세균류는 그 다양성을 계속 유지한다. 그러나 저장 기간 중에는 모든 미생물군이 현저히 감소하게 된다.

한편 마오타이주의 알코올 발효는 덧술을 여덟 번 연속 반복하는 8단 담금을 실시하는데, 1회 발효는 약 한 달가량 소요된다. 매회 알코올 발효 시 누룩을 새로 첨가하여 발효를 진행한다. 8단 담금을 하는 이유는 각 발효마다 장향을 분비하는 미생물의 왕성한 증식을 유도하고, 다른 한편으로는 원활한 액화 · 당화 및 발효를 유도하려는 목적도 있다. 또 각 발효에는 필요한 전분과 단백질 공급을 위해 수수를 첨가한다.

이와같이 마오타이 제조 과정은 두 번의 수수 증자 과정, 일곱 번의 끓임 과정, 여덟 번의 알코올 발효와 일곱 번의 증류 과정인 구증팔효칠취(九蒸八酵七取)를 거치고 5년 숙성을 거쳐야 비로소 마오타이주가 제품화된다. 마오타이 주요 제조 과정은 ① 1차 원료 첨가, ② 침지, ③ 증자, ④ 혼합, ⑤ 술덧 퇴적, ⑥ 교 발효, ⑦ 술덧 수집, ⑧ 2차 원료 첨가, ⑨ 3~7번 과정 반복, ⑩ 증류 등 총 10단계 과정을 거치는데 그 과정을 세부적으로 보면 다음과 같다([그림 8-39]).

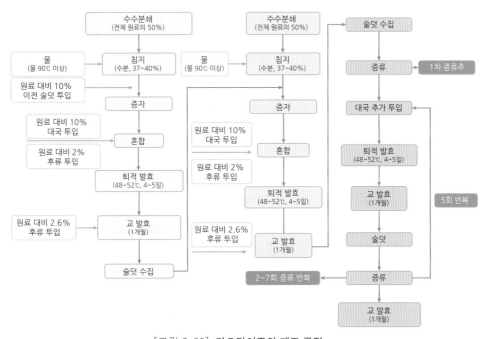

[그림 8-39] 마오타이주의 제조 공정

- 1단계(1차 원료 첨가): 원료의 50%를 분쇄
- 2단계(침지): 90℃ 이상의 온수를 원료에 첨가하여 원료 수분도가 37~40% 되게 조정
- 3단계(증자): 2시간 증자한 원료에 10%의 이전 술덧(zaopei, 糟醅) 첨가

- 4단계(혼합): 원료를 실온에서 냉각 후 누룩(대국) 10%, 후류 2%를 첨가 후 혼합
- 5단계(술덧 퇴적): 술덧을 쌓아 올려 48~52℃에서 4~5일간 발효(4~6도 알코올 생성)
- 6단계(교 발효): 술덧을 교로 이송 후 4주간 발효
- 7단계(술덧 수집): 교에서 술덧을 수거
- 8단계(2차 원료 첨가): 나머지 원료 50%를 분쇄 후 90℃ 이상의 온수를 원료에 첨가하여 원료 수분도가 37~40% 되게 조정
- 9단계(3~7번 과정 반복): 7단계 술덧과 혼합
- 10단계(증류): 발효가 완료된 술덧을 증류(60도 알코올 생성)

그리고 마오타이주는 알코올 발효 전에 퇴적 발효(stacking fermentation)를 진행하는데 이 과정이 마오타이주 제조의 핵심 과정이다. 앞선 누룩 제조 과정에서는 고온을 유지하여 내열성 세균만이 증식하도록 관리한 것인데, 이러한 고온 조건에서는 당화 과정과 알코올 발효에 필수적인 곰팡이와 효모 증식이 어렵다. 따라서 본격적인 알코올 발효 직전 수수에 누룩을 첨가하여 퇴적 발효 과정을 2~4일 실시하여 효모와 곰팡이를 증식시켜 당화 효소 강화와 양조용 효모 증식을 유도한다. 이때 물론 아로마도 강화된다. 퇴적 발효 전에는 세균류가 53%, 효모류가 46% 분포하지만, 퇴적 발효 후에는 세균류가 5%, 효모류가 94%로 미생물의 구성비가 달라진다.

특히 효모류 중에는 사카로마이세스 세레비지에, 사카로마이세스 이탈리쿠스, 사카로마이세스 탈루리 및 칸디다 인터미디아가 지배종으로 나타나게 된다. 이때 퇴적 발효 전후의 아미노산 구성과 비율도 적정하게 된다. 퇴적 발효를 통해 증식된 미생물의 분포도는 누룩 제조 시 생성된 미생물 그룹과는 다른 패턴을 보이는데 그 분포도는 다음과 같다. 퇴적 발효 후 곰팡이류인 패실로마이세스 속(*Paecilomyces* spp), 아스퍼질러스 오리제 및 아스퍼질러스 테레우스가 지배종으로 나타나며, 그중에 패실로마이세스 속은 당화 효소를, 아스퍼질러스는 $\alpha$-아밀라아제를 다량 분비하여 전분 분해에 중요한 역할을 하게 된다. 패실로마이세스 속은 동충하초에서도 발견되는 균이다.

효모류는 누룩 제조 과정, 퇴적 과정 및 알코올 발효 과정에 걸쳐 증식하는 균인데, 누룩 제조 시에는 거의 발견이 어렵지만 퇴적 발효 과정과 알코올 발효 과정에서는 고온과 산에 저항성이 강한 4종류의 효모(자이고사카로마이세스 베일리, 사카로마이세스 세레비지에, 피치아 멤브라니파시엔스, 쉬조사카로마이세스 폼베)가 생존하게 된다. 그중 사카로마이세스 세레비지에와 쉬조사카로마이세스 폼베가 알코올 생성과 아로마 구성에 가장 영향을 많이 미친다([표 8-25]).

[표 8-25] 퇴적 발효 전후의 미생물 변화

| 구분 | 곰팡이류 | 세균류 | 효모류 |
|---|---|---|---|
| 누룩(대국) | *Aspergillus, Mucor, Rhizopus, Monascus, Trichoderma* | *Bacillus, Acetobacter, Lactobacillus, Clostridium, Weissella, Pediococcus, Leuconostoc, Saccharopolyspora, Erwinia, Planifilum, Brachybacterium* sp., *Sphingobacterium, Acetobacter, Saccharomonospora, Halomonas, Desemzia* | *Saccharomyces, Hansenula, Candida, Pichia, Torulaspora* |
| 퇴적발효 | *Paecilomyces variotii, Rhizopus microsporus, Microascus cirrosus, Monascus purpureus, Penicillium, Chrysogenum, Aspergillus, Penicillium, Eurotium, Thermomyces, Byssochlamys* | *Bacillus, Acidithiobacillus, Kroppenstedtia, Lactobacillus, Acetobacter, Pediococcus, Bacillus, Pantoea, Weissella, Thermoactinomyces, Enterobacter* | *Rhodotorula mucilaginosa, Kazachstania exigua, Debaryomyces hansenii, Pichia kudriavzevii, Galactomyces geotrichum, Saccharomycopsis, Pichia, Zygosaccharomyces, Saccharomyces, Schizosaccharomyces* |

한편 중국 백주 제조는 고체 발효를 교(窖, pit mud)라는 진흙 웅덩이에서 진행하는데([그림 8-40]), 교의 벽면은 먼저 진흙, 곡류, 콩깻묵 가루, 클로스트리디움(*Clostridium*)세균으로 구성된 혼합물로 바른다. 이 교는 3가지 품질 척도(색상·냄새·질감)를 기준으로 우수·보통·미달 등 3등급으로 나뉜다. 즉 우수 교는 흑회색을 띠면서 강한 에스터 향 및 황화수소 향 그리고 축축하고 부드러우면서 불균일한 질감을 나타내고 고품질의 장향형 백주 제조에 이용된다. 보통 교는 흙냄새가 나고 축축하며 부드러우면서 균일한 질감을 나타낸다. 미달 교는 은회색을 띠며 흰 덩어리 형태의 결정체가 보이는 형태를 말하며 백주의 품질 저하 원인이 된다. 그리고 효모는 교에서 알코올 발효 시 교 상부층에 가장 많이 분포하고 그곳에서 알코올 발효가 가장 왕성하게 일어나게 되며 그에 따라 교 층마다 아로마가 다르게 생성되게 된다. 교 내부에서는 10종의 곰팡이류, 11종의 세균류 및 4종의 효모류가 아로마 생성을 주도하는 균으로 문헌에 보고되고 있다.

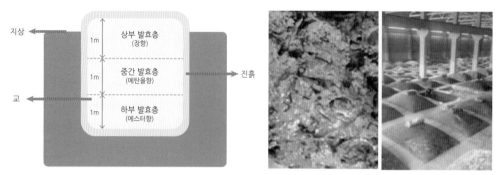

[그림 8-40] 교 내부 구조(좌) 및 장향 백주 교(우)

그리고 교 발효 시 전분 분해 정도(당화율)와 강화 비율은 사카로마이세스 세레비지에와 아스퍼질러스 오리제 두 균간의 상호작용에 의해 조절되는 것으로 알려져 있다. 또 아스퍼질러스 오리제는 당화제로서뿐 아니라 아로마 생성 균으로서도 역할을 하며, 교 내부에서 아스퍼질러스 오리제균이 효모에 비해 많을수록 고급 알코올류와 에스터류의 분비가 더 많이 되는 것으로 문헌에 보고되고 있다. 그리고 교 내부의 사카로마이세스 세레비지에와 바실러스 리체니포미스균 간의 분포 비율에 따라 상호작용이 다양하게 발현되며 그에 따라 아로마 생성 정도도 달라진다.

최근에는 오래된 교의 경우 미생물의 퇴화에 따라 그 수가 감소하여 배양 미생물을 인위적으로 첨가하여 교의 미생물 생태계를 유지시켜 주질을 일정하게 관리하는 방법을 이용하기도 한다. 일례로 클로스트리디움을 교에 첨가하여 에틸카프로산의 농도를 증가시켜 백주의 향미 특성을 유지하는 기술을 사용한다.

또 교는 연령에 따라 서식하는 미생물들의 분포도도 확연히 다르다([표 8-26]). 일반적으로 교의 미생물 생태계는 30년 이상 되어야 안정화되는 것으로 문헌에 보고되고 있고, 클로스트리디움균이 지배종으로 분포하고 있는 것을 알 수 있다. 교 내 미생물 생태계를 보면, 클로스트리디움 간에 또는 클로스트리디움과 다른 미생물 간의 상호작용 등이 나타난다. 예로써 클로스트리디움 융달리(*C. jungdahlii*)는 이산화탄소와 수소를 초산과 에탄올로 전화시키는데, 이 성분은 클로스트리디움 클루베리(*C. kluyveri*)에 의해 다시 뷰티르산과 카프로산 생성에 이용되는 식이다.

백주 제조사들은 교의 연령과 백주의 품질과의 연계성을 강조하는데, 예를 들면 300년 된 교에서 발효된 술덧으로 증류한 백주는 300년산 백주라는 주장을 하기도 한다.

[표 8-26] 교의 연수에 따른 미생물 분포도 차이

| 구분 | 20년 | 50년 | 100년 | 200년 | 300년 |
|---|---|---|---|---|---|
| 세균 | *Clostridia bacterium, Clostridium kluyveri, Clostridium jungdahlii, Clostridium* sp., *Clostridium sartagoforme, Lactobacillus acetotolerance, Lactobacillus alimentarius, Lysinibacillus* sp., *Pelospora* sp., *Ruminococcaceae, Ruminococcus* sp., *Sedimentibacter* sp., *Solibacillus silvestris, Sphingomonas mucosissima, Synergistetes bacterium* | *Clostridium jungdahlii, Clostridium* sp., *Lactobacillus acetotolerance, Solibacillus silvestris, Sphingomonasmucosissima* | *Clostridium jungdahlii, Clostridium* sp., *Lactobacillus acetotolerance, Ruminococcaceae bacterium, Sedimentibacter* sp., *Solibacillus silvestris, Sphingomonas mucosissima* | *Clostridium jungdahlii, Clostridium* sp., *Lactobacillus acetotolerance, Solibacillus silvestris, Sphingomonas mucosissima* | *Clostridium kluyveri, Clostridium jungdahlii, Clostridium* sp., *Lactobacillus acetotolerance, Lactobacillus alimentarius, Ruminococcaceae bacterium, Solibacillus silvestris, Sphingomonas mucosissima, Synergistetes bacterium* |
| 곰팡이, 효모 | *Kluyveromyces marxianus, Pichia anomala, Wickerhamomyces anomalus* | *Kluyveromyces marxianus, Pichia anomala, Wickerhamomyces anomalus* | *Kluyveromyces marxianus, Pichia anomala, Wickerhamomyces anomalus* | *Kluyveromyces marxianus, Pichia anomala, Wickerhamomyces anomalus* | *Kluyveromyces marxianus, Pichia anomala* |

　　장향형 교의 미생물 분포도와 미생물간의 상호작용을 살펴보면([그림 8-41]), 76속 중 271쌍이 긍정적 또는 부정적인 영향을 미치는 것으로 나타나 교 내에서 일정 공간을 공유하면서 향미 관련 시너지 효과를 내는 것으로 문헌에 보고되고 있다.

　　일례로 클로스트로디아, 박테로이디아, 메타노박테리아, 메타노미크로비아는 혐기성 조건에서 탄수화물, 아미노산 및 티오황산염 등의 분해 대사에 서로 관여하여 지방산, 알코올류, 페놀 및 메탄 생성 등에 시너지 효과를 내는 것으로 나타난다. 우수 교는 상기 미생물들로 구성된 것이지만 미달 교는 젖산균이 지배종으로 나타나 저급의 백주가 제조된다. 한편으로는 교 내 혐기성균과 젖산균과는 서로 부정적인 관계에 놓이게 되는데, 그 이유는 젖산균이 분비한 젖산으로 인해 pH가 낮아지면서 산성 환경에 약한 클로스트리아균과 메탄가스 형성 균의 증식이 억제되는 현상이 발생하기 때문이다. 예를 들면 젖산균이 분비한 박테리오신이 클로스트리아균과 바실러스균의 성장을 저해하여 교 내 미생물 생태계의 안전성을 교란하는 현상이 나타난다.

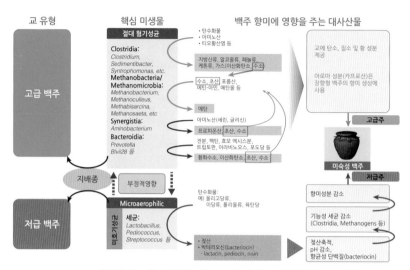

[그림 8-41] 장향형 백주 교의 미생물 생태계

한편 클로스트리디움속 균들은 절대 혐기성균이고 그람양성이면서 포자를 형성하는 균이다 ([그림 8-42]). 이 균은 고체 발효 중에 다양한 물질을 분해하여 특히 유기산, 에탄올 및 수소를 다량 분비한다. 초산과 뷰티르산과 같은 유기산은 카프로산과 카프로산 에틸에스터로 전환되기도 한다. 수소 분자의 경우 메탄 생성균(metanogen)으로 전이되어 교에서 미생물 생태계를 유지하는 데 활용된다. 클로스트리디움속 균들은 단사슬 지방산(초산, 뷰티르산, 카프로산)을 합성하여 백주의 주요 아로마인 에틸아세테이트, 에틸뷰티르산과 에틸카프로산 등을 생성한다.

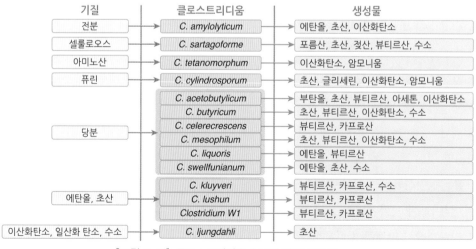

[그림 8-42] 클로스트리디움 속균의 발효 부산물

한편 마오타이주의 향미는 장맛, 숙성 맛, 발효 향, 캐러멜 향, 꽃 향, 과실 향 및 곡류 향 등 7종류로 구분한다. 향미를 발현하는 성분은 유기산류, 알코올류, 에스터류, 케톤류, 아세탈류, 락톤류, 질소와 황 함유 성분이 대부분이다. 그중 에스터류가 향미의 주요 성분이며 특히 에틸카프로산과 에틸뷰티르산이 핵심 아로마로 나타난다. 에틸카프로산은 파인애플 향, 꽃 향, 달콤한 향을 풍기며 에틸뷰티르산과 에틸아세테이트는 과실 향을 부여한다. 지방산 중에는 카프로산과 뷰티르산이 아로마에 가장 큰 영향을 준다. 그 외 지방산(카프로산, 뷰티르산, 3-메틸뷰티르산 2-메틸프로피온산, 카프릴산, 펜탄산)은 달콤한 향부터 치즈 향까지 다양한 아로마를 부여한다. 4-메틸발레르산은 딸기 향을 풍긴다.

마오타이주를 비롯한 백주를 마실 때 가장 먼저 코로 느껴지는 강한 아로마가 있는데, 그 성분이 바로 파인애플 향을 매우 강하게 풍기는 에틸카프로산(ethyl caproate)이다. 이 성분은 [표 8-27]에서 나타난 바와 같이 아로마가가 36,000~46,000 $\mu$g/L으로 다른 아로마보다 단연 높다.

[그림 8-43]은 마오타이주의 핵심 아로마인 에틸카프로산의 생성 기전을 나타낸 것이다. 그림에서 보듯이 교 내부 술덧의 젖산 또는 에탄올은 각각 클로스트리디움균에 의해 여러 대사 과정을 거친 후 최종 산물인 카프로산으로 전환된다. 이후 카프로산은 다시 술덧 내 에탄올과 결합하여 에틸카프로산이 생성된다. 이때 카프로산은 에탄올 대사에 의한 것보다는 젖산 대사를 통해 더 많이 생성된다. 즉 대부분의 에틸카프로산의 농도는 클로스트리디움의 젖산 대사와 연관이 깊다. 맥주나 다른 알코올 발효주에도 에틸카프로산이 존재하지만 그 농도는 매우 적다. 다른 주류의 알코올 발효에는 클로스트리디움 같은 세균이 존재하지 않기 때문에 고농도의 에틸카프로산이 존재할 수 없는 이유다.

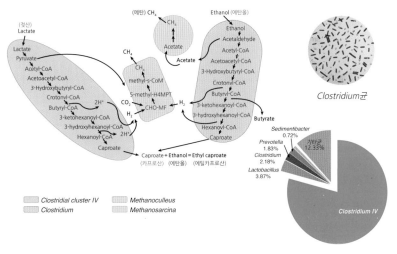

[그림 8-43] 세균에 의한 에틸카프로산의 생성 기전

최근에는 마오타이주에서 털핀류가 주요 아로마로 검출되는데, 특히 아로마가 1 이상으로 $\beta$-다마세논(역치 0.12㎍/L), 시트랄(역치 3㎍/L), 리나룰(역치 13.1㎍/L), $\alpha$-이오닌(역치 1.8 ㎍/L) 및 $\beta$-이오닌(역치 1.3㎍/L)이 확인된다.

털핀류는 대부분 역치가 낮고 맥주와 와인 등에서도 검출되지만 마오타이주에서 그 농도가 높게 나타난다. 최근까지 밝혀진 마오타이의 아로마 성분은 1,874 종류이고, 아직도 밝혀지지 않은 많은 성분들이 마오타이주에 함유된 것으로 문헌에 보고되고 있다([표 8-27]).

[표 8-27] 마오타이주의 주요 아로마 성분

| 구분 | 역치 (㎍/L) | 아로마가 | | |
|---|---|---|---|---|
| | | 제품1 | 제품2 | 제품3 |
| Ethyl caproate(파인애플 향) | 55.3 | 36,848 | 46,690 | 43,346 |
| Ethyl caprylate(풋사과 향) | 12.9 | 5,303 | 6,087 | 5,871 |
| Ethyl butyrate(파인애플 향) | 81.5 | 2,024 | 3,312 | 1,853 |
| Ethyl valerate(사과 향) | 26.8 | 1,316 | 2,598 | 1,328 |
| Caproic acid(치즈 향) | 2,520 | 316 | 174 | 343 |
| Butanoic acid(치즈 향, 부패 향) | 964 | 209 | 261 | 188 |
| Pentanoic acid(치즈 향, 단 향) | 389 | 89 | 124 | 86 |
| Ethyl 3-phenylpropanoate(꿀 향) | 125 | 58 | 49 | 49 |
| Ethyl acetate(파인애플 향, 꽃 향, 용매취) | 32,600 | 40 | 27 | 29 |
| 1-butanol(알코올 향) | 2,730 | 40 | 36 | 27 |
| 3-methylbutanoic acid(부패취, 산취) | 1,050 | 18 | 16 | 17 |
| 2-methylpropanoic acid(부패취, 산취) | 1,580 | 17 | 12 | 12 |
| 4-methylphenol(동물취) | 167 | 15 | 11 | 17 |
| 4-methyl pentanoic acid(단 향) | 144 | 12 | 9 | 11 |
| 4-ethyl guaiacol(클로브 향) | 123 | 12 | 12 | 12 |
| 1-hexanol(풀취) | 5,370 | 11 | 10 | 11 |
| Hexyl hexanoate(과일 향) | 1,890 | 9 | 8 | 7 |
| Octanoic acid(단 향, 치즈 향) | 2,700 | 8 | 9 | 11 |
| Ethyl lactate(풀취) | 128,000 | 7 | 8 | 8 |
| Ethyl phenylacetate(장미 향) | 407 | 6 | 5 | 6 |
| Isopentyl hexanoate(풀취) | 1,400 | 5 | 5 | 4 |
| 2-methyl-1-propanol(과일 향) | 28,300 | 44 | 4 | 2 |

| Ethyl heptanoate(과일 향) | 13,200 | 3 | 6 | 4 |
|---|---|---|---|---|
| 4-methyl guaiacol(훈연 향) | 315 | 3 | 5 | 4 |
| Acetic acid(초산취) | 160,000 | 3 | 4 | 3 |
| Propanoic acid(단 향, 쉰취) | 18,100 | 3 | 4 | 3 |
| γ-nonalactone(단 향) | 90.7 | 3 | 4 | 2 |
| Nonanal(비누취) | 122 | 2 | 2 | 23 |
| Ethyl dodecanoate(과일 향) | 500 | 2 | 4 | 6 |
| Phenyl acetaldehyde(꽃 향) | 262 | 2 | 6 | 2 |
| 4-ethylphenol(훈연 향) | 123 | 2 | 1 | 2 |
| 2-heptanol(과일 향) | 1,430 | 1 | 4 | 2 |
| 3-methyl-1-butanol(과일 향) | 179,000 | 1 | 2 | 1 |
| Hepanoic acid(단 향) | 13,800 | 1 | 1 | 1 |
| 1-octanol(풀취) | 1,100 | 1 | 1 | 2 |
| Isobutyl hexanoate(과일 향) | 5,250 | 1 이하 | 1 이하 | 1 이하 |
| Trimethyl pyrazine(견과류 향) | 730 | 1 이하 | 1 이하 | 1 이하 |
| Ethyl propanoate(바나나 향) | 19,000 | 1 이하 | 1 이하 | 1 이하 |
| Propyl hexanoate(파인애플 향) | 12,800 | 1 이하 | 1 이하 | 1 이하 |
| Vanillin(바닐라 향) | 438 | 1 이하 | 1 이하 | 1 이하 |

ⓑ **농향형 백주**

농향형 백주는 노주노교와 오량액이 대표적인데, 이 백주들은 수수를 주원료로 하여 누룩을 50~60℃에서 띄운 중온국을 사용하여 알코올 발효를 진행한다. 농향형 백주 제조 과정을 보면 고체 발효는 장향형과 같이 옹기 또는 교에서 실시한다. 교의 경우 크기는 1.8×3.4×2.0m 정도이며 술덧의 온도가 20℃로 낮아지면 술덧을 교로 이송한다. 이 교에서 알코올 발효가 진행되면서 백주의 향미도 생성된다([그림 8-44]).

[그림 8-44] 농향형 백주의 교

　지역에 따라 농향형 백주 제조에 사용되는 원료 배합도 다르다. 남중국에서 생산되는 오량액과 검남춘주(劍南春酒)는 수수 외에 옥수수, 찹쌀, 통밀 등도 혼합하여 제조하는 반면 북중국에서는 오직 수수만을 이용하여 백주를 제조한다. 또 누룩 제조에 사용하는 원료도 남중국에서는 통밀만을 이용하고, 북중국에서는 통밀, 완두콩, 보리 등을 혼합하여 제조한다.

　장향형 백주에서와 같이 알코올 발효는 교에서 실시하고 이 교는 발효 횟수에 맞춰 술덧을 다른 교로 매번 옮겨가며 사용한다. 교에서 서식하는 미생물은 알코올 발효 과정에 영향을 미치며 발효 기간은 온도와 습도에 따라 조금씩 다르다. 남중국의 경우 아열대계절풍 기후로 인해 발효가 60~90일가량 소요되는 반면 북중국에서는 낮은 습도와 긴 낮의 길이로 인해 45~60일가량 소요된다. 알코올 발효 시 필수적인 미생물들은 일차적으로 누룩과 교 내 미생물들에 의해 형성된 것이다. 누룩에는 바실러스균, 락토바실러스균, 사카로마이세스균, 칸디다균 및 곰팡이균(무코어, 압시디아, 페니실리움, 아스퍼질러스)이 지배종으로 존재한다.

　한편 교의 주요 미생물은 클로스트디움 디올로스(*Clostridium diolos*), 락토바실러스 아세토톨레란스(*Lactobacillus acetotolerance*) 및 바실러스 서브틸리스(*Bacillus subtilis*) 등 세균이 우점종으로 존재한다.

　농향형 백주 제조 시 알코올 발효 패턴과 증류 과정이 매번 일정하게 유지되지 않기 때문에 이를 보완하기 위해 속조(back slopping) 기술을 이용한다([그림 8-45]). 이 속조 기술은 발효가 진행되는 술덧 일부를 분리하여 새로운 알코올 발효를 하는 교에 투입하여 알코올 발효가 원활히 진행되게 하는 기법이다. 이를 통해 교 내 자연 상태의 발효 조건에서 일정한 미생물 분포도도 유지하게 된다. 이 기술은 다른 백주 제조 시에는 사용하지 않는 독특한 방법이다.

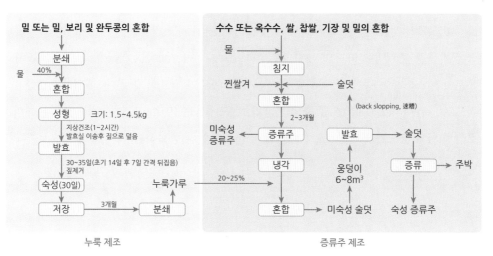

[그림 8-45] 오량액의 제조 과정

농향형 백주의 향을 특정하는 성분은 장향형 백주에서와 같이 파인애플 향을 풍기는 에틸 카프로산이며 검출된 향 중에 아로마가 가장 높다. 그 외 아로마가 높은 향기 성분(에틸 발레르산, 에틸카프릴산)들도 대부분 파인애플 향과 꽃 향을 나타낸다. 사과 향과 바나나 향을 풍기는 이소아밀알코올은 증류 시 3.18~37.9g/L 수준으로 검출되는데, 역치(0.00035mg/L)가 낮음에도 불구하고 백주의 아로마에 미치는 영향은 별로 없다.

일반적으로 아로마가 10 이상인 성분(헥산올, 헥산산, 에틸 2-메틸부타논산, 1,1-디에톡시에탄 4-에틸페놀, 에틸 3-메틸부탄산, 에틸벤젠아세테이트, 에틸카프로산, 2-펜타논, 2-헵타논, 4-에틸-2-메톡시페놀)들은 백주 향에 미치는 영향을 큰 성분들이다. 그 외 아로마가 1 이상인 성분들(프로판산, 2-메틸부탄산, 에틸아세테이트, 헥실아세테이트, 아세트알데히드)도 농향형 백주에 적은 농도지만 아로마에 영향을 미치는 것으로 문헌에 보고되고 있다.

농향형 백주의 미숙성 향미 특성은 매우 다양한데 각 아로마의 특성을 보면 다음과 같다.

### ㉮ 에스터류

농향형 백주의 에스터류는 효모가 알코올 발효 시에 분비한 에탄올과 지방산과의 결합으로 주로 생성되지만 증류와 숙성 과정을 거치면서 부가적으로도 생성된다. 백주의 에스터 함량은 보통 260~3,133mg/L 수준이고 에스터류 중에도 특히 지방산 에틸에스터류가 주요 성분이다. 그중 핵심 아로마 성분은 에틸카프로산이며 전체 에스터류의 36~70%가량 차지한다. 중국 국가표준 표기법에 따르면 에틸카프로산의 농도는 1,200~2,800mg/L 수준이 적정하다. 대부분의 에스터류는 증류 시에 후류로 가면서 그 농도가 감소하게 된다. 에틸카프로산은 일반적으로 초류에서 2,578mg/L 검출되는 반면, 후류에서는 191mg/L가 분석되는데, 본류의 카프로산 에틸의 농도가 1,453mg/L을 나타내어 본류만이 제품화하는 데 적합한 것으로 알려져 있다.

### ㉴ 산류

산류는 백주에서 두 번째로 많은 농도를 나타내는 성분으로 증류 시 본류에서 239mg/L에서 후류에서는 167mg/L로 줄어들게 된다. 산류 중에는 카프로산이 가장 농도가 많고 전체 산류의 50%를 차지한다. 프로피온산과 팔미트산은 초류에서 후류로 갈수록 그 농도가 감소한다.

### ㉵ 알코올류

알코올류는 효모의 알코올 발효 시 당의 해당 과정과 아미노산의 생합성 과정에서 분비되는 성분으로 활성아밀알코올, 2-펜탄올, 이소아밀알코올 및 1-헥산올이 주요 성분이다. 메탄올의 경우는 초류부터 후류에 걸쳐 일정하게 유출되는 성분으로 과실 증류주의 경우는 과실 펙틴이 분해되어 생성되는 반면 백주의 메탄올은 곡류 껍질이 액화되어 생성된 것이다. 2-펜탄올은 초류에서 후류로 가면서 그 농도가 낮아지며 1-펜탄올, 이소아밀알코올 및 1-헥산올은 끓는점이 낮아 초류와 본류에서 많이 확인된다. 노르말프로판올의 경우는 그 농도가 20mg/L 수준이면 백주의 아로마에 긍정적인 영향을 미친다. 그리고 페닐에탄올은 초류부터 후류까지 유출되며(8.70mg/L) 활성아밀알코올은 후류에서 37.5mg/L 수준까지 검출된다.

### ㉶ 알데히드류 · 케톤류

농향형 백주의 알데히드류는 대부분 세균에 의해 생성되고 케톤류는 불포화지방산의 산화에 의해 생성된 것이다. 푸르푸랄은 증류 중에 산성 조건하에 당(오탄당)의 탈수소에 의해 또는 마이얄 반응을 통해 생성된다. 알데히드류와 케톤류는 증류 시 본류에서 가장 많이 유출되고 그다음 초류와 후류에서 많이 유출된다. 그러나 일부 알데히드류(3-메틸부탄알, 1,1-디에톡시에탄, 푸르푸랄)는 초류부터 후류까지 검출되기도 한다.

#### ㉖ 페놀류

페놀류 중 4-에틸과이어콜은 리그닌과 관련된 페놀성 카복실산의 열분해 때문에 생성된 것이다. 고비점 성분인 4-에틸페놀과 4-에틸-2-메톡시페놀은 후류에서 각각 1.92mg/L, 6.51mg/L 수준으로 확인된다.

#### ⓒ 청향형 백주

청향형 백주는 분주(汾酒)와 이과두주가 대표적이며 제조 방법은 다른 백주와는 다르게 여러 단계를 거쳐 제조된다. 예를 들어 분주는 40~50℃의 낮은 온도에서 보리와 완두콩으로 제조된 누룩(저온국)과 수수를 주원료로 하여 주로 북중국에서 제조한다. 청향형 백주의 제조는 ① 원료 배합비 구성, ② 원료 분쇄 및 증자, ③ 혼합 및 냉각, ④ 누룩과 혼합, ⑤ 교로 이송, ⑥ 알코올 발효, ⑦ 증류, ⑧ 숙성 등 총 8단계를 거치게 된다. 각 단계별 특징을 살펴보면 다음과 같다([그림8-46]).

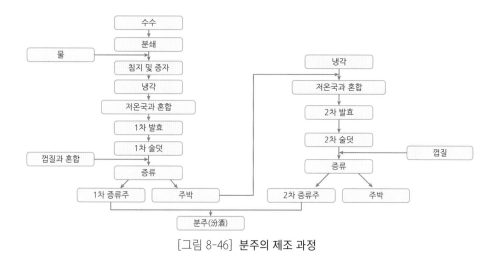

[그림 8-46] 분주의 제조 과정

우선 분쇄 및 증자 과정에서는 수수의 전분 유출과 증자 효율을 높이기 위해 분쇄한다. 이때 수수를 거칠게 분쇄하면 당화에 문제가 되고, 너무 곱게 분쇄하면 백주의 향에 부정적인 영향을 주므로 분쇄도의 조절이 중요하다. 수수의 증자는 전분의 호화가 목적이다.

원료 혼합과 냉각 과정에서는 85℃ 이상의 뜨거운 물과 다른 첨가물과의 조화로운 질감과 바람직한 향이 형성되도록 잘 섞는다. 원료 혼합 후 누룩 첨가를 위해 원료의 온도를 낮춘 후 누룩을 곱게 갈아 수수와 섞는다. 이후 혼합물의 온도가 18~20℃ 되면 옹기(瓦罐, earthen jar)

로 이송하여 4주간 알코올 발효를 진행하는데, 옹기는 발효 횟수에 따라 매번 술덧을 다음 옹기로로 옮기는 방식으로 순환하여 사용한다.

그다음은 증류 과정으로서 백주의 향미 특성에 영향을 크게 미치며 증류 과정은 열 공급량, 술덧의 수분량, 증류 속도와 원료의 가공성 등에 따라 영향을 받는다. 마지막 단계인 숙성 과정은 증류주의 품질과 향미 특징을 좌우하는 중요한 과정으로 주로 산류와 에스터류가 숙성 과정 중에 반데르 발스 반응을 기반으로 하는 여러 반응이 관여하게 된다. 청향형 백주는 법적으로 최소 1년 이상 숙성을 해야 하고 보통 3년 이상의 숙성을 거쳐 판매된다.

청향형 백주를 도자기와 유리 병에 숙성 후 물질 변화를 보면 다음과 같다.

청향형 백주의 에스터류는 서양 증류주(위스키·브랜디·럼)와는 다르게 백주 총 농도의 70~80%를 차지한다. 청향형 백주에서는 보통 8종류의 에스터류가 검출되는데, 그중 에틸발레르산은 12개월간의 도자기 숙성 용기에서만 검출되고 유리 병에서 3년 숙성된 백주에서는 확인되지 않는다. 에틸아세테이트와 에틸락테이트는 청향형 백주에서 가장 많이 검출되는 성분으로 쉐리 와인에서보다 100배가량 높게 나타난다. 이 두 성분은 도자기 숙성에서는 숙성 중에 그 농도가 급격히 줄어드는 반면 유리 병에서는 점진적으로 감소하는 현상을 나타낸다. 즉 두 성분은 3년 후에 도자기 숙성 백주에서는 80%, 유리 병 숙성의 백주에서는 90% 정도 남게 된다. 반면 에틸카프르산과 디에틸숙신산은 숙성 후에 두 용기 모두에서 증가하는 현상을 보인다. 나머지 에스터류의 경우는 두 용기 모두에서 숙성 초기에는 증가하였다가 점차 감소하는 경향을 나타낸다.

고급알코올류의 경우는 전체 아로마 성분의 11%가량 차지하며 2-부탄올, 노르말프로판올 및 2-메틸프로판올은 숙성 용기와 기간에 영향을 받지 않는다. 그러나 노르말부탄올, 이소아밀알코올, 1-펜탄올, 2,3-부탄디올 및 2-페닐에탄올은 숙성 기간에 따라 증가하는 현상을 보인다. 한편 산류의 경우 휘발성 산류가 전체 산류의 80%를 차지하며 초산 역시 숙성에 따라 증가하지만, 도자기 숙성 백주(258mg/L)에서 유리 병 숙성 백주(71mg/L)에서보다 더 많이 검출된다. 백주에서의 그윽한 향은 주로 휘발성 산류와 연관이 있는 것으로 문헌에 보고되고 있다.

카보닐 성분은 숙성 조건에 따라 변화가 거의 없으나 3-하이드록시-2-부타논과 벤즈알데히드는 숙성에 따라 증가하는 반면 이취 성분인 2-메틸프로판알은 감소하여 백주의 향미에 긍정적이다. 메탄올의 경우 법적으로 400mg/L 이하여야 하며 도자기 숙성 백주에서는 숙성에 따라 감소하지만, 유리 병 숙성 백주에서는 변화가 없다.

#### ⓓ 미향형 백주

미향형 백주 제조는 우선 쌀(전분 71~73%, 수분 14% 이하)을 50~60℃의 온수에 1시간가량 침지시킨다. 이후 침지된 쌀을 20분 간 증자 후 물을 첨가하여 다시 한번 증자하여 쌀의 색상을 변화시킨다. 그다음 증자된 쌀을 37~38℃로 냉각 후 쌀 대비 0.8~1%의 소국을 투입한다. 이후 알코올 발효를 위해 술덧을 항아리에 붓고 30~32℃에서 알코올 발효를 진행한다. 24시간 후에 쌀 대비 120% 해당하는 36℃의 물을 붓고 혼합 후 증류 과정을 진행한다([그림 8-47]).

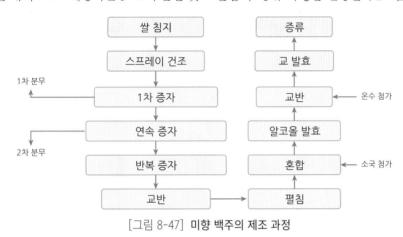

[그림 8-47] 미향 백주의 제조 과정

#### ⓔ 백주의 향미

중국 백주는 국가표준 표기법에 따라 향미를 12가지 유형으로 분류하며, 그중 4가지 유형이 기본 유형이고 나머지 8가지 유형은 4가지 유형에서 파생된 것이다. 기본 4가지 유형은 중국 전체 백주의 생산량의 60~70%를 차지하고 각각의 제조 기술은 표준화·규격화되어 있다. 그외 부수적인 8가지 유형은 각기 다른 제조 기술을 이용하여 특별한 향미를 풍기는 백주들이다([그림 8-48]).

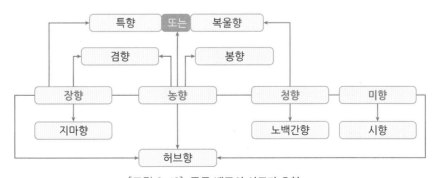

[그림 8-48] 중국 백주의 아로마 유형

각 백주에는 중국 국가표준 표기법에 따라 코드명이 부여되며 병이나 포장박스에 명기되어 있다. 우리나라 소비자들도 상기 백주 코드를 알아두면 각 백주 향미 특징 및 진품과 모조품을 쉽게 판별할 수 있다. 물론 같은 코드가 표기되어 있어도 품질과 가격이 천차만별이므로 구매 시 제품 정보를 미리 알아보는 것이 좋다([그림 8-49]).

| 장향 | 농향 | 청향 | 겸향 | 봉향 | 미향 |
| (마오타이주) | (노주노모주) | (분주) | (백운변주) | (서봉주) | (계림삼화주) |

| 약향 | 지마향 | 특향 | 시향 | 노백간향 | 복울향 |
| (동주) | (경지주) | (사특주) | (옥빈소주) | (형수노백간주) | (주혼주) |

[그림 8-49] 아로마 유형에 따른 백주의 분류

백주 유형별 부여된 코드명을 예를 들어 보면, ㉮ 장향형 백주(GB/T 26760-2011 酱香型白酒), ㉯ 농향형 백주(GB/T 10781.1-2006 浓香型白酒), ㉰ 청향형 백주(GB/T 10781.2-2006 清香型白酒), ㉱ 미향형 백주(GB/T 10781.3-2006 米香型白酒), ㉲ 특향형 백주(GB/T 20823-2007 特香型白酒), ㉳ 액태법 백주(GB/T 20821-2007 液态法白酒), ㉴ 고액법 백주(GB/T 20822-2007 固液法白酒), ㉵ 지마향형 백주(GB/T 20824-2007 芝麻香型白酒), ㉶ 노백간향형 백주(GB/T20825-2007 老白干香型白酒), ㉷ 봉향형 백주(GB/T 14867-2007 凤香型白酒), ㉸ 시향형 백주(GB/T 16289-2007 豉香型白酒), ㉹ 지리표시산품 사득백주(GB/T 21820-2008 地理标志产品 舍得白酒), ㉺ 지리표시산품 타패 백주(GB/T 21822-2008 地理标志产品 沱牌白酒), ㉻ 지리표시산품 국교1573 백주(GB/T 22041-2008 地理标志产品 国窖1573白酒) 등이 있다. 모든 백주는 백주 위생표준인 GB 2757 표준에 부합되어야 판매가 가능하다.

중국 12대 백주의 각 향형 유형별 아로마 특징을 살펴보면 다음과 같다.

㉮ 장향(醬香, Sauce flavor baijiu)

장향형 백주는 대국을 이용하며 강한 질감과 후미가 강한 그윽한 아로마를 특징으로 한다. 장향은 아로마가 강해 일부 브랜드를 제외하곤 그다지 대중 친화적인 향은 아니지만 중국 내 제1명주로서 가격과 품질 면에서 단연 으뜸이다. 장향은 영문 표기로만 보면 간장 향을 연상케하는 향으로 생각할 수 있으나 실제로는 간장 향과 서로 직접적인 연관이 없다는 것이 중론이다.

장향에는 528가지의 아로마가 분류되었으며 약 30종류가 장향의 주요 아로마로 문헌에 보고되고 있다. 장향의 주성분은 페놀 성분으로 4-에틸과이어콜, 테트라메틸피라진(3,000~5,000mg/L), 퓨란 및 시링산이 있고, 그 외 알데히드류, 아미노산류, 유기산류와 에스터류도 아로마에 영향을 미친다. 유기산류 중에는 초산과 젖산이 가장 많으며 에스터류 중에는 에틸락테이트와 에틸아세테이트의 농도가 가장 높다. 특히 피라진류와 퓨란류는 다른 중국 증류주보다 그 농도가 높다. 고급알코올류 중에는 노르말프로판올이 가장 많고 그 외 벤즈알데히드와 4-에틸과이어콜이 높게 확인된다. 대표적인 장향형 백주로는 마오타이주(茅台酒)와 랑주(郞酒)가 있다.

㉯ 농향(濃香, Strong-flavor baijiu)

농향형 백주는 중국 백주 전체의 70% 시장을 점유하고 중국인들과 우리나라 백주 애주가에게 익숙한 술이다. 누룩은 소국을 이용하며 알코올 도수가 38~52도 정도이고 노주노교(泸州老窖)와 오량액(五糧液)이 대표적이다. 이들 술은 향긋한 아로마와 부드러운 맛 그리고 입속이 편안한 품격 있는 향이 특징이다. 노주노교주와 오량액주는 마오타이주와 함께 중국 3대 백주로 불린다. 오량액은 본래 송나라 때 옥미(옥수수), 대미(쌀), 고량(수수), 나마(찹쌀), 교자(메밀)로 빚었으나, 요즘은 사천 지역에서 5개 곡식(밀·쌀·옥수수·수수·찹쌀)으로 제조하며 농향형의 경전으로 불리는 명주다. 수정방과 연태고량주도 농향형으로 우리에게도 잘 알려진 백주이다.

농향형의 아로마는 주로 알코올 발효 초기와 증류 과정의 후류 및 저장 기간을 통해 형성된 것이다. 농향형의 60%는 에스터류와 유기산류가 14~16%, 알코올류가 12%, 카보닐화합물이 6~8% 그리고 기타 성분이 4~8%로 구성되어 있다.

농향의 주요 아로마는 5종류의 에스터류(에틸아세테이트, 에틸뷰티르산, 에틸발레르산, 에틸카프로산, 에틸락테이트)와 10종류 고급알코올류(이소프로판올, 노르말프로판올, 2-부탄올, 이소부탄올, 부탄올, 이소아밀알코올, 벤질알코올, 3-메틸티오프로판올, 페닐에탄올, 2-퓨란메탄올) 및 4종류의 산류(초산, 뷰티르산, 카프로산, 발레르산)이다. 그중 핵심 아로마는 에틸카프로산(파인애플 향)이며 그 농도는 200mg/L 수준이고 역치는 55$\mu$g/L 정도다. 그리고 이 성분은 에틸락테이트(코코넛 향), 에틸아세테이트(꽃 향) 및 에틸뷰티르산(파인애플 향) 성분들과 조화롭고 복합적인 향을 풍긴다. 농향형 백주는 초기에는 부드러운 단맛을 부여하고 후미가 오래 남는 깔끔한 맛이 특징적이다. 에틸뷰티르산은 잔에 오래 머무르는 향이라는 의미로 중국인들은 유배 향(留杯香)이라 부른다.

유기산류 중에는 초산, 젖산, 뷰티르산과 카프로산이 주요 물질이다. 카보닐류 중에는 아세트알데히드, 아세탈, 이소뷰티르알데히드 및 푸르푸랄이 주요 성분이고 농향형 증류주의 질감에 영향을 미치는 성분이다. 그중 아세트알데히드와 아세탈의 비율은 보통 1:0.5~0.7 수준이다. 또 알코올류와 에스터류의 비율은 1:5 정도이며, 이소아밀알코올과 이소부탄올의 비율은 3:1 수준으로 나타난다.

ⓓ 청향(淸香, Light flavor baijiu)

청향형 백주는 분주(汾酒)와 이과두주(二鍋頭酒)가 대표적인데 맛이 깨끗하고 순하며, 단 참외향이 강하고 후미가 깔끔한 향이 특징이다. 전체적으로 향은 장향과 농향에 비해 약하지만 청량감이 강한 것이 인상적이다.

청향형 백주 제조에는 누룩으로 저온국 또는 부국을 이용하는데 부국에는 사카로마이세스 세레비지에, 이사첸키아 및 비커하모마이세스 균이 지배종으로 발견되고 백주 향미에 영향을 미친다. 그 외 사카로마이세스 우바리움과 사카로마이세스 세르바찌균도 청향형 백주 향미에 영향을 주는 것으로 문헌에 보고되고 있다. 그러나 청향형 백주는 흙 냄새를 풍기는 스트렙토마이세스에 오염될 위험이 항상 존재하며 이로 인해 청향 백주의 품질을 저하하게 된다. 일부 청향형 백주는 다른 백주와는 다르게 밀기울을 주원료로 하고 누룩 제조 시에도 효모를 섞거나 누룩 대신에 당화효소를 첨가하여 제조 기간을 단축시켜 다른 백주보다 비교적 가격이 저렴하다.

이과두주는 한국인에게 매우 친숙한 술이다. 과두(鍋頭)란 1차 술덧을 증류한 술을 말하며 이과두주란 1차 술덧의 잔여물에 소량의 원료와 효모를 넣고 재발효된 2차 술덧을 증류한 술을 말한다. 이과두주는 다양한 브랜드가 있지만 북경 이과두주가 대표적이고, 수수를 주원료로 하고 밀기울 누룩을 발효제로 사용하는 전통 방식을 고수하고 있다. 그리고 초류와 후류에 각각 해당하는 주두(酒頭)와 주미(酒尾)는 제거하는 겹두거미(掐頭去尾) 양조법을 사용하고 본류만을 분리하여 고품질의 이과두주를 제조한다.

청향의 주요 아로마는 에틸아세테이트와 에틸락테이트 등 에스터류이며 그 비율은

1:0.6~0.8 수준이다. 유기산 중에는 초산과 젖산이 대부분이고 베타다마세논도 주요 아로마 성분이다. 고급 알코올류 중에는 노르말프로판올과 이소부탄올이 주요 향기 성분이다. 청향에는 700여 종류의 향이 존재하고, 360여 종류는 화학적 구조가 밝혀져 있다. 청향은 주로 에스터류, 유기산류, 알코올류, 카보닐류, 퓨란류 및 피라진류로 구성되어 있고 에스터류와 유기산류와의 비율은 5.5:1 정도로 알려져 있다.

### ㉣ 겸향(兼香, Miscellaneous flavor baijiu)

겸향형 백주는 최소 2종 이상의 향형이 복합되어 제조된 것으로 농향·청향, 농향·장향, 농향·청향·장향 백주 등이 있으며, 중국 백주 국가표준 표기법에는 농·장 겸향형 백주가 등재되어 있다. 겸향형 백주로는 백운변주(白云边酒)가 대표적이다.

주요 향은 카프로산, 에틸카프로산, 이소아밀아세테이트, 2-옥타논, 이소뷰티르산 및 뷰티르산 등이다.

### ㉤ 봉향(鳳香, Feng flavor baijiu)

봉향형 백주는 단향을 풍기며 후미가 우아한 향이 특징적이고 서봉주(西鳳酒)가 대표적이다. 이 봉향형의 품질 특성은 독특한 제조 공정, 교와 누룩에 영향을 받는다. 주요 향은 에틸아세테이트이며 에틸카프로산과 복합적인 향을 낸다.

서봉주 백주 제조는 예를 들면, 누룩은 60℃에서 띄운 대국을 사용하며, 대국 원료로서 보리, 밀, 완두를 적당한 비율로 분쇄 후 혼합하고 물을 첨가하여 압축기를 이용해서 성형 후 약 1개월간 발효시킨다. 서봉주 백주 제조 원료는 보리, 밀, 완두와 양질의 수수이며, 물은 그 지역의 맑고 투명한 유림정(柳林井)의 물을 이용한다.

### ㉥ 미향(米香, Rice flavor baijiu)

미향형 백주 제조에는 누룩으로서 쌀로 제조한 소국을 사용하며 백주에 알코올류가 에스터류보다 많고 유기산 중에는 젖산과 초산이 대부분이다. 에스터류 중에는 에탈락테이트(245mg/L)가 에틸아세테이트보다 많고 그 비율은 1:4 수준이다.

미향형의 대표적인 백주는 계림삼화주(桂林三花酒)이다. 이 백주는 부드러운 단 향과 깔끔한 맛을 특징으로 하며 $\beta$-페닐에탄올(장미 향)이 주요 향이고, 에틸아세테이트 및 에틸락테이트와 어우러져 복합적인 향을 풍긴다.

㉂ 약향(藥香, Medicine flavor baijiu)

약향형의 대표적인 백주는 동주(董酒)이며 약품향을 풍기면서 새콤달콤한 향미가 특징적이고 후미가 오래 남는다. 이러한 향미는 높은 산도, 알코올류, 에틸뷰티르산 및 에틸젖산 때문이다. 또 산류와 알코올류의 합이 에스터류의 합보다 높으며 이러한 아로마 구성은 다른 백주와는 차별화된 아로마 패턴이다.

㉃ 지마향(芝麻香, Sesame flavor baijiu)

지마향형의 대표적인 백주는 경지백간주(景芝白干酒)와 판도정주(扳倒井酒)이며 참깨 향이나 탄향이 특징적이다. 특히 테트라메틸 피라진이 대표적인 지마향이며 이 성분은 알코올음료, 발효 콩, 치즈와 식초 등에도 함유되어 있다. 이 성분은 알코올 발효 중에 미생물에 의해 분비된 암모늄과 아세토인의 반응으로 생성된 물질이다.

㉄ 특향(特香, Te flavor baijiu)

특향형의 대표적인 백주는 사특주(四特酒)이며 주요 향은 에틸아세테이트와 에틸카프로산으로 복합적인 향을 풍기고 조화롭고 경쾌한 향미가 특징적이다. 특히 이 백주는 에틸피로피온산, 에틸발레르산, 에틸카프로산 및 에틸노나논산의 농도가 다른 백주에 비해 높게 확인된다.

㉅ 시향(豉香, Chi flavor baijiu)

시향형의 대표적인 백주는 옥빙소주(玉冰烧酒)이며 메주향이 특징적이고 후미는 깔끔하다. 주요 향은 베타페닐에탄올과 지방산 에틸에스터류이다.

㉆ 노백간향(老白干香, Laobiagan flavor baijiu)

노백간향형의 대표적인 백주는 형수노백간주(衡水老白干酒)이며 부드럽고 참외 향이 나며 강한 질감을 특징으로 한다. 주요 향은 에틸아세테이트와 에틸락테이트이며, 그 외 소량으로 에틸헥실아세테이트, 에틸뷰티르산, 팔미트산에스터와 리놀레산이 함유되어 있다. 이 중 에틸헥실아세테이트의 농도는 청향이나 봉향에서보다 높다. 또 고급알코올 특히 이소아밀알코올의 농도가 청향보다 높은 것이 특징적이다.

ⓣ 복울향(馥郁香, Fuyu flavor baijiu)

복울향형의 대표적인 백주는 주혼주(酒鬼酒)이며 가벼운 향, 무거운 향 및 쌀 향이 같이 어우러져 나타난다. 주요 향은 에틸카프로산이고 에틸락테이트, 에틸아세테이트와 함께 복합적인 향을 풍긴다.

[표 8-28]은 중국 4대 백주의 향미와 관능 특성을 비교한 것이다. 유기산은 알코올 발효 시 생성된 것으로 그 농도는 발효 기간과 연관이 있지만 항상 일치하지는 않는다. 휘발성 유기산의 경우는 백주 향에 영향을 미치지만, 비휘발성 유기산의 경우 백주 맛에 영향을 미치는지는 명확치 않다. 초산은 적당량일 경우 백주에 신선한 향미를 부여한다. 그리고 젖산은 백주의 신맛과 떫은맛에 상당한 영향을 미치며 카프로산 역시 백주 향미에 영향을 준다. 농향형 백주는 카프로산과 젖산이 많고 청향 백주에는 초산이 많으며 장향형 백주에는 유기산이 가장 많다. 일반적으로 백주에 유기산이 적당량 함유되면 질감을 높여 주고 맛을 조화롭게 하는 효과가 있다. 그러나 유기산의 농도가 너무 낮으면 백주 맛이 약해지고 후미가 빨리 사라지며 반대로 유기산의 농도가 과도하면 불쾌한 향미가 나타난다.

에스터류는 백주 향의 60%를 차지하고 그중 에틸아세테이트가 주요 물질이다. 대부분의 백주 향은 에스터류이며 특히 탄소 수 1~2개를 보유한 에스터류가 과실 향을 부여하는데 휘발성이 강해 향이 오래 지속되지는 않는다. 탄소 수 3~5개를 보유한 에스터류(에틸포름산, 에틸아세테이트, 에틸락테이트)의 경우는 지방취와 과실 향을 동시에 나타낸다. 그리고 탄소 수 6~12개를 보유한 에스터류(이소아밀아세테이트, 에틸라우르산, 이소발레르산)는 강한 과실 향을 풍기고 향이 오래 지속되는 속성을 가지고 있다. 반면 탄소 수 13개 이상을 보유한 에스터류(에틸팔미트산, 에틸올레산)는 약한 과실 향과 맛을 나타내고 이러한 에스터류는 끓는점이 높고 물에 잘 녹지 않는 성질이 있다.

백주의 에스터류 중 특히 에틸카프로산, 에틸뷰티르산, 에틸아세테이트 및 에틸락테이트 등 4개의 에스터가 전체 에스터류의 90~95%를 차지하며 백주의 아로마 타입, 품질 및 장르를 결정한다. 에틸카프릴산은 백주에서 30~40mg/L가 함유되면 고품질의 백주로 평가된다. 그리고 에스터류 간의 비율이 적당하면 단맛과 부드러운 질감이 우수해지지만 비율이 부적절하면 자극취와 이취를 나타내게 된다.

한편 고급알코올류는 에탄올을 제외하면 백주에서 12% 가량 차지하는데 끓는점이 낮은 특성이 있고, 백주의 향과 질감에 영향을 미치며 백주에 적당량이 함유되어야 한다. 고급알코올류가 너무 적으면 백주에 가벼운 맛과 쓴맛을 나타내게 된다. 고급알코올류 중에 이소아밀알코올, 노르말부탄올, 이소부탄올과 노르말프로판올은 과도하면 자극적이고 쓴맛을 나타낸다. 반면 적당량일 때는 백주에 단맛과 향미를 강화시켜 주는 역할을 한다. 노르말프로판올은 젖산균에 의해 다량 생성되는 것으로 문헌에 보고되고 있다.

글리세롤과 2,3-부탄디올은 자극취가 없고 단맛과 부드러운 맛을 부여하며 질감을 강화시켜 준다. 또 대부분의 백주에는 탄소 수 6개(프로판올, 이소아밀알코올, 활성아밀알코올, 이소부탄올, 펜탄올, 헥산올)이하의 고급알코올류가 가장 많이 분포하며 이 성분은 약한 지방취와 오일 향을 풍긴다.

카보닐 성분은 알코올류와 페놀류보다 끓는점이 낮아 휘발성이 강한데, 탄소 수를 많이 보유할수록 자극취가 풀취, 과실 향 또는 지방취 쪽으로 변하는 성질이 있다. 또 이 성분은 카보닐 성분은 백주에서 자극취나 스파이시한 맛을 부여하며, 백주에는 비교적 탄소수를 적게 보유한 카보닐 알데히드류와 케톤류가 많다. 그리고 카보닐 성분은 백주 제조에 사용된 원료 종류와 관련이 있는 것으로 알려져 있으며 미향형 백주에서 카보닐 농도가 가장 적게 나타난다. 알데히드류(아세트알데히드, 아세탈)는 그 농도가 적당하면 단맛과 쓴맛을 부여한다.

[표 8-28] **4대 백주의 향미 특성 비교**

| 구분 | 역치 (mg/L) | 향미 특성 | 농향 (mg/L) | 장향 (mg/L) | 청향 (mg/L) | 미향 (mg/L) |
|---|---|---|---|---|---|---|
| 유기산류 | | | | | | |
| Formic acid | 1.0 | 톡 쏘는 신맛, 떫은맛 | - | - | 18.0 | - |
| Acetic acid | 2.6 | 식초 향 | 460~1100 | 1442 | 233~2416 | 215 |
| Propionic acid | 20.0 | 약한 톡 쏘는 신맛 | ⟨22.9 | 72~171 | 7~10.5 | - |
| Butyric acid | 3.4 | 지방취, 약한 신맛 | 139.4 | 100.6 | 9.0 | 1.63 |
| Isobutyric acid | 8.2 | 지방취, 약한 신맛 | 5.0 | 22.8 | 1.9~8.9 | - |
| $n$-pentanoic acid | ⟩0.5 | 지방취, 단맛 | 28.8 | 18~29.1 | 2.0 | - |
| Isovaleric acid | 0.75 | 과실 향 | 10.4 | 23.4 | 1.3~6.6 | - |
| Caproic aicd | 8.5 | 강한 신맛 | 323~368 | 115.2 | 3.0 | - |
| Heptylic acid | 70.5 | 강한 신맛 | 10.5 | 4.7 | 6.0 | 10.0 |
| Caprylic acid | 15 | 지방취, 약한 신맛 | 7.2 | 3.5 | 0.25 | 0.58 |
| $n$-nonanoic acid | 71.1 | 약한 지방취 | 0.2 | 0.3 | 0.38 | - |
| Deca durabolin | 9.4 | 경쾌한 지방취 | 0.6 | 0.5 | - | - |
| Oleic aicd | ⟨1.0 | 오일향 | 4.7 | 5.6 | 0.74 | 0.74 |

| Lauric acid | ⟨0.01 | 경쾌한 지방취 | - | 3.2 | 0.16 | 0.16 |
|---|---|---|---|---|---|---|
| Benzoic acid | ⟩10 | 새콤달콤한 맛 | 0.2~1.72 | 0.87~2.0 | 0.01~0.09 | - |
| Lactic acid | ⟨235 | 지방취, 떫은맛 | 368 | 1057~1350 | 340~905 | 978 |
| 에스터류 | | | | | | |
| Ethyl formate | 150 | 복숭아 향, 떫은맛 | 14.3 | 172 | 2.7 | - |
| Ethyl acetate | 17 | 사과 향, 떫은맛 | 100~1714 | 2000~5000 | 2326 | 245 |
| Isoamyl acetate | 0.23 | 배 향, 단맛 | 7.5 | 10~100 | 7.1 | - |
| Ethyl propionate | ⟩4,000 | 약한 지방취 | 22.5 | 100~557 | 3.8 | - |
| Ethyl butyrate | 0.15 | 지방취, 사과 향 | 147~1270 | 100~261 | 2.1 | - |
| Ethyl valerate | - | 지방취, 예리한 맛 | 152.7 | 42.0 | 8.6 | - |
| Ethyl isovalerate | ⟨0.1 | 사과 향, 단맛 | ⟨10 | - | - | - |
| Ethyl caproate | 0.076 | 파인애플 향, 단맛 | 1849~3000 | 130~424 | 7.1 | - |
| Ethyl oenanthate | 0.4 | 과실 향, 지방취 | ⟩44.2 | 5.0 | 4.4 | - |
| Ethyl caprylate | 0.24 | 사과 향, 지방취 | ⟩2.2 | 12.0 | 7.8 | 2.7 |
| Ethyl laurate | ⟨0.10 | 지방취, 오일 향 | 0.4 | 0.6 | - | 1.72 |
| Ethyl palmitate | ⟩14 | 오일 향 | 39.8 | 27.0 | 42.7 | 50.2 |
| Ethyl oleate | ⟨1.0 | 지방취, 오일 향 | 24.5 | 10.5 | 10.0 | 15.1 |
| Ethyl lactate | 14 | 약한 지방취 | 1410~2000 | 500~2000 | 1090 | 995.0 |
| Diethyl succinate | ⟨2.0 | 약한 과실 향 | 11.8 | 5.4 | 13.1 | 5.8 |
| Ethyl phenyllactate | ⟨1.0 | 허브 향 | 1.3 | 0.75 | 1.2 | - |
| 알코올류 | | | | | | |
| Methanol | 100 | 알코올향, 탄 향 | ⟨10 | - | - | - |
| Ethanol | 14,000 | 알코올 향 | ⟨10 | - | - | - |
| *n*-propanol | ⟩720 | 마취약취, 쓴맛 | 173 | 860~2250 | 167 | 197 |
| *n*-butanol | ⟩5 | 용매취, 약한 쓴맛 | 67.8 | 113 | - | 8.0 |
| *sec*-butanol | ⟩10 | 자극취, 부드러운 맛 | 100.3 | 141 | - | - |
| Isobutanol | 7.5 | 자극취, 오일 향 | 130.2 | 178 | 132 | 462 |
| Isoamyl alcohol | 6.5 | 약한 오일 향 | 370.5 | 460 | 303.3 | 960 |
| Hexyl alcohol | 5.2 | 오일 향, 약한 단맛 | 161.9 | 27 | 7.3 | - |
| Heptanol | ⟨2.0 | 포도 향, 약한 단맛 | ⟨10 | 101 | - | - |
| Octanol | ⟨1.5 | 과실 향, 오일맛 | ⟨10 | 56 | - | - |
| Decyl alcohol | ⟨1.0 | 지방취 | ⟨10 | 0.01~0.02 | - | - |
| *β*-phenethanol | 7.5 | 꽃 향, 약한 단맛 | 7.1 | 17 | 20.1 | 33.2 |
| 2,3-butanediol | 4,500 | 약한 향, 약한 단맛 | 17.9 | 151 | 8.0 | 49.0 |
| Nonanol | ⟨1.0 | 지방취, 오일 향 | - | 0.04~0.1 | - | - |
| Glycerol | ⟩1.0 | 무취, 약한 단맛 | 0.028 | - | - | - |

| 카보닐 화합물 | | | | | | |
|---|---|---|---|---|---|---|
| Acetaldehyde | 1.2 | 풀취, 자극취 | 180~355 | 200~550 | 140.0 | 35.0 |
| Propionaldehyde | 2.5 | 풀취, 자극취 | 18.0 | - | - | - |
| Butyraldehyde | 0.028 | 약한 과실 향, 풀취 | 2~100 | 50 | 1.0 | - |
| Isobutyraldehyde | 1.0 | 약한 견과류 향 | 13.0 | 11.0 | 2.6 | - |
| Isovaleraldehyde | 0.1 | 약한 견과류 향 | 54.0 | 98.0 | 17.0 | - |
| Hexaldehyde | 0.3 | 과실 향 | 0.9 | - | - | - |
| Acraldehyde | 0.3 | 강한 자극취 | 0.2 | - | - | - |
| Aldehyde acetal | 80 | 풀취, 약한 과실 향 | 120~481.0 | 200~2114 | 244.4 | 142.0 |
| Benzaldehyde | 1.0 | 쓴 아몬드 향 | - | 4.3~10.3 | - | - |
| Acetone | >200 | 용매취, 자극취 | 2.8 | - | - | - |
| Butanone | >80 | 용매취, 자극취 | 0.9 | - | - | - |
| Diacetyl | 0.02 | 지방취, 오일취 | 123.0 | 230.0 | 8.0 | - |

### ⓕ 중국 백주와 서양 증류주 간의 아로마

중국 백주와 서양 증류주 간의 아로마 특성 차이는 매우 크며, 이는 앞서 설명한 바와 같이 원료, 발효·숙성 및 증류 방법이 상이하기 때문이다. 각 증류 간의 아로마 관련 차이점을 살펴보면 다음과 같다.

이미 설명한 바와 같이 에스터류는 모든 증류주에서 가장 중요한 아로마이며 이 성분은 알코올 발효 중 분비된 유기산과 알코올류와의 에스터화 반응으로 생성된다. 이 성분은 숙성 과정을 통해서도 생성되기도 한다. 에스터류는 모든 증류주에서 가장 많이 검출되는 성분이며 예외적으로 보드카의 경우는 벤젠 유도체가 가장 많다. 서양 증류주의 경우는 에스터류 중 에틸카프릴산의 함량(23~405mg/L)이 가장 높고, 에틸카프르산이 그 뒤를 잇는다(21~70mg/L). 이 두 성분은 위스키에서는 전체 휘발성 성분 중에 10~48%, 브랜디에서는 19~29% 그리고 럼에서는 8~47%를 차지한다.

반면 중국 백주에서는 에스터류가 서양 증류주와는 다른 패턴을 보인다. 예로써 장향형 백주의 경우 에틸락테이트가 가장 많고(903~929mg/L), 그다음 에틸아세테이트가 그 뒤를 잇는다(771~851mg/L). 농향형 백주의 경우는 에틸카프로산이 가장 많고(643~772mg/L), 에틸발레르산이 그 다음 많다(224~317mg/L). 청향형 백주의 경우는 에틸아세테이트가 가장 많고(167~250mg/L), 그 뒤를 에틸카프르산이 잇는다(125~165mg/L). 중국 백주에서는 상기 두 성분이 전체 휘발 성분의 23~29%를 차지한다.

그리고 알코올류와 벤젠류가 대부분의 증류주에서 두 번째 많은 함량을 차지하는데, 알코올류는 증류주 간의 편차가 매우 크다(3~500mg/L). 청향형 백주가 500mg/L을 함유하여 가장 많은 알코올류를 나타내고 그다음 장향형 백주가 400mg/L을 나타낸다. 알코올류 중에 대부분 증류주는 노르말부탄올과 이소아밀알코올이 가장 많지만 중국 백주의 경우는 1-헥산올이 가장 많다. 증류주의 벤젠 유도체 성분은 에스터류보다 그 농도가 적지만(40~372mg/L), 보드카의 경우 다른 증류주에 비해 높은 함량을 나타낸다. 보드카의 벤젠 유도체 중 1,3-비스(1,1-디메틸에틸)류가 가장 많은 농도를 보인다. 그외 증류주에서는 벤즈알데히드가 벤젠 유도체 중에 가장 높은 농도로 확인된다.

증류주의 케톤류는 휘발성 성분 중에 세 번째로 많지만, 증류주에 함유된 농도는 적게 분포되어 있다. 유기산의 경우는 모든 증류주에 가장 적게 함유되어 있는데 서양 증류주 중의 경우 중사슬 유기산(카프릴산, 펠라르곤산, 카프로산, 2,2-디메틸뷰티르산)이 주요 산이지만, 중국 백주의 경우는 카프릴산과 단사슬 유기산(초산, 뷰티르산, 카프로산)이 주요 산이다.

한편 증류주의 향미에 영향을 미치는 휘발성 성분 외 비휘발성 성분도 향미에 영향을 미친다. 비휘발성 성분 대표적인 물질은 유기산류, 알코올류, 당류와 벤젠 유도체 등이다. 이 4개 성분이 전체 비휘발 성분의 55%를 차지한다. 중국 백주(283~727mg/L)가 서양 증류주(16~378mg/L)에서보다 비휘발 성분이 많이 검출된다. 젖산의 경우 중국 백주에서는 주요 비휘발 성분으로 125~484mg/L가 검출되는데 서양 증류주에서는 매우 적은 농도(1~44mg/L)가 확인된다. 당류의 경우는 중국 백주에서는 전체 비휘발 성분의 2% 미만이지만, 서양 증류주에서는 보드카를 제외하곤 30~90%를 차지하며 주로 과당과 만노오스가 주성분이다. 비휘발성 알코올류에서는 주로 폴리올(polyol)인데, 그중 서양 증류주에서 글리세롤이 주요 휘발성 알코올류이지만, 중국 백주에서는 글리세롤 외에 2-메틸 1,3-프로파네올과 2,3-부탄디올이 주요 비휘발성 알코올류이다.

[그림 8-50]은 중국 백주와 서양 증류주간의 향미 관련 유사성과 차별성을 나타낸 것이다. 서양 증류주 중 위스키, 브랜디, 럼 간 134개가 공통적인 아로마이며, 중국 백주 내에서는 170개의 아로마가 공통으로 나타난다. 반면 중국 백주와 서양 증류주는 76개 아로마만이 공통으로 나타난다. 이때 공통적인 아로마는 주로 에틸 에스터류(에틸아세테이트, 에틸프로판산, 에틸뷰티르산, 에틸카프로산, 에틸락테이트), 일부 벤젠 유도체(o-자일렌, 벤즈알데히드) 및 알코올류(노르말프로판올, 활성아밀알코올, 1-헥산올, 글리세롤)로 확인되며 이러한 성분이 증류주의 향미에 영향을 미친다.

또 중국 백주와 서양 종류 간의 아로마 차이를 보이는 성분을 보면, 중국 백주에서만 검출되는 에스터류는 카프로산, 헥실에스터, 이소펜틸카프로산 및 이소펜틸데카논산 등이다. 반면 당류로는 락토바이오닉산, D-자일로피라노오스, D-리보오스와 D-리보프라노오스만이 서양 증류주에서 확인된다.

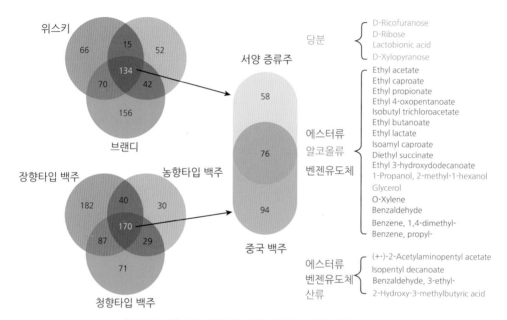

[그림 8-50] 중국 백주와 서양 증류주와의 향미 특성 비교

[그림 8-51]은 중국 백주와 서양 증류주 간의 향미 차이점을 원료, 발효 공정, 발효 미생물 및 숙성 용기 등의 관점에서 요약한 것이다. 우선 원료는 증류주 아로마에 직간접적으로 영향을 미치는데 베타파네신과 비티스 스피란은 브랜디에서만 확인된다. 이는 이 성분들은 포도에만 분포하며 와인으로 전이되어 증류 후 브랜디로 옮겨진 것이다. 일부 원료는 미생물에 의해 증류주의 향미에 간접적인 영향을 미친다.

일례로 중국 백주의 경우 수수나 혼합 곡류를 사용하는데, 이 원료들은 단백질이 많아 발효 시에 미생물(젖산균)에 의해 황 함유 아미노산이 황화합물로 분해되어 증류주로 전이된다. 곡류 껍질에 함유된 리그닌이 분해되어 벤젠 유도체를 형성하는 경우도 있다.

중국 백주와 서양 증류주 간의 아로마 특성 차이는 특히 발효 공정의 차이에 따라 영향을 받는다. 중국 백주는 비휘발성 유기산의 농도가 서양 증류주보다 높다. 그 이유는 자연 발효에 따라 젖산균과 클로스트디움이 다량 증식하여 젖산, 뷰티르산, 카프로산과 그에 상응하는 지방산 에틸 에스터가 많이 생성됐기 때문이다. 일부 젖산균은 아미노산(L-류이신)을 이용하여 2-하이드록시-4-메틸펜탄산을 생성하는데 이 성분은 백주에서만 적지 않은 농도가 확인된다.

그리고 누룩의 바실러스균(*B. subtilis*, *B. licheniformis*, *B. amyloliquefaciens*)은 다양한 효소뿐 아니라 2,3-부탄디올을 생성한다. 고초균(*Bacillus subtilis*)은 테트라메틸피라진을 생성하며 이 성분도 백주에서만 검출되는 성분이다. 반면 서양 증류주는 알코올 발효 시 효모만을 이용하여 에스터류, 고급알코올류, 산류 등 이미 잘 알려진 발효 부산물을 생성한다.

그리고 숙성 용기 또한 증류주의 아로마에 영향을 미친다. 일례로 오크통 숙성 시 오크락톤, 바닐린 및 바닐린산 등이 생성되는데, 이들 성분은 도자기 병에 숙성하는 백주에서는 검출되지 않고 오직 서양 증류주에서만 검출되는 성분이다. 또 당 첨가물에 따라 증류주 향미에 영향을 미치며 서양 증류주에는 캐러멜을 첨가하여 색상과 향미를 조정하기도 한다. 보통 증류주에는 알도케톤, 피라진, 알코올류, 지방산류 및 에틸에스터 등 생리활성 물질도 검출된다. 특히 백주에는 헤테로고리화합물(퓨란, 피롤, 티오펜, 티아졸)이 생리활성 물질로서 확인되는데, 이 물질은 커피에서도 함유되어 있어 항산화 기능성을 나타내는 것으로 알려져 있다.

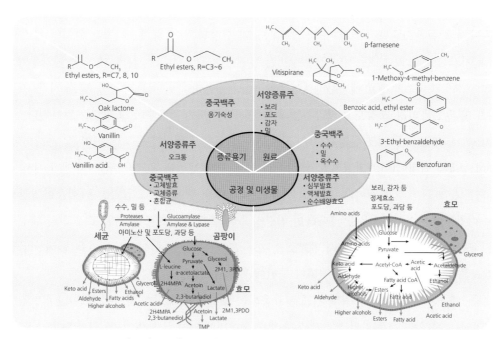

[그림 8-51] 백주와 서양 증류주 간의 향미 특성 비교

### ⑧ 중국 백주의 연구 동향

중국 백주의 자국 소비층은 견고하며 지난 20년간 판매량은 소득 증가와 함께 계속 증가 추세이다. 그러나 백주 품질 개선과 안전성 그리고 현대식 산업화에 대한 논쟁은 오랜 세월 현재 진행형이다.

우선 백주 품질 관련 백주 제조 시 사용되는 원료의 표준화와 교에서의 자연 발효 과정 관리가 어려워 백주 품질 이상이 자주 발생할 수 있다. 제품이 균일하지 못하면 제품 간 블렌딩을 통해 해결할 수밖에 없는 상황이 발생하기도 한다. 백주의 이미 이취를 예로 들면, 누룩 유래의 스트렙토마이세스속(Streptomyces spp.) 균이 생성한 지오스민(geosmin)에 의한 흙냄새, 곰팡이취, 악취 문제 및 쓴맛 등인데, 이에 대한 원인 규명과 저감화 방안이 아직 과학적으로 명확히 규명되지 못하고 있다.

다른 한편으로는 중국 백주의 가격이 고가인 관계로 모조품 백주의 범람으로 인해 소비자의 피해가 크고 위생 안전 문제도 함께 대두되고 있다. 최근 중국에서는 이러한 백주 시장의 문제를 해결하고자 제품 인증, 품질 및 등급 관리 그리고 지리적 표시 등에 관심이 커지기 시작하였다. 그러나 이러한 조치로도 백주 품질의 불균일성은 해결되지 않고 있어 현대식 제조 표준화 및 지속 가능한 제조 공정 확립을 통한 품질과 안정성을 높이려는 노력을 기울이고 있다.

중국 백주의 안정성 관련, 발암물질로 알려진 에틸카바메이트는 대부분의 주류에서 검출되는 성분으로 시아닌, 요소 및 알코올간의 반응으로 생성되는 물질로 중국 백주에서도 확인된다. 특히 백주를 고온에서 저장 시 더 많은 농도가 생성된다. 백주 제조사들은 최적의 제조 방법과 저장 조건 그리고 효율적인 검출 방법을 통해 에틸카바메이트 저감화에 노력을 기울이고 있다. 중국 증류주의 평균 에틸카바메이트의 농도는 $39.3\mu g/L$이며 원료 종류, 발효 기간, 저장 기간 및 온도에 따라 그 농도는 달라지는데 특히 저장 온도가 낮을수록 그 농도는 낮아진다.

또한 개방된 백주 제조 환경과 자연 발효법으로 인한 유해 성분도 해결해야 할 과제이다. 특히 누룩의 곰팡이(아스퍼질러스, 페니실리움)에 의해 생성된 오크라톡신 A가 백주에서 검출되는 문제도 해결 과제이다. 그리고 백주에 아로마를 부여하는 고급알코올(이소아밀알코올, 이소부탄올 등)의 경우도 과다하면 건강상 문제를 일으키므로 그 농도도 관리의 대상이다. 최근에는 후지사과 껍질 유래의 효소를 이용하거나 복합 균을 이용한 발효를 통해 고급알코올의 농도를 저감화하는 연구 결과가 문헌에 보고되고 있다.

최근에는 백주의 품질 평가 및 지표로 활용되는 향미 성분에 대한 관리에 많은 연구가 진행되고 있다. 또 향미 성분 간의 상호작용 등 백주의 향미에 영향을 미치는 요인들에 대한 심도 있는 연구들이 중국 학계를 중심으로 수행되고 있다. 그간의 연구에서는 백주의 성분 분석에 주력했지만, 최근에는 백주의 휘발성 성분과 비휘발성 성분 간의 상호작용으로 인한 향미 특성 변화 등 향미에 영향을 미치는 다양한 요인들에 관한 연구에 다각도로 초점을 맞추고 있다.

한편 [그림 8-52]에서 보는 바와 같이 백주 향미에 영향을 미치는 요소는 매우 복잡하고 다양하다. 일차적으로 누룩 유래의 피라진, 글리세롤, 사과산, 트리메틸아민, 만니톨, 베타다마세논 및 2-페닐에탄올 등이 백주의 향미에 영향을 미친다. 그러나 고체 발효를 통한 향미가 백주의 특성을 좌우한다는 문헌 보고도 있다. 교에서의 고체 발효를 통해 다양한 미생물들이 서식하게 되고 각각의 미생물들은 고유의 향미 성분을 분비하면서 또 한편으로는 향미 성분 생성 관련 미생물 간에 긍정적인 작용과 부정적인 상호작용 등이 혼재되어 생태계를 이어간다. 예를 들면 피치아 아놀말라의 경우 에틸락테이트, 카프릴산과 에틸테트라데카논산을 생성하여 청향형 백주의 특색을 나타내고, 사카로마이세스 세레비지에는 곡류의 털피노이드 전구물질을 이용하여 털피노이드를 분비하기도 한다.

그리고 세균 역시 백주 향미에 영향을 미치는데 바실러스 리체니포미스는 테트라메틸 피라진과 2,3-부탄디올을 분비하여 장향형 백주의 향미 특성을 나타낸다. 일부 효모는 향미를 강화하는 역할을 하며 일부 효모는 대사와 성장을 조절하는 역할을 한다. 흙냄새를 유발하는 스트렙토마이세스균은 향미를 증진하는 효모와 곰팡이의 증식을 억제함으로써 백주의 향미를 감소시키는 원인이 되기도 한다.

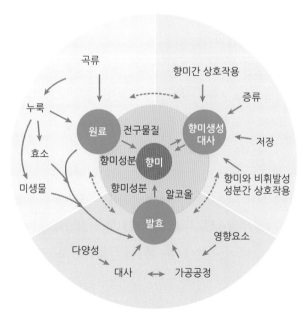

[그림 8-52] **중국 백주 향미에 영향을 미치는 요소**

### (3) 일본 소주

일본 소주(shochu)는 다양한 곡류(쌀·보리·고구마·메밀 등)를 이용하여 제조하는 일본 전통 증류주이다. 일본의 전통 소주는 우리나라 증류식 소주에 해당되며 사용하는 원료와 제조 방법이 서로 유사하다. 일본의 소주 제조 역사는 500년 전으로 거슬러 올라가는데, 일본의 맥주와 사케처럼 아직까지 글로벌화되지는 못한 실정이다.

일본 소주는 그간 과학적인 연구를 통해 소주 종류별 제조 방법을 차별화하고 향미 특성을 설정하여 품질을 관리하는 등 증류식 소주를 제조하는 우리 산업계에서는 주목할 만한 점이 적지 않다.

### ① 개요

일본 소주는 역사를 보면, 1420년 당시 난세이제도(南西諸島) 오키나와현(沖繩縣)에 속하는 도서군인 류큐가 여러 동남아시아 지역의 여러 국가와 무역을 하였다. 특히 오키나와의 나하시 항구는 남중국해 섬들, 인도네시아, 캄보디아, 태국, 필리핀 등 동남아시아 국가들을 연결하는 항구였다. 그무렵 이들 국가와의 교역 중에 소주가 일본으로 유입된 것으로 추정하고 있다. 1534년경의 중국 고문헌에 의하면 아와모리 소주는 맛이 깔끔하고 맛있는 술이며 태국으로부터 유입되었다고 기록하고 있다.

일본 소주 제조 기술은 중국에서 태국을 거쳐 14세기경 당시 무역의 중심지인 오키나와를 통해 처음 소주 제조 기술이 도입되었고 이후 가고시마와 구방 등으로 전파되었다는 것이 지금까지의 정설이다. 이를 뒷받침하는 태국의 양조장에서 발견된 증류주 양조 도구 등이 현재의 오키나와의 아와모리 소주 도구와 유사한 것으로 일본 문헌에 보고되고 있다. 따라서 일본의 소주 원조는 아와모리 소주로 볼 수 있으며 당시 쌀이 귀했던 일본의 농경 상황에서 피, 좁쌀, 수수를 이용하여 소주를 제조한 것으로 추정하고 있다.

한편 고구마가 중국에서 17세기 오키나와를 거쳐 가고시마에 도입된 이후 고구마 소주 제조가 시작되었으며, 이 시기에 지게미 소주 역시 제조가 시작된 것으로 일본 학계에서는 추정하고 있다. 보리소주는 19세기 초(에도시대) 나가사키현 이끼섬에서 처음으로 제조가 시작된 것으로 추정하고 있다. 그무렵 이 지역에서는 본래 쌀 청주가 제조되었는데, 쌀 부족으로 보리로 대체된 이후 현재는 보리소주가 이 지역의 주요 상품으로 자리를 잡게 되었다.

그리고 아랍에서 도입된 증류 기술과 함께 유입된 구리 증류기는 중국으로 전파된 뒤 도자기, 나무, 대나무 등의 형태로 변형되어 일본 소주 제조 때 사용된 증류기도 처음에는 나무 재질의 증류기를 사용하다가 철과 구리 재질의 증류기로 진화한 것으로 문헌에 기록되어 있다. 그리고 태국에서 오키나와로 도입된 초기 소주 제조법은 오키나와의 기후에 맞게 개량되었다. 당시 태국의 증류주 제조법은 중국의 영향으로 고체 발효법을 이용하였으나, 오키나와에서는 발효 시 술덧에 물을 첨가한 액체 발효법으로 제조 방법을 개량하여 수율을 높이는 방법으로 제조법을 바꾸었다. 또 초기에는 아스퍼질러스나 무코어 등의 곰팡이를 번식시킨 누룩을 이용하다가 고온다습한 오키나와의 기후로 인한 발효 시 산패 등의 문제점을 예방하고 주질 안정화를 위해 산 생성이 강한 흑국(아와모리균)을 사용하게 된다.

### ② 일본 소주의 품질 특성

#### ⓐ 소주별 일반 특성

현재 일본의 소주는 원료에 따라 아와모리소주, 쌀소주, 고구마소주, 보리소주 및 주박소주 등으로 분류되고, 그 외 증류 방식(상압ㆍ감압), 입국 종류(백국ㆍ황국ㆍ흑국) 및 숙성 방법(옹기ㆍ오크통)에 따라 구분하기도 한다.

일본의 전통주인 사케와 소주는 그간 전통 기술에 기반하여 오랜 세월 원료와 제조 과정을 개량해 왔다. 그러나 이러한 전통 방식으로 제조된 주류는 가성비를 비롯해 소비자의 소비 패턴과 기호 변화에 적절히 대응하는지에 대한 논란은 계속되고 있다. 현재 일본 주류 산업계는 전통 방식에 충실하면서도 국내외 새로운 글로벌 주류 시장 환경 변화에 대응하기 위한 기술 개발 및 마케팅 전략 등 다양한 대책을 강구하고 있다. [표 8-29]는 원료에 따른 일본 증류식 소주 종류별 이화학적 특성 비교한 것으로 원료에 따라 소주별 이화학적 특성과 그에 따른 향미 특징이 다르게 나타난다.

[표 8-29] 원료에 따른 증류식 소주의 이화학적 특성 비교

| 소주 | pH | 산도 | TBA값 | UV흡광 (OD10275) | 푸르푸랄 (mg/100mL) | 알데히드 (mg/L) |
|---|---|---|---|---|---|---|
| 고구마 | 4.72 | 0.81 | 0.103 | 0.541 | 0.66 | 16.3 |
| 쌀(상압) | - | 0.40 | 0.105 | 0.511 | 0.18 | 19.2 |
| 쌀(감압) | - | 0.30 | 0.002 | 0.028 | 0.01 | 14.1 |
| 보리(혼합) | - | 0.20 | 0.042 | 0.274 | 0.07 | 8.7 |
| 메밀 | - | 0.20 | 0.001 | 0.013 | 0.00 | 9.6 |

| | | | | | |
|---|---|---|---|---|---|
| 흑설탕 | - | 1.20 | 0.145 | 0.501 | 0.04 | 31.7 |
| 아와모리(일반) | 5.73 | 0.50 | 0.170 | - | - | 19.2 |
| 아와모리(고주) | 5.49 | 0.45 | 0.200 | - | - | 19.8 |

ⓑ 소주별 향미 특성

[표 8-30]은 일본 소주 종류별 주요 향미 특성을 개괄적으로 나타낸 것이다. 각 향미 성분은 사용한 원료와 증류 방식 및 숙성 정도에 따라 그 농도가 매우 상이하게 나타난다. 일례로 꽃 향과 과실 향을 부여하는 에스터류의 농도는 소주 간의 큰 편차를 보이며, 고급알코올류의 농도에서도 마찬가지이다. 그리고 초류 성분인 아세트알데히드는 회분식 단형과 연속식 증류 방법에 따라서 큰 농도 차이를 보인다. 그러나 소주 종류에 관계없이 고급알코올의 농도가 에스터류 농도보다는 훨씬 많게 나타나는 특성을 나타낸다.

[표 8-30] 일본 소주 향미 특성

| 원료 | 아세트 알데히드 | 에스터류(mg/L) | | | | 고급 알코올류(mg/L) | | |
|---|---|---|---|---|---|---|---|---|
| | | 에틸아 세테이트 | 이소아밀 아세테이트 | 에틸 카프로산 | 에틸 카프릴산 | 프로판올 | 이소 부탄올 | 이소아밀 알코올 |
| 보리소주 | 4 | 5 | 0 | 0 | 0 | 125 | 169 | 508 |
| | 15 | 109 | 6.9 | 0.7 | 1.1 | 162 | 173 | 556 |
| 보리소주(숙성) | 18 | 14 | 0.3 | 0 | 0.3 | 165 | 213 | 596 |
| | 16 | 72 | 3.6 | 0.4 | 1.1 | 166 | 201 | 581 |
| 쌀소주 | 25 | 40 | 1.5 | 0 | 0 | 259 | 220 | 491 |
| | 19 | 85 | 6.6 | 0.8 | 1.2 | 230 | 243 | 530 |
| 고구마소주 | 30 | 104 | 6.4 | 0 | 0.9 | 176 | 227 | 492 |
| | 26 | 80 | 3.8 | 0 | 1.1 | 98 | 240 | 419 |
| | 19 | 75 | 5.5 | 0 | 1.2 | 115 | 276 | 562 |
| 아와모리소주 | 31 | 56 | 2.9 | 0.7 | 3.2 | 196 | 344 | 598 |
| | 52 | 93 | 3.2 | 1.2 | 1.7 | 265 | 266 | 563 |
| 아와모리소주(숙성) | 46 | 100 | 2.6 | 0.7 | 3.3 | 177 | 366 | 629 |
| 잡곡소주(연속식증류) | 1 | 3 | 0 | 0 | 0 | 0 | 3 | 2 |

#### ⓒ 소주 종류별 고급알코올류

[표 8-31]은 원료에 따른 소주 종류별 고급알코올류의 농도 차이를 나타낸 것이다. 프로판올은 원료에 따른 차이가 없고 이소부탄올은 쌀소주에 많고 보리소주에 적게 나타나며, 이소아밀알코올은 수수로 만든 소주에 적게 검출되는 것으로 문헌에 보고되고 있다.

고급알코올류는 알코올 발효 조건에 따라 그 조성이 다르게 나타나는데, 일반적으로 고급알코올류 중에 이소아밀알코올이 가장 높고 그다음 이소부탄올과 프로판올 순으로 많다. 고급알코올은 소주 종류에 따라 성분 간의 일정한 성분비가 있고 그것이 소주 향미 타입 및 품질 지표로 활용된다. 이것은 소주뿐 아니라 위스키, 브랜디와 백주에서도 마찬가지다.

소주 종류별 고급알코올의 성분 비율을 보면, 쌀소주에서는(이소부탄올/프로판올: 1.77, 이소아밀알코올/프로판올: 4.06, 이소아밀알코올/이소부탄올: 2.30)으로 나타난다.

그리고 보리소주에서는(이소부탄올/프로판올: 1.26, 이소아밀알코올/프로판올: 3.41, 이소아밀알코올/이소부탄올: 2.70)로 나타난다.

그리고 수수소주에서는(이소부탄올/프로판올: 1.94, 이소아밀알코올/프로판올: 4.40, 이소아밀알코올/이소부탄올: 2.27)로 확인된다.

한편 이소아밀알코올/이소부탄올 조성비는 아와모리소주(1.1~1.8), 기타 증류주(2~4), 위스키(1~2), 브랜디(3~6)로 증류주 종류에 따라 그 조성비가 다르다.

[표 8-31] 원료에 따른 일본 소주의 고급알코올류 농도 차이

| 알코올류 (mg/L) | 원료 | | | | | |
|---|---|---|---|---|---|---|
| | 쌀 | 보리 | 고구마 | 흑설탕 | 메밀 | 아와모리 |
| Methanol(알코올 향) | 9 | 6 | 217 | 11 | 20 | 11 |
| *n*-propanol(P)(알코올 향) | 101~251 | 75~242 | 75~155 | 96~209 | 70~160 | - |
| Isobutanol(B)(알코올 향) | 159~304 | 122~225 | 153~307 | 104~187 | 147~244 | - |
| Isoamyl alcohol(A)(알코올 향) | 284~561 | 323~599 | 338~554 | 187~409 | 285~565 | - |
| 2-Phenyl alcohol(꽃 향) | 16~18 | - | 9~12 | - | - | 7.1~34.1 |
| 합계(P+B+A) | 544~1116 | 520~1066 | 566~1016 | 387~805 | 502~969 | - |
| Isoamyl alcohol/*n*-propanol | 1.9~4.6 | 2.0~5.3 | 2.7~5.2 | 1.6~2.7 | 2.8~6.3 | - |
| Isoamyl alcohol/Isobutanol | 1.5~2.8 | 2.1~3.7 | 1.6~2.8 | 1.6~3.0 | 1.9~3.4 | - |
| Isobutanol/*n*-propanol | 0.9~2.7 | 0.5~2.2 | 1.1~2.8 | 0.7~1.3 | 1.2~2.6 | - |

### ⓓ 소주 종류별 에스터류

[표 8-32]는 일본 소주와 중국 증류주간의 에스터 성분을 비교한 것이다. 중국 증류주가 일본 소주보다는 에틸아세테이트, 이소펜틸아세테이트 및 에틸카프로산이 월등히 많이 검출된다. 그리고 일본 소주에서는 거의 없는 에틸노나논산과 테카논산에틸 등도 확인된다. 이와 같이 일본 소주는 중국 백주와 비교해 에스터류에서는 다른 패턴의 아로마 특성을 나타낸다.

[표 8-32] 일본 소주와 중국 증류주 종류별 에스터 성분

| 향기 성분 (mg/L) | 쌀 소주 | 고구마 소주 | 보리 소주 | 흑설탕 소주 | 주박 소주 | 고량주 | 대국주 | 마오타이주 |
|---|---|---|---|---|---|---|---|---|
| Ethyl acetate(과일 향, 용매취) | 25 | 22 | 32 | 88 | 23 | 1,280 | 600 | 1,390 |
| $n$-Ethyl butyrate(신과일 향) | 0.1 | 0.1 | - | - | 0.2 | - | - | - |
| Ethyl caproate(파인애플 향) | - | 0.5 | 0.13 | 0.36 | 11 | - | 1,720 | 170 |
| Ethyl caprylate(풋사과 향) | 2 | 2 | - | 0.4 | 25 | - | - | - |
| Ethyl nonanoate(과실 향) | 3 | 3 | - | - | 2 | 80 | 70 | 140 |
| Ethyl decanoate(달콤, 과일 향) | 2 | 4 | - | 0.15 | 11 | 10 | 150 | 30 |
| Ethyl laurate(달콤, 비누 향) | - | 2 | - | - | 3 | - | - | - |
| Ethyl myristate(지방산취) | - | 4 | - | - | - | - | - | - |
| Isopentyl acetate(바나나 향) | 6 | 5 | 4 | 3 | 13 | 840 | 500 | 530 |
| 2-phenylethyl acetate(장미 향) | 3 | 2 | - | - | 15 | - | - | - |

### ⓔ 증류 방식별 향미 특성

[표 8-33]은 일본 소주의 감압과 상압 증류 방식에 따른 성분 차이를 나타낸 것이다.

[표 8-33] 감압과 상압 증류식 소주 품질 특성 비교

| 성분 | | 상압 증류 (mg/L) | 감압 증류 (mg/L) |
|---|---|---|---|
| 일반 성분 | 알코올 | 42.2% | 44.3% |
| | pH | 4.87 | 4.65 |
| | 산도 | 1.10 | 1.14 |
| | Acetaldehyde(풀취) | 31 | 24 |
| | Furfural(단향, 탄내) | 12.3 | - |

| | | | |
|---|---|---|---|
| 고급 알코올류 | $n$-propanol(알코올 향) | 152.7 | 166.0 |
| | Isobutanol(알코올 향) | 314.2 | 300.2 |
| | Isoamyl alcohol(알코올 향) | 759.8 | 726.6 |
| | 2-phenyl alcohol(장미 향) | 102 | 59 |
| | 소계 | 1,328.7 | 1,251.8 |
| 에스터류 | Ethyl acetate(꽃 향, 용매취) | 254.4 | 287.6 |
| | Ethyl lactate(버터취) | 4.0 | 2.1 |
| | Ethyl caprylate(과일 향, 비누취) | 4.9 | 2.4 |
| | Ethyl pelargonate(곡류 향) | 1.4 | 0.8 |
| | Ethyl caprate(단 향) | 12.9 | 4.5 |
| | Phenethyl acetate(장미 향) | 4.8 | 4.2 |
| | Ethyl laurate(비누취) | 1.9 | 0.9 |
| | Ethyl myristate(지방산취) | 3.4 | 2.2 |
| | Ethyl palmitate(왁스취) | 5.5 | 4.4 |
| | Ethyl stearate(지방산취) | 2.6 | 0.3 |
| | Ethyl linoleate(지방산취) | 1.2 | 0.3 |
| | 소계 | 297.0 | 309.7 |

표에서 보듯이 아세트알데히드는 상압 증류 소주에서 높게 나타나고 후류 성분인 푸르푸랄은 상압 증류에서만 검출된다. 고급알코올류에서는 장미 향을 부여하는 2-페닐에탄올이 상압 증류 소주에서 감압 증류 소주에서보다 2배가량 그 농도가 높게 확인된다. 전체 고급알코올 농도에서도 상압 증류 소주에서 그 농도가 높게 나타난다. 에스터류에서는 꽃 향을 부여하는 에틸아세테이트만이 감압 증류 소주에서 상압 증류 소주에서보다 농도가 높게 검출된다. 그 외 에스터류는 상압 증류 소주에서 높게 확인된다. 그러나 전체 에스터류는 두 소주 간의 차이는 크지 않은 것으로 나타난다.

[그림 8-53]은 상압 증류 소주와 감압 증류 소주와의 시음 평가를 나타낸 것이다. 앞서 설명한 바와 같이 고급알코올류는 상압 증류 소주에서 많이 검출된다. 에스터류 중에는 에틸아세테이트를 제외하곤 상압 증류 소주에서 대부분이 그 농도가 높게 나타나고 시음 평가에서 이화학적 분석 결과와 일치하는 결과가 나타난다. 전반적으로 이화학적 분석과 시음 평가를 종합해 보면 감압 증류 소주는 부드러운 향미를 나타내는 반면, 상압 증류 소주는 고급알코올

류와 지방산 에스터류(에틸카프로산, 에틸올레산, 에틸팔미트산, 에틸리놀레산 등)의 함량이 높아 복합적이고 강한 향미를 나타낸다.

이처럼 상압 증류 소주와 감압 증류 소주는 증류 방식 차이로 인해 향미 차이가 나는 것인데, 감압과 상압 증류 소주에 대한 선호도는 소비자의 취향에 달려 있다. 이때 이소아밀알코올 대비 프로판올, 이소부탄올 대비 프로판올 등 각 고급알코올류 간의 균형 잡힌 구성 비율이 각 소주의 향미 특성과 품질에 중요한 영향을 미치므로 고급알코올류의 구성 비율을 품질 지표로 관리하는 것이 중요하다.

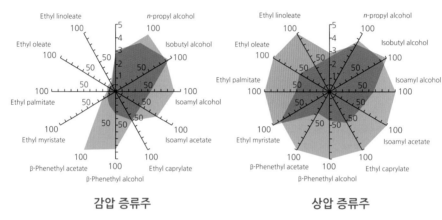

**감압 증류주**　　　　　　**상압 증류주**

[그림 8-53] 감압 증류주와 상압 증류주의 아로마 특징 비교

③ 소주 종류별 향미 특성

다른 주류에서와 마찬가지로 일본 소주의 경우도 소주 종류별 사용하는 원료와 제조 특성별 향미 특성이 다르게 나타난다. 여기서는 일본 증류주의 대표적인 술인 아와모리 쌀소주와 고구마소주, 보리소주를 중심으로 각각의 향미 특성을 알아보기로 한다.

ⓐ 아와모리 소주

아와모리 소주는 600년의 역사를 가진 일본 전통술로서 현재 오키나와 47개 지역에서 제조되고 있다. 이 소주는 태국에서 수입되는 장립형(인디카) 쌀을 이용하는데, 앞서 언급한 바와 같이 소주 기술이 태국에서 유래되어 소주 원료와 기술은 현재까지 이어지고 있다.

[표 8-34]는 아와모리 소주와 다른 술과의 사용 원료, 제조 특징 및 향미 특성을 비교한 것

이다. 아와모리 소주는 사용원료와 제조과정 등이 서양 증류주와 달라 품질과 향미 특성이 다르게 나타난다. 예를 들면 서양 증류주(위스키, 브랜디)의 경우 바닐라 향은 숙성 중 오크통의 리그닌 성분이 분해되어 나온 성분이지만, 아와모리 소주의 바닐라 향은 옹기 숙성을 통해 생성된 것이다. 특히 3년 이상 숙성된 아와모리 소주를 고주(古酒)라 하며 고가에 판매된다.

[표 8-34] 아와모리 소주와 다른 주류와의 특성 비교

| 구분 | 아와모리 | 사케 | 위스키 | 브랜디 |
|------|----------|------|--------|--------|
| 유형 | 증류주 | 발효주 | 증류주 | 증류주 |
| 생산지 | 오키나와 | 일본 전역 | 글로벌 | 글로벌 |
| 제조 온도 | 연중 25℃ | 겨울(0~4℃) | 실온(10~15℃) | 실온(15~20℃) |
| 원료 | 인디카쌀 | 자포니카쌀 | 보리, 옥수수 | 포도 |
| 술덧 | 병행 복발효, 구연산 생성 | 병행 복발효, 젖산 생성 | 단행 복발효, 산생성 없음 | 단행 복발효, 사과산 생성 |
| 당화제 | 입국 | 입국 | 맥아 | - |
| 미생물 | 아스퍼질러스 아와모리, 아와모리 효모 | 아스퍼질러스 오리제, 사케 효모, 젖산균 | 위스키 효모 | 와인 효모 |
| 발효 온도 | 27~30℃ | 10~15℃ | 15~25℃ | 15~26℃ |
| 알코올 도수 | 25~30도 | 15~16도 | 40~50도 | 40~50도 |
| 숙성 기간 | 3년 이상 | 단기 | 3년 이상 | 3년 이상 |
| 숙성 용기 | 옹기 | 스테인리스 용기 | 오크통 | 오크통 |
| 향 특성 | 바닐라 향 | 과실 향 | 바닐라 향 | 바닐라 향 |

아와모리 소주의 제조 특성을 살펴보면 다음 3가지의 특징을 나타낸다. 첫째, 아와모리 소주의 술덧에는 고두밥에 아스퍼질러스 균을 증식시킨 입국인 흑국(*Aspergillus awamori*)을 이용한다. 아와모리 소주용 술덧은 이른바 당화와 알코올 발효가 동시에 진행되는 병행복 발효법으로 삼투압 현상 없이 발효 후 술덧의 알코올 도수는 16~18도 수준이 된다. 둘째, 흑국은 특히 구연산 생성이 높아 알코올 발효 시 술덧의 pH는 낮게 유지된다. 오키나와의 연중 평균 온도는 25℃로 술덧 부패균 서식에 알맞고 이 부패균은 pH 4.0에서도 증식할 수 있다. 보통 청주 제조에 사용되는 황국(*Aspergillus oryzae*)이 분비하는 전분 분해효소(아밀라아제)는 pH 3.5에서는 불활성되지만, 흑국은 pH 3.0에서도 활성이 가능하고 고온에서도 적응을 잘한다.

셋째, 아와모리 소주는 숙성을 통해 아로마 특히 바닐라 향 특성을 나타내는데 숙성은 옹기를 땅에 묻어 3년 이상 진행한다.

한편 아와모리 소주의 제조 과정을 보면 [그림 8-54]와 같으며 전체 제조 공정은 우리나라 증류식 소주와 흡사하다. 그러나 이미 언급한 바와 같이 사용 원료와 세부적인 제조 공정에서는 다른 특성을 나타낸다.

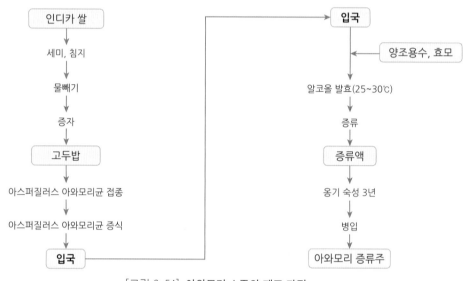

[그림 8-54] 아와모리 소주의 제조 과정

㉮ 쌀

아와모리 소주의 원료는 태국으로부터 수입된 장립형 인디카 품종을 사용하는데, 다음과 같은 장점으로 인해 현재도 태국 수입쌀을 사용하고 있다. 첫째, 일본 쌀 자포니카보다 저렴하다. 둘째, 인디카 쌀은 찰지지 않아 입국 제조에 적합하다. 셋째, 인디카 쌀은 딱딱하고 당화가 서서히 진행되기 때문에 술덧의 온도 조절과 관리가 수월하다. 넷째, 인디칼 쌀을 이용한 발효에서 알코올 도수가 더 높게 나온다.

그리고 인디카 쌀은 자포니카 쌀에 비해 크기와 형태뿐 아니라 전분 특성에서도 차이가 있다. 이미 설명한 바와 같이 자포니카 멥쌀은 아밀로오스 함량이 10~22%가량이고 찹쌀에는 아밀로오스가 없고 아밀로펙틴으로만 이루어져 있다. 반면 인디카 쌀은 아밀로오스 함량이 18~32% 가량 함유되어 있고 찰기가 덜해 입국 제조에 더 적합하다. 또 인디카 쌀의 호화 온도가 71.5℃인 반면 자포니카 쌀은 63.5℃로 차이가 있다.

일본의 아와모리 소주는 전통주임에도 불구하고 태국쌀을 여전히 사용하고 있고 그 기술도 본래 태국으로부터 유입된 것이다. 그렇다고 일본인들이 아와모리 소주를 외래 술로 취급하지 않으며 오히려 자국의 양조 기술을 접목하여 품질을 한 단계 높여 자국화한 점은 우리나라 전통주 산업계에 시사하는 바가 크다고 할 수 있다.

### ㉯ 입국 제조

입국 제조 과정에서는 우선 고두밥에 아와모리 흑균(아스퍼질러스 루추엔시스 흑균)을 40℃에서 접종하고 이후 온도를 서서히 내려 30~35℃를 유지한다. 이 온도에서 곰팡이가 전분 분해효소인 아밀라아제를 분비하고 쌀의 다른 효소(feruloyl esterase)도 쌀 세포 밖으로 나오게 된다. 입국 제조 30시간 이후에는 온도가 35℃ 이하로 내려가는데 이때 흑국은 구연산을 다량 생성하게 된다. 아와모리 증류주의 주요 향인 바닐라 향은 쌀의 페룰산(ferulic acid)이 페룰산합성 효소의 작용으로 바닐라가 생성된 것으로 특히 입국 제조 시 온도가 37~40℃일 때 가장 많이 생성된다.

### ㉰ 알코올 발효

아와모리 소주용 효모는 아와모리 증류장에서 분리한 것으로 낮은 pH와 고농도 알코올에도 내성이 강하다. 따라서 알코올 도수가 높고 pH가 낮은 술덧 환경에서도 증식을 잘하고 발효를 원활히 이끈다. 일반적으로 양조용 효모는 35℃에서 알코올 도수가 11도 이상이면 발효가 억제되는 것으로 알려져 있는데, 아와모리 소주용 효모는 온도가 30℃ 이하에서는 알코올 도수 17도에서도 발효가 원활히 진행된다. 아와모리 술덧은 입국과 물만으로 만들며 첨가하는 물의 양은 입국 대비 170%를 첨가한다. 발효 온도는 23~28℃이고 발효 온도가 30℃ 이상이면 발효가 멈추게 된다. 발효 온도 20℃ 이하에서는 효모 증식이 느려지고 세균에 오염될 우려가 있다. 보통 알코올 발효 3일 정도에 알코올 도수는 10도에 도달하고 4일에는 14도, 7일 후에는 17도까지 올라간다.

### ㉱ 증류

발효 후 고온과 고농도 알코올에서는 술덧의 효모가 자가분해되어 술덧의 향미에 부정적이므로 증류는 될 수 있는 대로 빨리 진행한다. 아와모리 술덧 증류는 상압 방식을 이용하며 증류주는 다양한 아로마 성분과 풍부한 맛이 특징적이다. 그리고 증류 시 후류에서 유출되는 푸르푸랄로 인해 탄내가 난다. 그리고 숙성 후 증류주의 품질은 세련되고 그윽한 향을 풍기는 소주가 만들어진다.

㉰ 숙성

아와모리 증류주는 재래 방식에서는 옹기에 옮겨 땅속에 묻어 숙성을 진행하는데 숙성이 매우 빠르게 진행된다. 숙성 중에 증류주의 지방산과 휘발산(초산)은 옹기의 칼슘과 마그네슘에 의해 중화되어 맛이 순화된다. 보통 아와모리 증류주는 3~5년가량 숙성하며 가장 오래된 증류주 일부를 빼내어 제품화한다. 그리고 빼낸 만큼의 증류주를 그 앞의 옹기에서 빼내고 해서 연속적으로 오래된 증류주를 빼내고 그다음 오래된 증류주를 채워 넣는 방식으로 숙성을 진행한다([그림 8-55]). 이러한 방식은 전통 아와모리 고급 고주 증류주에만 실시하는데, 유럽의 쉐리 와인이나 발사믹 식초 제조 공법에서 사용하는 방식과 유사하다. 한편 요즘 일본 소비자들은 스테인리스 용기에서 숙성 후 활성탄이나 이온교환수지를 이용한 증류주 여과 후 제품화된 드라이한 아와모리 증류주를 선호하는 추세이다.

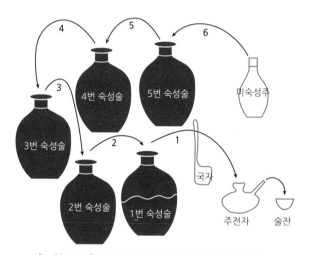

[그림 8-55] 전통 방식의 아와모리 소주 숙성 방법

㉱ 향미 특성

아와모리 소주의 향미는 다른 일본 소주와는 다른 특성을 나타내며 알코올 발효 중에 생성된 초기 향미와 숙성을 통해 생성되는 향미가 복합적으로 작용한다. 대표적인 향미는 이소아밀알코올과 이소아밀아세테이트이다. 그 외 아와모리 소주는 바닐라 향을 특징으로 하는 중

류주로 대표적인 아로마 성분은 바닐린으로 알려져 있고, 그 외 페놀 성분인 4-비닐과이어콜과 유기산인 페룰산도 함유되어 있다. 또 아스퍼질러스 루추엔시스 흑국균이 생성하는 1-옥텐-3-올 역시 아와모리 소주의 주요 향이다.

4-비닐과이어콜과 바닐린의 생성기전을 보면([그림 8-56]), 쌀 세포벽의 펜토산의 일종인 자일란은 페룰산으로 전환된 후 입국에 함유된 효소(feruloyl esterase)에 의해 쌀의 배유 세포벽으로부터 페룰산이 분리된다. 이후 이 페룰산은 증류 중에 열에 의해 4-비닐과이어콜로 전환되며 이 성분은 숙성 중에 바닐린으로 전환된다. 4-비닐과이어콜은 일반 맥주에도 검출되며 보통 이취로 간주하는데, 밀 맥주에서는 오히려 제품의 특성을 나타내는 고유향으로 간주하기도 한다. 페룰산의 농도는 효소 페룰로일 에스터라아제의 활성화에 달려 있으며 페룰산의 농도가 높을수록 아와모리 소주의 바닐라 향은 더욱 강하게 된다.

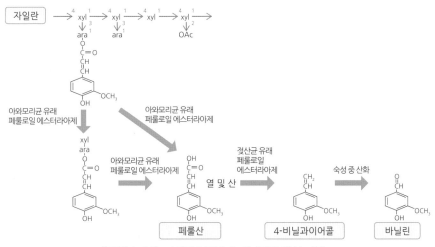

[그림 8-56] 자일란으로부터 바닐린의 생성 기전

최근 연구에 의하면 바닐린의 생성은 입국 제조 시 사용되는 균주인 아스퍼질러스 루추엔시스 흑국균의 대사 변화에 의해 입국에서 이미 바닐린이 생성되는 것으로 문헌에 보고되고 있다. 즉 입국에는 이미 페룰산, 바닐린 및 바닐린산이 존재하고 이 성분들이 증류 시 증류주로 전이되는 것으로 보고하고 있다. 페룰산이 바닐린으로 전환되는 대사경로에는 효소 페룰로일 에스터라아제가가 관여하며 특히 feruloyl-CoA 합성 효소와 feruloyl-CoA 가수분해 효소가 관여하게 된다. 그 외 바닐린산의 생성에는 바닐린 가수분해 효소가 관여한다.

다른 한편으로는 페룰산은 다양한 미생물(*S. cerevisiae*, *Pseudomonas fluorescens*, *Rhodotorula rubra*, *Candida famata*, *Bacillus pumilus*, *Lactobacillus paracasei*)이 분비하는 효소(페룰산 탈탄산효소)에 의해서도 4-비닐과이어콜로 전환되는 것으로 알려져 있다([그림 8-57]).

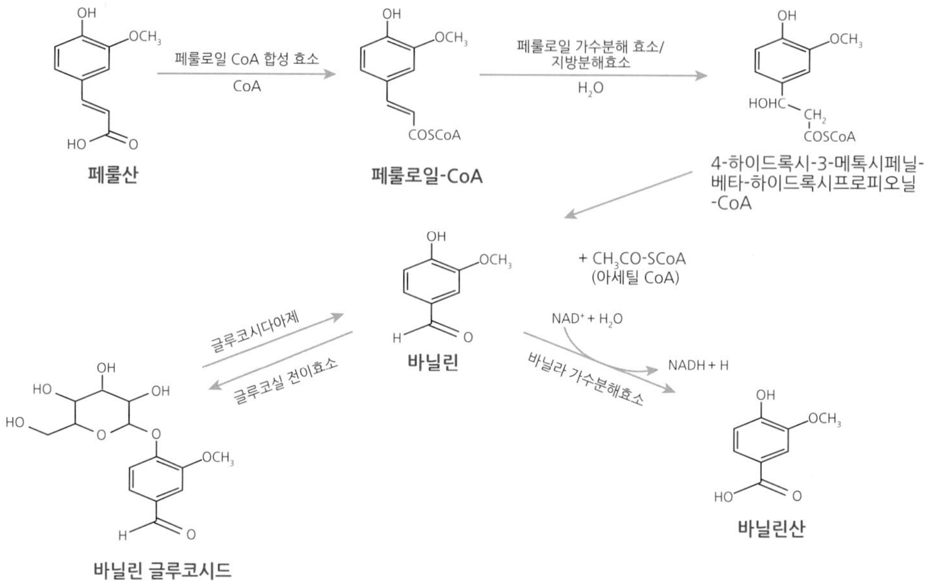

[그림 8-57] 페룰산과 바닐린 배당체로부터 바닐린의 생성 기전

아와모리 소주에는 바닐린 성분뿐 아니라 다른 성분들도 향미에 영향을 미치며 특히 숙성 과정을 통해 향미 특성이 달라진다. 우선 미숙성 아와모리 소주에서 주요 향인 에틸아세테이트는 숙성 후 그 함량이 줄어들어 숙성된 아와모리 소주에 순한 향을 부여하게 된다. 또 다른 에스터 성분(에틸포름산, 메틸포름산, 에틸프로피온산, 에틸뷰티르산)들도 그 농도가 숙성 과정 중에 감소하게 된다. 반면 소량이지만 헥실아세테이트, 헵실아세테이트와 옥틸아세테이트는 숙성 중에 증가하는 추세를 보이며 아와모리 소주의 향기에 영향을 미치는 것으로 알려져 있다.

아세트알데히드 성분 중에는 헥산알, 옥탄알과 노난알은 증가하여 숙성된 아와모리 소주의 향기에 영향을 준다. 또 대부분의 황화합물(디설파이드, 디메틸설파이드, 디메틸디설파이드, 디메틸트리설파이드 등)은 숙성 중 그 농도가 감소하여 아와모리 소주의 부드러운 향을 풍기게 한다.

ⓑ 일반 쌀 소주의 아로마 특성

아와모리 소주 외 일반 쌀 소주의 경우는 입국 제조 시 백국(*Aspergillus luchuensis* mut. *kawachii*)을 사용하기도 한다. 백국 제조는 보통 약 45시간이 소요되며 이 기간 동안 곰팡이가 증식하면서 효소를 생성하면서 아로마도 생성된다. 따라서 쌀 입국도 사케와 소주 향미에 영향을 미치게 된다. 일본 백국에서 풍기는 향은 주로 밤나무 향, 버섯 향과 먹물 향이 대표적이며, 이소뷰티르알데히드, 이소발레르알데히드, 1-옥텐-3-올 및 페닐아세트알데히드가 주요 성분으로 확인된다.

일반적으로 백국을 이용한 쌀소주는 질감이 강하면서 달콤한 향, 캐러멜 향 또는 로스팅 향을 특징으로 하지만 인공 효소를 이용하여 제조한 소주는 나무 향과 피클 향이 강하게 풍기게된다. [표 8-35]는 쌀 소주와 효소를 이용하여 제조한 술덧을 증류한 소주와의 향기 특성을 비교한 것이다. 표에서 보듯이 쌀소주에서는 효소 소주에 비해 아몬드 향을 풍기는 이소발레르알데히드가 월등히 높게 나타나는 반면, 이소아밀알코올과 이소아밀아세테이트는 효소 소주에서 더 높게 확인된다.

[표 8-35] 일본 쌀 소주의 아로마 특성

| 아로마 | 농도(μg/L) | | 아로마가 | | 역치 |
|---|---|---|---|---|---|
| | 쌀 소주 | 효소 소주 | 쌀 소주 | 효소 소주 | |
| Isovaleraldehyde(아몬드 향) | 230 | 80 | 1,150 | 400 | 0.2 |
| Ethyl caprylate(풋사과 향) | 350 | 230 | 175 | 115 | 2 |
| Acetal(단향, 비닐취) | 2,600 | 3,800 | 52 | 76 | 50 |
| Ethyl caproate(파인애플 향) | 90 | 40 | 18 | 8 | 5 |
| Ethyl 2-methyl butyrate(과일 향) | 110 | 6 | 16 | 6 | 1 |
| Ethyl isobutyrate(과일 향) | 39,000 | 90 | 7.3 | 6 | 15 |
| Ethyl acetate(과일 향, 용매취) | 21 | 30,000 | 5.2 | 4 | 7,500 |
| Hexanal(미숙성 향, 풀냄새) | 139,000 | 25 | 4.7 | 5.6 | 5 |
| Isoamyl alcohol(알코올 향, 바나나 향) | 130 | 278,000 | 4.6 | 9.3 | 30,000 |
| Isoamyl acetate(알코올 향, 바나나 향) | 70 | 310 | 4.3 | 10.2 | 30 |
| Ethyl butyrate(파인애플 향) | 7 | 50 | 3.5 | 2.5 | 20 |
| Ethyl isovalerate(과일 향) | 3 | 9 | 2.3 | 3.0 | 3 |
| Dimethyl trisulfide(삶은 양파 향) | 0.13 | 0.16 | 0.7 | 0.8 | 0.2 |
| Ethyl laurate(달콤한, 밀랍, 비누취) | 110 | 80 | - | - | - |

그리고 에틸카프로산, 에틸카프릴산 및 에틸라우르산은 입국 쌀 소주에서만 검출되며, 밝혀지지 않는 성분 중에는 감자 향, 라벤더 향, 차 향 등도 감지된다. 입국 쌀소주가 대체로 효소 쌀소주보다 중사슬 지방산($C_6$~$C_{12}$) 에틸에스터의 농도가 높게 나타나는 것을 알 수 있다. 이는 입국에 지방 분해효소(lipase)가 지방산을 생성하여 지방산 에틸에스터의 생성에 간접적인 영향을 미친 것으로 볼 수 있다. 따라서 지방산 에틸에스터 성분들은 입국 쌀소주의 달콤한 향에 영향을 미친 것이다.

그리고 디에틸트리설파이드를 제외하곤 대부분의 향기 성분들은 아로마가 2 이상으로 나타난다. 특히 이소발레르알데히드와 에틸카프릴산은 가장 높은 아로마가를 보여 입국 쌀소주의 대표적인 향으로 나타난다. 이소발레르알데히드 성분은 일반적으로 쉐리 와인, 배 증류주와 버번 위스키에서도 확인되는 성분이다. 이소발레르알데히드는 효모가 이소아밀알코올 합성 과정에서 생성된 부산물이기도 하며 증류 과정에서도 마이얄 반응으로 인해 생성되는 성분이다. 이와 관련 입국 쌀소주에서 이소발레르알데히드가 더 많이 검출되는 이유가 알코올 발효와 증류 과정 외에 쌀 입국 자체에서도 이 성분이 생성되기 때문인 것으로 일본 학계에서는 추정하고 있다.

최근 일본에서는 중국의 농향형 백주의 소비가 높은 것에 착안하여, 이 백주의 주요 향인 에틸카프로산과 에틸락테이트의 함량을 백주에서처럼 일본 쌀소주에서 재현하고자 연구를 많이 진행하고 있다. 쌀소주 제조 시 술덧 2단 담금 초기에 카프로산을 1,000mg/L을 첨가하여 에틸카프로산의 함량을 쌀소주에서 분석해 본 결과, 에틸카프로산의 함량은 증가하였으나 효모의 활성도는 낮아져 알코올 도수가 낮아지는 현상이 관찰되었다. 중국 백주의 경우는 교에서 서식하는 다양한 세균에 의해 카프로산이 젖산에서 생성되어 에탄올과의 결합으로 에틸카프로산과 에틸락테이트가 생성된다. 이런 대사 기전을 응용하여 쌀소주 제조 시 2단 담금 초기에 카프로산을 생성하는 세균과 젖산을 생성하는 젖산균을 동시에 첨가하여 실험한 결과, 에틸카프로산과 에틸락테이트의 함량이 높아지는 것으로 문헌에 보고되고 있다

ⓒ 보리소주

㉮ 보리소주 제조 과정
보리는 1955년까지 오스트리아산 두줄보리를 사용하다 현재는 일본산 보리로 대체되었다. 소주용 보리는 원료 품질 검사를 위해 천립 중 도정율과 전분가 등을 주기적으로 관리한다. 보리소주에 사용되는 보리는 쌀보다 단백질과 지질 그리고 미네랄(철, 칼륨, 마그네슘, 인)이

다량 함유되어 있다.

보리는 우선 이물질 제거를 위해 세척 과정을 거쳐 보리를 침지하고 물빼기를 한다. 보리는 보통 쌀보다는 물의 흡수 속도가 빠르고 최대 흡수량도 크다. 물론 물 흡수 과정 중에 보리가 서로 달라붙고 단단해져 엉기는 현상이 나타나기 때문에 원료 처리에 신경을 써야 한다. 보리의 물 흡수율은 보통 34~38%로 목표로 하는데, 물빼기 과정에서도 물이 흡수되므로 이를 고려하여 24~28% 수준이 되게 침지하는 것이 좋다. 이후 증자 과정은 쌀 고두밥과 같은 조건에서 하면 되고 증자 시간은 40분 정도이다. 증자 시 주의할 것은 증자 상태이며 입국용은 산도가 쉽게 나오도록 연하게 찌고 점성이 없는 상태가 좋다.

그리고 덧술용은 다소 단단하게 찌고 형태는 보리 중심부가 완전히 증자되지 않고 흰 점이 남아 있는 상태가 좋다. 증자된 보리의 수분은 36~40%가 적당하다. 보리는 쌀에 비해 중심부보다 표면의 흡수가 빨라 쌀보다 물 흡수에 의한 체적 변화가 크다. 이에 따라 입국 제조 시 수분의 감소로 보리가 뭉쳐지고 쌀 입국의 경우 입자 중심부까지 곰팡이 균사가 증식하는 반면, 보리의 경우는 주로 보리 표면에 균사가 증식하게 된다.

보리 술덧의 담금 배합은 1차 급수 비율이 120%, 총 급수 비율은 140~150% 그리고 입국 비율 50%가 일반적이다. 보리소주의 원료 사용은 쌀 입국 또는 보리 입국으로 1차 술덧을 제조하고 보리를 덧밥으로 사용한다. 보리 입국은 쌀 입국에 비해 곰팡이에 의한 산생성이 적어 출국 산도가 낮다. 보리소주의 술덧 제조 시 입국 투입 비율을 50%로 하는 것은 술덧의 산도를 높이려는 것외에 보리 전분의 당화가 쌀보다 좋지 않기 때문이다. 2차 담금은 30℃에서 진행하고 32℃ 이상에서 장시간 발효하는 것은 바람직하지 않다.

### ⑭ 보리소주의 향미

보리소주에 사용하는 입국은 백국이며 보리소주와 다른 소주와의 향미 특성을 비교해 보면 다음과 같다([표 8-36]). 알데히드류와 고급지방산 에틸 에스터류는 사용 원료와 관계없이 상압 증류식 소주에서 그 농도가 더 높게 나타난다. 그러나 알코올류와 에스터류에서는 차이가 거의 없다. 그리고 페닐 아세트알데히드의 경우 쌀소주에서보다 보리소주에서 더 많이 검출된다. 유제놀의 경우 쌀소주에서는 확인되지 않는다. 또 상압 증류한 보리소주에서는 벤즈알데히드, 데트라데칸올, 에틸팔미트산, 에틸리놀산 및 디메틸디설파이드는 쌀소주에 많고, 디메틸설파이드는 감압 증류 방식의 보리소주에서 더 많이 검출된다. 바닐린은 숙성한 소주에서 많이 확인된다. 그리고 쌀소주와 보리소주 대비 기타 소주와의 향기 성분을 비교해 보면, 디아세틸, 과이어콜, 피라진류와 모노털핀 알코올류 등을 비롯한 많은 성분에서 유의적 차이를 보인다. 또 보리소주와 쌀소주와의 아로마에서도 적지 않은 특정 성분들이 유의적 차이를 나타내는 것으로 문헌에 보고되고 있어 보리소주와 다른 소주와는 향미 특성이 다른 것을 알 수 있다.

[표 8-36] 일본 보리소주와 기타 소주와의 아로마 성분 특성 비교

| 향기 성분 | 보리소주 | | 쌀소주 | | | 기타 소주 기타 소주 | 쌀·보리소주 와 기타 소주 와의 유의적 차이 | 보리소주 와 쌀소주 와의 유의 적 차이 |
| | 상압 | 감압 | 상압 | 상압 | 오크 통숙 성 | | | |
|---|---|---|---|---|---|---|---|---|
| Acetaldehyde(mg/L) | 27 | 18.7 | 17.4 | 9.2 | 17.6 | 35.4 | o | o |
| Diacetyl($\mu$g/L) | 1020 | 121 | 558 | 184 | 21.9 | 508 | o | |
| Isobutylaldehyde($\mu$g/L) | 103 | 6.1 | 85.3 | 11.3 | 11.9 | 83.5 | o | |
| Isovaleraldehyde($\mu$g/L) | 617 | 17 | 292 | 50 | 86 | 179 | o | |
| 2-methylbutylaldehyde($\mu$g/L) | 114 | 4.1 | 49 | 5.1 | 6.9 | 59.5 | o | |
| 2-Heptenal($\mu$g/L) | 0.14 | - | 0.03 | - | - | 0.38 | | |
| Nonanal($\mu$g/L) | 4.85 | 1.01 | 2.19 | 1.27 | 1.04 | 3.38 | o | |
| 2-nonanone($\mu$g/L) | 1.50 | 2.37 | 1.43 | 1.78 | 1.68 | 7.01 | | |
| Decanal($\mu$g/L) | 0.74 | 0.44 | 0.55 | 0.20 | 0.40 | 1.00 | o | |
| Benzaldehyde($\mu$g/L) | 113 | 13.0 | 17.4 | 2.95 | 17.2 | 31.8 | o | o |
| Phenylacetaldehyde | 6.3 | 9.5 | 289 | 25.0 | 23.0 | 188 | o | o |
| $n$-propanol(mg/L) | 144 | 159 | 146 | 154 | 163 | 137 | o | |
| Isobutanol(mg/L) | 186 | 182 | 185 | 172 | 170 | 209 | o | |
| Isoamyl alcohol(mg/L) | 448 | 421 | 494 | 514 | 529 | 462 | | o |
| 1-hexanol($\mu$g/L) | 144 | 378 | 167 | 157 | 159 | 113 | o | |
| 1-octanol($\mu$g/L) | 19.1 | 30.3 | 14.6 | 23.0 | 20.8 | 22.7 | | o |
| 1-octen-3-ol($\mu$g/L) | 8.9 | 22.7 | 19.8 | 16.7 | 13.6 | 61.3 | o | |
| 1-decanol($\mu$g/L) | 8.27 | 5.81 | 6.72 | 3.53 | 3.73 | 13.4 | o | |
| Dodecanol($\mu$g/L) | 2.58 | 0.48 | 0.82 | 0.72 | 0.92 | 3.78 | o | |
| Tetradecanol($\mu$g/L) | 30.7 | 0.93 | 1.56 | 0.28 | 1.64 | 9.88 | o | |
| $\beta$-phenethyl alcohol(mg/L) | 70.1 | 33.4 | 50.2 | 43.9 | 55.8 | 55.0 | o | o |
| Citronellol($\mu$g/L) | 10.4 | 7.50 | 8.86 | 7.52 | 7.94 | 35.4 | o | |
| Farnesol($\mu$g/L) | 44.4 | 2.4 | 30.9 | 4.5 | 6.5 | 109 | o | |
| Geraniol($\mu$g/L) | 5.62 | 3.80 | 8.03 | 8.23 | 5.77 | 27.7 | o | o |
| Linalool($\mu$g/L) | 2.87 | 1.43 | 7.87 | 2.87 | 5.15 | 39.7 | o | o |
| Nerol($\mu$g/L) | 1.59 | 1.04 | 2.01 | 2.38 | 1.25 | 19.5 | o | o |

| | | | | | | | | |
|---|---|---|---|---|---|---|---|---|
| Nerolidol($\mu$g/L) | 5.95 | 0.48 | 5.92 | 0.81 | 2.66 | 21.4 | O | O |
| $\alpha$-terpineol($\mu$g/L) | 0.75 | 0.49 | 2.43 | 1.27 | 2.53 | 41.8 | O | O |
| Ethyl acetate(mg/L) | 98.6 | 84.7 | 98.2 | 91.2 | 94.6 | 117 | O | |
| Isoamyl acetate(mg/L) | 8.10 | 4.68 | 6.19 | 26.8 | 3.95 | 4.38 | O | |
| Ethyl isobutyrate($\mu$g/L) | 34.5 | 63.3 | 61.6 | 55.8 | 62.1 | 131 | O | |
| Ethyl 2-methylbutyrate($\mu$g/L) | 4.8 | 9.6 | 12.8 | 13.1 | 15.4 | 18.6 | O | O |
| Ethyl valerate($\mu$g/L) | 16.2 | 21.0 | 7.42 | 7.84 | 7.31 | 2.44 | O | O |
| Ethyl isovalearate($\mu$g/L) | 6.3 | 13.1 | 12.3 | 13.9 | 17.1 | 16.6 | O | O |
| 2-methylbutyl acetate($\mu$g/L) | 683 | 397 | 546 | 533 | 379 | 405 | O | |
| Hexyl acetate($\mu$g/L) | 4.83 | 6.05 | 4.13 | 3.45 | 1.98 | 5.22 | | |
| Ethyl butyrate($\mu$g/L) | 356 | 315 | 237 | 236 | 196 | 223 | O | O |
| Ethyl caproate(mg/L) | 2.37 | 3.29 | 1.01 | 1.12 | 0.68 | 3.14 | | O |
| Isobutyl caproate($\mu$g/L) | 2.01 | 2.52 | 1.64 | 1.71 | 1.71 | 5.82 | O | |
| Isoamyl caproate($\mu$g/L) | 5.58 | 5.63 | 5.65 | 5.37 | 5.49 | 6.98 | | |
| Ethyl caprylate(mg/L) | 1.58 | 5.81 | 2.39 | 1.57 | 1.68 | 6.50 | O | |
| Isobutyl caprylate($\mu$g/L) | 3.31 | 1.28 | 2.05 | 1.01 | 2.42 | 5.26 | O | |
| Isoamyl caprylate($\mu$g/L) | 11.5 | 2.17 | 3.68 | 2.70 | 8.00 | 14.1 | O | |
| Ethyl caprate($\mu$g/L) | 1.52 | 1.94 | 1.40 | 0.73 | 1.04 | 3.41 | O | |
| Propyl caprate($\mu$g/L) | 1.22 | 0.32 | 0.21 | 0.26 | 0.66 | 1.18 | O | |
| Isobutyl caprate($\mu$g/L) | 4.53 | 0.53 | 0.90 | 0.60 | 0.88 | 2.80 | O | |
| Isomayl caprate(mg/L) | 10.9 | 1.35 | 3.70 | 1.64 | 1.11 | 7.07 | O | |
| Ethyl nonanoate($\mu$g/L) | 20.8 | 21.1 | 8.38 | 6.58 | 8.25 | 7.75 | | |
| Ethyl undecanoate($\mu$g/L) | 1.17 | 0.21 | 0.28 | 0.27 | 0.57 | 0.57 | O | |
| Ethyl pentadecanoate($\mu$g/L) | 4.04 | 0.17 | 1.86 | 0.75 | 0.11 | 1.13 | O | |
| Ethyl laurate(mg/L) | 0.33 | 0.18 | 0.24 | 0.08 | 0.05 | 0.33 | O | |
| Ethyl myristate($\mu$g/L) | 233 | 58 | 100 | 35 | 5.1 | 112 | O | |
| Ethyl palmitate($\mu$g/L) | 1,200 | 120 | 333 | 126 | 6.5 | 224 | O | |
| Ethyl linoleate($\mu$g/L) | 1,130 | 120 | 268 | 197 | 22.6 | 215 | O | |
| Ethyl oleate($\mu$g/L) | 563 | 38.0 | 65.8 | 34.7 | 4.0 | 54.6 | O | |
| Ethyl stearate($\mu$g/L) | 41.1 | 2.8 | 36.5 | 2.9 | 0.5 | 5.12 | O | |
| $\beta$-phenethyl acetate($\mu$g/L) | 2,770 | 1,800 | 2,300 | 1,840 | 880 | 2,020 | | |
| Ethyl phenylacetate($\mu$g/L) | 9.8 | 9.2 | 33.0 | 27.7 | 18.5 | 19.2 | | O |
| Ethyl cinnamate($\mu$g/L) | 1.19 | 0.28 | 1.30 | 0.60 | 0.43 | 17.2 | O | |
| Ethyl benzoate($\mu$g/L) | 10.7 | 4.86 | 3.33 | 3.24 | 3.43 | 23.5 | | |
| Methyl salicylate($\mu$g/L) | - | - | - | - | 0.10 | 33.2 | O | |
| Ethyl crotoate($\mu$g/L) | 5.09 | 7.58 | 10.3 | 8.17 | 7.78 | 9.13 | | |

| | | | | | | | | |
|---|---|---|---|---|---|---|---|---|
| Ethyl enanthate($\mu$g/L) | 13.1 | 17.4 | 11.4 | 13.3 | 11.6 | 5.43 | O | |
| Ethyl lactate(mg/L) | 1.59 | 9.75 | 0.97 | 3.12 | 0.48 | 2.62 | | O |
| Diethyl succinate(mg/L) | 131 | 381 | 526 | 897 | 485 | 723 | | O |
| Guaiacol($\mu$g/L) | 6.9 | 0.2 | 20.5 | 4.9 | - | 105 | O | |
| 4-vinylguaiacol($\mu$g/L) | 205 | 22.6 | 192 | 92 | 1.8 | 119 | O | |
| Eugenol($\mu$g/L) | - | - | 10.7 | 11.4 | 1.2 | 7.3 | O | O |
| Vanillin($\mu$g/L) | 74.0 | 8.9 | 42.8 | 10.2 | 456 | 73 | O | |
| 2-pentylfuran($\mu$g/L) | 5.59 | 2.30 | 6.06 | 4.36 | 2.83 | 1.48 | O | O |
| 5-methyl-2-furaldehyde(mg/L) | - | - | - | - | 10.9 | 2.53 | | |
| Furfural(mg/L) | 2.08 | 0.01 | 4.75 | 0.08 | 0.63 | 1.93 | O | O |
| Methional($\mu$g/L) | - | - | 21.3 | - | - | 1.96 | | |
| Ethyl 3-methylthiopropionate($\mu$g/L) | 5.54 | 1.92 | 6.83 | 8.61 | 1.50 | 3.13 | O | O |
| S-methyl thioacetate($\mu$g/L) | 15.9 | 14.3 | 25.7 | 20.2 | 7.9 | 28.2 | O | |
| DMS($\mu$g/L) | 3.2 | 0.7 | 11.1 | 14.9 | 6.2 | 2.7 | O | O |
| DMDS($\mu$g/L) | 137 | 0.9 | 10.9 | 3.0 | 4.2 | 7.4 | | |
| DMTS($\mu$g/L) | 3.7 | 0.05 | 1.8 | 0.1 | - | 1.1 | O | |
| Undecane($\mu$g/L) | - | 0.48 | - | 0.08 | 0.99 | 0.35 | | |
| 2,5-dimethylpyrazine($\mu$g/L) | - | - | - | - | - | 8.1 | | |
| 2-ethyl-5(6)-methylpyrazine($\mu$g/L) | - | - | - | - | - | 1.5 | | |
| Cedrol($\mu$g/L) | - | - | 0.02 | 0.01 | - | 0.3 | | |
| $\beta$-eudesmol($\mu$g/L) | 1.29 | - | - | - | - | 4.41 | O | |
| $\alpha$-bisabolol($\mu$g/L) | - | - | - | - | - | 0.48 | O | |

# 3) 기타 증류주

## (1) 보드카

보드카는 러시아, 폴란드 등 동유럽에서 제조되기 시작하여 현재는 전 세계에서 생산되는 증류주며 다른 증류주 생산에 원료로써 이용되기도 한다. 보드카는 에탄올이 중성이며 순하고 부드러운 맛을 특징으로 하며 주원료는 감자와 곡류이다. 보드카의 순수성은 특히 증류 시 정제탑에서 불순물 제거와 활성탄을 이용한 발효 부산물의 제거에 있다고 볼 수 있다. 보드카의 특성은 우리의 주정과 유사하다. 보드카는 숙성과 저장이 필요하지 않으며 보드카의 부드러운 맛을 강화하는 방법에는 다음과 같은 방법이 있다.

- 보드카의 맛과 향에 영향을 미치지 않는 아로마 성분 첨가
- 설탕, 소금, 포도당, 구연산 등의 첨가를 통한 엑기스분의 함량 증가
- 보드카의 알카리화를 위한 베이킹소다($NaHCO_3$) 용액 첨가

보드카의 알코올 함량은 일반적으로 40vol%이며 특수한 경우 80vol% 제품도 있다. 미국과 유럽의 경우 보드카의 최소 알코올 함량은 37.5vol%로 규정하고 있으며, 미국의 경우는 설탕(2g/L 이하)과 구연산(150mg/L 이하) 첨가를 허용하고 있다. 반면 캐나다의 경우 보드카에 아로마 성분이나 맛 보강용 첨가물 사용을 금지하고 있다.

보드카는 연속식 증류법을 통해 후류의 고급알코올류까지 제거하여 중성 알코올로 만든다. 또 보드카는 수차례 활성탄 처리한 다음 물로 희석 후 이온교환수지를 이용하여 미네랄 성분을 제거하거나 연수 장치를 통해 부드러운 맛을 내게 한다.

보드카에는 보통 타입에 따라 메탄올이 17~376mg/L가 검출되는데, 첨가물 무첨가 보드카는 100mg/L 그리고 첨가물 보드카에는 2g/L이 함유되어 있다. 보드카에는 메탄올 외에 고급알코올류, 아세트알데히드, 에틸아세테이트, 케톤류, 털핀류와 황화합물 등도 소량 함유되어 있다. 일반적으로 보드카의 메탄올과 아세트알데히드는 법적 기준치 이하로 검출된다.

한편 보드카는 향기가 매우 약하기 때문에 다른 주류와 구별이 쉬우며 적외선 분광법, 전자코, 가스크로마토그래피와 관능평가 등을 통해 보드카의 향미 특성 파악이 가능하다. 다만 보드카 브랜드 간 품질 특성을 파악하는 데는 기술적으로 어려우나 분석 기술의 발달로 미국과 캐나다 보드카의 차이를 5-하이드록시메틸-2-푸르알데히드로 구분하기도 한다.

## (2) 럼

럼은 사탕수수로부터 제조된 증류주로서 350년 전부터 세상에 알려지기 시작했다. 사탕수수가 재배되는 국가에서는 대부분 럼을 제조하며 특히 자메이카, 쿠바, 하이티, 도미니카, 푸에리토리카, 베네수엘라, 수리남, 미국 남부 일부 지역과 필리핀 등지가 주요 생산지로 볼 수 있으며 그중 자메이카 럼이 가장 유명하다. 증류주 중에서 럼처럼 가장 다양한 종류와 품질을 나타내는 증류주도 없다. 사용하는 원료와 생산 방법 그리고 소비자 기호에 맞는 품질을 생산하여 럼의 종류는 매우 다양하게 발달하여 왔다. 럼은 우리나라 소비자한테는 그리 익숙치 않은 술이지만 위스키 못지않은 우수한 품질로 그 명성이 높다.

EU 증류주 시행령에 럼에 대한 정의는 다음과 같다.

- 오직 설탕 제조에서 생성된 당밀 또는 시럽 또는 사탕수수의 즙을 원료로 하여 알코올 발효와 증류를 통해 제조된 알코올 함량이 96vol% 이하의 럼의 특징을 나타내는 증류주를 말한다.
- 사탕수수의 즙을 알코올 발효와 증류를 통해 얻은 증류주로 럼의 특징을 나타내며 아로마 성분이 최소 225g/100L(순수 알코올 기준)을 나타내는 증류주를 말한다.

① 원료

럼 제조에 사용되는 원료는 사탕수수나 설탕 제조 후 남은 부산물이다. 주로 사용되는 원료는 사탕수수, 사탕수수 압착 설탕 즙, 설탕 시럽, 설탕 제조 부산물, 당밀, 설탕이 함유된 세척수 및 사탕수수를 압착한 찌꺼기 등 다양하다.

그 외 특수한 향을 강조하는 럼 제조를 위해 럼 주,박을 이용하는데 럼 주박을 열대 온도에서 구덩이에 수일간 저장하고 미생물에 의한 산성화 과정을 거친다. 이때 산도는 30 g/L에 달하며 그중 30%는 휘발산인 초산, 뷰티르산 및 비휘발산인 젖산 등이 차지한다. 여기에 사탕수수즙과 사탕수수 끓일 때 생성되는 거품 및 럼 주박을 사탕수수 잎과 줄기가 들어 있는 용기에 넣어 자연 발효 과정을 거쳐 럼을 생산하게 된다. 럼의 향미 다양성을 위해 그 외 과실즙, 와인 및 오크통 껍질 등을 첨가하여 제조하기도 한다([그림 8-58]).

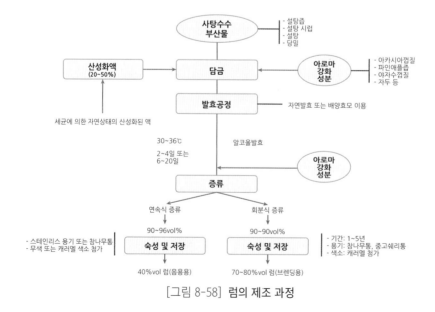

[그림 8-58] 럼의 제조 과정

② 발효 공정

당분이 50~60% 되는 사탕수수 당밀과 설탕 즙, 설탕 시럽 및 사탕 수수 압착액 등을 물과 혼합하여 당도를 18~22%로 조정하고 자연 발효 또는 배양 효모를 이용하여 발효를 진행한다. 아로마가 풍부한 럼 제조를 위해서는 알코올 발효와 2차 발효가 원활히 진행되어야 한다. 특히 2차 발효를 통해 생성된 다양한 산이 에탄올 또는 고급알코올과의 반응을 통해 에스터를 생성하여 럼 향미를 강화하는 역할을 하게 된다. 2차 발효는 숙성과 저장 공정에서도 일부 진행되기도 한다.

럼 아로마는 이미 원료인 사탕수수나 기타 사용된 원료에서 기인한 것이다. 전체 발효 공정은 온도, pH 및 미생물 종류에 영향을 받으며 발효 온도는 일반적으로 30~36℃ 이며 알코올 발효를 위해서는 2~4일이 소요된다. 또한 럼 특유의 향미를 위해서는 2차 발효를 통해 생성되는 산의 함량이 중요하며 충분한 산 생성을 위해서는 20일 정도의 2차 발효 기간이 필요하다. 이때 최적 pH는 5.5~5.8이며 5.0 이하가 되어서는 안 된다. 사탕수수즙, 당밀과 사탕수수 압착액 등에는 다양한 효모들이 함유되어 있다. 럼 아로마에 영향을 미치는 주요 효모는 쉬조사카로마이세스와 에스터를 생성하는 비양조용 효모(피치아 아노말라)가 있다. 세균에 의한 산성화 과정에는 초산균, 젖산균과 클로스트리디움 등이 관여한다.

③ 증류 공정

증류 방법은 제조하고자 하는 럼 타입과 증류 기술에 따라 다르며 연속식과 회분식 방법이 사용되지만 전통 방식에 따라 회분식 단형 증류를 하는 것이 일반적이다. 이러한 증류 방식은 코냑이나 위스키 증류 방식과 유사한 방법으로 볼 수 있다. 증류 과정을 보면, 4,500~9,000리터 용량의 증류기는 스팀을 이용 간접적으로 가열하면 알코올 증기는 대형 원통을 통해 목관을 지나 1,000리터 용량의 작은 증류기로 이송된다. 이송된 증류주는 다시 가열하여 발생한 증기는 또 다른 1,000리터 용량의 증류기로 재이송되고 냉각기를 통해 럼이 생산되게 된다. 이때 초류를 일부 제거하고 약 88vol% 알코올과 아로마가 풍부한 럼이 제조된다.

알코올 함량 80vol%부터는 후류로 분류하고 이 후류는 다음 증류 시에 1,000리터 용량의 증류기로 이송되어 재증류하게 된다. 그리고 증류기는 회분식 증류 방식이면서 추가로 알코올 농도 강화를 위해 농축기를 장착하고 있으며 가끔 증류 중에 아로마가 매우 강한 럼 제조를 위해 산성액을 첨가하는 때도 있다. 연속식 증류기는 보통 아로마가 약한 알코올 함량 90~96vol% 럼 생산에 이용된다.

④ 숙성 공정

럼은 숙성과 저장을 통해 럼 타입이 결정되고 저장 기간에 따라 럼의 맛과 향은 큰 영향을 받는다. 음용용 럼의 경우 아로마가 약하며 저장 기간이 짧다. 저장 용기는 일반적으로 560~600리터 크기의 미국산 오크통이 럼의 맛과 향을 증진하는 데 중요한 영향을 미친다. 럼은 오크통과의 반응을 통해 증류주는 부드럽고 조화로운 맛을 나타낸다. 세균에 의해 생성된 초산, 뷰티르산 등 유기산은 알코올과의 반응으로 에스터를 생성하며 저장실의 약한 바람과 습도는 숙성 과정에 긍정적인 영향을 미친다. 저장 용기는 위스키 저장과 같이 로스팅한 150~500리터의 오크통을 이용하거나 중고 쉐리통을 이용하기도 한다. 저장 중에 럼은 저장 용기와 기간에 따라 색상이 황색부터 진한 황색까지 나타나는데 캐러멜 색소를 첨가하여 갈색으로 변하게 된다. 무색의 럼은 숙성 기간이 짧고 아로마가 약한 편이다. 럼의 종류와 품질 특성은 다음과 같다.

- A 타입: 아로마가 약한 럼이며 럼을 생산하는 현지 국가에서 소비
- B 타입: 아로마가 비교적 강하며 전 세계에 판매 목적으로 생산
- C 타입: 아로마가 매우 강하고 블렌딩용으로 생산하며 특히 유럽 수출용으로 생산

A와 B 타입은 음용용으로서 대량 생산되는 반면 아로마가 매우 강한 C 타입은 독일에서 주로 주정을 이용한 럼 타입의 주류 제조에 사용되며 타 주류에 아로마 강화 목적으로 사용되기도 한다. [표 8-37]은 쿠바 럼의 종류별 관능적 특징을 나타낸 것으로 오크통 종류와 숙성 기간에 따라 색상이 매우 다르게 나타나며 향미 역시 럼 종류에 따라 특징이 다르다.

[표 8-37] 관능 특징에 따른 쿠바 럼의 분류

| 럼 종류 | 관능 특징 |
|---|---|
| Rums Anejos | 짙은 갈색의 럼으로 아로마와 숙성 향이 강하며 단맛이 특징적 |
| Rums Carta Blanca | 옅은 황색으로 아로마가 약하며 단맛이 적음 |
| Rums Carta Oro | 황금색이며 아로마가 강함 |
| Rums Refinos | 무색이며 매운 향미가 특징적이고 드라이한 맛 |
| Rums Palmas | 황색이며 약한 아로마가 특징적이며 약간 단맛 |
| Rums Viejos | 황색이며 약한 아로마가 특징적이며 드라이한 맛 |
| Rums Vinados | 짙은 황색이며 와인 향미와 단맛이 특징적 |
| Rums Cana | 무색이며 매운 향미를 나타내고 사탕수수 냄새가 특징적 |

　한편 15년 숙성된 럼의 아로마 특징을 보면([표 8-38]), 에틸($S$)-2-메틸뷰티르산의 아로마가가 51.8로 나타나 아로마에 가장 큰 영향을 미치는 것으로 나타난다. 그리고 베타다마세논과 바닐린 역시 각각 29.7과 26.9의 아로마가를 보여 숙성 럼의 주요 아로마로 볼 수 있다. 그 외 일부 지방산 에스터류도 아로마가 1 이상을 보여 숙성 럼의 향미에 영향을 미친다. 그 외 아로마 성분들은 미량이거나 아로마가 1 이하로서 숙성 럼의 아로마에 직접적인 영향은 없는 것으로 문헌에 보고되고 있다.

[표 8-38] 15년 숙성 럼의 향기 성분

| 향기 성분 | 농도($\mu$g/L) | 역치($\mu$g/L) | 아로마가 |
|---|---|---|---|
| Acetic acid | 39,400 | 76,000 | 0.52 |
| Isoamyl alcohol | 22,300 | 56,000 | 0.39 |
| Methyl-1-propanol | 8,360 | 10,000 | 0.84 |
| 1,1-diethoxyethane | 5,610 | 720 | 7.79 |
| ($S$)-2-methyl-1-butanol | 6,400 | 24,000 | 0.27 |
| Vanillin | 593 | 22 | 26.9 |
| cis-whisky-lactone | 382 | 67 | 5.7 |
| 2-phenylethanol | 265 | 2,600 | 0.10 |
| Decanoic acid | 167 | 2,800 | 0.06 |
| Butanoic acid | 159 | 1,200 | 0.13 |
| 3-methylbutyl acetate | 46.8 | 250 | 0.19 |
| Ethyl butanoate | 61.9 | 9.5 | 6.52 |
| Ethyl caproate | 64.7 | 30 | 2.16 |
| trans-whisky lactone | 61.8 | 790 | 0.08 |
| Hexanal | 34.3 | 88 | 0.39 |
| 3-methylbutanal | - | 2.8 | - |
| 3-methylbutanoic acid | 35.7 | 78 | 0.46 |
| 2,3-butanedione | 27.7 | 2.8 | 9.89 |
| ($S$)-2-methylbutanoic acid | 27.6 | 3,500 | 0.01 |
| 4-allyl-2-methoxyphenol | 21.9 | 7.1 | 3.08 |
| 2-methoxylphenol | 17.8 | 9.2 | 1.93 |
| Ethyl (S)-2-methylbutanoate | 11.4 | 0.22 | 51.8 |
| Ethyl 3-methylbutanoate | 6.19 | 1.6 | 3.87 |

| | | | |
|---|---|---|---|
| Ethyl pentanoate | 7.29 | 3.0 | 2.43 |
| (E)-β-damascenone | 4.16 | 0.14 | 29.7 |
| 4-ethyl phenol | 3.59 | 170 | 0.02 |
| 4-ethyl-2-methoxyphenol | 1.30 | 6.9 | 0.19 |
| Sotolon | - | 24 | - |
| 4-methylphenol | 1.93 | 82 | 0.02 |
| Ethyl 3-phenylpropanoate | 0.78 | 14 | 0.06 |
| 2-methoxy-4-propylphenol | 0.52 | 1.9 | 0.27 |
| (E,E)-2,4-decadienal | - | 1.1 | - |
| Ethyl cyclohexanoate | - | 1.6 | - |

## (3) 고구마소주

고구마는 600년경 중앙아메리카에서 일본으로 전래된 것으로 그무렵 오키나와를 거쳐 가고시마로 유입되어 에도시대부터 구황작물로서 일본 전역으로 퍼지게 된다. 일본에서는 고구마가 전분 원료용으로 대부분 사용되고 10%가량이 소주용으로 사용되고 있다.

### ① 개요

소주 원료용 고구마 품종은 코가네센간(Koganesengan)이 가장 많이 사용되고 있고, 최근에는 검은무늬병 등에 저항이 강하고 전분량과 저장성이 좋은 시로유타카(Shiroutaka)와 미나미유타카(Minamiutaka) 품종도 사용된다([그림 8-59]). 고구마의 전분가는 다른 곡류에 비해 변동이 심한데, 보통 고온에서 일조 시간이 길수록 높게 나타나고 배수성을 좋은 토양에서 잘 재배된다.

고구마의 경우 수확 직후부터 품질이 변하기 때문에 바로 사용하는 것이 바람직하다. 비를 맞은 고구마 또는 서리 맞은 고구마는 변질이 심하여 고구마소주의 향미와 품질에 영향을 미치므로 선별하여 사용한다. 또 선충이나 검은무늬병에 오염된 고구마는 소주의 쓴맛을 나타내므로 주의해야 한다.

[그림 8-59] 소주용 고구마(좌)와 식용 고구마(우)

② 고구마소주의 제조 과정

고구마소주의 제조 과정을 보면([그림 8-60]), 우선 고구마는 흙이 묻어 있으므로 세심한 세척이 필요하고 세척된 고구마는 양쪽 끝부분과 상처 부위 등은 제거하고 바로 증자하는 것이 바람직하다. 고구마 증자는 고구마 전분을 호화시키고 고구마 표면의 잡균을 살균하는데 주목적이 있고, 그 외 껍질이나 상처 부위의 수지 성분을 제거하고 전분의 당화를 유도하는 과정이다.

찐 고구마는 냉각시켜 파쇄기로 분쇄해야 당화를 쉽게 할 수 있다. 고구마 소주의 담금 비율은 입국과 고구마가 중량비로 1:5 정도로 하고 1차 급수 비율은 120%, 전체 급수 비율은 70% 수준으로 맞춘다. 그리고 일반 쌀소주에 비해 입국 투입 비율이 적은데, 이는 고구마 전분 함량(20~30%)이 쌀 전분 함량(70%)에 비해 적기 때문이다. 급수 비율 역시 쌀소주에 비해 적은데 이것은 고구마의 전분 함량이 낮은 관계로 알코올 도수가 낮아지는 것을 방지하기 위함이다.

2단 담금에는 1차 술덧에 2차 양조 용수를 첨가하고 교반 후 파쇄 고구마를 첨가하여 28~30℃에서 알코올 발효를 진행한다. 고구마의 입자 크기는 고구마소주의 품질에 영향을 미친다. 즉 입자가 크면 고구마 중심부에 당이 남아 알코올 수율이 떨어지고 너무 잘게 분쇄하면 알코올 발효가 나빠져 수율이 떨어지게 된다.

고구마소주는 일본 가고시마 지역에서 전통적으로 제조하는 소주로서 그 제조 방법은 일반 소주 제조와 크게 다르지 않다. 즉 백국(*Aspergillus luchuensis* mut. *kawachii*) 제조 후 효모와 물로 혼합하여 30℃에서 5일간 밑술을 제조한다. 이후 찐 고구마를 밑술에 붓고 9일간 알코올 발효를 통해 술덧을 제조한다. 이 술덧을 회분식 단형 증류법으로 증류 후 고구마소주를 완성한다. 이때 증류는 고구마소주의 아로마 특성이 나타나도록 1회만 한다.

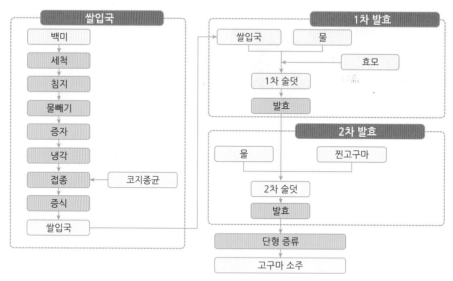

[그림 8-60] 고구마소주의 제조 과정

③ 고구마소주의 향미

고구마소주의 향미는 다른 증류주와 마찬가지로 알코올 발효와 증류 조건에 좌우된다. 고구마소주의 아로마에 영향을 미치는 성분은 모노털펜 알코올류이며, 그중 네올, 리나룰 및 $\alpha$-털피네올이 대표적인 성분이다.

그중 게라니올과 네올은 백국의 효소($\beta$-글리코시다아제)에 의해 고구마에 함유된 배당체의 전구물질로부터 분리된다. 이후 이 성분들은 증류 과정에서 열에 의해 리나룰과 털피네올로 전환되고 효모에 의해서 시트로네올로 다시 전환된다. 이러한 모노털펜류는 고구마에 함유된 성분으로 고구마 품종과 재배 기간 등에 따라 그 농도가 달라진다. 예로써 고구마 색상이 자색인 경우 소주에서 요구르트 향이 나며, 주황색인 경우는 마늘주스 향 그리고 백색인 경우는 달콤한 향을 풍기는 것으로 알려져 있다.

한편 모노털펜 알코올류는 입국의 효소($\beta$-글루코시다아제) 농도가 증가한다고 계속 강화되지는 않는다. 따라서 별도의 효소($\beta$-primeverosidase)를 고구마 대비 0.05~1.0%를 첨가하여 모노털펜 알코올류의 농도를 2~9배 강화하면서 그 외 메틸살리실산, 1-옥텐-3-올 및 에틸벤조산 농도도 증가되어 고구마소주의 아로마를 강화하는 기술이 최근 문헌에 보고되고 있다.

한편 군고구마에서 풍기는 아로마는 말톨(maltol) 성분인데, 이 성분은 고구마소주에서는 검출되지 않아 고구마소주의 향기 성분은 아니다. 최근에는 고구마소주의 핵심 아로마가 베타다마세논으로 밝혀지고 있으며, 이 성분은 달콤한 꽃 향과 그윽한 향을 풍기며 식품과 주류에도 확인되는 물질이다([표 8-39]).

[표 8-39] 고구마 품종별 베타다마세논의 함량

| 고구마 품종 | 색상 | 베타다마세논 | |
|---|---|---|---|
| | | 식용 고구마($\mu$g/g) | 고구마소주($\mu$g/L) |
| Koganesengan | 흰 황색-흰색 | 2.0 | 54.6 |
| TSC31 | 옅은 황색 | 3.0 | 141.4 |
| Okierabu6 | 흰 황색 황색 | 1.8 | 55.7 |
| Akaimo | 옅은 황색 | 3.5 | 89.4 |
| D2-12-3 | 흰 황색 | 2.8 | 119.3 |
| Kansho Nourin 2 | 흰 황색 | 3.2 | 94.6 |
| Konasengan | 흰 황색 | 4.0 | 156.2 |
| Annouimo | 옅은 황색 | 3.2 | 99.4 |
| Koukei 14 | 흰 황색 | 3.8 | 113.2 |
| Tosabeni | 옅은 황색 | 1.3 | 40.3 |
| Naruto Kintoki | 옅은 황색 | 4.3 | 142.7 |

고구마에 함유된 베타다마세논의 농도는 0.02~0.1$\mu$g/g이며 알코올 발효 중 생성되는 소량의 베타다마세논은 효모에 의해 분해된다. 이 성분은 역치가 매우 낮아(와인에서 1.6mg/L) 적은 농도로서 향을 맡을 수 있다. 고구마소주의 베타다마세논은 대부분 증류 중에 열에 의해 산의 가수분해로 인해 생성되는 성분으로 증류가 진행될수록 그 농도는 증가하게 된다. 특히 2단 담금 술덧으로 증류한 소주에서 베타다마세논의 농도가 높게 나타나게 되며 이때 pH가 4.0에서보다 3.5일 때 가장 높게 나타난다. 이는 백국이 생성한 구연산으로 인해 낮은 산도를 유지한 술덧의 영향으로 나타난 결과이다. 그리고 증류 시간에 따라 베타다마세논의 농도는 달라지는데 40분 증류 시 25.9mg, 80분 증류 시 57.3g, 300분 증류 시 89.5g이 생성된다([그림 8-61]).

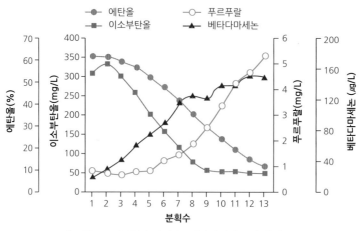

[그림 8-61] 증류 과정 중 베타다마세논의 생성

## (4) 데킬라

### ① 개요

데킬라(Tequilla)는 멕시코를 대표하는 증류주로서 세계적으로 그 명성이 높다. 우리나라에서도 매우 익숙한 술로서 칵테일 용도로도 널리 사용되는 증류주다.

데킬라는 용설란이라 불리는 선인장의 일종인 블루 어게이브(Blue agave, *Agave tequilana* Weber var. *azul* Agavaceae)로 제조한다. 특히 데킬라는 멕시코 과나후아토(Guanajuato), 미초아깐(Michoacan), 나야리트(Nayarit) 및 타마울리파스(Tamaulipas) 주의 정해진 지역에서만 생산이 가능하며, 다른 지역은 같은 원료를 사용하더라도 데킬라 명칭을 쓸 수 없도록 법으로 규정되어 있다. 데킬라는 현재 전 세계 40개국으로부터 원산지 명칭 통제 권한을 부여받고 있다. 그리고 멕시코 정부는 1974년 이미 데킬라에 대해 지리적 표시제를 적용하였고 이는 유럽 외 국가에서는 가장 오래된 인증제도이다. 현재 데킬라는 병 제품 기준 세계에서 가장 비싼 증류주로 기네스북에 등재되어 있으며 멕시코 정부는 매년 3월 셋째 주 토요일을 데킬라의 날로 지정하여 기념하고 있다.

한편 데킬라 제조 지역은 적색 화산 토양은 용설란의 생육에 매우 적합한데, 고지대에서 자라는 용설란은 크기가 크고 단맛과 향이 나는 반면에 저지대의 용설란은 허브 향이 더 강하게 나타나는 것으로 알려져 있다. 선인장은 멕시코가 원산지이며 우리나라에서는 귀화식물로서 주로 온실에서 관상용으로 기르며 잎이 용의 혀같이 생겨 용설란이라고 한다.

데킬라는 알코올 함량이 35~55vol% 수준의 무색투명한 술로 주로 미국과 캐나다 지역으로 판매되고 있다. 우리나라 애주가들한테도 잘 알려진 이 술은 마실 때 손등에 소금을 올려놓고 그것을 핥으면서 단숨에 마신다. 원래 데킬라는 멕시코 지방의 전통주로서 고급술은 아니었는데 데킬라라는 재즈와 멕시코 올림픽을 계기로 전 세계에 알려지게 되었다.

데킬라는 크게 믹스토스(mixtos)와 100% 용설란 등 크게 두가지 타입으로 구분하는데, 믹스토스는 51% 이상의 용설란을 사용해야 하고 나머지는 설탕, 포도당과 과당 등을 사용한다. 데킬라는 제품 특성에 따라 보드카처럼 투명한 형태와 오크통에 숙성한 황금색을 띠는 제품으로 구분된다. 특히 멕시코 정부는 공식 표준규격기준(Norma Oficial Mexicana, NOM)에 따라 데킬라의 품질에서 포장까지 전 공정에 대하여 규격 등을 의무적으로 검사받도록 하고 있다. 따라서 제조자는 원료, 제조, 포장, 영업 등 모든 과정과 활동 정보를 제공해야 하며 원산지가 증명된 데킬라 제품은 라벨에 NOM 인증이 되어 있다. 데킬라는 라벨에 NOM-006-SCFI-2012로 표기하며 표준규격기준에는 각 데킬라 유형별 다음과 같은 품질 규격이 설정되어 있다([표 8-40]). 예를 들면 고급알코올류와 에스터류의 경우 제품군별 최소와 최대 농도를 설정하여 품질과 향미 관리를 하고 있다.

[표 8-40] 데킬라 국가표준규격(mg/100mL 순수에탄올)

| 구분 | Silver/White Tequilla | | Young/Gold Tequilla | | Aged Tequilla | | Extra-Aged Tequilla | | Ultra-Aged Tequilla | |
|---|---|---|---|---|---|---|---|---|---|---|
| | 최소 | 최대 | 최소 | 최대 | 최소 | 최대 | 최소 | 최대 | 최소 | 최대 |
| 에탄올(vol%, 20℃) | 35 | 55 | 35 | 55 | 35 | 55 | 35 | 55 | 35 | 55 |
| 불휘발분(g/L) | 0 | 0.3 | 0 | 5 | 0 | 5 | 0 | 5 | 0 | 5 |
| 고급알코올류 | 20 | 500 | 50 | 500 | 20 | 500 | 20 | 500 | 20 | 500 |
| 메탄올 | 30 | 300 | 30 | 300 | 30 | 300 | 30 | 300 | 30 | 300 |
| 알데히드류<br>(아세트알데히드로서) | 0 | 40 | 0 | 40 | 0 | 40 | 0 | 40 | 0 | 40 |
| 에스터류<br>(에틸아세테이트로서) | 2 | 200 | 2 | 200 | 2 | 200 | 2 | 200 | 2 | 200 |
| 푸르푸랄 | 0 | 4 | 0 | 4 | 0 | 4 | 0 | 4 | 0 | 4 |

② 제조 과정

데킬라는 12년생 용설란을 수확 후 잎을 제거하고 열을 가해 얻어진 수액인 피나(pina)를 발효 후 증류하는 과정을 거쳐 만드는데, 보통 수액 7kg으로 순수 알코올 기준 1리터의 데킬라가 만들어지며 세부 제조 과정을 살펴보면 다음과 같다.

먼저 용설란의 잎을 제거하고 밑부분의 피나만 사용하게 된다. 피나를 증자한 후 파쇄하고 이 즙을 이용하여 발효를 진행하게 된다. 36~72시간의 발효가 완료되면 대부분 2회의 증류를 거쳐서 데킬라를 얻게 된다. 이 증류주를 장단기 숙성을 통해 제품을 완성시킨다([그림 8-62]).

| 원료 | → | 증자 | → | 분쇄 |

| 발효 | → | 증류 | → | 숙성 |

[그림 8-62] 데킬라 제조 공정

#### ⓐ 증자

증자의 목적은 피나에 함유되어 있는 프럭토올리고당류(fructooligosaccharides)를 과당으로 분해하는 공정이며 이때 섬유질은 분해되고 과즙이 얻어지게 된다. 용설란의 잎을 제거한 후 피나의 맨 윗부분은 쓴맛을 나타내므로 제거한다. 이후 피나를 반으로 잘라서 증자기에 넣고 90℃에서 36시간 가열하는데 이때 서서히 가열해야 향기가 더해진다. 피나를 서서히 가열하면 섬유질은 유연하게 되고 타거나 쓴맛 성분이 생성되는 것을 억제하고 용설란 고유의 향을 유지할 수 있게 한다. 반면 온도가 너무 높으면 캐러멜화가 일어나고 온도가 낮으면 과당으로의 전환이 어려워진다. 최근에는 고압 멸균기를 이용하여 증자 시간을 18시간까지 단축하고 있다.

증자된 피나는 파쇄 전에 냉각 과정을 거치는데 이때 증자 때 발생한 불순물과 식물성 오일을 분리한다. 피나의 당도는 14~17브릭스 정도이다.

#### ⓑ 파쇄

증자된 피나는 분쇄를 하며 이때 과즙을 최대한 얻기 위해 물을 여러 번 나누어 뿌려준다. 이후 착즙된 과즙은 알코올 발효에 이용하고 남은 찌꺼기는 동물 사료로 사용하거나 비료로 활용한다.

#### ⓒ 알코올 발효

알코올 발효는 자연 발효 방식 또는 효모 투입 방식을 사용한다. 자연 발효 방식에서는 발효가 7일 소요되며 야생 효모를 비롯한 세균이 번식하여 발효가 진행되고 복합적인 향을 나타낸다. 자연 발효 방식에서는 데킬라 제조 지역의 평균 온도가 31℃로 높아 발효 용기를 큰 것을 이용한다. 효모를 이용한 발효에서는 발효 기간이 2~3일 소요된다. 일반적으로 데킬라 효모는 원활한 발효와 더불어 이소아밀알코올과 이소부탄올이 적당량 생성되는 적합한 효모를 이용한다. 알코올 발효 후 술덧의 에탄올 농도는 4~7vol% 수준이다.

#### ⓓ 증류

데킬라 증류에 사용되는 증류기는 구리 재질의 회분식 상압 단형 알람빅 증류기 또는 다단형 증류기 등 두 가지 형태를 사용한다. 스테인리스 재질의 단식 증류기도 일부 사용되기는 하지만 이 경우 1차 증류에만 사용하고 2차 증류는 반드시 구리 증류기를 사용한다.

알코올 농도 4~5vol%의 술덧을 1차 증류하면 약 24vol%의 증류주가 얻어진다. 이때 에탄올 75~80vol%의 초류와 15~20vol% 이하의 후류는 폐기하고 본류만을 2차 증류한다. 2차 증류는 3~4시간 소요되며 증류 후 55vol%의 에탄올이 얻어진다. 이후 물로 희석하여 에탄올 38~40vol% 정도로 만든다. 카사노블(Casa noble)처럼 3회의 증류를 하는 경우도 있는데, 이 경우 제품의 순도는 높지만 상대적으로 향기가 부족한 가벼운 증류주가 된다.

ⓔ **저장 및 숙성**

데킬라는 숙성을 하지 않는 제품도 있으나 고품질의 제품은 1~3년 숙성하여 아로마를 생성시키고, 100% 용설란 데킬라는 멕시코에서만 병입해야 하는 것으로 법적으로 규정하고 있다. 최근에 표준규격제도위원회에서는 데킬라 품질 구분을 향기 특성별로 다음과 같이 구분해 놓았다.

- 블랑코(Blanco 또는 Silver): 소위 전통적인 데킬라라고 할 수 있으며, 색상이 화이트 혹은 은색으로 스테인리스 용기에 60일 이상 저장한다. 아주 강한 맛이며 까발리토(caballito)라고 부르는 작은 잔에 마신다.
- 오로(Oro 또는 Gold): 블랑코에 착향·착색한 부드러운 맛이 특징적이다.
- 레포사도(Reposado 또는 Rested): 블랑코를 화이트 오크통에 저장한 것으로 3개월~1년 저장한다. 부드러운 맛과 어두운 색상이 특징이다.
- 아네호(Añejo 또는 Aged): 블랑코 데킬라를 위스키가 저장되었던 화이트 오크통(Medium-toast)에 12~36개월 숙성한 것이며, 600리터 이상의 오크통을 사용해서는 안 된다. 가장 많이 사용되는 오크통은 잭다니엘을 저장한 통이며, 캐나다와 프랑스산 오크통도 간혹 사용되고 있다. 오크통은 장기간 사용하는 경우도 있으나 5년 정도면 데킬라는 충분히 탄닌 성분이 용출되며 산화와 증발이 나무 기공을 통해 진행되어 호박색의 색상과 오크 향이 배어든다.
- 리세르바(Reserva): 아네호(Añejo)의 한 종류로서 8년 이상 저장한 것이며 강한 향이 특징적이고 고가에 판매되는 제품이다.

한편 데킬라는 숙성을 통해 색상이 달라지는데 특히 숙성 기간과 오크통 종류에 따라 색상 정도는 매우 다르게 나타난다. 블랑코 또는 실버 데킬라로 알려진 화이트 데킬라는 숙성 기간이 상대적으로 짧다.

③ 데킬라의 향기 성분

데킬라의 아로마는 약 300종류로 알려져 있는데 이는 원료, 알코올 발효와 숙성 과정을 통해 생성된 물질들이다. 데킬라의 아로마는 주로 퓨란류, 털핀류, 유기산, 메탄올, 알데히드류, 에스터류 및 고급알코올류이다. 그중 메탄올과 알데히드의 농도외에 에스터류(에틸아세테이트)와 고급알코올류(이소부탄올, 이소아밀알코올, 활성아밀알코올)의 함량을 법으로 규정하고 있다. 이는 데킬라의 유해 성분을 억제하는 동시에 데킬라의 특성을 나타내는 바람직한 향기 성분은 일정 농도를 유지시켜 품질을 관리하려는 목적이다. 우리나라의 경우도 술의 유해 물질은 식품위생법상 그 허용 농도를 규정하고 있지만, 제품의 품질 유지를 위한 향기 성분에 대한 함량 규정이 없어 데킬라의 품질관리 기법은 우리에게 시사하는 바가 크다.

데킬라에서 검출되는 메탄올은 용설란의 펙틴질에서 유래된 것이지만 효모의 효소에 의해 펙틴이 분해되어 메탄올이 생성된다는 문헌 보고도 있다. 데킬라에 과실 향을 부여하는 에틸 아세테이트는 양조용 효모가 알코올 발효를 통해 생성한 물질이며, 발효 기간이 길수록 에스터류의 농도는 증가하는 것으로 알려져 있다. 알데히드류는 에탄올의 산화에 의해 생성된 것으로 2-, 3-메틸부탄알이 대표적인 성분이다. 또 데킬라에서 꽃 향, 허브 향, 스피이시 향을 부여하는 바닐린, 시링알데히드와 유제놀 성분은 용설란에서 비롯된 것이다. 데킬라에 함유된 퓨란은 제조 과정 중 열처리 과정에서 생성된 마이얄 반응에 의한 당 분해에 의한 것인데, 2-푸르알데히드와 5-메틸푸르알데히드가 퓨란의 대표적인 성분이며 훈연 향을 부여한다. 그 외 데킬라에는 훈연 향을 나타내는 과이어콜과 꽃 향을 부여하는 베타다마세논도 함유되어 있다.

[표 8-41]은 제품별 데킬라의 주요 향미 성분을 나타낸 것으로 무기산, 에스터 그리고 고급알코올류를 기준으로 제품 간의 향미 성분 차이와 그에 따른 품질 특성을 구분할 수 있다. 일례로 초산의 농도는 멕시코산과 수입산과의 차이가 거의 없다. 그러나 멕시코산 데킬라에는 무기산의 농도(1.5~5.1mg/L)가 해외 제품(3.3~62.6mg/L)보다는 적게 검출된다. 이는 멕시코산 데킬라는 이온교환수지나 역삼투압 방식을 이용하여 무기질을 제거했기 때문이다. 또 멕시코산 데킬라는 증류를 40vol%로 하여 병입하는 반면 해외 수입산은 물류비용 절감을 위해 알코올 농도 55vol% 제품을 벌크로 들여와 물로 40vol%로 희석했기 때문에 무기산의 농도가 높다. 무기산 중에 특히 옥살산이 멕시코산 데킬라에서 많이 검출되는데 이는 멕시코산 용설란에서 유래된 성분이기 때문이다. 그러나 옥살산의 농도가 적어 품질에는 영향이 미미하다.

[표 8-41] 제품별 데킬라의 주요 향미 성분

| 구분 | 원산지 | 향기 성분(mg/L) | | | | | | | | | |
|---|---|---|---|---|---|---|---|---|---|---|---|
| | | 초산 | 염화물 | 질산염 | 황산염 | 옥살산 | 메탄올 | E* | P** | I*** | A**** |
| Blanco 100% Agave | 멕시코 | 239 | 0.7 | 0.2 | 0.5 | - | 314 | - | - | 228 | 81 |
| Blanco 51% Agave | 멕시코 | 223 | 1.2 | 0.7 | 0.7 | - | 221 | 2 | - | 152 | 75 |
| Reposado 100% Agave | 멕시코 | 327 | 0.8 | 0.3 | 0.6 | 0.8 | 351 | - | - | 295 | 99 |
| Reposado 51% Agave | 멕시코 | 315 | 1.7 | 0.6 | 0.7 | - | 229 | 1 | - | 205 | 89 |
| Anejo 100% Agave | 멕시코 | 363 | 1.4 | 0.3 | 0.7 | 0.9 | 318 | 13 | - | 279 | 111 |
| Anejo 51% Agave | 멕시코 | 345 | 0.7 | 0.7 | 0.6 | 0.8 | 228 | 14 | - | 218 | 101 |
| Reposado 100% Agave | 멕시코 | 273 | 0.8 | 0.3 | 0.6 | 0.8 | 310 | - | - | 243 | 96 |
| Reposado 51% Agave | 멕시코 | 253 | 1.5 | 0.3 | 0.7 | - | 234 | 14 | - | 174 | 87 |
| Anejo 100% Agave | 멕시코 | 295 | 1.8 | 0.3 | 0.6 | 1.0 | 305 | 2 | - | 265 | 106 |
| Anejo 51% Agave | 멕시코 | 279 | 0.8 | 0.2 | 0.6 | - | 224 | 31 | - | 175 | 97 |
| Reposado 100% Agave | 멕시코 | 314 | 1.1 | 0.7 | 0.7 | 0.9 | 327 | - | - | 279 | 106 |
| Reposado 51% Agave | 멕시코 | 298 | 0.7 | 0.3 | 0.6 | - | 229 | 10 | - | 196 | 101 |
| Reposado 100% Agave | 멕시코 | 268 | 0.9 | 0.6 | 0.6 | 0.8 | 329 | - | - | 269 | 96 |
| Reposado 51% Agave | 멕시코 | 248 | 1.8 | 0.8 | 0.7 | - | 240 | 5 | - | 186 | 90 |
| Anejo 100% Agave | 멕시코 | 231 | 2.7 | 1.2 | 1.1 | 1.3 | 235 | 5 | - | 222 | 830 |
| Blanco | 수입산 | 122 | 0.9 | 0.8 | 0.6 | - | 206 | - | - | 129 | 51 |
| Blanco | 수입산 | 71 | 1.0 | 0.2 | 0.6 | - | 208 | 51 | 29 | 100 | 22 |
| Blanco 51% Agave | 수입산 | 96 | 1.7 | 0.9 | 0.9 | - | 174 | 21 | 16 | 252 | 26 |
| Blanco 100% de Agave | 수입산 | 69 | 1.2 | 0.9 | 0.8 | - | 398 | 63 | 39 | 189 | 39 |
| Blanco 100% Agave | 수입산 | 62 | 0.9 | 0.7 | 0.6 | - | 317 | 66 | 9 | 209 | 5 |
| Blanco 51% Agave | 수입산 | 221 | 0.7 | 0.2 | 0.6 | - | 203 | 39 | 9 | 158 | 21 |
| Anejo 100% Agave | 수입산 | 160 | 1.1 | 0.8 | 1.2 | 1.3 | 167 | 38 | 45 | 239 | 74 |
| Anejo 51% Agave | 수입산 | 152 | 1.9 | 0.8 | 1.4 | 1.3 | 108 | 39 | 50 | 208 | 64 |
| Reposado 100% Agave | 수입산 | 126 | 0.6 | 0.2 | 0.7 | - | 304 | 61 | - | 298 | 20 |
| Reposado 51% Agave | 수입산 | 138 | 1.2 | 0.7 | 0.7 | - | 192 | 38 | - | 217 | 3 |
| Agave Brandy | 수입산 | 21 | 21.9 | 15.4 | 4.4 | - | 39 | - | - | 66 | 19 |
| Licor de Agave | 수입산 | 139 | 6.0 | 2.0 | 1.4 | 1.1 | 725 | 903 | 437 | 16 | - |
| Gold | 수입산 | 128 | 22.2 | 0.8 | 9.0 | - | 141 | 15 | 33 | 126 | 38 |
| Silver | 수입산 | 139 | 21.7 | 1.2 | 9.4 | - | 177 | - | 27 | 137 | 39 |
| Silver | 수입산 | 146 | 44.4 | 8.8 | 9.4 | - | 206 | 8 | 41 | 132 | 55 |
| Silver | 수입산 | 141 | 34.7 | 0.8 | 10.1 | - | 121 | - | - | 116 | 12 |
| Silver | 수입산 | 169 | 9.3 | 8.5 | 2.4 | - | 179 | 6 | 11 | 155 | 51 |

| Silver | 수입산 | 116 | 25.7 | 1.1 | 3.1 | - | 185 | - | 1 | 135 | 28 |
|---|---|---|---|---|---|---|---|---|---|---|---|
| Gold | 수입산 | 119 | 19.4 | 1.0 | 2.7 | - | 130 | 9 | 24 | 175 | 48 |
| Silver | 수입산 | 108 | 22.3 | 0.7 | 2.4 | - | 115 | 20 | 51 | 112 | 19 |
| Silver 100% Natural | 수입산 | 60 | 8.4 | 2.8 | 0.9 | - | 120 | - | - | 95 | 11 |
| Gold | 수입산 | 40 | 1.7 | 0.8 | 0.8 | - | 145 | 7 | 22 | 195 | 21 |
| Blanco | 수입산 | 63 | 1.9 | 1.7 | 0.8 | - | 164 | - | - | 108 | 19 |

* E:에틸아세테이트, ** P:프로판올, *** I: 이소아밀알코올, **** A: 활성아밀알코올

④ 숙성 조건에 따른 증류식 소주의 향미 특성 변화

서양의 증류주(위스키, 브랜디, 럼 등)는 숙성이 오크통에서 진행되므로 오크통에서 용출되는 리그닌 등 여러 성분들의 화학적·물리적 변화가 생긴다. 보드카와 진의 경우에는 증류 과정에서 잣나무 열매의 향기 성분을 추출하거나 자작나무의 탄소층을 통과시켜 이취 성분을 제거하는 등의 방법을 사용하여 숙성의 효과를 낸다.

반면 동양의 증류주(백주, 증류식 소주 등)는 옹기, 스테인리스 용기 또는 유리 병에서 숙성이 진행되므로 증류주 성분의 화학적 변화를 비롯하여 에탄올과 물분자 간의 물리적 변화가 주요 숙성 효과를 낸다.

일반적으로 증류식 소주는 초기 6개월 내 옹기 숙성 중에 자극취의 원인인 알데히드류와 황화합물이 휘발되어 향미가 부드러워지게 된다. 이후 3년까지는 카보닐 성분의 축합 반응과 에스터류의 생성으로 원숙미가 증가하고, 3년 이상 숙성 시에는 에스터류의 농도 증가와 고유 향미의 생성으로 완숙미를 갖게 된다.

증류식 소주 옹기 숙성은 옹기의 통기성과 옹기 성분 용출로 인해 스테인리스 용기나 유리 병 숙성과는 품질과 향미 특성이 다를 수밖에 없다. 옹기와 스테인리스 용기에서 숙성 시 일반적으로 나타나는 품질 및 향미 변화를 보면 다음과 같다.

옹기 숙성 시에는 에스터류가 분해되면서 산성 물질이 증가하고 물과 에탄올이 휘발되어 산성 성분이 농축되면서 총 산이 증가하는 현상이 나타난다. 한편으로는 옹기로부터 알카리 금속의 용출에 따라 pH는 상승하게 된다. 반면 숙성에 따라 알데히드류도 휘발되어 감소한다. 옹기와 스테인리스 용기 숙성 시 대부분의 에스터류는 변화가 없고, 저비점 에스터류(에틸아세테이트)의 증발과 불포화지방산 에스터류(에틸올레산, 에틸리놀레산)의 산화 분해에 따라 총 에스터류의 함량은 감소하게 된다.

그리고 옹기 숙성 시 휘발성이 강한 프로판올은 그 농도가 감소하고 휘발성이 약한 이소아밀알코올은 농축되어 농도가 증가하는 현상을 보인다. 반면 스테인리스 용기에서 숙성하면 고급 알코올의 농도 변화는 거의 없는 것으로 나타난다. 그리고 지방산의 경우는 옹기와 스테인리스 용기 숙성 모두에서 에스디류의 분해와 에틴올 증발에 따른 농축으로 인해 증가하는 현상을 보인다. 아세트알데히드는 옹기 숙성에서는 휘발되어 감소하고 스테인리스 용기에서는 변화가 거의 없다.

한편 중국이나 일본의 경우 옹기를 땅속에 묻어 전통 방식으로 숙성을 하는 방법도 사용한다. 이 방법은 옹기 숙성 시 연중 온도 변화가 없어 화학적 변화가 적고 향기의 휘발도 적게 나타나며 특히 이 방식은 고온 지역에서 유용한 숙성 방법이다.

⑤ 증류식 소주의 품질관리 지표 및 이미 이취

증류식 소주는 회분식 단형 또는 다단형 증류기로 제조한 증류주로서 위스키처럼 장기 숙성보다는 보통 1년 내외로 단기 숙성하여 판매하는 경우가 많다. 단기간 숙성을 통해 판매가 가능한 것은 증류식 소주의 장점이지만 한편으로는 그만큼 항상 안정된 주질을 유지하기 위한 품질관리가 우선돼야 한다. [그림 8-63]은 증류식 소주의 품질관리 지표와 이미 이취의 원인 물질을 나타낸 것이다.

[그림 8-63] **증류식 소주의 품질관리 지표 및 이미 이취의 원인 물질**

pH와 산도는 소주 제조 과정에서 미생물 관리 지표로서 중요하며 산도가 증가했다면 술덧의 오염이나 장시간의 증류가 원인일 수 있다. 유기산은 증류식 소주의 향미에 영향을 미치는 성분으로 적당한 농도의 유기산은 증류식 소주의 농순 정도와 원숙한 맛을 부여하지만, 산도가 너무 높으면 산취와 잡미가 느껴지게 된다. 산도가 높은 경우는 블렌딩을 통해 주질 개선이 가능하지만 너무 과도한 경우는 재증류하거나 이온교환수지 등을 통해 처리해야 한다. 이때 품질이 변하거나 추가 제조 비용이 드는 문제점이 발생한다. 산도의 이상 증가는 술덧의 오염, 술덧 관리 불량 그리고 증류 마감 시간이 너무 길어지면 발생할 수 있다. 나무통 숙성 시 나무에서 유출되는 산에 의해 산도가 증가할 수도 있다. 유기산의 경우는 감압 증류 시에는 그 농도가 절반 정도 감소하는 것으로 알려져 있다.

또 다른 증류식 소주의 품질 지표로는 푸르푸랄이 꼽히는데 후류에서 용출되는 탄 냄새를 내는 대표적인 성분이다. 이 성분은 감압 증류식 소주에서는 거의 검출이 안 되고 상압 증류식 소주 특히 보리소주에서 많이 확인된다. 푸르푸랄은 그러나 농도가 높지 않으면 원료 특성을 나타내는 농순한 향미를 부여하므로 품질 지표로써 자체 농도를 설정하는 것이 중요하다. 증류 조작의 숙련도를 나타내는 푸르푸랄은 농도가 높다면 발효 후 잔당이 많거나 원료의 특성(보리소주의 상압 증류), 장시간의 증류(술덧 과다 투입) 그리고 증류기의 재질과 두께가 원인이 될 수 있다.

TBA(2-thiobarbituric acid value) 값은 소주의 저장관리 상태를 나타내며 지방취 정도를 가늠하는 지표이다. 소주의 지방산 에스터(특히 에틸리놀산)는 저장 중에 알코올 농도가 낮은 소주가 햇빛에 노출되거나 투명한 병에 장시간 방치됐을 때 산화되어 지방취가 발생하게 된다. 이러한 지방취의 전구물질인 불포화지방산은 상압 증류 시 많이 발생하는데, 저장 관리를 잘 유지하면 지방취 발생을 최소화할 수 있다. 예를 들어서 증류식 소주를 저온 저장이나 직사광선을 피하고 갈색 병에 저장하면 지방취 발생을 저감화하는 데 효과가 있다.

한편 증류식 소주의 유통 시 혼탁이 발생하는 경우가 있다. 이는 지방산 에틸에스터류(에틸팔미틴산, 에틸리놀산 등)가 원인 성분인데, 이 성분들은 증류식 소주의 맛에 농순함을 부여하지만 침전이나 유취의 원인이 되기도 한다. 탁도는 온도가 내려가는 겨울철에 더 증가하므로 계절별 탁도 관리 목표 농도값을 설정하는 것이 좋다.

알데히드의 경우는 그 농도가 높으면 가스취, 자극취와 거친 맛을 부여하며 대부분 증류 후 저장 기간 동안 감소하게 된다. 다만 나무통에 저장하면 그 농도는 증가하는 것으로 알려져 있다. 고급알코올의 경우는 증류식 소주의 향미에 중요한 성분으로 사용 원료, 알코올 발효와 증류 조건 등에 따라 큰 차이를 보인다. 다만 각 증류식 소주의 최적 고급알코올 농도는 정해진 것이 없고 제조자가 제품의 품질 특성에 맞게 목표 농도 값을 설정하여 관리해야 한다.

한편 증류식 소주의 관능평가 시 지방취가 가장 흔한 이취로 확인되는데, 이 성분은 사용한 원료와 관계없이 나타나는 물질이다. 산취의 경우는 분석을 통해서 판별이 가능하며 보통 부패취, 된장취 또는 술덧취 등으로 느껴진다. 누룩취는 적당하면 품질에 긍정적이나 과도하면 곰팡이취 등 부정적인 영향을 미친다.

## 4) 증류주의 숙성과 향미

여기서는 증류주의 숙성 기술과 특징을 살펴보고 향미와 품질에 미치는 영향을 기술하고자 한다.

### (1) 개요

증류 직후의 증류주는 향이 자극적이고 맛도 거칠다. 또 원료의 특징이 강하게 나타나고 지방취의 원인이 되는 지방산 성분들도 많다. 증류를 통해 갓 생산된 증류주는 알코올취와 불균형한 향미를 나타내어 미완성의 품질이다. 따라서 증류주는 맛과 향의 안정화를 위해 숙성, 청징 및 여과 등 후처리 과정이 필요하다. 특히 숙성 기간은 제품 특성에 따라 다르지만 짧게는 수개월에서 길게는 수십 년까지 그 기간이 다르다.

일반적으로 상압 방식으로 제조된 증류주에서는 아세트알데히드와 유황 성분이 자극취의 원인이다. 이러한 성분은 개방형 용기에서는 1개월 후에 휘발되게 되지만 밀폐형 용기에서는 교반을 통해 탈기하는 것이 좋다. 반면 감압 방식으로 제조된 증류주의 경우는 아세트알데히드가 적기 때문에 별도 탈기할 필요가 없다.

그리고 지방취의 원인이 되는 물질은 고급지방산류인데, 원료 유래의 팔미트산, 리놀레산 및 리놀렌산이 알코올 발효 중에 에탄올과 에스터 결합하여 생성된 지방산 에틸에스터류가 원인 성분이다. 술덧의 이러한 물질들은 증류 중에 증류주로 전이되어 일부만 용해되고 대부분은 증류주 표면에 떠 있게 된다. 또 숙성 중에 지방산 에스터류는 서서히 산화되어 지방취를 유발하고 희석수의 미네랄 성분 등과 결합하여 증류주에 침전물을 생성시켜 상품 가치를 떨어뜨린다. 보통 알코올 도수가 30도 이하일 때 지방산 에스터류는 증류주의 표면에 떠 있는 상태로 존재하다 산소와 접촉하면서 산화되어 지방취를 유발하게 된다. 지방산 에스터류를 방지하려면 여과를 하거나 숙성 시 알코올 도수를 높이거나 숙성 온도를 낮게 유지하는 게 좋다.

일반적으로 증류 후 초기 몇 개월 동안 아세트알데히드류와 유황화합물 등 저비점 물질들은 대부분 휘발되어 불쾌취가 감소하게 된다. 이후 숙성 3년까지는 물질 간의 화학 반응으로 생성된 성분들에 의해 원숙미가 강화된다. 그다음 증류주를 장기간 숙성하면 에스터화와 물질들의 농축 등으로 증류주의 향미가 축적되어 그윽하고 완숙된 향미가 나타난다. 이러한 숙성 효과는 모든 증류주에 나타나는 일반적인 현상이다.

## (2) 숙성 방법

### ① 숙성의 원리

숙성의 의미는 품질을 최적 상태로 올리기 위한 일련의 과정으로 해석할 수 있다. 숙성 과정은 미생물적, 생화학적, 효소 공학적 그리고 물리화학적 현상을 통해 이루어지며 증류주에서는 최적의 품질을 위해 필수적인 공정으로 볼 수 있다. 증류주 종류에 따라 숙성 기간이 다르며, 외국의 경우 위스키, 브랜디 및 코냑에는 숙성 기간이 법적으로 규정되어 있다. 일반적으로 숙성 공정은 3단계로 구분되어 진행되는데, 각 단계는 연이어 진행되어 서로 구분하기는 어렵다.

- 에탄올의 구조 특성에 따른 증류주의 안정화된 구조 정립
- 제품 특유의 내부 성분의 조합
- 성분들 간의 상호작용 및 산화에 따른 숙성

숙성 중 첫 번째 일어나는 현상은 에탄올과 물의 혼합이며 이때 부피 수축이 발생하게 되면서 열이 나게 되고, 이 현상은 알코올 농도가 36.25vol% 일때 최대치를 나타낸다. 부피 수축의 원인은 에탄올과 물 분자의 결합이 복잡한 분자 형태, 즉 결합물의 형태로 존재하기 때문이다. 이 결합물은 알코올 농도가 17.5w/w%일 때 $C_2H_5OH \cdot 12H_2O$로, 17.5~46w/w%일 때는 $C_2H_5OH \cdot 3H_2O$로, 그리고 46~88.5w/w%일 때는 $3C_2H_5OH \cdot HO$의 형태를 띠게 된다. 그리고 알코올 농도가 88.5w/w%일 때는 $3C_2H_5OH \cdot H_2O$ 형태로 존재하게 된다.

이렇게 알코올과 물의 결합 시 새롭게 형성되는 구조는 일정한 역학 구조를 갖게 되고 안정화 과정을 거치게 된다. 즉 숙성 중에 열취와 거친 향미는 서서히 감소하며 혼합물은 점점 더

조화로운 맛과 향을 띠게 된다.

숙성 중 두 번째 나타나는 현상은 증류주 내부 구조의 안정화와 성분들 간의 조합이다. 이 단계에서 조합을 위한 기간은 증류주의 향미의 종류와 형태 그리고 상호작용에 달려있고 증류주의 전체 품질을 좌우하게 된다. 수일 또는 수개월 후에는 증류주가 부드러워지고 안정화를 갖게 되는데 이러한 현상을 물리화학적으로 수치화하기가 매우 어렵다.

숙성 중 세 번째 나타나는 현상은 에스터화와 산화 과정으로서 증류주 성분들에 적당한 반응기가 존재하면 활성화되고 제품의 특성에 맞는 품질을 나타내는데 기여하게 된다. 그러나 증류주에 고급알코올, 에스터 및 카보닐 복합체 등 아로마 성분이 다량 존재하면 상대적으로 숙성 기간이 길어지게 된다.

## (3) 숙성 용기

숙성 기간 중 증류주의 숙성 정도와 품질은 사용되는 용기의 선택에 달려 있다. 숙성 용기의 최적 선택은 증류주의 양과 종류, 숙성 기간, 숙성 기후 조건 및 용기 연한 등 여러 요소에 의해 달라진다. 증류주에 사용될 수 있는 숙성 용기를 살펴보면 다음과 같다([표 8-42]). 증류주 숙성에 사용되는 용기 종류는 다양한데 용기 선택 기준은 정해진 것이 없다. 다만 용기에 따라 장단점이 있어 증류주의 품질과 향미 특성에 영향을 미치므로 제조자의 경험과 지식이 중요하다.

[표 8-42] 증류주의 숙성 용기

| 용기 종류 | | 특징 | 사용 목적 |
|---|---|---|---|
| 나무통 | 참나무 | 나무통 재질은 공통적으로 산화와 나무통과의 접촉을 통해 숙성의 효과가 나타나며 시간과 온도에 따라 알코올 감소가 나타남.<br>참나무의 경우 증류주의 색깔의 변화가 나타남. 세척과 보수 작업에 시간적 투자가 많음 | 참나무에 적응하는 증류주 숙성에 알맞고 새것과 중고 제품도 사용하는 데 문제 없음 |
| | 밤나무 | 참나무보다 효과가 덜함 | 브랜디 등 색소 변화가 필요하면서 단기간의 중간 저장 용기로 사용 |
| | 푸레나무 | 색상 변화가 없고 숙성 효과가 적음 | 색소 변화가 필요 없는 과일 및 곡류 증류주의 저장용기로 사용 |
| 옹기 재질 | | 저장 용기로써 문제 없으며 세척과 보수 문제 없음. 쉽게 깨지며 무게가 있어 수송에 어려움 | 원료 및 완제품 보관에 용이하며 세척이 용이하여 여러 종류의 제품 저장이 가능 |

| | 구리 | 저장 용기로 부적당 | 사용 불가 |
|---|---|---|---|
| 금속 재질 | 주석도금 구리 | 단기 저장 용기로 적당하며 장기 저장 용기로는 부적당. 주석도금 용기의 상태 점검 필요 | 중간 단기 저장 용기로 사용 |
| | 알루미늄 | 부식성이 있으며 알루미늄의 증류주 유입 가능성으로 인해 사용 불가 | 사용 불가 |
| | 표면 보호 없는 철 | 산과 산소로 인한 부식 가능성 있음. 부식으로 인한 세척에 어려움 | 94% 알코올 저장이 가능하며 여러 종류의 증류주 저장에 문제 발생 |
| | 표면 보호 처리한 철 | 알코올 저장에는 문제가 없으나 충돌 시 금이 갈 수 있음 | 오크통에 적응 못 하는 증류주 저장이나 음료 저장 가능 |
| | 스테인리스 | 증류주 저장에 문제 없고 세척이 용이하나 단가가 비쌈 | 장기간 이용 가능하며 다양한 종류의 증류주 저장 가능 |
| 플라스틱 재질 | 폴리에틸렌, 폴리에스터 | 알코올, 산, 에스터 및 에테르, 오일에 내구성이 필요<br>용기 이동이 용이하며 증류주 색상 변화가 없고 세척 용이. 아로마가 강한 증류주 제품일 경우 다양한 증류주 저장에 어려움 | 중장기적인 저장 용기로서 문제가 없고 세척이 용이함 |
| 벽돌 재질 | | 알코올, 산 에스터 및 에테르 오일에 내구성이 필요<br>대용량의 증류주 저장 시 사용 | 와인 저장고로 주로 사용하지만 일반 알코올 저장 용기로써 문제 없음 |

## (4) 오크통 숙성 중 물리화학적 변화

증류주의 오크통 숙성 시 나타나는 물리화학적 변화로는 색상, 부피, 밀도, 점도 및 표면장력의 변화 등이 대표적이다. 푸레나무통의 경우 장기간의 숙성에도 불구하고 적은 탄닌으로 인해 색상의 변화는 거의 없으나 오크통의 경우 증류주 색소 침착이 나타난다. 그리고 나무통 숙성의 경우 부피가 감소하는 것은 나무통에 증류주 일부가 흡수되고 일부는 증류주가 증발되기 때문이다. 증발 요인에는 나무통 기공, 저장 온도, 알코올 농도와 오크통의 양 대비 표면적 등 여러 가지 요소에 달려 있다. 증발 정도는 특히 온도, 끓는점, 밀도, 성분의 분자량, 습도 및 숙성실 온도 등에 영향을 받게 된다.

알코올의 증발 정도는 온도가 높을수록 증발 열이 낮을수록 증가하게 된다. 숙성실의 상대습도가 70%이면 알코올과 물의 증발은 평형을 이루게 된다. 습도가 70% 이하이면 물의 증발 속도가 알코올의 증발 속도보다 크다. 이 경우 물이 알코올 분자보다 작기 때문에 오크통을 통해 증발하게 되고 결국 알코올의 농도가 높아지게 된다. 숙성실의 습도가 70% 이상이면 반대 현상이 일어나게 된다. 그리고 숙성되는 증류주의 밀도는 알코올 농도와 불휘발분의 정도에 따라 달라지는데 불휘발분은 숙성 기간이 길수록 나무통의 성분이 증류주에 유입되기 때문에 증가하게 된다. 이러한 불휘발분이 증가함에 따라 증류주의 점도와 표면장력도 동시에 증가하게 된다.

한편 오크통에 적응하지 못하는 증류주는 오크통 숙성 시 품질에 영향이 없거나 부정적 영향을 주게 되며, 반대로 오크통에 적응하는 증류주는 오크통 숙성 시 품질에 긍정적인 영향을 미친다. 오크통에 적응하지 못하는 증류주는 대부분 단순한 물질 구성을 가지고 있으며 단기간의 저장을 통해서도 품질이 높아지게 된다. 예를 들어 보드카와 진 등의 제품들은 오히려 장기간의 숙성에 따라 품질 저하를 가져오게 된다. 반면 오크통에 적응하는 증류주의 경우에는 장기간의 숙성을 통해 품질이 향상되는데, 위스키, 럼, 칼바도스 및 데킬라 등이 여기에 속한다. 오크통은 재질의 견고성, 조직성 및 견고성으로 인해 증류주 숙성 재질로써 이상적이며 밤나무 등도 경우에 따라서는 증류주 숙성 재질로 이용되기도 한다. 오크통 숙성 시 물리화학적인 현상들은 여러 형태가 있으며 대표적인 현상은 다음과 같다.

- 오크통(참나무)의 수용성 성분 용출
- 증류주 성분과 오크통과의 반응
- 산소 유입에 따른 산화 과정
- 증류주 성분과 오크통 용출 성분과의 반응
- 숙성 중인 증류주 성분 간의 반응
- 온도와 습도에 따른 알코올 증발

한편 숙성에 사용되는 나무통 재질의 구성 성분은 셀룰로오스, 헤미셀룰로오스, 리그닌, 물, 탄닌, 왁스 및 미네랄 성분 등으로 구성되어 있다. 나무통의 출처 및 가공 방법에 따라 숙성되는 증류주의 품질에 큰 영향을 미치게 된다. 나무의 종류는 참나무(*Quercus sessilis*, *Quercus pedunculata*, *Quercus alba*), 밤나무(*Castana sativa*) 및 푸레나무(*Fraxisnus excelsior*) 등이 있다.

[표 8-43]에서 보는 바와 같이 오크통 유래 지역과 로스팅 정도에 따라 오크통의 특성이 달라지기 때문에 그 용도 역시 다르며 적용된다. 그에 따라 증류주의 품질과 향미 특성이 달라지기 때문에 오크통의 선택은 증류주에서 가장 중요한 요소 중 하나이다. 최근 우리나라에서도 목통을 이용한 증류주 숙성을 하는 추세이지만, 목통을 이용한 증류주의 특성과 품질 변화에 대한 기초 자료 부족으로 목통 종류 선택에 어려움이 겪고 있는 것도 사실이다.

[표 8-43] 와인 증류주에 사용되는 프랑스산 오크통

| 유래 | 기공 형태 | 로스팅 정도 | 용도 | 나무 특성 |
|---|---|---|---|---|
| Burgund | 중 | 중 | Pinor Noir | 참나무 향 외에 바닐라 향을 용출 |
| | | 중 또는 강 | Gamay | |
| | | 중 | Chardonnay | |
| | | 중 또는 약 | Sauvignon Blanc | |
| Troncais | 소 | 중 | Chardonnay | 탄닌 향을 서서히 용출 |
| | | 중 또는 약 | Pinot Gris | |
| Limousin | 대 | 강 | Rum, Cognac, Armagnac, Sherry | 리무진의 섬세한 향을 빠르게 용출 |
| Nevers | 중 | 중 또는 강 | Cabernet Sauvignon, Syrah, Grenache | 참나무 향 외에 바닐라 향을 용출 |
| | | 강 | Calvados | |
| | | 중 또는 약 | Sauvignon Blanc | |
| Allier | 소 | 중 | Gamay | 탄닌 향을 서서히 용출 |
| | | 중 또는 강 | Pinot Noir | |
| Vogesen | 소 | 중 | Chadonnay | 탄닌 향을 서서히 용출 |
| | | 소 | Champagner | |

그리고 오크통을 이용한 숙성 과정 중 오크통 성분, 산화 과정 및 증류주 성분과의 반응 등을 통해 증류주 특유의 아로마가 형성되는데, 특히 오크통의 리그닌이 증류주 아로마로 변환되는 과정에 증류주 향미에 미치는 영향이 매우 크며 그 메커니즘은 다음과 같다([그림 8-64]).

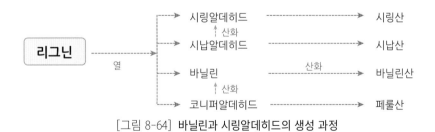

[그림 8-64] 바닐린과 시링알데히드의 생성 과정

오크통 숙성은 증류주의 품질과 향미에 미치는 영향 여부와 관계없이 일단 장기간의 숙성이 필요한 과정이다. 물론 6개월 이내로 숙성하는 증류주도 있으나 대부분은 수 년~수십 년의 숙성 기간을 필요로 하는 증류주도 많다. [표 8-44]는 이러한 장기 숙성을 요하는 증류주의 숙성 기간을 단축하려는 방법을 나타낸 것이다. 일례로 증류주의 열처리나 산소 주입 또는 스테인리스 용기에 오크나무를 덧입히는 등의 인공적인 방법으로 장기 숙성과 유사한 효과를 보려는 목적으로 많은 기술적인 시도들이 이루어지고 있다. 일부 방법은 숙성 효과를 나타내기도 하지만 아직까지는 자연적인 장기 숙성을 대체할 만족할 만한 인공 숙성 기술은 개발되지 않고 있다.

[표 8-44] 증류주의 단기 숙성 방법

| 구분 | 특징 |
|---|---|
| 열처리 | • 밀폐 용기에서 증류주를 60~70℃에서 열처리하거나 온도가 45~50℃이며 습도가 70~75%인 저장고에서 3개월 숙성하면 부케 향이 형성되고 맛이 부드러워지는 효과가 있음. 이는 산화 과정은 가속화시키고 나무통으로부터의 추출된 성분들의 여러 화학적인 변화에 의해 생성된 것임<br>• 열처리 후 3개월간의 저장 기간을 통해 3~4년간 숙성 기간의 효과가 나타나며 초산, 에스터, 산, 푸르푸랄, 바닐라 및 당 분석을 통해 그 효과가 입증됨 |
| 산소 또는 오존 처리 | • 산소를 직접 주입하여 숙성의 효과를 시도하였으나 품질에 미치는 영향이 없으며 이는 산화과정이 너무 빨리 진행되어 그 효과가 없는 것으로 나타남 |
| 오크나무통을 입힌 용기에 산소 주입 | • 이 방법은 오크통을 이용할 경우 발생하는 증류주의 증발을 막고 증류주와 오크와의 접촉면을 최대화하여 오크통의 효과를 보려는 것임<br>• 이 용기에 산소나 공기를 최소한 유입시켜 산화 과정을 유도하여 품질을 최적화시킴 |
| 오크나무통 | • 오크통을 이용한 숙성은 나무통 널빤지를 이용하거나 오크칩을 이용하는 것으로 그 목적은 증류주와 오크 성분의 반응을 통해 리그닌의 알코올화 및 헤미셀룰로오스의 수화 반응을 일으키기 위한 것임<br>• 25~30℃에서 1% 염산용액으로 24시간 동안 오크 용출을 하며 그 후 염산을 제거하는 세척 작업을 하거나, 1% 수산화나트륨 용액으로 23~25℃에서 2~6일간 오크 성분을 용출하며 40℃의 물로 세척하고 냉수로 다시 세척하는 방법이 있음 |
| 나무통 엑기스분 | • 온도, 압력 및 시간 등을 조절하여 오크 성분의 추출을 인위적으로 하여 숙성되고 있는 증류주에 투입하면 숙성 속도가 빨라짐 |
| 오크칩 | • 오크칩은 다양한 모양으로 숙성되는 증류주에 투입하는 방식임. 오크칩은 오크통을 만드는 재질의 것을 사용하거나 오크통 제작 시 남는 것을 이용하기도 함. 오크칩 제작은 오크통을 제작하는 과정처럼 오크 칩을 굽는 과정을 거치며, 이 과정에서 생성되는 칩의 상태가 증류주 품질에 큰 영향을 미치게 됨 |

## (5) 혼탁의 문제 원인 및 해결 방법

증류주의 혼탁 문제는 오랜 기간 연구 대상이었으며 유통 중 투명하고 맑은 증류주를 유지하기 위해 기술적인 해결 방법들이 연구되어 왔다. 혼탁은 증류주의 외관뿐아니라 향미에도 부정적 영향을 미친다. 시각적으로 봤을 때 침전은 기체·액체·고체 형태의 입자가 직접적인 원인이며 100㎛까지는 눈으로 확인이 가능하며 1㎛이하의 크기는 눈으로 확인이 불가능하다.

혼탁은 우유 빛깔의 혼탁부터 응집 현상까지 다양하게 나타나며 혼탁의 유형과 특징은 다음과 같다.

① 알코올과 물에 녹지 않는 성분들이며 이들 성분은 증류주 표면이나 바닥에 존재하거나 증류주에 부유하기도 한다.

② 알코올이나 물에 잘 녹는 성분의 용해도는 성분의 양과 증류주의 알코올 농도에 따라 다르며 용해도 한계점을 초과하면 침전으로 나타난다.

③ 증류주를 냉각하면 용해도가 낮아지며 이로 인해 생성되는 침전은 비가역적이다. 증류주의 숙성과 저장 기간 중 증류주의 화학적 구조가 달라지며, 새로이 생성된 물질은 오크통의 성분과 반응하여 일정 조건 하에 혼탁이 생길 수 있다. 특히 오크통의 탄닌과 철이 반응하여 혼탁이 생성되는 경우가 대표적이다.

한편 정밀 여과를 거친 증류주도 일정 시간이 지나면 혼탁이 생성되는 경우가 있는데, 이런 경우는 증류주의 물리적인 안정성을 위해 여과 전에 침전제를 사용하여 혼탁을 유발하는 성분을 미리 제거해야 한다. 침전제에는 젤라틴, 우유 및 달걀흰자 등의 단백질을 이용하여 혼탁물을 제거하는 화학적 방법과 벤토나이트나 규조토를 이용한 물리적인 방법 등이 일반적으로 이용되고 있다.

[표 8-45]는 증류주에서 나타나는 혼탁의 원인과 해결 방안을 나타낸 것으로 주로 탄수화물과 단백질이 주요 혼탁의 원인 물질이다. 또 일부는 금속 물질도 원인이 되기도 하는데 이러한 경우는 물의 경도를 검사할 필요가 있다. 또 유탁 현상과 오일층 형성은 털핀류 및 불용성 성분에 의한 것이기 때문에 냉각 여과를 통해 제거해야 한다.

그리고 침전이나 응집 현상은 알코올에 불용성 성분인 덱스트린이 원인일 가능성이 많기 때문에 글루코오스 시럽 등을 대체제로 사용하면 문제를 해결할 수 있다.

[표 8-45] 증류주의 혼탁 원인과 대처 방법

| 침전 형태 | 원인 | 대처 방법 |
|---|---|---|
| 찌꺼기 입자, 여과 섬유질 | • 저장 용기, 관 및 병용기의 세척 불량<br>• 물과 알코올에 불용성인 여과 필터층 파쇄물 | • 관 세척 및 멤브레인 필터 방법 사용 |
| 크리스털 침전 | • 알코올 농도가 높을수록 용해도가 감소하는 물의 칼슘과 마그네슘 성분 | • 물의 경도검사 및 연수 사용 |
| 우유빛 침전 및 고체형 응집 현상 | • 알코올에 불용성인 덱스트린 성분 | • 덱스트린보다는 글루코오스 시럽 사용 |
| 액체형 응집 현상 | • 알코올에 불용성인 펙틴질 | • 효소제 첨가를 통한 펙틴 분해 |
| 굵은 실사형 응집 현상 | • 알코올에 불용성인 원료의 단백질 성분 | • 침전제를 이용한 단백질 제거 |
| 증류주 탈색 및 막대 모양의 응집 현상 | • 오크통의 탄닌과 철 성분 | • 철과의 접촉 차단 |
| 유탁 현상 및 피막층 형성 | • 지방산 | • 알코올 농도 증가 및 정밀 여과 |
| 유탁 현상 및 오일층 형성 | • 털핀 및 세스퀴털핀 등 불용성 성분 | • 털핀 및 세스퀴털핀의 사용 농도 감축<br>• 저온에서 정밀 여과 실시 또는 2~3 vol%의 알코올 농도 감소 |

# |부록|

## 주류 제조공정별 위해방지 및 조치

| 공정 | 위해 | 방제수단 | 관리기준 | 감시·측정 | 수정조치 | 기록 |
|---|---|---|---|---|---|---|
| 원료 수입 | 이물혼입<br>피해입자(병충해)<br>미생물오염<br>이물(돌, 토사, 곤충 등)<br>잔류농약<br>곰팡이독 | 수입검사<br>납입업자의 증명서 | 수입기준<br>(미생물, 이물,<br>품질) | 수입검사<br>보관상태 | 불량품은<br>반품 | 수입검사보고서<br>농약분석서 |
| 보관 | 미생물오염<br>변질·흡습<br>곤충등의 번식<br>이물혼입 | 보관장소환경(온·습도)<br>정기적인 방충<br>정기적인 방서<br>이물혼입 방지 | 보관온도<br>보관습도<br>방충, 방서<br>보관기한 | 관능판정<br>온습도 자기기록<br>사용량, 잔량체크 | 온습도조정<br>방충·방서<br>불량품폐기 | 온·습도기록<br>방충·방서기록<br>보관기록 |
| 선별·계량 | 먼지의 발생·확산<br>미생물오염<br>이물<br>계량오차 | 기계의 보수점검<br>청소,살균의 철저<br>작업의 표준화<br>집진·이물의 제거<br>이물혼입 방지 | 이물 없을 것<br>집진덩어리가<br>없을 것<br>영점기준량은<br>정확할 것 | 선별,집진기능체크<br>계량자기록<br>관능판정<br>처리전후의수량<br>이물(금속,색채)센서 | 선별정지·점<br>검정비<br>재선별<br>계량정지·점<br>검정비 | 이물혼입체크표<br>분별이물보관(롯<br>트단위)<br>자동계량기록 |
| 세정<br>(연마) | 이물혼입<br>수질 | 기계의 보수점검<br>청소, 살균의 철저<br>작업의 표준화<br>이물제거, 혼입방지 | 세정방법<br>곡온, 수온<br>청소, 살균방법<br>사내수질규격 | 관능판정<br>곡온, 수온<br>침지시간<br>침지수오염상태 | 재세정<br>수량·물량<br>조정 | 원료처리지시<br>보고서<br>작업기록 |
| 침지 | 쌀의 용출성분<br>미생물오염, 증식<br>착색미<br>침지 용기 오염 | 기계의 보수점검<br>청소, 살균의 철저<br>작업의 표준화 | 이물없을 것<br>곡온,수온<br>청소, 살균방법<br>사내수질규격 | 관능판정<br>곡온, 수온<br>침지시간<br>침지수 오염상태 | 수온시간조정<br>폐기 | 보수점검기록서<br>작업기록 |
| 물빼기 | 미생물오염·증식 착색미<br>이취미<br>이물 | 기계의 보수점검<br>청소, 살균의 철저<br>시간 관리<br>이물혼입 방지 | 이물 없을 것<br>곡온 | 관능판정<br>곡온<br>물빼기 시간 | 물빼기시간<br>조절<br>폐기 | 보수점검기록서<br>작업기록 |
| 증자 | 미생물오염<br>이물<br>증미의 성상 | 기계의 보수점검<br>청소, 살균의 철저<br>증자온도·시간 | 증기,온도,시간<br>청소, 살균방법 | 관능판정<br>증기, 온도, 시간 | 재증자<br>폐기 | 보수점검기록서<br>작업기록 |
| 냉각 | 미생물오염<br>이물<br>증미의 성상<br>착색증미 | 기계의 보수점검<br>청소, 살균의 철저<br>냉각온도의 제어<br>이물혼입방지 | 냉각방법<br>냉각온도기준내<br>냉각시간 | 관능판정<br>냉각후의 품온<br>송풍량 | 냉각정지<br>조정<br>폐기 | 보수점검기록<br>작업 기록 |
| 파종 | 미생물오 | 기기보수 점검<br>청소,살균 철저<br>작업 표준화<br>이물혼입방지<br>종국의 종류, 신구,<br>사용량의 체크<br>분산제의종류, 신구,<br>사용량의 체크 | 파종 방법<br>청소, 살균방법<br>종국의 보관 | 관능판정<br>종국 보관상황<br>분산재 보관상황<br>입실보쌈 품온 | 재파종<br>폐기<br>불량종국,<br>분산재는폐기 | 보수점검기록<br>작업기록 |

| 공정 | 위해 | 방제수단 | 관리기준 | 감시/측정 | 수정조치 | 기록 |
|---|---|---|---|---|---|---|
| 제국 | 미생물오염, 증식<br>이물<br>국의 성상 | 기기의 보수점검<br>청소, 살균의 철저<br>품온·온도관리<br>이물혼입 방지 | 제국방법<br>청소, 살균방법<br>국의 성상이<br>좋을 것 | 관능판정<br>온습도자기기록 | 온습도수정<br>폐기 | 보수점검기록<br>제국관리표<br>온습도 기록 |
| 출국 | 미생물오염, 증식<br>이물<br>국의 성상 | 기기의 보수점검<br>청소,살균의 철저<br>품온·온도관리<br>이물혼입 방지 | 출국방법<br>청소, 살균방법<br>담금온도기준내<br>금속편 제거 | 관능판정<br>출국 pH | 폐기 | 보수점검기록<br>작업기록<br>품질관리(일반세균<br>수, 위생세균수, 이<br>물, 효소활성 등) |
| 보관 | 미생물오염, 증식<br>이물<br>국의 성상 | 기기의 보수점검<br>청소,살균의 철저<br>품온·온도관리<br>이물혼입 방지 | 보관방법<br>청소,살균방법 | 관능판정<br>품온<br>국의 pH | 폐기 | 보수점검기록서<br>작업기록<br>품질관리(일반세균<br>수, 위생세균수, 이<br>물, 효소활성 등) |

(출처 : 국세청주류면허지원센터, 이하 동일)

## 주류 제조공정의 오염 미생물

| 미생물 | 오염장소 | 비고 |
|---|---|---|
| 일반세균 | 양조용수, 기구, 건물벽, 천정, 바닥, 공장내공기, 원료미 | 오염도의 지표 |
| 산 생성균 | 원료미, 증미냉각공기, 양조용수, 수송관의 스케일, 국실바닥, 기구, 증미 이송라인 | 이상발효의 원인균 |
| 대장균 | 원료미, 침지수, 담금수 | 포유동물의 분뇨에 의한 오염 |
| 야생 곰팡이 | 원료미, 공장내공기, 국실, 기구, 건물의 후미진 곳 | 국의 순도 저하 |
| 화락균 | 술덧압착기,앙금분리 전후의술, 저장주, 저장실바닥, 저장탱크 주둥이, 여과기 | 알코올 내성이 강한 락토바실러스속의 세균 |
| 야생효모 | 국실, 국 | 발효 중기 이후에는사멸 |

## 양조용수 정화방법

| 구분 | 정화방법 | 대상 |
|---|---|---|
| 살균 | 자외선 조사 | 미생물 |
| 산화·살균 | 염소처리 | 미생물, 철, 망간 |
| 산화 | 폭기<br>접촉산화 | 철, 망간, 가스<br>철 |
| 여과·흡착 | 모래여과<br>석회석여과<br>활성탄<br>탄닌,셀룰로오스결합제 처리<br>망간제올라이트여과<br>제올라이트여과<br>소스여과, 금속성여과<br>동여과 및 이와유사한 것<br>멤브레인필터 여과<br>필터프레스, 면여과기어과 | 철, 미생물, 협잡물<br>철<br>냄새,여과물, 암모니아,<br>철, 염소냄새 등<br>철<br>망간<br>경도성분<br>미생물협잡물<br>미생물협잡물<br>협잡물 |

| 이온교환 | 이온교환수지 | 무기성분<br>철, 망간, 규산, 유기물 등 |
|---|---|---|
| 응집 | PAC, AS<br>전해법 | 철, 망간, 규산, 유기물 등 |
| 철박테리아 | 철박테리아 | 철, 망간 |

## 양조용 살균제

| 약 품 명 | 사용장소 | 표준사용량<br>(농도) | 사용방법 | 사 용 상 주 의 |
|---|---|---|---|---|
| 과산화수소<br>(30~35%) | 담금실<br>(바닥, 벽, 용기,<br>파이프류) | 1%액<br>3~5 $l$ / ㎡ 0.5~1%액 | 분무, 산포 | 더러우면 효과가 감소하므로 청소후 사용. 사용후 제품에 이행하지 않도록 충분히 수세. 2%이상의 것은 피부를 상하게 하므로 고무장갑을 착용할 것 |
| 역성비누액<br>(염화벤잘코늄액) | 수세용 | 100~200배 | 침지 | 30초이상 담근후 수세 |
| | 공장내 기구 | 200~500배 | 산포, 침지 | 30분이상 접촉후 필요시 수세 |
| 역성비누액<br>(디메칠벤질 알킬<br>암모니아액) | 국실, 밑술실<br>용기, 기구 | 500~800배 | 걸레질<br>분무 | 더러우면 효과가 감소하므로 미리 씻은 후 시행 |
| 차아염소산소다액<br>(식품첨가물용) | 기구, 여과면 | 리터당 5%인 것을 4㎖<br>(200ppm) | 분무, 산포,<br>침지 | 아포균에는 효력이 약하다. 유기물이 존재하지 않으면 10~20ppm으로 상당한 효과를 기대할 수 있다. 따라서 사용전에 깨끗이 세정한다. |
| | 할수살균용 | 100㎖당5%인 것을<br>5~10㎖(2.5~5ppm) | 투입 | |
| 표백분25%<br>고도표백분60~<br>70% | 공장내 | 분말 | 산포 | 상 동 |
| | | 5~10g을 2리터 물에<br>녹여 100~350ppm | | |
| 요도제 | 공장내<br>수세용 | 200~300배<br>200~700배 | 산포, 걸레질<br>침지 | 금속부식성은 차아염소제보다 약하다.<br>갈색~담황색일때는 효력이 있다. |
| PCP | 공장내 | 2~5%액 | 도포, 도장 | 독성이 있으므로 고무장갑 착용, 피부, 눈, 코에 접촉하지 않도록 한다. |
| 생석회 | 땅바닥 | 1kg/10㎡ | 산포 | 물에 젖으면 발열하므로 보관에 주의 |
| 포르말린<br>(37%전후) | 국실, 제국용 목<br>재, 기구, 포류 | 100~150g/10㎡ | 물로 2~3배 희석,<br>가열증발 | 점막을 손상 |
| 황 | 국실 | 100~200g/10㎡ | 훈증 | 금속을 부식시킨다. |
| PPS | 국실 | 100~150g/10㎡ | 훈증 | 금속을 부식시킨다. |
| 알콜 | 탱크입구<br>수기구 | 95% | 침지,<br>걸레질 | 아포균이외에는 순간적 살균효과가 있음 화기주의 |

## 주류별 검사항목 및 검사기준

| 검사항목 | 검사기준 | | | | | | | | | | | |
|---|---|---|---|---|---|---|---|---|---|---|---|---|
| | 탁주 | 약주 | 청주 | 맥주 | 과실주 | 주정 | 소주 | 위스키 | 브랜디 | 일반증류주 | 리큐르 | 기타주류 |
| 성상 | 고유의 형태 색택, 이미, 이취가 없어야 함 | 고유의 형태 색택, 이미, 이취가 없어야함 | 고유의 형태 색택, 이미, 이미, 이취가 없어야 함 | 고유의 형태 색택, 이미, 이미, 이취가 없어야 함 | 고유의 형태 색택, 이미, 이미, 이취가 없어야함 | 무색투명, 부유물, 이미, 이취·이미가 없을 것 | 고유의 형태 색택, 이미, 이취가 없어야함 | 고유의 형태 색택, 이미, 이취가 없어야함 | 고유의 형태 색택, 이미, 이취가 없어야함 | 고유의 형태 색택, 이미, 이취가 없어야함 | 고유의 형태 색택, 이미, 이취가 없어야함 | 고유의 형태 색택, 이미, 이취가 없어야함 |
| 비중(15℃) | | | | | | | | | | | | |
| 알코올분(V/V%) | ±0.5이하 (비살균 1.0이하) | ±0.5이하 (비살균 1.0이하) | ±0.5이하 | ±0.5이하 | ±0.5이하 | 95 ±0.5이하 | ±0.5이하 | ±0.5이하 | ±0.5이하 | ±0.5이하 | ±0.5이하 | ±0.5이하 |
| 산도 | | | | | | | | | | | | |
| 불휘발분(W/V%) | | | | | | 2.5이하 | 2.0미만 | 2.0미만 | 2.0미만 | 2.0미만 | 2.0이상 | |
| 보존료(g/kg) | 소브산 0.2이하 | 소브산 0.2이하 | 불검출 | 불검출 | 소브산 0.2이하 | 불검출 | 불검출 | 불검출 | 불검출 | 불검출 | 불검출 | 불검출 |
| 사카린나트륨(g/kg) | 0.08이하 | 불검출 | 불검출 | 불검출 | 0.08이하 | 불검출 | 0.08이하 | 불검출 | 불검출 | 불검출 | 불검출 | 불검출 |
| 이산화황(g/kg) | | | | | 0.35이하 | | | | | | | |
| 진균수(음성) | 음성 | 음성 | | | | | | | | | | |
| 메탄올(mg/ml) | 0.5이하 | 0.5이하 | 0.5이하 | 0.5이하 | 1.0이하 | 0.15이하 | 0.5이하 | 0.5이하 | 1.0이하 | 0.5이하 (과실)원료 1.0이하) | 1.0이하 | 1.0이하 |
| 퓨젤유(w/v%) | | | | | | 0.01이하 | - | - | - | - | | |
| 혼탁도(E.B.C) | | 18이하 | | | | | | | | | | |
| 알데히드(mg/100ml) | | | | | | 1이하 | 70이하 | 70이하 | 70이하 | 70이하 | | |
| 납(mg/kg) | | | | | 0.2이하 (포도주에 한함) | | | | | | | |
| 가스압(kg/cm²) | | | | - | | | | | | | | |
| 색도(430nm) | | | | | | | | - | - | | | |
| 디아세틸(v/v%) | | | | | | - | | | | | | |
| 황산정색물 | | | | | | 불검출 | | | | | | |
| 염화물 | | | | | | 불검출 | | | | | | |
| 구리 | | | | | | 불검출 | | | | | | |
| 과망간산환원성물질 | | | | | | 5분이내 | | | | | | |

* 참고 : 검게 표시된 부분은 분석하지 않는 항목임.

## 주류별 검사항목 및 검사근거 및 목적

| 검사항목 | 검사근거 | 검사목적 | 비 고 |
|---|---|---|---|
| 성 상 | 식품공전 | 주질관리 | 주류의 색택, 향, 혼탁도 등의 외관을 말함<br>(예 : 향료, 색소 사용여부, 맥주의 동결혼탁, 약주의 혼탁여부 , 탁주의 술지게미 과대제거 등을 판단) |
| 비 중 | - | 주질관리 | 4℃ 때 물 1cc 의 무게(1g)에 대한 무게 비를 말하며, 일반적으로 전분, 당분, 덱스트린 등의 함량이 높을수록 높음 |
| 알코올분 | 주세법 제6조<br>시행령 제3조 | 주세검사<br>자료제공 | 주류 중 알코올의 농도를 표시하며, 15℃에 있어서 용량 백분 중에 함유하는 비중 0.7947 알코올(순수한 알코올)의 용량을 말하며, 주류의 알코올도수를 의미함 |
| 산도 |  | 주질관리 | 주류 중 함유되어 있는 유기산류의 총량을 나타내며, 주류의 신맛<br>강도를 표시함 |
| 불휘발분 | 주세법 제2조 주세<br>법 제6조 | 주류종류 분류 | 주류의 용량 백분율중에 함유되어 있는 휘발되지 않은 성분이며, 주로 당분, 전분, 덱스트린, 무기물 등임<br>(예 : 불휘발분 2도미만⇒소주, 위스키, 브랜디, 일반증류주, 불휘발분 2도 이상⇒리큐르) |
| 보존료<br>(소브산) | 식품공전 | 적정사용여부 | 주류의 보존성을 향상시키기 위해 첨가하는 물료로 파라옥시안식향산부틸, 소브산, 소브산칼슘 등이 있음 |
| 사카린<br>나트륨 | 주세법 제6조<br>식품첨가물공전 | 적정사용여부 | 고감미감미료(설탕의 약 300배)로 1971년 12월 부터 주류(소주)에 설탕대용으로 사용하였으나 1995년 9월부터 주류(소주)에 사용할 수 없다가 2013년 2월 부터 탁주 및 소주에 다시 허용함 |
| 이산화황 | 식품첨가물공전 | 적정사용여부 | 과즙중의 유해미생물의 살균과 색소의 산화, 갈변 및 침전형성 등을 방지하기 위해 첨가함.(예 : 과실주에 아황산 첨가량) |
| 진균수 | 식품첨가물공전 | 살균여부 판단 | 주류중의 진균류(효모, 곰팡이 등)의 존재유무를 분석<br>(예 : 살균탁주의 진균수 검출여부) |
| 메탄올 | 식품공전 | 인체유해성분 | 알코올류 중 구조가 가장 단순한 알코올로서 메틸알코올 또는 목정 등이라고 하며, 인체유해물질로 통상 8~20g 섭취 시 실명, 30~50g섭취 시 사망함(예: 전 주류의 메탄올 초과여부) |
| 퓨젤유 | - | 주질관리 | 알코올발효 시 아미노산류의 발효에 의해 생성되는 고급알코올류(노르말 프로필알코올, 이소부틸알코올, 이소아밀알코올)이며, 주류의 향기성분임(예 : 증류주의 향기성분 판단) |
| 혼탁도 | 주세법 제6조<br>시행령 제3조 | 주류종류 분류 | 주류의 맑기 정도를 표시(예 : 맥주의 동결혼탁, 약주의 혼탁 등 판단) |
| 알데히드 | 식품공전 | 주질관리 | 알코올발효의 부산물로서 자극취가 있는 휘발성분임<br>(예 : 증류주의 자극취 판단) |
| 납 | 식품공전 | 인체유해성분 | 과실주 중 포도주에 한하여 관리 |
| 가스압 | - | 주질관리 | 주류 중 탄산가스의 함량을 나타내며, 함량이 낮을 경우 청량감이 저하됨(예 : 맥주의 청량감 판단) |
| 색 도 | - | 주질관리 | 주류의 색상을 나타내며, 나무통 숙성기간 등을 판단함<br>(예 : 참나무통에 숙성시킨 위스키, 브랜디 등의 색상판단) |

# 주류별 첨가재료(주세법시행령 [별표1])

## 주류에 첨가할 수 있는 첨가재료의 종류(주세법시행령 제3조 제1항 관련)

| 구 분 | 첨 가 물 료 의 종 류 |
|---|---|
| 당 분 | 설탕(백설탕, 갈색설탕, 흑설탕 및 시럽을 포함한다), 포도당(액상포도당, 정제포도당, 함수결정포도당 및 무수결정포도당을 포함한다), 과당(액상과당 및 결정과당을 포함한다), 엿류(물엿, 맥아엿 및 덩어리엿을 포함한다), 당시럽류(당밀시럽 및 단풍당시럽을 포함한다), 올리고당류, 유당 또는 꿀 |
| 산 분 | 「식품위생법」에 따라 허용되는 식품첨가물로서 그 주된 용도가 산도조절제로 사용되는 것 |
| 조 미 료 | 아미노산류, 글리세린, 텍스트린, 홉, 무기염류, 탄닌산, 오크칩 |
| 향 료 | 「식품위생법」에 따라 허용되는 식품첨가물로서 그 주된 용도가 향료로 사용되는 것 |
| 색 소 | 「식품위생법」에 따라 허용되는 식품첨가물로서 그 주된 용도가 착색료로 사용되는 것 |

\* 그 이외 사용가능한 첨가재료
 - 탄산가스
 - 「식품위생법」에 따라 허용되는 식품첨가물로서 그 주된 용도가 보존료로 사용되는 것
 - 「식품위생법」에 따라 허용되는 식품첨가물로서 그 주된 용도가 효모의 성장에 필요한 영양성분으로 사용되는 것
 - 질소(기체인 경우로 한정한다)

## 주류 종류별 첨가할 수 있는 재료(주세법시행령 제3조 제1항 관련)

| 주 류 명 | 첨 가 물 료 |
|---|---|
| ○ 탁 주<br>- 법 별표 제2호 가목(3) | 아스파탐, 스테비올배당체, 효소처리스테비아, 삭카린나트륨, 젖산, 주석산, 구연산, 아미노산류, 수크랄로스, 토마틴, 아세설팜칼륨, 에리스리톨, 자일리톨, 산탄검, 글리세린지방산에스테르, 당분, 알룰로오스, 「식품위생법」상 허용되는 식물(물 또는 주정 등으로 추출한 액을 포함한다. 이하 "식물"이라 한다) |
| ○ 약 주<br>- 법 별표 제2호 나목(3) | 아스파탐, 스테비올배당체, 효소처리스테비아, 젖산, 주석산, 구연산, 아미노산류, 식물, 수크랄로스, 토마틴, 아세설팜칼륨, 에리스리톨, 자일리톨, 당분 |
| ○ 청 주<br>- 법 별표 제2호 다목(1) | 아스파탐, 스테비올배당체, 효소처리스테비아, 젖산, 주석산, 구연산, 아미노산류, 식물, 수크랄로스, 토마틴, 아세설팜칼륨, 에리스리톨, 자일리톨<br>\* 식물 중 알코올분 1도이상으로 발효시킬 수 있는 것은 제외 |
| - 법 별표 제2호 다목(2) | 당분, 산분, 조미료, 향료, 색소<br>\* 주정이 첨가되는 경우에만 사용 |
| ○ 맥 주<br>- 법 별표 제2호 라목(2) 및 (3) | 당분, 산분, 조미료, 향료, 색소, 식물, 아스파탐, 스테비올배당체, 효소처리스테비아, 솔비톨, 수크랄로스, 아세설팜칼륨, 에리스리톨, 자일리톨, 우유, 분유, 유크림, 아스코르빈산, 「식품위생법」에 따라 허용되는 식품첨가물 중 유화제·증점제·안정제 등 성상의 변화없이 품질을 균일하게 유지시키는 것 |
| ○ 과실주<br>- 법 별표 제2호 마목(4) 및 (5) | 당분, 산분, 조미료, 향료, 색소, 아스파탐, 스테비올배당체, 효소처리스테비아, 솔비톨, 수크랄로스, 아세설팜칼륨, 에리스리톨, 자일리톨 |
| - 법 별표 제2호 마목(6) | 사카린나트륨, 아스코르빈산, 식물, 아스파탐, 스테비올배당체, 효소처리스테비아, 솔비톨, 수크랄로스, 아세설팜칼륨, 에리스리톨, 자일리톨 |
| ○ 소 주<br>- 법 별표 제3호 가목(2) 및 (7) | 당분, 구연산, 아미노산류, 솔비톨, 무기염류, 스테비올배당체, 효소처리스테비아, 사카린나트륨, 아스파탐, 수크랄로스, 토마틴, 아세설팜칼륨, 에리스리톨, 자일리톨, 다(茶)류(단일침출차 중에서 가공곡류차를 제외한것을 말한다), 알룰로오스, 오크칩 |
| ○ 위스키<br>- 법 별표 제3호 나목(5) | 당분, 산분, 조미료, 향료, 색소 |
| ○ 브랜디<br>- 법 별표 제2호 다목(2) | 당분, 산분, 조미료, 향료, 색소 |
| ○ 일반증류주<br>- 법 별표 제3호 라목(6) 에서 (10)까지 | 당분, 산분, 조미료, 향료, 색소, 식물, 아스파탐, 스테비올배당체, 효소처리스테비아, 솔비톨, 수크랄로스, 아세설팜칼륨, 에리스리톨, 자일리톨 |
| ○ 리큐르<br>- 법 별표 제3호 마목 | 당분, 산분, 조미료, 향료, 색소, 식물, 아스파탐, 스테비올배당체, 효소처리스테비아, 솔비톨, 수크랄로스, 아세설팜칼륨, 에리스리톨, 자일리톨, 우유, 분유, 유크림, 「식품위생법」에 따라 허용되는 식품첨가물 중 유화제·증점제·안정제 등 성상의 변화없이 품질을 균일하게 유지시키는 것 |
| ○ 조미주<br>- 법 별표 제4호 다목 | 당분, 산분, 조미료, 캐러멜색소 |

\* 식물을 주정으로 추출하는 경우 그 추출액의 알코올분 총량은 최종제품의 알코올분 총량의 100분의 5를 초과할 수 없다.

# 주류별 규격

| 주 류 명 | 규 격 (알콜분, 원료사용량 여과방법등) |
|---|---|
| 주 정<br>곡물주정 | - 95도 이상<br>- 곡물을 원료로 한 주정으로서 85도 이상 90도 이하 |
| 탁 주 | - 알콜도수 제한 없음<br>- 녹말은 원료(녹말+당분+과실 · 채소류) 합계중량의 50%이상<br>- 과실 및 채소류는 원료(녹말+당분+과실 · 채소류)합계중량의 20% 이하 |
| 약 주 | - 알콜 도수 제한없음[단, 주류(주정 또는 주정을 물로서 희석한 것 포함), 증류식소주를 첨가하는 경우에는 25도 미만]<br>- 식품 · 첨가물공전상 미탁(微濁) 이하로 맑게 여과(다만 약주 중 전통주의 경우국세청장이 정하는 바에 따라 미탁(微濁) 이상으로 여과할 수 있다)<br>- 원료곡류에 쌀(찹쌀 포함) 외의 다른 곡류가 포함되지 아니한 경우 전분질원료의 중량 기준으로 누룩을 1%이상 사용<br>- 녹말은 원료(녹말+당분+과실 · 채소류) 합계중량의 50%이상<br>- 과실 및 채소류는 원료(녹말+당분+과실 · 채소류)합계중량의 20% 이하<br>- 주정 또는 증류식소주 첨가한도는 제품 알코올분 총량의 20% 이하 |
| 청 주 | - 알콜 도수 제한없음[단, 주류(주정 또는 주정을 물로서 희석한 것 포함)를 첨가하는 경우에는 25도 미만]<br>- 전분질원료의 합계중량 기준으로 누룩을 1% 미만 사용<br>- 발효 · 제성과정(製成過程)에 주정을 혼합하는 경우 주정의 양은 알콜분 30도로 희석한 주정 기준으로 술덧에 사용한 원료용 쌀 1킬로그램당 2.4리터 이하사용 |
| 맥 주 | - 알콜 도수 제한없음[단, 주류(주정 또는 주정을 물로서 희석한 것 포함)를 첨가하는 경우에는 25도 미만]<br>- 맥주제조에 있어 원료곡류 중 엿기름 사용중량은 원료(쌀 · 보리 · 옥수수 · 수수 · 감자 · 전분 · 당분 또는 케러멜의 중량과 엿기름) 합계중량의 10% 이상<br>- 과실(과실즙과 건조과실 포함)을 첨가하는 경우에는 과실의 중량은 원료(엿기름+전분질원료) 합계중량의 20%이하 사용 |
| 과 실 주 | - 알콜도수 제한없음[단, 주류(주정 또는 주정을 물로서 희석한 것, 브랜디류, 일반증류주)를 첨가하는 경우에는 25도 미만]<br>- 첨가하는 당분의 중량은 주원료 당분과 첨가하는 당분의 합계중량의 80%이하 사용발효 · 제성과정에 주정 · 브랜디 또는 일반 증류주를 혼합하는 경우 혼합하는 주류의 알콜분의 양은 혼합된 후 당해 주류의 알콜분 총량의 80% 이하 사용 |
| 소 주 류 | - 알콜 도수 제한없음(불휘발분 2도 이상인 것은 제외)<br>- 증류식소주에 주정 또는 곡물주정을 혼합하는 경우 혼합하는 주정 또는 곡물주정의 알콜분의 양은 혼합된 후 당해 주류의 알콜분 총량의 50%미만으로 하고, 희석식소주에 증류식 소주를 혼합하는 경우 증류식소주의 알콜분의 양은 혼합된 후의 당해 주류의 알콜분 총량의 50% 미만이어야 한다. |
| 위스키류<br>브랜디류 | - 위스키 또는 브랜디 원액에 주정(주정을 물로 희석한 것 포함)을 첨가하는 경우에는 알콜분 총량의 80%이하 첨가(불휘발분 2도 이상인 것은 제외) |
| 일반증류주 | - 알콜도수 제한없음(불휘발분 2도 이상인 것은 제외) |
| 리 큐 르 | - 알콜도수 제한없음(불휘발분 2도 이상인 것) |

## ｜색인｜

# ▌참고문헌▌

1. Abbott, DA., Zelle, RM., Pronk, JT., Van Maris, AJA(2009). Metabolic engineering of Saccharomyces cerevisiae for production of carboxylic acids: current status and challenges. FEMS yeast research. doi:10.1111/j.1567-1364.2009.00537.x.

2. Abe, T., Toyokawa, Y., Sugimoto, Y., Azuma, H(2019). Characterization of a new Saccharomyces cerevisiae isolated from hibiscus flower and its mutant with L-Leucine accumulation for awamori brewing. Frontiers in genetics. doi:10.3389/fgene.2019.00490.

3. Ahuja, U., Thakrar, R., Ahuja, SC(2001). Alcoholic rice beverages. Asian Agri-History. 5(4). 309-319.

4. Aidoo, KE., Rob Nout, MJ., Sarkar, PK(2006). Occurrence and function of yeasts in Asian indigenous fermented foods. FEMS yeast research. doi:10.1111/j.1567-1364.2005.00015.x.

5. Anal, AK(2019). Quality ingredients and safety concerns for traditional fermented foods and beverages from Asia: A review. Fermentation. doi:10.3390/fermentation5010008.

6. Anzawa, Y., Nabekura, Y., Satoh, K., Satoh, Y(2013). Polishing properties of sake rice Koshitanrei for high-quality sake brewing. Bioscience, biotechnology, and biochemistry. doi:10.1271/bbb.130515.

7. Anzawa, Y., Satoh, K., Satoh, Y., Ohno, S(2014). Late-maturing cooking rice Sensyuraku has excellent properties, equivalent to sake rice, for high-quality sake brewing. Bioscience, biotechnology, and biochemistry. doi:10.1080/09168451.2014.930329.

8. Awad, P., Athès, V., Decloux, ME., Ferrari, G(2017). Evolution of volatile compounds during the distillation of cognac spirit. Journal of agricultural and food chemistry. doi:10.1021/acs.jafc.7b02406.

9. Aylott, RI., MacKenzie, WM(2010). Analytical strategies to confirm the generic authenticity of Scotch whisky. Journal of the Institute of Brewing. 116(3). 215-229.

10. Bachmanov, AA., Bosak, NP., Floriano, WB., Inoue, M(2011). Genetics of sweet taste preferences. Flavour and fragrance journal. doi:10.1002/ffj.2074.

11. Bachmanov, AA., Bosak, NP., Glendinning, JI., Inoue, M(2016). Genetics of amino acid taste and appetite. Advances in Nutrition. doi:10.3945/an.115.011270.

12. Balcerek, M., Pielech-Przybylska, K., Dziekońska-Kubczak, U., Patelski, P., Różański, M(2019). Effect of filtration on elimination of turbidity and changes in volatile compounds concentrations in plum distillates. Journal of food science and technology. doi:10.1007/s13197-019-03682-0.

13. Bae, GH., Lee, SH., Cheong, C(2016). Fermentation and Quality Characteristics of Korean Traditional Cheongju by Different Mashing Methods. Journal of the Korea Academia-Industrial cooperation Society. 17(8). 637-645.

14. Bartowsky, E(2017). Microbiology of winemaking. Microbiology Australia. doi:10.1071/MA17033.

15. Belda, I., Ruiz, J., Esteban-Fernández, A., Navascués, E(2017). Microbial contribution to wine aroma and its intended use for wine quality improvement. Molecules. doi:10.3390/molecules22020189.

16. Bellut, K., Arendt, EK(2019). Chance and challenge: Non-saccharomyces yeasts in nonalcoholic and low alcohol beer brewing-A review. Journal of the American Society of Brewing Chemists. doi:10.1080/03610470.2019.1569452.

17. Bettenhausen, HM., Barr, L., Broeckling, CD., Chaparro, JM(2018). Influence of malt source on beer chemistry, flavor, and flavor stability. Food research international. doi:10.1016/J.foodres.2018.07.024.

18. Bett-Garber, KL., Champagne, ET., Ingram, DA., McClung, AM(2007). Influence of water-to-rice ratio on cooked rice flavor and texture. Cereal Chemistry. doi:10.1094/CCHEM-84-6-0614.

19. Bing, J., Han, PJ., Liu, WQ., Wang, QM., Bai, FY(2014). Evidence for a Far East Asian origin of lager beer yeast. Current biology. 24(10). R380-R381.

20. Blanco, CA., Andrés-Iglesias, C., Montero, O(2016). Low-alcohol beers: Flavor compounds, defects, and improvement strategies. Critical reviews in food science and nutrition. doi:10.1080/10408398.2012.733979.

21. Bokulich, NA., Bamforth, CW(2013). The microbiology of malting and brewing. Microbiology and Molecular Biology Reviews. doi:10.1128/MMBR.00060-12.

22. Bokulich, NA., Ohta, M., Lee, M., Mills, DA(2014). Indigenous bacteria and fungi drive traditional kimoto sake fermentations. Applied and environmental microbiology. doi:10.1128/AEM.00663-14.

23. Bora, SS., Keot, J., Das, S., Sarma, K., Barooah, M(2016). Metagenomics analysis of microbial communities associated with a traditional rice wine starter culture (Xaj-pitha) of Assam, India. 3 Biotech. doi:10.1007/s13205-016-0471-1.

24. Bossaert, S., Crauwels, S., De Rouck, G., Lievens, B(2019). The power of sour-a review: old traditions, new opportunities. Brewing Science. 72(3-4). 78-88.

25. Botelho, G., Anjos, O., Estevinho, LM., Caldeira, I(2020). Methanol in Grape Derived, Fruit and Honey Spirits: A Critical Review on Source, Quality Control, and Legal Limits. Processes. doi:10.3390/pr8121609.

26. Breslin, PA(2013). An evolutionary perspective on food and human taste. Current Biology. doi:10.1016/j.cub.2013.04.010.

27. Breslin, PA., Spector, AC(2008). Mammalian taste perception. Current Biology. 18(4). R148-R155.

28. Bukovsky-Reyes, SER., Lowe, LE., Brandon, WM., Owens, JE(2018). Measurement of antioxidants in distilled spirits by a silver nanoparticle assay. Journal of the Institute of Brewing. doi:10.1002/jib.496.

29. Cabras, I., Higgins, DM(2016). Beer, brewing, and business history. Business History. doi:10.1080/00076791.2015.1122713.

30. Cai, H., Zhang, Q., Shen, L., Luo, J(2019). Phenolic profile and antioxidant activity of Chinese rice wine fermented with different rice materials and starters. LWT-Food Science and Technology. doi:10.1016/j.lwt.2019.05.003.

31. Callejón, RM., Ubeda, C., Ríos-Reina, R., Morales, ML., Troncoso, AM(2016). Recent developments in the analysis of musty odour compounds in water and wine: A review. Journal of Chromatography A. doi:10.1016/j.chroma.2015.09.008.

32. Campo, E., Cacho, J., Ferreira, V(2007). Solid phase extraction, multidimensional gas chromatography mass spectrometry determination of four novel

aroma powerful ethyl esters: Assessment of their occurrence and importance in wine and other alcoholic beverages. Journal of Chromatography A. doi:10.1016/j.chroma.2006.11.036.

33. Canas, S(2017). Phenolic composition and related properties of aged wine spirits: Influence of barrel characteristics. A review. Beverages. doi:10.3390/beverages3040055.

34. Cao, L., Zhou, G., Guo, P., Li, Y(2011). Influence of pasteurising intensity on beer flavour stability. Journal of the Institute of Brewing. 117(4). 587-592.

35. Capece, A., Romaniello, R., Siesto, G., Romano, P(2018). Conventional and non-conventional yeasts in beer production. Fermentation. doi:10.3390/fermentation4020038.

36. Cappello, MS., Zapparoli, G., Logrieco, A., Bartowsky, EJ(2017). Linking wine lactic acid bacteria diversity with wine aroma and flavour. International journal of food microbiology. doi:10.1016/j.ijfoodmicro.2016.11.025.

37. Carrau, F., Gaggero, C., Aguilar, PS(2015). Yeast diversity and native vigor for flavor phenotypes. Trends in biotechnology. doi:10.1016/j.tibtech.2014.12.009.

38. Chambers, E., Koppel, K(2013). Associations of volatile compounds with sensory aroma and flavor: The complex nature of flavor. Molecules. doi:10.3390/molecules18054887.

39. Champagne, ET(2008). Rice aroma and flavor: a literature review. Cereal Chemistry. doi:10.1094/CCHEM-85-4-0445.

40. Champagne, ET., Bett-Garber, KL., Thomson, JL., Fitzgerald, MA(2009). Unraveling the impact of nitrogen nutrition on cooked rice flavor and texture. Cereal Chemistry. doi:10.1094/CCHEM-86-3-0274.

41. Champagne, ET., Bett-Garber, KL., Thomson, JL., Shih, FF(2008). Impact of presoaking on flavor of cooked rice. Cereal chemistry. doi:10.1094/CCHEM-85-5-0706.

42. Chandrashekar, J., Yarmolinsky, D., von Buchholtz, L., Oka, Y(2009). The taste of carbonation. Science. doi:10.1126/science.1174601.

43. Chattopadhyay, S., Raychaudhuri, U., Chakraborty, R(2014). Artificial sweeteners-a review. Journal of Food Science and Technology. doi:10.1007/s13197-011-0571-1.

44. Chen, L., Li, D., Ren, L., Song, S(2021). Effects of simultaneous and sequential cofermentation of Wickerhamomyces anomalus and Saccharomyces cerevisiae on physicochemical and flavor properties of rice wine. Food science & nutrition. doi:10.1002/fsn3.1899.

45. Chen, S., Wang, C., Qian, M., Li, Z., Xu, Y(2019). Characterization of the key aroma compounds in aged Chinese rice wine by comparative aroma extract dilution analysis, quantitative measurements, aroma recombination, and omission studies. Journal of agricultural and food chemistry. doi:10.1021/acs.jafc.9b01420.

46. Chen, S., Xu, Y(2010). The influence of yeast strains on the volatile flavour compounds of Chinese rice wine. Journal of the Institute of Brewing. 116(2). 190-196.

47. Chen, S., Xu, Y(2013). Effect of wheat Qu on the fermentation processes and volatile flavour-active compounds of Chinese rice wine (Huangjiu). Journal of the Institute of Brewing. doi:10.1002/jib.59.

48. Chen, T., Gui, Q., Shi, JJ., Zhang, XY., Chen, FS(2013). Analysis of variation of main components during aging process of Shanxi Aged Vinegar. Acetic Acid Bacteria. doi:10.4081/aab.2013.s1.e6.

49. Cheong, C., Wackerbauer, K., Beckmann, M., Jang, HY., Kang, SA(2008). Effect of Cultivation on Trehalose Content and Viability of Brewing Yeast Following Preservation via Filter Paper or Lyophilization Methods. Biotechnology and Bioprocess Engineering. 13. 690-696.

50. Cheong, C., Wackerbauer, K., Kang, SA(2008). Strategy for Preservation of Weakly Flocculating Characteristics in Bottom Brewing Yeast Strains(2008). Food Sci. Biotechnol. 17(3). 558-563.

51. Cheong, C., Wackerbauer, K., Lee, SK., Kang, SA(2008). Optimal Conditions for Propagation in Bottom and Top Brewing Yeast Strains. Food Sci. Biotechnol. 17(4). 739-544.

52. Cheong, C., Wackerbauer, K., Beckmann, M., Jang HY., Kang, SA(2007). Influence of preserved brewing yeast strains on fermentation behavior and flocculation capacity. Nutrition Research and Practice. 1(4). 260-265.

53. Chidi, BS., Bauer, FF., Rossouw, D(2018). Organic acid metabolism and the impact of fermentation practices on wine acidity: A review. South African Journal of Enology and Viticulture. doi:10.21548/39-2-3164.

54. Chira, K., Teissedre, PL(2015). Chemical and sensory evaluation of wine matured in oak barrel: effect of oak species involved and toasting process. European Food Research and Technology. doi:10.1007/s00217-014-2352-3.

55. Cho, HC., Kang, SA., Choi, SI., Cheong, C(2013). Quality Characteristics of Fruits Spirits from a Copper Distillation Apparatus. J Korean Soc Food Sci Nutr. 42(5). 743-752.

56. Choi SI., Kang, SA., Cheong, C(2013). Yeast Selection for Quality Optimization of Distilled Spirits. Journal of the Korea Academia-Industrial cooperation Society. 14(8). 3887-3896.

57. Coghe, S., D'Hollander, H., Verachtert, H., Delvaux, FR(2005). Impact of dark specialty malts on extract composition and wort fermentation. Journal of the Institute of Brewing. 111(1). 51-60.

58. Colomer, MS., Funch, B., Forster, J(2019). The raise of Brettanomyces yeast species for beer production. Current opinion in biotechnology. doi:10.1016/j.copbio.2018.07.009.

59. Cordente, AG., Curtin, CD., Varela, C., Pretorius, IS(2012). Flavour-active wine yeasts. Applied Microbiology and Biotechnology. doi:10.1007/s00253-012-4370-z.

60. Cramer, ACJ., Mattinson, DS., Fellman, JK., Baik, BK(2005). Analysis of volatile compounds from various types of barley cultivars. Journal of agricultural and food chemistry. doi:10.1021/jf0506939.

61. Cravero, MC(2020). Musty and Moldy Taint in Wines: A Review. Beverages. doi:10.3390/beverages6020041.

62. Croy, I., Lange, K., Krone, F., Negoias, S(2009). Comparison between odor thresholds for phenyl ethyl alcohol and butanol. Chemical senses. doi:10.1093/chemse/bjp029.

63. Czaczyk, K., Myszka, K(2007). Biosynthesis of extracellular polymeric substances (EPS) and its role in microbial biofilm formation. Polish Journal of Environmental Studies. 16(6). 799-806.

64. Czerny, M., Christlbauer, M., Christlbauer, M., Fischer, A(2008). Re-investigation on odour thresholds of key food aroma compounds and development of an aroma language based on odour qualities of defined aqueous odorant solutions. European Food Research and Technology. doi:10.1007/s00217-008-0931-x.

65. Da Conceicao Neta, ER., Johanningsmeier, SD., McFeeters, RF(2007). The chemistry and physiology of sour taste-a review. Journal of food science. doi:10.1111/j.1750-3841.2007.00282.x.

66. Darriet, P., Thibon, C., Dubourdieu, D(2012). Aroma and aroma precursors in grape berry. The biochemistry of the grape berry. 111-136.

67. De Keukeleire, D., Heyerick, A., Huvaere, K., Skibsted, LH., Andersen, ML(2008). Beer lightstruck flavor: the full story. Cerevisia. 33(3). 133-144.

68. De Oliveira, FC., Coimbra, JSDR., de Oliveira, EB., Zuñiga, ADG., Rojas, EEG(2016). Food protein-polysaccharide conjugates obtained via the Maillard reaction: A review. Critical reviews in food science and nutrition. doi:10.1080/10408398.2012.755669.

69. De Roos, J., De Vuyst, L(2019). Microbial acidification, alcoholization, and aroma production during spontaneous lambic beer production. Journal of the Science of Food and Agriculture. doi:10.1002/jsfa.9291.

70. De Souza, MD., Vásquez, P., Del Mastro, NL., Acree, TE(2006). Characterization of cachaça and rum aroma. Journal of agricultural and food chemistry. doi:10.1021/jf0511190.

71. Del Alamo-Sanza, M., Nevares, I(2018). Oak wine barrel as an active vessel: A critical review of past and current knowledge. Critical reviews in food science and nutrition. doi:10.1080/10408398.2017.1330250.

72. Delwiche, J(2004). The impact of perceptual interactions on perceived flavor. Food Quality and preference. doi:10.1016/S0950-3293(03)00041-7.

73. Demiglio, P., Pickering, GJ(2008). The influence of ethanol and pH on the taste and mouthfeel sensations elicited by red wine. Journal of Food, Agriculture & Environment. 6(3-4). 143-150.

74. Depraetere, SA., Delvaux, F., Coghe, S., Delvaux, FR(2004). Wheat variety and barley malt properties: influence on haze intensity and foam stability of wheat beer. Journal of the Institute of Brewing. 110(3). 200-206.

75. Díaz-Montaño, DM., Délia, ML., Estarrón-Espinosa, M., Strehaiano, P(2008). Fermentative capability and aroma compound production by yeast strains isolated from Agave tequilana Weber juice. Enzyme and Microbial Technology. 42(7). 608-616.

76. Domizio, P., House, JF., Joseph, CML., Bisson, LF., Bamforth, CW(2016). Lachancea thermotolerans as an alternative yeast for the production of beer. Journal of the Institute of Brewing. doi:10.1002/jib.362.

77. Douady, A., Puentes, C., Awad, P., Esteban-Decloux, M(2019). Batch distillation of spirits: experimental study and simulation of the behaviour of volatile aroma compounds. Journal of the Institute of Brewing. doi:10.1002/jib.560.

78. Dumitriu, G., Teodosiu, C., Gabur, I., Cotea, VV(2019). Evaluation of aroma compounds in the process of wine ageing with oak chips. Foods. doi:10.3390/foods8120662.

79. Dung, NTP(2013). Vietnamese rice-based alcoholic beverages. International Food Research Journal. 20(3). 1035-1041.

80. Dzialo, MC., Park, R., Steensels, J., Lievens, B., Verstrepen, KJ(2017). Physiology, ecology and industrial applications of aroma formation in yeast. FEMS microbiology reviews. doi:10.1093/femsre/fux031.

81. El Hadi, MAM., Zhang, FJ., Wu, FF., Zhou, CH., Tao, J(2013). Advances in fruit aroma volatile research. Molecules. doi:10.3390/molecules18078200.

82. Esti, M., Tamborra, P(2006). Influence of winemaking techniques on aroma precursors. Analytica Chimica Acta. doi:10.1016/j.aca.2005.12.025.

83. Faltermaier, A., Waters, D., Becker, T., Arendt, E., Gastl, M(2014). Common wheat (Triticum aestivum L.) and its use as a brewing cereal-a review. Journal of the Institute of Brewing. doi:10.1002/jib.107.

84. Fan, G., Fu, Z., Teng, C., Liu, P(2020). Effects of aging on the quality of roasted sesame-like flavor Daqu. BMC microbiology. doi:10.1186/s12866-020-01745-3.

85. Fan, G., Fu, Z., Teng, C., Wu, Q(2019). Comprehensive analysis of different grades of roasted-sesame-like flavored Daqu. International Journal of Food Properties. doi:10.1080/10942912.2019.1635154.

86. Fan, G., Sun, B., Fu, Z., Xia, Y(2018). Analysis of physicochemical indices, volatile flavor components, and microbial community of a light-flavor Daqu. Journal of the American Society of Brewing Chemists. doi:10.1080/03610470.2018.1424402.

87. Fan, G., Teng, C., Xu, D., Fu, Z(2019). Improving ethyl acetate production in Baijiu manufacture by Wickerhamomyces anomalus and Saccharomyces cerevisiae mixed culture fermentations. doi:10.1155/2019/1470543.

88. Fan, Y., Huang, X., Chen, J., Han, B(2020). Formation of a mixed-species biofilm is a survival strategy for unculturable lactic acid bacteria and Saccharomyces cerevisiae in Daqu, a Chinese traditional fermentation starter. Frontiers in microbiology. doi:10.3389/fmicb.2020.00138.

89. Fang, C., Du, H., Jia, W., Xu, Y(2019). Compositional differences and similarities between typical Chinese baijiu and western liquor as revealed by mass spectrometry-based metabolomics. Metabolites. doi:10.3390/metabo9010002.

90. Fazary, AE., Ju, YH(2008). Production, partial purification and characterization of feruloyl esterase by Aspergillus awamori in submerged fermentation. Biotechnology Journal: Healthcare Nutrition Technology. doi:10.1002/biot.200800101.

91. Ferrari, G., Lablanquie, O., Cantagrel, R., Ledauphin, J(2004). Determination of key odorant compounds in freshly distilled cognac using GC-O, GC-MS, and sensory evaluation. Journal of agricultural and food chemistry. doi:10.1021/jf049512d.

92. Ferreira, IM., Guido, LF(2018). Impact of wort amino acids on beer flavour: A review. Fermentation. doi:10.3390/fermentation4020023.

93. Ferreira, V., Lopez, R(2019). The actual and potential aroma of winemaking grapes. Biomolecules. doi:10.3390/biom9120818.

94. Flemming, HC., Wingender, J(2010). The biofilm matrix. Nature reviews microbiology. doi:10.1038/nrmicro2415.

95. Fukada, H., Han, J., Muzitani, O., Kanai, M., Yamada, O(2016). Characteristics of volatile compositions and a correlation analysis of the compounds in rice shochu and barley shochu. Journal of the Brewing Society of Japan. 111(12). 841-873.

96. Fukuda, H., Han, J(2014). Characteristics of volatile composition of Kokuto Shochu in Honkaku Shochu. Journal of the Brewing Society of Japan. 109(10). 735-744.

97. Furukawa, S., Yoshida, K., Ogihara, H., Yamasaki, M., Morinaga, Y(2007). Mixed-species biofilm formation by direct cell-cell contact between brewing yeasts and lactic acid bacteria. Bioscience, biotechnology, and biochemistry. doi:10.1271/bbb.100350.

98. Gabaldón, T(2020). Hybridization and the origin of new yeast lineages. FEMS Yeast Research. doi:10.1093/femsyr/foaa040.

99. Gallone, B., Mertens, S., Gordon, JL., Maere, S(2018). Origins, evolution, domestication and diversity of Saccharomyces beer yeasts. Current opinion in biotechnology. doi:10.1016/j.copbio.2017.08.005.

100. Gan, SH., Yang, F., Sahu, SK., Luo, RY(2019). Deciphering the composition and functional profile of the microbial communities in Chinese Moutai liquor starters. Frontiers in microbiology. doi:10.3389/fmicb.2019.01540.

101. Garcia-Bailo, B., Toguri, C., Eny, KM., El-Sohemy, A(2009). Genetic variation in taste and its influence on food selection. OMICS A Journal of Integrative Biology. doi:10.1089/omi.2008.0031.

102. García-Llobodanin, L., Achaerandio, I., Ferrando, M., Güell, C., López, F(2007). Pear distillates from pear juice concentrate: effect of lees in the aromatic composition. Journal of agricultural and food chemistry. doi:10.1021/jf0633589.

103. Gibson, B., Geertman, JMA., Hittinger, CT., Krogerus, K(2017). New yeasts-new brews: modern approaches to brewing yeast design and development. FEMS Yeast Research. doi:10.1093/femsyr/fox038.

104. Gientka, I., Bzducha-Wróbel, A., Stasiak-Różańska, L., Bednarska, A. A., Błażejak, S(2016). The exopolysaccharides biosynthesis by Candida yeast depends on carbon sources. Electronic Journal of Biotechnology. doi:10.1016/j.ejbt.2016.02.008.

105. Goldner, MC., Zamora, MC., Di Leo Lira, P., Gianninoto, H., Bandoni, A(2009). Effect of ethanol level in the perception of aroma attributes and the detection of volatile compounds in red wine. Journal of Sensory Studies. 24(2). 243-257.

106. Gonçalves, M., Pontes, A., Almeida, P., Barbosa, R(2016). Distinct domestication trajectories in top-fermenting beer yeasts and wine yeasts. Current Biology. doi:10.1016/j.cub.2016.08.040.

107. González-Robles, IW., Cook, DJ(2016). The impact of maturation on concentrations of key odour active compounds which determine the aroma of tequila. Journal of the Institute of Brewing. doi:10.1002/jib.333.

108. Gorter de Vries, AR., Pronk, JT., Daran, JG(2019). Lager-brewing yeasts in the era of modern genetics. FEMS yeast research. doi:10.1093/femsyr/foz063.

109. Guan, ZB., Zhang, ZH., Cao, Y., Chen, LL(2012). Analysis and comparison of bacterial communities in two types of wheat Qu, the starter culture of Shaoxing rice wine, using nested PCR-DGGE. Journal of the Institute of Brewing. doi:10.1002/jib.4.

110. Guichard, H., Lemesle, S., Ledauphin, J., Barillier, D., Picoche, B(2003). Chemical and sensorial aroma characterization of freshly distilled Calvados. 1. Evaluation of quality and defects on the basis of key odorants by olfactometry and sensory analysis. Journal of agricultural and food chemistry. doi:10.1021/jf020372m.

111. Guido, LF., Curto, AF., Boivin, P., Benismail, N(2007). Correlation of malt quality parameters and beer flavor stability: multivariate analysis. Journal of agricultural and food chemistry. doi:10.1021/jf0623079.

112. Gupta, C., Prakash, D., Gupta, S(2015). A biotechnological approach to microbial based perfumes and flavours. Journal of Microbiology & Experimentation. doi:10.15406/jmen.2015.01.00034.

113. Gutiérrez, A., Boekhout, T., Gojkovic, Z., Katz, M(2018). Evaluation of non-Saccharomyces yeasts in the fermentation of wine, beer and cider for the development of new beverages. Journal of the Institute of Brewing. doi:10.1002/jib.512.

114. Habschied, K., Živković, A., Krstanović, V., Mastanjević, K(2020). Functional beer-A review on possibilities. Beverages. doi:10.3390/beverages6030051.

115. Harrison, B., Fagnen, O., Jack, F., Brosnan, J. (2011). The impact of copper in different parts of malt whisky pot stills on new make spirit composition and aroma. Journal of the Institute of Brewing. 117(1). 106-112.

116. Hashizume, K., Ito, T., Shimohashi, M., Kokita, A(2012). Taste-guided fractionation and instrumental analysis of hydrophobic compounds in sake. Bioscience, biotechnology, and biochemistry. doi:10.1271/bbb.120046.

117. Hashizume, K., Okuda, M., Numata, M., Iwashita, K(2007). Bitter-tasting sake peptides derived from the N-terminus of the rice glutelin acidic subunit. Food science and technology research. 13(3). 270-274.

118. Hauser, DG., Lafontaine, SR., Shellhammer, TH(2019). Extraction Efficiency of Dry-Hopping. Journal of the American Society of Brewing Chemists. doi:10.1080/03610470.2019.1617622.

119. Hazelwood, LA., Daran, JM., Van Maris, AJA., Pronk, JT., Dickinson, JR(2008). The Ehrlich pathway for fusel alcohol production: a century of research on Saccharomyces cerevisiae metabolism. Applied and environmental microbiology. doi:10.1128/AEM.02625-07.

120. He, G., Huang, J., Zhou, R., Wu, C., Jin, Y(2019). Effect of fortified Daqu on the microbial community and flavor in Chinese strong-flavor liquor brewing process. Frontiers in microbiology. doi:10.3389/fmicb.2019.00056.

121. Hirst, MB., Richter, CL(2016). Review of aroma formation through metabolic pathways of Saccharomyces cerevisiae in beverage fermentations. American Journal of Enology and Viticulture. doi:10.5344/ajev.2016.15098.

122. Hoff, S., Lund, MN., Petersen, MA., Frank, W(2013). Storage stability of pasteurized non-filtered beer. Journal of the Institute of Brewing. doi:10.1002/jib.85.

123. Holt, S., Miks, MH., de Carvalho, BT., Foulquié-Moreno, MR., Thevelein, JM(2019). The molecular biology of fruity and floral aromas in beer and other alcoholic beverages. FEMS microbiology reviews. doi:10.1093/femsre/fuy041.

124. Holt, S., Mukherjee, V., Lievens, B., Verstrepen, KJ., Thevelein, JM(2018). Bioflavoring by non-conventional yeasts in sequential beer fermentations. Food microbiology. doi:10.1016/j.fm.2017.11.008.

125. Hong, SB., Lee, NA., Kim, DH., Varga, J., Frisvad, JC., Perrone, G., Gomi, K., Yamada, O., Machida, M., Houbraken, J., Samson, RA(2013). Aspergillus luchuensis, an industrially important black Aspergillus in East Asia. PLoS One. doi:10.1371/journal.pone.0063769.

126. Hu, X., Du, H., Ren, C., Xu, Y(2016). Illuminating anaerobic microbial community and cooccurrence patterns across a quality gradient in Chinese liquor fermentation pit muds. Applied and environmental microbiology. doi:10.1128/AEM.03409-15.

127. Huang, Y., Wu, Q., Xu, Y(2014). Isolation and identification of a black Aspergillus strain and the effect of its novel protease on the aroma of Moutai-flavoured liquor. Journal of the Institute of Brewing. doi:10.1002/jib.135.

128. Huang, Y., Yi, Z., Jin, Y., Zhao, Y(2017). New microbial resource: microbial diversity, function and dynamics in Chinese liquor starter. Scientific reports. doi:10.1038/s41598-017-14968-8.

129. Humia, BV., Santos, KS., Barbosa, AM., Sawata, M(2019). Beer molecules and its sensory and biological properties: a review. Molecules. doi:10.3390/molecules24081568.

130. Iattici, F., Catallo, M., Solieri, L(2020). Designing new yeasts for craft brewing: when natural biodiversity meets biotechnology. Beverages. doi:10.3390/beverages6010003.

131. Ichishima, E(2016). Development of enzyme technology for Aspergillus oryzae, A. sojae, and A. luchuensis, the national microorganisms of Japan. Bioscience, biotechnology, and biochemistry. doi:10.1080/09168451.2016.1177445.

132. Ilc, T., Werck-Reichhart, D., Navrot, N(2016). Meta-analysis of the core aroma components of grape and wine aroma. Frontiers in plant science. doi:10.3389/fpls.2016.01472.

133. Isogai, A., Utsunomiya, H., Kanda, R., Iwata, H(2005). Changes in the aroma compounds of sake during aging. Journal of agricultural and food chemistry. doi:10.1021/jf047933p.

134. Iwami, A., Kajiwara, Y., Takashita, H., Okazaki, N., Omori, T(2006). Factor analysis of the fermentation process in barley shochu production. Journal of the Institute of Brewing. 112(1). 50-56.

135. Iwouno, JO., Ofoedu, CE., Aniche, VN(2019). Evaluation of the Prevalence of Congeners from Distilled Spirits of Different Sources. Asian Food Science Journal. doi:10.9734/AFSJ/2019/v7i329970.

136. Jackowski, M., Trusek, A(2018). Non-alcoholic beer production-an overview. Polish Journal of Chemical Technology. doi:10.2478/pjct-2018-0051.

137. James, N., Stahl, U(2014). Amino acid permeases and their influence on flavour compounds in beer. Brewing Science. 67. 120-127.

138. Jelínek, L., Müllerová, J., Karabín, M., Dostálek, P(2018). The secret of dry hopped beers-review. KVASNÝ PRŮMYSL. doi:10.18832/kp201836.

139. Jin, G., Zhu, Y., Xu, Y(2017). Mystery behind Chinese liquor fermentation. Trends in Food Science & Technology. doi:10.1016/j.tifs.2017.02.016.

140. Jeong, JI., Kim, KS., Park, JY., Cheong, C(2019). A Study on the Fermentation Characteristics of Yeast for Rice Beer Separated from Traditional Nuruk. Journal of the Korea Academia-Industrial cooperation Society. 20(11). 376-385.

141. Jolly, NP., Augustyn, OPH., Pretorius, IS(2006). The role and use of non-Saccharomyces yeasts in wine production. South African Journal of Enology and Viticulture. 27(1). 15-39.

142. Jordão, AM., Vilela, A., Cosme, F(2015). From sugar of grape to alcohol of wine: Sensorial impact of alcohol in wine. Beverages. doi:10.3390/beverages1040292.

143. Jüttner, F., Watson, SB(2007). Biochemical and ecological control of geosmin and 2-methylisoborneol in source waters. Applied and environmental microbiology. doi:10.1128/AEM.02250-06.

144. Kadooka, C., Nakamura, E., Mori, K., Okutsu, K(2020). LaeA controls citric acid production through regulation of the citrate exporter-encoding cexA gene in Aspergillus luchuensis mut. kawachii. Applied and environmental microbiology. doi:10.1101/748426.

145. Kanno, Y., Minetoki, T., Bogaki, T., Toko, K(2018). Visualization of Flavor of Sake by Sensory Evaluation and Statistical Method. Sensors and Materials. doi:10.18494/SAM.2018.1778.

146. Karangwa, E., Murekatete, N., de Dieu Habimana, J., Masamba, K(2016). Contribution of crosslinking products in the flavour enhancer processing: The new concept of Maillard peptide in sensory characteristics of Maillard reaction systems. Journal of food science and technology. doi:10.1007/s13197-016-2268-y.

147. Karlsson, BC., Friedman, R(2017). Dilution of whisky-the molecular perspective. Scientific reports. doi:10.1038/s41598-017-06423-5.

148. Kataoka, R., Watanabe, T., Yano, S., Mizutani, O(2020). Aspergillus luchuensis fatty acid oxygenase ppoC is necessary for 1-octen-3-ol biosynthesis in rice koji. Journal of bioscience and bioengineering. doi:10.1016/j.jbiosc.2019.08.010.

149. Khalid, K(2011). An overview of lactic acid bacteria. International journal of Biosciences. 1(3). 1-13.

150. Kilmartin, PA(2009). The oxidation of red and white wines and its impact on wine aroma. Chemistry in New Zealand. 18-22.

151. Kishimoto, T., Noba, S., Yako, N., Kobayashi, M., Watanabe, T(2018). Simulation of Pilsner-type beer aroma using 76 odor-active compounds. Journal of bioscience and bioengineering. doi:10.1016/j.jbiosc.2018.03.015.

152. Kitagaki, H., Kitamoto, K(2013). Breeding research on sake yeasts in Japan: history, recent technological advances, and future perspectives. Annual review of food science and technology. doi:10.1146/annurev-food-030212-182545.

153. Kiyono, T., Hirooka, K., Yamamoto, Y., Kuniishi, S(2013). Identification of pyroglutamyl peptides in Japanese rice wine (sake): presence of hepatoprotective pyroGlu-Leu. Journal of agricultural and food chemistry. doi:10.1021/jf404381w.

154. Kobayashi, M., Shimizu, H., Shioya, S(2008). Beer volatile compounds and their application to low-malt beer fermentation. Journal of bioscience and bioengineering. doi:10.1263/jbb.106.317.

155. Koseki, T., Fushinobu, S., Shirakawa, H., Komai, M(2009). Occurrence, properties, and applications of feruloyl esterases. Applied Microbiology and Biotechnology. doi:10.1007/s00253-009-2148-8.

156. Kosiv, R., Kharandiuk, T., Polyuzhyn, L., Palianytsia, L., Berezovska, N(2017). Effect of high gravity wort fermentation parameters on beer flavor profile. Chemistry & Chemical Technology. doi:10.23939/chcht11.03.308.

157. Kostik, V., Gjorgjeska, B., Angelovska, B., Kovacevska, I(2014). Determination of some volatile compounds in fruit spirits produced from grapes (Vitis Vinifera L.) and plums (Prunus domestica L.) cultivars. Science Journal of Analytical Chemistry. doi:10.11648/j.sjac.20140204.12.

158. Krieger-Weber, S., Heras, JM., Suarez, C(2020). Lactobacillus plantarum, a new biological tool to control malolactic fermentation: A review and an outlook. Beverages. doi:10.3390/beverages6020023.

159. Krings, U., Berger, RG(1998). Biotechnological production of flavours and fragrances. Applied microbiology and biotechnology. 49(1). 1-8.

160. Kucharczyk, K., Tuszyński, T., Żyła, K., Puchalski, C(2020). The effect of yeast generations on fermentation, maturation and volatile compounds of beer. Czech Journal of Food Sciences. doi:10.17221/193/2018-CJFS.

161. Kurihara, K(2009). Glutamate: from discovery as a food flavor to role as a basic taste (umami). The American journal of clinical nutrition. 90(3). 719-722.

162. Lablanquie, O., Snakkers, G., Cantagrel, R., Ferrari, G(2002). Characterisation of young Cognac spirit aromatic quality. Analytica Chimica Acta. 458(1). 191-196.

163. Lachenmeier, DW., Kanteres, F., Rehm, J(2014). Alcoholic beverage strength discrimination by taste may have an upper threshold. Alcoholism: Clinical and Experimental Research. doi:10.1111/acer.12511.

164. Lachenmeier, DW., Richling, E., López, MG., Frank, W., Schreier, P(2005). Multivariate analysis of FTIR and ion chromatographic data for the quality control of tequila. Journal of agricultural and food chemistry. doi:10.1021/jf048637f.

165. Lafontaine, S., Varnum, S., Roland, A., Delpech, S(2019). Impact of harvest maturity on the aroma characteristics and chemistry of Cascade hops used for dry-hopping. Food chemistry. doi:10.1016/j.foodchem.2018.10.148.

166. Lafontaine, SR., Shellhammer, TH(2018). Impact of static dry-hopping rate on the sensory and analytical profiles of beer. Journal of the Institute of Brewing. doi:10.1002/jib.517.

167. Lafontaine, SR., Shellhammer, TH(2019). How hoppy beer production has redefined hop quality and a discussion of agricultural and processing strategies to promote it. MBAA TQ. doi:10.1094/TQ-56-1-0221-01.

168. Lafontaine, SR., Shellhammer, TH(2019). Investigating the factors impacting aroma, flavor, and stability in dry-hopped beers. Master Brew. Assoc. Am., Tech. Q. Commun. doi:10.1094/TQ-56-1-0225-01.

169. Larios, A., García, HS., Oliart, RM., Valerio-Alfaro, G(2004). Synthesis of flavor and fragrance esters using Candida antarctica lipase. Applied microbiology and biotechnology. doi:10.1007/s00253-004-1602-x.

170. Lawless, HT., Horne, J., Giasi, P(1996). Astringency of organic acids is related to pH. Chemical senses. 21(4). 397-403.

171. Léauté, R(1990). Distillation in alambic. American Journal of Enology and Viticulture. 41(1). 90-103.

172. Ledauphin, J., Saint-Clair, JF., Lablanquie, O., Guichard, H(2004). Identification of trace volatile compounds in freshly distilled Calvados and Cognac using preparative separations coupled with gas chromatography-mass spectrometry. Journal of Agricultural and Food Chemistry. doi:10.1021/jf040052y.

173. Lehnhardt, F., Becker, T., Gastl, M(2020). Flavor stability assessment of lager beer: what we can learn by comparing established methods. European Food Research and Technology. doi:10.1007/s00217-020-03477-0.

174. Lentz, M(2018). The impact of simple phenolic compounds on beer aroma and flavor. Fermentation. doi:10.3390/fermentation4010020.

175. Li, G., Zhong, Q., Wang, D., Zhang, X(2015). Determination and formation of ethyl carbamate in Chinese spirits. Food Control. doi:10.1016/j.foodcont.2015.03.029.

176. Li, H., Liu, F., He, X., Cui, Y., Hao, J(2015). A study on kinetics of beer ageing and development of methods for predicting the time to detection of flavour changes in beer. Journal of the Institute of Brewing. doi:10.1002/jib.194.

177. Li, H., Wang, H., Li, H., Goodman, S(2018). The worlds of wine: Old, new and ancient. Wine Economics and Policy. doi:10.1016/j.wep.2018.10.002.

178. Li, P., Lin, W., Liu, X., Wang, X., Luo, L(2016). Environmental factors affecting microbiota dynamics during traditional solid-state fermentation of Chinese Daqu starter. Frontiers in microbiology. doi:10.3389/fmicb.2016.01237.

179. Li, Q., Gu, Y., Jia, J(2017). Classification of multiple Chinese liquors by means of a QCM-based e-nose and MDS-SVM classifier. Sensors. doi:10.3390/s17020272.

180. Li, SY., Duan, CQ(2019). Astringency, bitterness and color changes in dry red wines before and during oak barrel aging: An updated phenolic perspective review. Critical reviews in food science and nutrition. doi:10.1080/10408398.2018.1431762.

181. Lee, SY., Kong, TI., Cheong, C(2015). Characteristics of Steeping of Rice and Fermentation of Rice Koji Depending on the Milling Degrees. Journal of the Korea Academia-Industrial cooperation Society. 16(8). 5384-5393.

182. Lee, JW., Kang, SA., Cheong. C(2015). Quality characteristics of distilled alcohols prepared with different fermenting agents. J Korean Soc Appl Bio Chem. 58(2). 275-283.

183. Lilly, M., Bauer, FF., Lambrechts, MG., Swiegers, JH(2006). The effect of increased yeast alcohol acetyltransferase and esterase activity on the flavour profiles of wine and distillates. Yeast. doi:10.1002/yea.1382.

184. Lilly, M., Lambrechts, MG., Pretorius, IS(2000). Effect of increased yeast alcohol acetyltransferase activity on flavor profiles of wine and distillates. Applied and environmental microbiology. 66(2). 744-753.

185. Lin, J., Massonnet, M., Cantu, D(2019). The genetic basis of grape and wine aroma. Horticulture research. doi:10.1038/s41438-019-0163-1.

186. Lindemann, B(2001). Receptors and transduction in taste. Nature. 413(6852). 219-225.

187. Liu, C., Feng, S., Wu, Q., Huang, H(2019). Raw material regulates flavor formation via driving microbiota in Chinese liquor fermentation. Frontiers in microbiology. doi:10.3389/fmicb.2019.01520.

188. Liu, D., Zhang, HT., Xiong, W., Hu, J(2014). Effect of temperature on Chinese rice wine brewing with high concentration presteamed whole sticky rice. BioMed research international. doi:10.1155/2014/426929.

189. Liu, P., Miao, L(2020). Multiple batches of fermentation promote the formation of functional microbiota in Chinese miscellaneous-flavor baijiu fermentation. Frontiers in microbiology. doi:10.3389/fmicb.2020.00075.

190. Liu, Q., Li, X., Sun, C., Wang, Q(2019). Effects of mixed cultures of Candida tropicalis and aromatizing yeast in alcoholic fermentation on the quality of apple vinegar. 3 Biotech. doi:10.1007/s13205-019-1662-3.

191. Longo, MA., Sanromán, MA(2006). Production of food aroma compounds: microbial and enzymatic methodologies. Food Technology and Biotechnology. 44(3). 335-353.

192. Luo, Q., Liu, C., Li, W., Wu, Z., Zhang, W(2014). Comparison between bacterial diversity of aged and aging pit mud from Luzhou-flavor liquor distillery. Food Science and Technology Research. doi:10.3136/fstr.20.867.

193. Luo, T., Fan, W., Xu, Y(2008). Characterization of volatile and semi-volatile compounds in Chinese rice wines by headspace solid phase microextraction followed by gas chromatography-mass spectrometry. Journal of the Institute of Brewing. 114(2). 172-179.

194. Ma, YY., Cao, GJ., Wu, HC., Dou, X(2016). Comparison of the Volatile Components in Chinese Traditional Xiaoqu Liquor. International Journal of Food Processing Technology. doi:10.15379/2408-9826.2016.03.02.01.

195. Maehashi, K., Huang, L(2009). Bitter peptides and bitter taste receptors. Cellular and molecular life sciences. doi:10.1007/s00018-009-8755-9.

196. Maghradze, D., Aslanishvili, A., Mdinaradze, I., Tkemaladze, D(2019). Progress for research of grape and wine culture in Georgia, the South Caucasus. In BIO Web of Conferences. doi:10.1051/bioconf/20191203003.

197. Marais, J(2001). Effect of grape temperature and yeast strain on Sauvignon blanc wine aroma composition and quality. South African Journal of Enology and Viticulture. 22(1). 47-50.

198. Mason, AB., Dufour, JP(2000). Alcohol acetyltransferases and the significance of ester synthesis in yeast. Yeast. 16(14). 1287-1298.

199. Mathé, L., Van Dijck, P(2013). Recent insights into Candida albicans biofilm resistance mechanisms. Current genetics. doi:10.1007/s00294-013-0400-3.

200. McGovern, P., Jalabadze, M., Batiuk, S., Callahan, MP(2017). Early neolithic wine of Georgia in the South Caucasus. Proceedings of the National Academy of Sciences. doi:10.1073/pnas.1714728114.

201. Miličević, B., Banović, M., Kovačević-Ganić, K., Gracin, L(2002). Impact of grape varieties on wine distillates flavour. Food technology and biotechnology. 40(3). 227-232.

202. Miličević, B., Lukić, I., Babić, J., Šubarić, D(2012). Aroma and sensory characteristics of Slavonian plum brandy. Technologica acta. 5. 1-7.

203. Miljić, UD., Puškaš, VS., Vučurović, VM., Razmovski, RN(2013). The application of sheet filters in treatment of fruit brandy after cold stabilization. Acta Periodica Technologica. doi:10.2298/APT1344087M.

204. Miyagawa, H., Tang, YQ., Morimura, S., Wasano, N(2011). Development of Efficient Shochu Production Technology with Long-term Repetition of Sashimoto and Reuse of Stillage for Fermentation. Journal of the Institute of Brewing. 117(1). 91-97.

205. Mo, X., Fan, W., Xu, Y(2009). Changes in volatile compounds of Chinese rice wine wheat Qu during fermentation and storage. Journal of the Institute of Brewing. 115(4). 300-307.

206. Mo, X., Xu, Y(2010). Ferulic acid release and 4-vinylguaiacol formation during Chinese rice wine brewing and fermentation. Journal of the Institute of Brewing. 116(3). 304-311.

207. Molina, AM., Swiegers, JH., Varela, C., Pretorius, IS., Agosin, E(2007). Influence of wine fermentation temperature on the synthesis of yeast-derived volatile aroma compounds. Applied Microbiology and Biotechnology. doi:10.1007/s00253-007-1194-3.

208. Monsoor, MA., Proctor, A(2002). Effect of water washing on the reduction of surface total lipids and FFA on milled rice. Journal of the American Oil Chemists Society. 79(9). 867-870.

209. Morata, A., Escott, C., Bañuelos, MA., Loira, I(2020). Contribution of non-Saccharomyces yeasts to wine freshness. A review. Biomolecules. doi:10.3390/biom10010034.

210. Moreno, JA., Zea, L., Moyano, L., Medina, M(2005). Aroma compounds as markers of the changes in sherry wines subjected to biological ageing. Food Control. doi:10.1016/j.foodcont.2004.03.013.

211. Motomura, S., Horie, K., Kitagaki, H(2012). Mitochondrial activity of sake brewery yeast affects malic and succinic acid production during alcoholic fermentation. Journal of the Institute of Brewing. doi:10.1002/jib.7.

212. Murayama, H., Yamamoto, Y., Tone, M., Hasegawa, T(2018). Selective adsorption of 1,3-dimethyltrisulfane (DMTS) responsible for aged odour in Japanese sake using supported gold nanoparticles. Scientific reports. doi:10.1038/s41598-018-34217-w.

213. Mutou, T., Inahash, M., Manzen, H., Kizaki, Y(2016). The breeding of high ethyl caproate shochu yeast and its practical application (Part 2) Experimental shochu production test by high ethyl caproate shochu yeast, NS2-16. Journal of the Brewing Society of Japan. 111(9). 625-632.

214. Nance, MR., Setzer, WN(2011). Volatile components of aroma hops (Humulus lupulus L.) commonly used in beer brewing. Journal of Brewing and Distilling. 2(2). 16-22.

215. Návojská, J., Brandes, W., Nauer, S., Eder, R., Frančáková, H(2020). Influence of different oak chips on aroma compounds in wine. Journal of Microbiology, Biotechnology and Food Sciences. 9(5). 957-971.

216. Nelson, G., Chandrashekar, J., Hoon, MA., Feng, L(2002). An amino-acid taste receptor. Nature. 416(6877). 199-202.

217. Nicolotti, L., Mall, V., Schieberle, P(2019). Characterization of Key Aroma Compounds in a Commercial Rum and an Australian Red Wine by Means of a New Sensomics-Based Expert System (SEBES)-An Approach To Use Artificial Intelligence in Determining Food Odor Codes. Journal of agricultural and food chemistry. doi:10.1021/acs.jafc.9b00708.

218. Nikićević, N(2005). Effects of some production factors on chemical composition and sensory qualities of Williams pear brandy. Journal of Agricultural Sciences. Belgrade. 50(2). 193-206.

219. Nile, SH(2015). The nutritional, biochemical and health effects of makgeolli-a traditional Korean fermented cereal beverage. Journal of the Institute of Brewing. doi:10.1002/jib.264.

220. Nishimura, K., Kida, K., Nakagawa, M., Tsuchiya, K., Sonoda, Y(1999). Production of shochu spirit from crushed rice by non-cooking fermentation. Japan Agricultural Research Quarterly. 33. 69-75.

221. Nose, A., Hamasaki, T., Hojo, M., Kato, R(2005). Hydrogen bonding in alcoholic beverages (distilled spirits) and water-ethanol mixtures. Journal of agricultural and food chemistry. doi:10.1021/jf058061+.

222. Nose, A., Hojo, M(2006). Hydrogen bonding of water-ethanol in alcoholic beverages. Journal of bioscience and bioengineering. doi:10.1263/jbb.102.269.

223. Ocvirk, M., Košir, IJ(2020). Dynamics of Isomerization of Hop Alpha-Acids and Transition of Hop Essential Oil Components in Beer. Acta Chimica Slovenica. doi:10.17344/acsi.2020.5394.

224. Ohta, T., Ikuta, R., Nakashima, M., Morimitsu, Y(1990). Characteristic flavor of Kansho-shochu (sweet potato spirit). Agricultural and biological chemistry. 54(6). 1353-1357.

225. Ohya, Y., Kashima, M(2019). History, lineage and phenotypic differentiation of sake yeast. Bioscience, biotechnology, and biochemistry. doi:10.1080/09168451.2018.1564620.

226. Oishi, M., Nekogaki, K., Kajiwara, Y., Takashita, H(2013). Sensory attributes and classification of odor compounds in barley-shochu. Journal of the Brewing Society of Japan. 108(2). 113-121.

227. Okutsu, K., Yoshizaki, Y., Kojima, M., Yoshitake, K(2016). Effects of the cultivation period of sweet potato on the sensory quality of imo-shochu, a Japanese traditional spirit. Journal of the Institute of Brewing. doi:10.1002/jib.305.

228. Olaniran, AO., Hiralal, L., Mokoena, MP., Pillay, B(2017). Flavour-active volatile compounds in beer: production, regulation and control. Journal of the Institute of Brewing. doi:10.1002/jib.389.

229. Onipe, OO., Jideani, AI., Beswa, D(2015). Composition and functionality of wheat bran and its application in some cereal food products. International Journal of Food Science & Technology. doi:10.1111/ijfs.12935.

230. Padilla, B., Gil, JV., Manzanares, P(2018). Challenges of the non-conventional yeast Wickerhamomyces anomalus in winemaking. Fermentation. doi:10.3390/fermentation4030068.

231. Palaniveloo, K., Vairappan, CS(2013). Biochemical properties of rice wine produced from three different starter cultures. Journal of Tropical Biology & Conservation (JTBC). 10. 31-41.

232. Park, HJ., Lee, SM., Song, SH., Kim, YS(2013). Characterization of volatile components in Makgeolli, a traditional Korean rice wine, with or without pasteurization, during storage. Molecules. doi:10.3390/molecules18055317.

233. Park, HS., Jun, SC., Han, KH., Hong, SB., Yu, JH(2017). Diversity, application, and synthetic biology of industrially important Aspergillus fungi. Advances in applied microbiology. doi:10.1016/bs.aambs.2017.03.001.

234. Patel, A., Prajapat, JB(2013). Food and health applications of exopolysaccharides produced by lactic acid bacteria. Advances in Dairy Research. doi:10.4172/2329-888X.1000107.

235. Patel, S., Majumder, A., Goyal, A(2012). Potentials of exopolysaccharides from lactic acid bacteria. Indian journal of microbiology. doi:10.1007/s12088-011-0148-8.

236. Pedersen, MB., Gaudu, P., Lechardeur, D., Petit, MA., Gruss, A(2012). Aerobic respiration metabolism in lactic acid bacteria and uses in biotechnology. Annual review of food science and technology. doi:10.1146/annurev-food-022811-101255.

237. Peris, D., Sylvester, K., Libkind, D., Gonçalves, P(2014). Population structure and reticulate evolution of Saccharomyces eubayanus and its lager-brewing hybrids. Molecular Ecology. doi:10.1111/mec.12702.

238. Peyer, LC., Zannini, E., Arendt, EK(2016). Lactic acid bacteria as sensory biomodulators for fermented cereal-based beverages. Trends in Food Science & Technology. doi:10.1016/j.tifs.2016.05.009.

239. Piornos, JA., Balagiannis, DP., Methven, L., Koussissi, E(2020). Elucidating the odor-active aroma compounds in alcohol-free beer and their contribution to the worty flavor. Journal of agricultural and food chemistry. doi:10.1021/acs.jafc.0c03902.

240. Pires, EJ., Teixeira, JA., Brányik, T., Vicente, AA(2014). Yeast: the soul of beer aroma-a review of flavour-active esters and higher alcohols produced by the brewing yeast. Applied microbiology and biotechnology. doi:10.1007/s00253-013-5470-0.

241. Pissarra, J., Lourenço, S., Machado, JM., Mateus, N(2005). Contribution and importance of wine spirit to the port wine final quality-initial approach. Journal of the Science of Food and Agriculture. doi:10.1002/jsfa.2070.

242. Poisson, L., Schieberle, P(2008). Characterization of the most odor-active compounds in an American Bourbon whisky by application of the aroma extract dilution analysis. Journal of agricultural and food chemistry. doi:10.1021/jf800382m.

243. Polášková, P., Herszage, J., Ebeler, SE(2008). Wine flavor: chemistry in a glass. Chemical Society Reviews. doi:10.1039/b714455p.

244. Prado-Jaramillo, N., Estarrón-Espinosa, M., Escalona-Buendía, H., Cosío-Ramírez, R., Martín-del-Campo, ST(2015). Volatile compounds generation during different stages of the Tequila production process. A preliminary study. LWT-Food Science and technology. doi:10.1016/j.lwt.2014.11.042.

245. Praet, T., Van Opstaele, F., Jaskula-Goiris, B., Aerts, G., De Cooman, L(2012). Biotransformations of hop-derived aroma compounds by Saccharomyces cerevisiae upon fermentation. Cerevisia. doi:10.1016/j.cervis.2011.12.005.

246. Pretorius, IS., Du Toit, M., Van Rensburg, P(2003). Designer yeasts for the fermentation industry of the 21st century. Food Technology and Biotechnology. 41(1). 3-10.

247. Prida, A., Chatonnet, P(2010). Impact of oak-derived compounds on the olfactory perception of barrel-aged wines. American Journal of Enology and Viticulture. 61(3). 408-413.

248. Procopio, S., Qian, F., Becker, T(2011). Function and regulation of yeast genes involved in higher alcohol and ester metabolism during beverage fermentation. European Food Research and Technology. doi:10.1007/s00217-011-1567-9.

249. Ragazzo-Sanchez, JA., Chalier, P., Chevalier-Lucia, D., Calderon-Santoyo, M., Ghommidh, C(2009). Off-flavours detection in alcoholic beverages by electronic nose coupled to GC. Sensors and Actuators B: Chemical. doi:10.1016/j.snb.2009.02.061.

250. Reed, DR., Tanaka, T., McDaniel, AH(2006). Diverse tastes: Genetics of sweet and bitter perception. Physiology & behavior. 88(3). 215-226.

251. Rettberg, N., Biendl, M., Garbe, LA(2018). Hop aroma and hoppy beer flavor: chemical backgrounds and analytical tools-a review. Journal of the American Society of Brewing Chemists. doi:10.1080/03610470.2017.1402574.

252. Robinson, AL., Boss, PK., Solomon, PS., Trengove, RD(2014). Origins of grape and wine aroma. Part 1. Chemical components and viticultural impacts. American Journal of Enology and Viticulture. doi:10.5344/ajev.2013.12070.

253. Robinson, AL., Boss, PK., Solomon, PS., Trengove, RD(2014). Origins of grape and wine aroma. Part 2. Chemical and sensory analysis. American Journal of Enology and Viticulture. doi:10.5344/ajev.2013.13106.

254. Rodríguez Madrera, R., Blanco-Gomis, D., Mangas-Alonso, JJ(2003). Influence of distillation system, oak wood type, and aging time on volatile compounds of cider brandy. Journal of Agricultural and Food Chemistry. doi:10.1021/jf034280o.

255. Rodríguez-Arzuaga, M., Cho, S., Billiris, M. A., Siebenmorgen, T., Seo, HS(2016). Impacts of degree of milling on the appearance and aroma characteristics of raw rice. Journal of the Science of Food and Agriculture. doi:10.1002/jsfa.7471.

256. Ruas-Madiedo, P., De Los Reyes-Gavilán, CG(2005). Invited review: methods for the screening, isolation, and characterization of exopolysaccharides produced by lactic acid bacteria. Journal of dairy science. 88(3). 843-856.

257. Ruiz, J., Kiene, F., Belda, I., Fracassetti, D(2019). Effects on varietal aromas during wine making: A review of the impact of varietal aromas on the flavor of wine. Applied microbiology and biotechnology. 103(18). 7425-7450.

258. Saison, D., De Schutter, DP., Vanbeneden, N., Daenen, L(2010). Decrease of aged beer aroma by the reducing activity of brewing yeast. Journal of agricultural and food chemistry. doi:10.1021/jf9037387.

259. Salanță, LC., Coldea, TE., Ignat, MV., Pop, CR(2020). Non-alcoholic and craft beer production and challenges. Processes. doi:10.3390/pr8111382.

260. Sampaio, JP(2018). Microbe profile: Saccharomyces eubayanus, the missing link to lager beer yeasts. Microbiology. doi:10.1099/mic.0.000677.

261. Saranraj, P., Sivasakthivelan, P., Naveen, M(2017). Fermentation of fruit wine and its quality analysis: a review. Australian Journal of Science and Technology. 1(2). 85-97.

262. Sato, J., Kohsaka, R(2017). Japanese sake and evolution of technology: A comparative view with wine and its implications for regional branding and tourism. doi:10.1016/j.jef.2017.05.005.

263. Sato, Y., Han, J., Fukuda, H., Mikami, S(2018). Enhancing monoterpene alcohols in sweet potato shochu using the diglycoside-specific β-primeverosidase. Journal of bioscience and bioengineering. doi:10.1016/j.jbiosc.2017.08.012.

264. Schifferdecker, AJ., Dashko, S., Ishchuk, OP., Piškur, J(2014). The wine and beer yeast Dekkera bruxellensis. Yeast. doi:10.1002/yea.3023.

265. Schlosser, Š(2011). Distillation-from Bronze Age till today. In 38th International Conference of Slovak Society of Chemical Engineering, Tatranské Matliare, Slovakia May. 23-27.

266. Schmelzle, A(2009). The beer aroma wheel. Updating beer flavor terminology according to sensory standards. Brewing Science. 62. 26-32.

267. Schneiderbanger, H., Koob, J., Poltinger, S., Jacob, F., Hutzler, M(2016). Gene expression in wheat beer yeast strains and the synthesis of acetate esters. Journal of the Institute of Brewing. doi:10.1002/jib.337.

268. Schönberger, C., Kostelecky, T(2011). 125th anniversary review: The role of hops in brewing. Journal of the Institute of Brewing. 117(3). 259-267.

269. Servetas, I., Berbegal, C., Camacho, N., Bekatorou, A(2013). Saccharomyces cerevisiae and Oenococcus oeni immobilized in different layers of a cellulose/starch gel composite for simultaneous alcoholic and malolactic wine fermentations. Process Biochemistry. doi:10.1016/j.procbio.2013.06.020.

270. Setoguchi, S., Mizutani, O., Yamada, O., Futagami, T(2019). Effect of pepA deletion and overexpression in Aspergillus luchuensis on sweet potato shochu brewing. Journal of bioscience and bioengineering. doi:10.1016/j.jbiosc.2019.03.019.

271. Setyaningsih, W., Hidayah, N., Saputro, IE., Lovillo, MP(2015). Study of glutinous and non-glutinous rice (Oryza sativa) varieties on their antioxidant compounds. In International Conference on Plant, Marine and Environmental Sciences. Kuala Lumpur, Malaysia. doi:10.15242/IICBE.C0115068.

272. Sharp, DC., Qian, Y., Clawson, J., Shellhammer, TH(2016). An exploratory study toward describing hop aroma in beer made with American and European Hop Cultivars. BrewingScience. 69(11–12). 112-122.

273. Sharp, DC., Qian, Y., Shellhammer, G., Shellhammer, TH(2017). Contributions of select hopping regimes to the terpenoid content and hop aroma profile of ale and lager beers. Journal of the American Society of Brewing Chemists. doi:10.1094/ASBCJ-2017-2144-01.

274. Shewry, PR(2009). Wheat. Journal of experimental botany. doi:10.1093/jxb/erp058.

275. Shimotsu, S., Asano, S., Iijima, K., Suzuki, K(2015). Investigation of beer-spoilage ability of Dekkera/Brettanomyces yeasts and development of multiplex PCR method for beer-spoilage yeasts. Journal of the Institute of Brewing. doi:10.1002/jib.209.

276. Shiraishi, Y., Yoshizaki, Y., Ono, T., Yamato, H(2016). Characteristic odour compounds in shochu derived from rice koji. Journal of the Institute of Brewing. doi:10.1002/jib.334.

277. Siek, TJ., Albin, IA., Sather, LA., Lindsay, RC(1971). Comparison of flavor thresholds of aliphatic lactones with those of fatty acids, esters, aldehydes, alcohols, and ketones. Journal of Dairy Science. 54(1). 1-4.

278. Singh, N., Singh, J., Kaur, L., Sodhi, NS., Gill, BS(2003). Morphological, thermal and rheological properties of starches from different botanical sources. Food chemistry. 81(2). 219-231.

279. Smid, EJ., Kleerebezem, M(2014). Production of aroma compounds in lactic fermentations. Annual review of food science and technology. doi:10.1146/annurev-food-030713-092339.

280. Smyth, H., Cozzolino, D(2013). Instrumental methods (spectroscopy, electronic nose, and tongue) as tools to predict taste and aroma in beverages: advantages and limitations. Chemical reviews. doi:10.1021/cr300076c.

281. Soares, EV(2011). Flocculation in Saccharomyces cerevisiae: a review. Journal of applied microbiology. doi:10.1111/j.1365-2672.2010.04897.x.

282. Starowicz, M., Koutsidis, G., Zieliński, H(2018). Sensory analysis and aroma compounds of buckwheat containing products-a review. Critical reviews in food science and nutrition. doi:10.1080/10408398.2017.1284742.

283. Steiner, E., Gastl, M., Becker, T(2011). Protein changes during malting and brewing with focus on haze and foam formation: a review. European Food Research and Technology. doi:10.1007/s00217-010-1412-6.

284. Stevenson, L., Phillips, F., O'sullivan, K., Walton, J(2012). Wheat bran: its composition and benefits to health, a European perspective. International journal of food sciences and nutrition. doi:10.3109/09637486.2012.687366.

285. Stewart, GG(2016). Saccharomyces species in the Production of Beer. Beverages. doi:10.3390/beverages2040034.

286. Stewart, GG(2017). The production of secondary metabolites with flavour potential during brewing and distilling wort fermentations. Fermentation. doi:10.3390/fermentation3040063.

287. Steyer, D., Tristram, P., Clayeux, C., Heitz, F., Laugel, B(2017). Yeast strains and hop varieties synergy on beer volatile compounds. Brewing Science. doi:10.23763/BrSc17-13Steyer.

288. Štulíková, K., Bulíř, T., Nešpor, J., Jelínek, L(2020). Application of High-Pressure Processing to Assure the Storage Stability of Unfiltered Lager Beer. Molecules. doi:10.3390/molecules25102414.

289. Stupak, M., Goodall, I., Tomaniova, M., Pulkrabova, J., Hajslova, J(2018). A novel approach to assess the quality and authenticity of Scotch Whisky based on gas chromatography coupled to high resolution mass spectrometry. Analytica chimica acta. doi:10.1016/j.aca.2018.09.017.

290. Styger, G., Prior, B., Bauer, FF(2011). Wine flavor and aroma. Journal of Industrial Microbiology and Biotechnology. doi:10.1007/s10295-011-1018-4.

291. Sujka, K., Koczoń, P(2018). The application of FT-IR spectroscopy in discrimination of differently originated and aged whisky. European Food Research and Technology. doi:10.1007/s00217-018-3113-5.

292. Sun, JY., Yin, ZT., Zhao, DR., Sun, BG., Zheng, FP(2018). Qualitative and quantitative research of propyl lactate in brewed alcoholic beverages. International Journal of Food Properties. doi:10.1080/10942912.2018.1466325.

293. Sun, Z., Chen, C., Hou, X., Zhang, J(2017). Prokaryotic diversity and biochemical properties in aging artificial pit mud used for the production of Chinese strong flavor liquor. 3 Biotech. doi:10.1007/s13205-017-0978-0.

294. Sunao, M., Ito, T., Hiroshima, K., Sato, M(2016). Analysis of volatile phenolic compounds responsible for 4-vinylguaiacol-like odor characteristics of sake. Food Science and Technology Research. doi:10.3136/fstr.22.111.

295. Suzuki, K., Asano, S., Iijima, K., Kitamoto, K(2008). Sake and beer spoilage lactic acid bacteria-a review. Journal of the Institute of Brewing. 114(3). 209-223.

296. Swami, SB., Thakor, NJ., Divate, AD(2014). Fruit wine production: a review. Journal of Food Research and Technology. 2(3), 93-100.

297. Swiegers, JH., Bartowsky, EJ., Henschke, PA., Pretorius, IS(2005). Yeast and bacterial modulation of wine aroma and flavour. Australian Journal of grape and wine research. 11. 139-173.

298. Swiegers, JH., Kievit, RL., Siebert, T., Lattey, KA., Bramley, BR(2009). The influence of yeast on the aroma of Sauvignon Blanc wine. Food microbiology. doi:10.1016/j.fm.2008.08.004.

299. Szymczycha-Madeja, A., Welna, M., Jamroz, P., Lesniewicz, A., Pohl, P(2015). Advances in assessing the elemental composition of distilled spirits using atomic spectrometry. TrAC Trends in Analytical Chemistry. doi:10.1016/j.trac.2014.09.004.

300. Taira, J., Toyoshima, R., Ameku, N., Iguchi, A., Tamaki, Y(2018). Vanillin production by biotransformation of phenolic compounds in fungus, Aspergillus luchuensis. AMB Express. doi:10.1186/s13568-018-0569-4.

301. Taira, J., Tsuchiya, A., Furudate, H(2012). Initial volatile aroma profiles of young and aged awamori shochu determined by GC/MS/pulsed FPD. Food Science and Technology Research. 18(2). 177-181.

302. Takagi, H., Takaoka, M., Kawaguchi, A., Kubo, Y(2005). Effect of L-proline on sake brewing and ethanol stress in Saccharomyces cerevisiae. Applied and environmental microbiology. doi:10.1128/AEM.71.12.8656–8662.2005.

303. Takahashi, K., Kohno, H(2016). Different polar metabolites and protein profiles between high-and low-quality Japanese ginjo sake. PLoS One. doi:10.1371/journal.pone.0150524.

304. Takahashi, K., Tsuchiya, F., Isogai, A(2014). Relationship between medium-chain fatty acid contents and organoleptic properties of Japanese sake. Journal

of agricultural and food chemistry. doi:10.1021/jf502071d.

305. Takahashi, M., Isogai, A., Utsunimiya, H., Nakano, S(2006). GC-O1factometry analysis of the aroma components in sake Koji. Journal of the Brewing Society of Japan. 101(12). 957-963.

306. Takemitsu, H., Amako, M., Sako, Y., Shibakusa, K(2016). Analysis of volatile odor components of superheated steam-cooked rice with a less stale flavor. Food Science and Technology Research. doi:10.3136/fstr.22.771.

307. Takeshita, R., Saigusa, N., Teramoto, Y(2016). Production and antioxidant activity of alcoholic beverages made from various cereal grains using Monascus purpureus NBRC 5965. Journal of the Institute of Brewing. doi:10.1002/jib.316.

308. Tamaki, M., Kurita, S., Toyomaru, M., Itani, T(2006). Difference in the physical properties of white-core and non-white-core kernels of the rice varieties for sake brewing is unrelated to starch properties. Plant production science. 9(1). 78-82.

309. Tamura, H., Okada, H., Kume, K., Koyano, T(2015). Isolation of a spontaneous cerulenin-resistant sake yeast with both high ethyl caproate-producing ability and normal checkpoint integrity. Bioscience, biotechnology, and biochemistry. doi:10.1080/09168451.2015.1020756.

310. Tan, L., Yuan, HW., Wang, YF., Chen, H(2016). Behaviour of ethyl caproate during the production and distillation of ethyl caproate-rich rice shochu. Journal of the Institute of Brewing. doi:10.1002/jib.348.

311. Tan, Y., Siebert, KJ(2004). Quantitative structure-activity relationship modeling of alcohol, ester, aldehyde, and ketone flavor thresholds in beer from molecular features. Journal of agricultural and food chemistry. doi:10.1021/jf035149j.

312. Tang, Q., He, G., Huang, J., Wu, C(2019). Characterizing relationship of microbial diversity and metabolite in Sichuan Xiaoqu. Frontiers in microbiology. doi:10.3389/fmicb.2019.00696.

313. Tao, Y., Wang, X., Li, X., Wei, N(2017). The functional potential and active populations of the pit mud microbiome for the production of Chinese strong-flavour liquor. Microbial biotechnology. doi:10.1111/1751-7915.12729.

314. Temussi, PA(2012). The good taste of peptides. Journal of Peptide Science. doi:10.1002/psc.1428.

315. Torres, S., Pandey, A., Castro, GR(2010). Banana flavor: insights into isoamyl acetate production. Cell. 549(1). 776-802.

316. Tournier, C., Sulmont-Rossé, C., Guichard, E(2007). Flavour perception: aroma, taste and texture interactions. Food. 1(2). 246-257.

317. Tournier, C., Sulmont-Rossé, C., Sémon, E., Vignon, A(2009). A study on texture-taste-aroma interactions: Physico-chemical and cognitive mechanisms. International Dairy Journal. doi:10.1016/j.idairyj.2009.01.003.

318. Tran, TTH., Gros, J., Bailly, S., Nizet, S., Collin, S(2012). Fate of 2-sulphanylethyl acetate and 3-sulphanylpropyl acetate through beer aging. Journal of the Institute of Brewing. doi:10.1002/jib.24.

319. Tsugita, T., Kurata, T., Kato, H(1980). Volatile components after cooking rice milled to different degrees. Agricultural and Biological Chemistry. doi:10.1080/00021369.1980.10864036.

320. Uno, T., Itoh, A., Miyamoto, T., Kubo, M(2009). Ferulic acid production in the brewing of rice wine (Sake). Journal of the Institute of Brewing. 115(2). 116-121.

321. Van Boekel, MAJS(2006). Formation of flavour compounds in the Maillard reaction. Biotechnology advances. doi:10.1016/j.biotechadv.2005.11.004.

322. Van Jaarsveld, FP., Hattingh, S., Minnaar, P(2009). Rapid induction of ageing character in brandy products. Part III, influence of toasting. South African Journal of Enology and Viticulture. 30(1). 24-37.

323. Vanderhaegen, B., Delvaux, F., Daenen, L., Verachtert, H., Delvaux, FR(2007). Aging characteristics of different beer types. Food chemistry. doi:10.1016/j.foodchem.2006.07.062.

324. Vanderhaegen, B., Neven, H., Coghe, S., Verstrepen, KJ(2003). Evolution of chemical and sensory properties during aging of top-fermented beer. Journal of Agricultural and Food Chemistry. doi:10.1021/jf034631z.

325. Vanderhaegen, B., Neven, H., Verachtert, H., Derdelinckx, G(2006). The chemistry of beer aging-a critical review. Food Chemistry. doi:10.1016/j.foodchem.2005.01.006.

326. Varela, C., Borneman, AR(2017). Yeasts found in vineyards and wineries. Yeast. doi:10.1002/yea.3219.

327. Verstrepen, KJ., Derdelinckx, G., Dufour, JP., Winderickx, J(2003). Flavor-active esters: adding fruitiness to beer. Journal of bioscience and bioengineering. 96(2). 110-118.

328. Viejo, CG., Fuentes, S(2020). Beer Aroma and Quality Traits Assessment Using Artificial Intelligence. Fermentation. doi:10.3390/fermentation6020056.

329. Vilela, A., Ferreira, R., Nunes, F., Correia, E(2020). Creation and Acceptability of a Fragrance with a Characteristic Tawny Port Wine-Like Aroma. Foods. doi:10.3390/foods9091244.

330. Vilgis, TA(2013). Texture, taste and aroma: multi-scale materials and the gastrophysics of food. Flavour. 2(1). 1-5.

331. Villamor, RR., Ross, CF(2013). Wine matrix compounds affect perception of wine aromas. Annual review of food science and technology. doi:10.1146/annurev-food-030212-182707.

332. Violino, S., Figorilli, S., Costa, C., Pallottino, F(2020). Internet of beer: A review on smart technologies from mash to pint. Foods. doi:10.3390/foods9070950.

333. Vollmer, DM., Lafontaine, SR., Shellhammer, TH(2018). Aroma extract dilution analysis of beers dry-hopped with Cascade, Chinook, and Centennial. Journal of the American Society of Brewing Chemists. doi:10.1080/03610470.2018.1487746.

334. Vummaneni, V., Nagpal, D(2012). Taste masking technologies: an overview and recent updates. International Journal of Research in Pharmaceutical and Biomedical Sciences. 3(2). 510-524.

335. Walker, GM., Stewart, GG(2016). Saccharomyces cerevisiae in the production of fermented beverages. Beverages. doi:10.3390/beverages2040030.

336. Wang, B., Wu, Q., Xu, Y., Sun, B(2018). Specific volumetric weight-driven shift in microbiota compositions with saccharifying activity change in starter for Chinese Baijiu fermentation. Frontiers in microbiology. doi:10.3389/fmicb.2018.02349.

337. Wang, B., Wu, Q., Xu, Y., Sun, B(2020). Synergistic effect of multiple saccharifying enzymes on alcoholic fermentation for Chinese baijiu production. Applied and environmental microbiology. doi:10.1128/AEM.00013-20.

338. Wang, C., Mas, A., Esteve-Zarzoso, B(2016). The interaction between Saccharomyces cerevisiae and non-Saccharomyces yeast during alcoholic fermentation is species and strain specific. Frontiers in microbiology. doi:10.3389/fmicb.2016.00502.

339. Wang, HY., Xu, Y(2015). Effect of temperature on microbial composition of starter culture for Chinese light aroma style liquor fermentation. Letters in applied microbiology. doi:10.1111/lam.12344.

340. Wang, HY., Zhang, XJ., Zhao, LP., Xu, Y(2008). Analysis and comparison of the bacterial community in fermented grains during the fermentation for two different styles of Chinese liquor. Journal of Industrial Microbiology and Biotechnology. doi:10.1007/s10295-008-0323-z.

341. Wang, J., Ding, H., Zheng, F., Li, Y(2019). Physiological changes of beer brewer's yeast during serial beer fermentation. Journal of the American Society of Brewing Chemists. doi:10.1080/03610470.2018.1546030.

342. Wang, J., Li, M., Zheng, F., Niu, C(2018). Cell wall polysaccharides: before and after autolysis of brewer's yeast. World Journal of Microbiology and Biotechnology. doi:10.1007/s11274-018-2508-6.

343. Wang, L., Hu, G., Lei, L., Lin, L(2016). Identification and aroma impact of volatile terpenes in Moutai liquor. International Journal of Food Properties. doi:10.1080/10942912.2015.1064442.

344. Wang, MY., Yang, JG., Zhao, QS., Zhang, KZ., Su, C(2019). Research progress on flavor compounds and microorganisms of Maotai flavor baijiu. Journal of food science. doi:10.1111/1750-3841.14409.

345. Wang, N., Chen, S., Zhou, Z(2020). Age-dependent characterization of volatile organic compounds and age discrimination in Chinese rice wine using an untargeted GC/MS-based metabolomic approach. Food chemistry. doi:10.1016/j.foodchem.2020.126900.

346. Wang, P., Mao, J., Meng, X., Li, X(2014). Changes in flavour characteristics and bacterial diversity during the traditional fermentation of Chinese rice wines from Shaoxing region. Food Control. doi:10.1016/j.foodcont.2014.03.018.

347. Wang, S., Wu, Q., Nie, Y., Wu, J., Xu, Y(2019). Construction of synthetic microbiota for reproducible flavor compound metabolism in Chinese light-aroma-type liquor produced by solid-state fermentation. Applied and environmental microbiology. doi:10.1128/AEM.03090-18.

348. Wang, S., Wu, Q., Nie, Y., Xu, Y(2019). Construction of synthetic microbiota for reproducible flavor metabolism in Chinese light aroma type liquor produced by solid-state fermentation. Applied and environmental microbiology. doi:10.1101/510610.

349. Wang, W., Liu, R., Shen, Y., Lian, B(2018). The potential correlation between bacterial sporulation and the characteristic flavor of Chinese Maotai liquor. Frontiers in microbiology. doi:10.3389/fmicb.2018.01435.

350. Wang, X., Du, H., Zhang, Y., Xu, Y(2018). Environmental microbiota drives microbial succession and metabolic profiles during Chinese liquor fermentation. Applied and environmental microbiology. doi:10.1128/AEM.02369-17.

351. Wang, XD., Ban, SD., Qiu, SY(2018). Analysis of the mould microbiome and exogenous enzyme production in Moutai-flavor Daqu. Journal of the Institute of Brewing. doi:10.1002/jib.467.

352. Wang, Y., Wang, L., Liu, F., Wang, Q(2016). Ochratoxin A producing fungi, biosynthetic pathway and regulatory mechanisms. Toxins. doi:10.3390/toxins8030083.

353. Wang, Z., Sun, X., Liu, Y., Yang, H(2020). Characterization of Key Aroma Compounds in Xiaoqu Liquor and Their Contributions to the Sensory Flavor. Beverages. doi:10.3390/beverages6030042.

354. Wanikawa, A(2020). Flavors in Malt Whisky: A Review. Journal of the American Society of Brewing Chemists. doi:10.1080/03610470.2020.1795795.

355. Wannenmacher, J., Gastl, M., Becker, T(2018). Phenolic substances in beer: Structural diversity, reactive potential and relevance for brewing process and beer quality. Comprehensive Reviews in Food Science and Food Safety. doi:10.1111/1541-4337.12352.

356. Wechgama, K., Laopaiboon, L., Laopaiboon, P(2008). Quantitative analysis of main volatile and other compounds in traditional distilled spirits from Thai rice. Biotechnology. 7(4). 718-724.

357. Wei, Y., Zou, W., Shen, CH., Yang, JG(2020). Basic flavor types and component characteristics of Chinese traditional liquors: A review. Journal of Food Science. doi:10.1111/1750-3841.15536.

358. Wilkie, K., Wootton, M., Paton, J. E(2004). Sensory testing of Australian fragrant, imported fragrant, and non-fragrant rice aroma. International Journal of Food Properties. doi:10.1081/JFP-120022493.

359. Winans, MJ., Yamamoto, Y., Fujimaru, Y., Kusaba, Y(2020). Saccharomyces arboricola and Its Hybrids Propensity for Sake Production: Interspecific Hybrids Reveal Increased Fermentation Abilities and a Mosaic Metabolic Profile. Fermentation. doi:10.3390/fermentation6010014.

360. Wiśniewska, P., Dymerski, T., Wardencki, W., Namieśnik, J(2015). Chemical composition analysis and authentication of whisky. Journal of the Science of Food and Agriculture. doi:10.1002/jsfa.6960.

361. Wiśniewska, P., Śliwińska, M., Dymerski, T., Wardencki, W., Namieśnik, J(2015). The analysis of vodka: A review paper. Food Analytical Methods. doi:10.1007/s12161-015-0089-7.

362. Wiśniewska, P., Śliwińska, M., Dymerski, T., Wardencki, W., Namieśnik, J(2016). The analysis of raw spirits-a review of methodology. Journal of the Institute of Brewing. doi:10.1002/jib.288.

363. Wu, H., Zhang, S., Ma, Y., Zhou, J(2017). Comparison of microbial communities in the fermentation starter used to brew Xiaoqu liquor. Journal of the Institute of Brewing. doi:10.1002/jib.388.

364. Wu, H., Zheng, X., Araki, Y., Sahara, H(2006). Global gene expression analysis of yeast cells during sake brewing. Applied and environmental microbiology. doi:10.1128/AEM.01097-06.

365. Wu, Q., Chen, B., Xu, Y(2015). Regulating yeast flavor metabolism by controlling saccharification reaction rate in simultaneous saccharification and fermentation of Chinese Maotai-flavor liquor. International journal of food microbiology. doi:10.1016/j.ijfoodmicro.2015.01.012.

366. Wu, Q., Chen, L., Xu, Y(2013). Yeast community associated with the solid state fermentation of traditional Chinese Maotai-flavor liquor. International journal of food microbiology. doi:10.1016/j.ijfoodmicro.2013.07.003.

367. Wu, Q., Kong, Y., Xu, Y(2016). Flavor profile of Chinese liquor is altered by interactions of intrinsic and extrinsic microbes. Applied and environmental microbiology. doi:10.1128/AEM.02518-15.

368. Wu, Y., Liu, S., Fan, X., Yang, J(2016). Analysis of Aroma Components of Five Different Cooked Grains Used for Chinese Liquor Production by GC-O-MS. Food Sci. 37(24). 94-98.

369. Wyler, P., Angeloni, LHP., Alcarde, AR., Da Cruz, SH(2015). Effect of oak wood on the quality of beer. Journal of the Institute of Brewing. doi:10.1002/jib.190.

370. Xiao, Z., Yu, D., Niu, Y., Chen, F(2014). Characterization of aroma compounds of Chinese famous liquors by gas chromatography-mass spectrometry and flash GC electronic-nose. Journal of Chromatography B. doi:10.1016/j.jchromb.2013.11.032.

371. Xie, G., Han, J., Han, X., Peng, Q(2020). Identification of colloidal haze protein in Chinese rice wine (Shaoxing Huangjiu) mainly by matrix-assisted laser

ionization time-of-flight mass spectrometry. Food Science & Nutrition. doi:10.1002/fsn3.1655.

372. Xing-lin, H., Shi-ru, J., Wu-jiu, Z(2016). Analysis of Daqu produced in different seasons. Journal of the Institute of Brewing. doi:10.1002/jib.336.

373. Xiong, X., Hu, Y., Yan, N., Huang, Y(2014). PCR-DGGE Analysis of the Microbial Communities in Three Different Chinese Baiyunbian Liquor Fermentation Starters. Journal of microbiology and biotechnology. doi:10.4014/jmb.1401.01043.

374. Xu, ML., Yu, Y., Ramaswamy, HS., Zhu, SM(2017). Characterization of Chinese liquor aroma components during aging process and liquor age discrimination using gas chromatography combined with multivariable statistics. Scientific reports. doi:10.1038/srep39671.

375. Xu, X., Song, Y., Guo, L., Cheng, W(2019). Higher NADH Availability of Lager Yeast Increases the Flavor Stability of Beer. Journal of agricultural and food chemistry. doi:10.1021/acs.jafc.9b05812.

376. Xu, Y., Sun, B., Fan, G., Teng, C(2017). The brewing process and microbial diversity of strong flavour Chinese spirits: a review. Journal of the Institute of Brewing. doi:10.1002/jib.404.

377. Xu, Y., Zhi, Y., Wu, Q., Du, R., Xu, Y(2017). Zygosaccharomyces bailii is a potential producer of various flavor compounds in Chinese Maotai-flavor liquor fermentation. Frontiers in microbiology. doi:10.3389/fmicb.2017.02609.

378. Yamamoto, H., Mizutani, M., Yamada, K., Iwaizono, H(2012). Characteristics of aromatic compound production using new shochu yeast MF062 isolated from shochu mash. Journal of the Institute of Brewing. doi:10.1002/jib.57.

379. Yamamoto, S., Matsumoto, T(2011). Rice fermentation starters in Cambodia: cultural importance and traditional methods of production. Japanese Journal of Southeast Asian Studies. 49(2). 192-213.

380. Yan, S., Wang, S., Wei, G., Zhang, K(2015). Investigation of the main parameters during the fermentation of Chinese Luzhou-flavour liquor. Journal of the Institute of Brewing. doi:10.1002/jib.193.

381. Yang, DS., Lee, KS., Jeong, OY., Kim, KJ., Kays, SJ(2008). Characterization of volatile aroma compounds in cooked black rice. Journal of agricultural and food chemistry. doi:10.1021/jf072360c.

382. Yang, DS., Shewfelt, RL., Lee, KS., Kays, SJ(2008). Comparison of odor-active compounds from six distinctly different rice flavor types. Journal of agricultural and food chemistry. doi:10.1021/jf072685t.

383. Yang, JG., Dou, X., Ma, YY(2018). Diversity and dynamic succession of microorganisms during Daqu preparation for Luzhou flavour liquor using second generation sequencing technology. Journal of the Institute of Brewing. doi:10.1002/jib.528.

384. Yang, S., Choi, SJ., Kwak, J., Kim, K(2013). Aspergillus oryzae strains isolated from traditional Korean Nuruk: fermentation properties and influence on rice wine quality. Food Science and Biotechnology. doi:10.1007/s10068-013-0097-6.

385. Yang, Y., Cuenca, J., Wang, N., Liang, Z(2020). A key foxy aroma gene is regulated by homology-induced promoter indels in the iconic juice grape Concord. Horticulture research. doi:10.1038/s41438-020-0304-6.

386. Yang, Y., Hu, W., Xia, Y., Mu, Z(2020). Flavor Formation in Chinese Rice Wine (Huangjiu): Impacts of the Flavor-Active Microorganisms, Raw Materials, and Fermentation Technology. Frontiers in Microbiology. doi:10.3389/fmicb.2020.580247.

387. Yang, Y., Xia, Y., Wang, G., Tao, L(2019). Effects of boiling, ultra-high temperature and high hydrostatic pressure on free amino acids, flavor characteristics and sensory profiles in Chinese rice wine. Food chemistry. doi:10.1016/j.foodchem.2018.09.128.

388. Yang, Y., Xia, Y., Wang, G., Yu, J., Ai, L(2017). Effect of mixed yeast starter on volatile flavor compounds in Chinese rice wine during different brewing stages. LWT-Food Science and Technology. doi:10.1016/j.lwt.2017.01.007.

389. Yang, Y., Xia, Y., Wang, G., Zhang, H(2017). Comparison of oenological property, volatile profile, and sensory characteristic of Chinese rice wine fermented by different starters during brewing. International journal of food properties. doi:10.1080/10942912.2017.1325900.

390. Yao, F., Yi, B., Shen, C., Tao, F(2015). Chemical analysis of the Chinese liquor Luzhoulaojiao by comprehensive two-dimensional gas chromatography/time-of-flight mass spectrometry. Scientific reports. doi:10.1038/srep09553.

391. Yasui, M., Oda, K., Masuo, S., Hosoda, S(2020). Invasive growth of Aspergillus oryzae in rice koji and increase of nuclear number. Fungal biology and biotechnology. doi:10.1186/s40694-020-00099-9.

392. Yi, Z., Jin, Y., Xiao, Y., Chen, L(2019). Unraveling the contribution of high temperature stage to Jiang-flavor Daqu, a liquor starter for production of Chinese Jiang-flavor Baijiu, with special reference to metatranscriptomics. Frontiers in microbiology. doi:10.3389/fmicb.2019.00472.

393. Yoda, T., Saito, T(2020). Size of Cells and Physicochemical Properties of Membranes are Related to Flavor Production during Sake Brewing in the Yeast Saccharomyces cerevisiae. Membranes. doi:10.3390/membranes10120440.

394. Yoshida, S., Ikegami, M., Kuze, J., Sawada, K(2002). QTL analysis for plant and grain characters of sake-brewing rice using a doubled haploid population. Breeding Science. 52(4). 309-317.

395. Yoshizaki, Y., Takamine, K., Shimada, S., Uchihori, K(2011). The formation of β-damascenone in sweet potato shochu. Journal of the Institute of Brewing. 117(2). 217-223.

396. Yoshizaki, Y., Yamato, H., Takamine, K., Tamaki, H(2010). Analysis of volatile compounds in shochu koji, sake koji, and steamed rice by gas chromatography-mass spectrometry. Journal of the Institute of Brewing. 116(1). 49-55.

397. You, L., Wang, T., Yang, Z., Feng, S(2015). Performance of indigenous yeasts in the processing of Chinese strong-flavoured liquor during spontaneous mixed solid-state or submerged fermentation. Journal of the Institute of Brewing. doi:10.1002/jib.223.

398. Yu, H., Xie, T., Xie, J., Ai, L., Tian, H(2019). Characterization of key aroma compounds in Chinese rice wine using gas chromatography-mass spectrometry and gas chromatography-olfactometry. Food chemistry. doi:10.1016/j.foodchem.2019.03.071.

399. Yu, L., Ding, F., Ye, H(2012). Analysis of characteristic flavour compounds in Chinese rice wines and representative fungi in wheat Qu samples from different regions. Journal of the Institute of Brewing. doi:10.1002/jib.13.

400. Yu, YJ., Lu, ZM., Yu, NH., Xu, W(2012). HS-SPME/GC-MS and chemometrics for volatile composition of Chinese traditional aromatic vinegar in the Zhenjiang region. Journal of the Institute of Brewing. doi:10.1002/jib.20.

401. Yuan, HW., Tan, L., Luo, S., Chen, H(2015). Development of a process for producing ethyl caproate and ethyl lactate rich rice shochu. Journal of the Institute of Brewing, 121(3), 432-439.doi:10.1002/jib.240.

402. Yue, YY., Zhang, WX., Yang, R., Zhang, QS., Liu, ZH(2007). Design and operation of an artificial pit for the fermentation of Chinese liquor. Journal of the Institute of Brewing. 113(4). 374-380.

403. Zamora, MC., Goldner, MC., Galmarini, MV(2006). Sourness-sweetness interactions in different media: White wine, ethanol and water. Journal of sensory studies. 21(6). 601-611.

404. Zavala-Díaz de la Serna, FJ., Contreras-López, R., Lerma-Torres, LP., Ruiz-Terán, F(2020). Understanding the Biosynthetic Changes that Give Origin to the Distinctive Flavor of Sotol: Microbial Identification and Analysis of the Volatile Metabolites Profiles During Sotol (Dasylirion sp.) Must Fermentation. Biomolecules. doi:10.3390/biom10071063.

405. Zha, M., Sun, B., Wu, Y., Yin, S., Wang, C(2018). Improving flavor metabolism of Saccharomyces cerevisiae by mixed culture with Wickerhamomyces anomalus for Chinese Baijiu making. Journal of bioscience and bioengineering. doi:10.1016/j.jbiosc.2018.02.010.

406. Zhang, B., Cai, J., Duan, CQ., Reeves, MJ., He, F(2015). A review of polyphenolics in oak woods. International journal of molecular sciences. doi:10.3390/ijms16046978.

407. Zhang, F., Xue, J., Wang, D., Wang, Y(2013). Dynamic changes of the content of biogenic amines in Chinese rice wine during the brewing process. Journal of the Institute of Brewing. doi:10.1002/jib.93.

408. Zhang, K., Li, Q., Wu, W., Yang, J., Zou, W(2019). Wheat Qu and its production technology, microbiota, flavor, and metabolites. Journal of food science. doi:10.1111/1750-3841.14768.

409. Zhang, K., Wu, W., Yan, Q(2020). Research advances on sake rice, koji, and sake yeast: A review. Food Science & Nutrition. doi:10.1002/fsn3.1625.

410. Zhang, Q., Huo, N., Wang, Y., Zhang, Y(2017). Aroma-enhancing role of Pichia manshurica isolated from Daqu in the brewing of Shanxi Aged Vinegar. International Journal of Food Properties. doi:10.1080/10942912.2017.1297823.

411. Zhang, Q., Yuan, Y., Luo, W., Zeng, L(2017). Characterization of prokaryotic community diversity in new and aged pit muds from Chinese Luzhou-flavor liquor distillery. Food Science and Technology Research. doi:10.3136/fstr.23.213.

412. Zhang, R., Wu, Q., Xu, Y(2013). Aroma characteristics of Moutai-flavour liquor produced with Bacillus licheniformis by solid-state fermentation. Letters in applied microbiology. doi:10.1111/lam.12087.

413. Zhang, W., Si, G., Li, J., Ye, M(2019). Tetramethylpyrazine in Chinese sesame flavour liquor and changes during the production process. Journal of the Institute of Brewing. doi:10.1002/jib.527.

414. Zhang, WX., Qiao, ZW., Shigematsu, T., Tang, YQ(2005). Analysis of the bacterial community in Zaopei during production of Chinese Luzhou-flavor liquor. Journal of the Institute of Brewing. 111(2). 215-222.

415. Zhao, D., Shi, D., Sun, J., Li, A(2018). Characterization of key aroma compounds in Gujinggong Chinese Baijiu by gas chromatography-olfactometry, quantitative measurements, and sensory evaluation. Food Research International. doi:10.1016/j.foodres.2017.11.074.

416. Zhao, HM., Guo, XN., Zhu, KX(2017). Impact of solid state fermentation on nutritional, physical and flavor properties of wheat bran. Food Chemistry. doi:10.1016/j.foodchem.2016.08.062.

417. Zhao, QS., Yang, JG., Zhang, KZ., Wang, MY(2020). Lactic acid bacteria in the brewing of traditional Daqu liquor. Journal of the Institute of Brewing. doi:10.1002/jib.593.

418. Zheng, J., Liang, R., Huang, J., Zhou, RP(2014). Volatile compounds of raw spirits from different distilling stages of Luzhou-flavor spirit. Food Science and Technology Research. doi:10.3136/fstr.20.283.

419. Zheng, J., Liang, R., Wu, C., Zhou, R., Liao, X(2014). Discrimination of different kinds of Luzhou-flavor raw liquors based on their volatile features. Food research international. doi:10.1016/j.foodres.2013.12.011.

420. Zheng, XW., Han, BZ(2016). Baijiu (白酒), Chinese liquor: History, classification and manufacture. Journal of Ethnic Foods. doi:10.1016/j.jef.2016.03.001.

421. Zheng, Y., Sun, B., Zhao, M., Zheng, F(2016). Characterization of the key odorants in Chinese zhima aroma-type baijiu by gas chromatography-olfactometry, quantitative measurements, aroma recombination, and omission studies. Journal of agricultural and food chemistry. doi:10.1021/acs.jafc.6b01390.

422. Zhi, Y., Wu, Q., Du, H., Xu, Y(2016). Biocontrol of geosmin-producing Streptomyces spp. by two Bacillus strains from Chinese liquor. International Journal of Food Microbiology. doi:10.1016/j.ijfoodmicro.2016.04.021.

423. Zhu, X., Tao, Y., Liang, C., Li, X(2015). The synthesis of n-caproate from lactate: a new efficient process for medium-chain carboxylates production. Scientific reports. doi:10.1038/srep14360.

424. Zhu, Y., Zhang, F., Zhang, C., Yang, L(2018). Dynamic microbial succession of Shanxi aged vinegar and its correlation with flavor metabolites during different stages of acetic acid fermentation. Scientific reports. doi:10.1038/s41598-018-26787-6.

425. Zou, W., Ye, G., Zhang, K(2018). Diversity, function, and application of Clostridium in Chinese strong flavor baijiu ecosystem: a review. Journal of food science. doi:10.1111/1750-3841.14134.

426. Zou, W., Zhao, C., Luo, H(2018). Diversity and function of microbial community in Chinese strong-flavor baijiu ecosystem: a review. Frontiers in microbiology. doi:10.3389/fmicb.2018.00671.

427. Zuo, Q., Huang, Y., Min, Guo(2020). Evaluation of bacterial diversity during fermentation process: a comparison between handmade and machine-made high-temperature Daqu of Maotai-flavor liquor. Annals of Microbiology. doi:10.1186/s13213-020-01598-1.

# 양조아로마 개론

2021년 10월 27일　1판　1쇄　인　쇄
2021년 11월　5일　1판　1쇄　발　행

지 은 이 : 정　　　　　　　철
펴 낸 이 : 박　　　정　　　태

**펴 낸 곳 : 광　　　문　　　각**

10881
파주시 파주출판문화도시 광인사길 161
광문각 B/D 4층
등　　록 : 1991. 5. 31 제12 - 484호
전 화(代) : 031-955-8787
팩　　스 : 031-955-3730
E - mail : kwangmk7@hanmail.net
홈페이지 : www.kwangmoonkag.co.kr

ISBN : 978-89-7093-577-5　　93590

값 : 50,000원

한국과학기술출판협회
Korean Science & Technology Publisher Association